EDA 精品汇

Cadence Allegro 16.6
实战必备教程
（配视频教程）

李文庆　编著

電子工業出版社
Publishing House of Electronics Industry
北京·BEIJING

内 容 简 介

本书是编者根据多年高速PCB设计经验，以Allegro16.6为软件平台，以实用为原则，从Orcad Capture CIS原理图设计、Allegro基本概念与一般操作、PCB Designer焊盘设计、快捷操作的设置、封装的制作、PCB设计预处理、约束管理器的设置、布局详解、布线详解、覆铜详解、PCB设计后期处理、光绘文件的输出这些实际工作中必须用到的方面进行详细的讲解，以及分享一些编者在软件使用过程中的设计习惯和技巧。

本书内容重点源于实际工作项目中设计的需要，内容编排上尽可能避免单纯的菜单翻译，侧重于实际项目中设计流程的安排、操作技巧的讲解及操作效率的提高，达到让读者迅速掌握该软件设计平台的目的。本书可作为PCB设计工程师、硬件工程师、项目负责人及其他相关技术工作者的参考书及培训教材，同时也可作为高等院校相关专业的参考教材。

图书在版编目（CIP）数据

Cadence Allegro 16.6 实战必备教程（配视频教程）/李文庆编著. 一北京：电子工业出版社，2015.5
（EDA 精品汇）
ISBN 978-7-121-25955-5

Ⅰ. ①C…　Ⅱ. ①李…　Ⅲ. ①印刷电路－计算机辅助设计－教材　Ⅳ. ①TN410.2

中国版本图书馆CIP数据核字（2015）第087652号

策划编辑：柴　燕（chaiy@phei.com.cn）
责任编辑：靳　平
印　　刷：涿州市般润文化传播有限公司
装　　订：涿州市般润文化传播有限公司
出版发行：电子工业出版社
　　　　　北京市海淀区万寿路173信箱　邮编 100036
开　　本：787×1 092　1/16　印张：23.5　字数：601.6千字
版　　次：2015年5月第1版
印　　次：2024年10月第21次印刷
印　　数：400册　　定价：79.00元（含光盘1张）

凡所购买电子工业出版社图书有缺损问题，请向购买书店调换。若书店售缺，请与本社发行部联系，联系及邮购电话：（010）88254888。

质量投诉请发邮件至 zlts@phei.com.cn，盗版侵权举报请发邮件至 dbqq@phei.com.cn。

服务热线：（010）88258888。

前言

<<<<< PREFACE

Allegro 软件是美国 Cadence 公司推出的 PCB 设计平台，软件功能非常强大，是目前 PCB 设计领域最流行的 EDA 工具之一。Allegro 提供了良好的工作接口和强大完善的功能，为当前高速、高密度、多层的复杂 PCB 设计布线提供了完美解决方案。

【软件特点】

（1）Allegro 中的 Constraint Manager（约束管理器）拥有非常完善的规则设置，用户按要求设定好布线规则后，按照布线规则来设计就可以达到设计要求，从而节省了人工检查时间，提高了工作效率。

（2）OrCAD Capture 工具是业界使用最多的原理图绘制工具，能够生成数十种网表格式，可导入到其他 PCB 设计软件中使用。

（3）Allegro 提供非常强大的复用功能，能极大缩短我们的设计时间。

（4）Allegro 平台可以多人同时处理一块 PCB 板；将板子划分成若干个区域，让多人同时进行设计。

（5）拥有强大的走线、Hug 功能，以及后期优化功能，为用户提供更多便捷。

【本书特点】

（1）本书侧重于高速 PCB 设计中的 Cadence Allegro 软件实战操作及高级技巧分享。

（2）本书适用于任意 Cadence Allegro 格式的 PCB 案例，均可按照书中内容进行学习提高。

（3）内容上避免单纯的英文选项翻译，根据编者的实际项目经验，以实用为原则，满足实际项目设计，让读者迅速、轻松掌握 Allegro PCB 设计平台。

（4）内容编排严谨、实用、高效，前后逻辑性强，有的放矢。

（5）光盘中首次发布、共享《小哥 Allegro 72 讲速成视频》完整版教程。

【学习建议】

（1）可先观看光盘中的“小哥 Allegro 72 讲速成视频”，了解 Allegro 平台设计的基本流程，有利于后期的理解学习；

（2）通过 Allegro PCB 文件与本书相结合的方式进行深入、全面学习，可快速提高 Cadence Allegro 软件操作技巧。

另外，读者可以关注网站 WWW.PCB3.COM（专注 Allegro 平台学习），后续会更新更多原创技术文档和免费原创视频。

在本书编写的过程中，得到了桂超先生、鲁跃进先生的帮助，在此表示感谢。由于编者的水平和编写时间有限，书中难免存在不妥之处，敬请广大读者予以指正和帮助。

李文庆
2015 年 3 月

目录

<<<<< CONTENTS

第 1 章　Orcad Capture CIS 原理图设计 ………… (1)

1.1　菜单栏详解 ………… (1)

1.2　建立单逻辑器件 ………… (11)

1.3　建立多逻辑器件 ………… (17)

1.3.1　方式一 ………… (17)

1.3.2　方式二 ………… (21)

1.4　绘制原理图 ………… (25)

1.4.1　建立工程 ………… (25)

1.4.2　绘制过程详解 ………… (27)

1.5　添加“Intersheet References” ………… (30)

1.6　DRC 检查 ………… (33)

1.7　生成网络表 ………… (34)

1.7.1　生成网络表的操作 ………… (34)

1.7.2　常见错误解析 ………… (36)

1.7.3　交互设置 ………… (36)

第 2 章　Allegro 基本概念与一般操作 ………… (38)

2.1　Class 与 Subclass ………… (38)

2.2　常见文件格式 ………… (41)

2.3　操作习惯 ………… (42)

第 3 章　PCB Designer 焊盘设计 ………… (44)

3.1　基本要素讲解 ………… (44)

3.2　焊盘命名规范 ………… (44)

3.2.1　通孔焊盘 ………… (44)

3.2.2　表贴焊盘 ………… (45)

3.2.3　过孔 ………… (46)

3.3　表贴焊盘的建立 ………… (46)

3.4　通孔焊盘的建立 ………… (50)

3.5　不规则焊盘的建立 ………… (54)

第 4 章　快捷操作的设置 ………… (60)

4.1　快捷键的设置 ………… (60)

4.2　Stroke 功能的使用 ………… (61)

第 5 章　封装的制作……（65）
5.1　SMD 封装的制作……（65）
5.1.1　手动制作实例演示……（65）
5.1.2　向导制作 DDR2 封装……（71）
5.2　插件封装的制作……（76）
5.3　不规则封装的制作……（77）
5.4　焊盘的更新与替换……（78）
5.4.1　更新焊盘……（78）
5.4.2　替换焊盘……（79）
第 6 章　PCB 设计预处理……（81）
6.1　建立电路板……（81）
6.1.1　手动建立电路板……（81）
6.1.2　向导建立电路板……（81）
6.1.3　导入 DXF 文件……（90）
6.2　Allegro 环境的设置……（95）
6.2.1　绘图参数的设置……（95）
6.2.2　Grid 的设置……（96）
6.2.3　颜色属性的设置……（97）
6.3　自动保存功能的设置……（98）
6.4　光标显示方式的设置……（99）
6.5　窗口布局的设置……（102）
6.6　层叠设置……（103）
6.7　Parameters 模板复用……（105）
6.8　导入网络表……（106）
6.8.1　导入网络表的操作……（106）
6.8.2　常见错误解析……（107）
第 7 章　约束管理器的设置……（109）
7.1　CM 的作用及重要性……（109）
7.2　CM 界面详解……（109）
7.3　物理规则设置……（118）
7.3.1　POWER 规则设置……（118）
7.3.2　差分线规则设置……（120）
7.4　间距规则设置……（121）
7.5　差分等长设置……（123）
7.5.1　方式一……（124）
7.5.2　方式二……（127）
7.6　DDR2 实例等长设置……（130）
7.7　Xnet 的设置……（135）
7.7.1　概念介绍……（135）

7.7.2 实例演示…………(135)
7.7.3 技巧拓展…………(140)
7.8 特殊区域规则的设置…………(143)
7.9 规则开关的设置…………(146)
第 8 章 布局详解…………(150)
8.1 元件的快速放置…………(150)
8.2 交互设置…………(152)
8.3 MOVE 命令详解…………(154)
8.3.1 选项详解…………(154)
8.3.2 实例演示…………(155)
8.4 布局常用设置…………(157)
8.5 Keepin/Keepout 区域设置…………(158)
8.6 坐标精确放置器件…………(159)
8.7 查找器件…………(161)
8.7.1 方式一…………(161)
8.7.2 方式二…………(162)
8.7.3 方式三…………(162)
8.8 模块复用…………(163)
8.8.1 概念介绍…………(163)
8.8.2 实例详解…………(164)
8.9 Copy 布局…………(169)
8.9.1 概念介绍…………(169)
8.9.2 实例演示…………(169)
8.10 模块旋转…………(171)
8.11 模块镜像…………(172)
8.12 器件锁定与解锁…………(174)
第 9 章 布线详解…………(176)
9.1 实用选项讲解…………(176)
9.2 显示/隐藏飞线…………(178)
9.2.1 命令讲解…………(178)
9.2.2 飞线颜色的设置…………(178)
9.3 走线操作技巧讲解…………(180)
9.3.1 添加 Via…………(180)
9.3.2 改变线宽…………(182)
9.3.3 改变走线层…………(184)
9.4 Slide 命令详解…………(185)
9.4.1 命令讲解…………(185)
9.4.2 技巧演示…………(186)
9.5 差分走线技巧…………(188)

9.5.1 单根走线模式…………（188）
9.5.2 添加过孔…………（188）
9.5.3 过孔间距的设置…………（191）
9.6 蛇行走线技巧…………（193）
9.6.1 选项详解…………（193）
9.6.2 实例演示…………（197）
9.6.3 差分对内等长技巧讲解…………（198）
9.7 群组走线…………（199）
9.8 Fanout 详解…………（204）
9.8.1 选项详解…………（204）
9.8.2 实例演示…………（206）
9.9 Copy 复用技巧…………（207）
9.9.1 DDR2 实例演示…………（207）
9.9.2 DC 模块实例演示…………（209）
9.10 弧形走线…………（211）
9.10.1 方式一…………（211）
9.10.2 方式二…………（211）
第 10 章 覆铜详解…………（214）
10.1 动态与静态铜皮的区别…………（214）
10.2 菜单选项详解…………（214）
10.3 覆铜实例详解及技巧…………（215）
10.3.1 实例操作…………（215）
10.3.2 “Shape fill”选项卡详解…………（216）
10.3.3 “Void controls”选项卡详解…………（217）
10.3.4 “Clearances”选项卡详解…………（219）
10.3.5 “Thermal relief connects”选项卡详解…………（220）
10.4 编辑铜皮轮廓…………（221）
10.5 铜皮镂空…………（222）
10.5.1 实例操作…………（223）
10.5.2 技巧讲解…………（224）
10.6 铜皮合并…………（225）
10.7 铜皮形态转换…………（226）
10.7.1 方式一…………（226）
10.7.2 方式二…………（228）
10.8 平面分割…………（228）
10.8.1 方式一…………（229）
10.8.2 方式二…………（230）
10.9 铜皮层间复制…………（233）
10.10 删除孤铜…………（235）

第 11 章 PCB 后期处理……（237）
11.1 丝印处理……（237）
11.1.1 设置 Text……（237）
11.1.2 调整位号……（239）
11.1.3 添加丝印……（241）
11.2 PCB 检查事项……（241）
11.2.1 检查器件是否全部放置……（241）
11.2.2 检查连接是否全部完成……（243）
11.2.3 检查 Dangling Lines、Via……（244）
11.2.4 查看是否有孤铜、无网络铜皮……（245）
11.2.5 检查 DRC……（248）
11.3 生成钻孔表……（249）
第 12 章 光绘文件的输出……（251）
12.1 界面选项的介绍……（251）
12.2 8 层板实例讲解……（254）
附录 高级操作技巧……（264）
附 1 怎样在 Capture 中添加器件特殊属性……（264）
附 2 常用组件介绍……（266）
附 3 外扩/内缩调整 Shape……（270）
附 4 怎样更新器件 PCB 封装……（272）
附 5 怎样导出器件 PCB 封装……（272）
附 6 显示/隐藏铜皮……（275）
附 7 显示/隐藏原点标记……（278）
附 8 怎样保存为低版本文件……（279）
附 9 替换过孔……（282）
附 10 更改原点……（284）
附 11 器件对齐……（286）
附 12 生成坐标文件……（290）
附 13 调节颜色亮度……（291）
附 14 提高铜皮优先级……（292）
附 15 Gerber 查看视图……（293）
附 16 Color 命令使用技巧……（295）
附 17 打开/关闭网络名显示……（296）
附 18 怎样添加 Ratsnest_Schedule 属性……（296）
附 19 多边形选择移动器件……（300）
附 20 怎样加密 PCB 文件……（301）
附 21 DRC marker 大小设置……（304）
附 22 “Refresh Symbol Instance”功能讲解……（305）
附 23 创建盲埋孔：方式一……（308）

附 24　创建盲埋孔：方式二……………………………………………………………（312）
附 25　怎样添加/删除泪滴…………………………………………………………………（314）
附 26　怎样覆网格铜皮……………………………………………………………………（318）
附 27　“Overlap components Controls”设置讲解……………………………………（321）
附 28　双单位显示测量结果………………………………………………………………（324）
附 29　设置“Datatips”……………………………………………………………………（327）
附 30　怎样设置默认打开空 PCB 文件……………………………………………………（330）
附 31　设置默认双击打开 Brd 文件………………………………………………………（332）
附 32　尺寸标注……………………………………………………………………………（333）
附 33　焊盘添加十字花连接属性…………………………………………………………（336）
附 34　设置去掉光标拖影…………………………………………………………………（337）
附 35　怎样给封装添加高度属性…………………………………………………………（339）
附 36　快速交换器件位置…………………………………………………………………（341）
附 37　怎样设置及显示“Plan”…………………………………………………………（343）
附 38　布线时怎样捕捉到目标点…………………………………………………………（345）
附 39　设置实时显示走线（相对）长度…………………………………………………（346）
附 40　快速另存文件命令讲解……………………………………………………………（349）
附 41　怎样在“PCB Editor”中修改钻孔符号…………………………………………（350）
附 42　怎样绘制圆形图形…………………………………………………………………（352）
附 43　“Net logic enable”选项设置……………………………………………………（354）
附 44　调整“PCB Editor”工具栏………………………………………………………（355）
附 45　“3D Viewer”演示…………………………………………………………………（357）
附 46　焊盘替换技巧………………………………………………………………………（359）
附 47　金手指封装的制作…………………………………………………………………（359）
附 48　AIDT 功能讲解……………………………………………………………………（360）
附 49　AICC 功能讲解……………………………………………………………………（362）
附 50　怎样设置排阻 Xnet 器件模型……………………………………………………（364）

第1章

Orcad Capture CIS 原理图设计

1.1 菜单栏详解

在使用 Orcad Capture CIS 原理图设计中，经常会使用以下菜单命令。

打开 DSN 原理图文件时，出现的菜单栏如图 1-1 所示。

图 1-1 “Capture CIS”菜单栏

“File”菜单如图 1-2 所示。

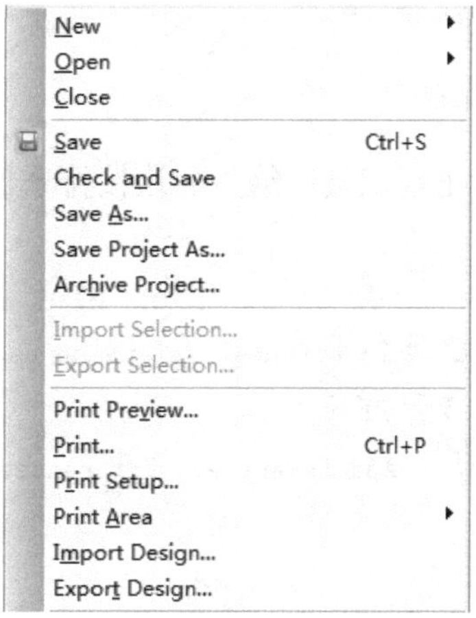

图 1-2 “File”菜单

可通过“File”菜单新建、保存、打印项目。

“Edit”菜单如图 1-3 所示。“Edit”菜单中，经常会用到“Browse—Nets”，通过这个命令来查找网络。

“Tools”菜单如图 1-4 所示。

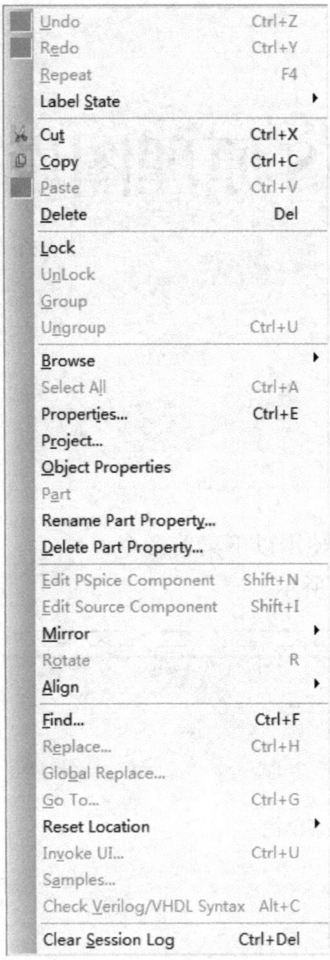

图 1-3 “Edit”菜单

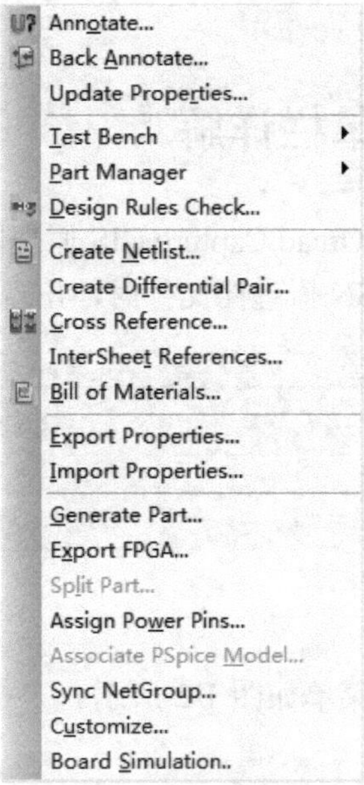

图 1-4 “Tools”菜单

“Annotate”选项卡可以进行重新编号，给页面连接符添加页码等操作，如图 1-5 所示。

重编号的操作步骤如下：

（1）选择“Reset part references to “?””，单击“确定”按钮。

（2）重新进入到此界面，选择“Incremental reference update ”，单击“确定”按钮。

添加页面连接符页码的操作步骤如下。

（1）进入到上述界面，选择“ Add Intersheet References ”，单击“确定”按钮，弹出图 1-6 所示界面。

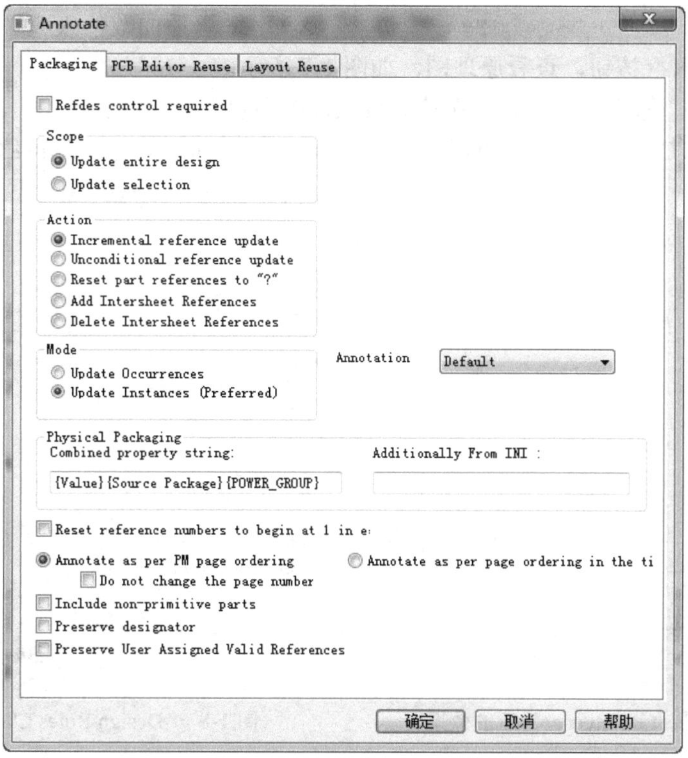

图 1-5 “Annotate”选项卡

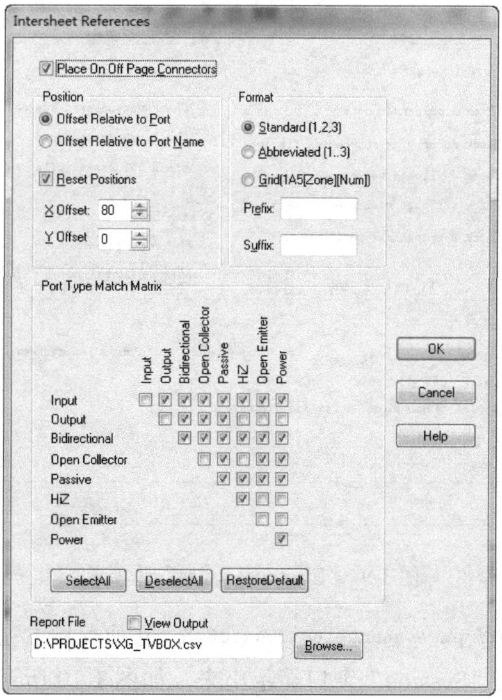

图 1-6 “Intersheet References”界面

（2）推荐选择 ◉ Offset Relative to Port Name ，并将“X Offset”后面数值改成“20”，其他设置默认即可，单击“OK”按钮，查看原理图，如图 1-7 所示。

说明：数字 8，即为页码；表示在第 8 页原理图中也有此网络。

“Design Rules Check”选项卡可以进行 DRC 检查，如可以查出单端网络，如图 1-8 所示。

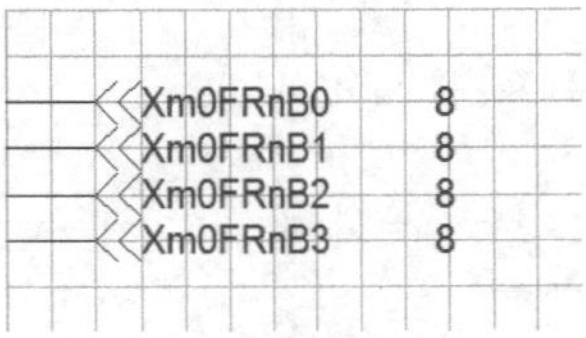

图 1-7 添加“Intersheet References”后的效果

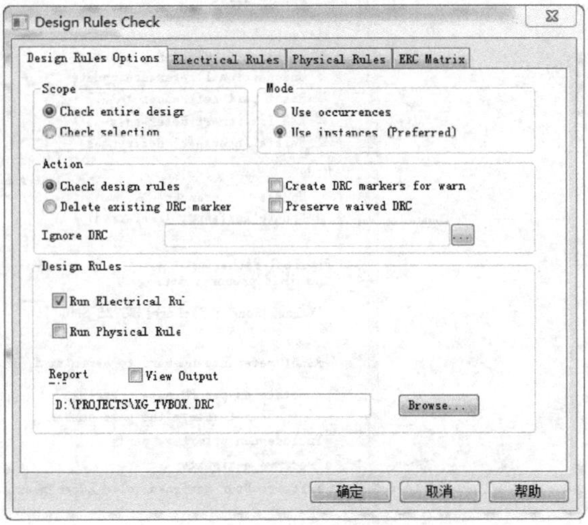

图 1-8 “Design Rules Check”选项卡

选择“Electrical Rules”选项卡，如图 1-9 所示。

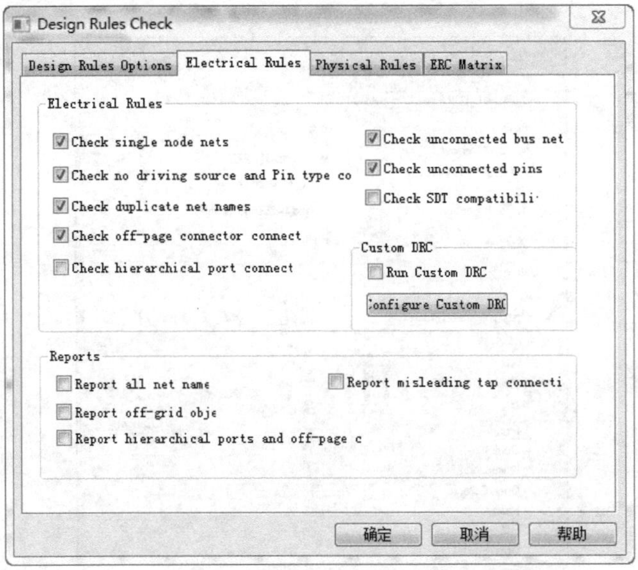

图 1-9 “Electrical Rules”选项卡

建议勾选上“Check off-page connector connect”，其他保持默认，单击“确定”即可。

DRC 结果会在下方的“Session”窗口显示出来，如图 1-10 所示。

“Options”菜单如图 1-11 所示。

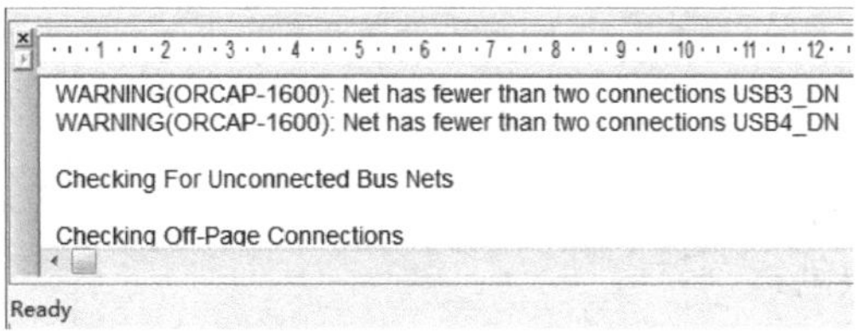

图 1-10 “Session”窗口

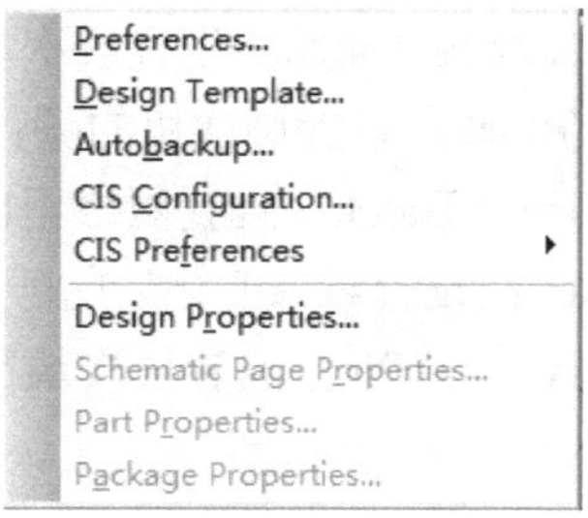

图 1-11 “Options”菜单

在“Options”菜单中单击“Preferences...”，出现的界面如图 1-12 所示。

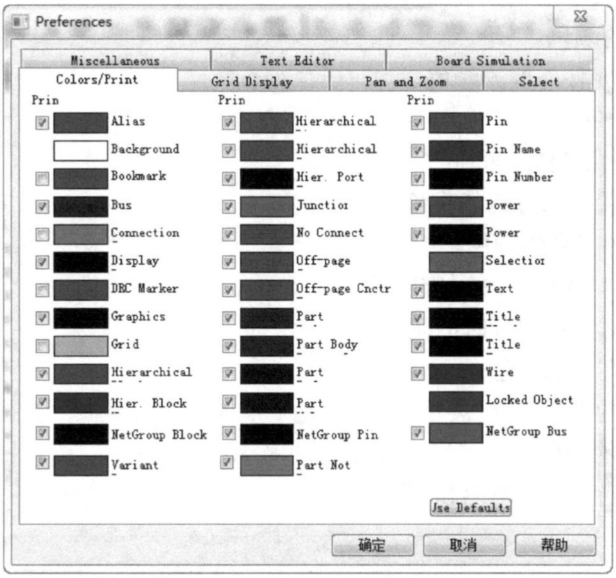

图 1-12 “Preferences”选项卡

这个选项卡界面为一些颜色的设置，大家可以根据自己的习惯来设置；单击对应的颜色框，会弹出图 1-13 所示界面。

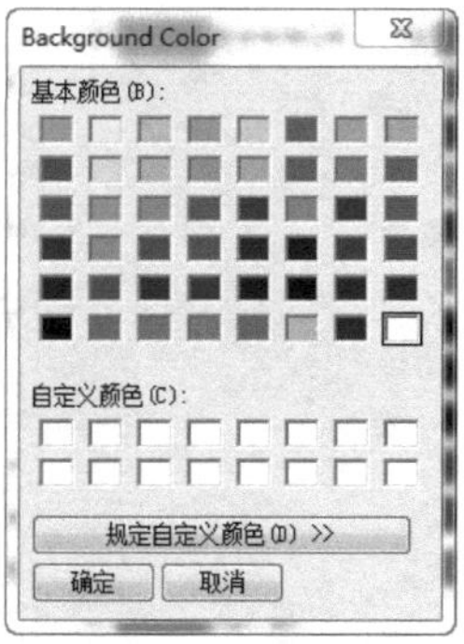

图 1-13 选择颜色界面

选择好颜色，单击“确定”即可。

这里详细介绍以下这些关键字的含义。

Alias：设置网络标号的颜色。

Background：设置页面背景颜色。

Bookmark：设置书签颜色。

Bus：设置总线颜色。

Connection：设置连接地方的方块颜色。

Display：设置属性显示的颜色。

DRC Marker：设置 DRC 错误标识的颜色。

Graphics：设置注释图形的颜色。

Grid：设置格点的颜色。

Hierarchical Block：设置层次块的颜色。
Hier.Block：设置层次块的颜色。
NetGroup Block：设置网络组的颜色。
Variant：设置对象变化后的颜色。
Hierarchical Pin：设置层次块引脚的颜色。
Hierarchical Port：设置层次块端口的颜色。
Junction：设置节点的颜色。
No Connect：设置不连接符号的颜色。
Off-page：设置断电连接器的颜色。
Off-page Cnctr：设置断电连接器文字的颜色。
Part：设置元件的颜色。
Part Body：设置元件外框的颜色。
Pin：设置引脚颜色。
Pin Name：设置引脚名称的颜色。
Pin Number：设置引脚号码的颜色。
Power：设置电源符号的颜色。
Power Text：设置电源符号文本的颜色。
Selection：设置对象被选择时的颜色。
Text：设置说明文本的颜色。
Title：设置标题的颜色。
Wire：设置导线的颜色。
“Grid Display”选项卡如图 1-14 所示。

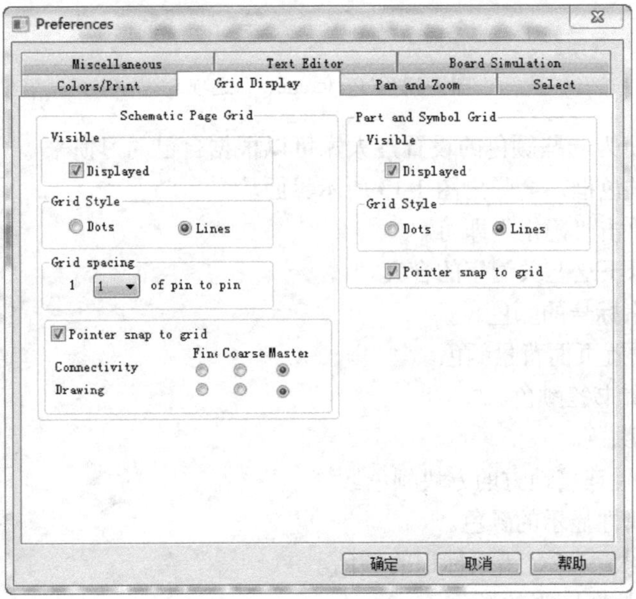

图 1-14 “Grid Display”选项卡

图 1-14 左侧是原理图界面的格点相关设置；图 1-14 右侧是建立器件时的格点相关设置。

Displayed：表示是否显示格点，若勾选表示显示。

Dots：格点显示为点状。

Lines：格点显示为线状，编者习惯设置线状，方便查看。

Pointer snap to grid：表示光标是否跟随格点移动。

在建立器件和原理图中，建议格点设置为 100mil，这里保持默认设置，如图 1-15 所示。

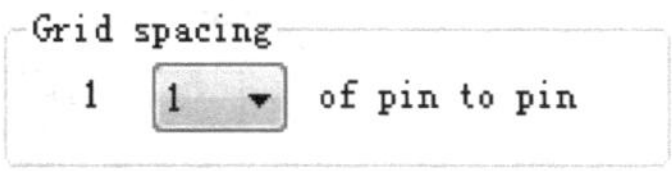

图 1-15 格点设置

“Miscellaneous”选项卡如图 1-16 所示。

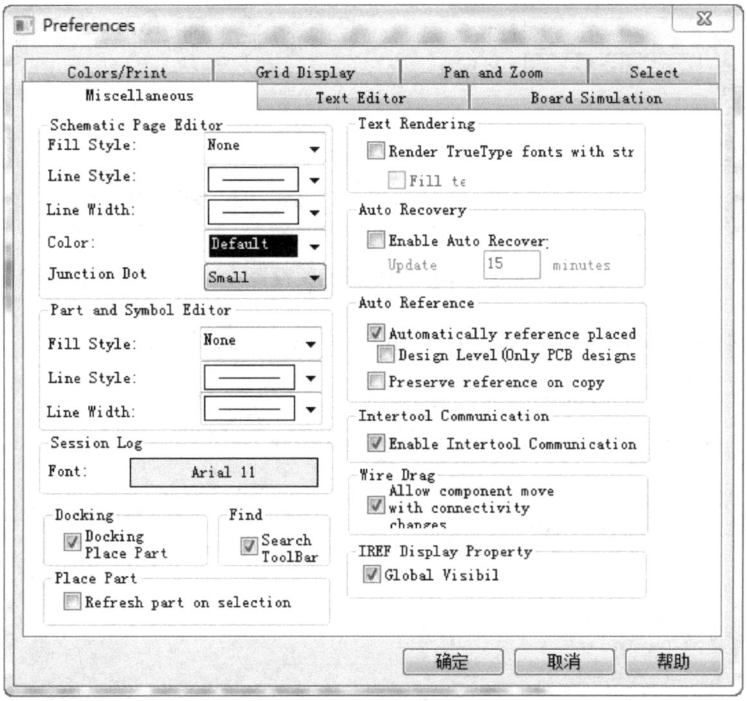

图 1-16 “Miscellaneous”选项卡

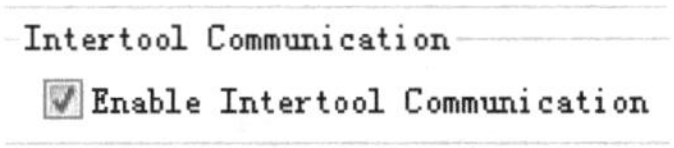

图 1-17 交互设置

这里，我们主要注意要勾选如图 1-17 所示的选项，此选项用于和 PCB 的交互。

Schematic Page Editor：设置电路图编辑环境中填充的类型。

Part and Symbol Editor：设置元件编辑环境中填充的类型。

Session log：设置项目管理器和记录器中文字字体格式。

Text Rendering：设置以边框的方式显示字体，并设置是否填充。

Auto Recovery：自动保存；推荐大家勾选。

Auto Reference：自动编号。

Intertool Communication：与 PCB 交互设计的设置，一般建议勾选。

Wire Drag：当连接改变时，允许元件移动。

其他选项卡一般保存默认设置即可。

Design Template：单击“Design Template…”，出现的界面如图 1-18 所示。

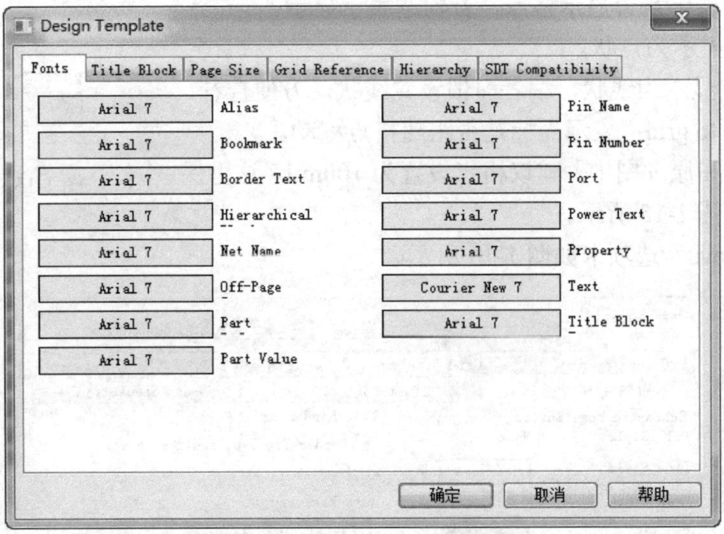

图 1-18　模板的相关设置

“Fonts”选项卡：设置一些对象的字体格式。“Title Block”选项卡如图 1-19 所示。

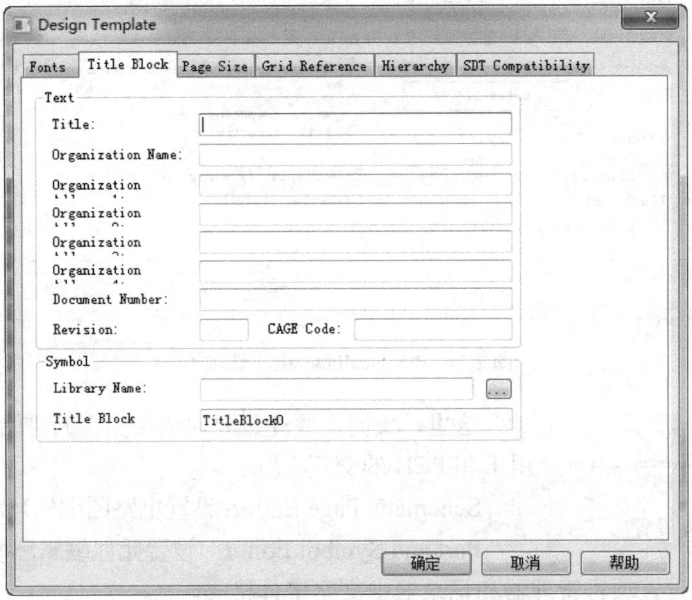

图 1-19　“Title Block”选项卡

Title：设置标题。

Organization Name：设置组织部门的名称。

Organization Address1：设置组织部门地址的第一行。

Organization Address2：设置组织部门地址的第二行。

Organization Address3：设置组织部门地址的第三行。

Organization Address4：设置组织部门地址的第四行。
Document Number：设置文件号码。
Revision：设置版本号。
CAGE Code：设置 CAGE 码。
Library Name：设置库名称。
Title Block：设置标题名称。
“Page Size”选项卡如图 1-20 所示。

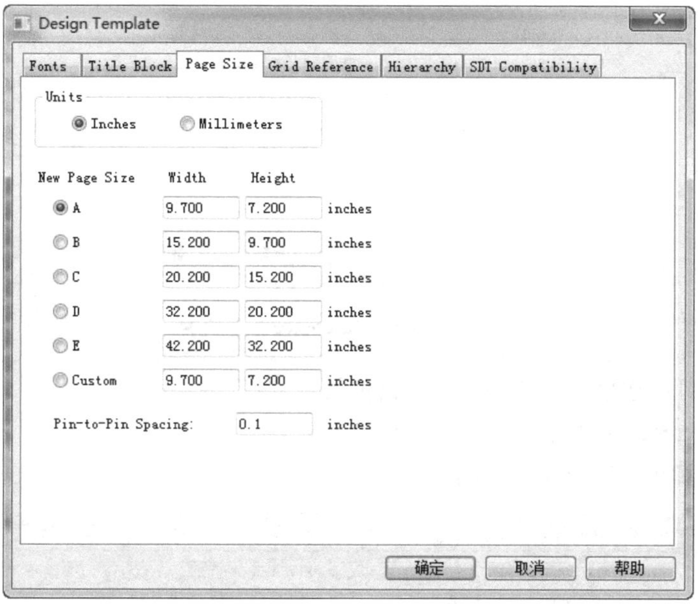

图 1-20 “Page Size”选项卡

“Page Size”选项卡可以设置页面图纸尺寸，经常用到以下设置。
Units：设置英制和公制。
A～E：设置页面的宽和高。
Custom：设置自定义页面尺寸的大小。
Pin to Pin Spacing：设置引脚的间距。
“Grid Reference”选项卡如图 1-21 所示。
Count：设置水平表框和垂直边框的参考格的格数。
Alphabetic：设置水平边框和垂直边框的格位以字母编号。
Ascending：设置水平边框和垂直表框的格位编号从左到右。
Numeric：设置水平边框和垂直边框的格位以数字编号。
Descending：设置水平边框和垂直边框的格位编号从右到左。
Width：设置水平边框和垂直边框的格位高度。
Border Visible：边界可见。
Title Block Visible：标题可见。
Displayed：设置显示边框、边框参考格位及标题栏。

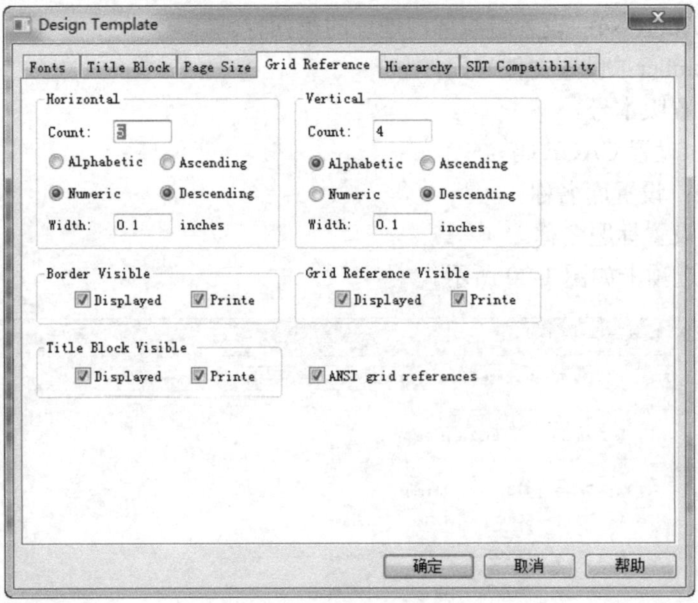

图 1-21 “Grid Reference”选项卡

Printe：设置打印边框、打印边框参考格位及标题栏。

ANSI grid references：设置显示 ANSI 标准格点。

“Hierarchy”选项卡如图 1-22 所示。

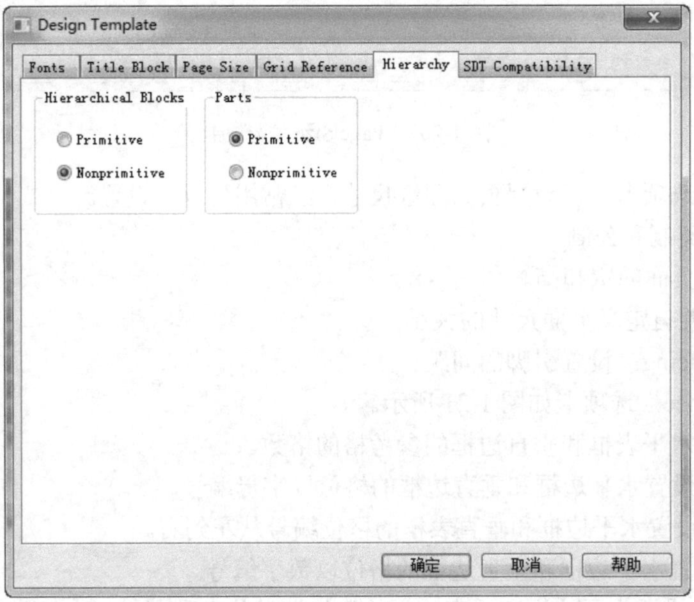

图 1-22 “Hierarchy”选项卡

Primitive：设置层次电路图和元件为基本组件。

Nonprimitive 设置层次电路图和元件为非基本组件。

“SDT Compatibility”选项卡如图 1-23 所示。

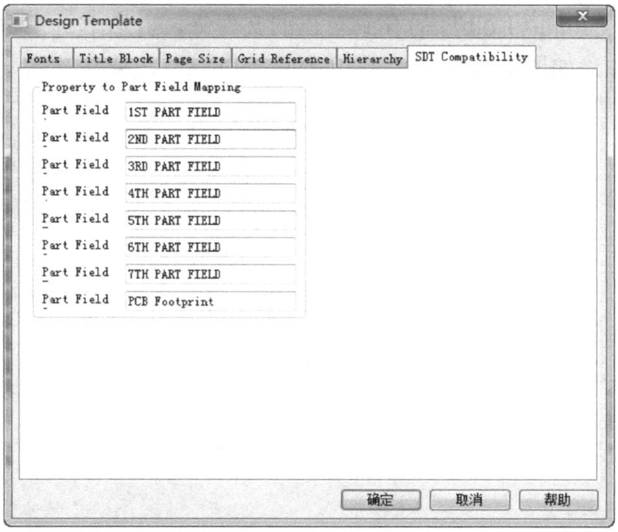

图 1-23 “SDT Compatibility”选项卡

图 1-23 中，设置 SDT 格式电路图的兼容性；Part Field 为 SDT 软件输入的文件域名；此选项卡极少用到。

“Windows”菜单如图 1-24 所示。

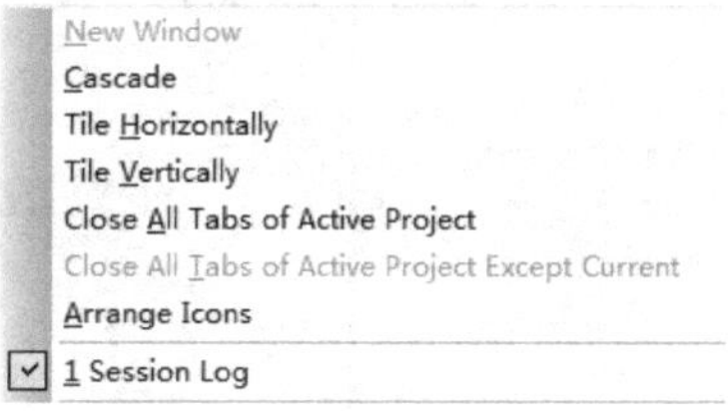

图 1-24 “Windows”菜单

图 1-24 中，一些错误信息或者提示信息都在“Session Log”窗口显示，大家可以在这里打开“Session Log”窗口。

“Session Log”窗口：启动 Capture 软件之后，关于程序运行的信息、后处理程序的处理结果、生成网络表、DRC 检查等程序运行中出现的错误和警告的信息内容都会显示在“Session Log”窗口中。

例如，网络表生成失败后，可以通过“Session Log”的显示信息，来查找解决相应问题。

1.2 建立单逻辑器件

这里演示一下建立单逻辑器件的步骤，并讲解常用工具栏的使用和常用选项的设置。

单逻辑器件：此器件只有一个图形符号；若一个器件包含多个图形符号（如 U1A、U1B、U1C），则为多逻辑器件。

建立单逻辑器件的操作步骤如下。

（1）选择菜单“File—New—Library”，出现如图 1-25 所示界面。

（2）建议大家将“library1.olb”另存到自己的文件夹，并取名为“SCH_LIB”（可以取其他名），再来新建器件，如图 1-26 所示。

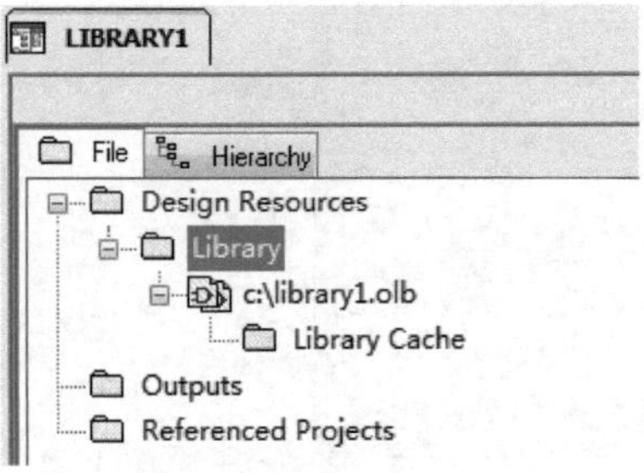

图 1-25　新建器件 Library

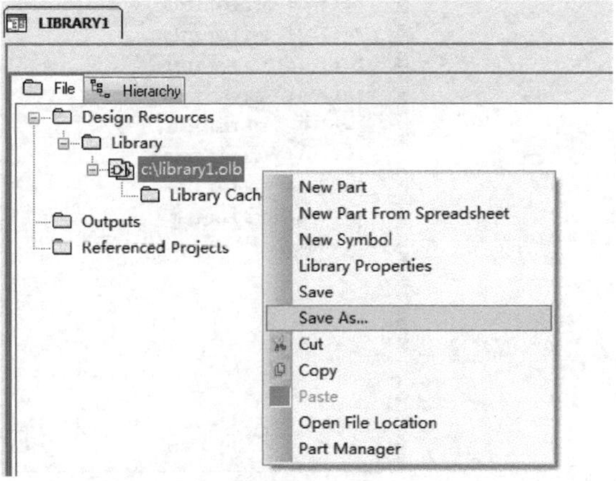

图 1-26　保存器件库到新的路径

设置好后，如图 1-27 所示。

（3）右击“D:\Projects\SCH_LIB.OLB”，选择“New Part”，如图 1-28 所示。

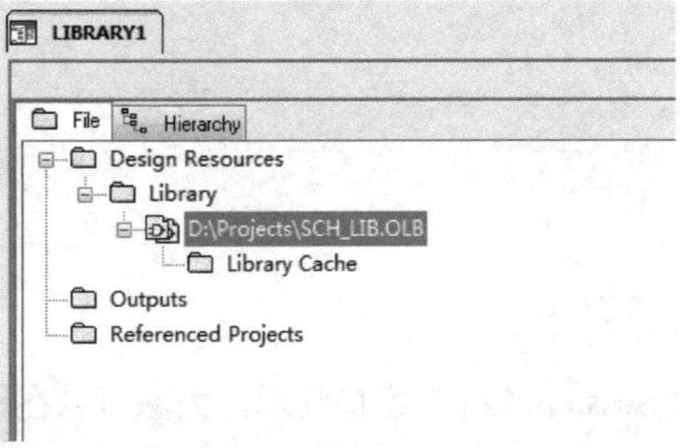

图 1-27　保存后的器件库

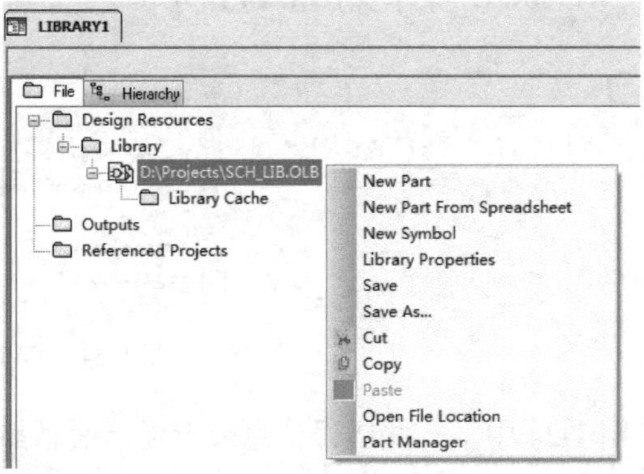

图 1-28　新建器件

弹出的输入器件属性如图 1-29 所示。

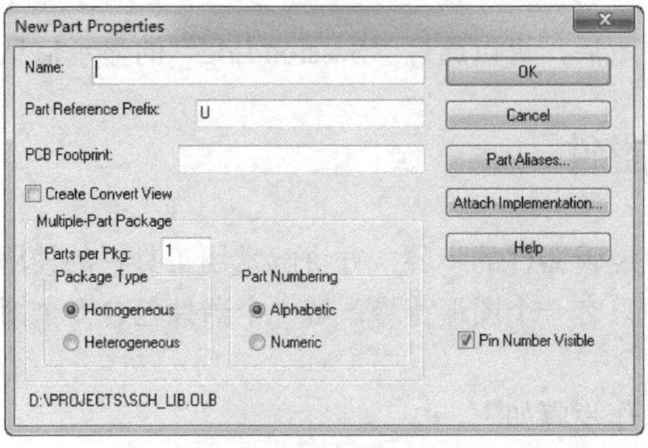

图 1-29　输入器件属性

Name：在此文本框中填入元器件的名称。元器件放置到原理图中时，此名称也是元器件“Part Value”的默认值。

Part Reference Prefix：在此文本框中输入元器件编号的关键字母。例如，IC 输入“U”；电阻输入“R”；电容输入“C”。

PCB Footprint：在此文本框中输入该元器件的封装名称。“Allegro PCB Editor”导入网表后，根据此封装名称从封装库中调取封装出来，并放置在 PCB 板上。

Create Convert View：表示有些元器件除了具有基本的图形形式外，还有另外一种等效图形形式，一般不勾选。

Multiple-Part Package：表示具有多个逻辑的封装元器件。

Parts per Pkg：如果新建的是多个逻辑元器件，则在“Parts per Pkg”文本框中填入数字，指定此器件包含的逻辑数目。

Package Type：此项针对多个逻辑元器件，若多个逻辑元器件的图形形状是完全一样的，则选定 Homogeneous；若多个逻辑元器件不是完全相同，则选定“Heterogeneous”，这里一般选择 Heterogeneous。

Part Numbering：此项针对多个逻辑元器件，用于设置如何命名一个元器件中的不同逻辑属性。

若选中 Alphabetic，则采用“U?A”、“U?B”、“U?C”……的命名方式。

若选中 Numeric，则采用“U?1”、“U?2”、“U?3”……的命名方式。

Pin Number Visible：若选中此选项，则在电路图中放置的元器件符号上同时显示引脚号。

图 1-29 左下角的“D:\PROJECTS\SCH_LIB.OLB”表示元器件库的文件名及路径。

Part Aliases：一般不用设置，这里只做简单介绍。

对于新建的元器件符号，可以赋予一个或者多个命名。单击“Part Aliases...”按钮，出现如图 1-30 所示的窗口。

单击“New...”按钮，出现如图 1-31 所示的窗口。

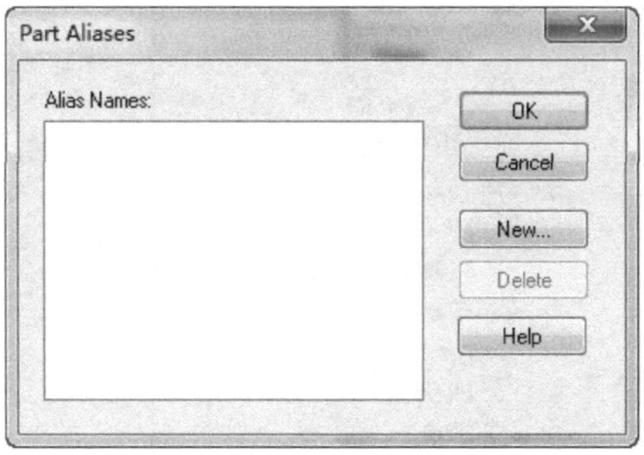

图 1-30 “Part Aliases”窗口

图 1-31 输入新的名称

填上别的名称后，单击“OK”按钮，出现如图 1-32 所示窗口。

若想删除掉此别名，选中后，单击“Delete”按钮即可。

（4）设置好后的界面如图 1-33 所示。

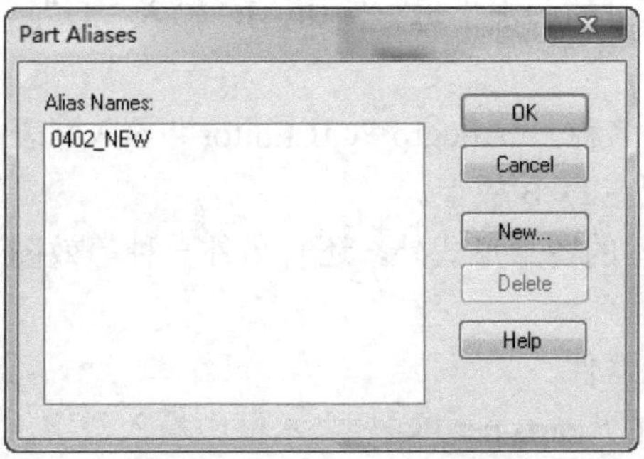

图 1-32　设置好的器件名称

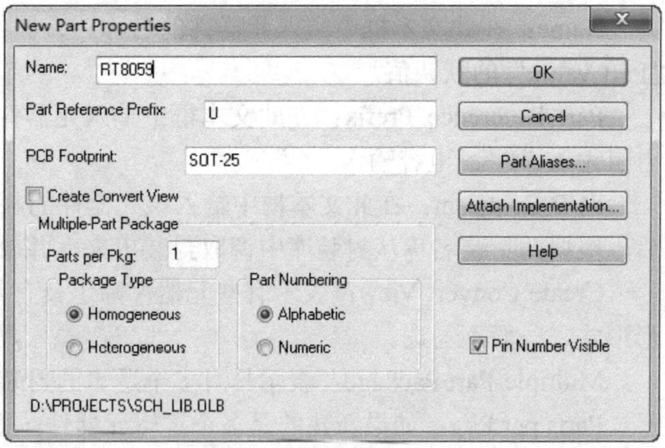

图 1-33　输入器件属性

（5）单击“OK”按钮，进入绘制界面如图 1-34 所示。

说明：背景已根据个人习惯设置为条状，而不是默认的点状。

（6）选择菜单栏“Place—Rectangle”，如图 1-35 所示。

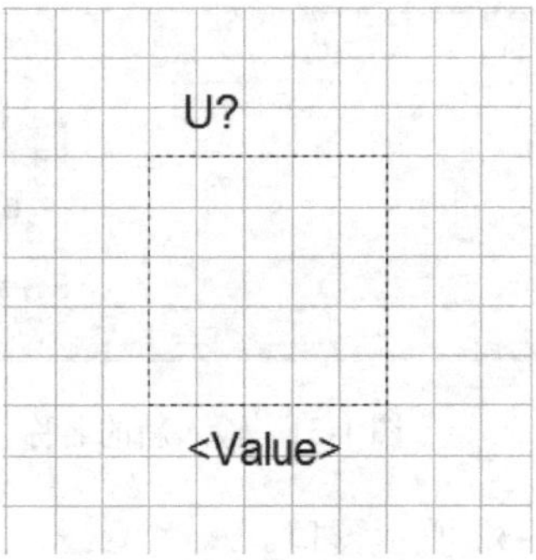

图 1-34　器件绘制界面

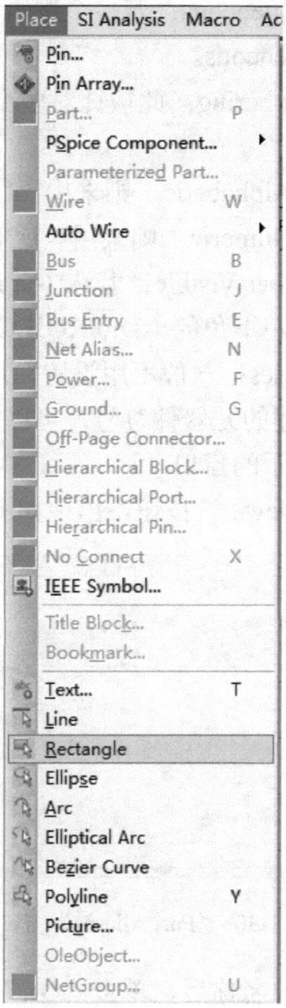

图 1-35　选择矩形框

或者在“Draw”工具栏中，选择“画矩形”图标，如图 1-36 所示。

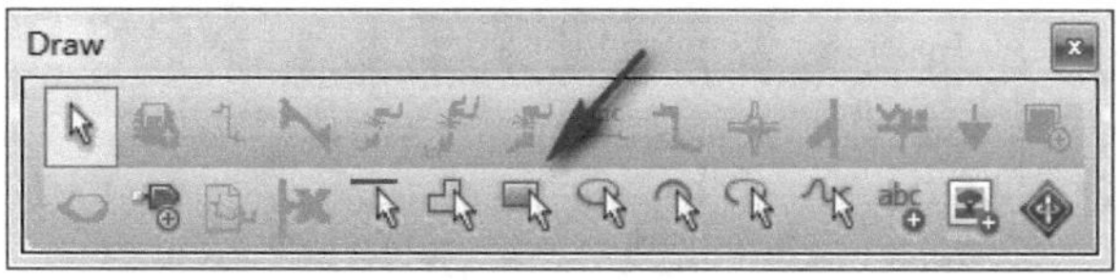

图 1-36 “Draw”工具栏

画出合适大小框，然后通过右键选择“End Mode”结束命令。如图 1-37 所示。

说明：初次画好后，选中矩形框后，鼠标按住边缘，是可以调整大小的，如图 1-38 所示。

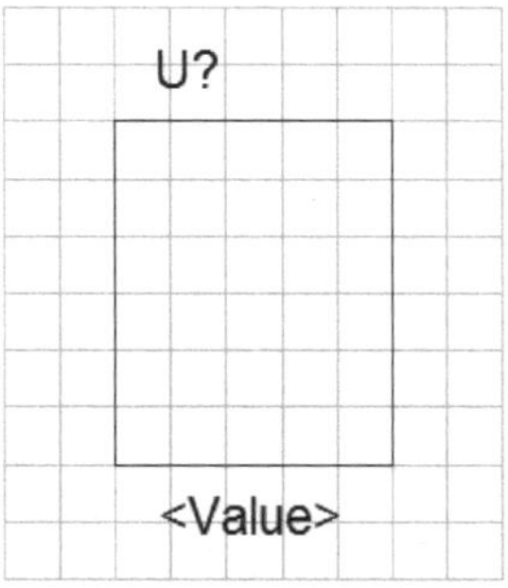

图 1-37 绘制丝印框

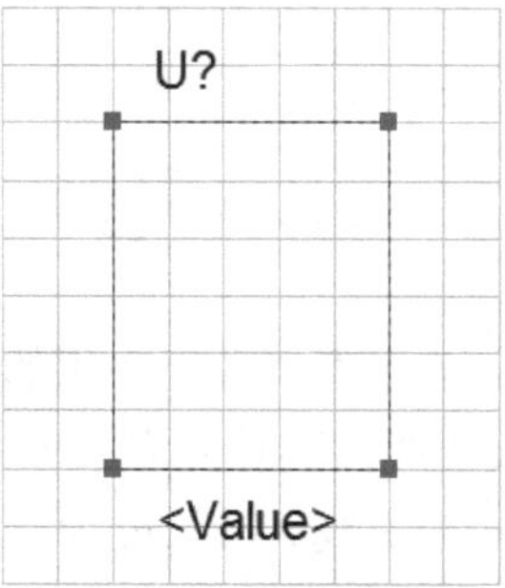

图 1-38 调整丝印框

（7）放置引脚，选择菜单“Place—Pin…”，出现的界面如图 1-39、图 1-40 所示。

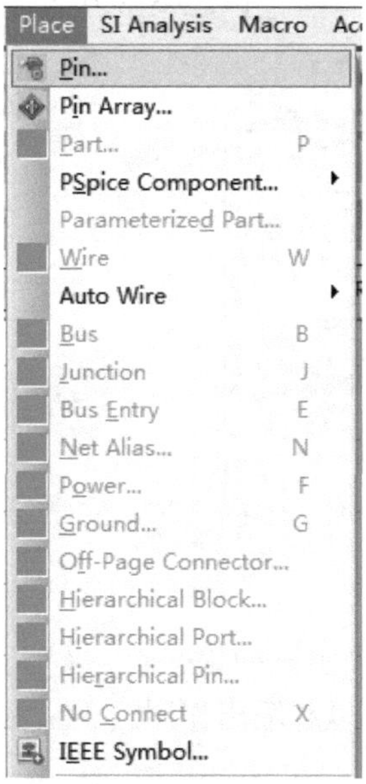

图 1-39 放置引脚

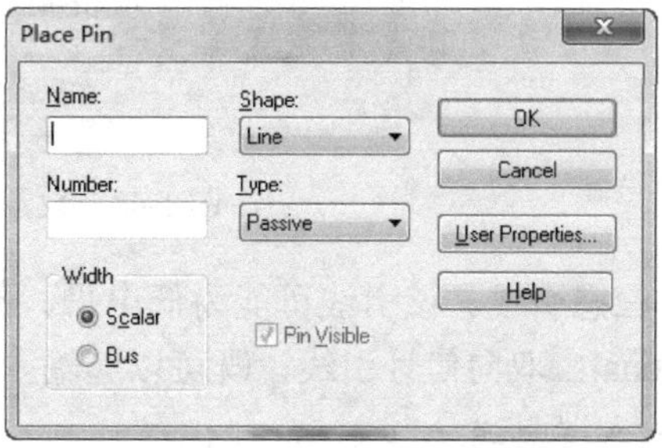

图 1-40 设置引脚属性

在图 1-40 的 Name 处填上引脚名；在 Number 处填上引脚号；其他保持默认即可。

设置引脚形状如图 1-41 所示。

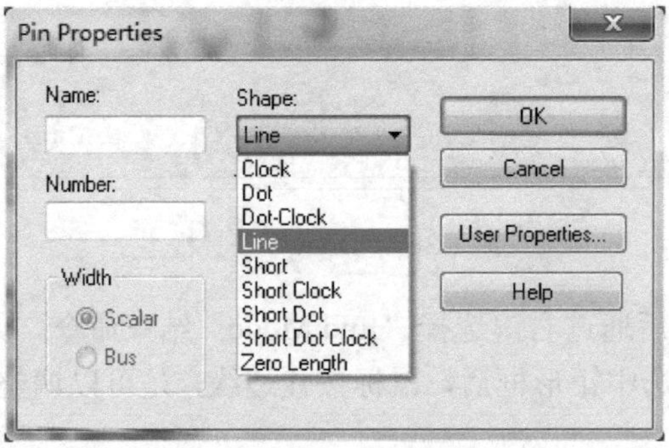

图 1-41　设置引脚形状

Clock：表示该引线为时钟信号。

Dot：表示“非”。

Dot-Clock：表示经“非”作用的时钟信号。

Line：一般引线；其长度为三个格点间距。

Short：表示短引线。其长度为一个格点间距。

Short Clock：为短引线的时钟信号。

Short Dot：为短引线的“非”。

Short Dot Clock：为短引线的“非”形式时钟信号。

Zero Length：表示长度为零的引线。一般用于表示“电源”和“地”引线。

设置引脚类型如图 1-42 所示。

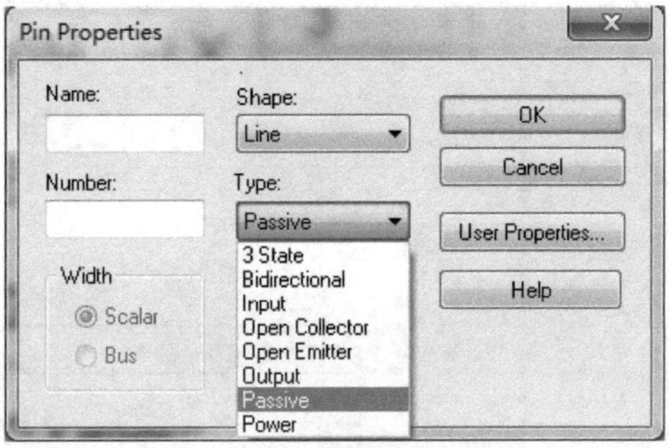

图 1-42　设置引脚类型

3 State：三态引线。该引线可能为低电平、高电平和高阻三种状态。

Bidirectional：双向信号引线，既可以起输入作用也可以起输出作用。

Input：输入端引线。

Open Collector：集电极开路输出端引线。

Open Emitter：发射极开路输出端引线。

Output：输出端引线。

Passive：无源器件的引线。

Power：电源引线和地引线。

Width：指定该引线信号是一般信号“Scalar”，还是总线信号“Bus”。

如果选择“Bus”，则图中“Name”文本框中的设置必须符合下述总线名的格式设置要求。

设置好后，单击“OK”按钮，在页面上放置即可，如图 1-43 所示。

注意： 放置好引脚后，可以双击引脚，进行编辑；也可以选择多个引脚，然后通过右键选择“Edit Properties...”进行编辑即可，如图 1-44 所示。

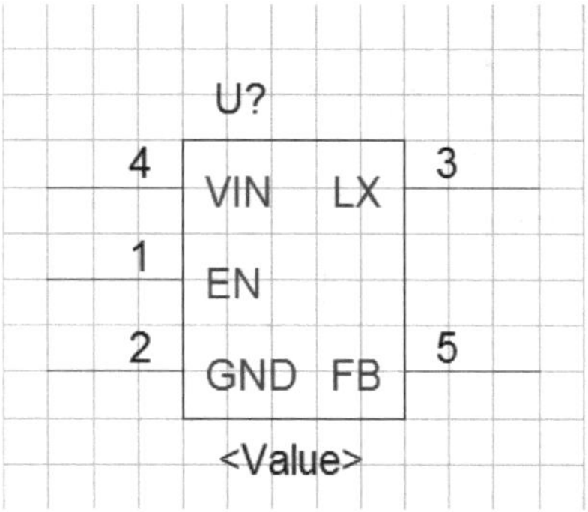

图 1-43 放置好引脚

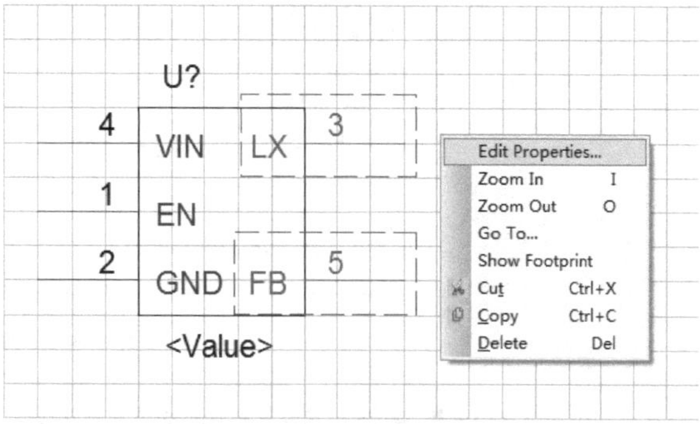

图 1-44 编辑引脚属性

（8）选择菜单“File—Save”进行保存，即完成此单逻辑元器件制作。

1.3 建立多逻辑器件

1.3.1 方式一

此方法跟建立单逻辑器件步骤相似，选项含义可参考其相关说明。以一器件为例，方式一的具体步骤及设置如下。

（1）右击“D:\Projects\SCH_LIB.OLB”，并选择“New Part”，如图 1-45 所示。

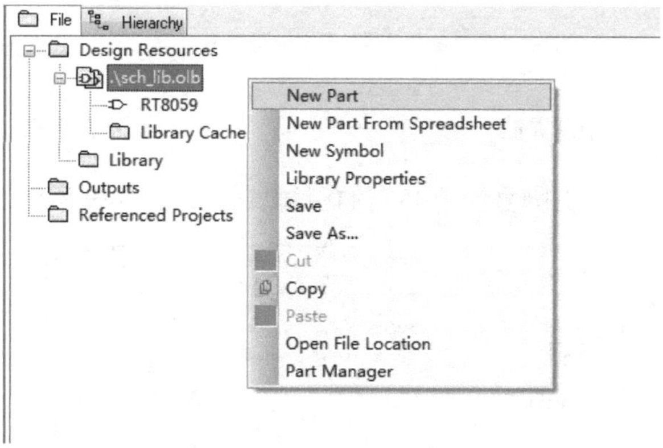

图 1-45 新建多逻辑器件

（2）弹出如图 1-46 所示。设置好参数。

注意： 这里是器件包含两个不同的逻辑，所以“Parts per Pkg”处填上“2”，且选择“Hetergeneous”。

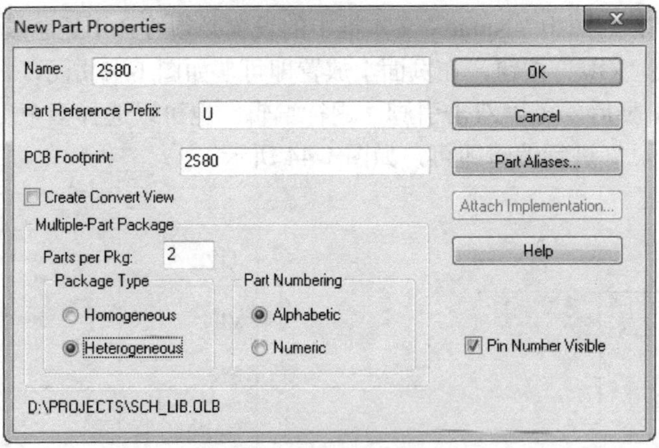

图 1-46　输入器件属性

（3）单击“OK”按钮，进入绘制界面，如图 1-47 所示。

（4）选择菜单“Place—Rectangle”，画好外框后，并放置引脚（方法同建立单逻辑器件操作），如图 1-48 所示。

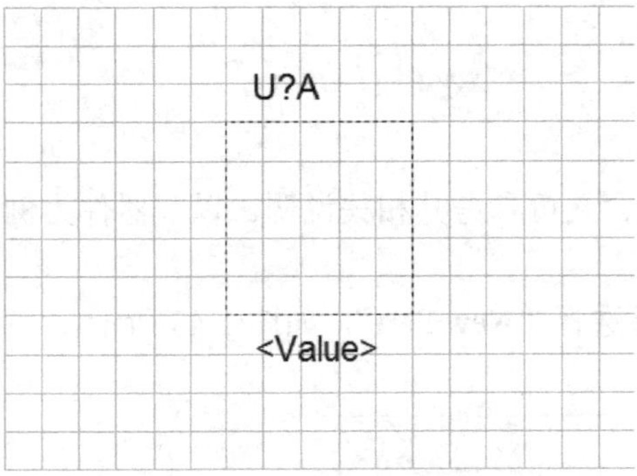

图 1-47　绘制界面

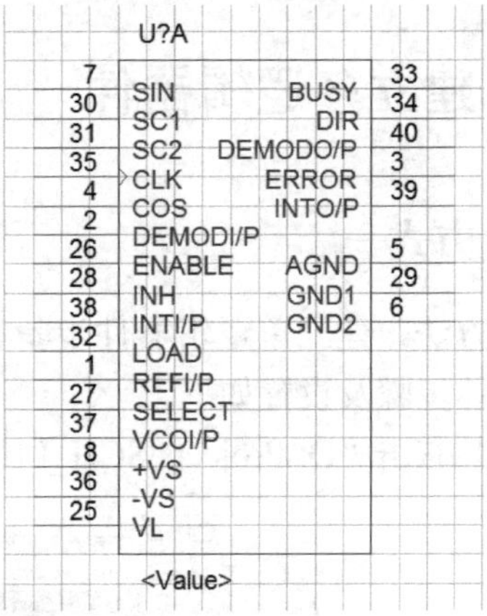

图 1-48　放置引脚

此为 A 逻辑部分；其中引脚号为“35”的引脚属性如图 1-49 所示。

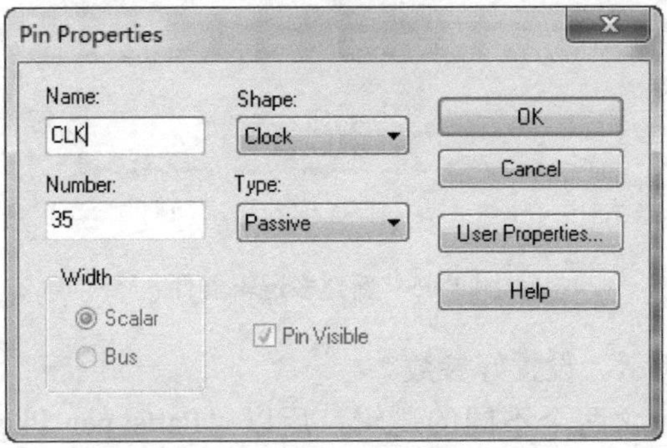

图 1-49　引脚号为“35”的引脚属性

图 1-48 中有两个 GND 的引脚，可以将它们的类型设置为“Power”；或者将引脚名更改为“GND1、GND2”这样递增的名字，类型设置为“Passive”；这里选择后者如图 1-50、图 1-51 所示。

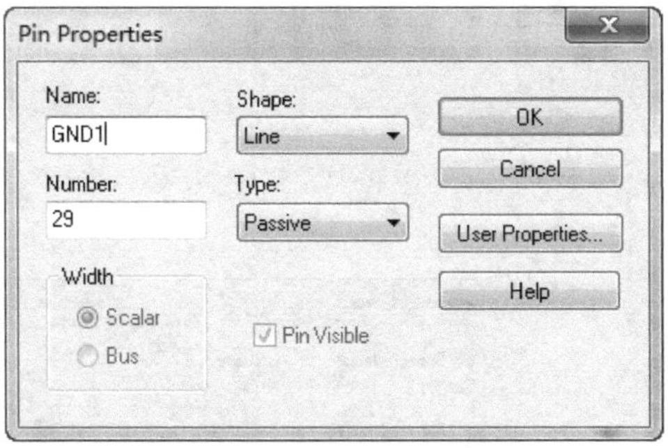

图 1-50 “GND1”引脚属性

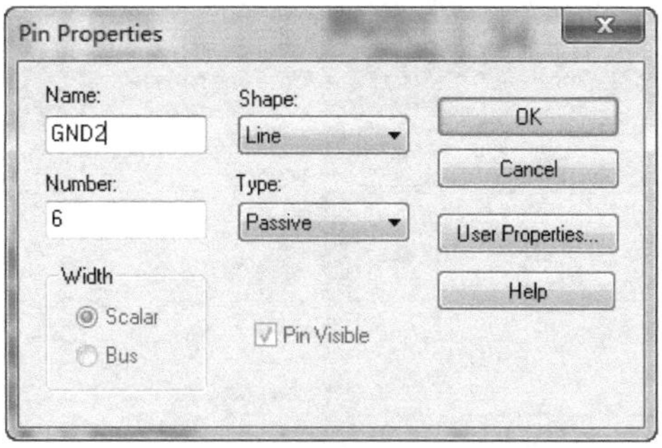

图 1-51 “GND2”引脚属性

（5）现在继续绘制 B 逻辑部分，在当前界面选择“View”菜单，然后单击“Next Part”，如图 1-52 所示。

进入到 B 逻辑界面如图 1-53 所示。

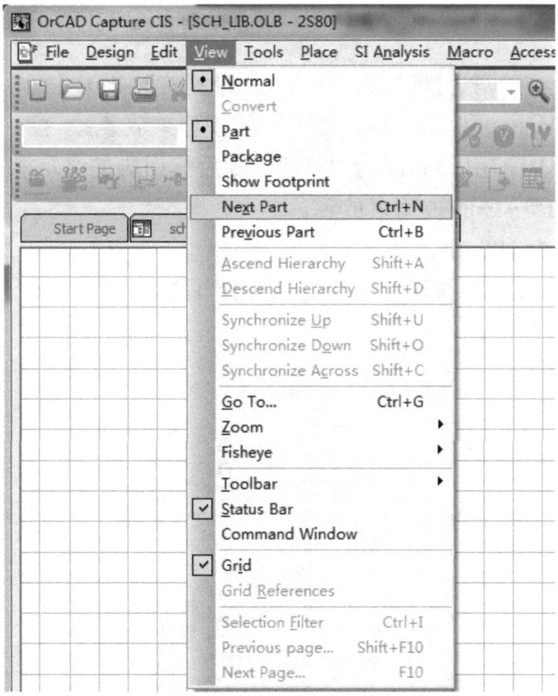

图 1-52 进入 B 逻辑绘制界面

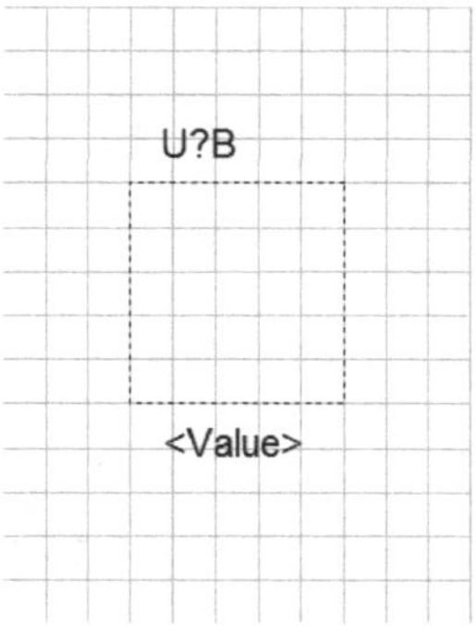

图 1-53 B 逻辑绘制界面

（6）这里使用放置引脚阵列的方式快速放置引脚，单击“Pin Array”，如图 1-54 所示。

弹出界面如图 1-55 所示。

Starting Name：开始放置的第一个引脚的名称。

Starting Number：开始放置的第一个引脚的引脚号。

Number of Pins：需要放置的引脚的数目。

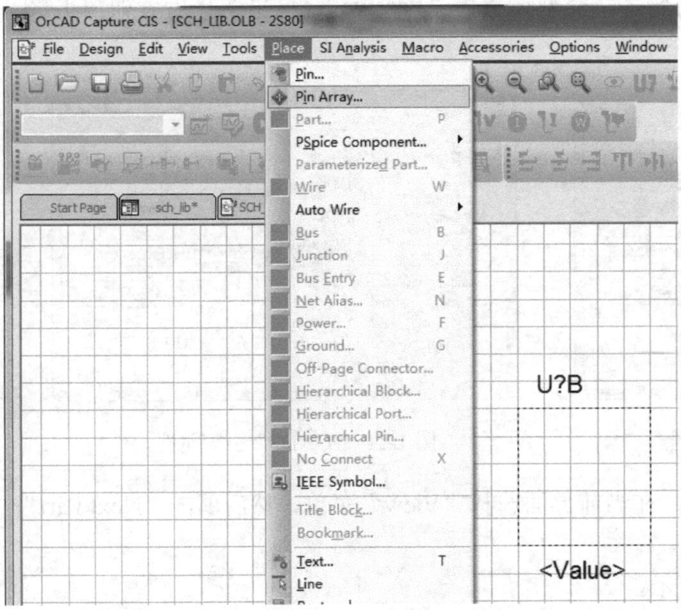

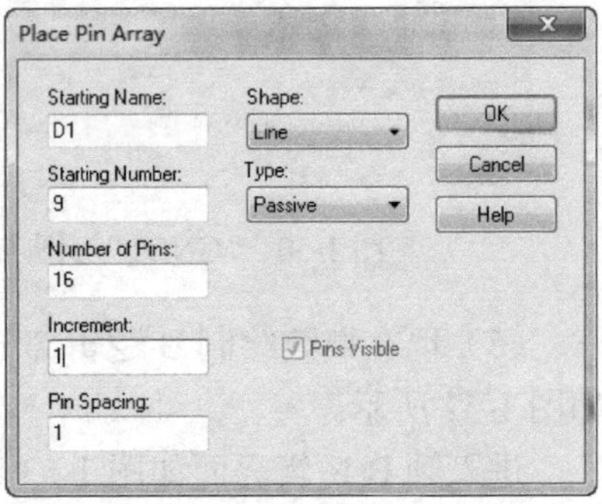

图 1-54　放置引脚阵列　　　　图 1-55　设置引脚阵列属性

Increment：此栏中如果填“1”时，第一个引脚号为“9”，引脚名成为“D1”，则后续引脚的名称和引脚号分别按照 D2、D3、D4……和 10、11、12……的规律来放置；

如果填“2”时，第一个引脚号为“9”，引脚名成为“D1”，则后续引脚的名称和引脚号分别按照 D3、D5、D7……和 11、13、15……的规律来放置。

Pin Spacing：填“1”表示栅格间距为 100mil。

按照图 1-55 所示。设置好后，单击“OK”按钮，放置好后如图 1-56 所示。

（7）绘制矩形外框，调整后如图 1-57 所示。

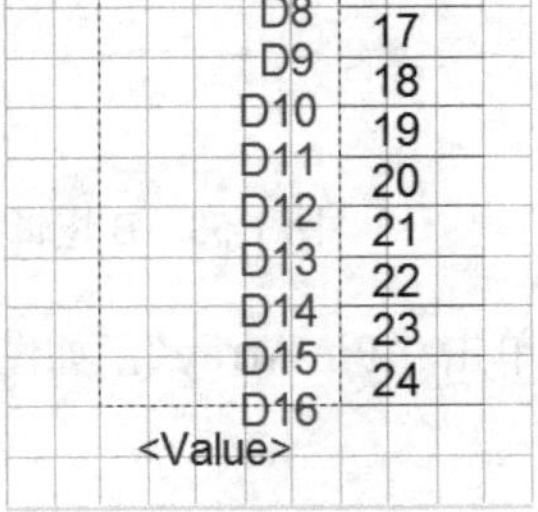

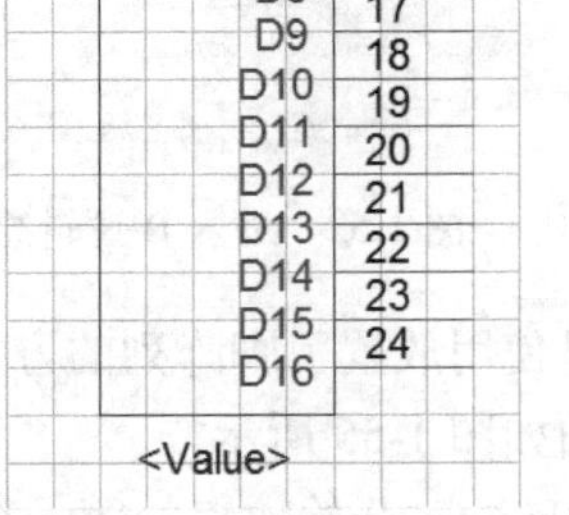

图 1-56　放置完引脚阵列　　　　图 1-57　绘制丝印框

注意：通过菜单“View—Package”，就可以可以查看整体视图，如图 1-58 所示。

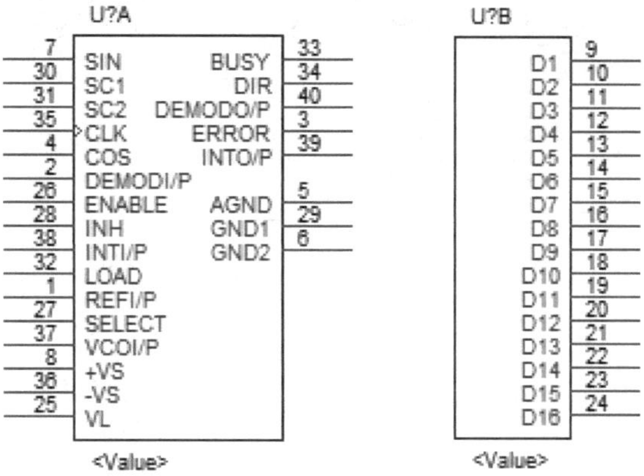

图 1-58　器件整体视图

（8）选择菜单“File—Save”，制作完成。

1.3.2　方式二

（1）右击“D:\Projects\sch_lib.olb”，如图 1-59 所示。

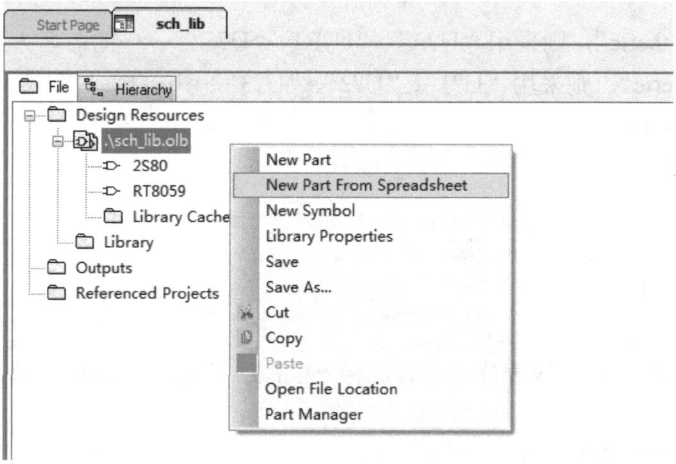

图 1-59　新建多逻辑器件

（2）选择“New Part From Spreadsheet”，出现的界面如图 1-60 所示。

Part Name：在此文本框中填入元器件的名称。元器件放置到原理图中时，此名称也是元器件的“Part Value”的默认值。

No.of Sections：逻辑的数目。

Part Ref Prefix：在此文本框中输入元器件编号的关键字母。例如，IC 输入“U”；电阻输入“R”；电容输入“C”。

Part Numbering：此项针对多逻辑器件，本栏用于设置如何命名一个元器件中的不同逻辑属性。

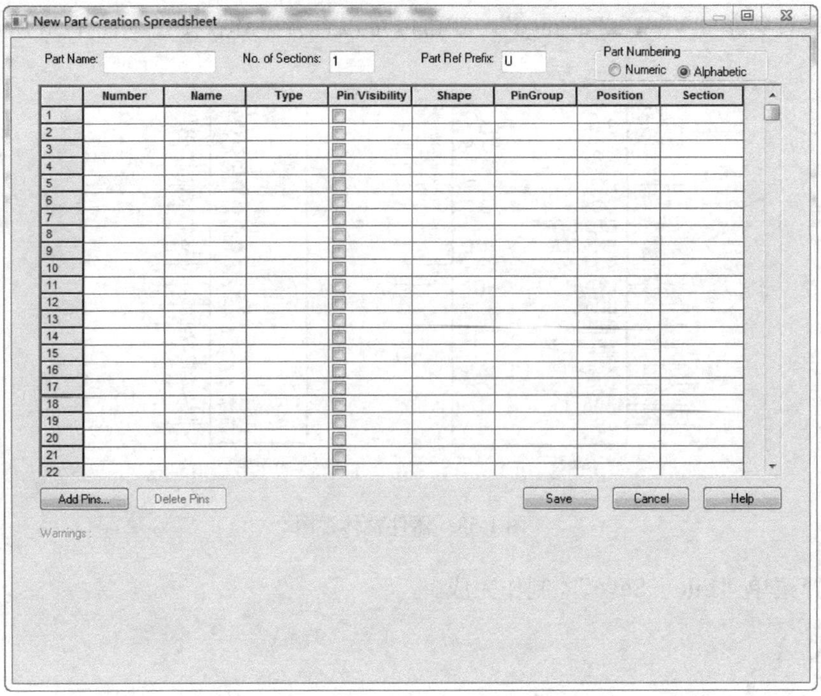

图 1-60 “New Part From Spreadsheet”界面

若选中“Alphabetic”，则采用“U?A”、“U?B”、“U?C”……的命名方式；

若选中“Numeric”，则采用“U?1”、“U?2”、“U?3”……的命名方式。

Number：引脚号。

Name：引脚名。

Type：引脚类型。

Pin Visibility：勾选表示显示引脚。

Shape：引脚属性。

PinGroup：引脚组。

Position：引脚在外框的放置位置；若选择“Left”，则软件生成的元器件符号中，引脚会自动放置在左边。

Section：下拉选择引脚属于的逻辑部分。

以上 PinGroup 一般可以不用设置。

Add Pins：添加引脚。

Delete Pins：删除引脚。

Save：保存。

Cancel：取消。

Help：帮助。

Warnings：当保存器件不成功的时候，这里会显示相关的信息。

（3）这里以“2S80”为例，输入相关参数，如图 1-61、图 1-62 所示。

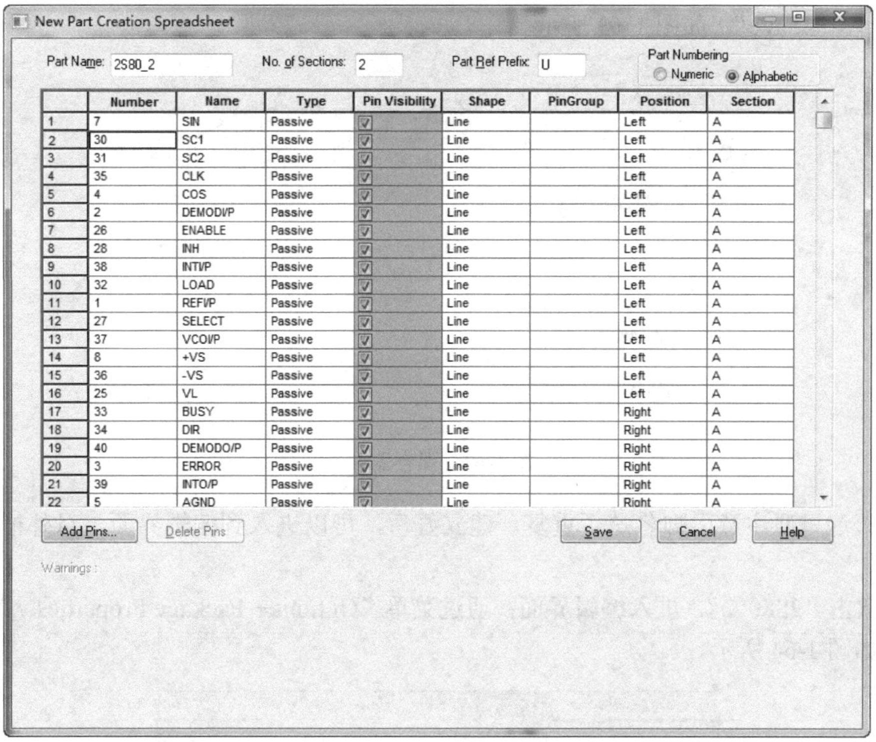

	Number	Name	Type	Pin Visibility	Shape	PinGroup	Position	Section
1	7	SIN	Passive	☑	Line		Left	A
2	30	SC1	Passive	☑	Line		Left	A
3	31	SC2	Passive	☑	Line		Left	A
4	35	CLK	Passive	☑	Line		Left	A
5	4	COS	Passive	☑	Line		Left	A
6	2	DEMODI/P	Passive	☑	Line		Left	A
7	26	ENABLE	Passive	☑	Line		Left	A
8	28	INH	Passive	☑	Line		Left	A
9	38	INTI/P	Passive	☑	Line		Left	A
10	32	LOAD	Passive	☑	Line		Left	A
11	1	REFI/P	Passive	☑	Line		Left	A
12	27	SELECT	Passive	☑	Line		Left	A
13	37	VCOI/P	Passive	☑	Line		Left	A
14	8	+VS	Passive	☑	Line		Left	A
15	36	-VS	Passive	☑	Line		Left	A
16	25	VL	Passive	☑	Line		Left	A
17	33	BUSY	Passive	☑	Line		Right	A
18	34	DIR	Passive	☑	Line		Right	A
19	40	DEMODO/P	Passive	☑	Line		Right	A
20	3	ERROR	Passive	☑	Line		Right	A
21	39	INTO/P	Passive	☑	Line		Right	A
22	5	AGND	Passive	☑	Line		Right	A

图 1-61　输入引脚（一）

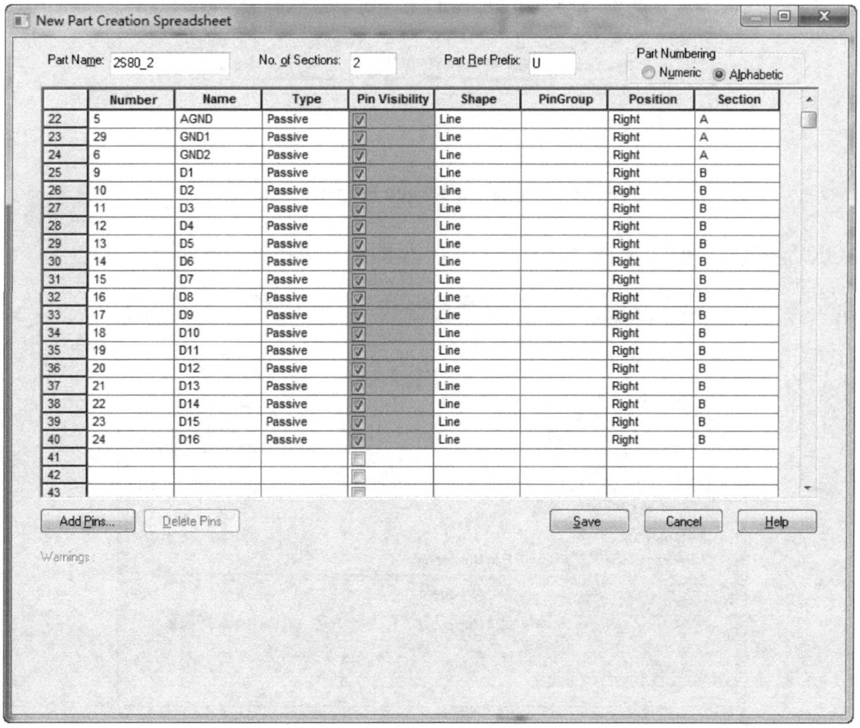

	Number	Name	Type	Pin Visibility	Shape	PinGroup	Position	Section
22	5	AGND	Passive	☑	Line		Right	A
23	29	GND1	Passive	☑	Line		Right	A
24	6	GND2	Passive	☑	Line		Right	A
25	9	D1	Passive	☑	Line		Right	B
26	10	D2	Passive	☑	Line		Right	B
27	11	D3	Passive	☑	Line		Right	B
28	12	D4	Passive	☑	Line		Right	B
29	13	D5	Passive	☑	Line		Right	B
30	14	D6	Passive	☑	Line		Right	B
31	15	D7	Passive	☑	Line		Right	B
32	16	D8	Passive	☑	Line		Right	B
33	17	D9	Passive	☑	Line		Right	B
34	18	D10	Passive	☑	Line		Right	B
35	19	D11	Passive	☑	Line		Right	B
36	20	D12	Passive	☑	Line		Right	B
37	21	D13	Passive	☑	Line		Right	B
38	22	D14	Passive	☑	Line		Right	B
39	23	D15	Passive	☑	Line		Right	B
40	24	D16	Passive	☑	Line		Right	B
41				☐				
42				☐				
43				☐				

图 1-62　输入引脚（二）

（4）单击“Save”，如图 1-63 所示。

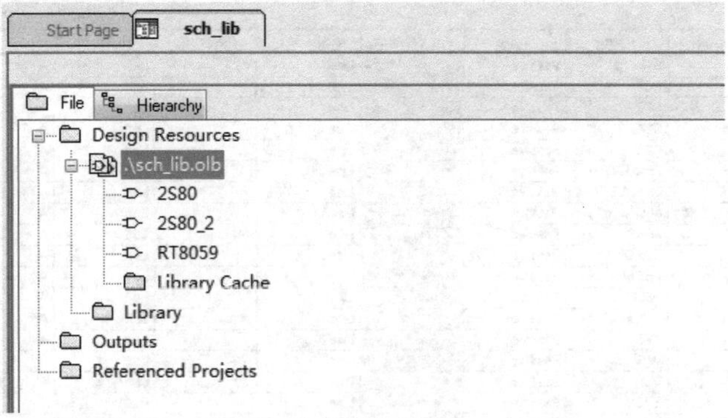

图 1-63　保存器件

注意：这里要注意引脚名是否重复。建立好后，可以进入到编辑界面，对外框大小进行调整。

（5）双击“2S80_2”，进入编辑界面；通过菜单“Options—Package Properties…”，填写封装信息，如图 1-64 所示。

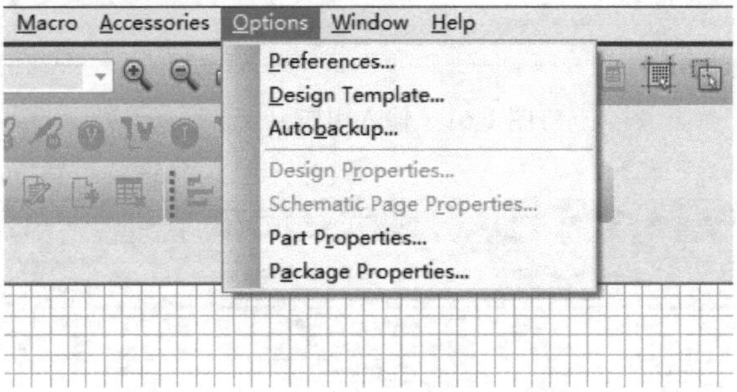

图 1-64　选择“Package Properties…”

单击“OK”按钮，然后选择“Ctrl+S”，保存即可，如图 1-65 所示。

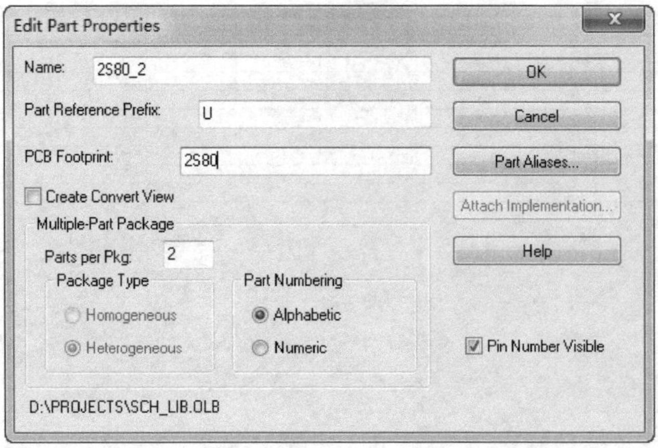

图 1-65　输入封装信息

1.4 绘制原理图

1.4.1 建立工程

打开“Capture CIS”后，选择菜单“File—New—Project…”，如图 1-66 所示。

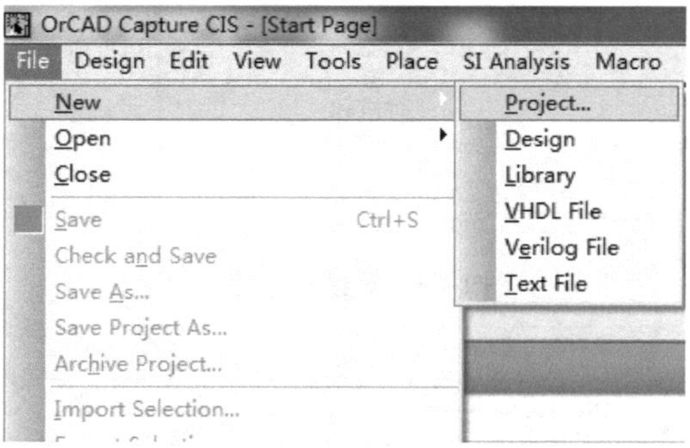

图 1-66 建立工程

图 1-67 中，“Name”处填写项目名；下面设置选择“Schematic”：表示用于工程绘制原理图；“Location”处选择好工程文件的保存路径；单击“OK”按钮后，工程建立完成，如图 1-68 所示。

图 1-67 设置工程信息

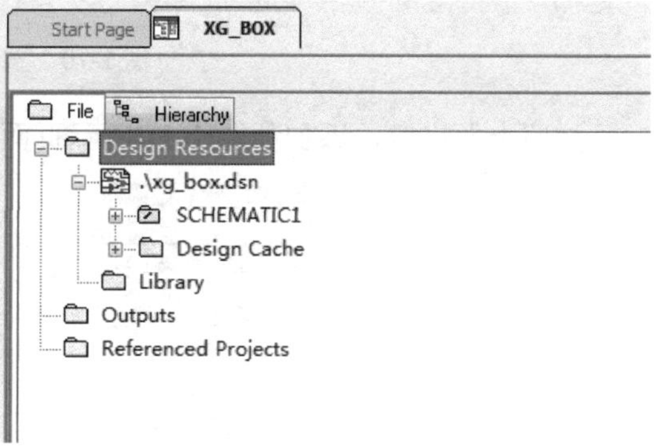

图 1-68 工程界面

在默认情况下，“SCHEMATIC1”目录下只有 1 页原理图，若要添加多页原理图，光标放在“SCHEMATIC1”上面右击，如图 1-69 所示进行操作。

如果要重命名原理图页名，如图 1-70 所示进行操作。光标放在“PAGE1”上右击，然后单击“Rename”即可。

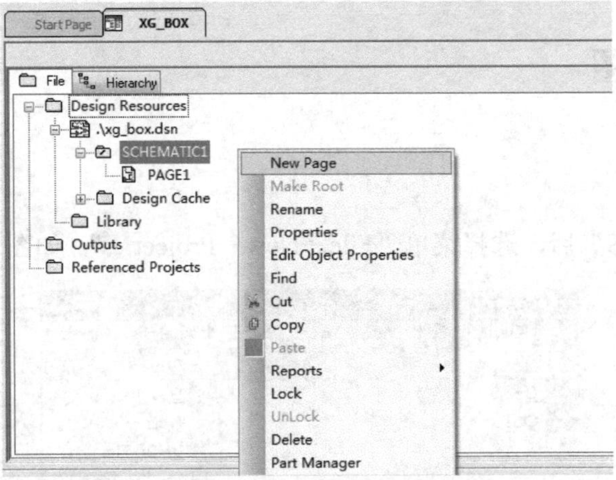

图 1-69　新建 Page 页面

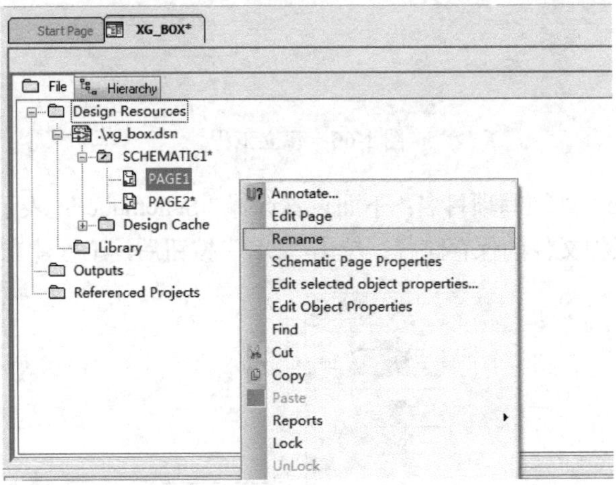

图 1-70　重命名 Page 页名称

按照上面讲解，添加如图 1-71 所示页面。

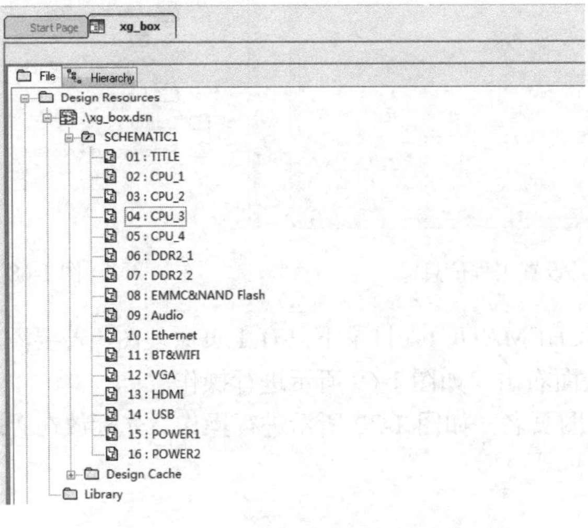

图 1-71　添加完成 Page 页面

技巧：页面名前面可以添加一些数字，如“01，02，…，15，16”，这样页面之间的排列顺序就会根据这些数字的先后来排序。

1.4.2 绘制过程详解

1. 常用工具栏

双击“16：POWER2”原理图页面后，主要通过如下工具栏命令来绘制原理图如图 1-72 所示。

图 1-72 常用工具栏

图 1-72 中图标含义依次为选择、放置器件、添加导线、放置网络组、自动连接两点、自动连接多点、自动连接到总线、放置网络标号、添加总线、添加结点、放置总线支线、放置电源符号、放置地符号、放置层次块、放置端口、放置层次端口、添加页面连接符、添加引脚不连接符号、画直线、画折线、画矩形、画椭圆、画圆弧、画椭圆弧、画贝济埃曲线、添加文字。

单击上面命令绘制好后，须右击并选择“End Mode”命令或者选择“Esc”键结束此命令。

2. off-page connector 与 net alias

off-page connector：端口连接符号；在同一层次电路原理图中，同一页面或者不同页面中，名称相同的端口连接符号在电气连接上是相连的。

net alias：网络标号；在原理图中此名称一样，并且此符号是在同一页面中，在电气连接中才是相连的。

3. 总线的绘制

（1）绘制步骤

总线实际上是一种包含多位类似信号的互连线；在绘制总线步骤上，选择菜单“Place—Bus”后，其他和绘制普通的电气连线的步骤和方法是一样的，只是在电路图中以粗线表示，用来区别一般的电气连线。

（2）总线名的设置

我们需要为电路图中的每一条总线设置一个名称，表示该总线的名称及其中包括的信号；选择菜单“Place—Net Alias”，在弹出的界面输入总线名。

总线名基本格式如下：

总线名称[m:n]

其中，方括号内的 m 和 n 代表总线信号位数的范围。DATA[0:3]和 DATA[3:0]表示的是一样的总线名。同样，DATA[0..3]、DATA[0-3]、DATA[0:3]都是表示一样的总线。

注意：

① 在 Capture 中，总线名称的最后一个字符不要采用数字，防止在生成网络表时产生问题；例如，DATA[0:3]是正确的命名，但是 DATA1[0:3]就会可能产生问题；

② 在 Capture 中，DATA[0:3]和 DATA [0:3]是一样的，软件不会考虑 DATA 和[0:3]中间的空格；

③ 通过 Place—Bus 绘制好总线后，然后添加正确命名格式的页面连接符（off-page connector）；然后通过“Place—Bus Entry”添加总线引入线；然后通过“Place—Net Alias”添加对应的名称。

如图 1-73 所示，虽然不同页面中的 Xm0DATA[15:0]总线没有直接连接在一起，只要总线名称一样，则总线中相同“Net Alias”名称的网络是相连的。

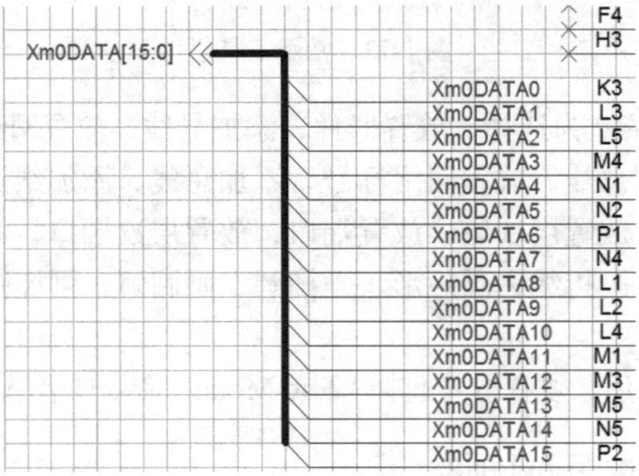

图 1-73 总线示例

4. 电源和地符号

通过选择菜单“Place—Power”或者“Place—Ground”，可以调出这个窗口，如图 1-74 所示。

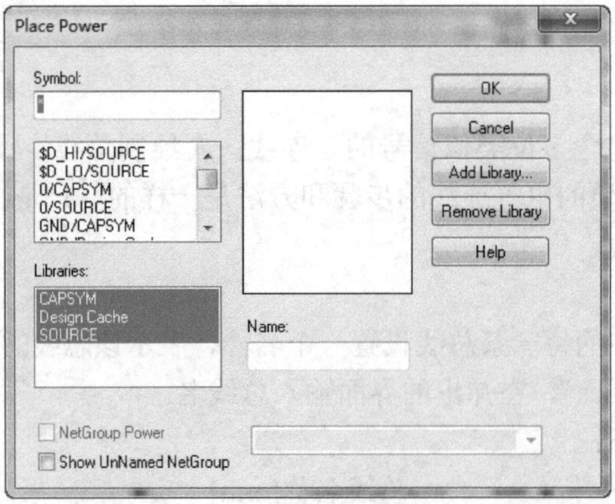

图 1-74 选择电源和地符号界面

在 PCB 设计中，CAPSYM 库中的电源符号是 PCB 设计中经常使用的，如图 1-75 所示。这种符号在电路图中只表示此处连接的是一种电源，原理图中这种符号只要名称一样，就表示电气连接上是相连的，如图 1-76 所示。

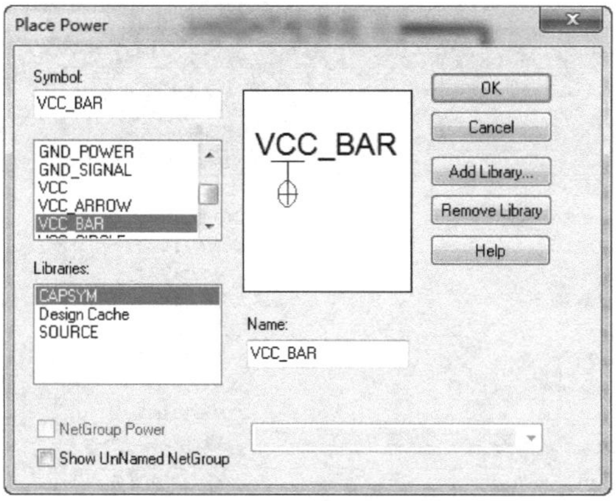

图 1-75 选择电源符号

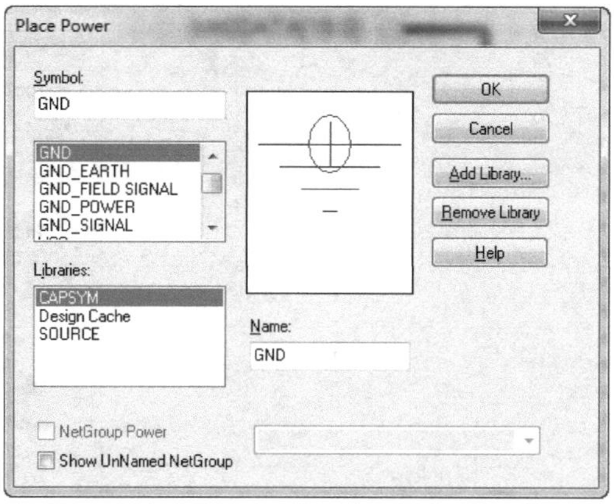

图 1-76 选择地符号

在原理图绘制中，可以更改“Name”处名称，然后单击“OK”按钮，就可以添加多种电源符号或者地符号，如图 1-77 所示。

5. 元件库的添加

（1）进入原理图页面后，选择菜单“Place—Part”，界面右侧会出现如图 1-78 所示界面。

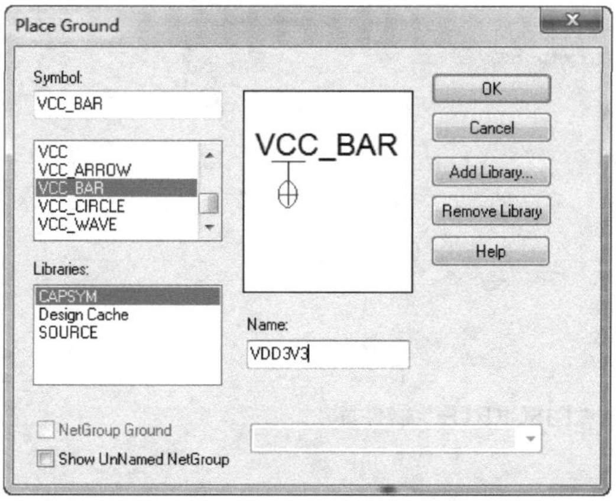

图 1-77 编辑电源符号名称

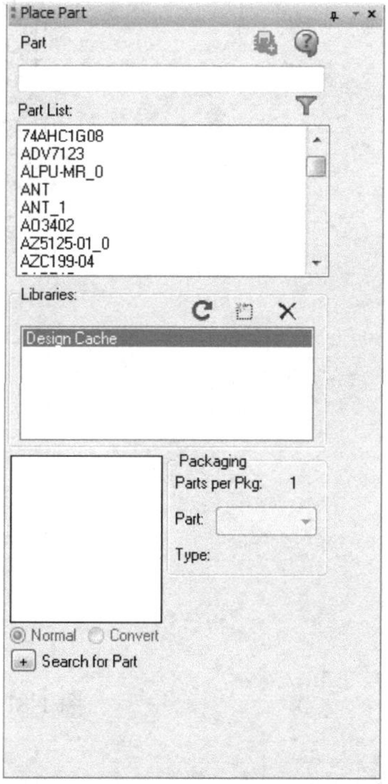

图 1-78 放置元器件窗口

注意：“Design Cache”这一栏记录之前用过的器件。

单击图 1-79 所示中的第二个图标，选择自己的原理图器件库，即可添加进来，如图 1-80 所示。

图 1-79　添加器件库

图 1-80　选择器件库

如图 1-81 所示，添加好器件库后，就可以双击“Part List”下面的器件，放置到页面中。

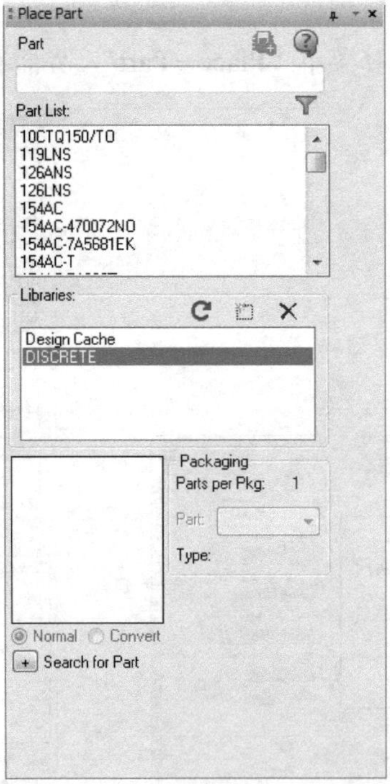

图 1-81　添加好“DISCRETE”器件库

1.5　添加“Intersheet References”

添加“Intersheet References”是指在页面连接符（off-page connector）后面加上图纸页码

编号，方便查找相关对象，其操作步骤如下。

（1）首先，将每一页的页码编号写正确，一般在页面中的右下角的“Title Block”中填写，如图 1-82 所示。

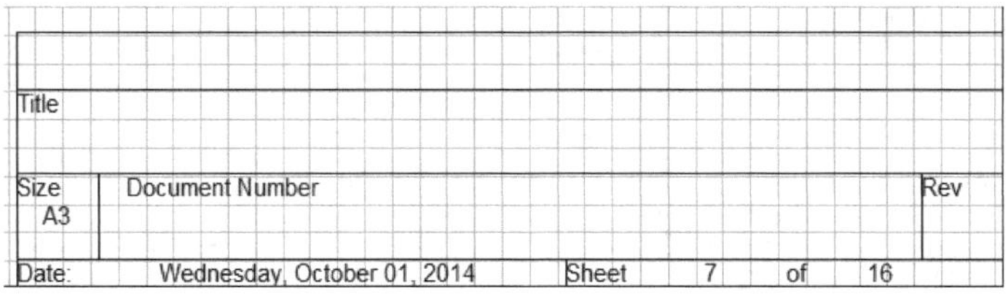

图 1-82　“Title Block”界面

（2）选中 dsn 文件，如图 1-83 所示。

（3）通过菜单“Tools—Annotate”，选择“Add Intersheet References”，其他设置默认，如图 1-84 所示。

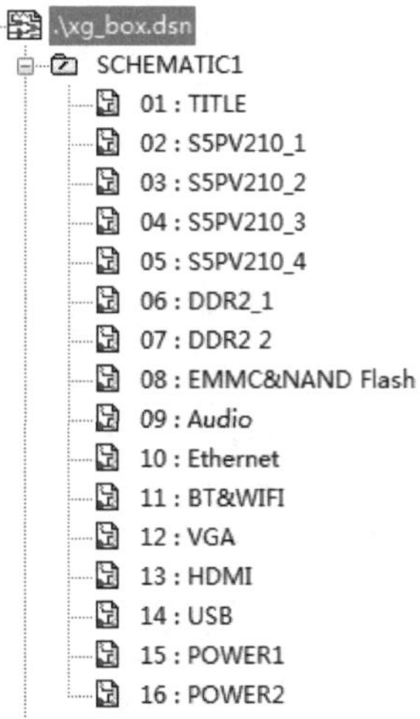

图 1-83　选中 dsn 文件

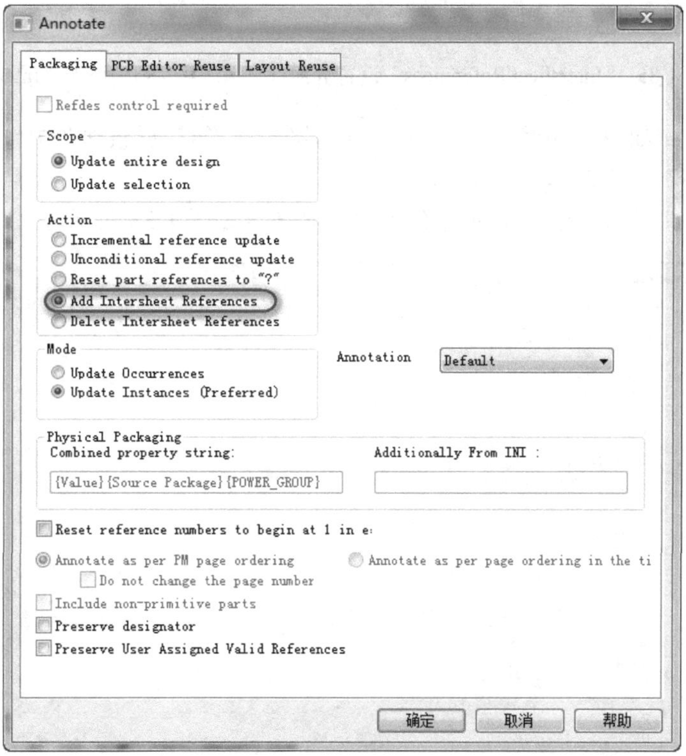

图 1-84　选择“Add Intersheet References”

（4）单击“确定”按钮，弹出如图 1-85 所示界面。

Offset Relative to Port：表示页面编号相对端口放置。

Offset Relative to Port Name：表示页面编号相对端口名称放置。

Reset Positions：此处设置相对放置的距离。

按照图 1-85 所示的设置，单击“OK”按钮后，效果如图 1-86 所示。

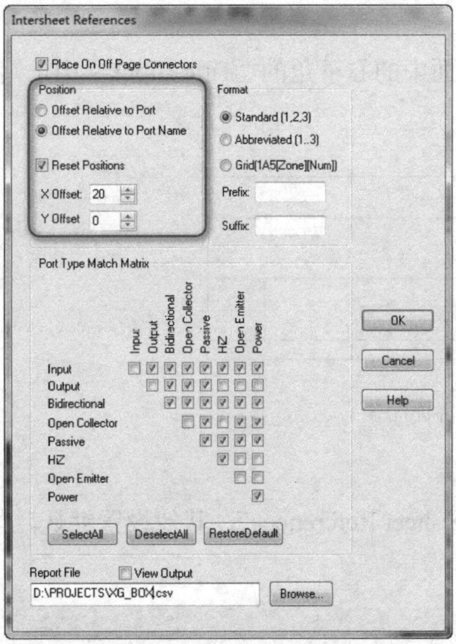

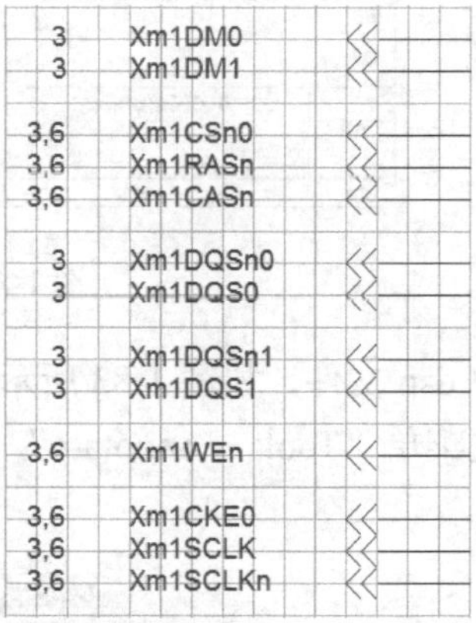

图 1-85 “Intersheet References”设置界面（一） 图 1-86 添加“Intersheet References”后的图示效果（一）

如图 1-86 所示，Xm1DM0 网络在第“3”页原理图中也存在；Xm1CSn0 网络在第“3”、“6”页原理图中也存在。

若按照图 1-87 所示的设置，则效果如图 1-88 所示。

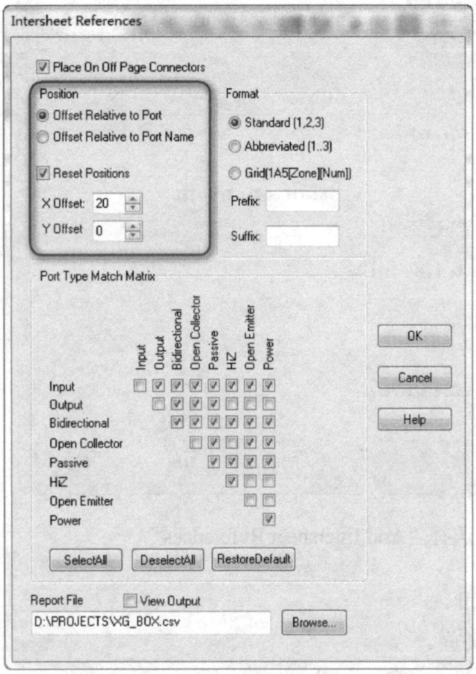

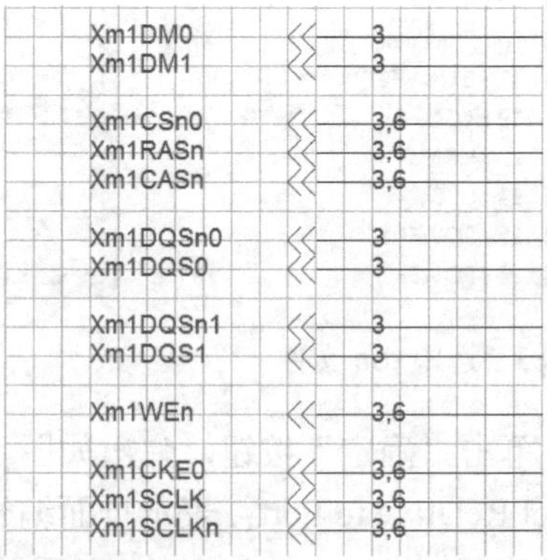

图 1-87 “Intersheet References”设置界面（二） 图 1-88 添加“Intersheet References”后的图示效果（二）

大家可以参考第一种设置，方便查看。

1.6 DRC 检查

原理图绘制完成后，对其进行规则检查（Design Rule Check），检查出其中的问题。操作步骤如下。

（1）选中 dsn 文件如图 1-89 所示。

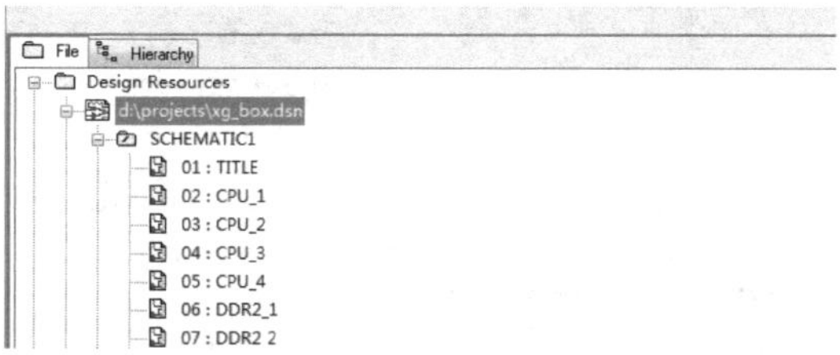

图 1-89 选中 dsn 文件

（2）选择菜单“Tools—Design Rules Check…”，如图 1-90 所示。

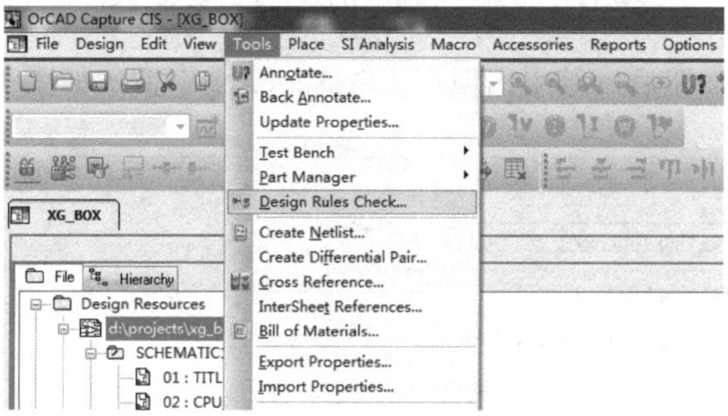

图 1-90 选择“Design Rules Check…”命令

单击“Design Rules Check…”后，出现如图 1-91 所示的默认设置。

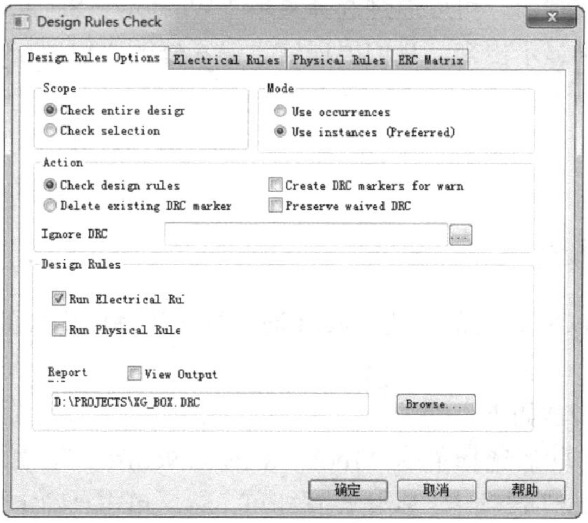

图 1-91 “Design Rules Options”选项卡的设置

一般在默认基础上，选择“Electrical Rules”选项卡，选中图 1-92 中的标记位置。

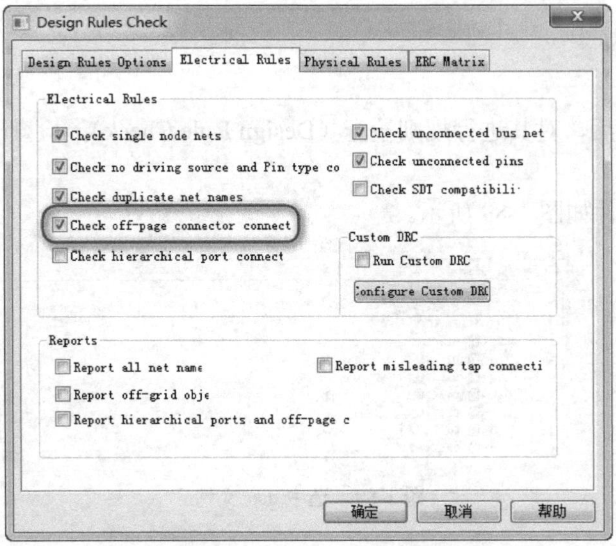

图 1-92 “Electrical Rules”选项卡的设置

（3）单击“确定”按钮后，结果出现在“Session Log”窗口如图 1-93 所示。

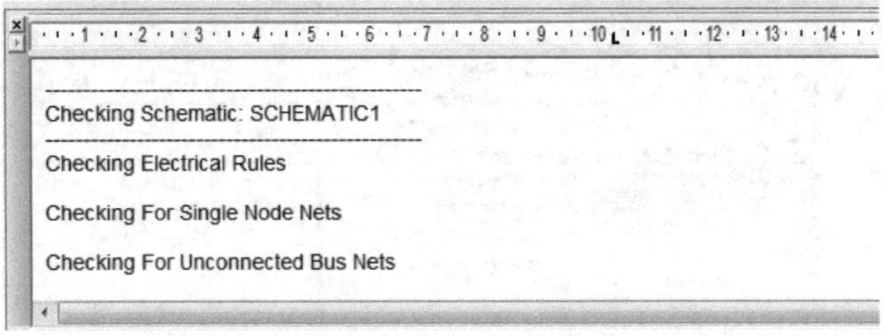

图 1-93 “Session Log”信息窗口

说明： 若没有出现该窗口，可以通过选择菜单“Window—Session Log”调出此窗口。此窗口会将检查的结果详细显示出来，我们根据信息提示修改“Warning/Error”即可。

1.7 生成网络表

1.7.1 生成网络表的操作

网络表是原理图和 PCB 之间的桥梁，PCB 通过导入原理图生成的网络表，才能正确的进行设计。

生成网络表的操作步骤如下。

（1）选中 dsn 文件，然后选择菜单“Tools—Create Netlist…”，如图 1-94 所示。

（2）选择“PCB Editor”选项卡，默认设置即可，然后单击“确定”按钮，如图 1-95 所示。

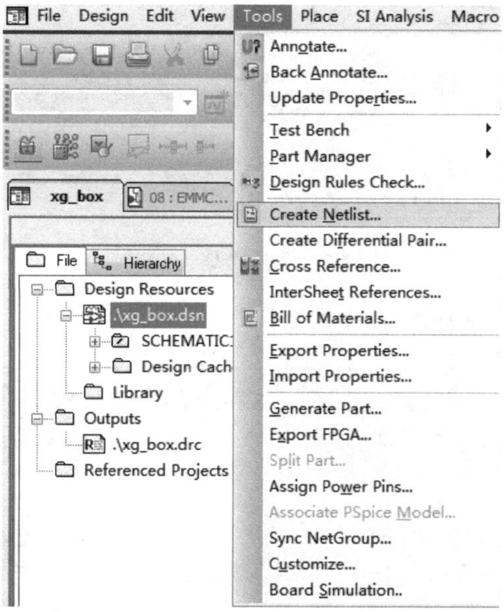

图 1-94　选择生成网络表命令

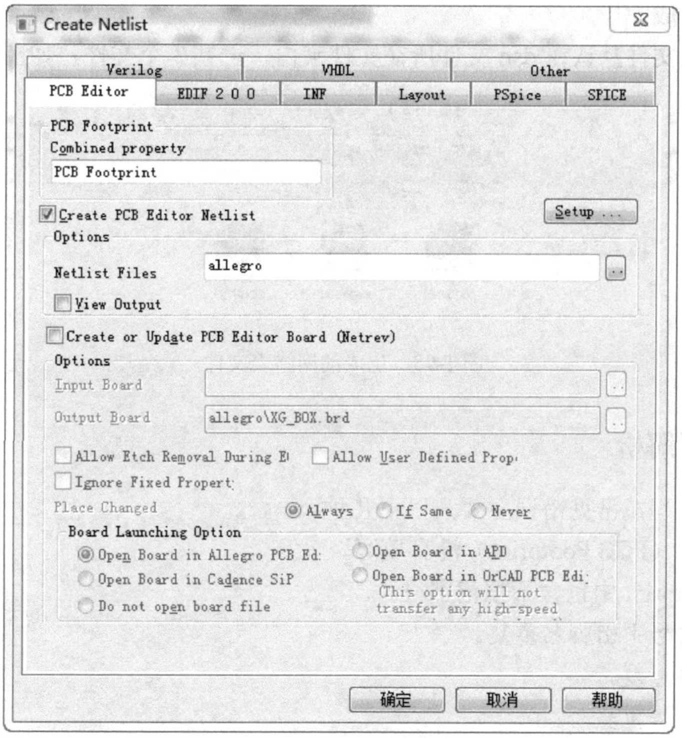

图 1-95　生成网络表命令窗口

（3）单击“确定”按钮后，在图 1-96 中单击“是（Y）”按钮。

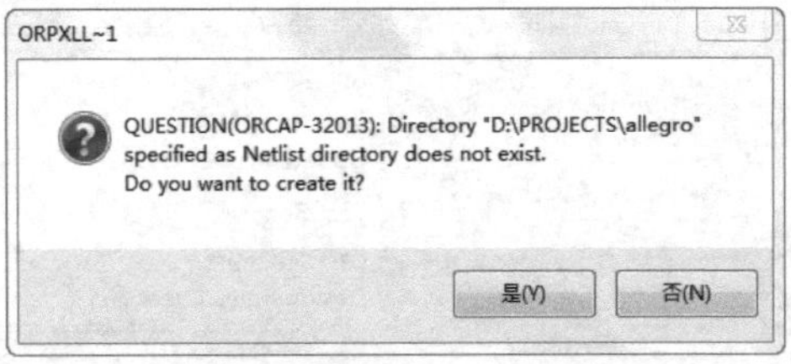

图 1-96　选择“是（Y）”

（4）若网络表无错误，则如图 1-97 所示。

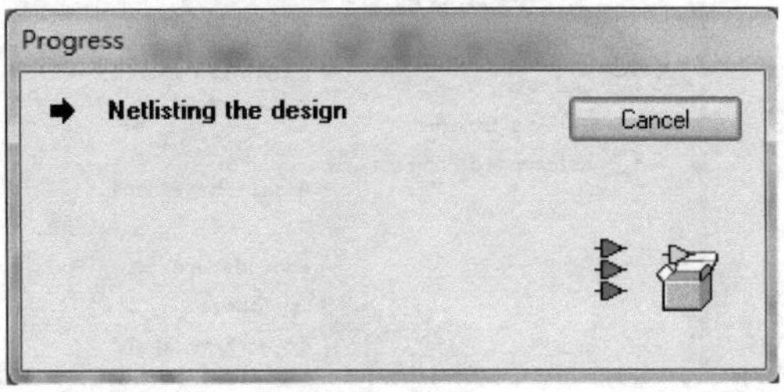

图 1-97　正在生成网络表文件

（5）网络表生成完毕。

说明：网络表文件默认在 dsn 文件所在文件夹内，一共 3 个文件，如图 1-98 所示。

图 1-98　生成的网络表文件

1.7.2　常见错误解析

生成网络表过程，常见错误主要为以下几种。

（1）封装属性（PCB Footprint）没有填写。

（2）PCB Footprint 中包含不规范字符。

（3）原理图符号中引脚名重复。

（4）器件位号重复。

（5）原理图页码重复。

可以通过菜单“Window—Session Log”窗口中的提示信息修改“Warning/Error”。

1.7.3　交互设置

通过设置“Capture”，可以让“Capture”与“PCB Editor”之间进行交互。

通过菜单“Options—Preferences”，选择“Miscellaneous”选项卡，勾选标记处（Enable

Intertool Communication）即可，如图 1-99 所示。

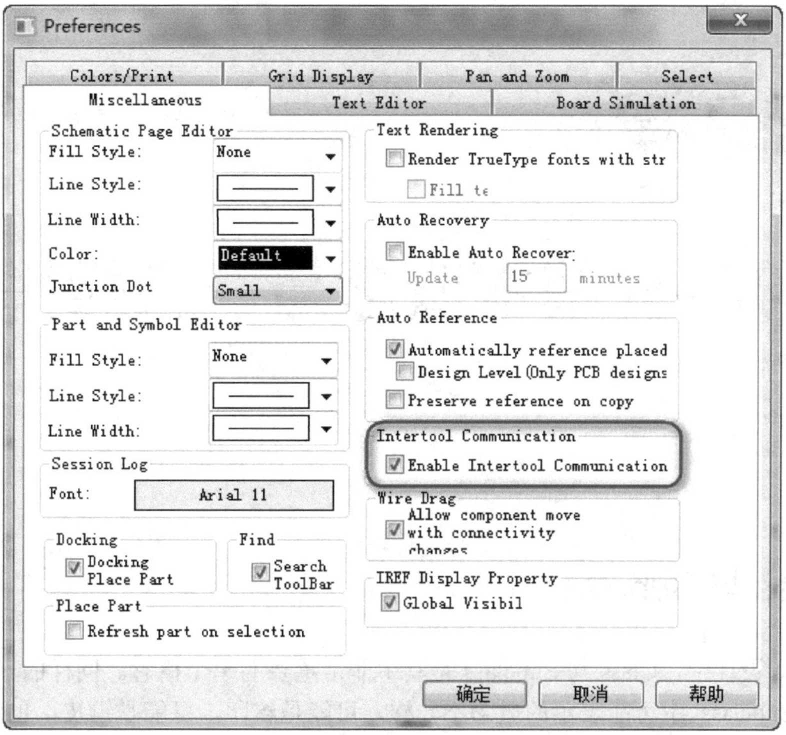

图 1-99　交互设置窗口

第 2 章

Allegro 基本概念与一般操作

2.1 Class 与 Subclass

在 Allegro 设计中，Class 与 Subclass 是其中非常重要的一个概念。同样的一块闭合区域，放在不同的 Subclass 中可能表示的概念不一样，可能是丝印，可能是铜皮，也可能是限高区域。所以，在 Allegro 设计中，我们要注意在对象放置的层面，即 Subclass。例如，在 Allegro PCB Editor 设计界面中，使用“add line”命令，如果当前选择的是“Board Geometry/Silkscreen Top”，则只是一根具有几何图像的 2D 线条；如果当前选择的是“Etch/Top”，则表示一根具有电气连接意义的走线，如图 2-1 所示。

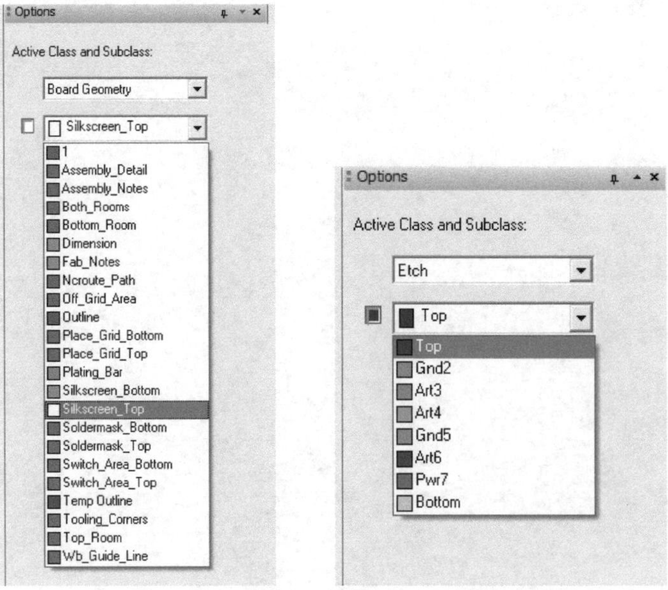

图 2-1　Class 和 Subclass 示例

下面详细介绍常见的 Class 及其 Subclass 的含义。

1. Etch

Etch 包含的 Subclass 与设计的层数有关，预设的 Subclass 有 TOP 和 BOTTOM。Etch 用于走线、覆铜等。

2. Package Geometry

这个 Class 包含的是与封装相关的内容：

>Assembly_Bottom

>Assembly_Top

>Body_Center

>Dfa_Bound_Bottom

>Dfa_Bound_Top

>Display_Bottom

>Display_Top

>Lib_Approved

>Modules

>Pad_Stack_Name

>Pastemask_Bottom

>Pastemask_Top

>Pin_Number

>Place_Bound_Top

>Sflib_Info

>Silkscreen_Bottom

>Silkscreen_Top

>Sofer_Sym_Name

>Soldermask_Bottom

>Soldermask_Top

>Sym_Body

3. Board Geometry

这个 Class 包含的主要是与设计中几何尺寸相关的内容：

>Assembly_Detail

>Assembly_Note

>Both_Rooms

>Bottom_Room

>Cut_Marks

>Dimension

>Ncroute_Path

>Off_Grid_Area
>Osp_Top
>Outline
>Place_Grid_Bottom
>Place_Grid_Top
>Plating_Bar
>Silkscreen_Bottom
>Silkscreen_Top
>Soldermask_Bottom
>Soldermask_Top
>Switch_Area_Bottom
>Switch_Area_Top
>Tooling_Corners
>Top_Room
>WB_Guide_Line
>Xmark

4. Manufacturing

这里主要是与制造相关的一些 Subclass：
>Autosilk_Bottom
>Autosilk_Top
>Details
>Ncdrill_Figure
>Ncdrill_Legend
>No_Gloss_All
>No_Gloss_Bottom
>No_Gloss_Internal
>No_Gloss_Top
>Photoplot_Outline
>Probe_Bottom
>Probe_Top
>Shape_Problems
>Temp_Details_A
>Temp_Details_B
>Xsection_Chart

5. Ref Des

这里主要是与器件位号相关的 Subclass：
>Assembly_Bottom

>Assembly_Top
>Display_Bottom
>Display_Top
>Silkscreen_Bottom
>Silkscreen_Top

6. Drawing Format

这里是一些说明信息的 Subclass：
>Construction
>Outline
>Revision_Block
>Revision_Data
>Title_Block
>Title_Data

7. Pin

与引脚相关的 Subclass（预设）如下：
>Top
>Bottom
>Soldermask_Top
>Soldermask_Bottom
>Pastemask_Top
>Pastemask_Bottom
>Filmmasktop
>Filmmaskbottom

8. 其他

Package Keepin：允许器件摆放区。
Package Keepout：禁止器件摆放区。
Route Keepin：允许布线区。
Route Keepout：禁止布线区。
Via Keepout：禁止添加过孔区。

2.2 常见文件格式

.brd：PCB 设计文件。
.log：记录数据处理过程及结果。
.art：artwork 文件，即光绘文件。
.scr：script 记录文件。

.pad：焊盘文件。
.dra：drawing 文件，常指封装文件。
.psm：package symbol，实体封装零件。
.osm：format symbol，logo 图形的零件。
.ssm：shape symbol，自定义 pad 的几何形状需要使用的文件。
.bsm：mechanical symbol，没有电气特性的机械零件。
.fsm：flash symbol，用于负片通孔连接。
.mdd：module 模块。
.sav：软件意外关闭即时保存的文件格式。
.drl：钻孔文件。
.txt：文本文件。

2.3 操作习惯

Allegro 同很多其他 PCB 设计软件使用方式不同，一般需要先选择执行命令，然后选择好对应的操作对象，并设置好命令参数后，再来单击或执行对应的对象。

Allegro 命令可以在菜单栏中进行选择执行，也可以在界面的下方的 Command 命令窗口输入对应的命令字符执行。

下面以查看 Net 网络属性操作为例。

（1）选择菜单“Edit—Property”，如图 2-2 所示。

（2）在“Find”侧边栏选中“Nets”，如图 2-3 所示。

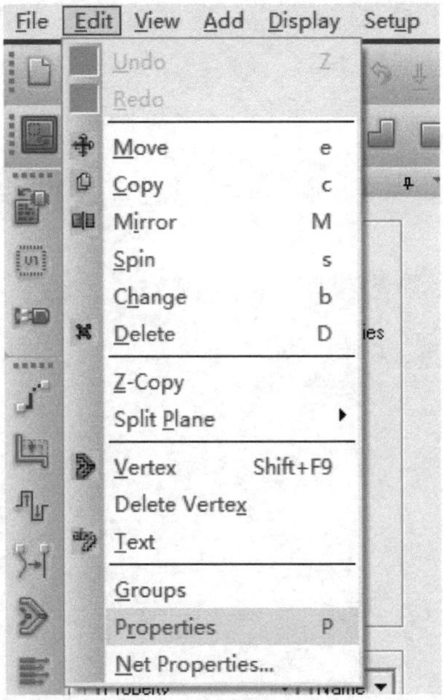

图 2-2　选择编辑属性命令

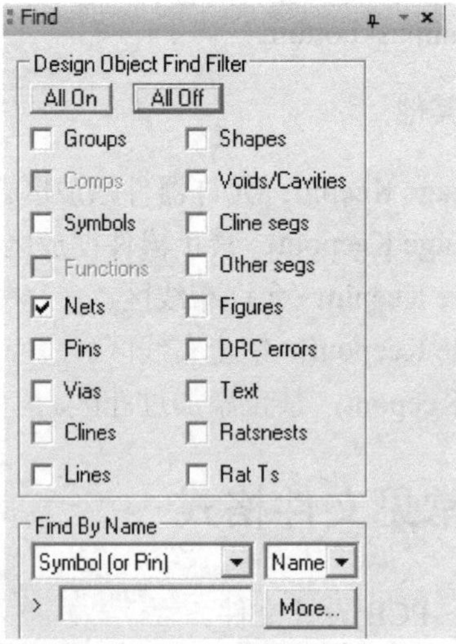

图 2-3　勾选“Nets”对象

（3）然后单击对应网络走线，出现对应属性界面，如图 2-4 所示。

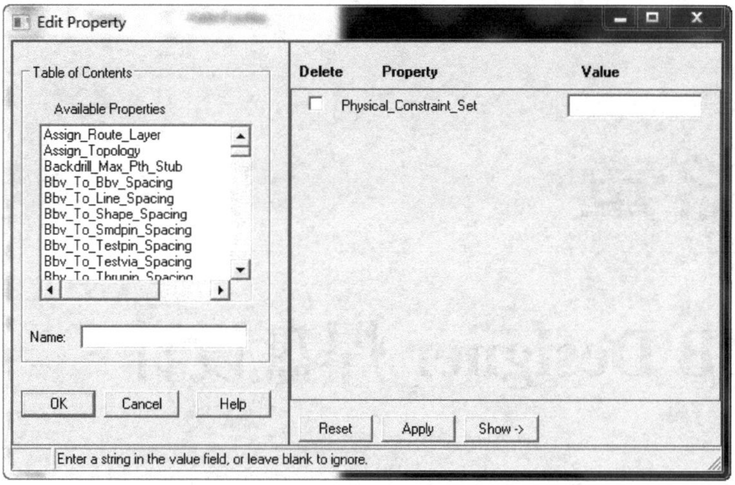

图 2-4　编辑属性窗口

（4）编辑好属性值后，关掉窗口，然后右键选择“Done”，结束命令。

第3章 PCB Designer焊盘设计

3.1 基本要素讲解

（1）焊盘：表面贴装装配的基本构成单元。

（2）焊盘制作包含：焊盘的形状、尺寸、孔径、阻焊层及助焊层等基本信息。

（3）名词释义。

阻焊层（Solder Mask）：又叫绿油层，是电路板的非布线层。用于制成丝网漏印板，将不需要焊接的地方涂上阻焊剂。由于焊接电路板时焊锡在高温下的流动性，所以必须在不需要焊接的地方涂一层阻焊物质，防止焊锡流动、溢出引起短路。

助焊层（Paste Mask）：为非布线层，该层用来制作钢网，而钢网上的孔就对应着电路板上的 SMD 器件的焊点。在表面贴装（SMD）器件焊接时，先将钢网盖在电路板上（与实际焊盘对应），然后将锡膏涂上，用刮片将多余的锡膏刮去，移除钢网，这样 SMD 器件的焊盘就加上了锡膏，之后将 SMD 器件贴附到锡膏上去（手工或贴片机），最后通过回流焊机完成 SMD 器件的焊接。

3.2 焊盘命名规范

3.2.1 通孔焊盘

1. 命名格式为 p60c40

p：表示是金属化（plated）焊盘（pad）；

60：表示的是焊盘外径为 60mil；

c：表示的是圆形（circle）焊盘；

40：表示焊盘内径是 40mil。

根据焊盘外型的形状不同，我们还有正方形（Square）、长方形（Rectangle）和椭圆形焊盘（Oblong）等，在命名的时候则分别取其英文名字的首字母来加以区别。例如，p40s26.pad 外径为 40mil、内径为 26mil 的方形焊盘。

在长方形焊盘设计中，由于存在不同的长宽尺寸，所以我们在其名中给予指定。

将焊盘尺寸用数学方式表示出来即（width×height），我们用字母“x”来代替“X”。

例如：p40x140r20.pad 表示 width 为 40mil、height 为 140mil、内径为 20mil 的长方形通孔焊盘。

2. 命名格式为 h138c86p/u

h：表示的是定位孔（hole）；

138：表示的是定位孔（或焊盘）的外径为 138mil；

c：表示的是圆形（circle）；

86：表示孔径是 86mil；

p：表示金属化（plated）孔；

u：或非金属化（unplated）孔。

注意：在实际使用中，焊盘也可以做定位孔使用，但为规范起见，在此将焊盘与定位孔做了区别。

3.2.2　表贴焊盘

1. 长方形焊盘

（1）命名格式为 s15x60（英制）

s：表示表贴（surface mount）焊盘；

15：表示 width 为 15mil；

60：表示 height 为 60mil。

（2）命名格式为：s1_5x0_6（公制）

s：表示表贴（surface mount）焊盘；

1_5：表示 width 为 1.5mm；

0_6：表示 height 为 0.6mm。

注：其他公制命名格式同此。

2. 方形焊盘

方形焊盘的命名格式为 ss040。

第一个 s：表示表面贴（surface mount）焊盘；

第二个 s：表示方形（square）焊盘；

040：表示 width 和 height 都为 40mil。

3. 圆形焊盘

圆形焊盘的命名格式为 sc040。

s：表示表面贴（surface mount）焊盘；

c：表示圆形（circle）焊盘；

040：表示 width 和 height 都为 40mil。

注意：

① width 和 height 是指 Allegro 的 Pad_Designer 工具中的参数，用这两个参数来指定焊盘的长和宽或直径；

② 如上方法指定的名称均表示在 top 层的焊盘，如果所设计的焊盘是在 bottom 层时，我们在名称后加一字母“b”来表示。

3.2.3 过孔

过孔的命名格式为 via24d12。

via：表示过孔（via）；

24：表示过孔的外径为 24mil；

12：表示过孔的内孔径为 12mil。

说明：规范的命名格式是为了方便管理，大家可参考以上命名格式。

3.3 表贴焊盘的建立

（1）在计算机“开始”菜单选择“所有程序”—Cadence—Release 16.6—PCB Editor Utilities”，单击“Pad_Designer”图标，会出现如图 3-1 所示的界面。

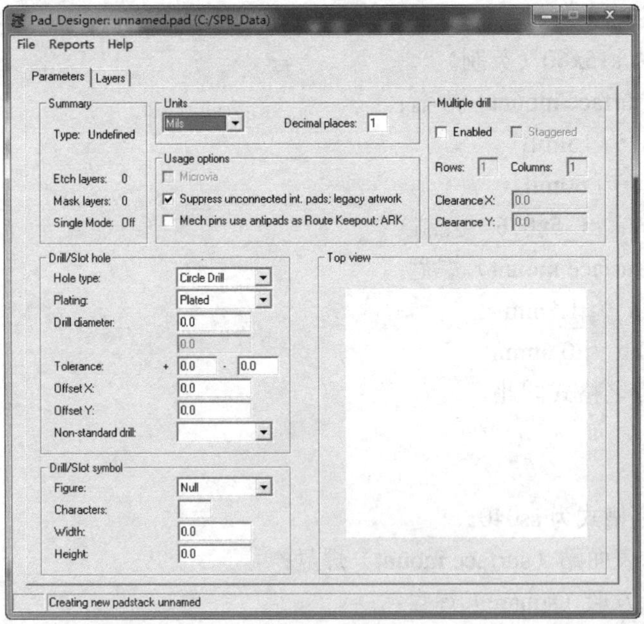

图 3-1 “Pad_Designer”窗口

建议：推荐将“开始”菜单中的“Pad_Designer”程序通过右键发送快捷方式到桌面，方便打开程序。

这里以命名为“S25x55”的表贴焊盘为例讲解表贴焊盘的制作。

（2）选择菜单“File—New”，可以通过单击“Browse”处设置焊盘保存路径，并填上焊盘名，如图 3-2 所示。

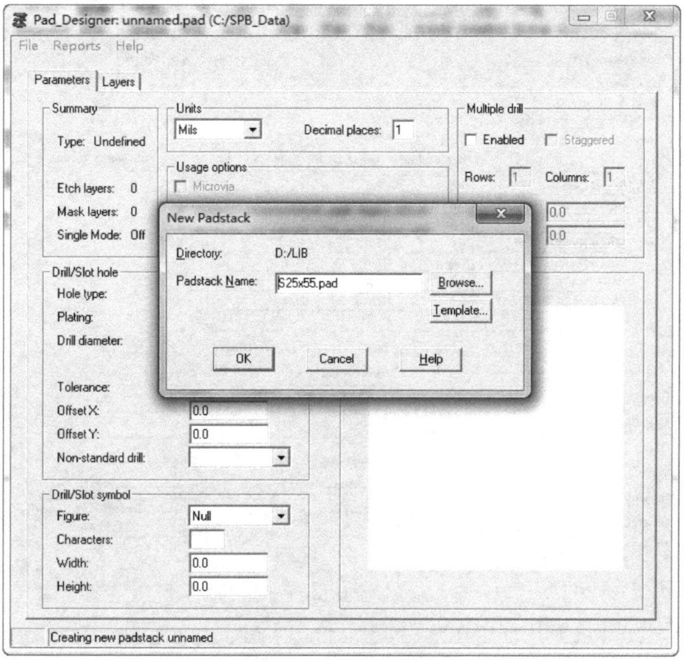

图 3-2 新建焊盘

（3）单击“OK”按钮，如图 3-3 所示。

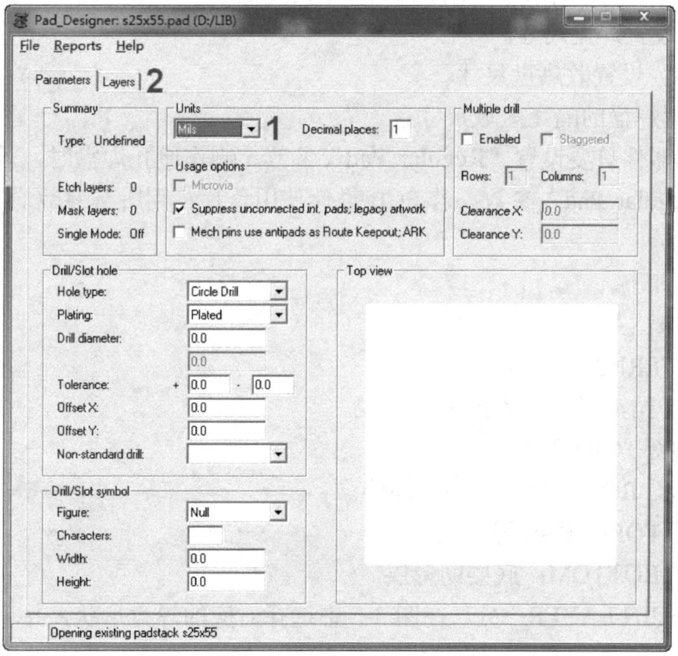

图 3-3 “Parameters”选项卡

在“1”处选择对应单位，这里我们使用英制，选择“Mils”（若使用的是公制，可选择Millimeter），其他设置保持默认。然后在“2”处单击“Layers”选项卡，界面如图3-4所示。

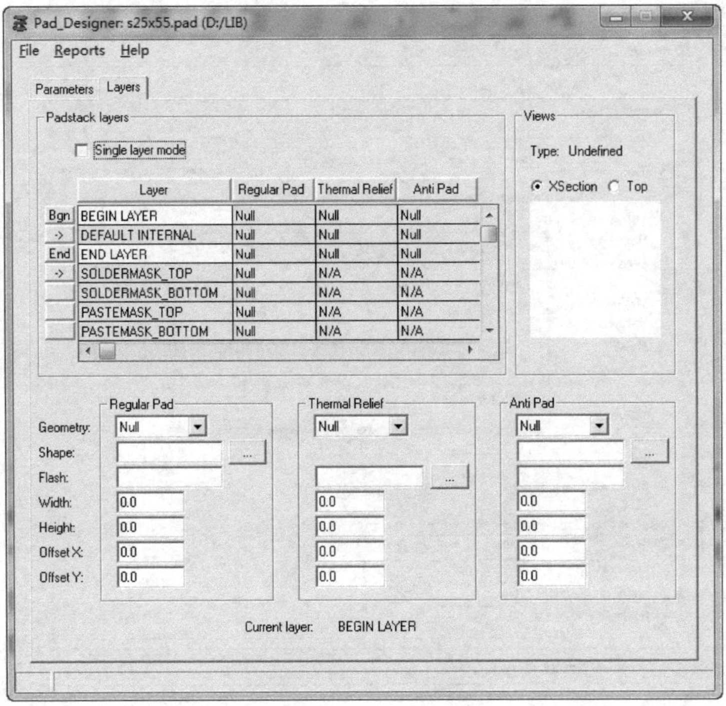

图3-4 “Layers”选项卡

Single layer mode：表贴模式，制作表贴焊盘时勾选上。

Regular Pad：设置焊盘尺寸。

Thermal Relief：设置散热盘尺寸。

Anti Pad：设置焊盘的隔离区域尺寸。

一般制作表贴器件只要设置“Regular Pad”参数。制作通孔焊盘时，若PCB设计使用正片，只要设置“Regular Pad”参数；若PCB设计使用负片，则所有参数均需要设置；建议初学者使用正片来设计。

相关层叠说明如下。

BEGIN LAYER：开始层，一般指顶层。

DEFAULT INTERNAL：内层。

END LAYER：结束层，一般指底层。

SOLDERMASK_TOP：顶层阻焊层。

SOLDERMASK_BOTTOM：底层阻焊层。

PASTEMASK_TOP：顶层助焊层。

PASTEMASK_BOTTOM：底层助焊层。

（4）单击“BEGIN LAYER”处，在图3-5中选择对应的焊盘形状，并填上数值，如图3-5所示。

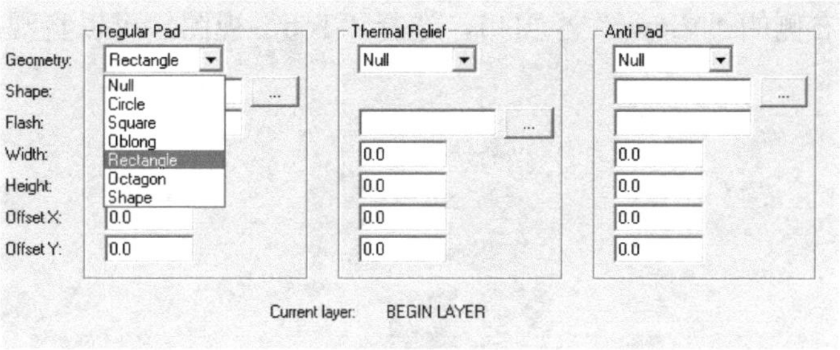

图 3-5 设置焊盘

在“Geometry”处可以选择以下形状。

Circle：圆形。

Square：正方形。

Oblong：椭圆形。

Rectangle：矩形。

Octagon：八边形。

Shape：用于设置不规则形状，要调用 PCB Editor 中制作的文件。

这里我们在“Regular Pad”处选择“Rectangle”，并在下面的“Width”和“Height”处填上“25、55”即可。单击“SOLDERMASK_TOP”处，在“Regular Pad”处选择“Rectangle”，并在下面的“Width”和“Height”处填上“31、61”即可（一般阻焊层比焊盘大 6mil）。单击“PASTEMASK_TOP”处，在“Regular Pad”处选择“Rectangle”，并在下面的“Width”和“Height”处填上“25、55”即可（一般助焊层与焊盘同样大）。

“Layers”选项卡的设置如图 3-6 所示。

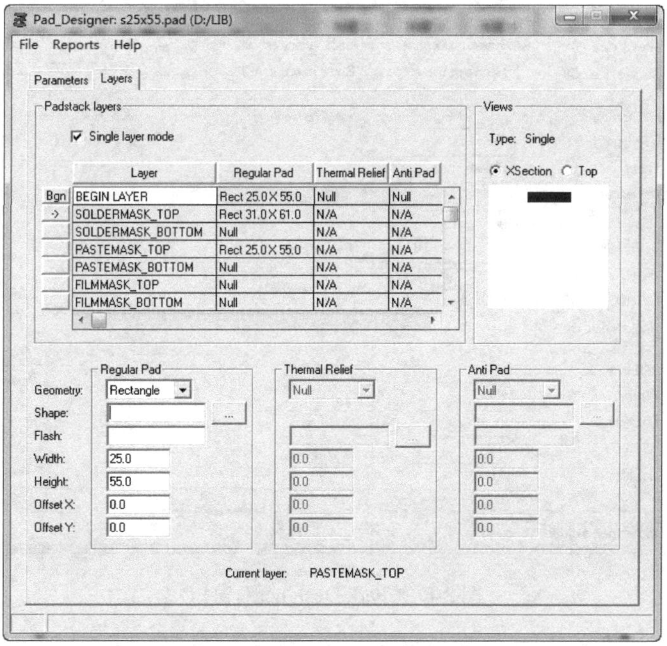

图 3-6 “Layers”选项卡的设置

（5）单击界面右侧的“Views”小窗口，选择“Top”视图，可以直观的查看焊盘外形，如图 3-7 所示。

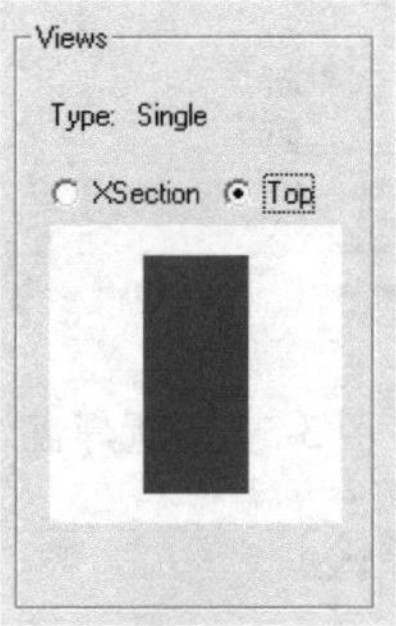

图 3-7　焊盘的“Top”视图

（6）选择菜单“File—Save”，保存即可，焊盘制作完成。

3.4　通孔焊盘的建立

（1）单击“Pad_Designer”图标，会出现如图 3-8 所示界面。

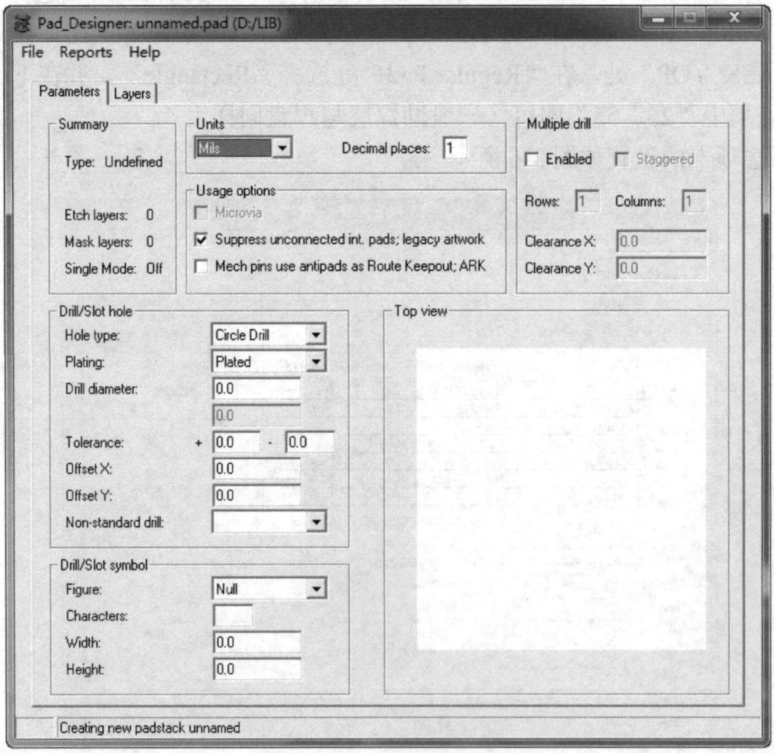

图 3-8　“Pad_Designer”窗口

这里以命名为“p60c40”的通孔焊盘为例讲解通孔焊盘的制作。

注意：界面中的选项意思请参考表贴焊盘制作章节讲解，这里不再重复。

（2）选择菜单“File—New”，可以通过单击“Browse”处设置焊盘保存路径，并填上焊盘名，如图 3-9 所示。

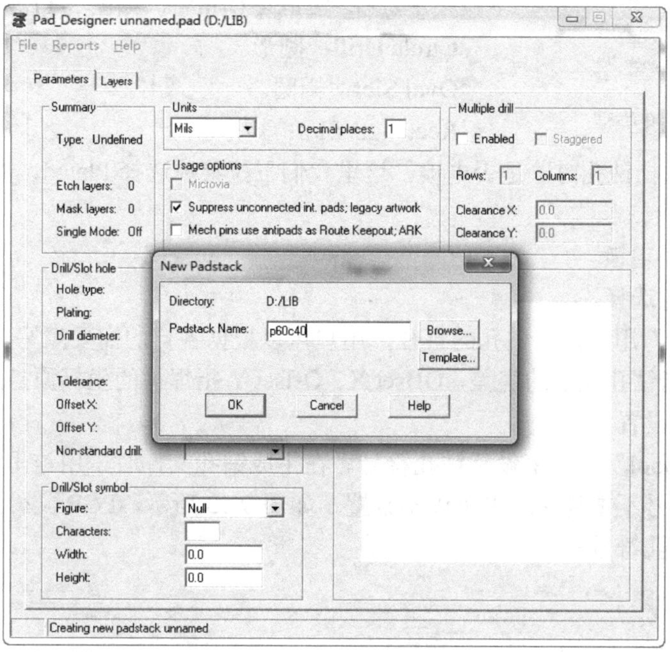

图 3-9 新建焊盘

（3）单击“OK”按钮，如图 3-10 所示。

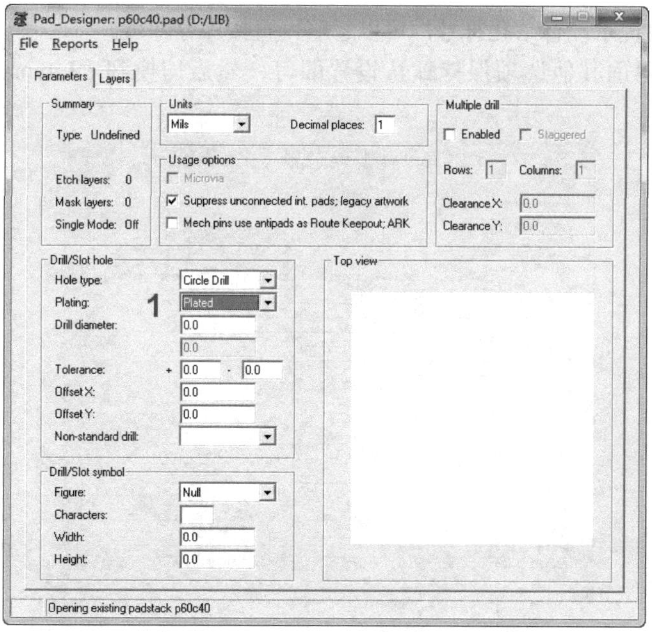

图 3-10 “Parameters”选项卡

首先，我们选择好制作单位，即英制“mils”。

其次，我们要设置“Drill/Slot hole”处，即图3-10中数字“1”处。

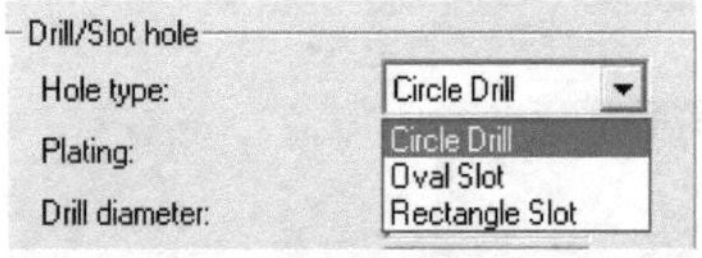

图3-11　选择钻孔类型

在“Hole type”处设置钻孔的形状，这里我们要选择圆形，下拉菜单选择“Circle Drill”，如图3-11所示。

Circle Drill：圆形。

Oval Slot：椭圆。

Rectangle Slot：矩形。

“Plating”处选择钻孔内壁是否电镀，这里我们下拉菜单选择Plated，如图3-12所示。

Plated：电镀。

Non-Plated：不电镀。

Optional：随意选择。

“Drill diameter”用来设置钻孔的直径，用户可以根据各自的需要填写，此例中填上40。

“Tolerance”指钻孔大小的容差，Offset X、Offset Y指焊盘的坐标原点距离焊盘中心的长度，两者一般默认设置为0。

“Drill/Slot symbol”处用来设置钻孔符号。在生成钻孔文件时，用这里设置的符号来表示一种类型钻孔，符号不重复。这里可以不设置，如图3-13所示，PCB文件最后出钻孔表时，软件会自动生成钻孔符号。

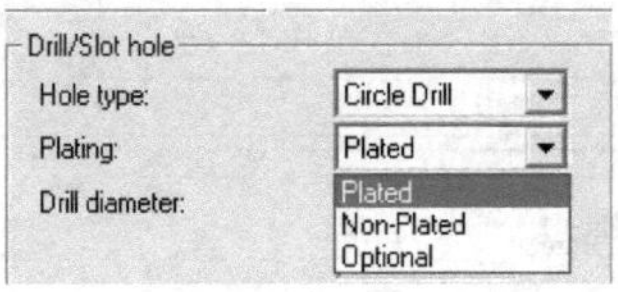

图3-12　设置钻孔内壁电镀

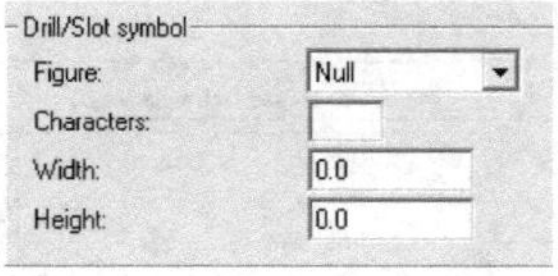

图3-13　设置钻孔符号

注意：若保存时提示没有钻孔符号，可以忽略，直接保存即可。

“Parameters”界面其他选项保持默认设置即可，然后切换到“Layers”选项卡界面，如图3-14所示。

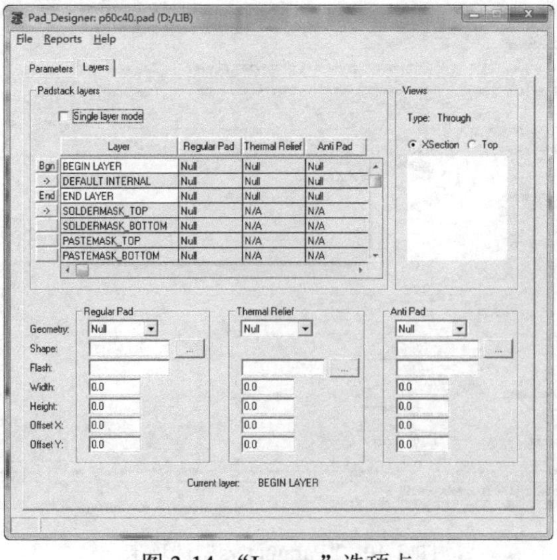

图3-14　“Layers”选项卡

（4）单击“BEGIN LAYER”处，分别在“Regular Pad”、“Thermal Relief”、“Anti Pad”处选择焊盘形状，并填上数值，设置好后的参数如图 3-15 所示。

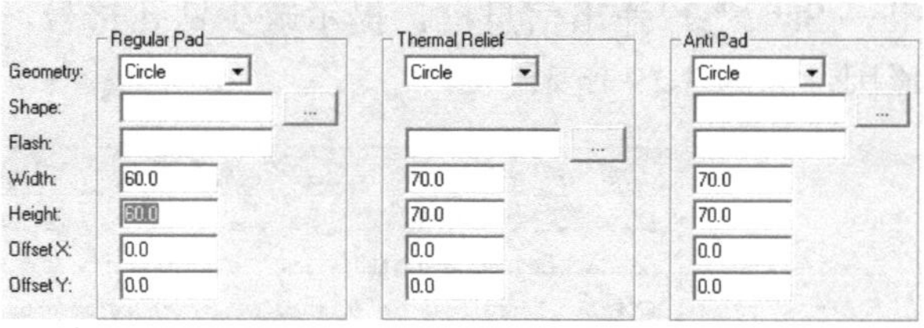

图 3-15 设置焊盘

可以用同样的方式来设置好“DEFAULT INTERNAL”、“END LAYER”、“SOLDERMASK_TOP”及“SOLDERMASK_BOTTOM”。这里是通孔焊盘，一般情况下“PASTEMASK_TOP/BOTTOM”不设置。推荐使用正片，则“Thermal Relief”、“Anti Pad”不用设置。

技巧： 这里“DEFAULT INTERNAL”、“END LAYER”的数值和“BEGIN LAYER”的数值是一致的，我们可以只用“Copy”功能复制“BEGIN LAYER”的参数，粘贴到“DEFAULT INTERNAL”和“END LAYER”中，其操作步骤如下。

① 右击 Bgn 上方，选择“Copy”，如图 3-16 所示。

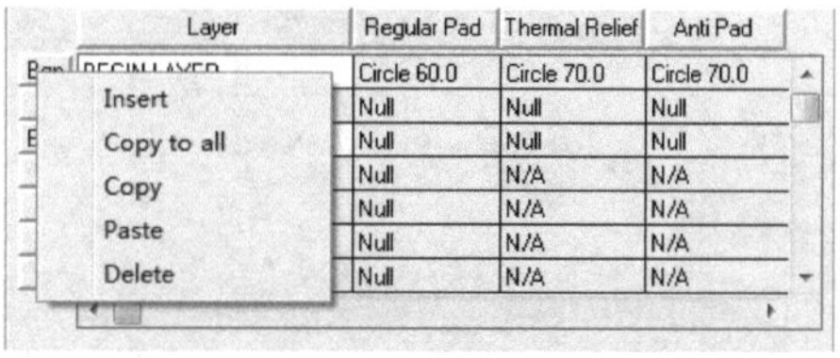

图 3-16 选择“Copy”

② 然后，右击“→”和“End”上方，并选择“Paste”即可。

（5）设置好所有参数，如图 3-17 所示。

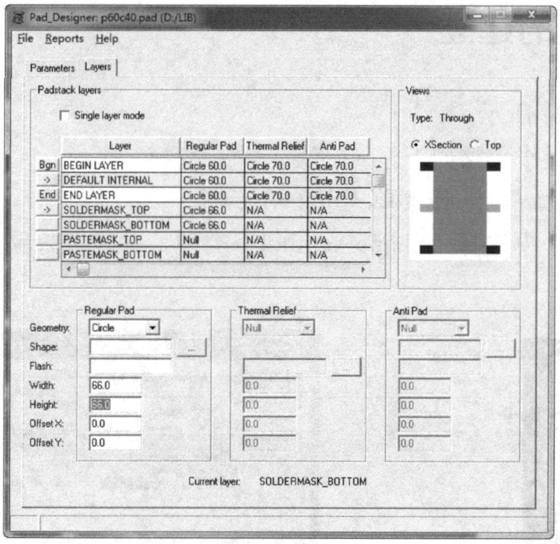

图 3-17 “Layers”选项卡

（6）同样，单击界面右侧的“Views”小窗口，选择“Top”视图，可以直观的查看焊盘外形，如图 3-18 所示。

（7）选择菜单“File—Save”，弹出信息框，提示缺少钻孔符号，这是之前我们未设置“Drill/Slot symbol”的原因，如图 3-19 所示。

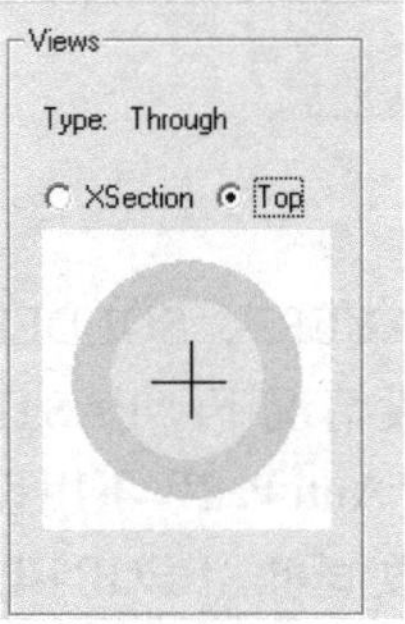

图 3-18　焊盘的 Top 视图

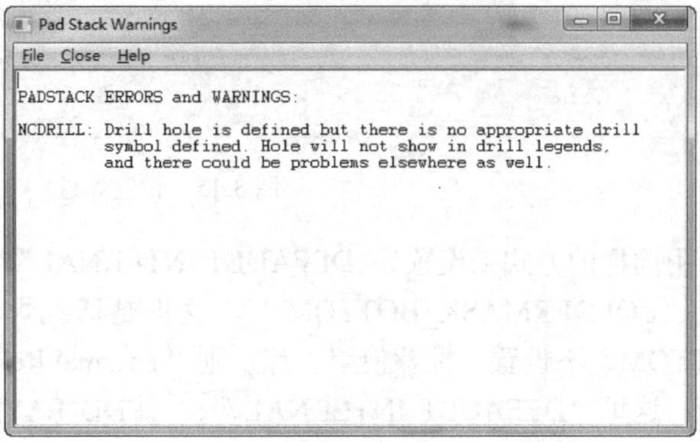

图 3-19　警告信息

这里我们直接关闭提示框，单击“是（Y）”按钮，如图 3-20 所示。

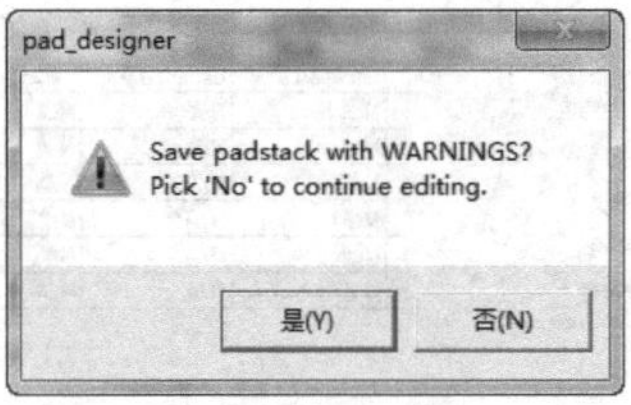

图 3-20　关闭提示框

（8）通孔焊盘 p60c40 制作完成。

3.5　不规则焊盘的建立

不规则焊盘如图 3-21 所示。

建立不规则焊盘的操作步骤如下。

（1）打开“PCB Editor”，选择菜单“File—New”。

在“Drawing Type”中选择“Shape symbol”类型，并设置好路径和焊盘名，如图 3-22 所示。

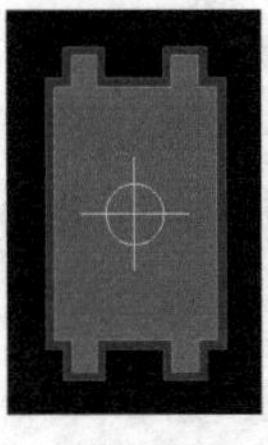

图 3-21　不规则焊盘

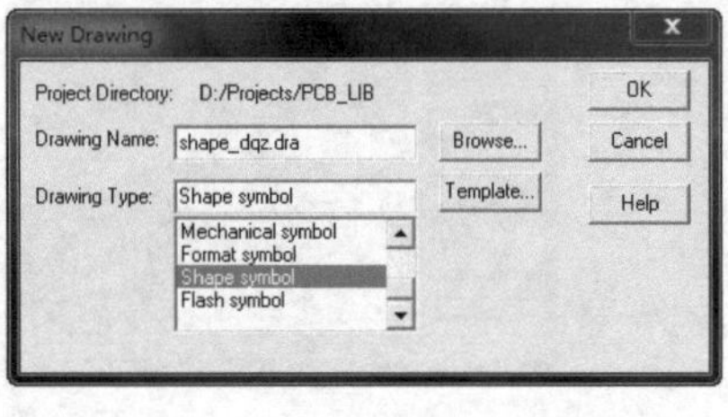

图 3-22　选择 Shape symbol 类型

（2）选择菜单“Shape—Polygon”，如图 3-23 所示。
（3）在命令窗口依次输入坐标，如图 3-24 所示。

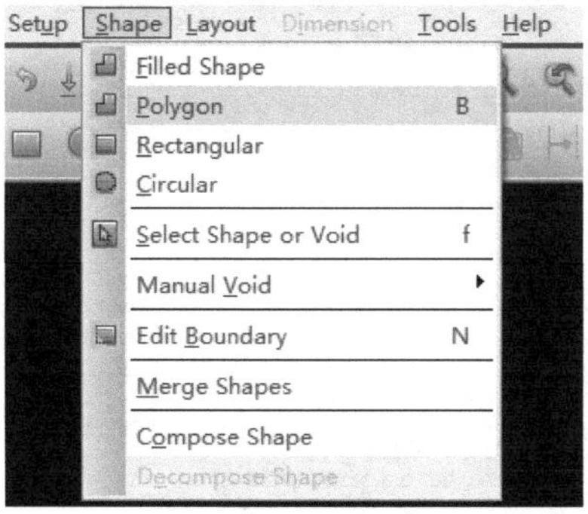

图 3-23 选择绘制铜皮命令

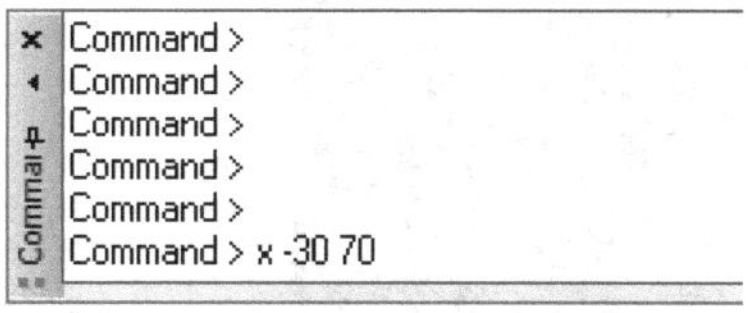

图 3-24 输入坐标

注意： x -30 70 字符之间有空格。

- x -30 70 回车
- ix 15 回车
- iy -15 回车
- ix 30 回车
- iy 15 回车
- ix 15 回车
- iy -15 回车
- ix 5 回车
- iy -110 回车
- ix -5 回车
- iy -15 回车
- ix -15 回车
- iy 15 回车
- ix -30 回车
- iy -15 回车
- ix -15 回车
- iy 15 回车
- ix -5 回车
- iy 110 回车
- ix 5 回车
- iy 15 回车

通过右键选择“Done”，完成绘制，如图 3-25 所示。
（4）选择菜单“File—Save”，命令窗口信息如图 3-26 所示。

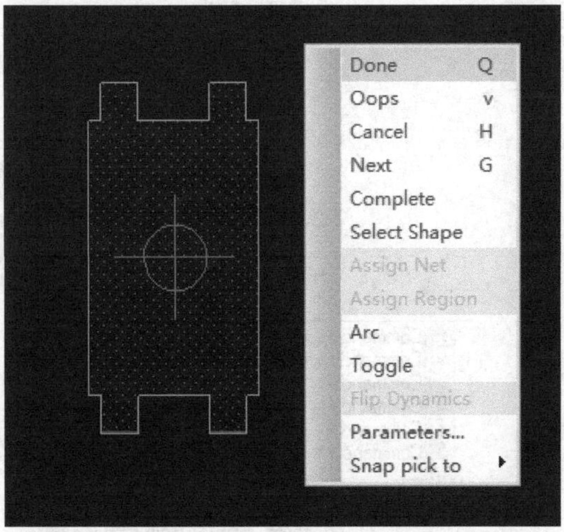

图 3-25　不规则 Shape 绘制完成

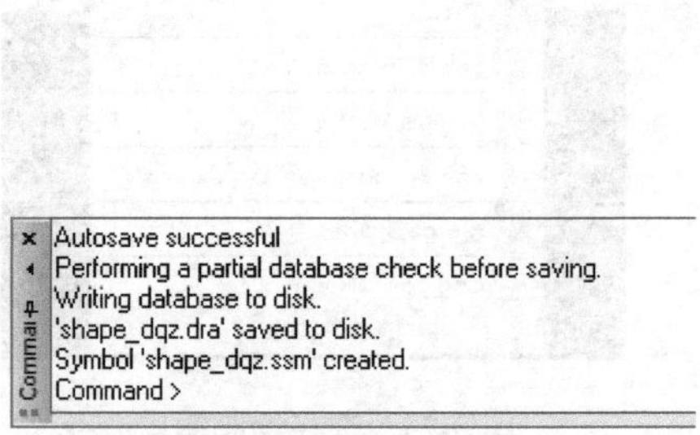

图 3-26　命令窗口信息

（5）在当前界面设置封装库路径，选择菜单“Setup—User preferences”，然后单击“Paths”目录中的“Library”子目录，如图 3-27 所示。

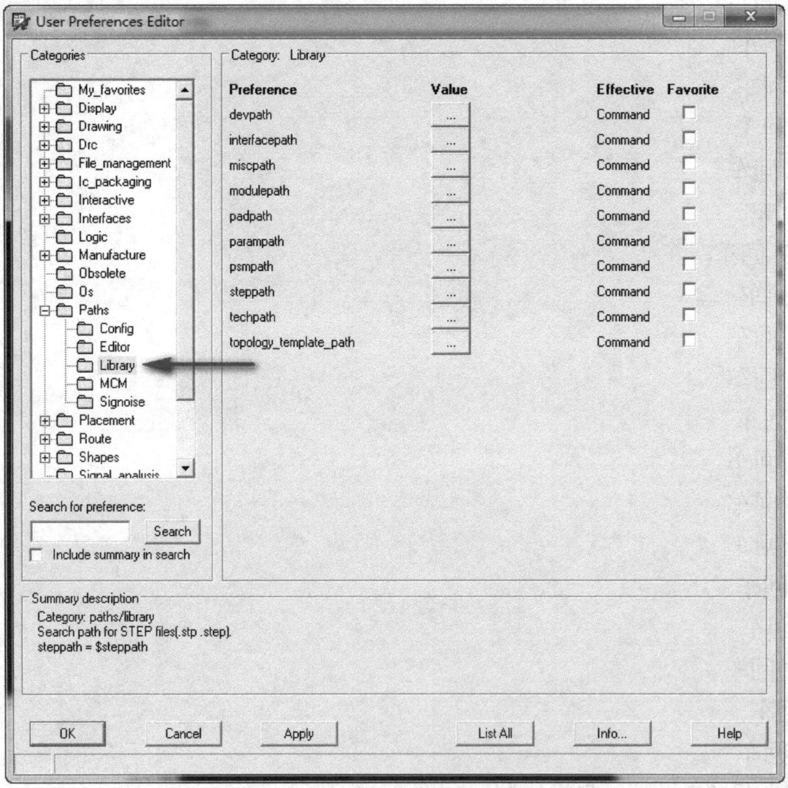

图 3-27　设置封装库路径

这里需要设置的有两项：“padpath”和“psmpath”，如图 3-28 所示。

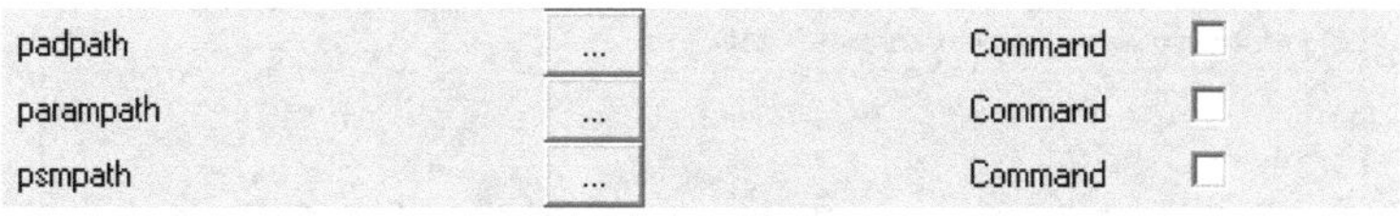

图 3-28 设置封装库路径

这里以设置“padpath”路径为例，“psmpath”设置同“padpath”一致，单击“...”后，如图 3-29 所示。

窗口图标如图 3-30 所示，4 个窗口图标依次的含义：

① 添加库路径（可以添加多个文件夹路径）；

② 删除库路径；

③ 提升被选择库路径的优先级；

④ 降低被选择库路径的优先级。

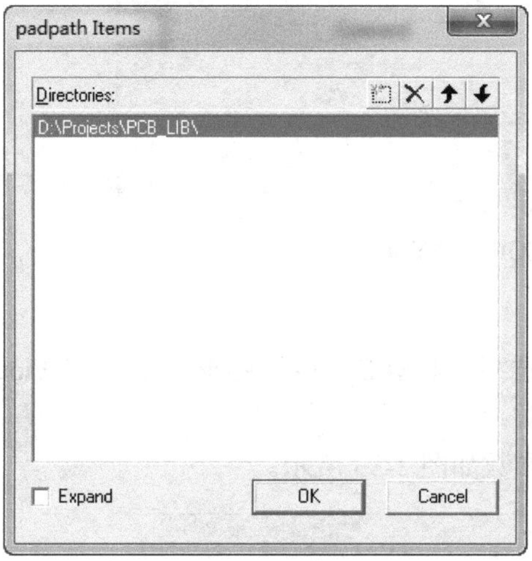

图 3-29 添加封装库路径

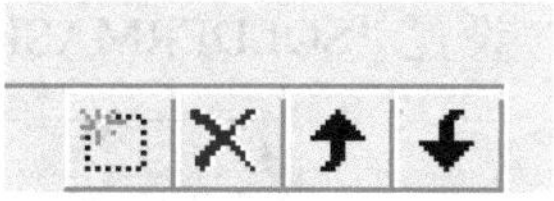

图 3-30 窗口图标

注意：参照上述操作，制作一个不规则“Shape”，文件名为 Shape_dqz_1（相对“Shape_dqz”外扩“5mil”），用于后面设置“Soldermask”层。

（6）打开“Pad_Designer”，选择菜单“File—New”，在窗口中设置，如图 3-31 所示。

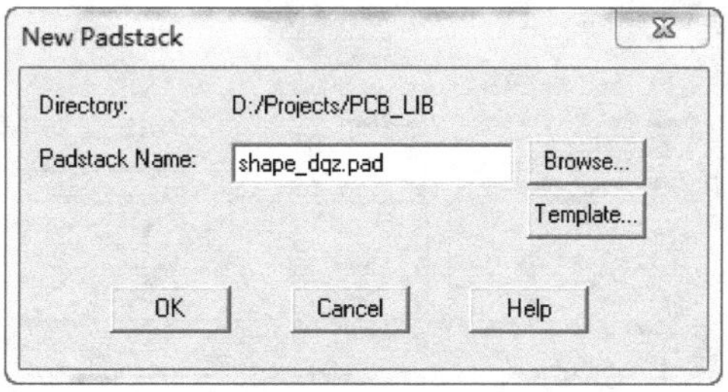

图 3-31 新建焊盘

（7）设置“BEGIN_LAYER”层参数如图 3-32 所示。

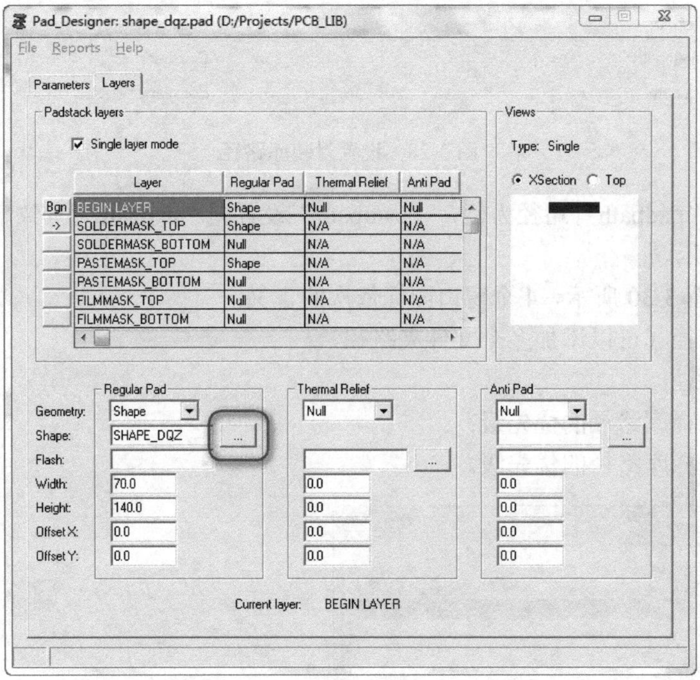

图 3-32　设置“BEGIN_LAYER”层参数

在“Geometry”中选择“Shape”类型。

在“Shape”中，单击图 3-32 所示标记处，选择“SHAPE_DQZ”图形，则下方“Width/Height”会自动更新。

同理，设置“SOLDERMASK_TOP”层参数如图 3-33 所示。

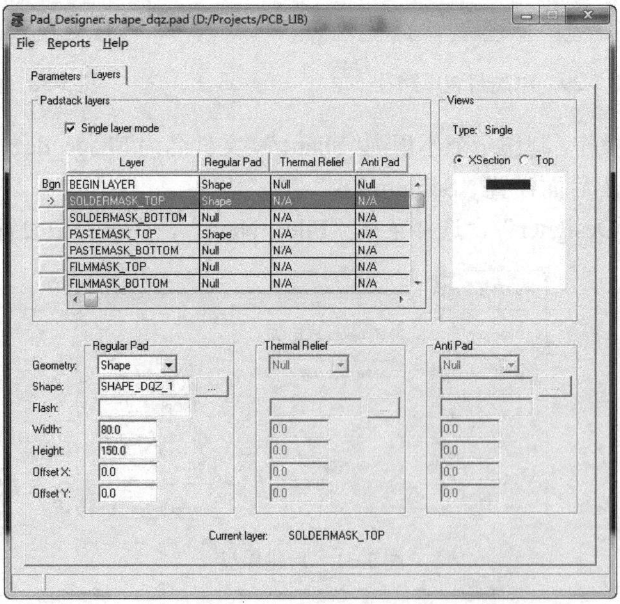

图 3-33　设置“SOLDERMASK_TOP”层参数

设置“PASTEMASK_TOP”层参数如图 3-34 所示。

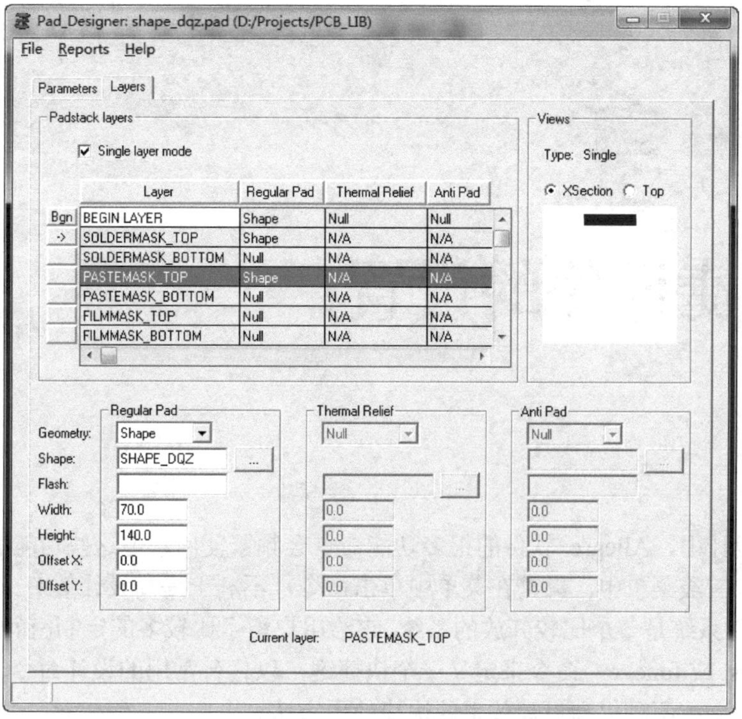

图 3-34 设置“PASTEMASK_TOP”层参数

（8）其他设置默认即可，然后选择菜单“File—Save”，保存即可，此不规则焊盘制作完成。

说明：在后续建立封装中，按照常规操作，调用此焊盘放置即可。

第 4 章 快捷操作的设置

在平时的设计中，Allegro 软件的很多功能命令会频繁使用，但这些功能命令默认位置很多在二级菜单、三级菜单中，频繁在菜单中单击命令，不利于提高设计效率。

Allegro 软件系统是一个比较开放的系统，它给用户留了比较多的定制空间。在 Allegro 中，我们可以用 alias 或 funckey 命令来定义一个快捷键，以代替常用的设计命令。

这里给大家介绍两种提高设计效率的快捷使用方法。

4.1 快捷键的设置

通过设置键盘上的字母键来调用软件中的一些操作命令。假设 Allegro 软件安装在 D 盘，找到“D:\SPB_Data\pcbenv”路径文件夹下的 env 文件，用记事本打开，如图 4-1 所示。

env - 记事本
文件(F) 编辑(E) 格式(O) 查看(V) 帮助(H)

```
source $TELENV

funckey A assign color
funckey a spin
funckey B shape add
funckey b change
funckey C copy
funckey c copy
funckey D delete
funckey d dehilight
funckey E move
```

图 4-1　env 文件内容

在“source $TELENV”下面加入对应的语句即可。主要通过用 alias 和 funckey 两个命令来定义语句。

下面来对比一下两个命令的区别：

```
alias C copy
funckey C copy
```

第一条语句：在设计过程中，按下字母“C”后，还须按下回车键，Copy（复制）命令才会生效。

第二条语句：在设计过程中，按下字母“C”后，Copy（复制）命令直接生效。

注意：如果要设置的快捷键是多个字母，则建议使用 alias 命令，例如：

```
alias cc colorview create
```

这条语句表示“cc”代表“colorview create”命令，在使用中，单击命令“command”窗口，输入“cc”，按下回车键则生效，如图 4-2 所示。

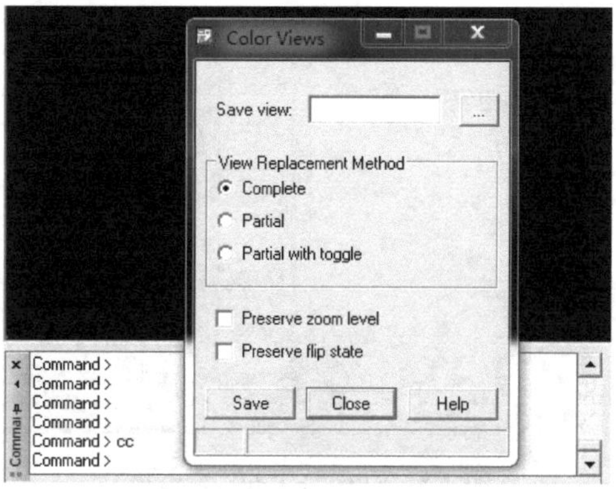

图 4-2 “Color Views”窗口

注意：若软件安装好后，暂时没有在“X:\SPB_Data\pcbenv”路径文件夹中找到 env 文件，可以自行制作一个编辑好的 env 文件，放在此文件夹下，重启软件后，则快捷键生效。

4.2　Stroke 功能的使用

在 Allegro PCB 中，可以使用光标轨迹代表操作命令。

（1）选择菜单“Tools—Utilities—Stroke Editor”，如图 4-3 所示。

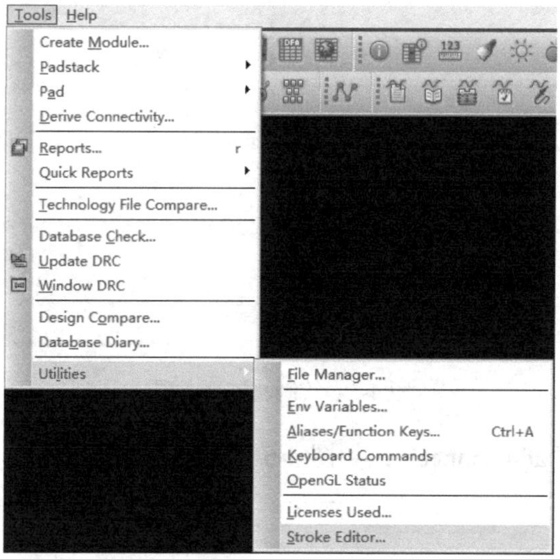

图 4-3 打开“Stroke”编辑窗口

（2）弹出的界面如图 4-4 所示。

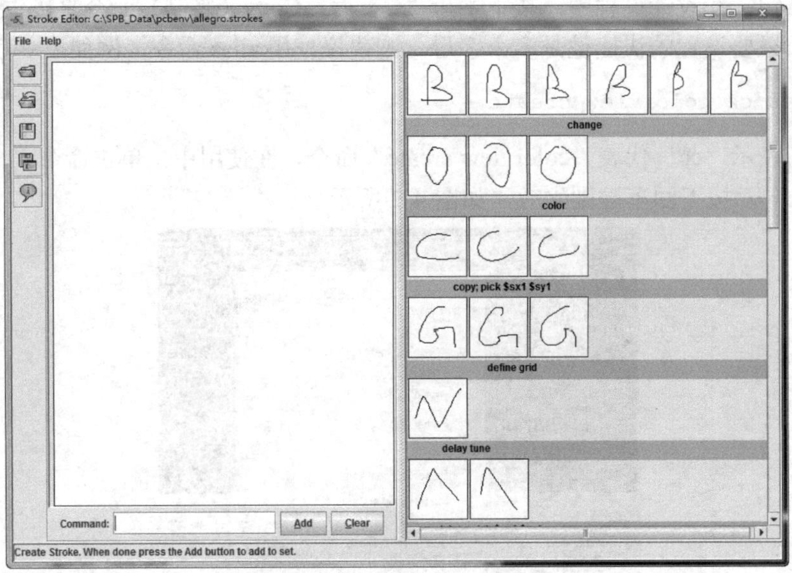

图 4-4 “Stroke Editor”窗口

（3）现在以添加表示走线命令（add connect）手势为例。按住鼠标右键在空白处绘制一条轨迹，如图 4-5 所示。

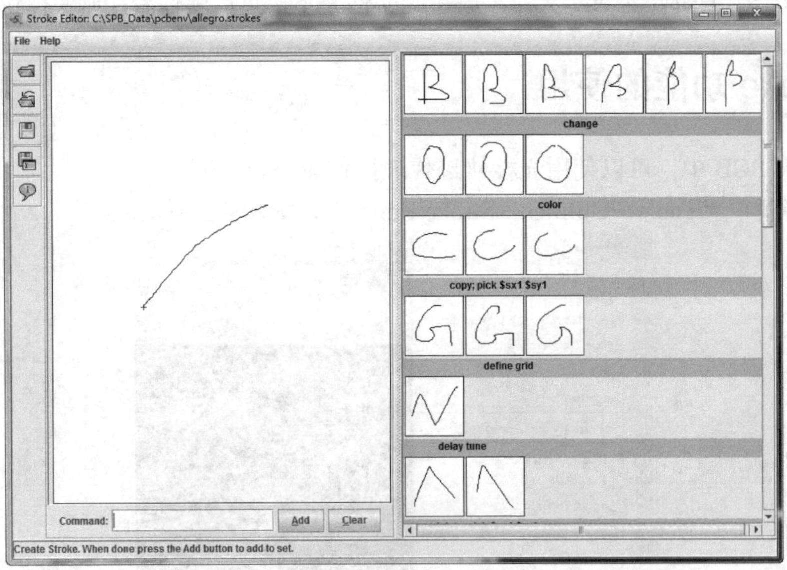

图 4-5 绘制轨迹示意图

然后输入走线命令“add connect”，如图 4-6 所示。

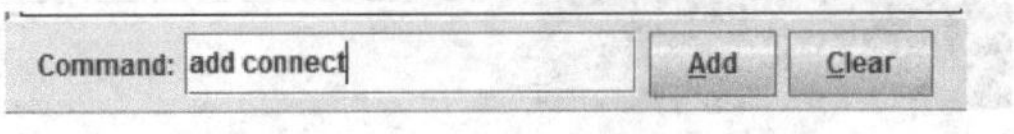

图 4-6 输入命令关键字

最后单击“Add”，则创建此命令完成，如图 4-7 所示。

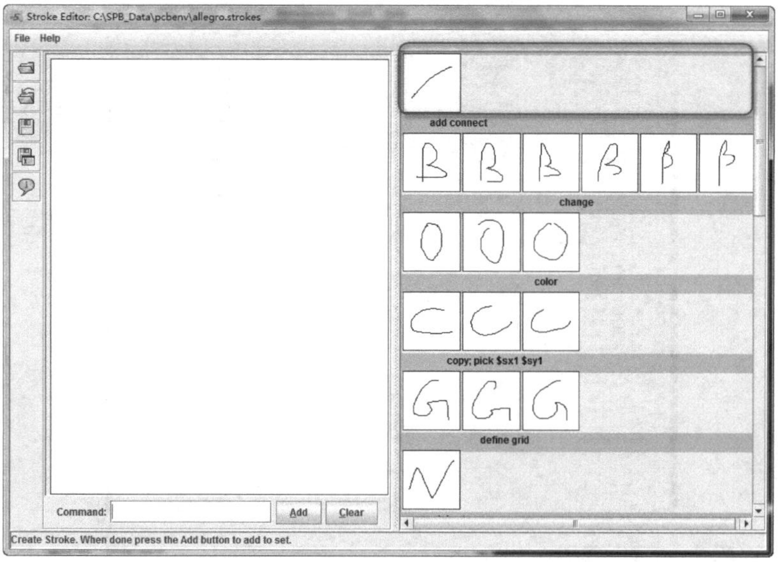

图 4-7　添加完成

（4）选择菜单“File—Save”保存，并关闭此窗口。

（5）在“PCB Editor”界面中，按住 Ctrl 键的同时，鼠标右键绘制此走线轨迹，则命令生效。

技巧：软件默认设置中，须按住 Ctrl 键的同时绘制轨迹，命令才生效。也可通过设置，只要鼠标绘制正确的轨迹，不需要按 Ctrl 键则命令也生效。

设置步骤如下。

① 选择菜单“Setup—User Preferences”，如图 4-8 所示。

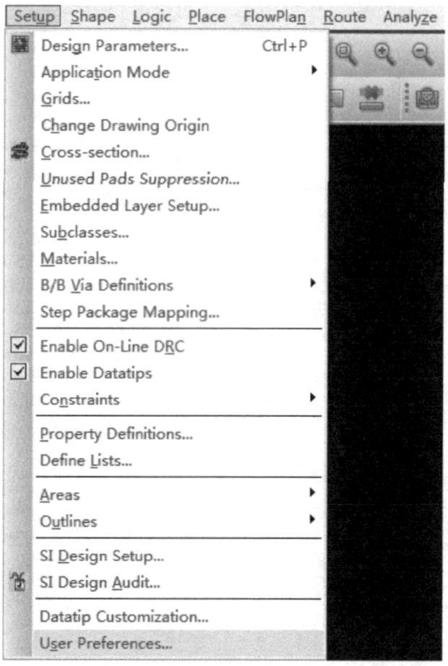

图 4-8　打开“User Preferences”设置窗口

② 如图 4-9 所示，勾选“no_dragpopup”选项。

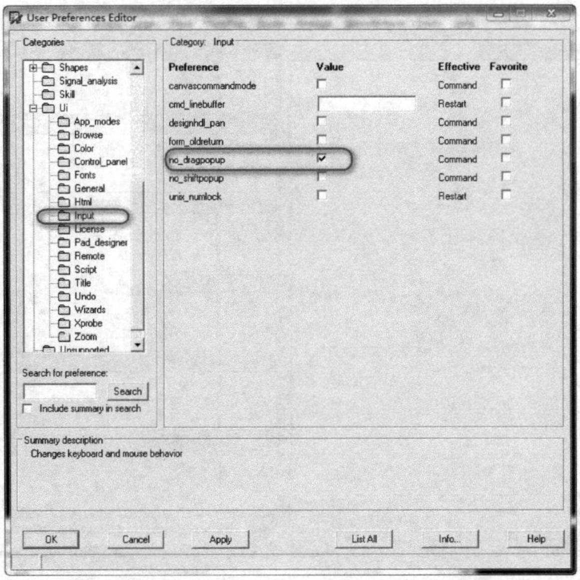

图 4-9　勾选“no_dragpopup”选项

③ 单击“OK”按钮，设置完成。

第 5 章 封装的制作

5.1 SMD 封装的制作

5.1.1 手动制作实例演示

如图 5-1 所示，以 SOT-25 表贴封装为例，详细讲解此种类型封装的建立过程及技巧。

（1）打开“PCB Editor”，选择菜单“File—New”，设置好文件保存路径，选择“Package symbol”，如图 5-2 所示。

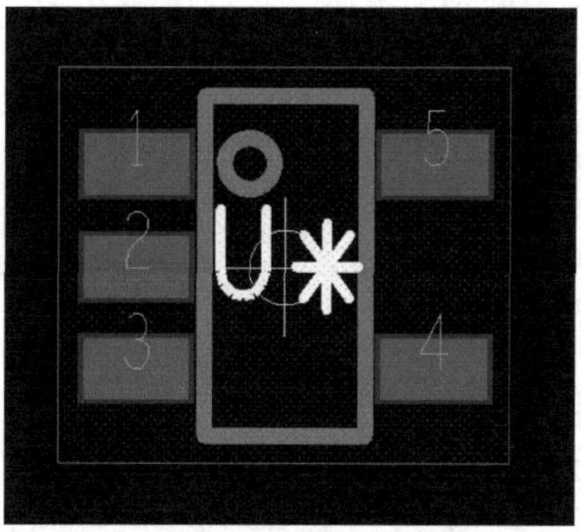

图 5-1 SOT-25 封装示意图

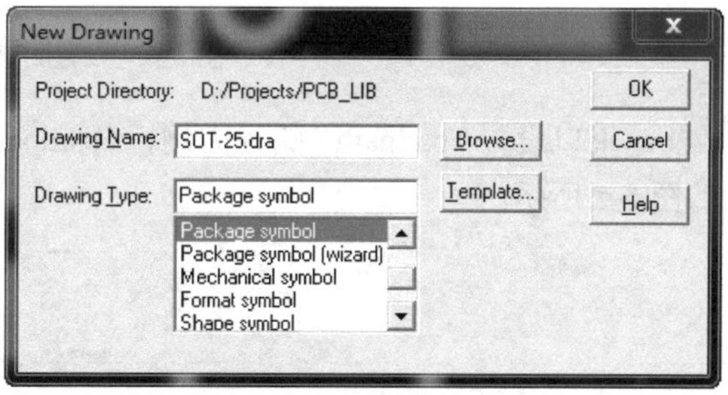

图 5-2 新建封装

（2）单击“OK”按钮后，进入到界面，须设置选择焊盘的库路径。选择菜单“Setup—User preferences”，然后单击“Paths”目录中的“Library”子目录，如图 5-3 所示。

（3）这里要设置的有两项：“padpath”和“psmpath”，如图 5-4 所示。

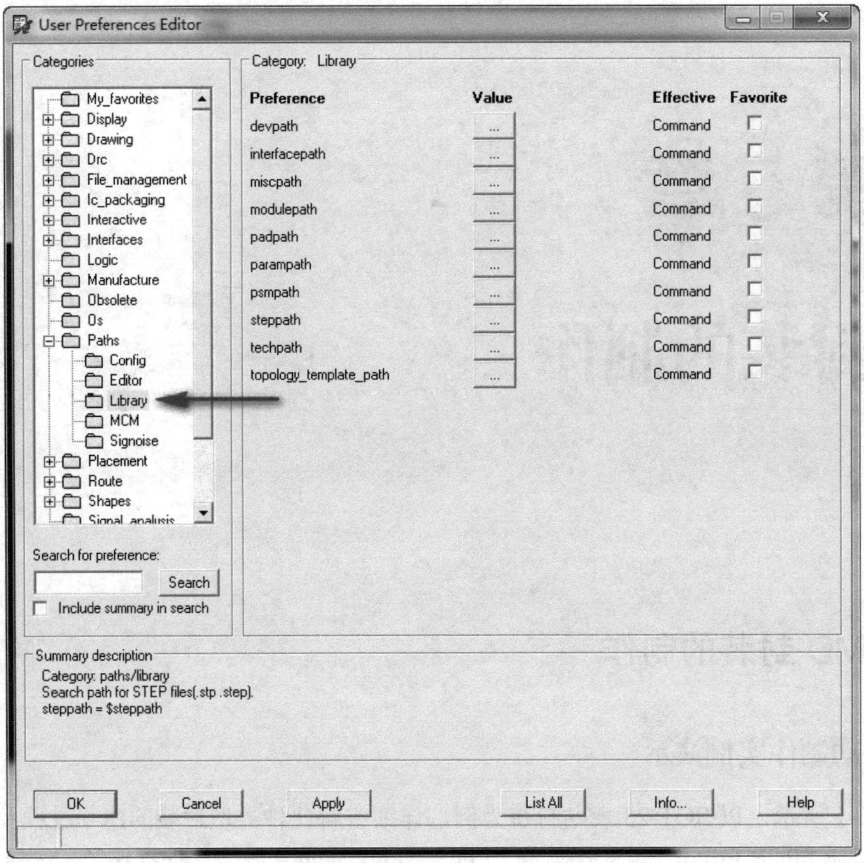

图 5-3　设置封装库路径

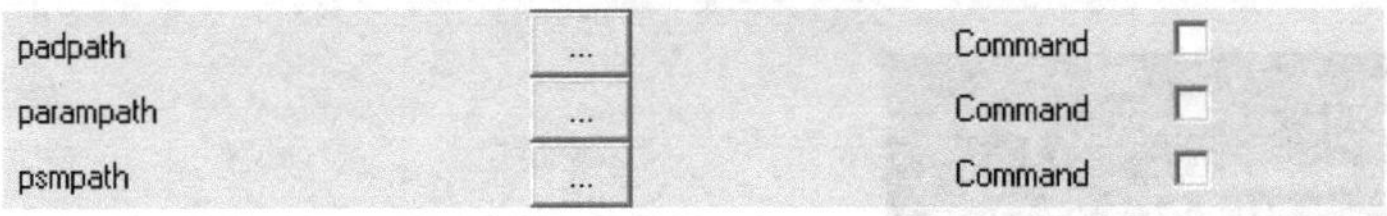

图 5-4　设置封装库路径

（4）这里以设置“padpath”路径为例，“psmpath”设置同“padpath”一致。单击“ ... ”后，如图 5-5 所示。

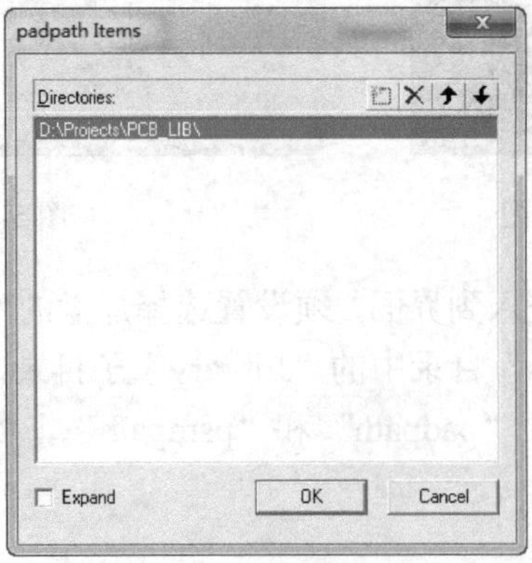

图 5-5　添加封装库路径

窗口图标如图 5-6 所示，4 个窗口图标依次含义如下。

① 添加库路径（可以添加多个文件夹路径）。

② 删除库路径。

③ 提升被选择库路径的优先级。

④ 降低被选择库路径的优先级。

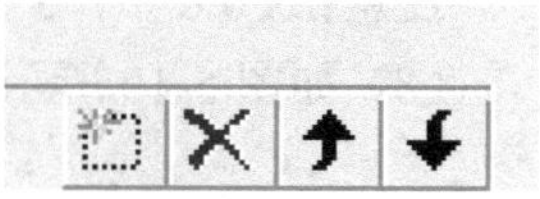

图 5-6 窗口图标

（5）设置好库路径后，按照前面“PCB 设计预处理”中讲的步骤，设置好环境（栅格、颜色、操作区域大小等）。

（6）选择菜单“Layout—Pins”，这时注意一下“Options”侧边栏的选项，如图 5-7 所示。

图 5-7 所示的选项说明如下。

选择“Connect”，表示焊盘有编号。

选择“Mechanical”，表示焊盘没有编号。

“Padstack”处选择需要放置的焊盘（注意：要提前正确选择好库路径）。

“Copy mode”表示复制模式，一般选择 Rectangular。

“Qty”下方的数字表示 X、Y 轴方向上的焊盘数目。

“Spacing”下方的数字表示对应的焊盘间距。

“Order”下方的数字表示焊盘放置的递增方向，一般默认即可。

“Rotation”表示是否旋转焊盘。

“Pin#”表示焊盘放置的起始编号。

“Inc”表示焊盘编号的递增值。（假设“Pin#”处为 1，“Inc”处为 2，则焊盘编号按照 1、3、5、7……这样递增）

“Text block”表示焊盘编号的字体。

“Text name”处可以不用设置。

“Offset X”表示焊盘编号相对焊盘中心的偏移位置。（假如这里都设置为 0，则焊盘编号会在焊盘的中心位置）

“Options”侧边栏设置如图 5-8 所示。

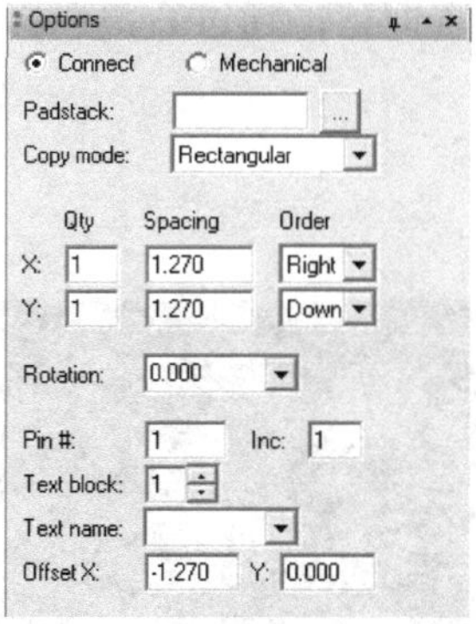

图 5-7 “Options”侧边栏

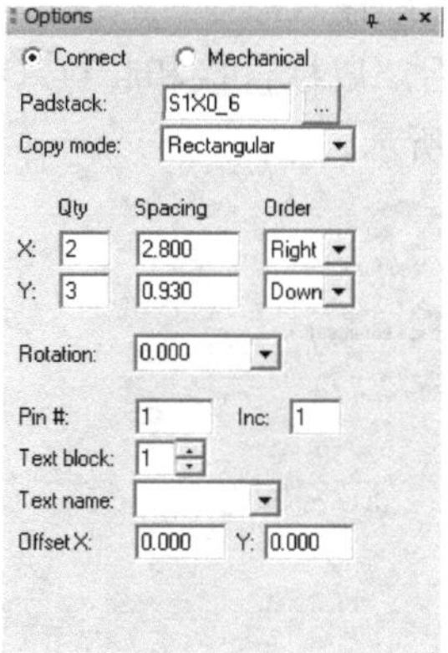

图 5-8 “Options”侧边栏设置

（7）设置好后，鼠标上会悬挂着 6 个焊盘，这里我们以 1 引脚中心为原点放置。在命令窗口输入“x 0 0”，然后按下回车键，如图 5-9 所示。

注意： x 0 0 中，3 个字符之间均有空格。

（8）如图 5-10 所示，我们要删除一个焊盘及更改焊盘的引脚号（pin number）。

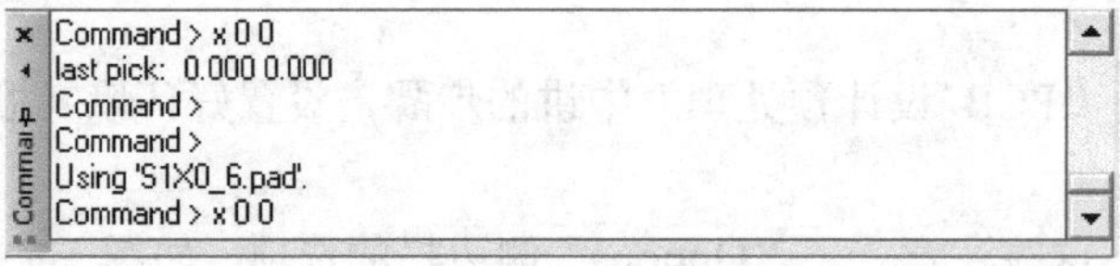

图 5-9　输入坐标

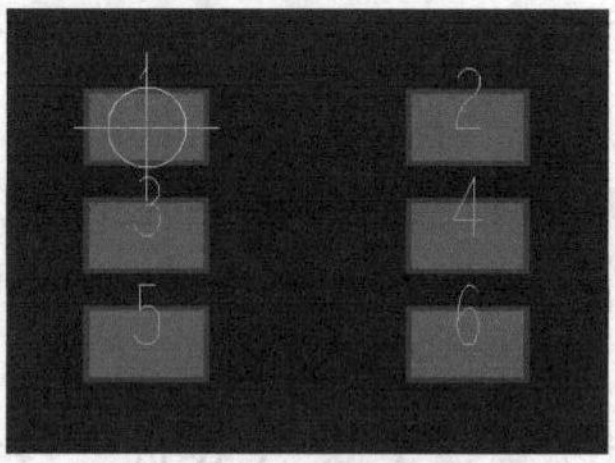

图 5-10　放置焊盘

（9）选择菜单“Edit—Delete”，在“Find”侧边栏选中“Pins”，单击图 5-10 所示的 4 号焊盘，通过右键选择“Done”，如图 5-11 所示。

现在更改引脚号：选择菜单“Edit—Text”，“Find”侧边栏选中“Text”，单击图 5-11 所示的数字“3”，然后输入“2”，继续单击“5”，输入“3”；单击“6”，输入“4”；单击“2”，输入“5”，最后通过右键选择“Done”；修改好后，如图 5-12 所示。

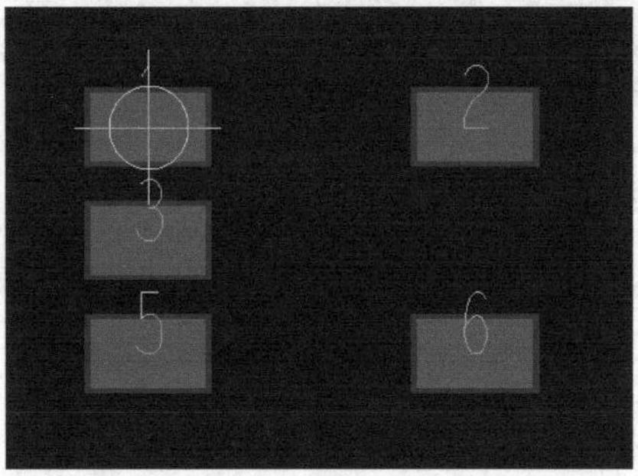

图 5-11　删除多余焊盘

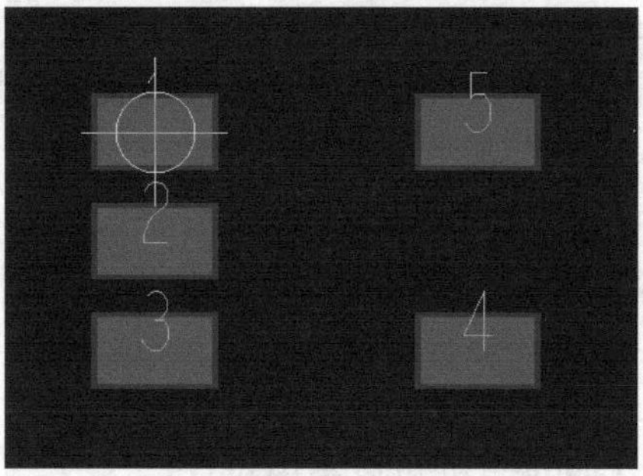

图 5-12　引脚号编辑完成

（10）绘制丝印框。选择菜单“Add—Line”命令，“Options”侧边栏设置如图 5-13 所示。

注意：“Subclass”的选择及线宽的设置。

在命令窗口连续输入命令：“x 0 0”，按下回车键；“ix 1.52”，按下回车键；“iy -3.1”，按下回车键。然后，鼠标直接和起点（0，0）捕捉重合即可，通过右键选择“Done”，丝印完成，如图 5-14 所示。

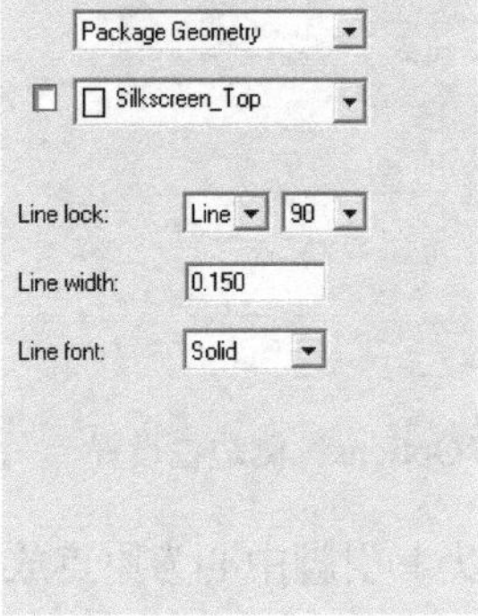

图 5-13　“Options”侧边栏设置

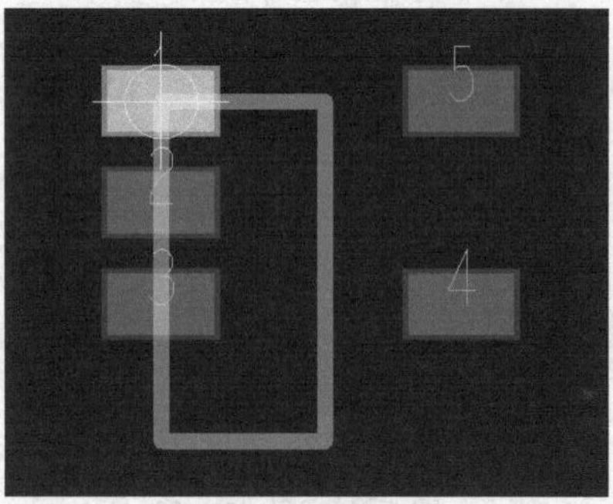

图 5-14　绘制丝印

（11）将丝印框放置在器件中间，这里算出此矩形框的中心坐标值为（1.4，-0.93）；

选择菜单“Edit—Move”，“Finds”侧边栏选择“Lines”，且“Options”侧边栏设置如图 5-15 所示。

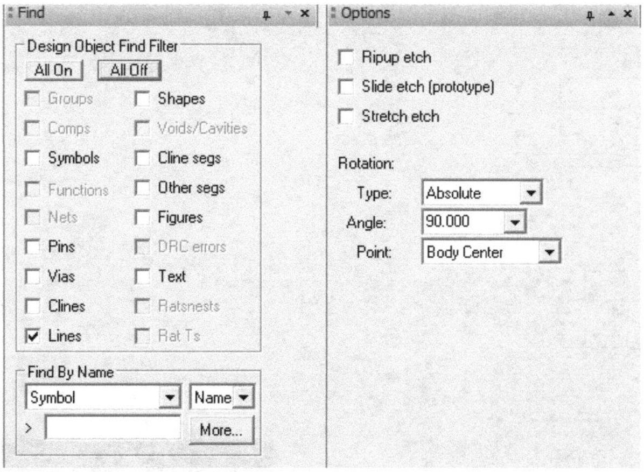

图 5-15 “Find”、“Options”侧边栏设置

单击丝印框，丝印框会悬挂在光标上，在命令窗口输入“x 1.4 -0.93”按下回车键，如图 5-16 所示。

然后选择菜单“Add—Circle”命令，其他设置如同绘制矩形丝印框（注意可以将栅格改小点），直接在 1 引脚焊盘附近单击绘制一个圆形丝印符号即可，如图 5-17 所示。

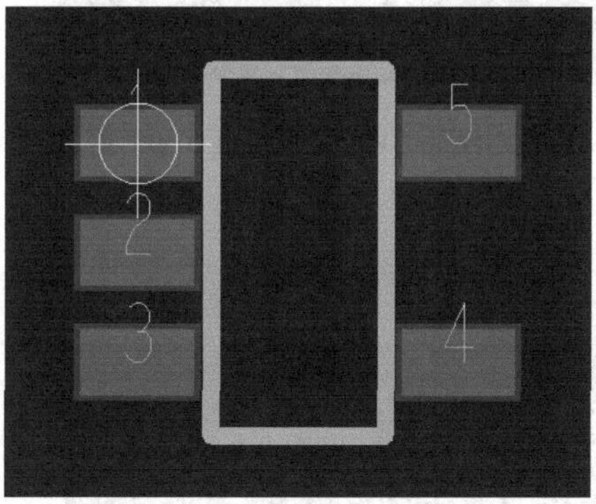

图 5-16 调整丝印框

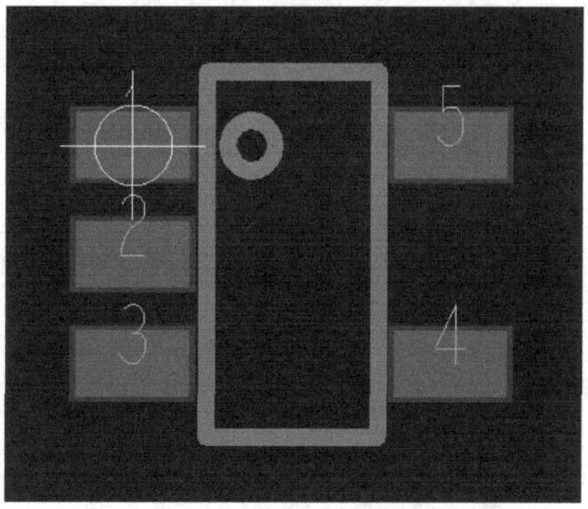

图 5-17 添加 1 引脚标识

（12）绘制“Place Bound”区域。选择菜单“Shape—Rectangular”命令，“Options”侧边栏设置如图 5-18 所示。

说明：这里可以直接设置矩形填充区域的大小，也可以手动绘制，这里我们手动绘制。

在设计界面中单击一下，然后再单击一下，即绘制出矩形区域，我们让此填充区域覆盖焊盘及丝印即可（若公司有特定要求此区域大小，请按照公司规范来绘制），如图 5-19 所示。

（13）添加元件位号：选择菜单“Layout—Labels—RefDes”，“Options”侧边栏设置如图 5-20 所示。

单击设计界面，然后输入“U*”，通过右键选择“Done”即可，如图 5-21 所示。

（14）若要将封装的原点放在（0，0）点，而不是在1引脚焊盘处，可以进行如下操作：

选择菜单“Setup—Change Drawing Origin”，在命名窗口输入“x 1.4 -0.93”即可，如图5-22所示。

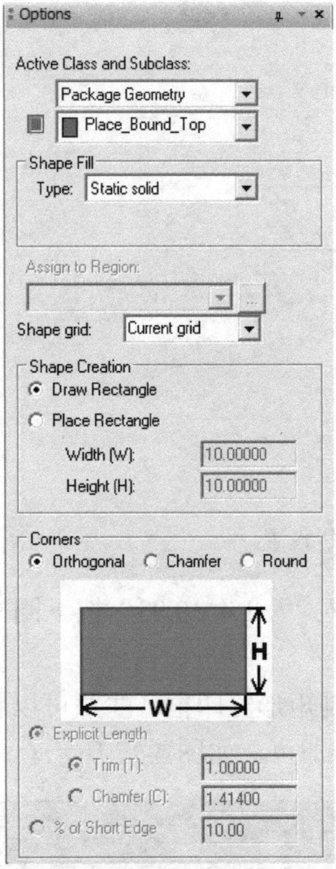

图5-18 “Options”侧边栏设置

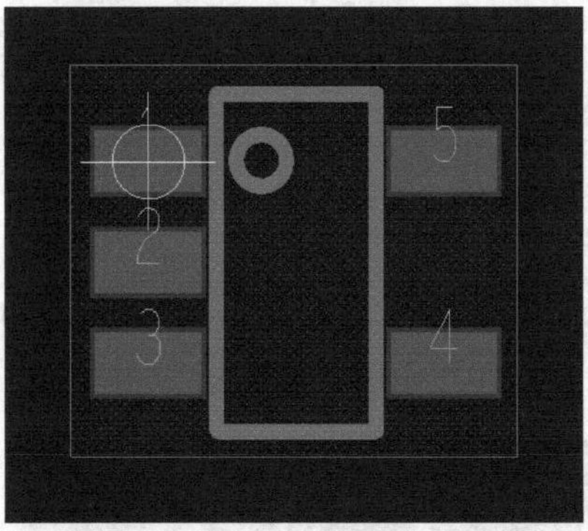

图5-19 添加“Place_Bound_Top”区域

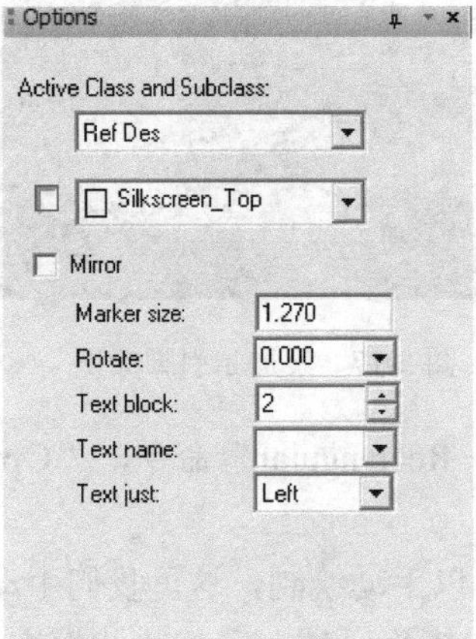

图5-20 “Options”侧边栏设置

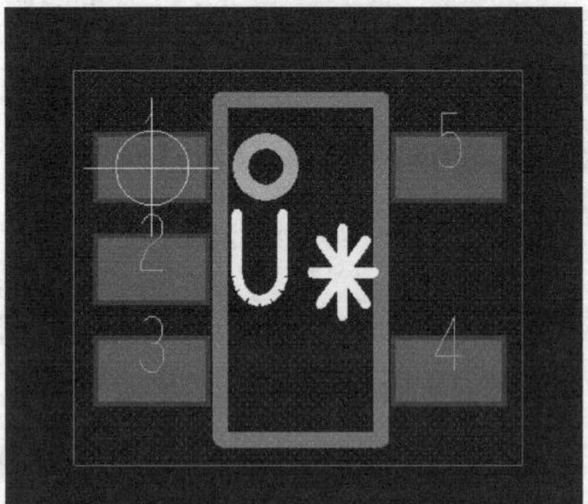

图5-21 添加位号

（15）选择菜单“File—Save”，保存即可，封装制作完成。命令窗口处也会有产生文件的提示，如图5-23所示。

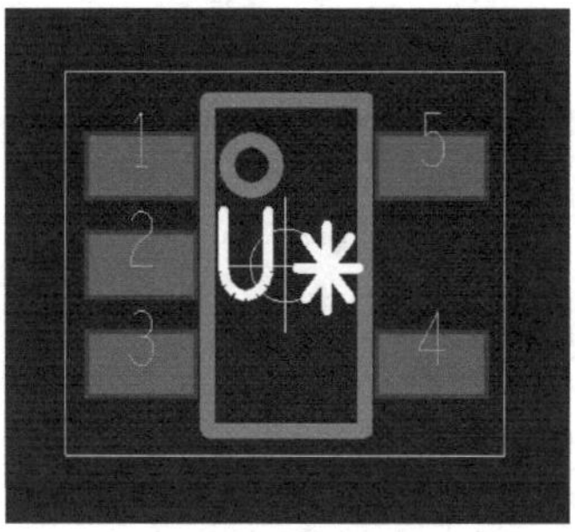

图 5-22 重设原点

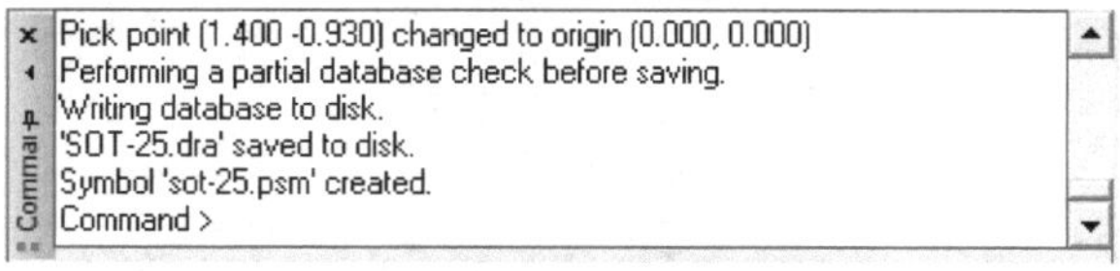

图 5-23 命令窗口信息

5.1.2 向导制作 DDR2 封装

对于一些规则的封装，我们可以使用 PCB Editor 封装向导快速制作封装。

以图 5-24 所示的封装为例演示相关步骤。

（1）打开 PCB Editor，选择菜单“File—New”中，设置好文件保存路径，选择“Package symbol（wizard）”，如图 5-25 所示。

图 5-24 DDR2 封装

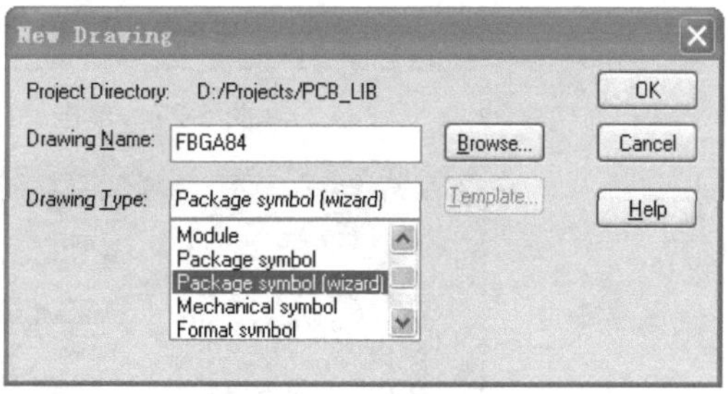

图 5-25 新建封装

注意：在进行向导制作之前，请先设置好相关的库路径。

（2）单击“OK”按钮，在界面中选择“PGA/BGA”选项，如图 5-26 所示。

（3）单击“Next”按钮，在界面中单击“Load Template”按钮，如图 5-27 所示。

（4）单击“Next”按钮，如图 5-28 所示，这里的单位全部选择公制“Millimeter”。

（5）单击“Next”按钮，如图 5-29 所示。“Vertical pin count（MD）”处输入“15”，表示有 15 行焊盘；“Horizontal pin count（ME）”处输入“9”，表示有 9 列焊盘；其他设置保持默认即可。

（6）单击“Next”按钮，如图 5-30 所示。

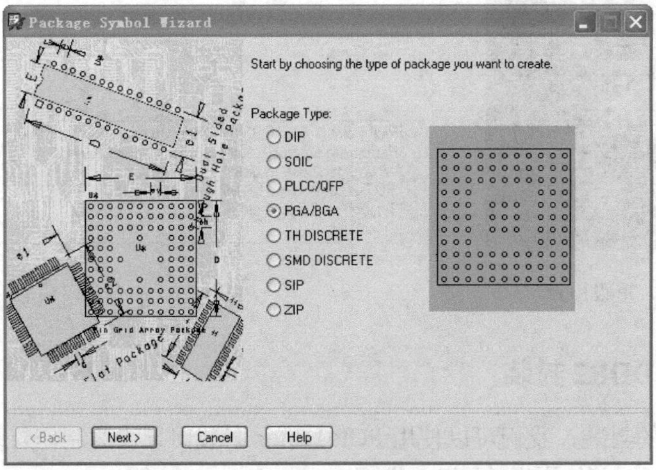
Package Symbol Wizard
Start by choosing the type of package you want to create.
Package Type:
DIP
SOIC
PLCC/QFP
PGA/BGA
TH DISCRETE
SMD DISCRETE
SIP
ZIP
< Back
Next >
Cancel
Help

图 5-26　选择“PGA/BGA”

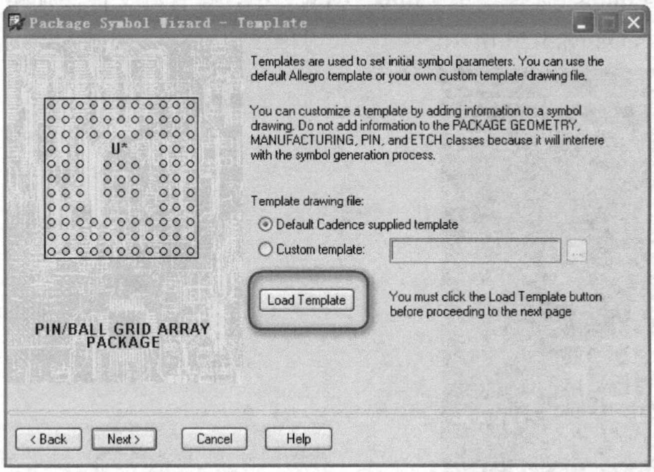
Package Symbol Wizard - Template
Templates are used to set initial symbol parameters. You can use the default Allegro template or your own custom template drawing file.
You can customize a template by adding information to a symbol drawing. Do not add information to the PACKAGE GEOMETRY, MANUFACTURING, PIN, and ETCH classes because it will interfere with the symbol generation process.
Template drawing file:
Default Cadence supplied template
Custom template:
Load Template
You must click the Load Template button before proceeding to the next page
U*
PIN/BALL GRID ARRAY PACKAGE
< Back
Next >
Cancel
Help

图 5-27　单击“Load Template”

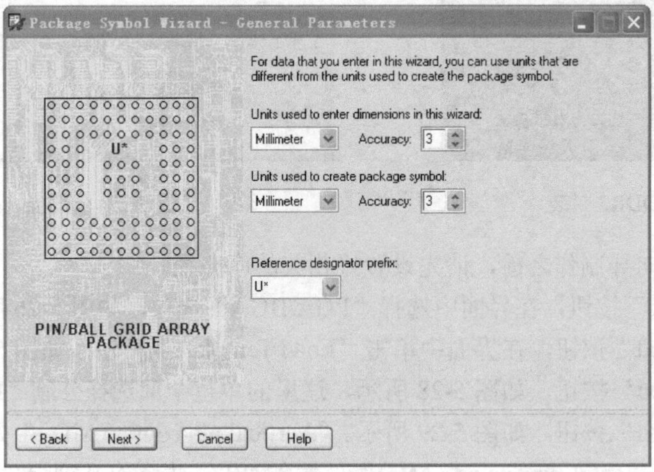
Package Symbol Wizard - General Parameters
For data that you enter in this wizard, you can use units that are different from the units used to create the package symbol.
Units used to enter dimensions in this wizard:
Millimeter
Accuracy:
3
Units used to create package symbol:
Millimeter
Accuracy:
3
Reference designator prefix:
U*
U*
PIN/BALL GRID ARRAY PACKAGE
< Back
Next >
Cancel
Help

图 5-28　设置单位

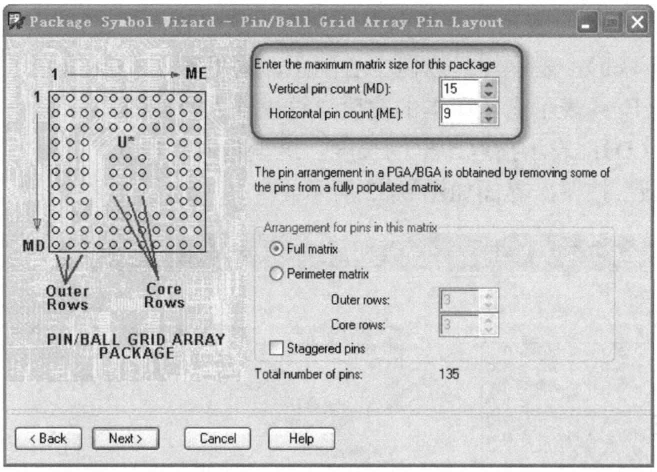

图 5-29　设置引脚数目

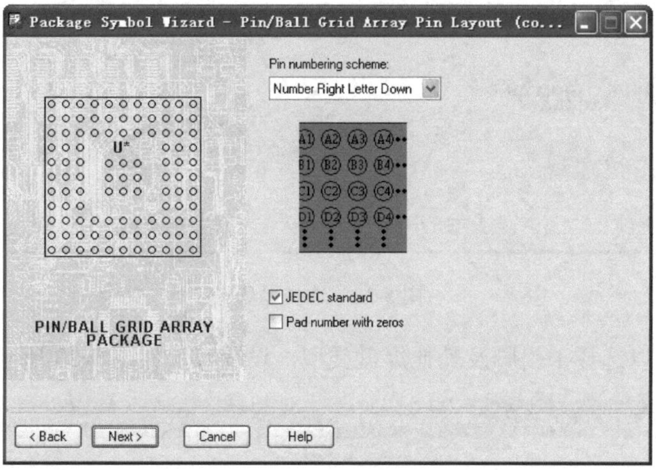

图 5-30　选择引脚号类型

（7）继续单击“Next”按钮，如图 5-31 所示。

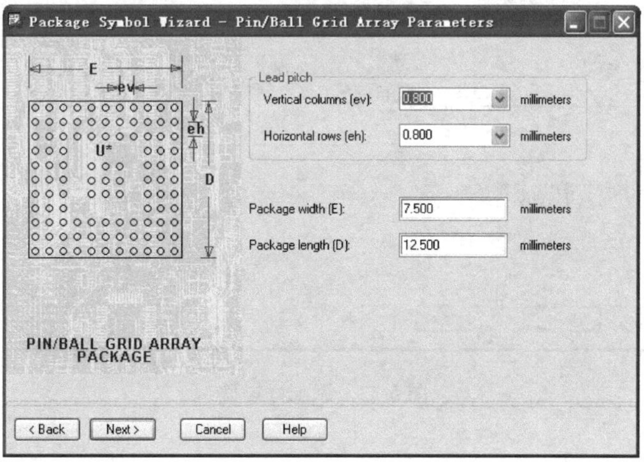

图 5-31　输入焊盘 pitch 值、丝印框大小

Vertical columns（ev）：表示焊盘横向中心间距，这里输入“0.8”。

Horizontal rows（eh）：表示焊盘纵向中心间距，这里输入“0.8”。

Package width（E）：表示指丝印框的宽度，这里输入“7.5”。

Package length（D）：表示指丝印框的长度，这里输入“12.5”。

（8）单击“Next”按钮，界面如图 5-32 所示。

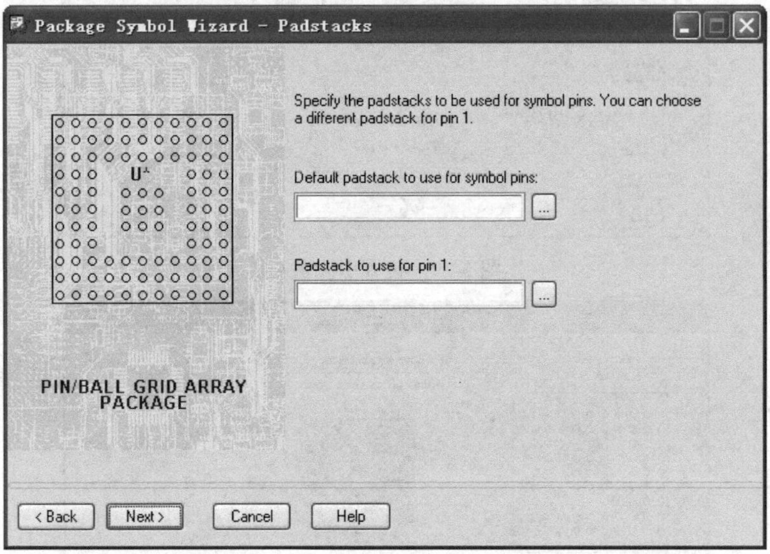

图 5-32　选择焊盘

在图 5-32 中可以选择 1 引脚及其他焊盘类型，设置好后如图 5-33 所示。

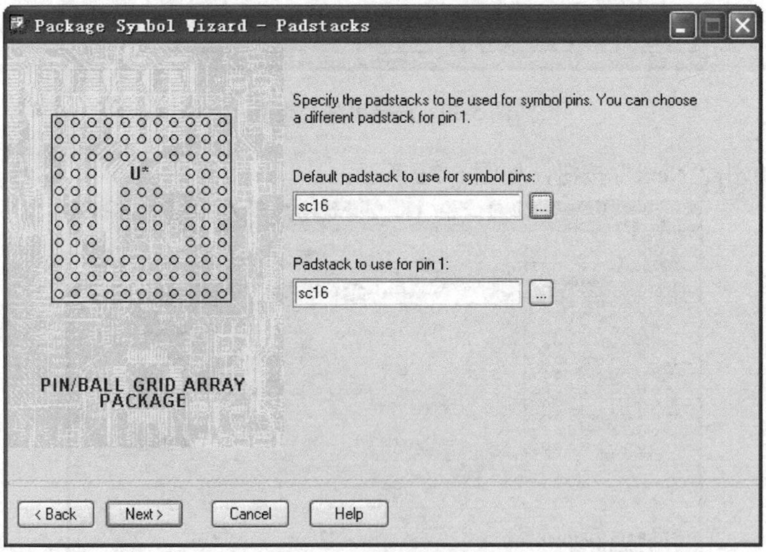

图 5-33　添加好焊盘

（9）单击“Next”按钮，如图 5-34 所示。

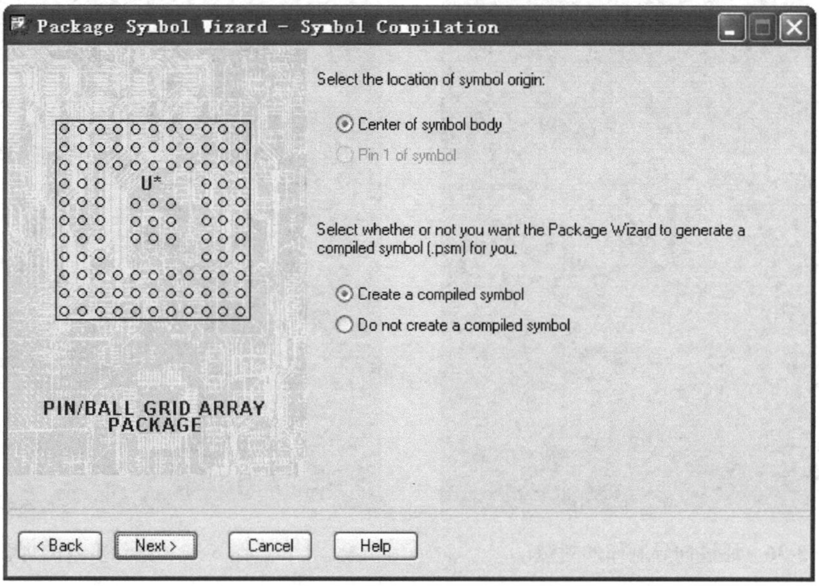
Package Symbol Wizard - Symbol Compilation
Select the location of symbol origin:
Center of symbol body
Pin 1 of symbol
Select whether or not you want the Package Wizard to generate a compiled symbol (.psm) for you.
Create a compiled symbol
Do not create a compiled symbol
U*
PIN/BALL GRID ARRAY PACKAGE
< Back
Next >
Cancel
Help

图 5-34 默认设置

（10）继续单击“Next”按钮，如图 5-35 所示。

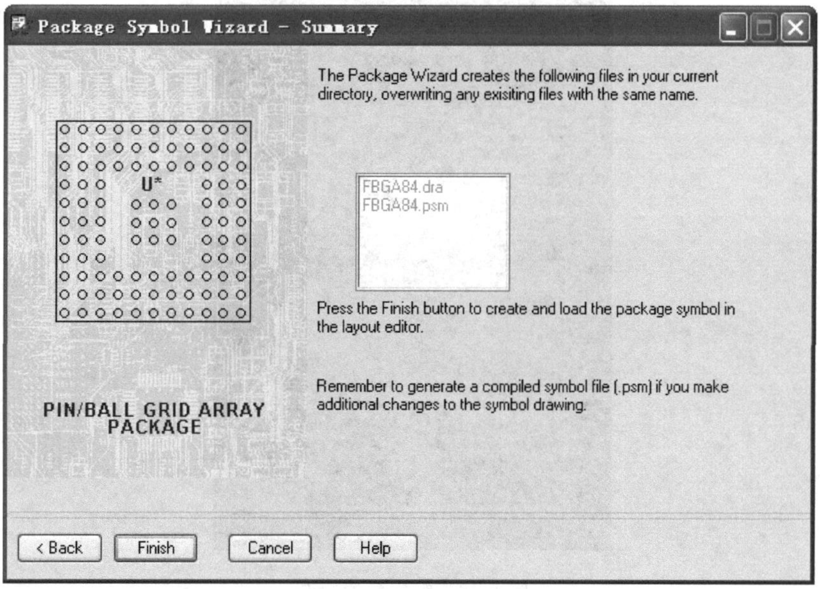
Package Symbol Wizard - Summary
The Package Wizard creates the following files in your current directory, overwriting any exisiting files with the same name.
FBGA84.dra
FBGA84.psm
Press the Finish button to create and load the package symbol in the layout editor.
Remember to generate a compiled symbol file (.psm) if you make additional changes to the symbol drawing.
U*
PIN/BALL GRID ARRAY PACKAGE
< Back
Finish
Cancel
Help

图 5-35 封装向导完成

（11）单击“Finish”按钮，向导制作完成，如图 5-36 所示。

（12）根据规格书，将多余的焊盘删除掉，删除后如图 5-37 所示。

（13）在图 5-37 的基础上，添加 A1 引脚丝印标识，显示或关闭相关的 Subclass 层（此项步骤不再重复叙述）。

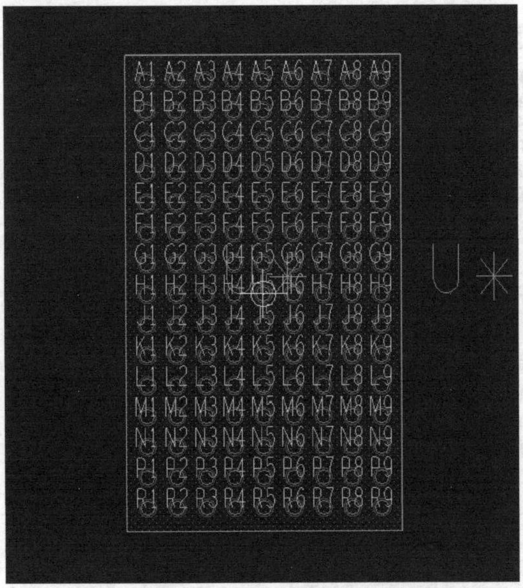

图 5-36　通过向导制作的封装

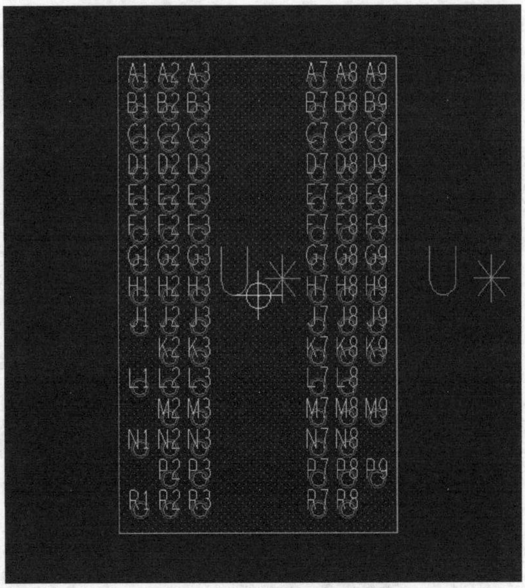

图 5-37　删除多余的焊盘

（14）更改后，封装如图 5-38 所示。

图 5-38　编辑后的封装

说明： 图 5-38 中，将丝印变宽的操作可参考布线篇相关内容。

5.2　插件封装的制作

图 5-39 所示为一个插件封装。

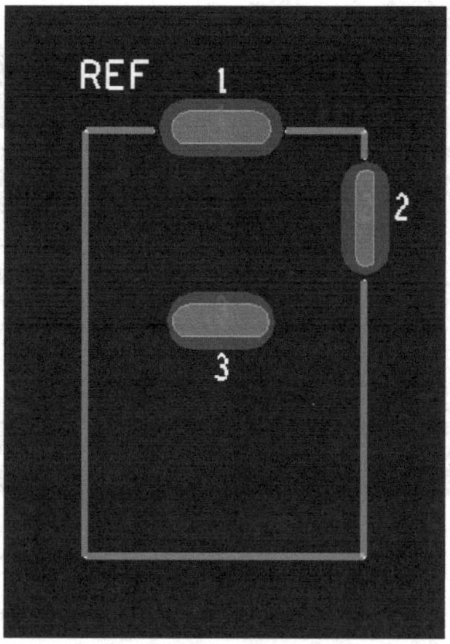

图 5-39　插件封装

此种类型封装与 SMD 表贴封装区别在于焊盘的制作，通孔焊盘制作可参考前面章节，其他封装建立操作可参考 SMD 封装的建立步骤。

5.3　不规则封装的制作

图 5-40 所示为一个不规则封装，其中包含一个不规则焊盘。

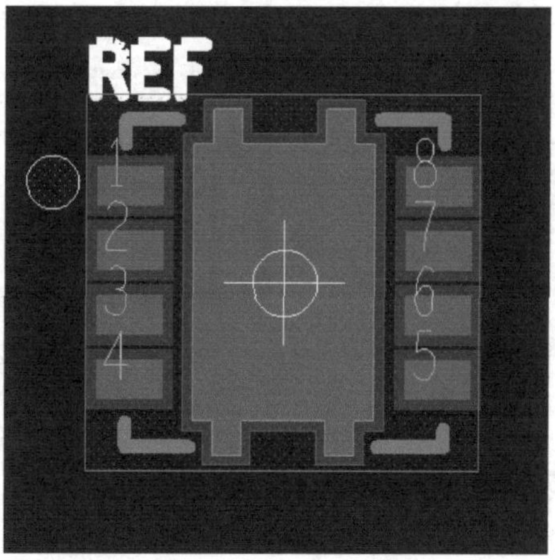

图 5-40　不规则封装

此种类型封装与规则 SMD 表贴封装区别在于焊盘的制作，不规则焊盘制作可参考前面章节，其他封装建立操作可参考 SMD 封装的建立步骤。

拓展：机械焊盘的放置

如图 5-41 所示，此封装中的不规则焊盘为机械焊盘，没有引脚号（Pin Number），如图 5-42 所示。

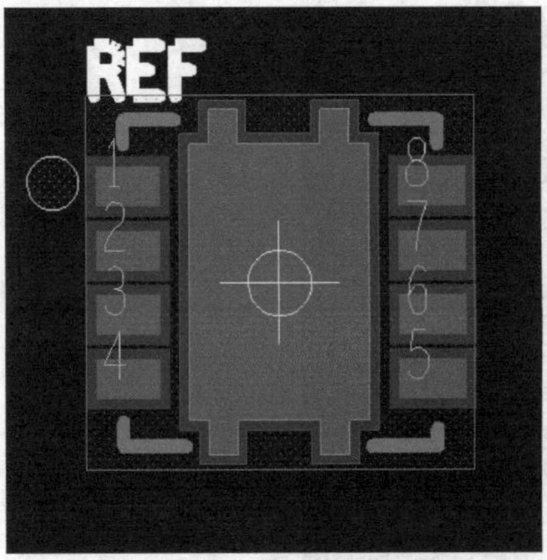

图 5-41　不规则封装

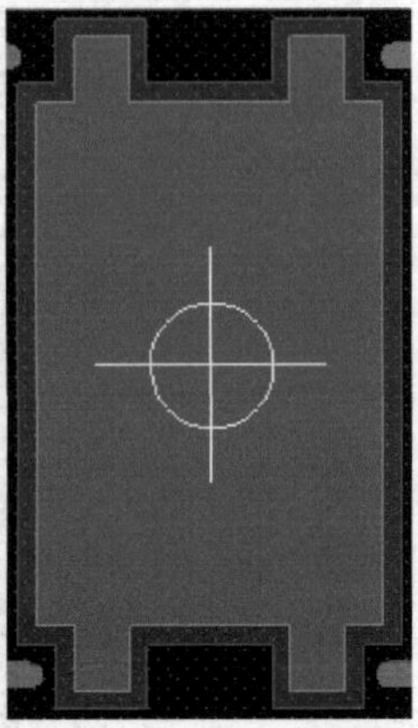

图 5-42　机械焊盘

所以，在选择菜单“Layout—Pins”放置此焊盘时，请注意图 5-43 中的设置。

如图 5-43 所示，选择“Mechanical”，则放置的焊盘没有引脚号（Pin Number），其信息如图 5-44 所示。

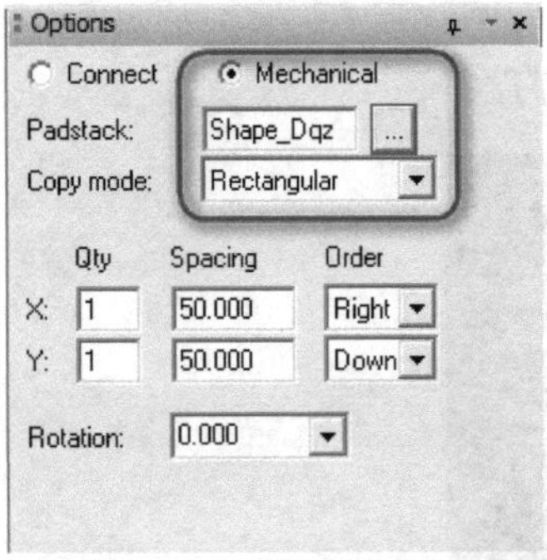

图 5-43　“Options”侧边栏设置

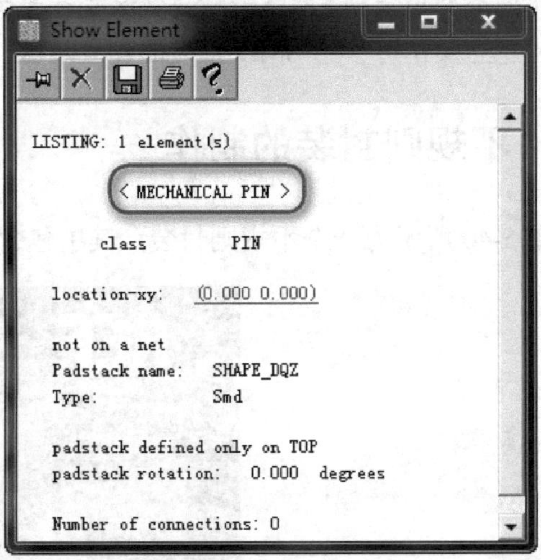

图 5-44　引脚信息

5.4　焊盘的更新与替换

本节主要讲解怎样更新及替换封装中的焊盘，以满足 PCB 设计。

5.4.1　更新焊盘

（1）首先打开封装文件（.dra 文件），设置好封装库路径。

（2）选择菜单“Tools—Padstack—Refresh”，如图 5-45 所示。

（3）弹出的界面如图 5-46 所示，单击“Refresh”按钮，即可更新封装中的所有焊盘文件。

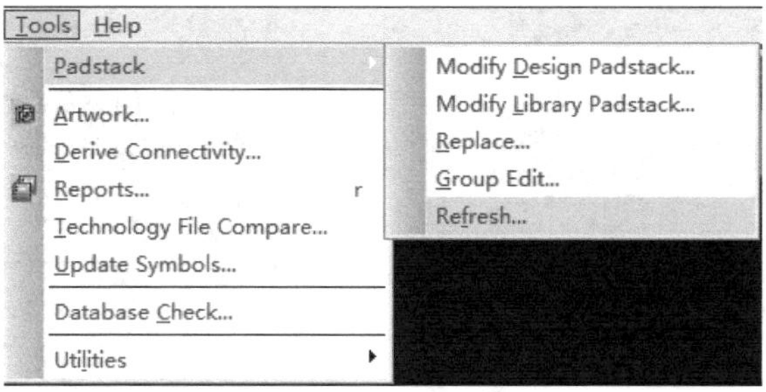

图 5-45　选择“Refresh”更新命令

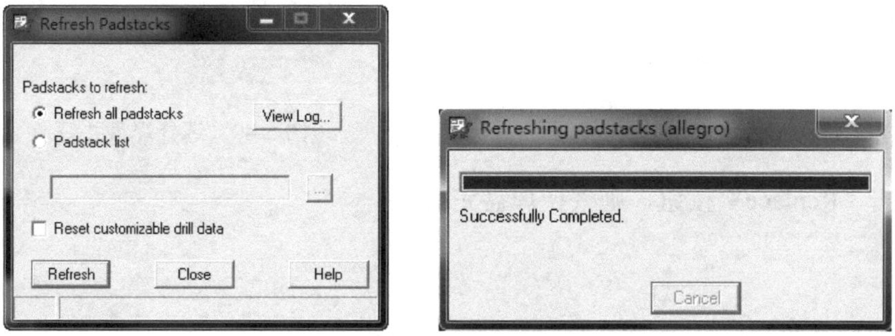

图 5-46　成功更新焊盘

（4）更新完成。

注意：须设置封装库路径；在 Pad Designer 中对焊盘进行更改后，保存后的焊盘名称要和封装中的保持一致。

5.4.2　替换焊盘

（1）首先打开封装文件（.dra 文件），设置好封装库路径。

（2）选择菜单“Tools—Padstack—Replace”，如图 5-47 所示。

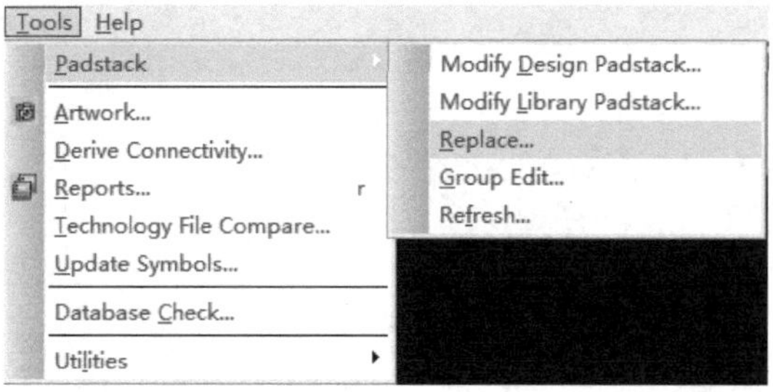

图 5-47　选择“Replace”替换命令

（3）界面如图 5-48 所示。

（4）如图 5-49 所示，在“Old”后选择目前封装中的焊盘，在“New”后，从封装库中选择新的焊盘用来替换。

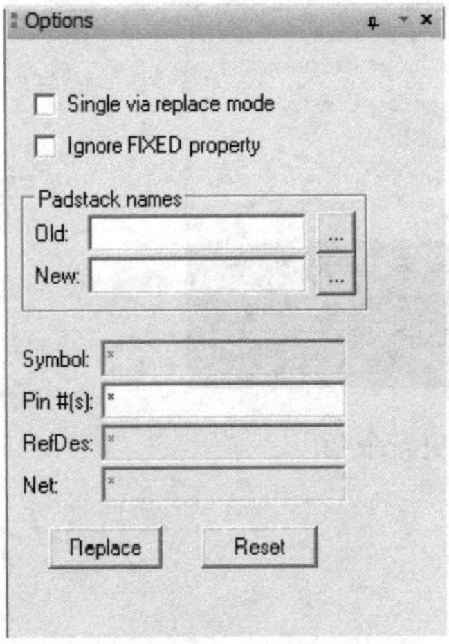

图 5-48 “Options”侧边栏界面

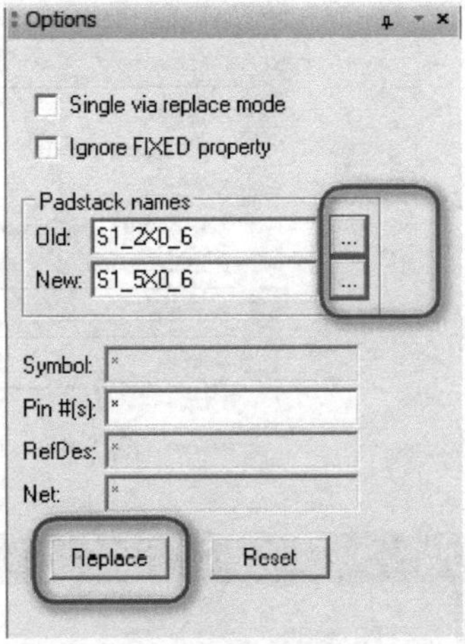

图 5-49 选择焊盘并替换

（5）单击“Replace”按钮，则替换焊盘完成。

第6章 PCB设计预处理

6.1 建立电路板

6.1.1 手动建立电路板

（1）选择菜单“File—New”，设置如图6-1所示。

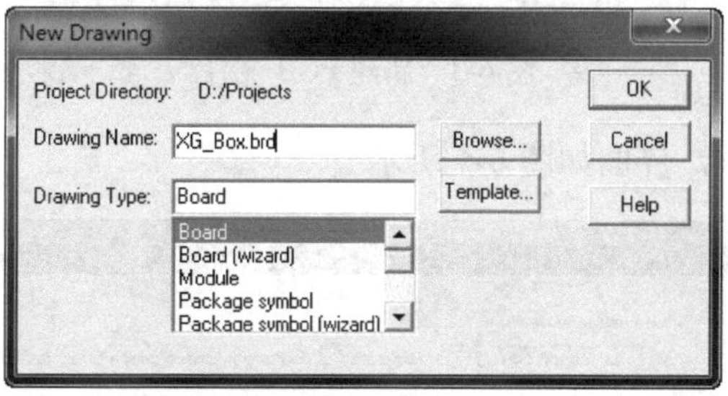

图6-1 新建PCB文件

Drawing Name：输入文件名及选择文件保存路径。

Drawing Type：选择“Board”类型。

（2）单击“OK”按钮，则PCB文件建立，如图6-2所示。

说明：此种方式须设置相关的参数，然后绘制板框（Outline），具体请参考下面章节。

6.1.2 向导建立电路板

（1）选择菜单“File—New”，如图6-3所示。

Drawing Name：输入文件名及选择文件保存路径。

Drawing Type：选择“Board(wizard)”类型。

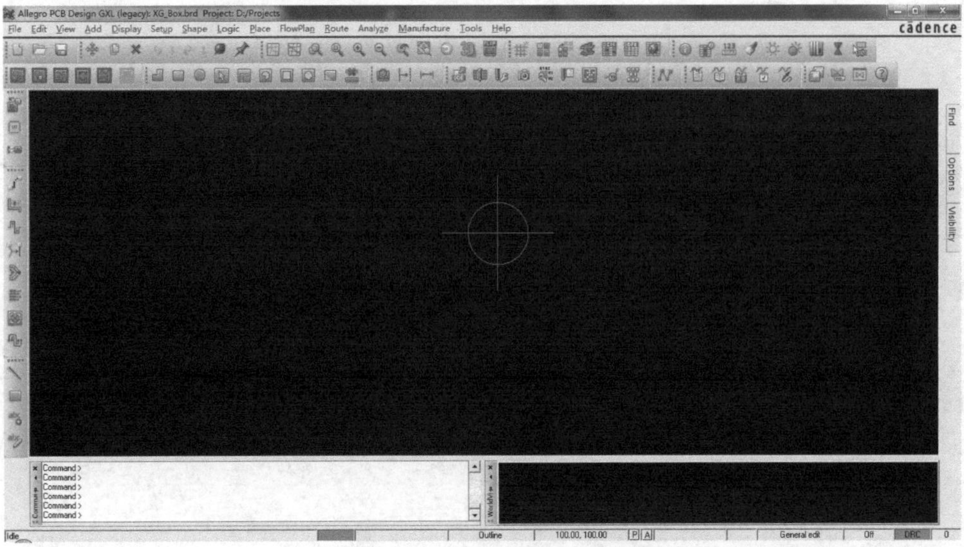

图 6-2　建立好的 PCB 文件

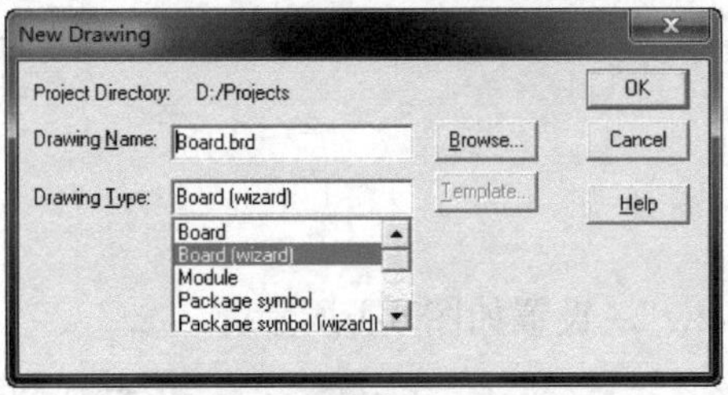
New Drawing
Project Directory: D:/Projects
Drawing Name: Board.brd
Drawing Type: Board (wizard)
Board
Board (wizard)
Module
Package symbol
Package symbol (wizard)
OK
Browse...
Cancel
Template...
Help

图 6-3　新建 PCB 文件

（2）单击“OK”按钮，界面如图 6-4 所示。

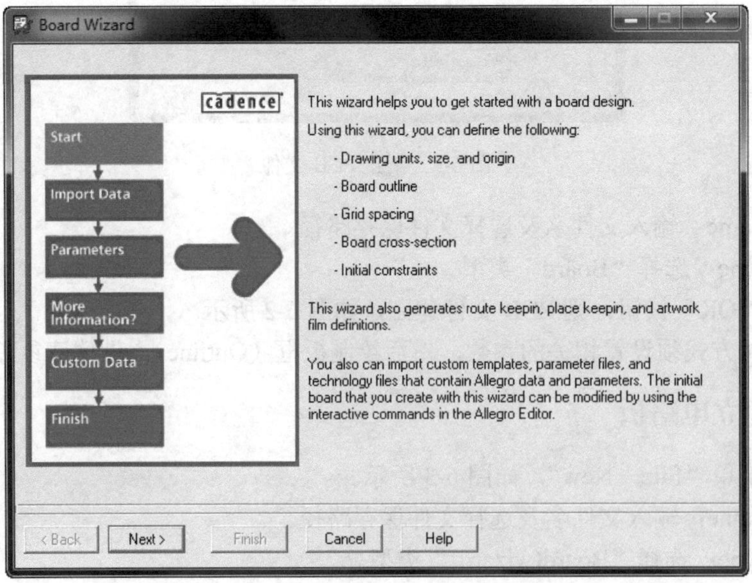
Board Wizard
cadence
Start
Import Data
Parameters
More Information?
Custom Data
Finish
This wizard helps you to get started with a board design.
Using this wizard, you can define the following:
- Drawing units, size, and origin
- Board outline
- Grid spacing
- Board cross-section
- Initial constraints
This wizard also generates route keepin, place keepin, and artwork film definitions.
You also can import custom templates, parameter files, and technology files that contain Allegro data and parameters. The initial board that you create with this wizard can be modified by using the interactive commands in the Allegro Editor.
< Back
Next >
Finish
Cancel
Help

图 6-4　向导开始界面

（3）单击“Next”按钮，界面如图 6-5 所示。

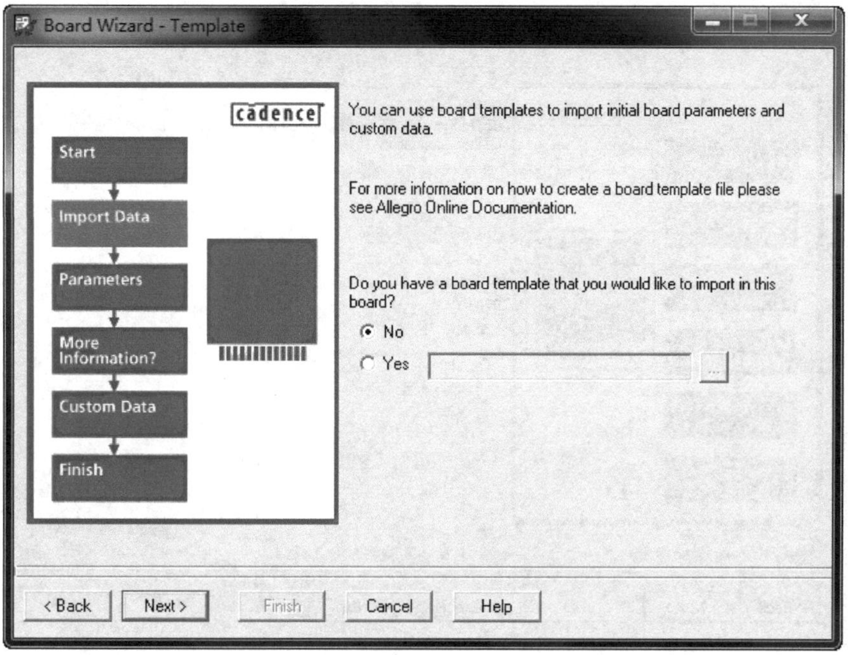
Board Wizard - Template
cadence
Start
Import Data
Parameters
More Information?
Custom Data
Finish
You can use board templates to import initial board parameters and custom data.
For more information on how to create a board template file please see Allegro Online Documentation.
Do you have a board template that you would like to import in this board?
No
Yes
< Back
Next >
Finish
Cancel
Help

图 6-5　导入数据窗口

（4）单击“Next”按钮，界面如图 6-6 所示。

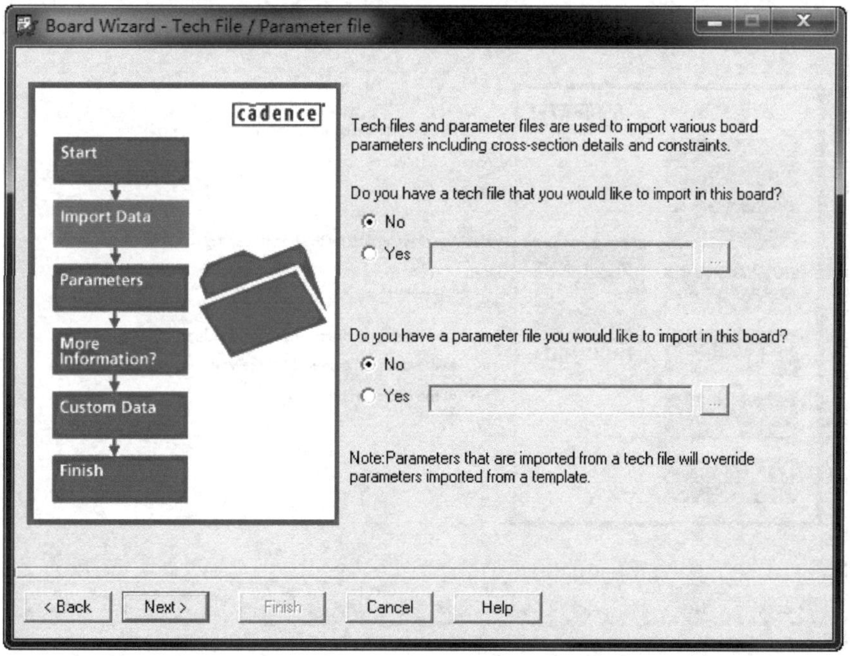
Board Wizard - Tech File / Parameter file
cadence
Start
Import Data
Parameters
More Information?
Custom Data
Finish
Tech files and parameter files are used to import various board parameters including cross-section details and constraints.
Do you have a tech file that you would like to import in this board?
No
Yes
Do you have a parameter file you would like to import in this board?
No
Yes
Note:Parameters that are imported from a tech file will override parameters imported from a template.
< Back
Next >
Finish
Cancel
Help

图 6-6　导入数据窗口

（5）单击“Next”按钮，界面如图 6-7 所示。

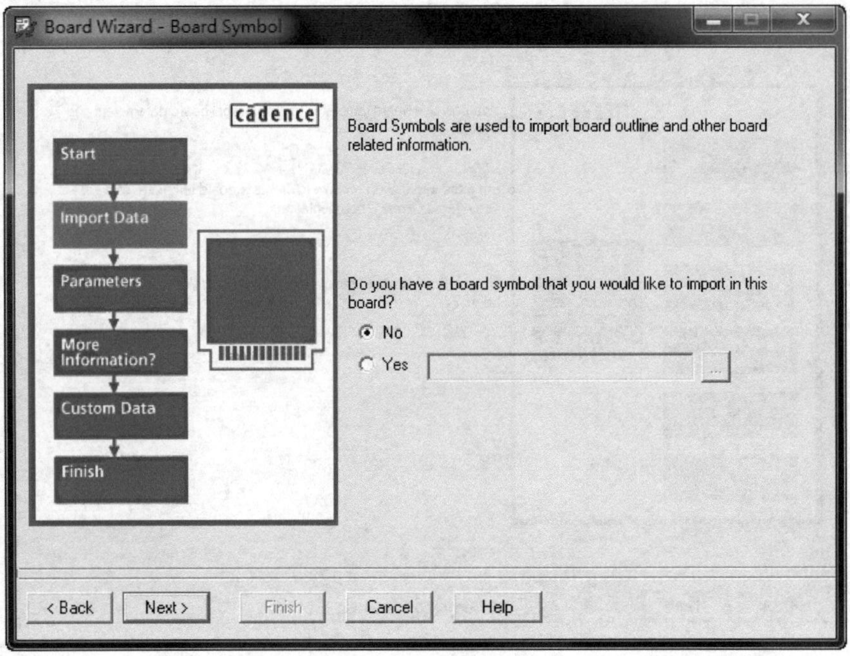

图 6-7　导入数据窗口

（6）单击“Next”按钮，界面如图 6-8 所示。

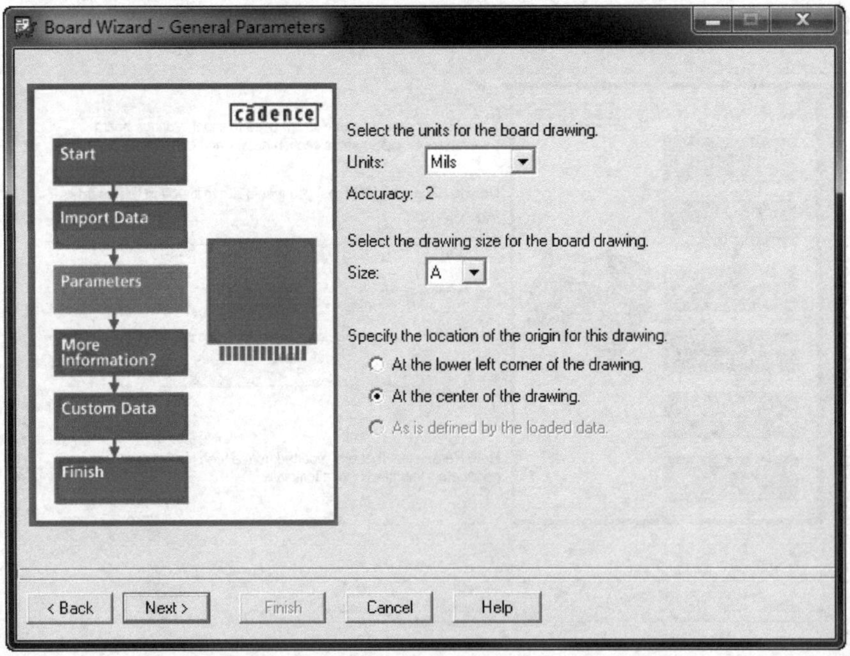

图 6-8　设置参数（一）

（7）在“Units”中选择单位，这里选择“Mils”。

在“Size”中选择设计区域大小，选择“D”。

在“Specify the location of the origin for this drawing”处选择原点位置，这里选择左下角为原点，即选择“At the lower left corner of the drawing”。

（8）设置好后，界面如图 6-9 所示。

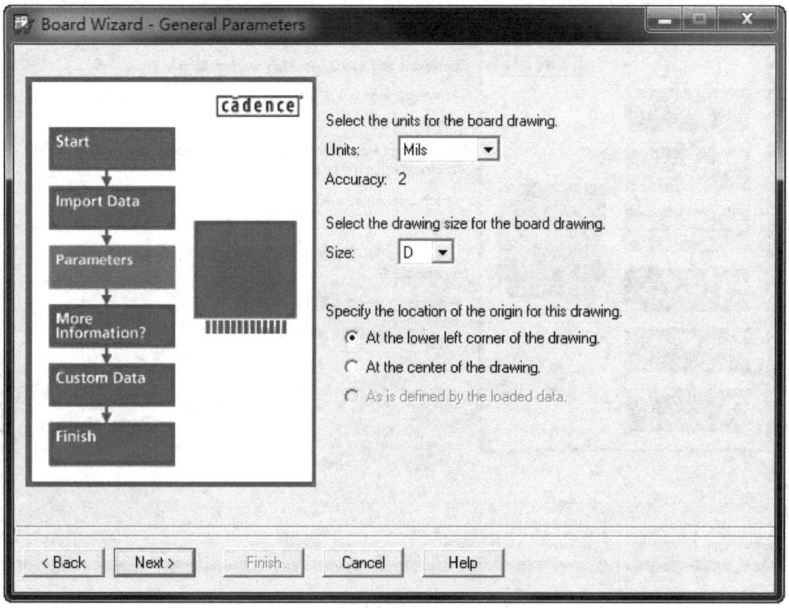

图 6-9　设置参数（二）

（9）单击“Next”按钮，界面如图 6-10 所示。

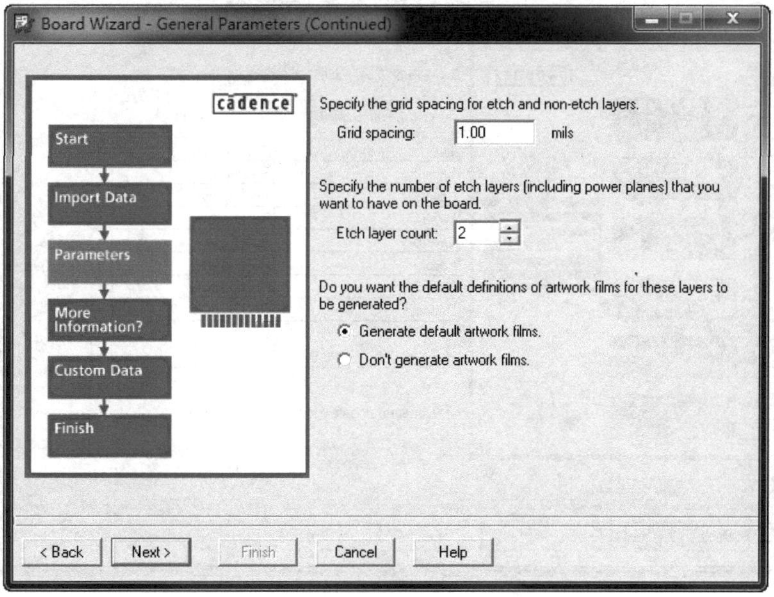

图 6-10　设置参数（三）

Grid spacing：设置栅格大小，这里设置为“5mil”。

Etch layer count：设置 PCB 层数，这里设置为“8”。

Generate default artwork films：生成默认光绘文件设置。

（10）设置好后，界面如图 6-11 所示。

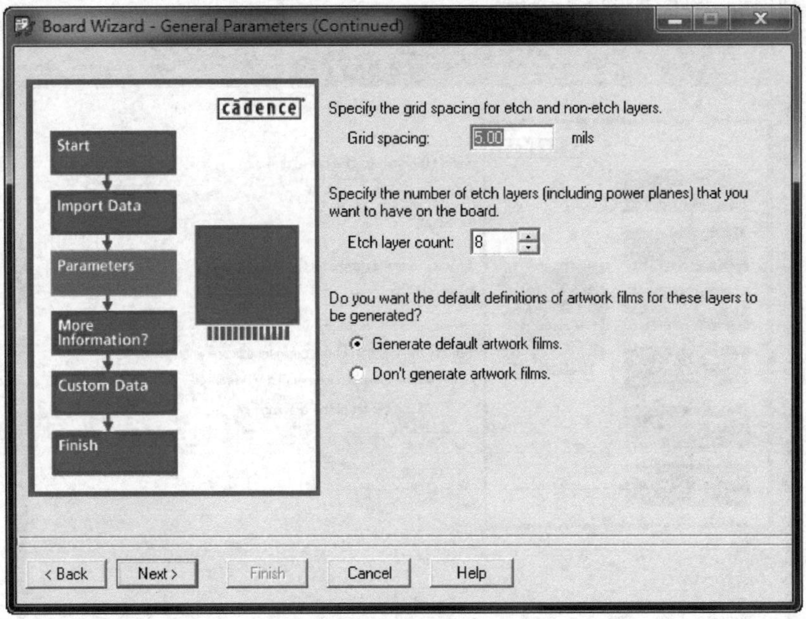

图 6-11　设置参数（四）

（11）单击“Next”按钮，界面如图 6-12 所示。

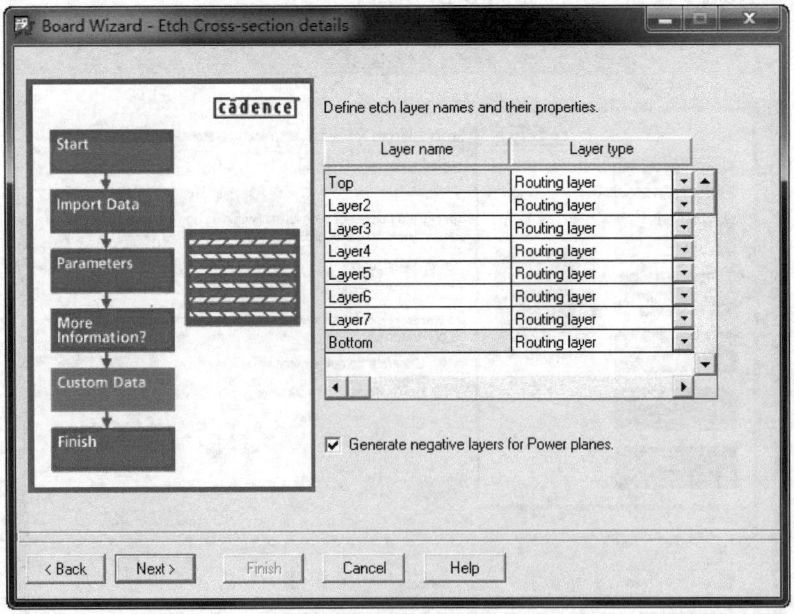

图 6-12　设置层叠

Layer name：设置层名称。

Layer type：设置层类型。

Generate negative layers for Power planes：设置 Power planes 为负片。这里我们统一以正片讲解，不勾选此项。

（12）设置好后，界面如图 6-13 所示。

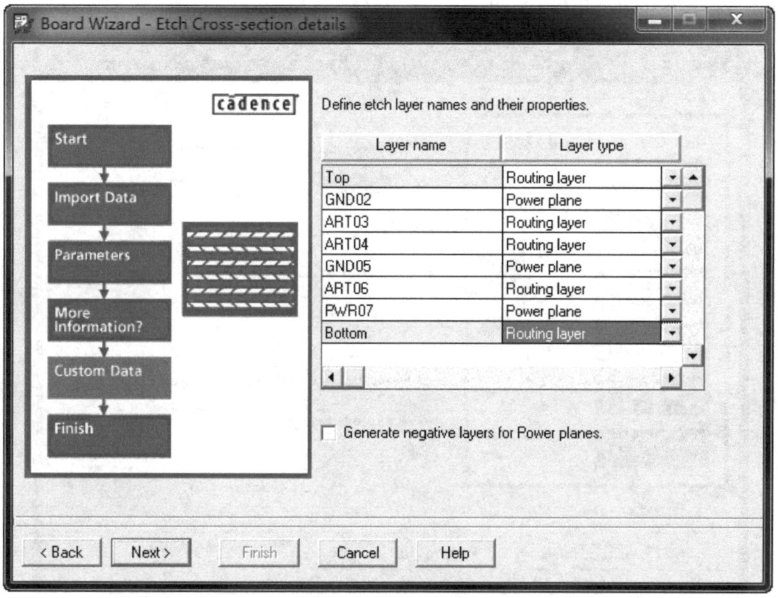

图 6-13　设置层属性

（13）单击“Next”按钮，界面如图 6-14 所示。

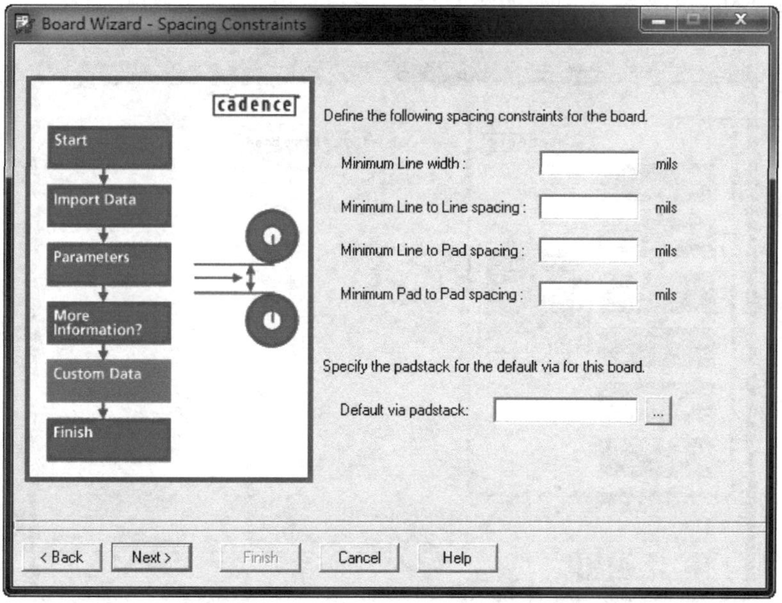

图 6-14　设置参数（五）

Minimum Line width：设置最小线宽。

Minimum Line to Line spacing：设置走线之间最小间距。

Minimum Line to Pad spacing：设置走线与焊盘最小间距。

Minimum Pad to Pad spacing：设置焊盘之间最小间距。

Default via padstack：设置默认过孔。

（14）设置好后，界面如图 6-15 所示。

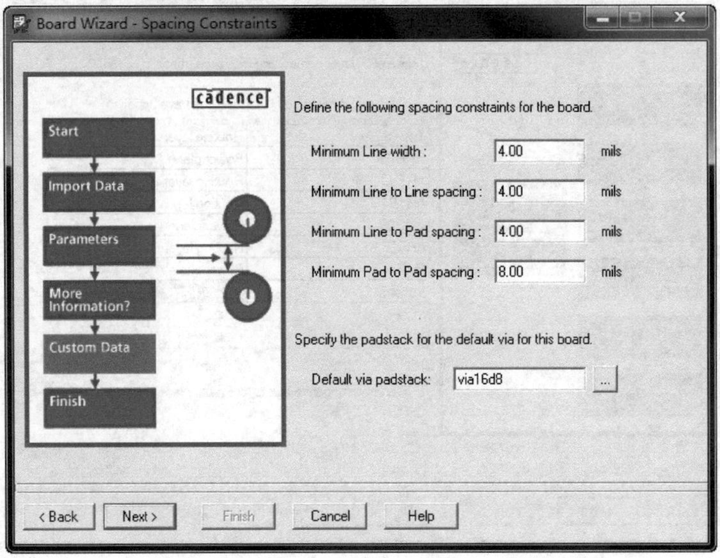

图 6-15　设置参数（六）

说明：via 从已设置好的封装库中调取。

（15）单击“Next”按钮，界面如图 6-16 所示。

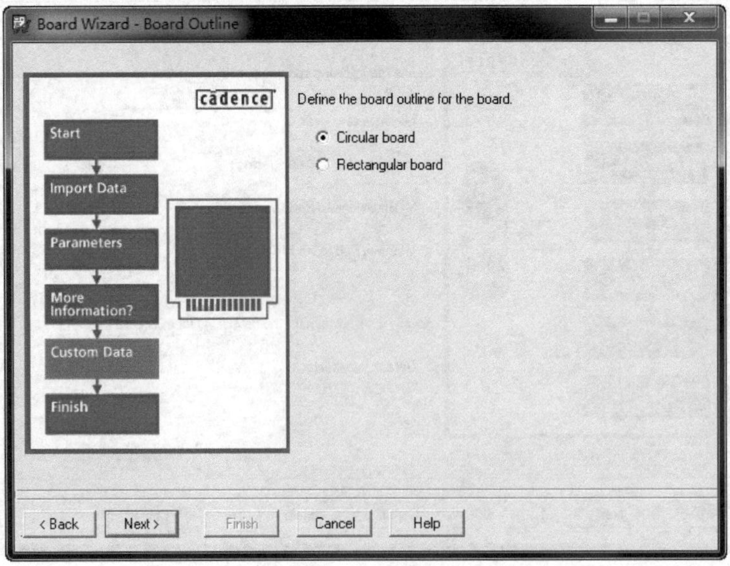

图 6-16　设置板形

（16）板框形状选择“Rectangular board”，然后单击“Next”按钮，界面如图 6-17 所示。

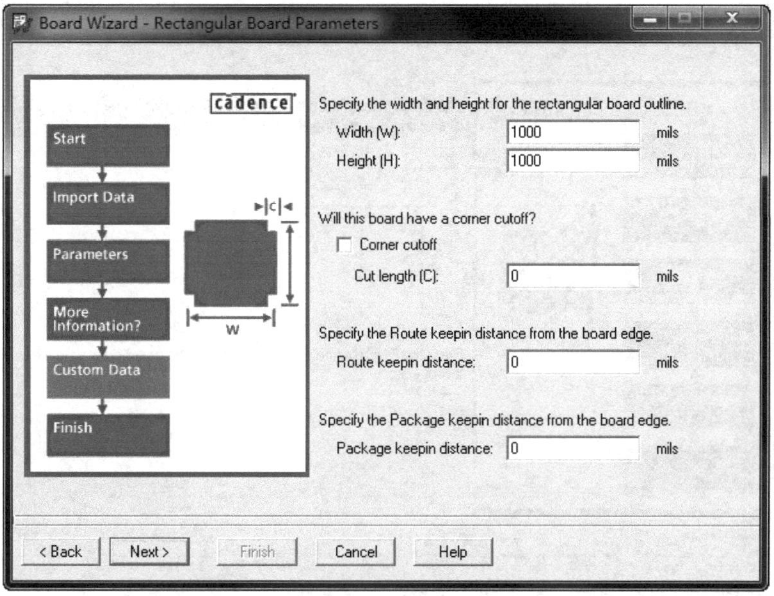

图 6-17 设置板框参数（一）

Width：板框宽度。

Height：板框高度。

Cut length：表示缺角大小。

Route keepin distance：设置允许布线区域相对板框边界内缩的数值。

Package keepin distance：设置允许放置器件区域相对板框边界内缩的数值。

（17）设置好后，如图 6-18 所示。

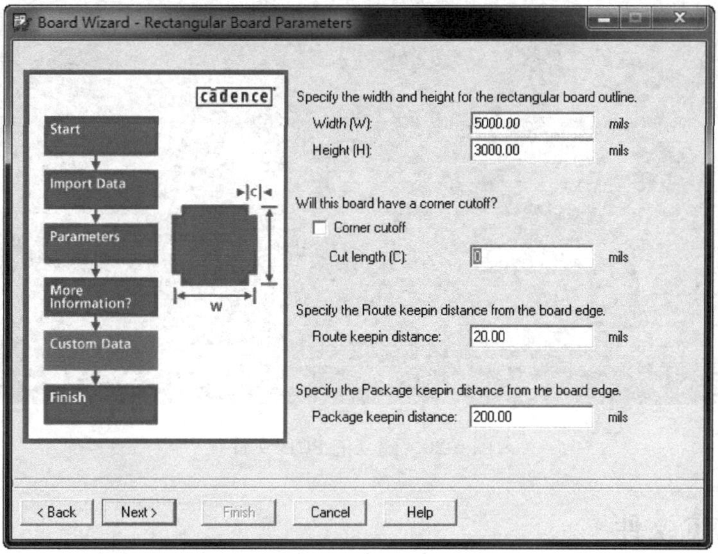

图 6-18 设置板框参数（二）

（18）单击“Next”按钮，界面如图 6-19 所示。

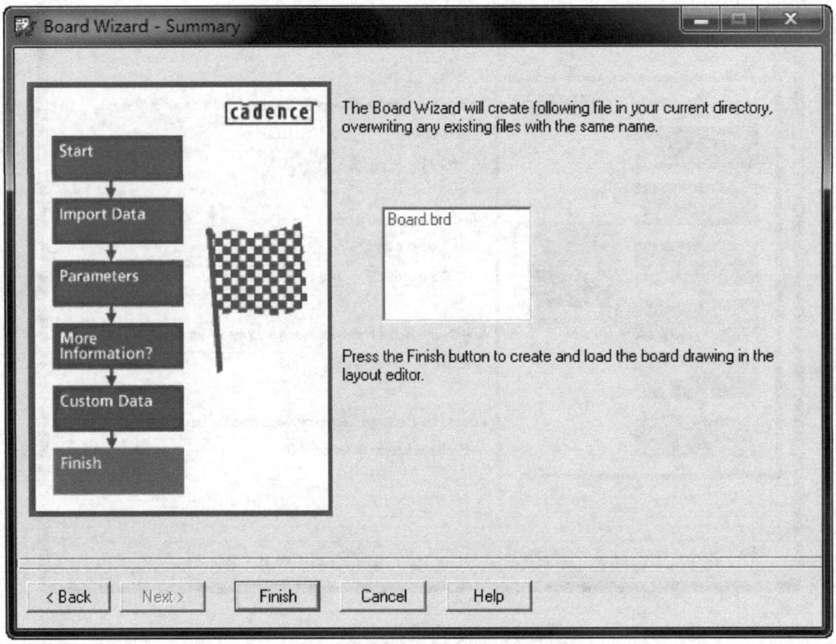

图 6-19　向导设置完成

（19）单击“Finish”按钮，向导设置完成，建立的 PCB 文件如图 6-20 所示。

图 6-20　建立的 PCB 文件

6.1.3　导入 DXF 文件

（1）选择菜单“File—Import—DXF”，如图 6-21 所示。

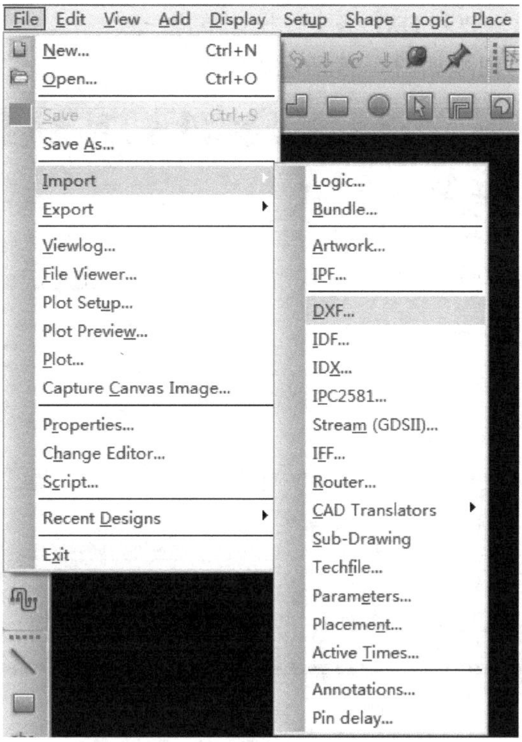

图 6-21 导入 DXF 文件

（2）设置 DXF 文件参数如图 6-22 所示。

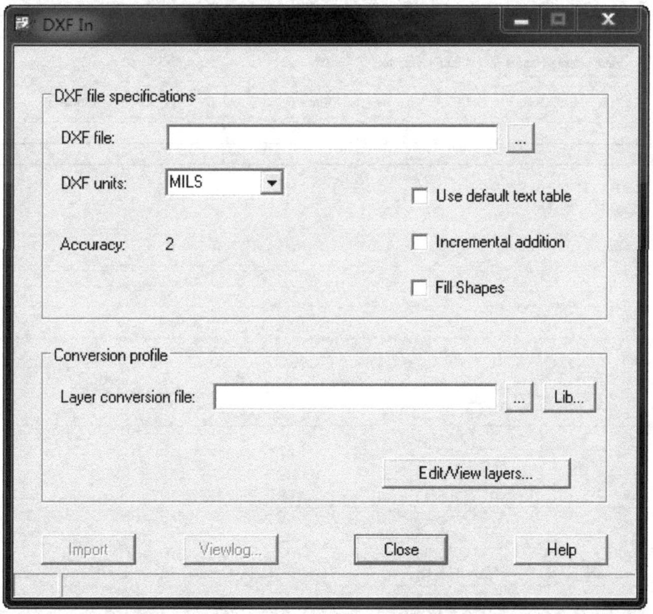

图 6-22 设置 DXF 文件参数

DXF file：选择 DXF 结构文件。

DXF units：选择单位，要和 DXF 源文件设计单位一致。

（3）选择 DXF 文件，出现如图 6-23 所示界面。

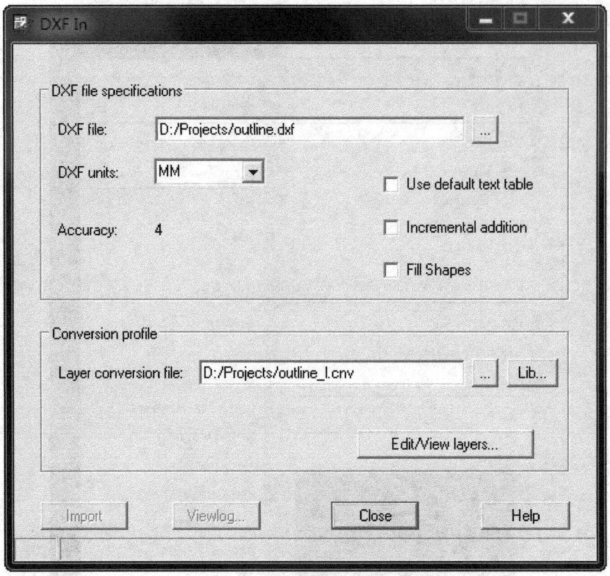

图 6-23　选择 DXF 文件

说明：在“DXF file”中选择文件后，下方的“Layer conversion file”会自动添加。

（4）然后，单击“Edit/View layers”，如图 6-24 所示。

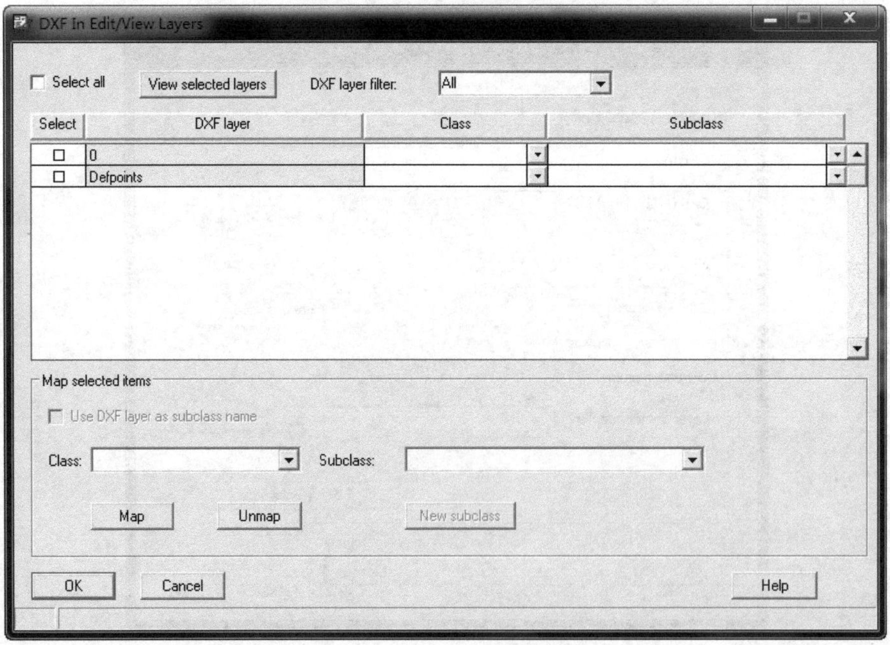

图 6-24　设置 Layers 参数

如图 6-24 所示，“0”“Defpoints”为 DXF 源文件中的图层，我们要映射到 Allegro 中。

（5）勾选“Select all”，然后在下方选择“Subclass”，也可以新建一个“Subclass”，方便后期管理结构文件，如图 6-25 所示。

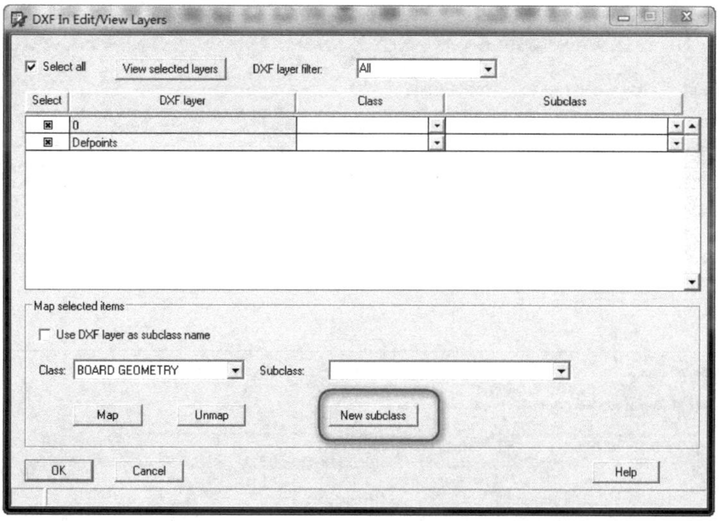

图 6-25 创建新的 Subclass

单击“New subclass”按钮，输入名称，如图 6-26 所示。

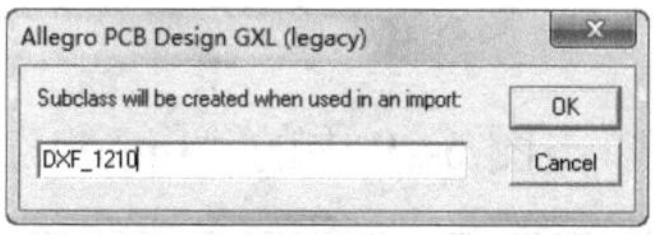

图 6-26 输入新建立的 Subclass 名称

单击“OK”按钮后，如图 6-27 所示。

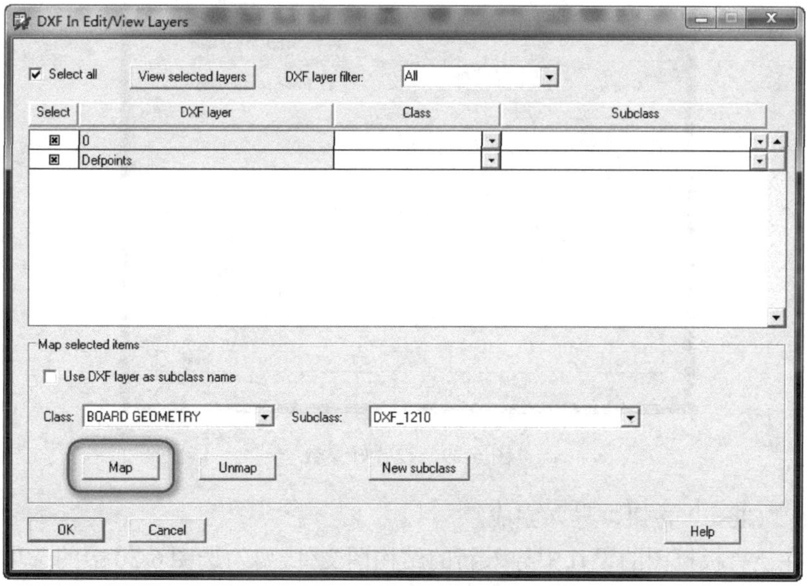

图 6-27 将 DXF layer 映射到 Subclass

然后单击“Map”按钮，则映射到“BOARD GEOMETRY/DXF_1210”这个 Subclass，如图 6-28 所示。

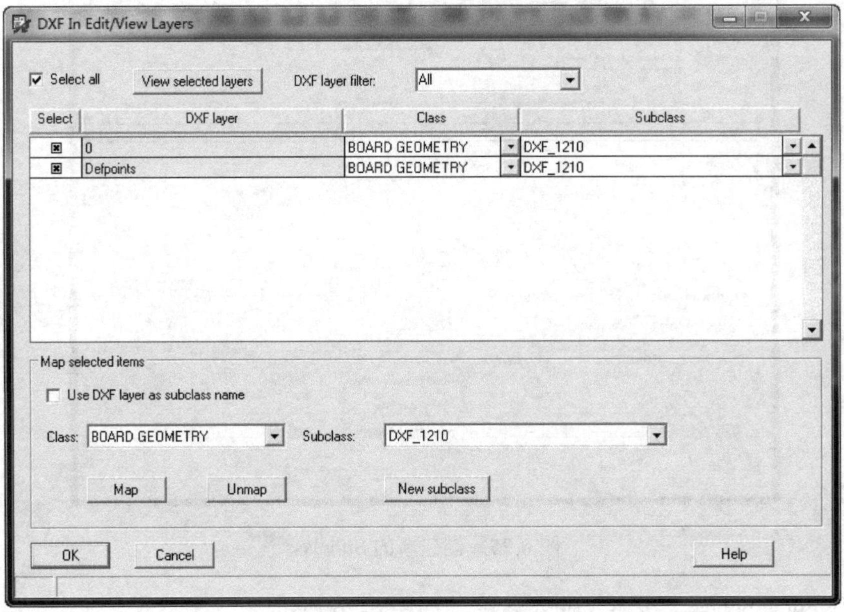

图 6-28　映射完成

（6）单击“OK”按钮，然后单击图 6-29 中的“Import”按钮，如图 6-29 所示。

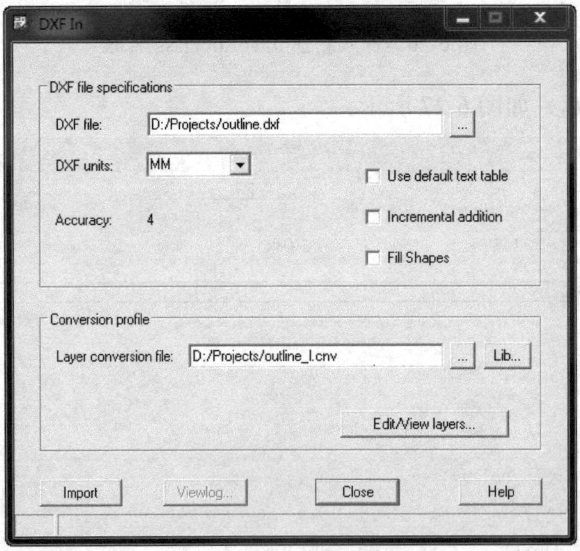

图 6-29　设置好参数

（7）单击“Close”按钮，导入完成。

技巧: 若在已有板框图的设计中导入新的结构图文件，要勾选图 6-30 中的选项“Incremental addition”，否则会导致 PCB 板中的对象消失。

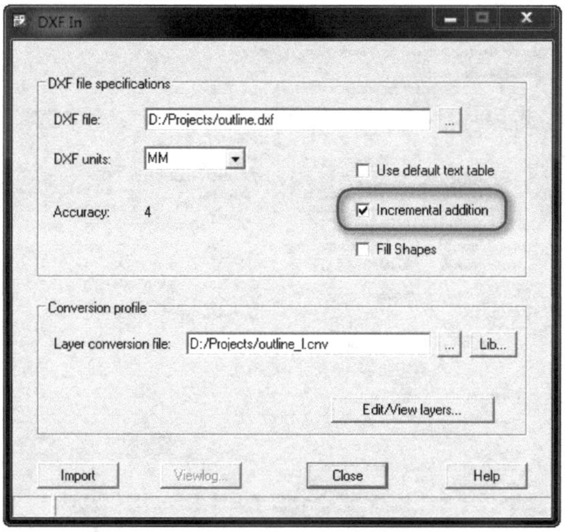

图 6-30　勾选“Incremental addition”

6.2　Allegro 环境的设置

6.2.1　绘图参数的设置

下面介绍一些基本绘图参数的设置。

（1）选择菜单“Setup—Design Parameters”，设置“Display”选项卡，如图 6-31 所示。这里主要勾选与显示相关的选项。“Design”选项卡如图 6-32 所示，这里要设置单位、左下角坐标值及设计区域的大小。

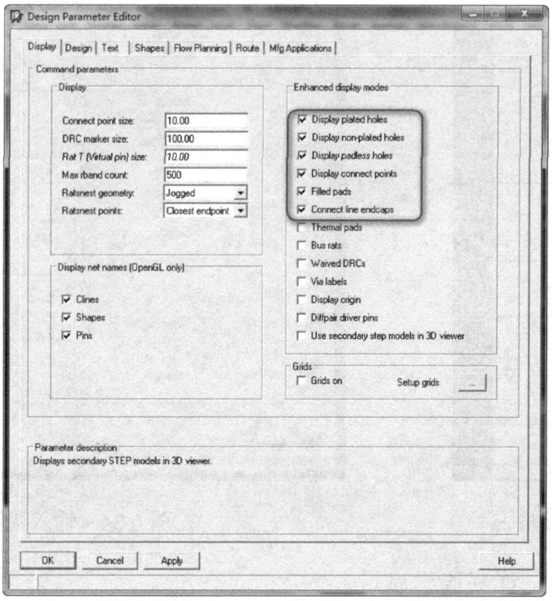

图 6-31　“Display”选项卡

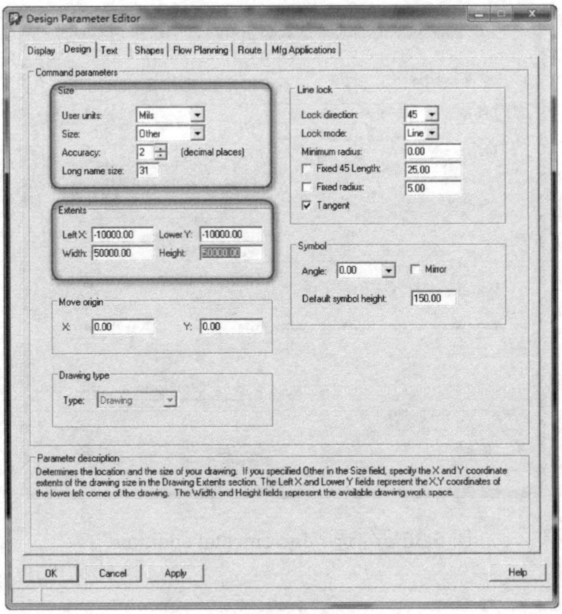

图 6-32 “Design”选项卡

6.2.2 Grid 的设置

（1）选择菜单“Setup—Grids”，设置栅格如图 6-33 所示。

（2）输入栅格数值如图 6-34 所示。

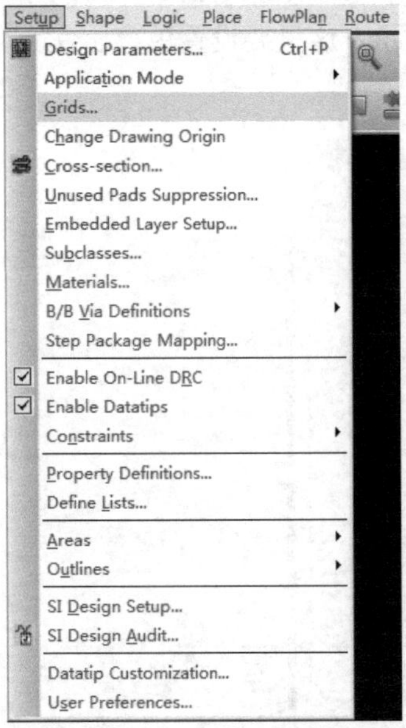

图 6-33 设置栅格

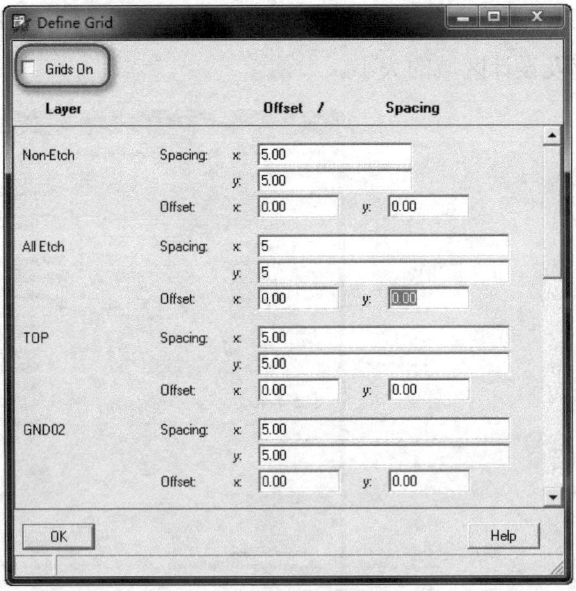

图 6-34 输入栅格数值

勾选“Grid On”表示打开栅格显示。

Non-Etch：非电气栅格。

All Etch：电气栅格。

6.2.3　颜色属性的设置

设置好参数后，还要设置相关 Subclass 的颜色，便于区分。

（1）选择菜单“Display-Color/Visibility”，设置颜色的菜单如图 6-35 所示。

设置颜色的图标如图 6-36 所示。

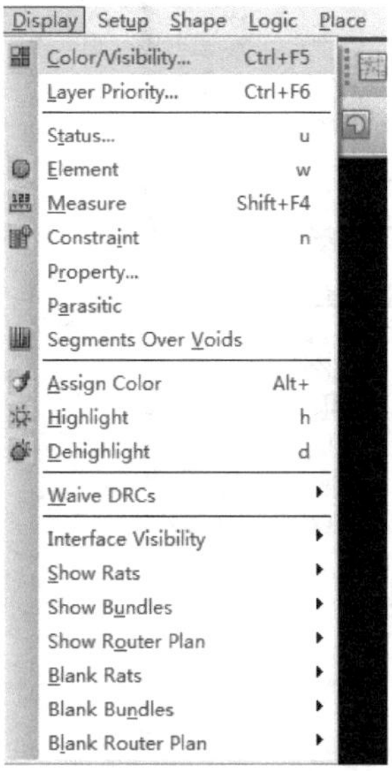

图 6-35　设置颜色的菜单

图 6-36　设置颜色的图标

（2）在工具栏左下方选择颜色，然后单击对应 Subclass 的色块，即可改变颜色，如图 6-37 所示。

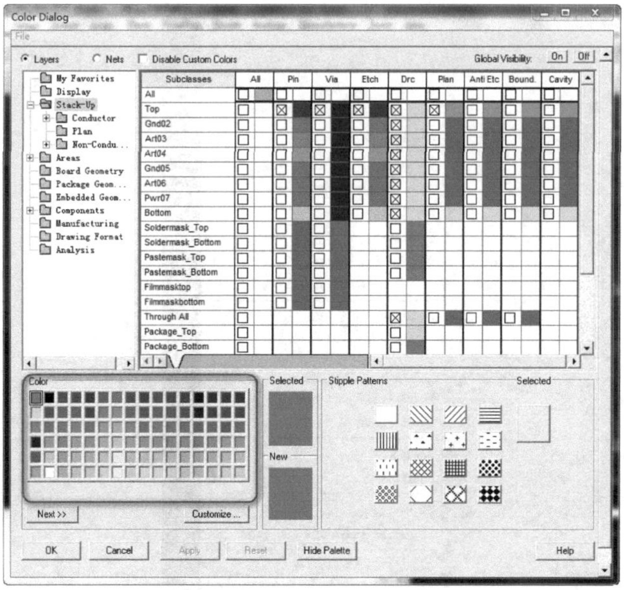

图 6-37　设置颜色窗口

可通过单击左侧目录设置 Subclass 颜色，选择 Subclass，如图 6-38 所示。

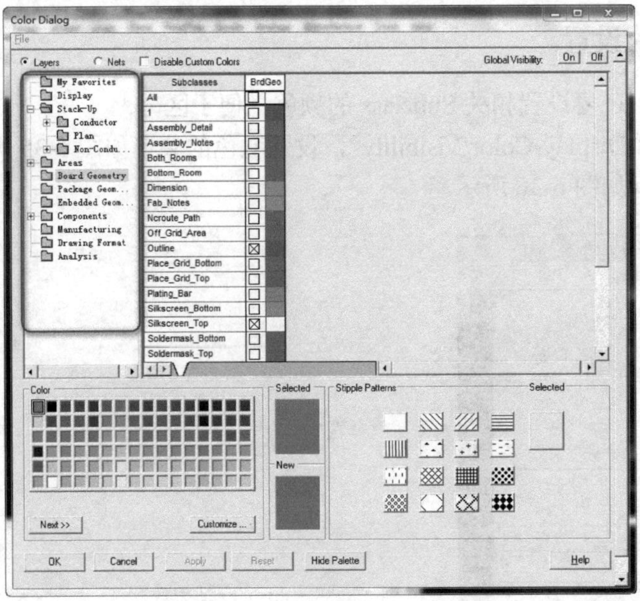

图 6-38　设置 Subclass 颜色

6.3　自动保存功能的设置

为了避免发生突发事件导致文件数据丢失，建议在软件中设置文件自动保存，其操作步骤如下。

（1）选择菜单“Setup—User Preferences…”，如图 6-39 所示。

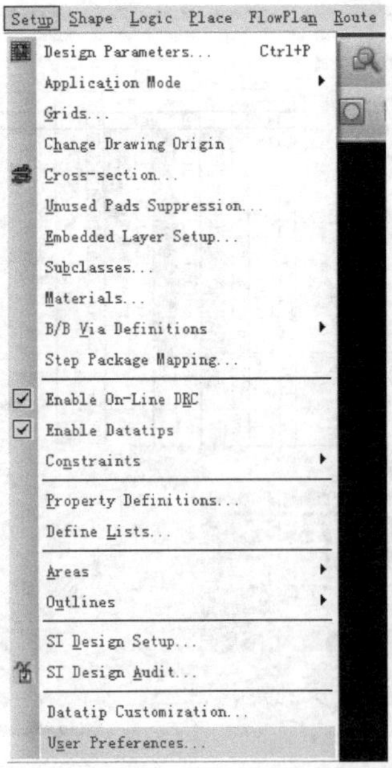

图 6-39　打开“User Preferences…”设置窗口

（2）选择目录“File_management/Autosave”，如图 6-40 所示。

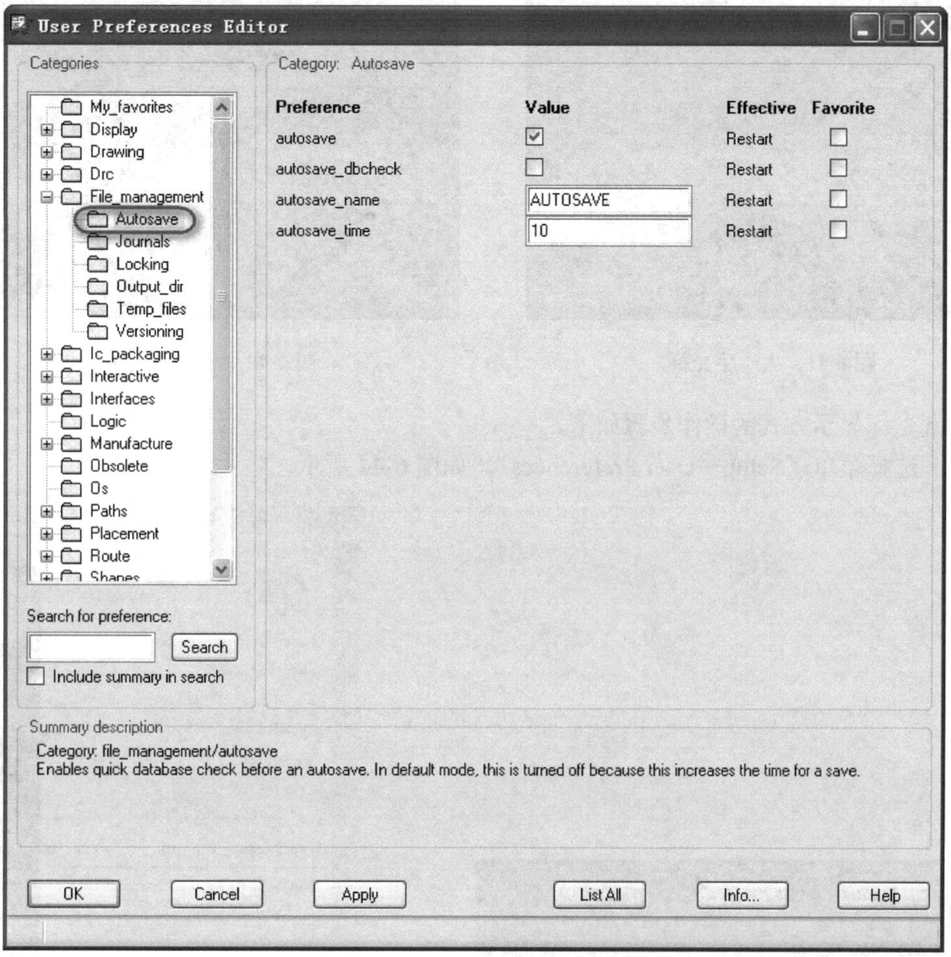

图 6-40　设置自动保存相关参数

说明：

① 建议如上图设置；

② Autosave_time 数值最小为 10，最大为 300；

③ 重启软件，设置生效。

（3）单击“OK”按钮，设置完成。

6.4　光标显示方式的设置

在软件中，可以设置光标显示方式，以方便设计。大十字光标如图 6-41 所示；小十字光标如图 6-42 所示；8 朝向光标如图 6-43 所示。

图 6-41　大十字光标

图 6-42　小十字光标

设置光标显示方式的操作步骤如下。

（1）选择菜单“Setup—User Preferences”，如图 6-44 所示。

图 6-43　8 朝向光标

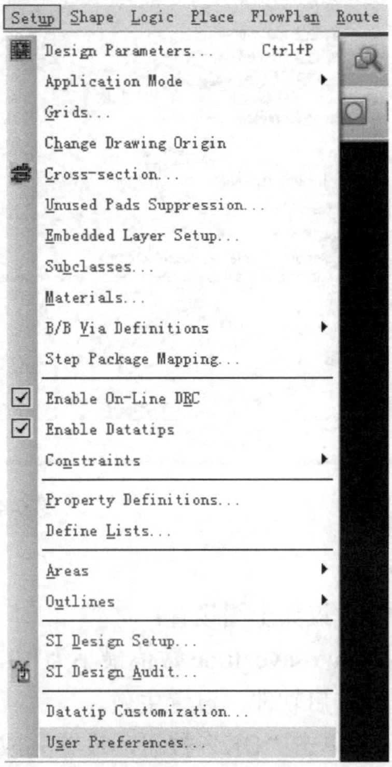

图 6-44　打开“User Preferences”设置窗口

（2）选择目录“Display/Cursor”，设置光标显示方式如图 6-45 所示。

在“pcb_cursor”中选择显示方式即可。

infinite：大十字。

cross：小十字。

octal：8 朝向。

pcb_cursor_angle：默认为空。

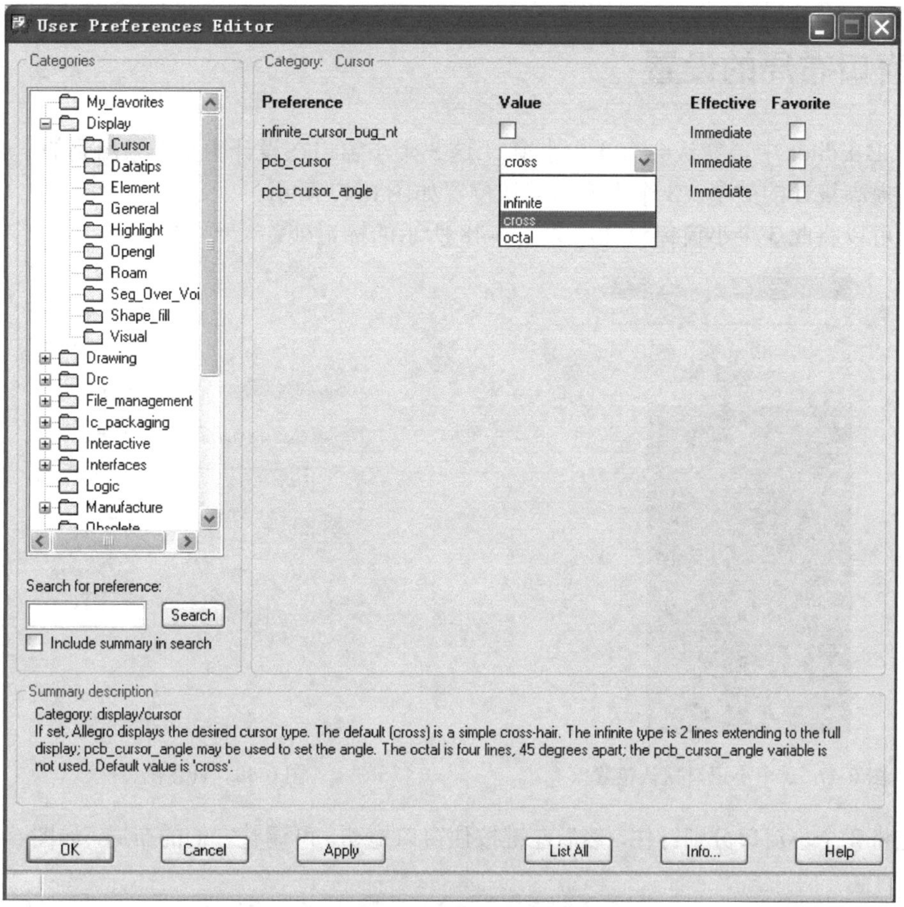

图 6-45　设置光标显示方式

当选择“infinite”时，若输入“45”，则光标会旋转 45°，效果如图 6-46 所示。

图 6-46　45°光标

（3）单击“OK”按钮，完成设置。

6.5 窗口布局的设置

在 PCB Editor 中，默认会有 3 个小窗口.这 3 个小窗口在设计中是必须用到的，合理的放置它们可提高设计的效率。3 个小窗口默认位置如图 6-47 所示。

我们可以将此 3 个小窗口钉住，如图 6-48 所示的标记处。

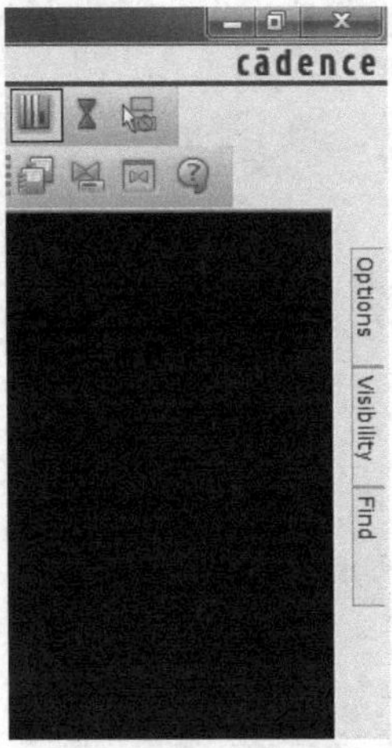

图 6-47　3 个小窗口默认位置

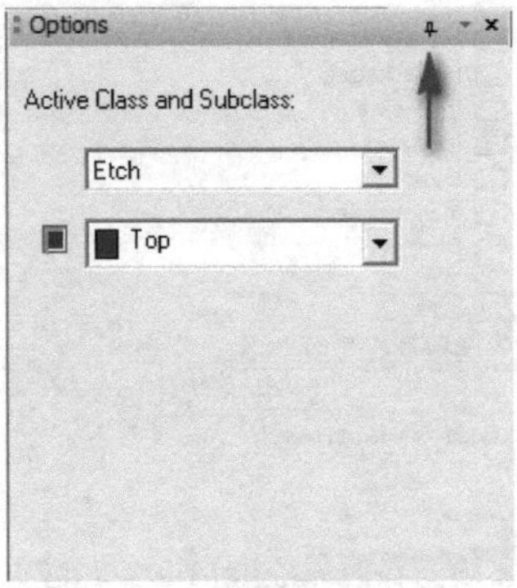

图 6-48　钉住侧边栏

可先将 3 个小窗口分别钉住，然后左键按住窗口拖动，可调整它们的布局，如图 6-49 所示。

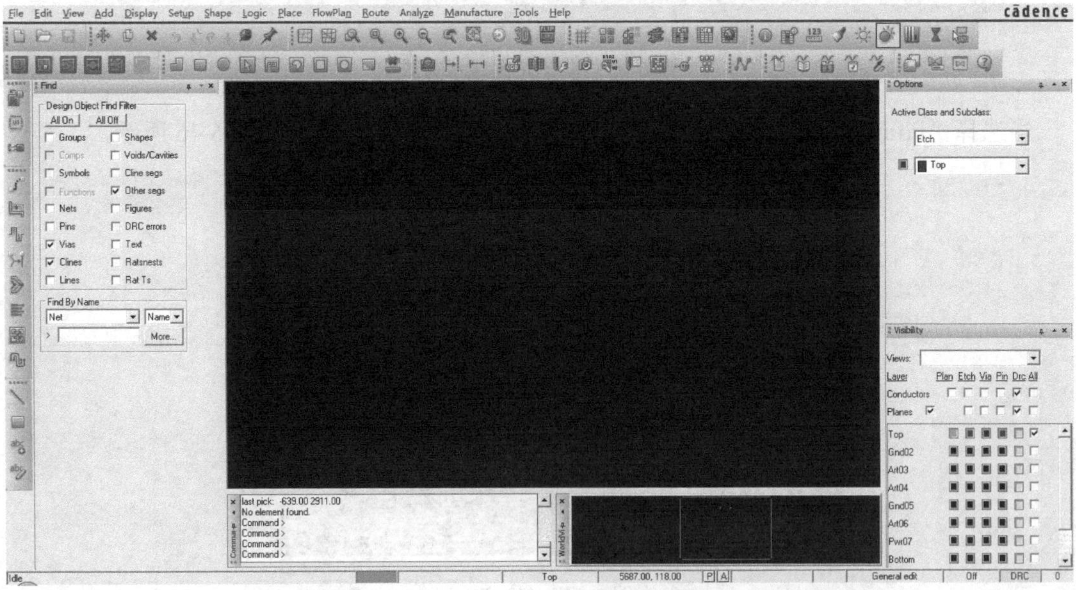

图 6-49　调整后的窗口布局

说明：若界面中小窗口消失，可通过菜单栏重新调取出来，如图 6-50 所示，勾选相应的窗口即可。

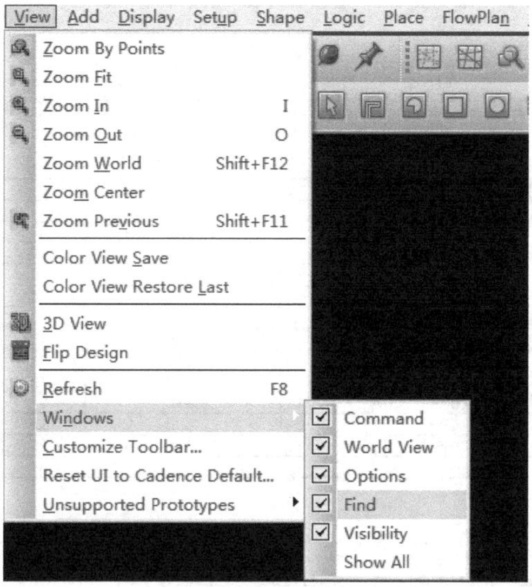

图 6-50　设置显示小窗口

6.6　层叠设置

（1）选择菜单“Setup—Cross-section”，如图 6-51 所示。

层叠设置图标如图 6-52 所示。

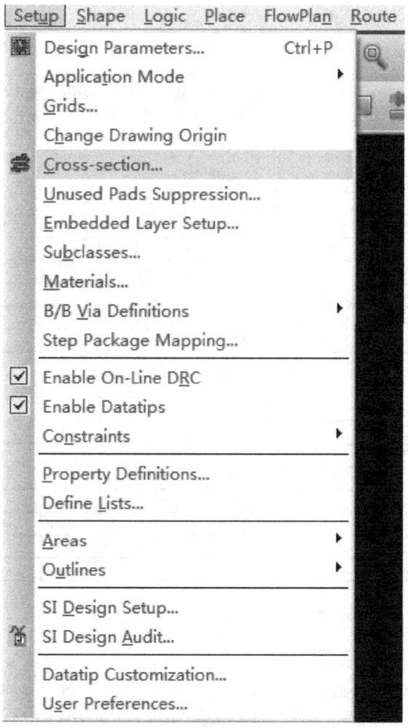

图 6-51　层叠设置命令

图 6-52　层叠设置图标

（2）层叠设置窗口如图 6-53 所示。

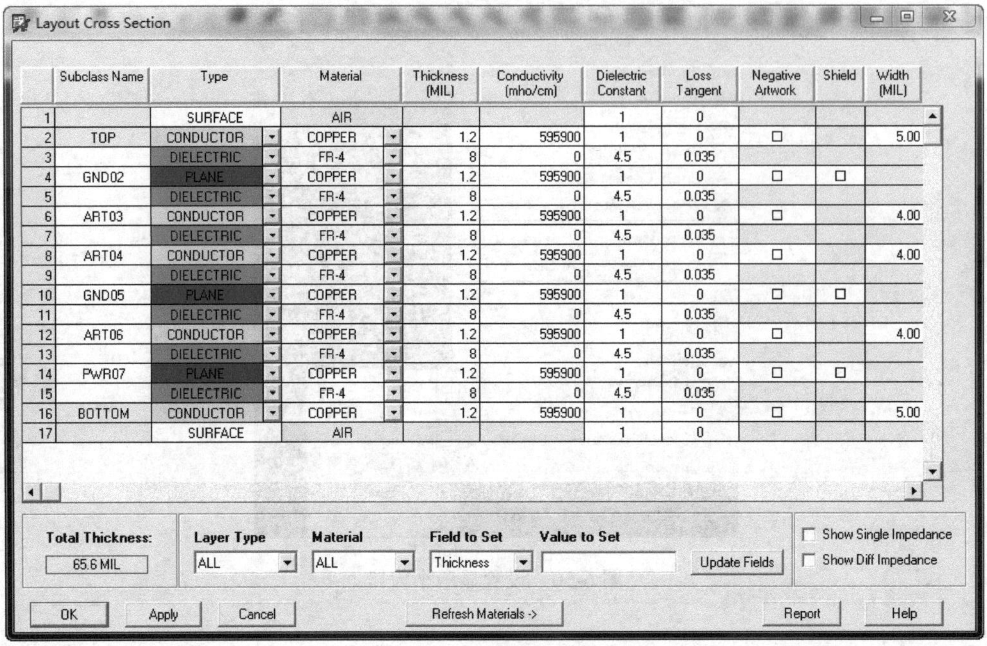

	Subclass Name	Type	Material	Thickness (MIL)	Conductivity (mho/cm)	Dielectric Constant	Loss Tangent	Negative Artwork	Shield	Width (MIL)
1		SURFACE	AIR			1	0			
2	TOP	CONDUCTOR	COPPER	1.2	595900	1	0	□		5.00
3		DIELECTRIC	FR-4	8	0	4.5	0.035			
4	GND02	PLANE	COPPER	1.2	595900	1	0	□	□	
5		DIELECTRIC	FR-4	8	0	4.5	0.035			
6	ART03	CONDUCTOR	COPPER	1.2	595900	1	0	□		4.00
7		DIELECTRIC	FR-4	8	0	4.5	0.035			
8	ART04	CONDUCTOR	COPPER	1.2	595900	1	0	□		4.00
9		DIELECTRIC	FR-4	8	0	4.5	0.035			
10	GND05	PLANE	COPPER	1.2	595900	1	0	□	□	
11		DIELECTRIC	FR-4	8	0	4.5	0.035			
12	ART06	CONDUCTOR	COPPER	1.2	595900	1	0	□		4.00
13		DIELECTRIC	FR-4	8	0	4.5	0.035			
14	PWR07	PLANE	COPPER	1.2	595900	1	0	□	□	
15		DIELECTRIC	FR-4	8	0	4.5	0.035			
16	BOTTOM	CONDUCTOR	COPPER	1.2	595900	1	0	□		5.00
17		SURFACE	AIR			1	0			

图 6-53　层叠设置窗口

在“Type”处，走线层选择 CONDUCTOR；平面层选择 PLANE；介质层选择 DIELECTRIC。图 6-53 中的 GND02/GND05/PWR07 层属性可以选择“CONDUCTOR”或“PLANE”，对于正片设计没有影响。

（3）在图 6-54 所示的位置右击，即可添加层。

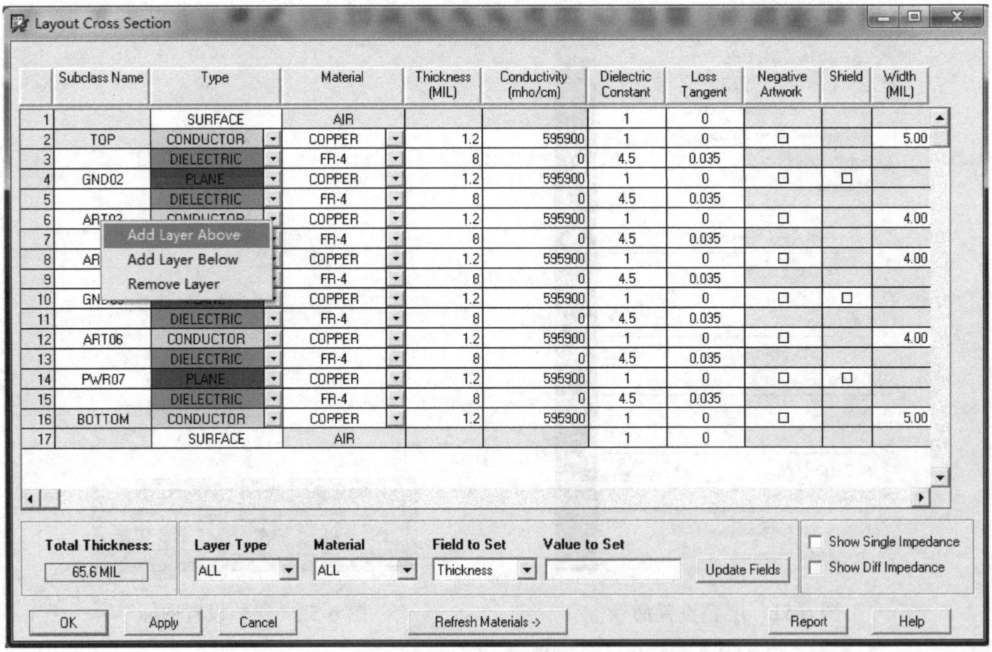

	Subclass Name	Type	Material	Thickness (MIL)	Conductivity (mho/cm)	Dielectric Constant	Loss Tangent	Negative Artwork	Shield	Width (MIL)
1		SURFACE	AIR			1	0			
2	TOP	CONDUCTOR	COPPER	1.2	595900	1	0	□		5.00
3		DIELECTRIC	FR-4	8	0	4.5	0.035			
4	GND02	PLANE	COPPER	1.2	595900	1	0	□	□	
5		DIELECTRIC	FR-4	8	0	4.5	0.035			
6	ART03		COPPER	1.2	595900	1	0	□		4.00
7			FR-4	8	0	4.5	0.035			
8	AR		COPPER	1.2	595900	1	0	□		4.00
9			FR-4	8	0	4.5	0.035			
10	GN		COPPER	1.2	595900	1	0	□	□	
11		DIELECTRIC	FR-4	8	0	4.5	0.035			
12	ART06	CONDUCTOR	COPPER	1.2	595900	1	0	□		4.00
13		DIELECTRIC	FR-4	8	0	4.5	0.035			
14	PWR07	PLANE	COPPER	1.2	595900	1	0	□	□	
15		DIELECTRIC	FR-4	8	0	4.5	0.035			
16	BOTTOM	CONDUCTOR	COPPER	1.2	595900	1	0	□		5.00
17		SURFACE	AIR			1	0			

图 6-54　添加层

说明：按常规设置层数、层名及 Type 类型，其他保持默认即可。

6.7 Parameters 模板复用

在 PCB 前处理中，要设置很多参数及颜色等。在 Allegro 中可以将设置好的 PCB 文件中的参数导出保存，然后在其他 PCB 中可以导入此 Parameters 文件，进行复用，无须再重复设置。

导出步骤如下。

（1）选择菜单“File—Export—Parameters”，导出参数文件如图 6-55 所示。

（2）参数设置窗口如图 6-56 所示。

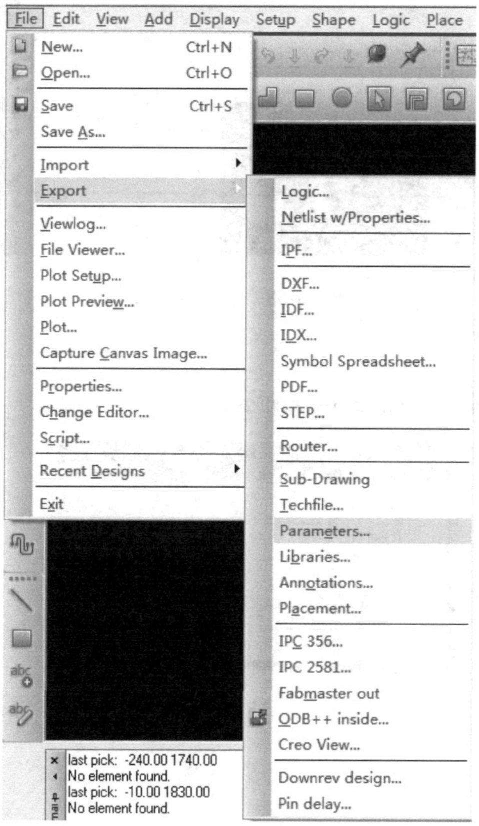

图 6-55 导出参数文件

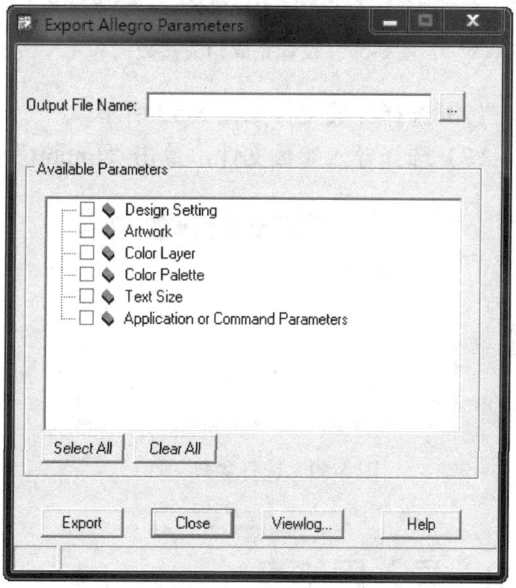

图 6-56 参数设置窗口

Output File Name：输入保存的文件名称及选择保存路径。

Available Parameters：包含基本设置、光绘文件设置、颜色模板、对象颜色、文本大小及命令参数。

（3）设置完成相关参数如图 6-57 所示，单击“Export”按钮导出即可。

导入步骤如下。

（1）选择菜单“File—Import—Parameters”，导入参数文件如图 6-58 所示。

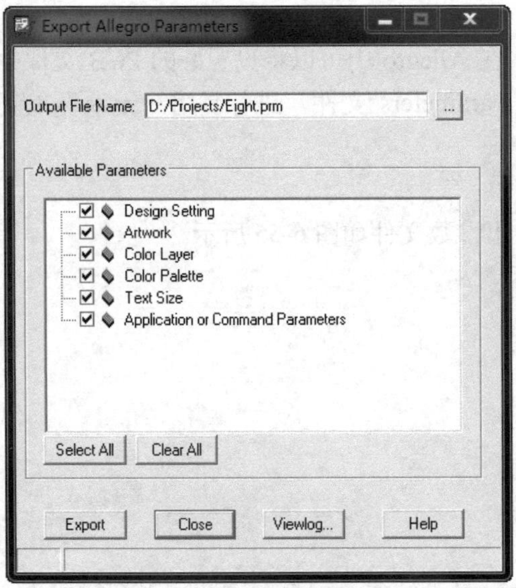

图 6-57　设置完成相关参数

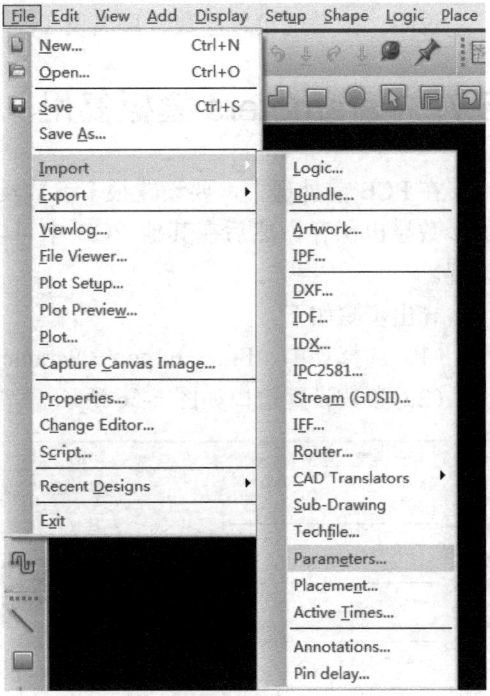

图 6-58　导入参数文件

（2）选择参数文件如图 6-59 所示。

（3）选择导入参数文件，单击“Import”按钮即可，如图 6-60 所示。

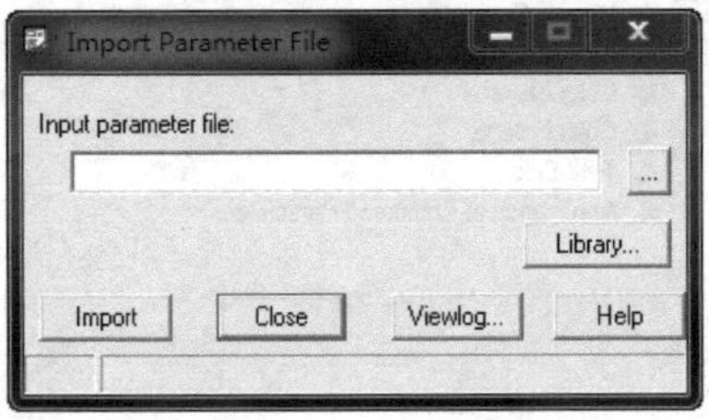

图 6-59　选择参数文件

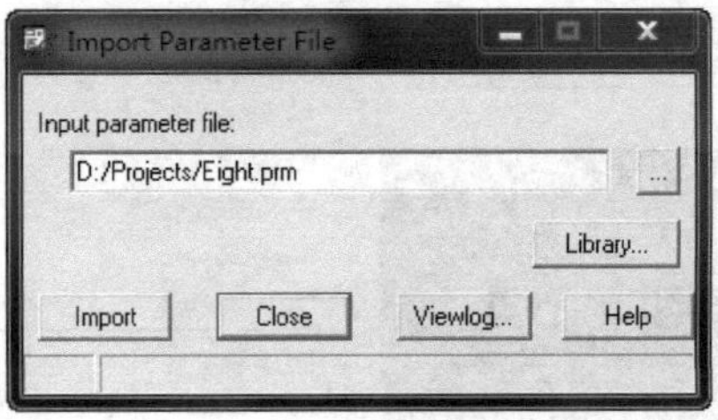

图 6-60　导入参数文件

6.8　导入网络表

6.8.1　导入网络表的操作

原理图和 PCB 是通过网络表文件联系在一起，导入网络表后，在 PCB Editor 中才可以进行后续的设计。

导入网络表的操作步骤如下。

（1）首先需要设置好封装库路径。

（2）选择菜单“File—Import—Logic”，导入网络表如图 6-61 所示。

（3）导入网络表窗口如图 6-62 所示设置。

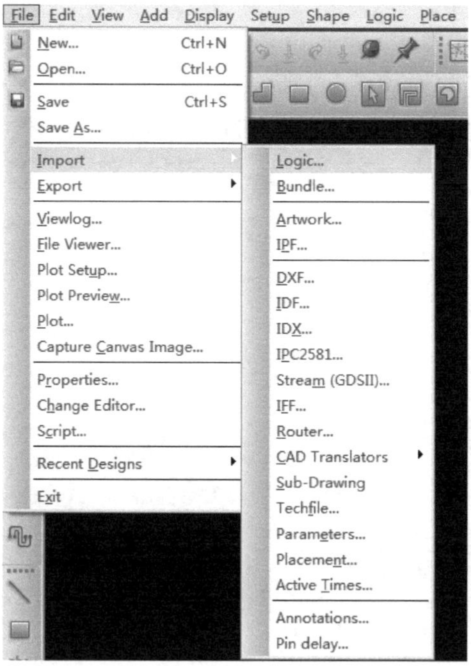

图 6-61　导入网络表

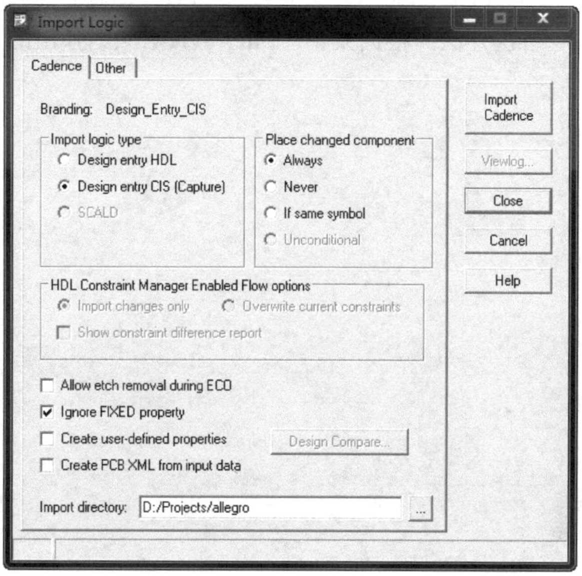

图 6-62　导入网络表窗口

Import logic type：选择 Design entry CIS（Capture）。

Import directory：选择网络表文件夹。

首次导入网络表，其他选项默认即可。

（4）出现图 6-63 所示界面，则表示成功导入网络表。

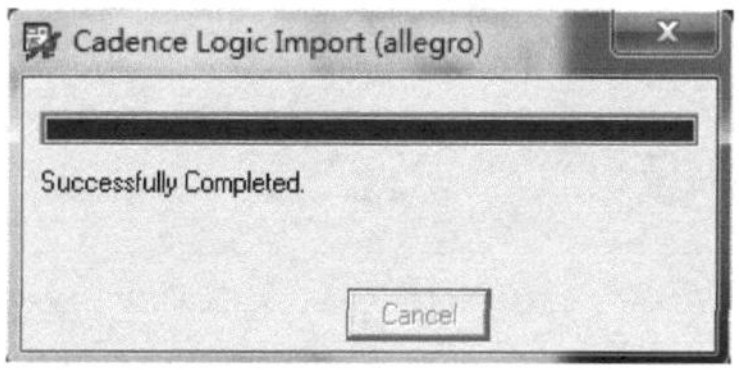

图 6-63　成功导入网络表

6.8.2　常见错误解析

若在导入网络表过程中，出现图 6-64 所示界面，则表示网络表没有正常导入。

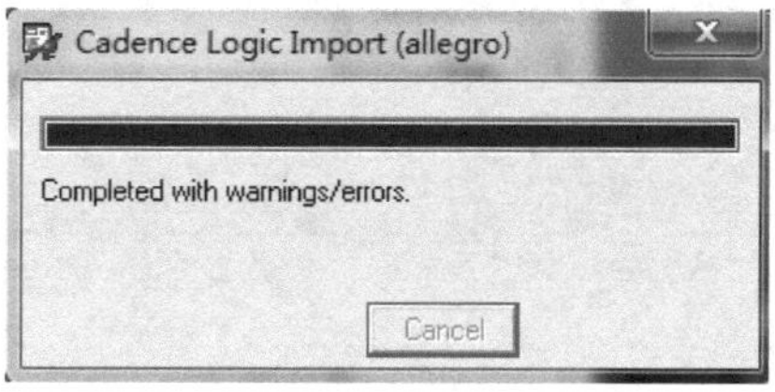

图 6-64　导入网络表不正常

网络表没有正常导入的常见原因总结如下。

（1）没有正确设置封装库路径。

（2）封装没有全部制作完成。

（3）PCB 封装引脚数目没有和原理图器件引脚数目对应。

解决办法：根据菜单“File—Viewlog”弹出的文本框中的提示信息进行更改。

第 7 章

约束管理器的设置

7.1 CM 的作用及重要性

约束管理器（Constraint Manager）是 Cadence Allegro 中设置规则的一个平台，在这里可以设置各种约束规则，是 PCB 设计中的核心。用户只须按要求设定好布线规则，在布线时不违反 DRC 就可以达到布线的设计要求，从而节约了人工检查时间，提高了工作效率。

7.2 CM 界面详解

（1）选择菜单“Setup—Constraints—Spacing”进入约束管理器界面如图 7-1 所示。

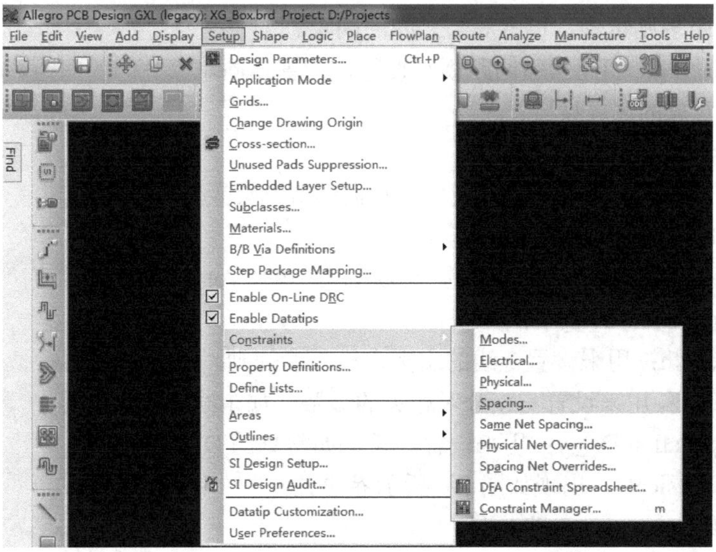

图 7-1　进入约束管理器

如图 7-2 所示，单击约束管理器图标，出现图 7-3 所示窗口。

图 7-2　约束管理器图标

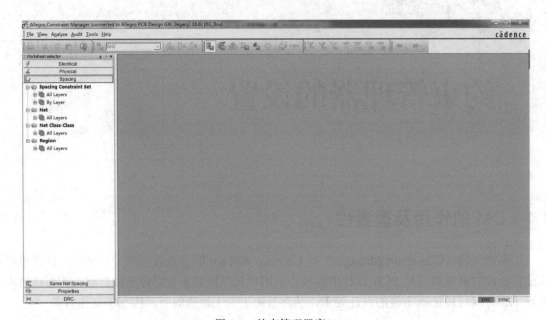

图 7-3　约束管理器窗口

（2）通过单击约束管理器窗口左侧的 6 个栏目进行对应的设置，如图 7-4 所示。

Electrical：电气规则设置，常规的等长、差分及走线长度等均在此设置。

Physical：物理规则设置，设置走线线宽、差分对的对内线距等。

Spacing：间距规则设置，设置对象之间的间距。

Same Net Spacing：相同网络间距规则设置，设置相同对象之间的间距。

Properties：对象的属性设置。

DRC：DRC 设置。

熟悉每个栏目的作用，会大大方便后面我们的规则设置。

（3）单击“Electrical”，出现图 7-5 所示界面。

如图 7-5 所示，我们常用“Net”下的“Routing”中的“Total Etch Length”、“Differential Pair”及“Relative Propagation Delay”3 栏。

Total Etch Length：用来设置走线的实际走线长度规则。

Differential Pair：用来设置与差分对相关的参数，如走线长度误差等。

Relative Propagation Delay：用来设置等长，如常见的 DDR 等长等。

（4）单击“Physical”，出现如图 7-6 所示界面。

① “Physical Constraint set”栏目。

“Physical Constraint Set”栏目下面的“All Layers”和“By Layer”用来设置线宽规则，可

以将其中的规则赋予下面的“Net”中的网络，网络就会根据其规则走线。

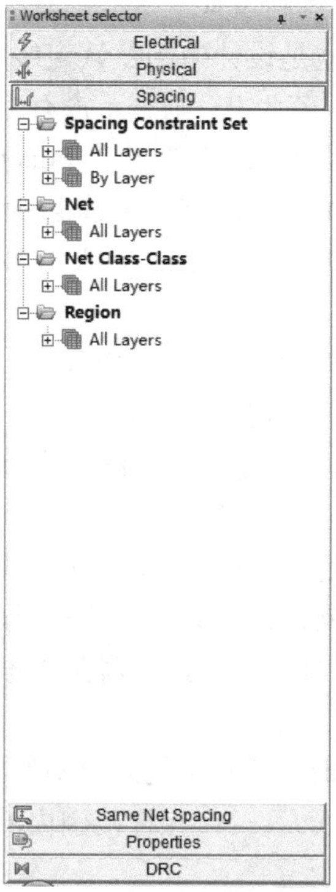

图 7-4 窗口左边栏目

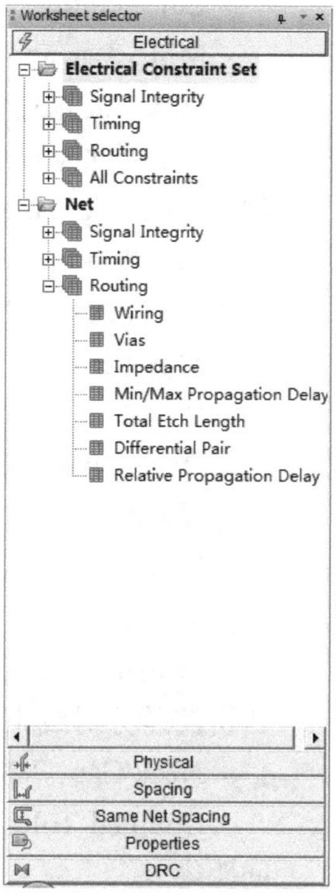

图 7-5 “Electrical”栏目

图 7-6 “Physical”栏目

注意：“All Layers”和“By Layer”里面的规则设置是相通的，设置“All Layers”后，“By Layer”里面也会同步更新设置，如图 7-7、图 7-8 所示。

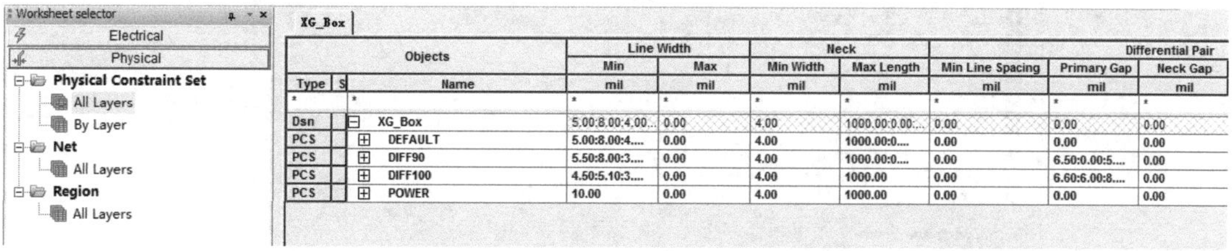

Objects			Line Width		Neck		Differential Pair		
			Min	Max	Min Width	Max Length	Min Line Spacing	Primary Gap	Neck Gap
Type	S	Name	mil	mil	mil	mil	mil	mil	mil
*		*	*	*	*	*	*	*	*
Dsn		XG_Box	5.00:8.00:4.00...	0.00	4.00	1000.00:0.00:...	0.00	0.00	0.00
PCS		DEFAULT	5.00:8.00:4....	0.00	4.00	1000.00:0....	0.00	0.00	0.00
PCS		DIFF90	5.50:8.00:3....	0.00	4.00	1000.00:0....	0.00	6.50:0.00:5....	0.00
PCS		DIFF100	4.50:5.10:3....	0.00	4.00	1000.00	0.00	6.60:6.00:8....	0.00
PCS		POWER	10.00	0.00	4.00	1000.00	0.00	0.00	0.00

图 7-7 “All Layers”对应界面

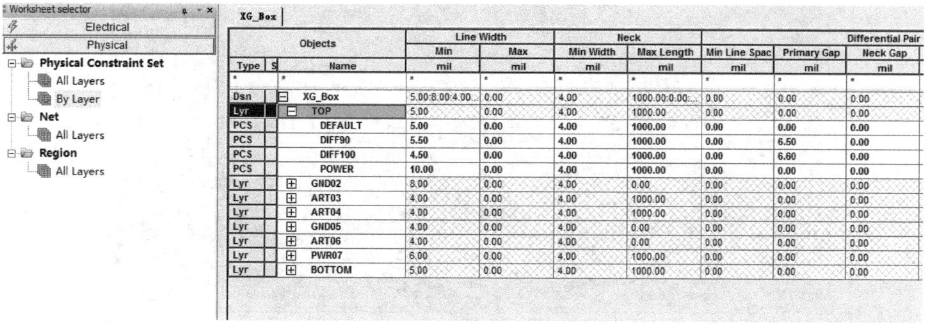

Objects			Line Width		Neck		Differential Pair		
			Min	Max	Min Width	Max Length	Min Line Spac	Primary Gap	Neck Gap
Type	S	Name	mil	mil	mil	mil	mil	mil	mil
*		*	*	*	*	*	*	*	*
Dsn		XG_Box	5.00:8.00:4.00...	0.00	4.00	1000.00:0.00:...	0.00	0.00	0.00
Lyr		TOP	5.00	0.00	4.00	1000.00	0.00	0.00	0.00
PCS		DEFAULT	5.00	0.00	4.00	1000.00	0.00	0.00	0.00
PCS		DIFF90	5.50	0.00	4.00	1000.00	0.00	6.50	0.00
PCS		DIFF100	4.50	0.00	4.00	1000.00	0.00	6.60	0.00
PCS		POWER	10.00	0.00	4.00	1000.00	0.00	0.00	0.00
Lyr		GND02	8.00	0.00	4.00	0.00	0.00	0.00	0.00
Lyr		ART03	4.00	0.00	4.00	1000.00	0.00	0.00	0.00
Lyr		ART04	4.00	0.00	4.00	1000.00	0.00	0.00	0.00
Lyr		GND05	4.00	0.00	4.00	0.00	0.00	0.00	0.00
Lyr		ART06	4.00	0.00	4.00	0.00	0.00	0.00	0.00
Lyr		PWR07	6.00	0.00	4.00	1000.00	0.00	0.00	0.00
Lyr		BOTTOM	5.00	0.00	4.00	1000.00	0.00	0.00	0.00

图 7-8 “By Layer”对应界面

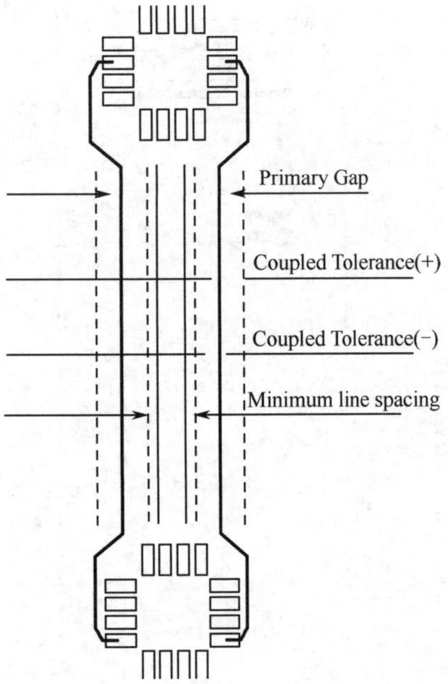

图 7-9　Differential Pair 示意图

下面针对上述截图，将常用选项详细解释如下。

Line Width：默认线宽规则设置。

Min：表示最小线宽，也是设计中的默认走线宽度。

Max：表示最大线宽，若为 0，则表示没有上限。

Neck：此为另外一种走线模式，当在 PCB Editor 走线时，选择“Neck mode”模式时，线宽会按照此规则选择。

Min Width：表示最小线宽，也是“Neck mode”模式中的默认走线宽度。

Max Length：表示在“Neck mode”模式下，允许的最大走线长度，超过此长度则会有 DRC 提醒。

Differential Pair：针对差分对的对内线距设置。

根据图 7-9 可以方便理解此栏目下几个设置的含义。

Min Line Spacing：差分对允许的最小对内线距，若实际设计中，线距小于此值，则会产生 DRC 报错。

Primary Gap：常规差分对线距，也就是大家平时所讲的差分对线距。

Neck Gap：“Neck mode”模式下的差分对线距。

Coupled Tolerance（+）/（−）：允许范围内的耦合间距容差。

Vias：用于添加需要的过孔类型，如图 7-10 所示。

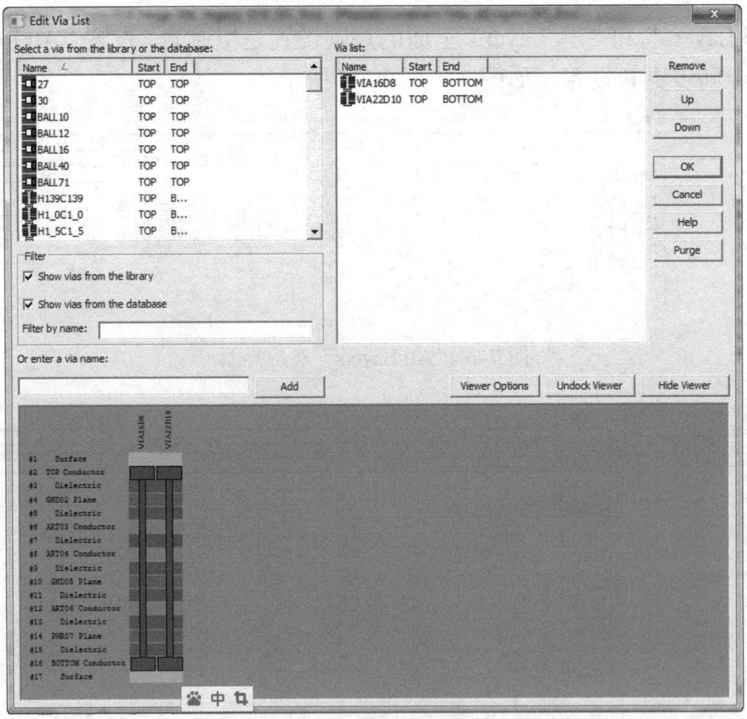

图 7-10　添加过孔

如图 7-11 所示，双击左侧的焊盘，则会添加到右侧的“Via list”处，如图 7-12 所示。

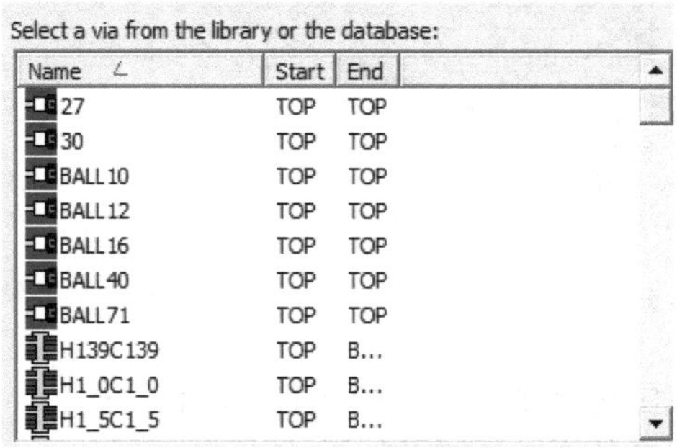

图 7-11　选择过孔类型

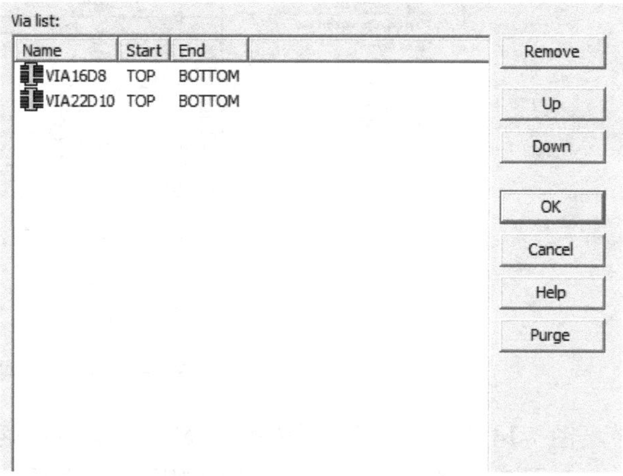

图 7-12　已选过孔列表

在“Vialist”处，可以添加多种 Via 类型，并且可以将它们排序，从而设定优先级，如图 7-13 所示。

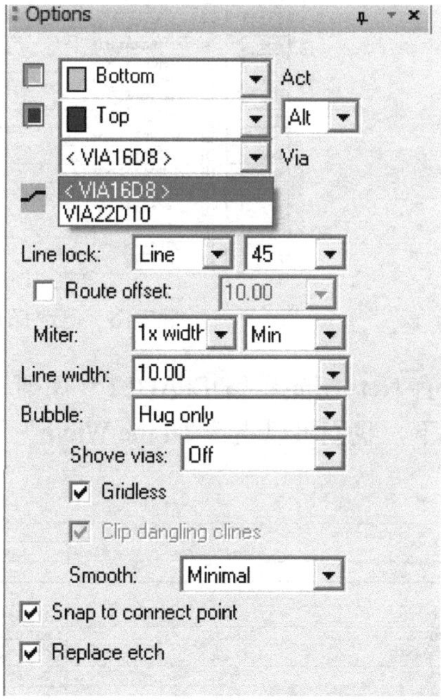

图 7-13　走线命令时“Options”侧边栏

在走线时，图 7-13 中会显示对应规则的过孔，并按照之前设置的顺序排列。在 Vias 中，添加的过孔类型越多，则此界面中下拉菜单的过孔类型越多。

②“Net”栏目。

单击“All Layers”，如图 7-14 所示，网络就可以在此界面赋予规则或直接填写参数。

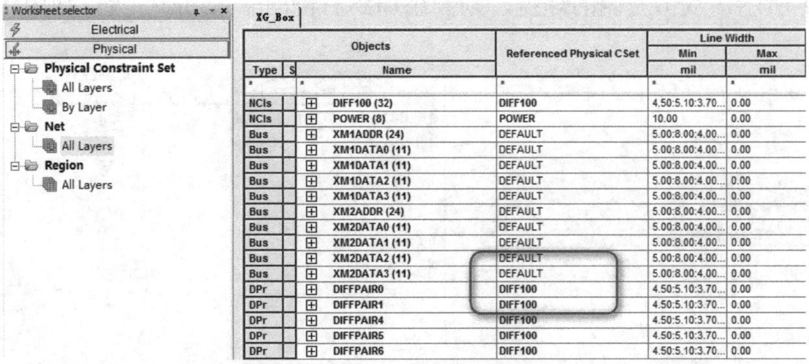

图 7-14 “Net”对应界面

图 7-14 中，可以在对应的网络名后，从下拉菜单中选择规则，如图 7-15 所示。

如图 7-16 所示，选择好对应的规则后，则后面的参数会随之变化。

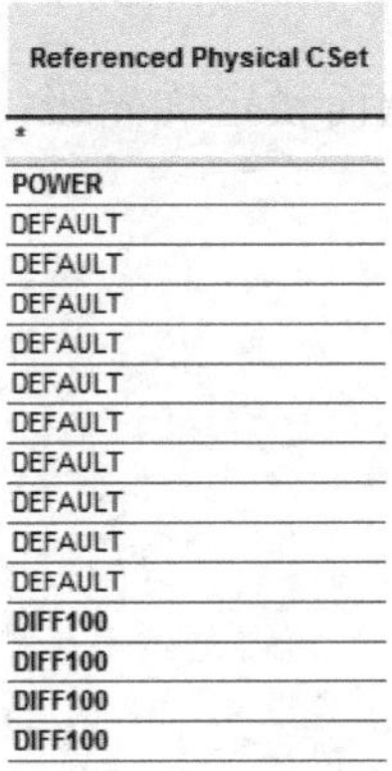

图 7-15 选择物理规则

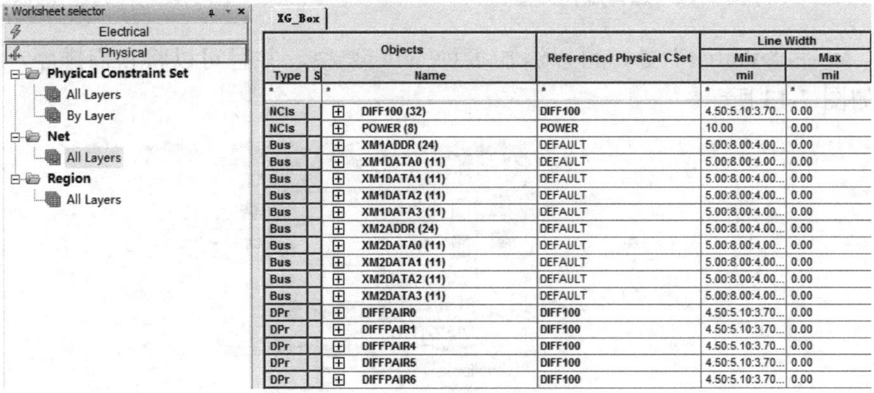

图 7-16 已选择好规则

注意：在默认情况下，所有 Net 均选择“DEFAULT”规则。

技巧：在已选规则的情况下，我们可以更改“Line Width”等条目下的参数，此优先级更高，如图 7-17 所示。

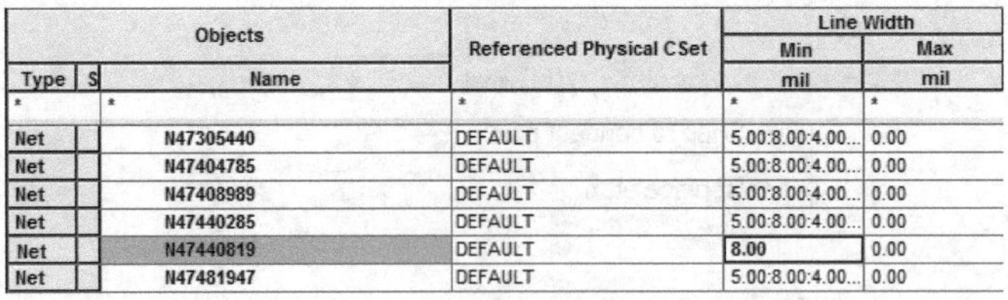

Objects
Referenced Physical CSet
Line Width
Min
Max
Type
S
Name
mil
mil
Net N47305440 DEFAULT 5.00:8.00:4.00... 0.00
Net N47404785 DEFAULT 5.00:8.00:4.00... 0.00
Net N47408989 DEFAULT 5.00:8.00:4.00... 0.00
Net N47440285 DEFAULT 5.00:8.00:4.00... 0.00
Net N47440819 DEFAULT 8.00 0.00
Net N47481947 DEFAULT 5.00:8.00:4.00... 0.00

图 7-17 直接设置线宽

这样，在设计中，此网络会按照 8mil 线宽设计，而不会按照 DEFAULT 规则设置的线宽走线。

③ “Region”栏目。

此栏目用于设置区域规则，此规则优先级高于上述所讲规则设置；一般应用的场合是在一些密度较大的区域，将线宽、间距等规则数值设置得小些，方便设计。具体的使用将在后面以实例演示讲解。

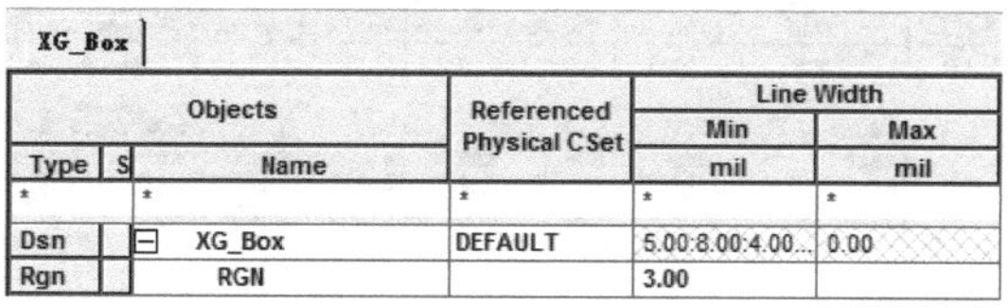

XG_Box

Objects			Referenced Physical CSet	Line Width	
				Min	Max
Type	S	Name		mil	mil
*		*	*	*	*
Dsn		XG_Box	DEFAULT	5.00:8.00:4.00...	0.00
Rgn		RGN		3.00	

图 7-18 “Region”对应界面

（5）单击“Spacing”，出现如图 7-19 所示界面。

① “Spacing Constraint Set”栏目。

在“Spacing Constraint Set”栏目下面的“All Layers”和“By Layer”用来设置间距规则，可以将其中的规则赋予下面的“Net”中的网络，网络就会根据规则来走线。

注：“All Layers”和“By Layer”里面的规则设置是相通的，设置“All Layers”后，“By Layer”里面也会同步更新设置。

“All Layers”下面有这些对象，如图 7-20 所示。

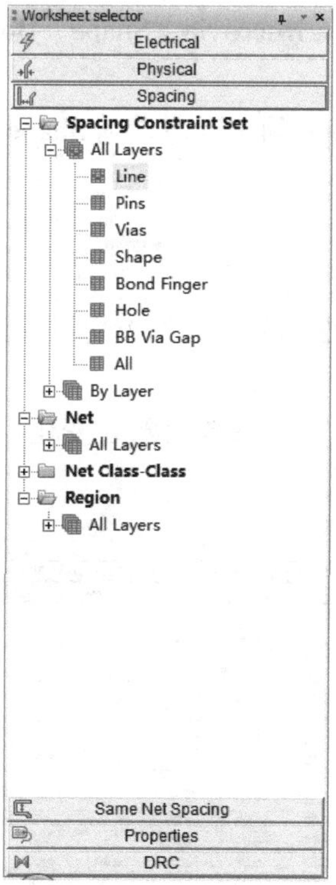

图 7-19 “Spacing”栏目

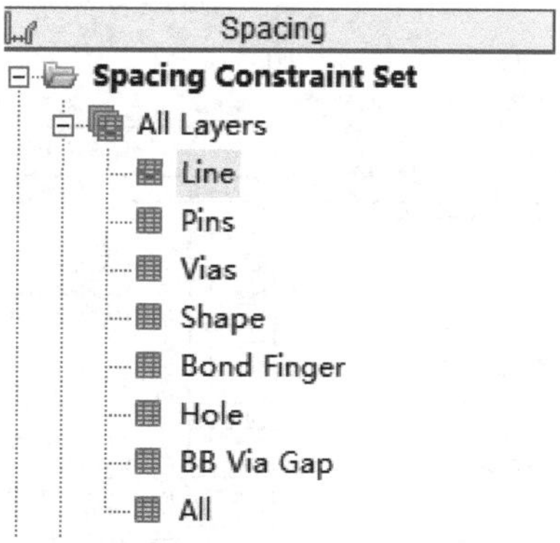

图 7-20 “All Layers”所包含对象

在设置规则时，需要设置对象两两之间的间距。

例如，选择“Line”时，右侧界面如图 7-21 所示。

在这里，要设置 Line 对象与 Line、Thru Pin、SMD Pin、Test Pin、Thru Via、BB Via、Test Via、Microvia、Shape、Bond Finger、Hole 这些对象之间的间距数值。

同样，选择“Shape”，右侧界面如图 7-22 所示。

XG_Box

Type	S	Name	Line To: Line (mil)	Thru Pin (mil)	SMD Pin (mil)	Test Pin (mil)	Thru Via (mil)	BB Via (mil)	Test Via (mil)	Microvia (mil)	Shape (mil)	Bond Finger (mil)	Hole (mil)
*		*	*	*	*	*	*	*	*	*	*	*	*
Dsn		⊟ XG_Box	6.00	8.00	6.00	8.00	6.00	8.00	8.00	8.00	8.00	8.00	8.00
SCS		⊞ CLK	12.00	8.00	8.00	8.00	8.00	8.00	8.00	8.00	12.00	8.00	8.00
SCS		⊞ DEFAULT	6.00	8.00	6.00	8.00	6.00	8.00	8.00	8.00	8.00	8.00	8.00
SCS		⊞ DIFF	20.00	8.00	8.00	8.00	8.00	8.00	8.00	8.00	20.00	8.00	8.00

图 7-21 “Line”对应界面

XG_Box

Type	S	Name	Shape To: Line (mil)	Thru Pin (mil)	SMD Pin (mil)	Test Pin (mil)	Thru Via (mil)	BB Via (mil)	Test Via (mil)	Microvia (mil)	Shape (mil)	Bond Finger (mil)	Hole (mil)
*		*	*	*	*	*	*	*	*	*	*	*	*
Dsn		⊟ XG_Box	8.00	8.00	8.00	12.00:12..	8.00	12.00:12..	12.00:12..	12.00:12..	20.00	12.00:12.00:...	12.00:12..
SCS		⊞ CLK	12.00	12.00	12.00	12.00	12.00	12.00	12.00	12.00	20.00	12.00	12.00
SCS		⊞ DEFAULT	8.00	8.00	8.00	12.00:...	8.00	12.00:...	12.00:...	12.00:...	20.00	12.00:12.0...	12.00:...
SCS		⊞ DIFF	20.00	8.00	8.00	12.00:...	8.00	12.00:...	12.00:...	12.00:...	20.00	12.00:12.0...	12.00:...

图 7-22 “Shape”对应界面

Referenced Spacing CSet
*
DEFAULT
CLK
DEFAULT
DEFAULT
DEFAULT
DEFAULT
DEFAULT
DEFAULT
DEFAULT
DEFAULT
DEFAULT
DEFAULT

图 7-23 选择间距规则

在这里，要设置 Shape 对象与 Line、Thru Pin、SMD Pin、Test Pin、Thru Via、BB Via、Test Via、Microvia、Shape、Bond Finger、Hole 这些对象之间的间距数值。

注意：当设置过 Line To Shape 的规则后，则 Shape To Line 中的数值会自动同步。

其他对象之间的设置如上述。

②“Net”栏目。

单击“All Layers”，如图 7-23 所示，网络就可以在此界面赋予规则或者直接填写参数。

选择好对应的规则后，则后面的参数会随之变化，如图 7-24 所示。

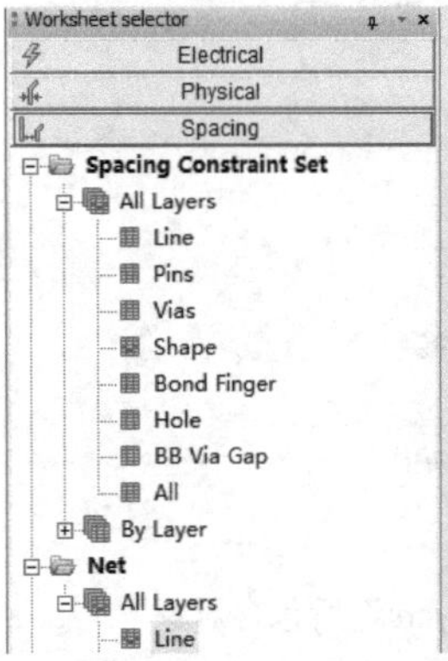

XG_Box

Type	S	Name	Referenced Spacing CSet	Line To: Line (mil)	Thru Pin (mil)	SMD Pin (mil)	Test Pin (mil)	Thru Via (mil)	BB Via (mil)	Test Via (mil)
*		*	*	*	*	*	*	*	*	*
Dsn		⊟ XG_Box	DEFAULT	6.00	8.00	6.00	8.00	6.00	8.00	8.00
NCls		⊞ CLK (42)	CLK	12.00	8.00	8.00	8.00	8.00	8.00	8.00
Bus		⊞ XM1ADDR (24)	DEFAULT	6.00	8.00	6.00	8.00	6.00	8.00	8.00
Bus		⊞ XM1DATA0 (11)	DEFAULT	6.00	8.00	6.00	8.00	6.00	8.00	8.00
Bus		⊞ XM1DATA1 (11)	DEFAULT	6.00	8.00	6.00	8.00	6.00	8.00	8.00
Bus		⊞ XM1DATA2 (11)	DEFAULT	6.00	8.00	6.00	8.00	6.00	8.00	8.00
Bus		⊞ XM1DATA3 (11)	DEFAULT	6.00	8.00	6.00	8.00	6.00	8.00	8.00
Bus		⊞ XM2ADDR (24)	DEFAULT	6.00	8.00	6.00	8.00	6.00	8.00	8.00
Bus		⊞ XM2DATA0 (11)	DEFAULT	6.00	8.00	6.00	8.00	6.00	8.00	8.00
Bus		⊞ XM2DATA1 (11)	DEFAULT	6.00	8.00	6.00	8.00	6.00	8.00	8.00
Bus		⊞ XM2DATA2 (11)	DEFAULT	6.00	8.00	6.00	8.00	6.00	8.00	8.00
Bus		⊞ XM2DATA3 (11)	DEFAULT	6.00	8.00	6.00	8.00	6.00	8.00	8.00
DPr		⊞ DIFFPAIR0	DEFAULT	6.00	8.00	6.00	8.00	6.00	8.00	8.00
DPr		⊞ DIFFPAIR1	DEFAULT	6.00	8.00	6.00	8.00	6.00	8.00	8.00
DPr		⊞ DIFFPAIR4	DEFAULT	6.00	8.00	6.00	8.00	6.00	8.00	8.00
DPr		⊞ DIFFPAIR5	DEFAULT	6.00	8.00	6.00	8.00	6.00	8.00	8.00

图 7-24 已选择好规则

注意：默认情况下，所有 Net 均选择“DEFAULT”规则。

技巧：在已选规则的情况下，我们可以更改后面对应的参数，此优先级更高，如图 7-25 所示。

XG_Box

Objects			Referenced Spacing CSet	Line To						
				Line	Thru Pin	SMD Pin	Test Pin	Thru Via	BB Via	Test Via
Type	S	Name		mil	mil	mil	mil	mil	mil	mil
*		*	*	*	*	*	*	*	*	*
Net		N45269664	DEFAULT	6.00	8.00	6.00	8.00	6.00	8.00	8.00
Net		N45269668	DEFAULT	6.00	8.00	6.00	8.00	6.00	8.00	8.00
Net		N47203525	DEFAULT	6.00	8.00	6.00	8.00	6.00	8.00	8.00
Net		N47203528	DEFAULT	6.00	8.00	6.00	8.00	6.00	8.00	8.00
Net		N47240979	DEFAULT	6.00	8.00	6.00	8.00	6.00	8.00	8.00
Net		N47241015	DEFAULT	6.00	8.00	6.00	8.00	6.00	8.00	8.00
Net		N47241586	DEFAULT	15.00	8.00	6.00	8.00	6.00	8.00	8.00
Net		N47241903	DEFAULT	6.00	8.00	6.00	8.00	6.00	8.00	8.00
Net		N47242346	DEFAULT	6.00	8.00	6.00	8.00	6.00	8.00	8.00

图 7-25　直接输入间距值

这样，在设计中，此网络会按照 15mil 线距进行 DRC 检查，而不会按照“DEFAULT”规则中设置的线距进行 DRC 检查。

③ “Region”栏目。

“Region”栏目用于设置区域规则，此规则优先级高于上述所讲规则设置。一般应用的场合是在一些密度较大的区域，将线宽、间距等规则数值设置得小些，方便设计；具体的使用将在后面以实例演示讲解。

（6）单击“Same Net Spacing”，出现如图 7-26 所示界面。

此栏目设置同“Spacing”栏目，不过其中的设置只对相同网络的对象之间生效。在实际设计中，可以根据实际需要是否设置此栏目，以及是否开启此项规则设置检查。

（7）单击“Properties”，出现如图 7-27 所示界面。

此栏目主要设置网络和元件的属性，添加及删除需要的特征属性，方便我们的设计。在 PCB Editor 界面中，也可通过其他命令来添加及删除特征属性。

（8）单击“DRC”，出现如图 7-28 所示界面。

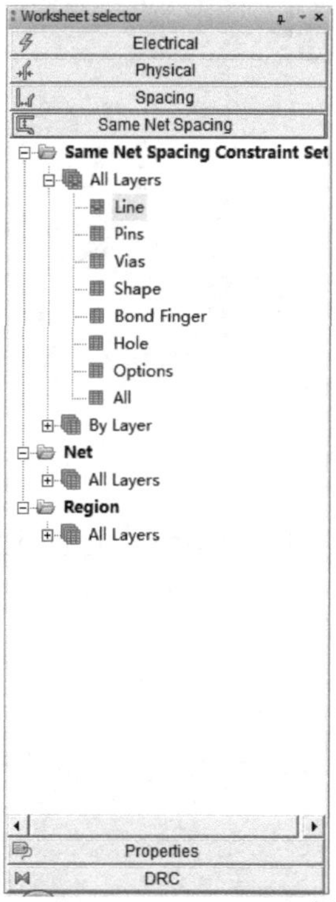

图 7-26　“Same Net Spacing”栏目

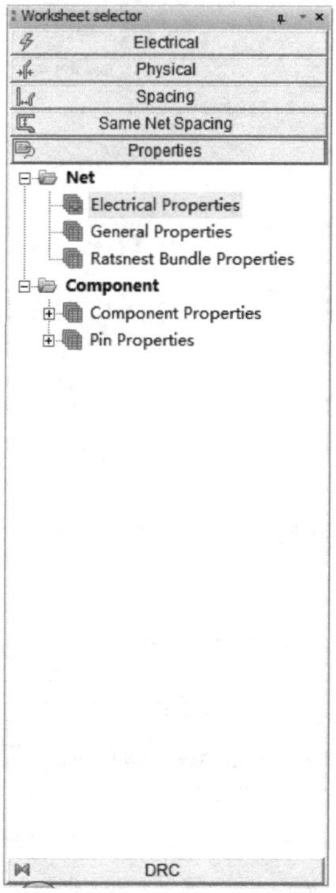

图 7-27　“Properties”栏目

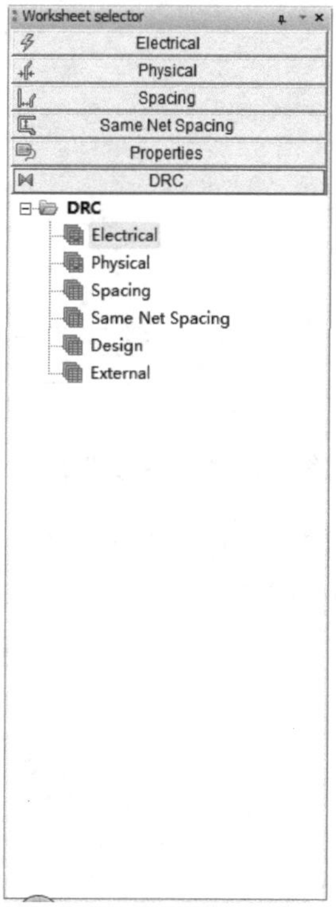

图 7-28　“DRC”栏目

“DRC”栏目主要设置与DRC规则检查相关的选项，一般可以保持默认即可。

7.3 物理规则设置

如图7-29所示，在Physical栏目中，设置相关的物理规则，包含走线的线宽、差分对的线距及添加过孔类型等。

7.3.1 POWER规则设置

下面以设置POWER物理规则为例，讲解操作步骤如下。

（1）在默认情况下，单击“Physical Constraint Set/All Layers”，在出现的右侧界面中，光标放在“Default”上右击，如图7-30所示，选择“Create—Physical CSet”。

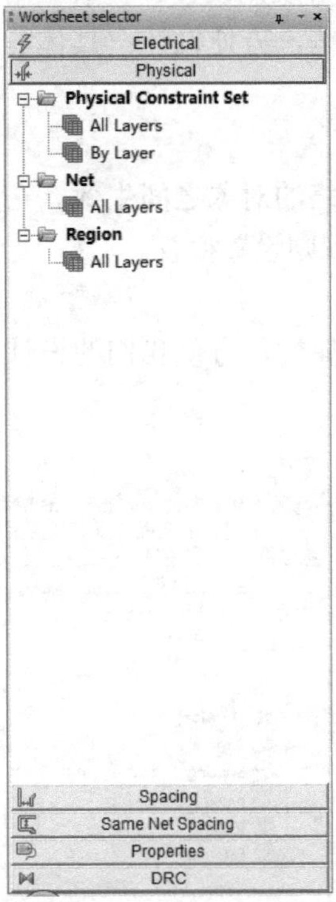

图7-29 “Physical”栏目

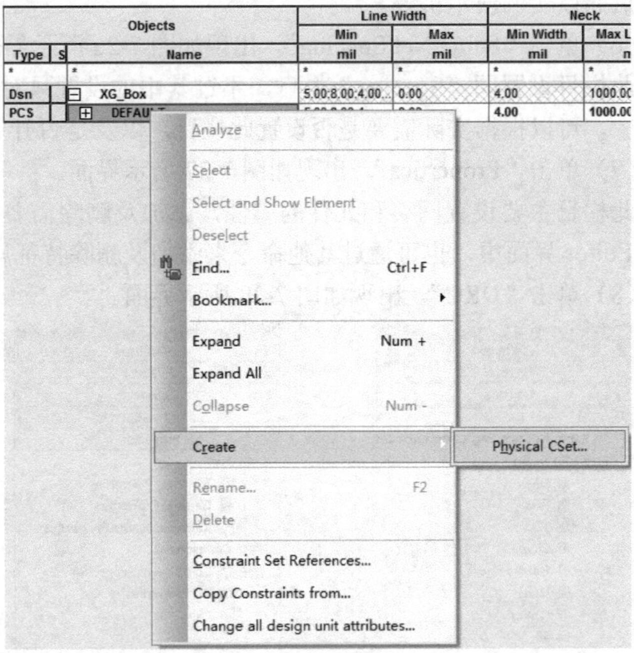

图7-30 创建物理规则

（2）在弹出界面中输入“POWER”，然后单击“OK”按钮，如图7-31所示。已创建好的规则如图7-32所示。

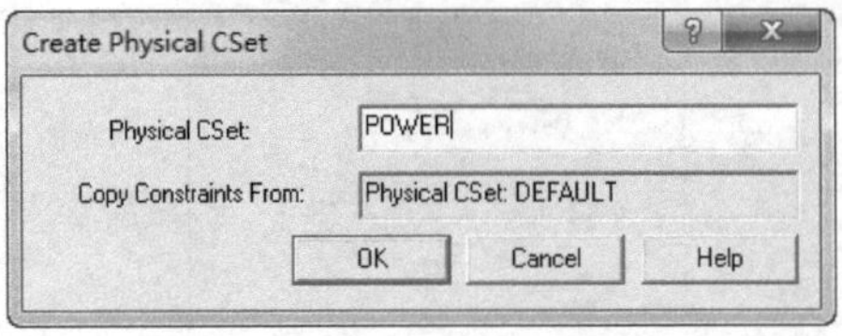

图7-31 输入规则名称

Objects			Line Width		Neck	
			Min	Max	Min Width	Max Length
Type	S	Name	mil	mil	mil	mil
*		*	*	*	*	*
Dsn		⊟ XG_Box	5.00:8.00:4.00...	0.00	4.00	1000.00:0.00:...
PCS		⊞ DEFAULT	5.00:8.00:4....	0.00	4.00	1000.00:0....
PCS		⊞ POWER	5.00:8.00:4....	0.00	4.00	1000.00:0....

图 7-32　已创建好的规则

（3）单击图 7-33 中的标记处。

Objects			Line Width		Neck	
			Min	Max	Min Width	Max Length
Type	S	Name	mil	mil	mil	mil
*		*	*	*	*	*
Dsn		⊟ XG_Box	5.00:8.00:4.00...	0.00	4.00	1000.00:0.00:...
PCS		⊞ DEFAULT	5.00:8.00:4....	0.00	4.00	1000.00:0....
PCS		⊞ POWER	5.00:8.00:4....	0.00	4.00	1000.00:0....

图 7-33　单击更改数值

（4）在弹出界面的标记处输入“10”，然后单击“OK”按钮，如图 7-34 所示。更改好的数值如图 7-35 所示。

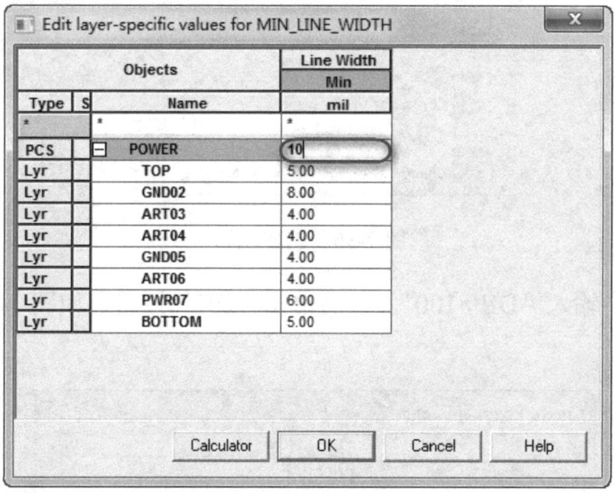

图 7-34　输入数值

Objects			Line Width		Neck	
			Min	Max	Min Width	Max Length
Type	S	Name	mil	mil	mil	mil
*		*	*	*	*	*
Dsn		⊟ XG_Box	5.00:8.00:4.00...	0.00	4.00	1000.00:0.00:...
PCS		⊞ DEFAULT	5.00:8.00:4....	0.00	4.00	1000.00:0....
PCS		⊞ POWER	10.00	0.00	4.00	1000.00:0....

图 7-35　更改好的数值

（5）添加此线宽规则完成。

说明：若要修改其他参数（如 Neck/Min Width/Max Length 等），可参考上述步骤。

7.3.2 差分线规则设置

下面以设置 100Ω阻抗差分线物理规则为例，讲解操作步骤如下。

（1）在默认情况下，右击“Default”，如图 7-36 所示，选择“Create—Physical CSet”。

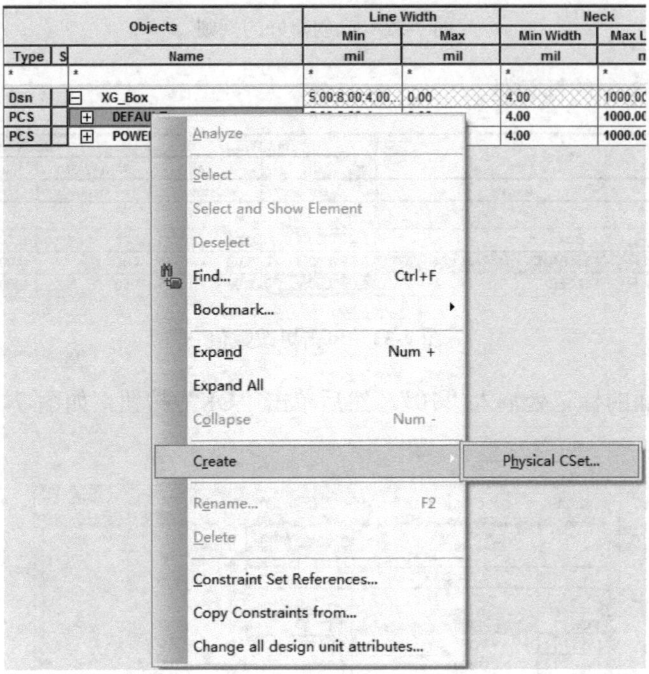

图 7-36　创建规则

（2）在弹出界面中输入“DIFF100”，然后单击“OK”按钮，如图 7-37 所示。已创建好的规则如图 7-38 所示。

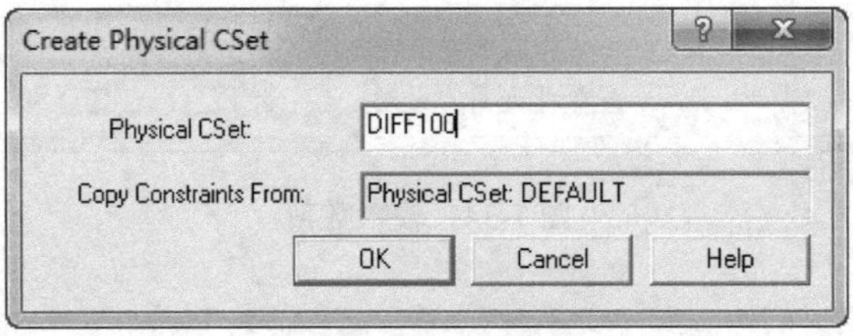

图 7-37　输入规则名称

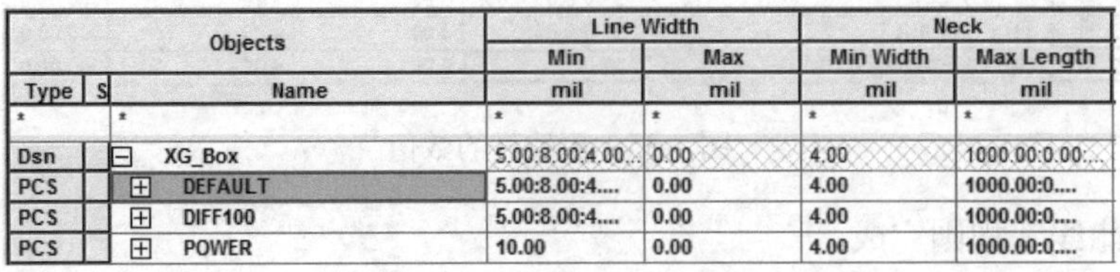

Objects			Line Width		Neck	
			Min	Max	Min Width	Max Length
Type	S	Name	mil	mil	mil	mil
*		*	*	*	*	*
Dsn		⊟ XG_Box	5.00:8.00:4.00...	0.00	4.00	1000.00:0.00:...
PCS		⊞ DEFAULT	5.00:8.00:4....	0.00	4.00	1000.00:0....
PCS		⊞ DIFF100	5.00:8.00:4....	0.00	4.00	1000.00:0....
PCS		⊞ POWER	10.00	0.00	4.00	1000.00:0....

图 7-38　已创建好的规则

（3）单击“DIFF100”前的“+”，并设置好每一层的走线数值，如图 7-39 所示。

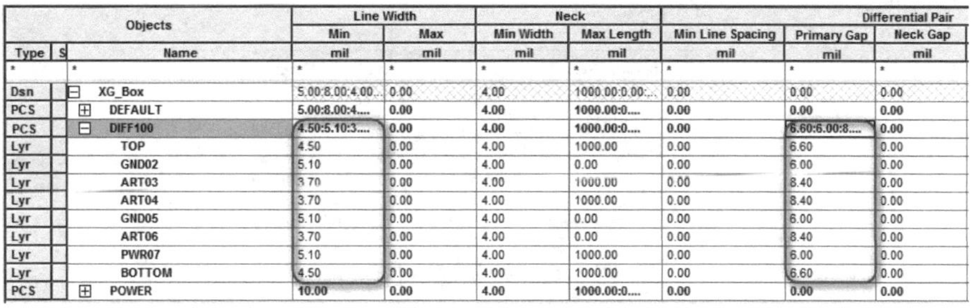

Objects			Line Width		Neck		Differential Pair		
			Min	Max	Min Width	Max Length	Min Line Spacing	Primary Gap	Neck Gap
Type	S	Name	mil	mil	mil	mil	mil	mil	mil
*		*	*	*	*	*	*	*	*
Dsn		⊟ XG_Box	5.00:8.00:4.00...	0.00	4.00	1000.00:0.00:...	0.00	0.00	0.00
PCS		⊞ DEFAULT	5.00:8.00:4....	0.00	4.00	1000.00:0....	0.00	0.00	0.00
PCS		⊟ DIFF100	4.50:5.10:3....	0.00	4.00	1000.00:0....	0.00	6.60:6.00:8....	0.00
Lyr		TOP	4.50	0.00	4.00	1000.00	0.00	6.60	0.00
Lyr		GND02	5.10	0.00	4.00	0.00	0.00	6.00	0.00
Lyr		ART03	3.70	0.00	4.00	1000.00	0.00	8.40	0.00
Lyr		ART04	3.70	0.00	4.00	1000.00	0.00	8.40	0.00
Lyr		GND05	5.10	0.00	4.00	0.00	0.00	6.00	0.00
Lyr		ART06	3.70	0.00	4.00	0.00	0.00	8.40	0.00
Lyr		PWR07	5.10	0.00	4.00	1000.00	0.00	6.00	0.00
Lyr		BOTTOM	4.50	0.00	4.00	1000.00	0.00	6.60	0.00
PCS		⊞ POWER	10.00	0.00	4.00	1000.00:0....	0.00	0.00	0.00

图 7-39　更改数值

其中，Primary Gap 为差分对线距。

（4）此差分对物理规则添加完成。

7.4　间距规则设置

如图 7-40 所示，在“Spacing”栏目中，设置相关的间距规则，包含走线、过孔、铜皮及焊盘等相互之间的间距规则。

下面以设置 DIFF 间距规则为例，讲解操作步骤如下。

（1）在默认情况下，单击“Spacing Constraint Set/All Layers /Line”，在出现的右侧界面中，右击“Default”，如图 7-41 所示，选择“Create—Spacing CSet”。

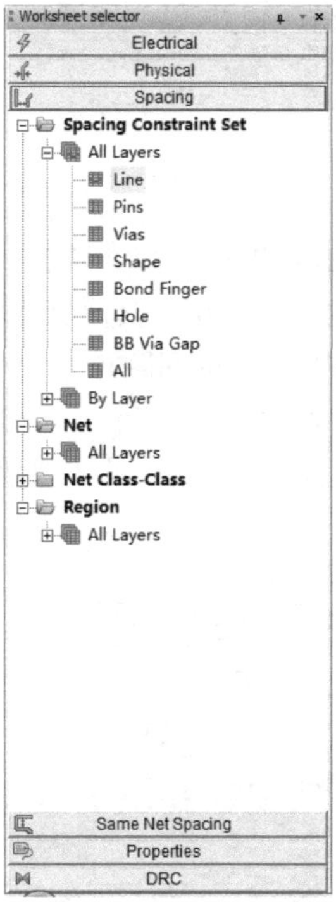

图 7-40　“Spacing”栏目

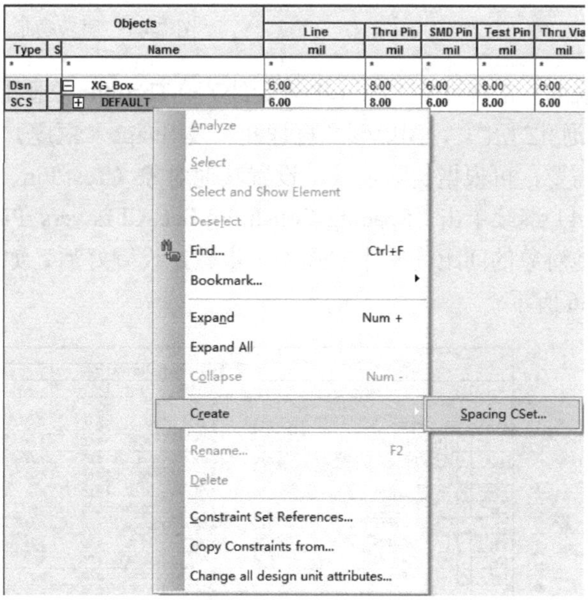

图 7-41　创建间距规则

（2）如图 7-42 所示，在弹出界面中输入“DIFF”，然后单击“OK”按钮。已创建好的规则如图 7-43 所示。

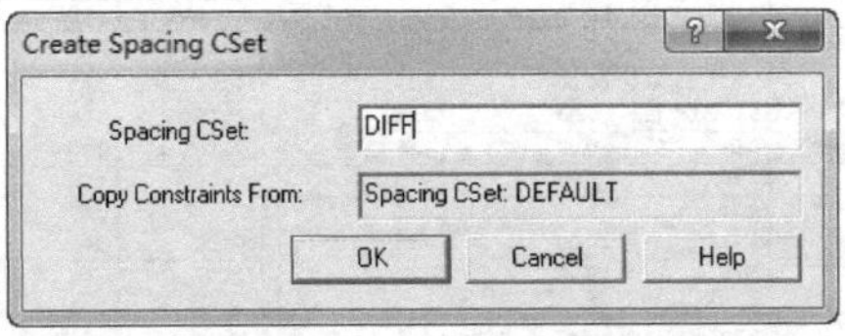

图 7-42　输入规则名称

Objects			Line To					
			Line	Thru Pin	SMD Pin	Test Pin	Thru Via	BB Via
Type	S	Name	mil	mil	mil	mil	mil	mil
*		*	*	*	*	*	*	*
Dsn		⊟ XG_Box	6.00	8.00	6.00	8.00	6.00	8.00
SCS		⊞ DEFAULT	6.00	8.00	6.00	8.00	6.00	8.00
SCS		⊞ DIFF	6.00	8.00	6.00	8.00	6.00	8.00

图 7-43　已创建好的规则

（3）单击“DIFF”前的“+”，并设置好每一层中，Line（走线）与其他对象（Line、Thru Pin、SMD Pin、Thru Via、BB Via、Shape）的间距值，如图 7-44 所示。

Objects			Line To										
			Line	Thru Pin	SMD Pin	Test Pin	Thru Via	BB Via	Test Via	Microvia	Shape	Bond Finger	Hole
Type	S	Name	mil	mil	mil	mil	mil	mil	mil	mil	mil	mil	mil
*		*	*	*	*	*	*	*	*	*	*	*	*
Dsn		⊟ XG_Box	6.00	8.00	6.00	8.00	6.00	8.00	8.00	8.00	8.00	8.00	8.00
SCS		⊞ DEFAULT	6.00	8.00	6.00	8.00	6.00	8.00	8.00	8.00	8.00	8.00	8.00
SCS		⊟ DIFF	20.00	8.00	8.00	8.00	8.00	8.00	8.00	8.00	20.00	8.00	8.00
Lyr		TOP	20.00	8.00	8.00	8.00	8.00	8.00	8.00	8.00	20.00	8.00	8.00
Lyr		GND02	20.00	8.00	8.00	8.00	8.00	8.00	8.00	8.00	20.00	8.00	8.00
Lyr		ART03	20.00	8.00	8.00	8.00	8.00	8.00	8.00	8.00	20.00	8.00	8.00
Lyr		ART04	20.00	8.00	8.00	8.00	8.00	8.00	8.00	8.00	20.00	8.00	8.00
Lyr		GND05	20.00	8.00	8.00	8.00	8.00	8.00	8.00	8.00	20.00	8.00	8.00
Lyr		ART06	20.00	8.00	8.00	8.00	8.00	8.00	8.00	8.00	20.00	8.00	8.00
Lyr		PWR07	20.00	8.00	8.00	8.00	8.00	8.00	8.00	8.00	20.00	8.00	8.00
Lyr		BOTTOM	20.00	8.00	8.00	8.00	8.00	8.00	8.00	8.00	20.00	8.00	8.00

图 7-44　更改数值

说明：常规设置 Line（电气走线）、Thru Pin（通孔焊盘）、SMD Pin（表贴焊盘）、Thru Via（通孔过孔）、BB Via（盲埋孔）及 Shape（铜皮）对象之间的间距即可，其他保持默认。若有需要，可根据实际项目，设置其他对象（Test Pin、Test Via 等）之间的间距。

（4）继续单击“Spacing Constraint Set/All Layers /Pins”，设置焊盘（Thru Pin、SMD Pin）与其他对象的间距，操作方式如上步骤，设置好后，如图 7-45 所示。已创建好的更改数值如图 7-46 所示。

Objects			Thru Pin To									
			Line	Thru Pin	SMD Pin	Test Pin	Thru Via	BB Via	Test Via	Microvia	Shape	Bond Finger
Type	S	Name	mil	mil	mil	mil	mil	mil	mil	mil	mil	mil
*		*	*	*	*	*	*	*	*	*	*	*
Dsn		⊟ XG_Box	8.00	8.00	7.00:200..	8.00	8.00	8.00	8.00	8.00	8.00	8.00
SCS		⊞ DEFAULT	8.00	8.00	7.00:...	8.00	8.00	8.00	8.00	8.00	8.00	8.00
SCS		⊟ DIFF	8.00	8.00	7.00:...	8.00	8.00	8.00	8.00	8.00	20.00	8.00
Lyr		TOP	8.00	8.00	7.00	8.00	8.00	8.00	8.00	8.00	20.00	8.00
Lyr		GND02	8.00	8.00	200.00	8.00	8.00	8.00	8.00	8.00	20.00	8.00
Lyr		ART03	8.00	8.00	200.00	8.00	8.00	8.00	8.00	8.00	20.00	8.00
Lyr		ART04	8.00	8.00	200.00	8.00	8.00	8.00	8.00	8.00	20.00	8.00
Lyr		GND05	8.00	8.00	200.00	8.00	8.00	8.00	8.00	8.00	20.00	8.00
Lyr		ART06	8.00	8.00	200.00	8.00	8.00	8.00	8.00	8.00	20.00	8.00
Lyr		PWR07	8.00	8.00	200.00	8.00	8.00	8.00	8.00	8.00	20.00	8.00
Lyr		BOTTOM	8.00	8.00	30.00	8.00	8.00	8.00	8.00	8.00	20.00	8.00

图 7-45　更改数值

Objects			Bond Finger	SMD Pin To								
				Line	Thru Pin	SMD Pin	Test Pin	Thru Via	BB Via	Test Via	Microvia	Shape
Type	S	Name	mil	mil	mil	mil	mil	mil	mil	mil	mil	mil
*		*	*	*	*	*	*	*	*	*	*	*
Dsn		⊟ XG_Box	8.00	6.00	7.00:200...	7.00:8.0...	8.00	8.00	8.00	8.00	8.00	8.00
SCS		⊞ DEFAULT	8.00	6.00	7.00:...	7.00:8...	8.00	8.00	8.00	8.00	8.00	8.00
SCS		⊟ DIFF	8.00	8.00	7.00:...	7.00:8...	8.00	8.00	8.00	8.00	8.00	20.00
Lyr		TOP	8.00	8.00	7.00	7.00	8.00	8.00	8.00	8.00	8.00	20.00
Lyr		GND02	8.00	8.00	200.00	8.00	8.00	8.00	8.00	8.00	8.00	20.00
Lyr		ART03	8.00	8.00	200.00	8.00	8.00	8.00	8.00	8.00	8.00	20.00
Lyr		ART04	8.00	8.00	200.00	8.00	8.00	8.00	8.00	8.00	8.00	20.00
Lyr		CND05	0.00	0.00	200.00	8.00	8.00	8.00	8.00	8.00	8.00	20.00
Lyr		ART06	8.00	8.00	200.00	8.00	8.00	8.00	8.00	8.00	8.00	20.00
Lyr		PWR07	8.00	8.00	200.00	8.00	8.00	8.00	8.00	8.00	8.00	20.00
Lyr		BOTTOM	8.00	8.00	30.00	8.00	8.00	8.00	8.00	8.00	8.00	20.00

图 7-46　已创建好的更改数值

（5）按照上述方式，设置 Vias、Shape 与其他对象的间距。

（6）设置好上述对象之间的间距数值后，此 DIFF 间距规则添加完成。

说明： 设置好“Spacing Constraint Set/All Layers”后，“Spacing Constraint Set/By layers”无须设置，数值会自动同步；如图 7-47、图 7-48 所示。

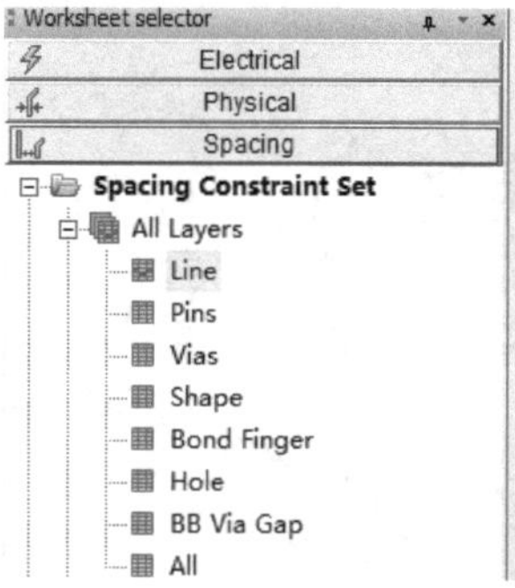

XG_Box

Objects			Line To					
			Line	Thru Pin	SMD Pin	Test Pin	Thru Via	BB Via
Type	S	Name	mil	mil	mil	mil	mil	mil
*		*	*	*	*	*	*	*
Dsn		⊟ XG_Box	6.00	8.00	6.00	8.00	6.00	8.00
SCS		⊞ DEFAULT	6.00	8.00	6.00	8.00	6.00	8.00
SCS		⊟ DIFF	20.00	8.00	8.00	8.00	8.00	8.00
Lyr		TOP	20.00	8.00	8.00	8.00	8.00	8.00
Lyr		GND02	20.00	8.00	8.00	8.00	8.00	8.00
Lyr		ART03	20.00	8.00	8.00	8.00	8.00	8.00
Lyr		ART04	20.00	8.00	8.00	8.00	8.00	8.00
Lyr		GND05	20.00	8.00	8.00	8.00	8.00	8.00
Lyr		ART06	20.00	8.00	8.00	8.00	8.00	8.00
Lyr		PWR07	20.00	8.00	8.00	8.00	8.00	8.00
Lyr		BOTTOM	20.00	8.00	8.00	8.00	8.00	8.00

图 7-47　“All Layers”对应界面

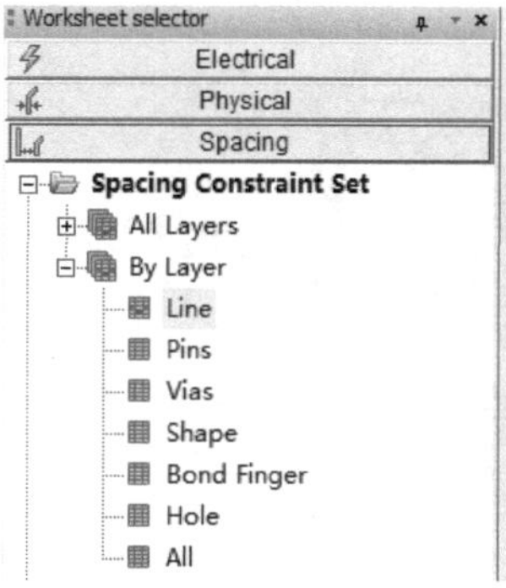

XG_Box

Objects			Line To						
			Line	Thru Pin	SMD Pin	Test Pin	Thru Via	BB Via	Test Via
Type	S	Name	mil	mil	mil	mil	mil	mil	mil
*		*	*	*	*	*	*	*	*
Dsn		⊟ XG_Box	6.00	8.00	6.00	8.00	6.00	8.00	8.00
Lyr		⊞ TOP	6.00	8.00	6.00	8.00	6.00	8.00	8.00
Lyr		⊞ GND02	6.00	8.00	6.00	8.00	6.00	8.00	8.00
Lyr		⊞ ART03	6.00	8.00	6.00	8.00	6.00	8.00	8.00
Lyr		⊞ ART04	6.00	8.00	6.00	8.00	6.00	8.00	8.00
Lyr		⊞ GND05	6.00	8.00	6.00	8.00	6.00	8.00	8.00
Lyr		⊞ ART06	6.00	8.00	6.00	8.00	6.00	8.00	8.00
Lyr		⊞ PWR07	6.00	8.00	6.00	8.00	6.00	8.00	8.00
Lyr		⊞ BOTTOM	6.00	8.00	6.00	8.00	6.00	8.00	8.00

图 7-48　“By Layers”对应界面

7.5　差分等长设置

在高速设计中，一些信号通常以差分对形式进行传输。下面详细讲解差分对相关的设置。首先，我们需要将对应的网络设置成差分对，这里讲解两种常用方式如下。

7.5.1 方式一

（1）选择菜单“Logic—Assign Differential Pair”，设置差分对如图 7-49 所示。

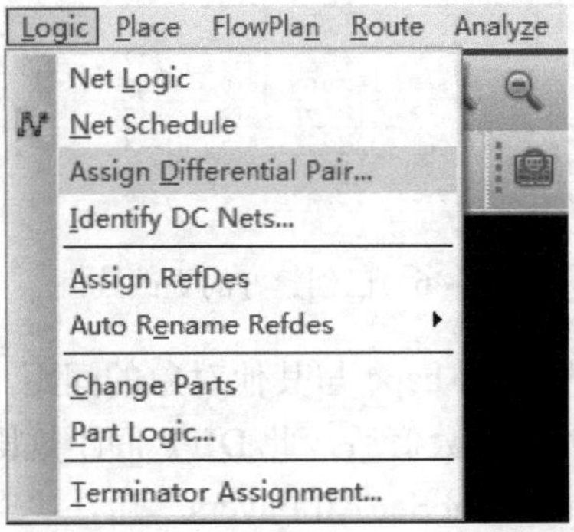

图 7-49　设置差分对

（2）弹出如图 7-50 所示的窗口。

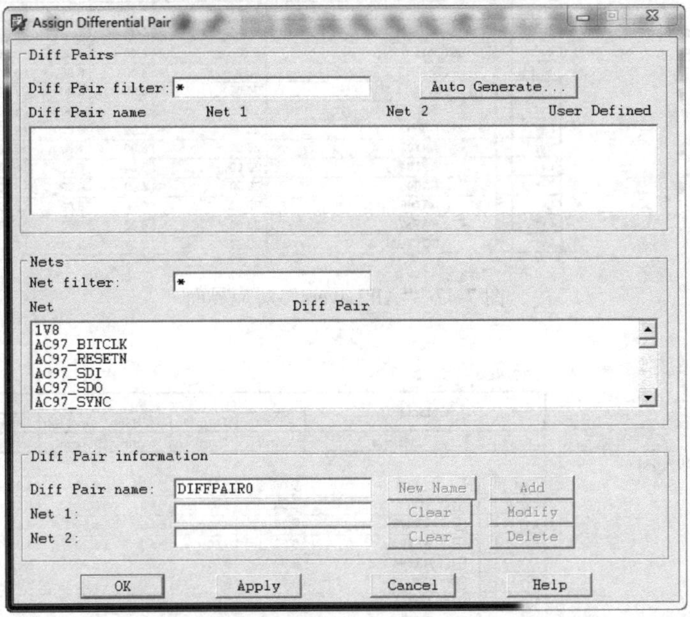

图 7-50　设置差分对窗口

其中，图 7-51 所示界面会显示已经设置好的差分对。

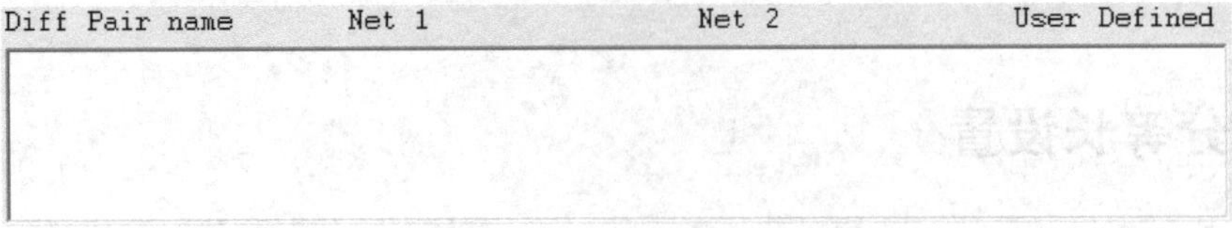

图 7-51　显示已设置好的差分对

图 7-52 默认显示 PCB 中所有的网络。

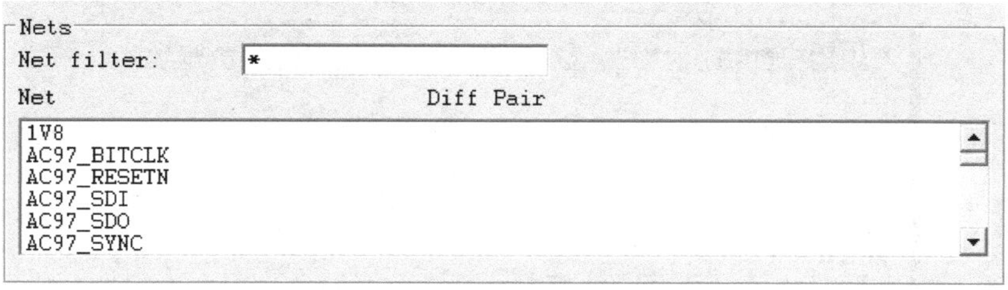

图 7-52 显示所有网络

图 7-53 所示界面用于添加网络，设置差分对。

图 7-53 添加网络界面

（3）在“Assign Differential Pair”中，拉动下拉条，单击“网络”后，则会自动在最下方的空白处添加上此网络，如图 7-54 所示。

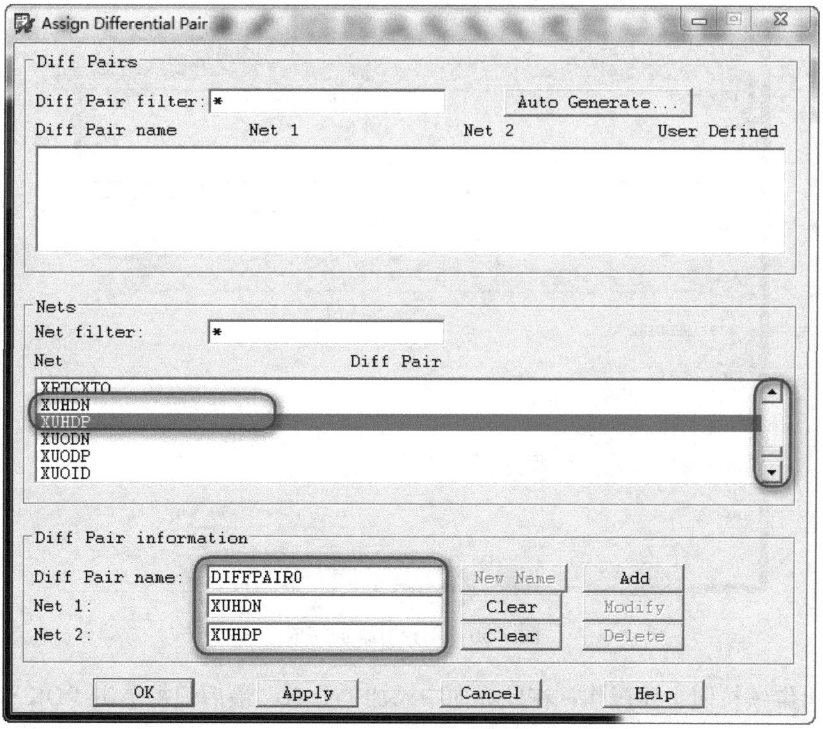

图 7-54 添加差分网络

设置好，更改差分对名称，如图 7-55 所示。

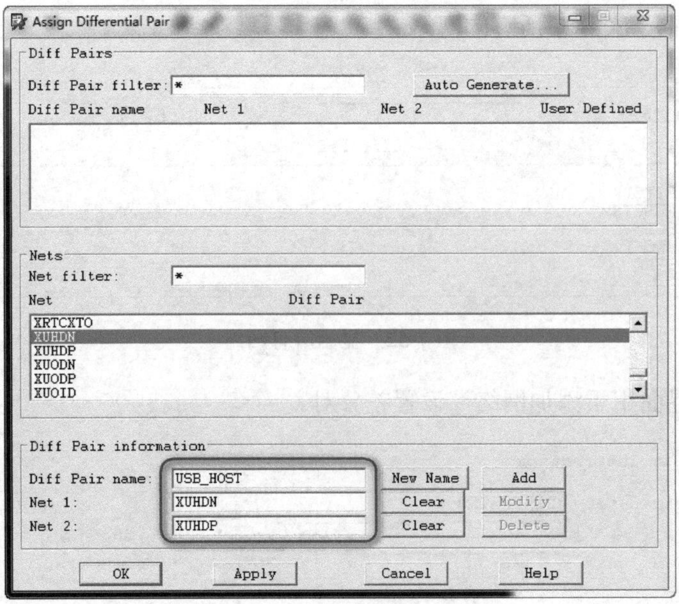

图 7-55　更改差分对名称

单击“Add”按钮，则此差分对创建完成，如图 7-56 所示。

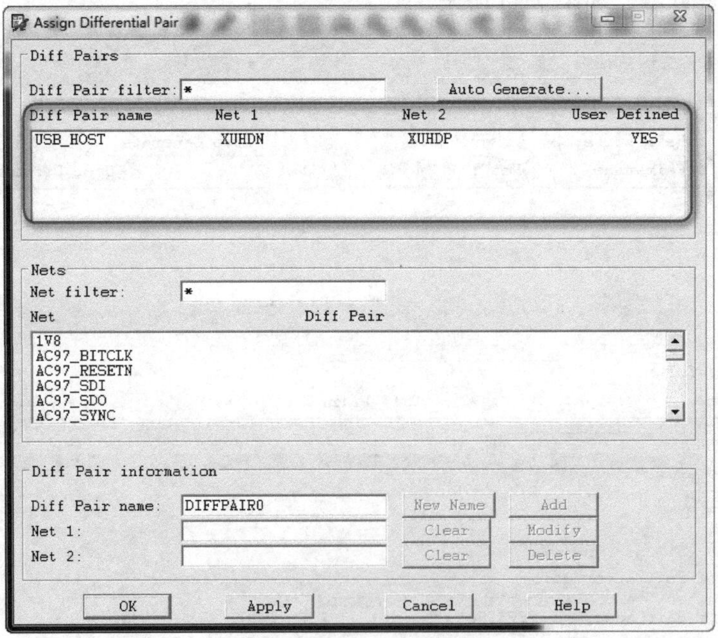

图 7-56　差分对添加完成

然后，可继续按照上述操作，在此界面中添加差分对，最后记得单击“OK”按钮，再关闭此窗口界面。

技巧：如图 7-57 所示，在“Net filter”处，输入字符和“*”通配符，然后按键盘中的 Tab 键，则下方只会显示对应的网络名，过滤掉其他网络，这样方便查找差分网络。

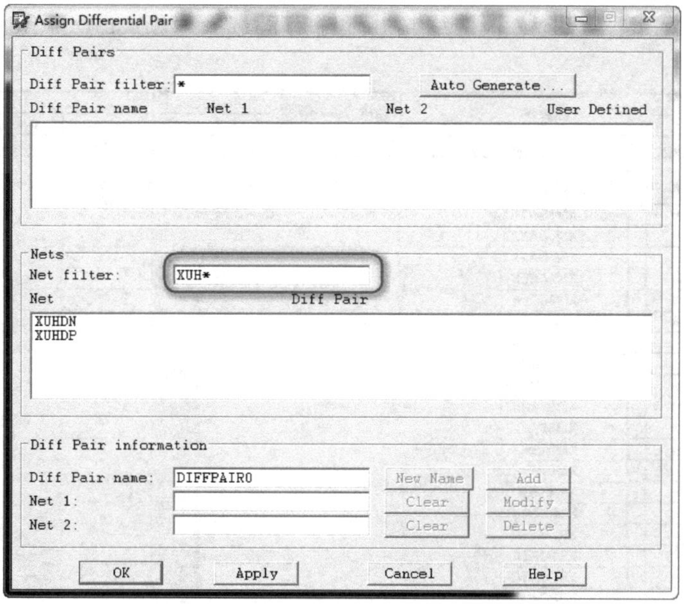

图 7-57 过滤网络

7.5.2 方式二

（1）打开约束管理器“Electrical-Net-Routing-Differential Pair”，进入“Differential Pair”对应界面如图 7-58 所示。

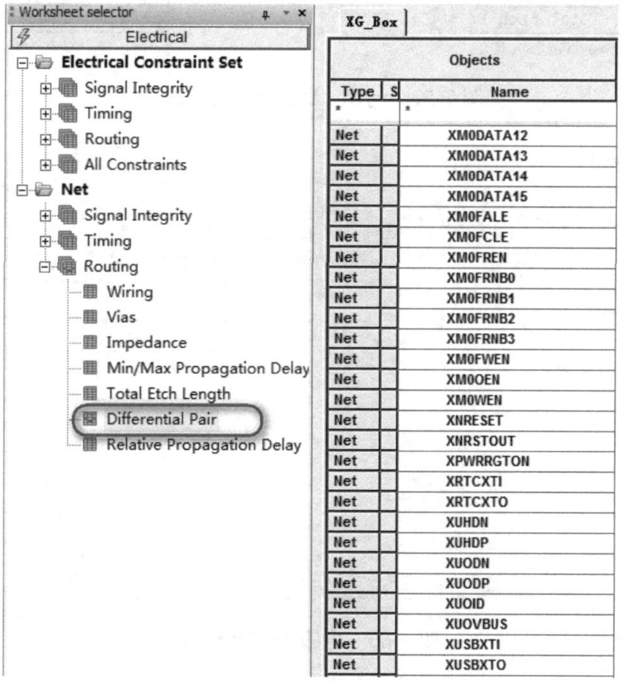

图 7-58 “Differential Pair”对应界面

（2）可结合 Ctrl 键，选择 2 根网络，并通过右键选择“Create—Differential Pair”，如图 7-59 所示。

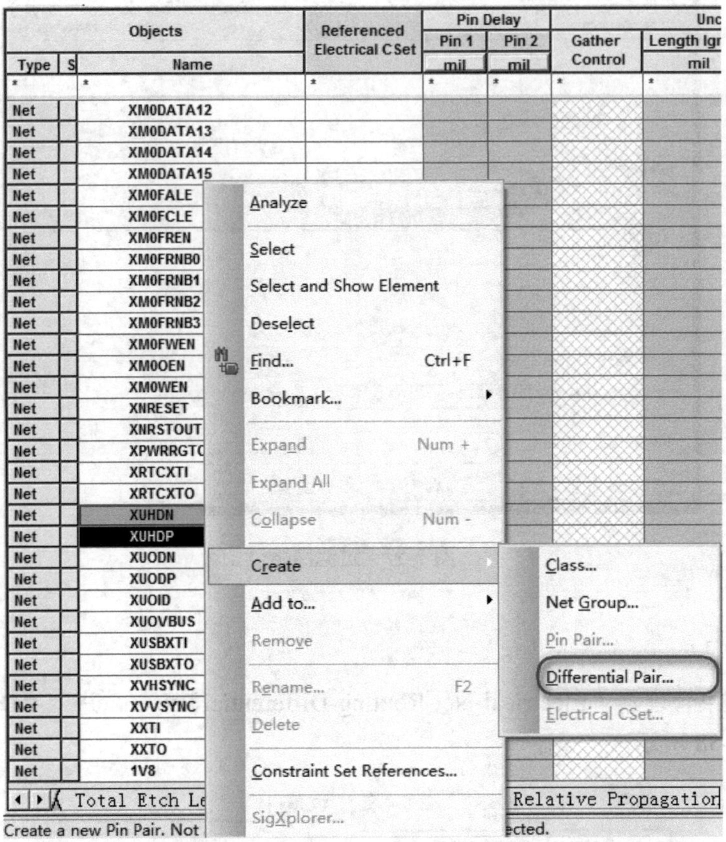

图 7-59　创建“Differential Pair”

（3）弹出如图 7-60 所示界面。

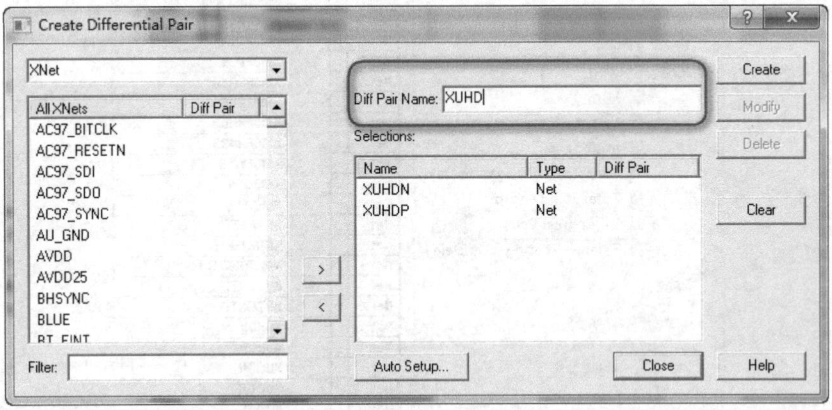

图 7-60　更改差分对名称

（4）可更改图 7-60 中的标记处名称，然后单击“Create”按钮，则差分对创建完成，如图 7-61 所示。

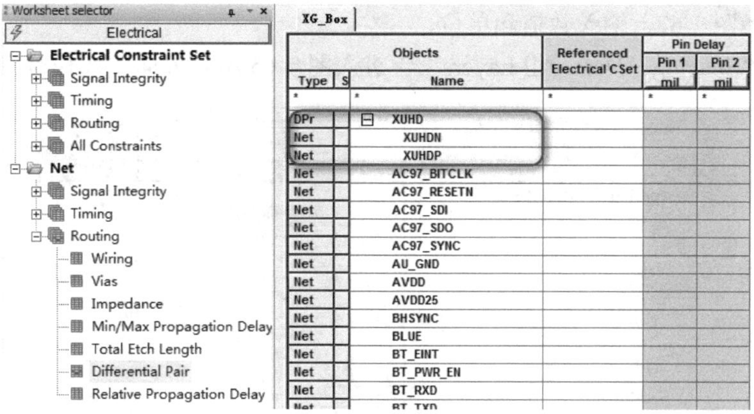

图 7-61　差分对创建完成

（5）差分对创建好后，接下来赋予对应的物理规则并设置两根线的误差值，打开约束管理器“Physical-Net-All Layers”，进入如图 7-62 所示界面。

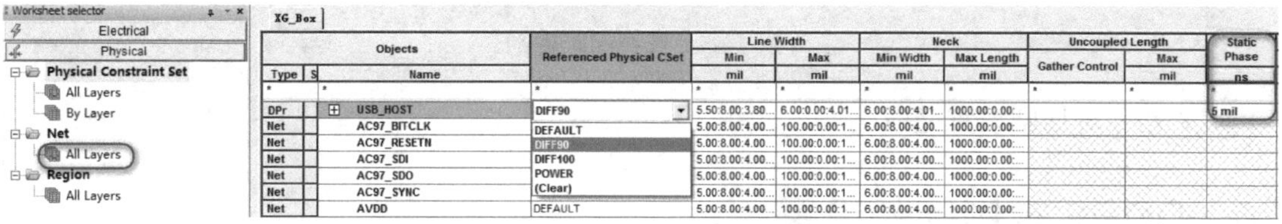

图 7-62　“All Layers”对应界面

如图 7-63 所示，选择对应的物理规则。

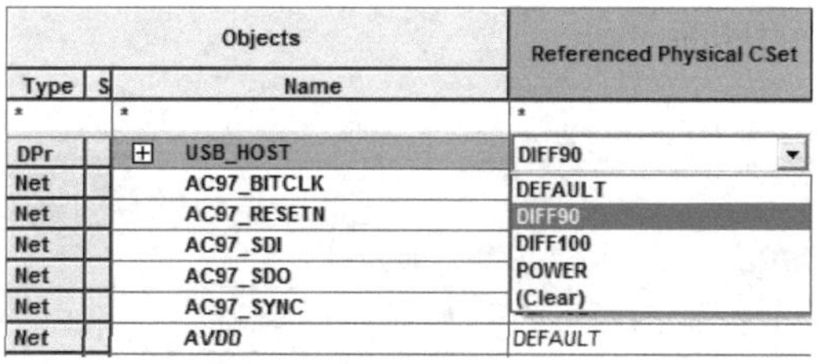

Objects
Type
S
Name
Referenced Physical CSet
DPr
USB_HOST
DIFF90
Net
AC97_BITCLK
DEFAULT
Net
AC97_RESETN
DIFF90
Net
AC97_SDI
DIFF100
Net
AC97_SDO
POWER
Net
AC97_SYNC
(Clear)
Net
AVDD
DEFAULT

图 7-63　选择物理规则

输入误差值如图 7-64 所示。

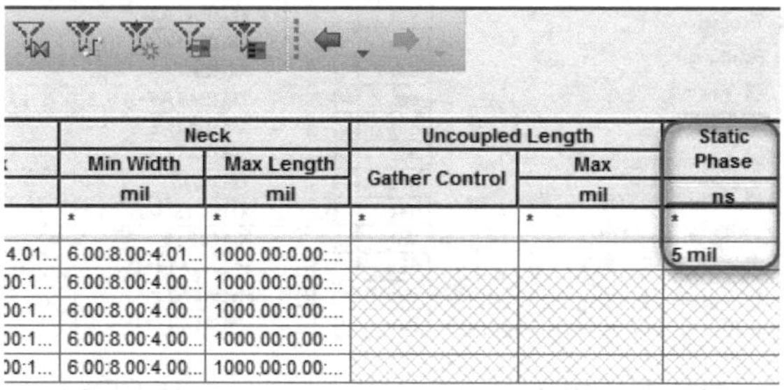

图 7-64　输入误差值

注意：参考图 7-62，输入数值和单位。

（6）打开“Spacing—Net—All Layers”，进入图 7-65 所示界面，选择对应的间距规则。

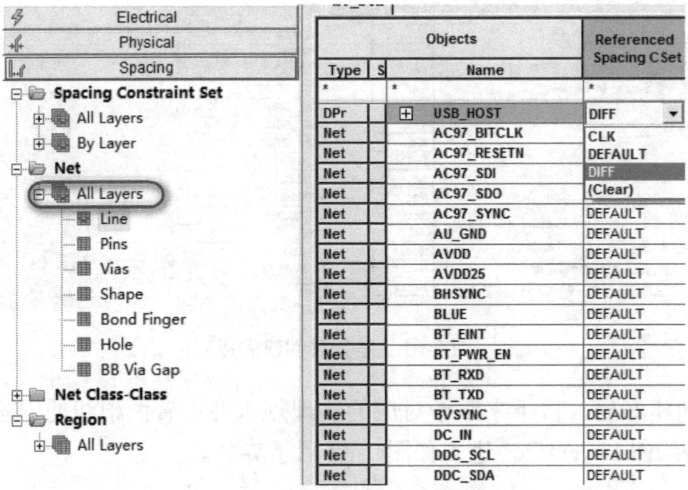

图 7-65 选择间距规则

（7）差分对规则设置完成。

7.6 DDR2 实例等长设置

在进行 DDR2 设计时，要对其数据线、地址线及时钟线等进行等长设置。下面将以数据线为例，讲解在约束管理器中相对等长的规则设置。

（1）选择图 7-66 所示的界面。

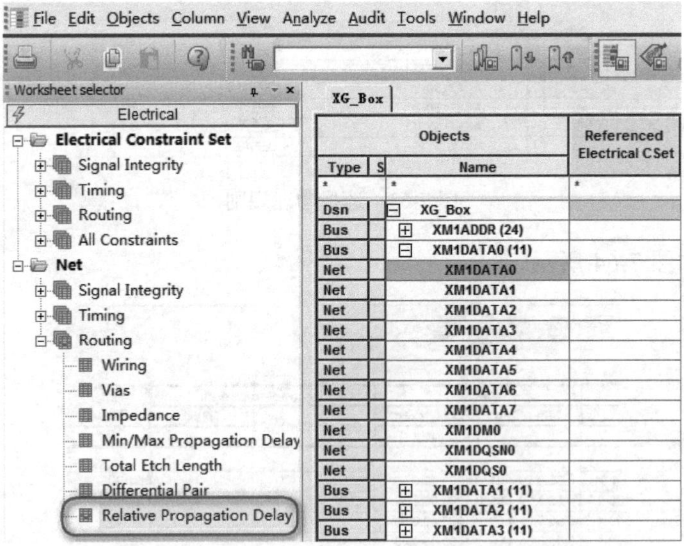

图 7-66 “Relative Propagation Delay”对应界面

（2）创建引脚对（Pin Pair），此例中要创建 11 个引脚对。

（3）选择网络，然后通过右键选择“Create-Pin Pair”，如图 7-67 所示。

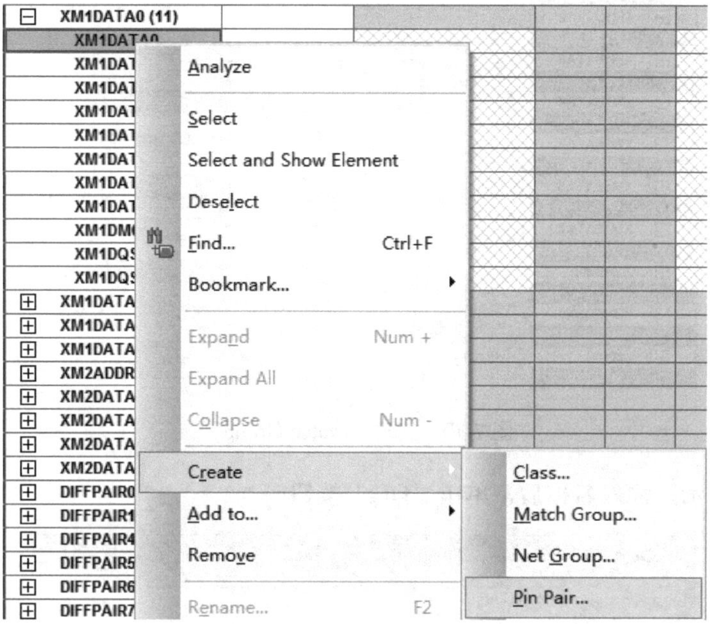

图 7-67　创建引脚对

选择正确的引脚，然后单击“OK”按钮，如图 7-68 所示。

（4）引脚对创建完成，如图 7-69 所示。

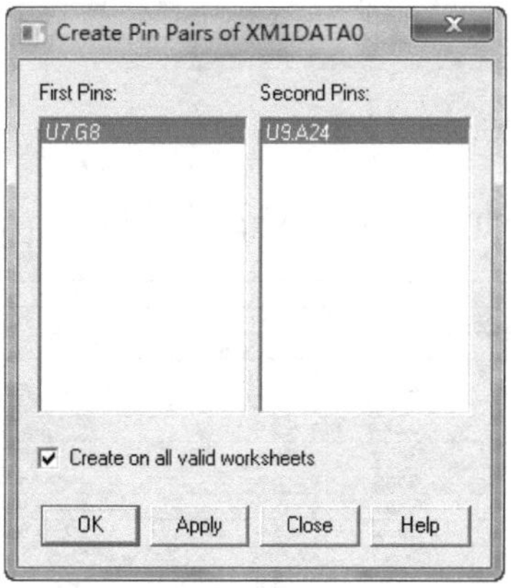

图 7-68　选择引脚

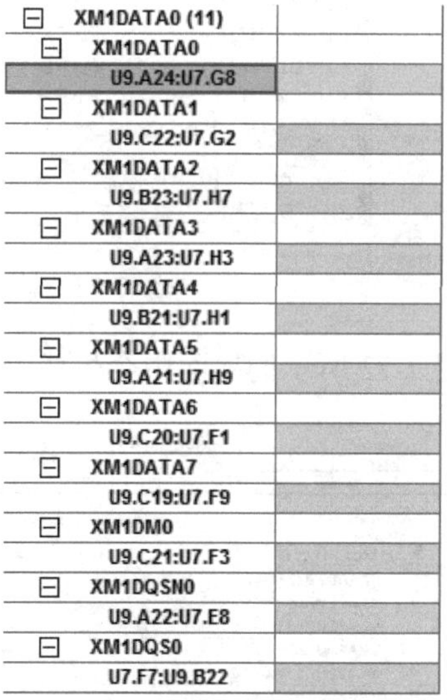

图 7-69　引脚对创建完成

（5）通过单击 Ctrl 键，选择所有引脚对，然后通过右键选择“Create-Match Group”，创建“Match Group”，如图 7-70 所示。

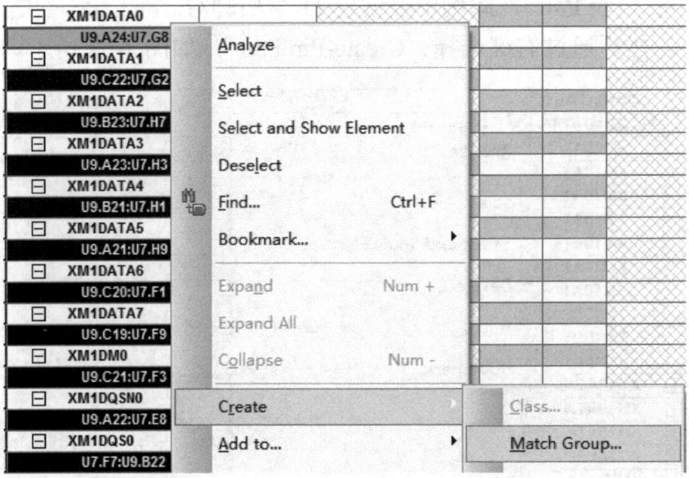

图 7-70　创建“Match Group”

如图 7-71 所示，输入名称后，单击“OK”按钮。

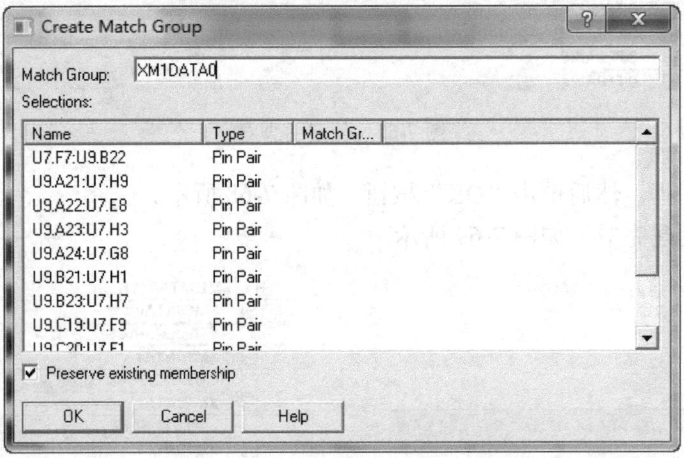

图 7-71　输入“Match Group”名称

（6）在图 7-72 所示的界面中会生成一个“Match Group（MGrp）”规则。

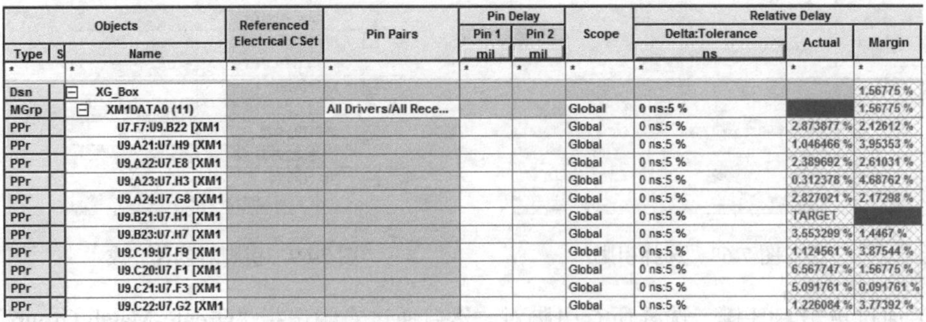

Objects			Referenced Electrical CSet	Pin Pairs	Pin Delay		Scope	Relative Delay		
Type	S	Name			Pin 1	Pin 2		Delta:Tolerance	Actual	Margin
					mil	mil		ns		
*		*	*	*	*	*	*	*	*	*
Dsn		⊟ XG_Box								1.56775 %
MGrp		⊟ XM1DATA0 (11)		All Drivers/All Rece...			Global	0 ns:5 %		1.56775 %
PPr		U7.F7:U9.B22 [XM1					Global	0 ns:5 %	2.873877 %	2.12612 %
PPr		U9.A21:U7.H9 [XM1					Global	0 ns:5 %	1.046466 %	3.95353 %
PPr		U9.A22:U7.E8 [XM1					Global	0 ns:5 %	2.389692 %	2.61031 %
PPr		U9.A23:U7.H3 [XM1					Global	0 ns:5 %	0.312378 %	4.68762 %
PPr		U9.A24:U7.G8 [XM1					Global	0 ns:5 %	2.827021 %	2.17298 %
PPr		U9.B21:U7.H1 [XM1					Global	0 ns:5 %	TARGET	
PPr		U9.B23:U7.H7 [XM1					Global	0 ns:5 %	3.553299 %	1.4467 %
PPr		U9.C19:U7.F9 [XM1					Global	0 ns:5 %	1.124561 %	3.87544 %
PPr		U9.C20:U7.F1 [XM1					Global	0 ns:5 %	6.567747 %	1.56775 %
PPr		U9.C21:U7.F3 [XM1					Global	0 ns:5 %	5.091761 %	0.091761 %
PPr		U9.C22:U7.G2 [XM1					Global	0 ns:5 %	1.226084 %	3.77392 %

图 7-72　“Match Group”创建完成

（7）设置引脚对走线长度之间的差值范围，如图 7-73 所示。

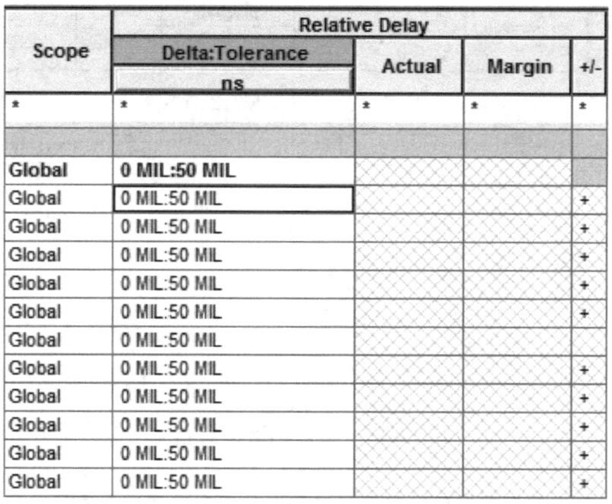

图 7-73 设置走线的差值范围

（8）设置其中一根线为基准线，其他走线则与此走线比较。

（9）右击“0MIL：50MIL”，并选择“Set as target”，则此线被设置为基准线，如图 7-74 所示。

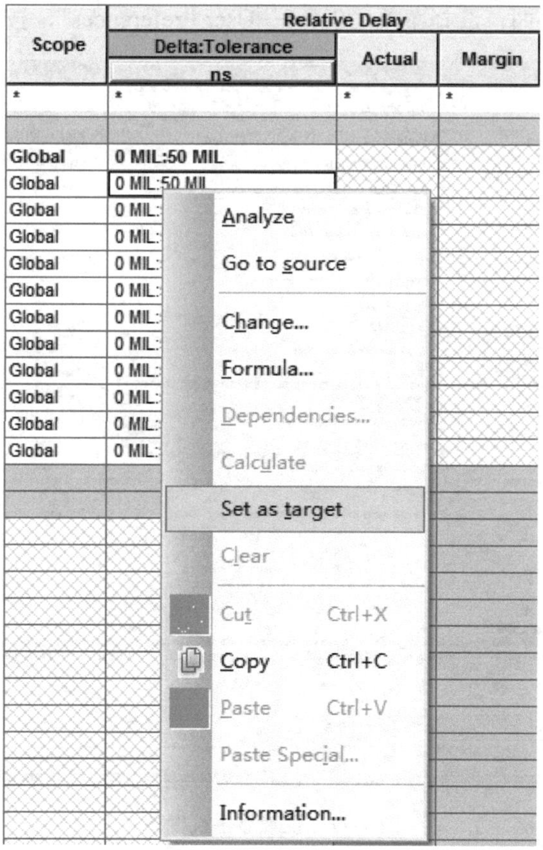

图 7-74 设置基准线

（10）如图 7-75 所示，等长设置完成。

Objects			Referenced Electrical CSet	Pin Pairs	Pin Delay		Scope	Relative Delay		
Type	S	Name			Pin 1	Pin 2		Delta:Tolerance	Actual	Margin
					mil	mil		ns		
*		*	*	*	*	*	*	*	*	*
Dsn		⊟ XG_Box								28.23 MIL
MGrp		⊟ XM1DATA0 (11)		All Drivers/All Rece...			Global	0 MIL:50 MIL		28.23 MIL
PPr		U7.F7:U9.B22 [XM1DQS0					Global	TARGET	TARGET	
PPr		U9.A21:U7.H9 [XM1DAT					Global	0 MIL:50 MIL	21.77 MIL	28.23 MIL
PPr		U9.A22:U7.E8 [XM1DQS					Global	0 MIL:50 MIL	2.90 MIL	47.1 MIL
PPr		U9.A23:U7.H3 [XM1DAT					Global	0 MIL:50 MIL	0.19 MIL	49.81 MIL
PPr		U9.A24:U7.G8 [XM1DAT					Global	0 MIL:50 MIL	9.41 MIL	40.59 MIL
PPr		U9.B21:U7.H1 [XM1DAT					Global	0 MIL:50 MIL	13.14 MIL	36.86 MIL
PPr		U9.B23:U7.H7 [XM1DAT					Global	0 MIL:50 MIL	3.85 MIL	46.15 MIL
PPr		U9.C19:U7.F9 [XM1DAT					Global	0 MIL:50 MIL	13.94 MIL	36.06 MIL
PPr		U9.C20:U7.F1 [XM1DAT					Global	0 MIL:50 MIL	19.22 MIL	30.78 MIL
PPr		U9.C21:U7.F3 [XM1DM0]					Global	0 MIL:50 MIL	7.93 MIL	42.07 MIL
PPr		U9.C22:U7.G2 [XM1DAT					Global	0 MIL:50 MIL	21.67 MIL	28.33 MIL

图 7-75　参数设置完成

（11）如图 7-76 所示，在 PCB Edtior 中走线时，要打开长度条，方便提示走线长度是否满足规则。

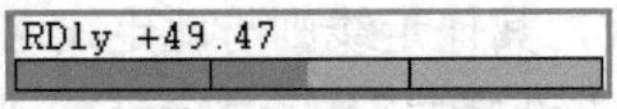

图 7-76　长度条

在“PCB Editor”界面，选择菜单“Setup—User Preferences”，按图 7-77 所示设置即可。

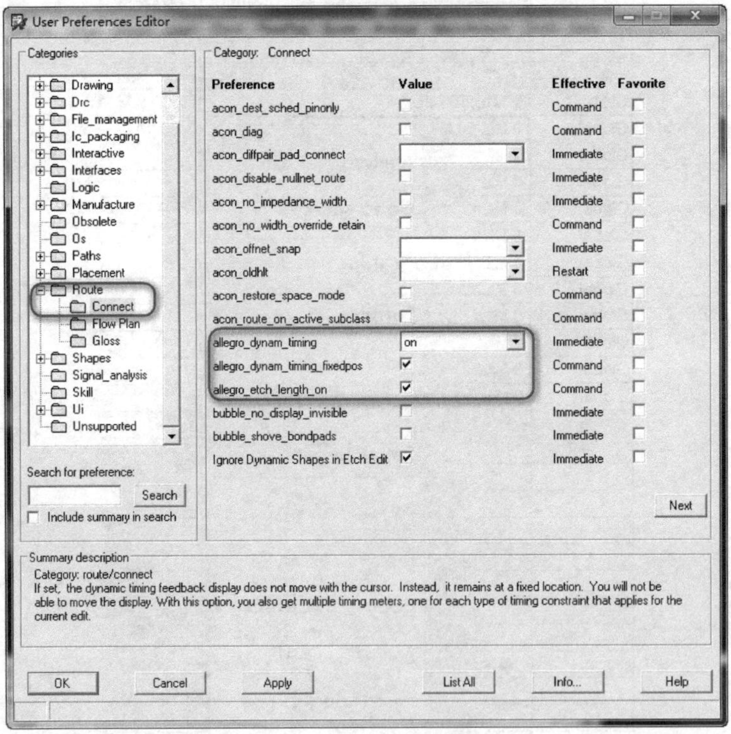

图 7-77　设置显示长度条

（12）其他等长组规则按照上述软件操作设置即可。

7.7 Xnet 的设置

7.7.1 概念介绍

Xnet 示意图如图 7-78 所示。

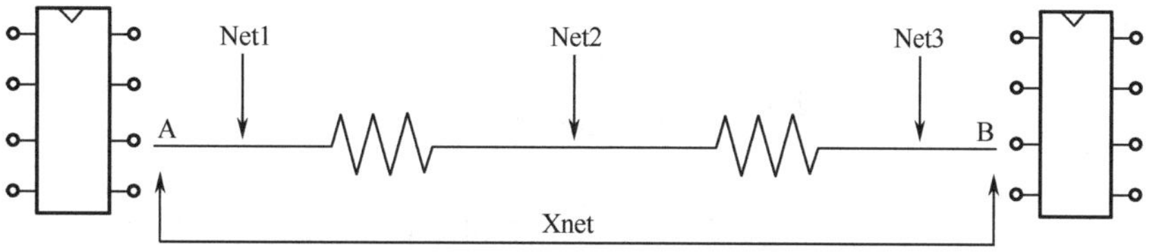

图 7-78 Xnet 示意图

一般，将类似图 7-78 中多个 Net 的集合称为 Xnet。

7.7.2 实例演示

在 Allegro PCB Editor 中，设置等长时，只能通过引脚对进行比较；若想设置图 7-78 中的 AB 引脚对，则必须将 Net1、Net2、Net3 设置成 Xnet。原理图示例如图 7-79 所示。

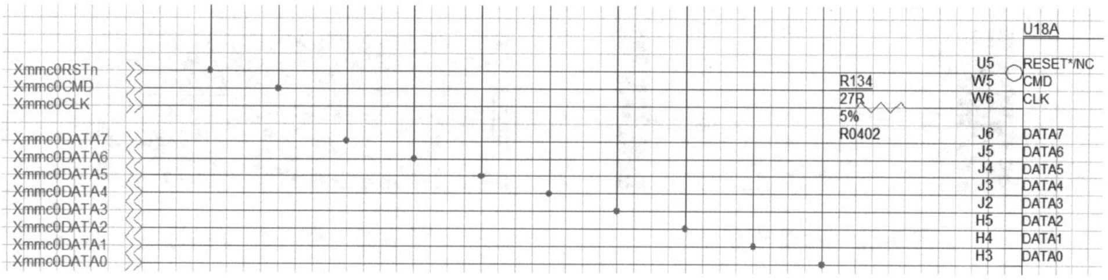

图 7-79 原理图示例

电阻 R134 两端分别连接 2 根网络，分别为 Xmmc0CLK 与 N48654806。

此 2 根网络在约束管理器中的截图如图 7-80 所示，均属于 Net 属性。此时，通过鼠标右键创建 XMMC0CLK 网络的引脚对，只能创建 U9 和 R134 之间的引脚对，截图如图 7-81 所示。

Net		XI2SLRCK0	DEFAULT
Net		XI2SSCLK0	DEFAULT
Net		XI2SSDI0	DEFAULT
Net		XI2SSDO0	DEFAULT
Net		XMMC0CLK	DEFAULT
Net		XMMC0CMD	DEFAULT
Net		XMMC0DATA0	DEFAULT
Net		XMMC0DATA1	DEFAULT

Net		N48501965	DEFAULT
Net		N48502031	DEFAULT
Net		N48654672	DEFAULT
Net		N48654806	DEFAULT
Net		N48757025	DEFAULT
Net		N48757027	DEFAULT

图 7-80 2 根网络在约束管理器中的截图

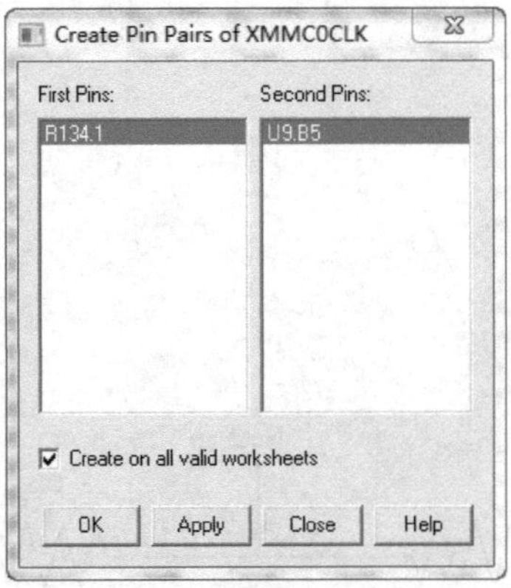

图 7-81　创建引脚对

无法创建 U9 与 U18（上方截图 IC）直接的引脚对。

通过创建 Xnet，则可以在 U9 与 U18 直接创建引脚对，其操作步骤如下。

（1）选择菜单“Analyze—Model Assigment”，赋予模型菜单如图 7-82 所示。赋予模型图标如图 7-83 所示。

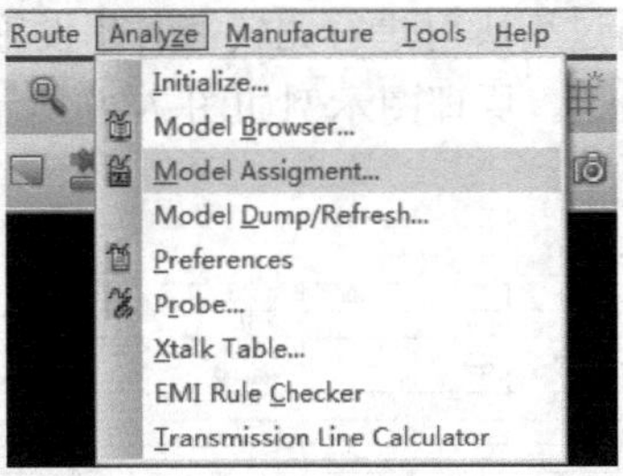

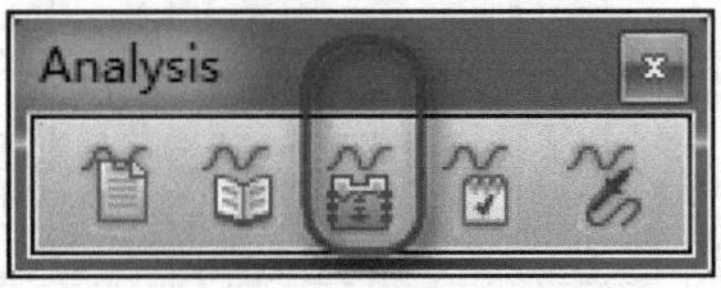

图 7-82　赋予模型菜单　　　　图 7-83　赋予模型图标

（2）弹出的界面如图 7-84 所示，选择“OK”按钮。

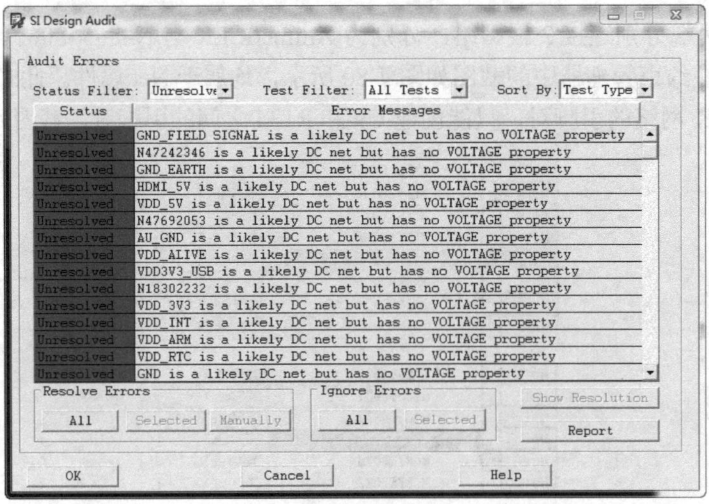

图 7-84　信息窗口

（3）弹出的界面如图 7-85 所示，单击“是（Y）”按钮。

图 7-85　单击“是（Y）”按钮

（4）赋予模型界面如图 7-86 所示。

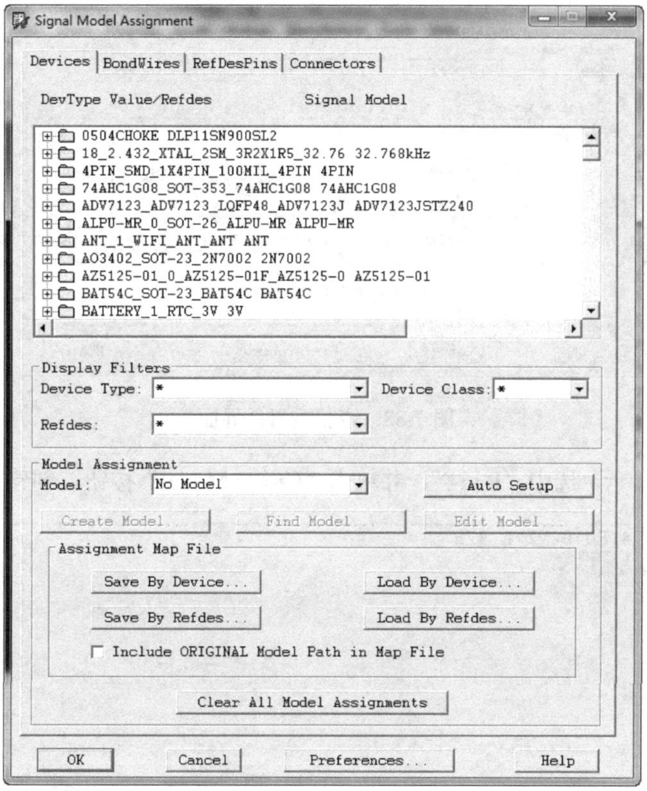

图 7-86　赋予模型界面

（5）如图 7-87 所示，在 Refdes 中输入“R134”。

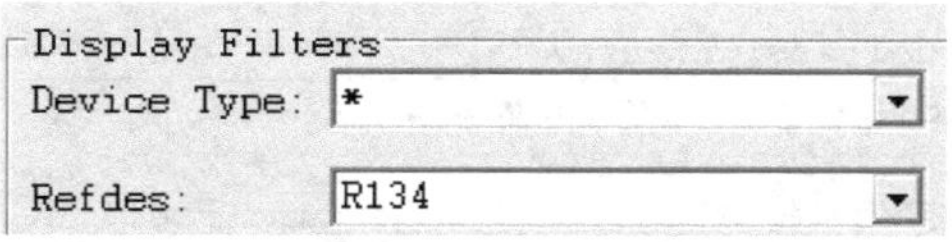

图 7-87　输入器件位号

然后，单击键盘 Tab 键，则查找到器件界面如图 7-88 所示。

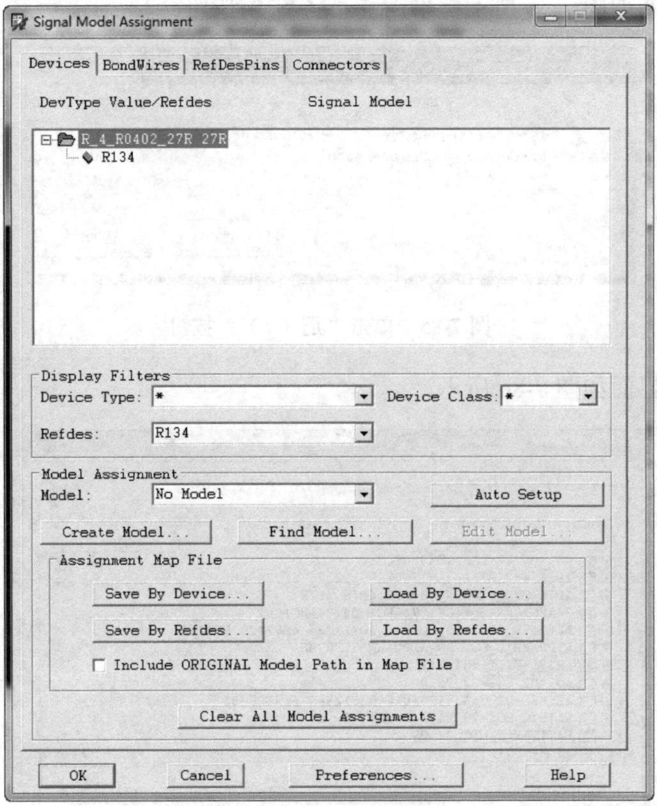

图 7-88　查找到器件界面

（6）如图 7-89 所示，选中“R134”，并单击“Create Model”按钮，创建模型如图 7-90 所示。

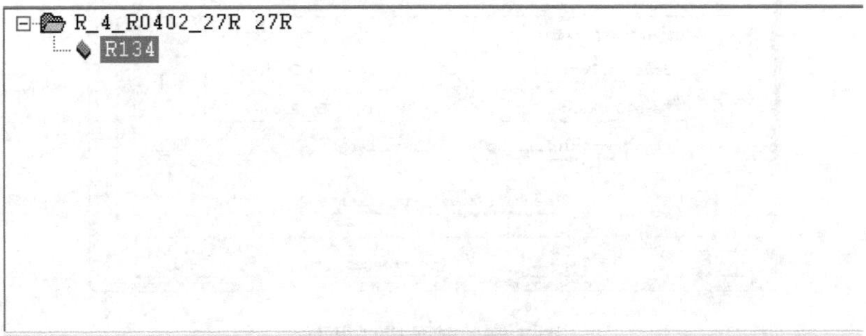

图 7-89　选中器件位号

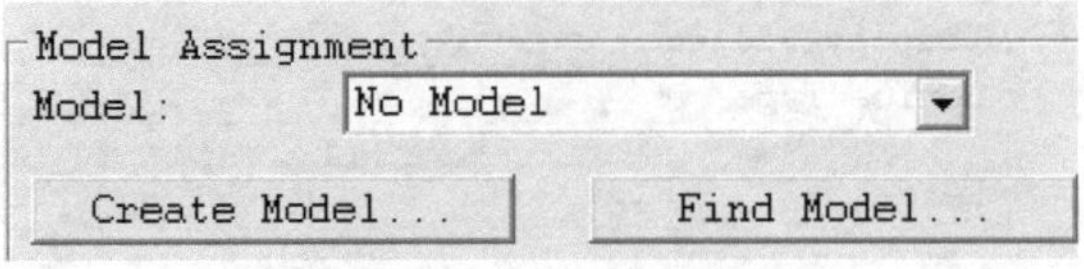

图 7-90　创建模型

（7）如图 7-91 所示，在弹出界面中选择“OK”按钮。

（8）如图 7-92 所示，在弹出界面中继续单击“OK”按钮。

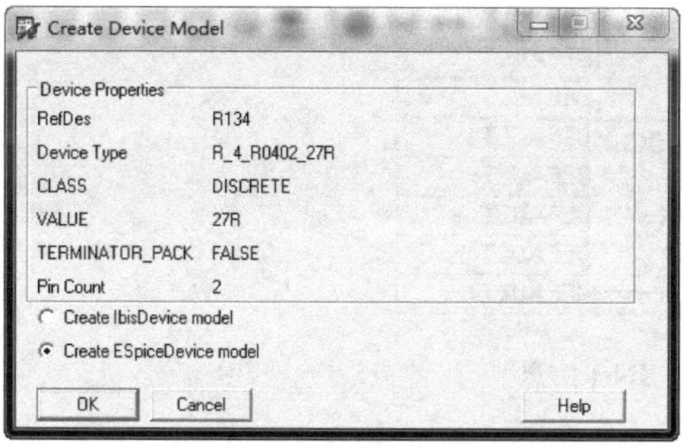

图 7-91　选择模型类型

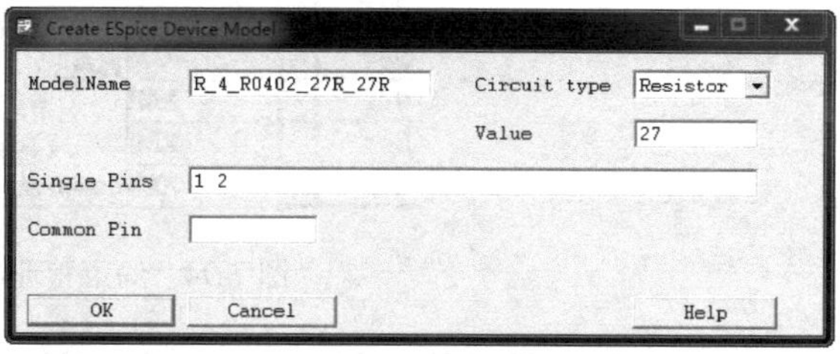

图 7-92　输入参数

注意：图 7-92 中 Value 值要大于 0。

（9）设置好后，如图 7-93 所示。

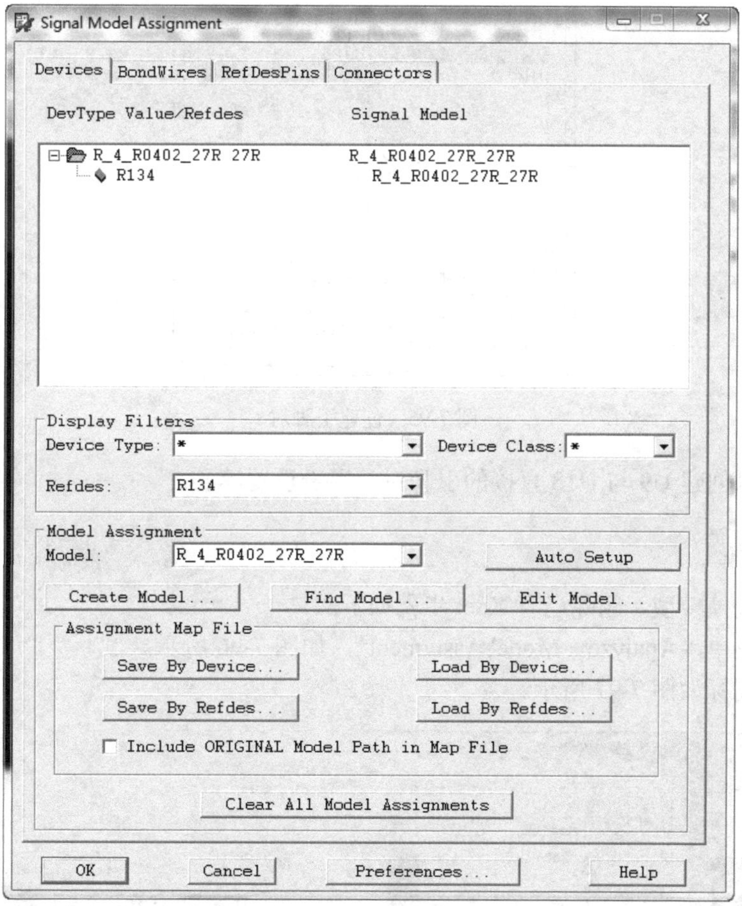

图 7-93　模型创建完成

（10）此时模型添加成功，单击“OK”按钮，完成操作。

（11）打开约束管理器，截图如图 7-94 所示。

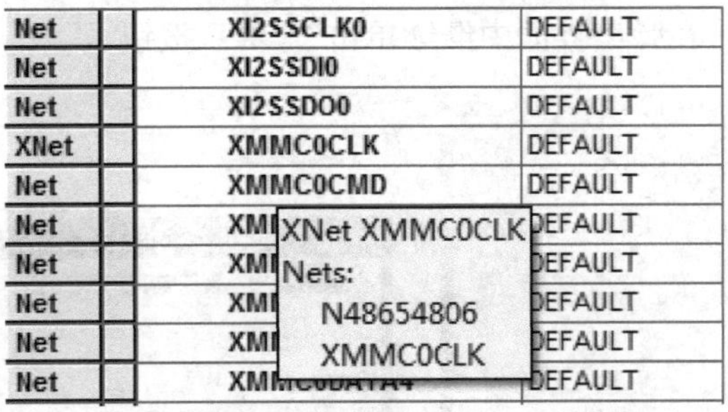

Net XI2SSCLK0 DEFAULT
Net XI2SSDI0 DEFAULT
Net XI2SSDO0 DEFAULT
XNet XMMC0CLK DEFAULT
Net XMMC0CMD DEFAULT
XNet XMMC0CLK
Nets:
N48654806
XMMC0CLK

图 7-94 约束管理器中 XNet 信息

此时，XMMC0CLK、N48654806 属于 Xnet。

（12）在此 Xnet 上创建引脚对，如图 7-95 所示。

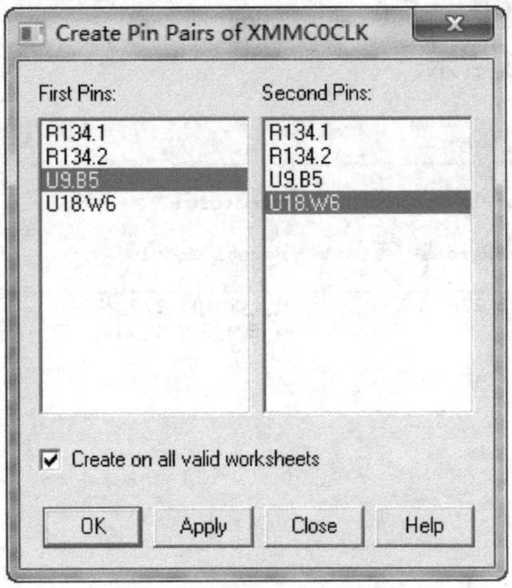

图 7-95 创建引脚对

此时则可以创建 U9 与 U18 直接的引脚对，用于设置等长。

7.7.3 技巧拓展

现在讲解去掉模型，删除已有 Xnet 步骤如下。

（1）选择菜单“Analyze—Model Assigment”，如图 7-96 所示。

赋予模型图标如图 7-97 所示。

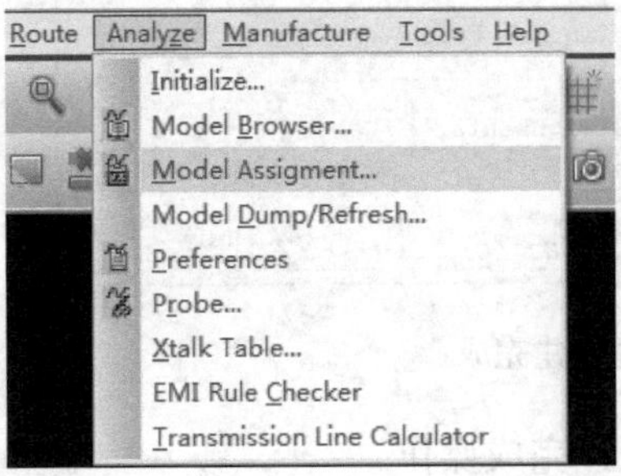

图 7-96 赋予模型菜单

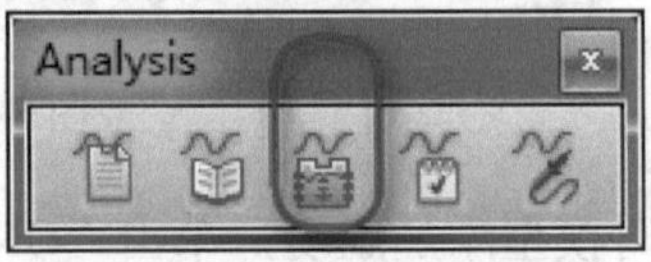

图 7-97 赋予模型图标

（2）如图 7-98 所示，在弹出的界面单击“OK”按钮。

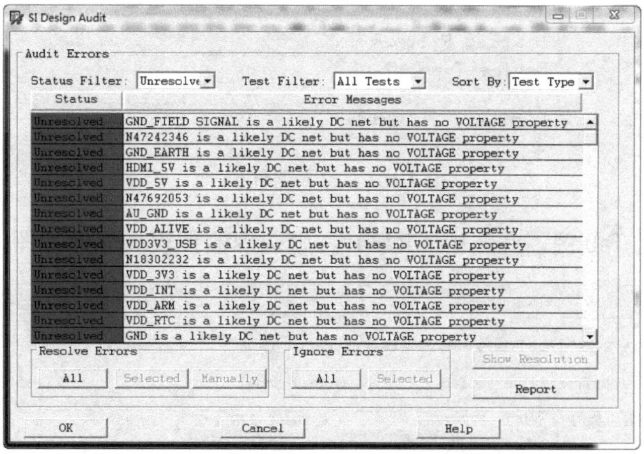

图 7-98 信息窗口

（3）如图 7-99 所示，在弹出的界面中单击“是（Y）”按钮。

图 7-99 单击“是（Y）”按钮

（4）赋予模型界面如图 7-100 所示。

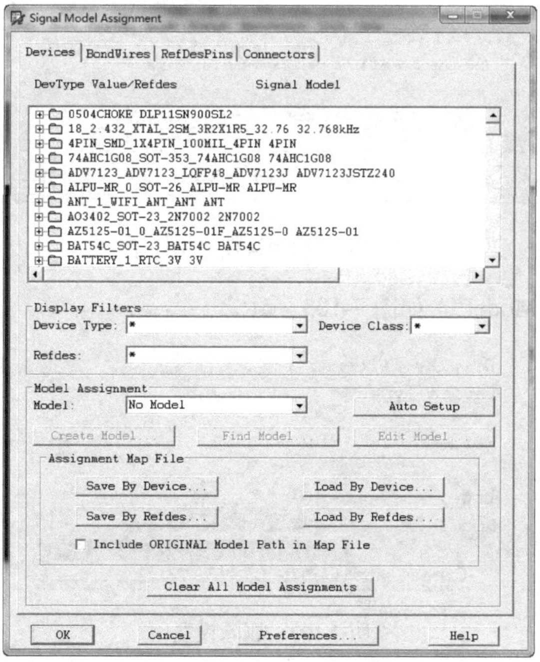

图 7-100 赋予模型界面

（5）在“Refdes”中输入“R134”，如图 7-101 所示。

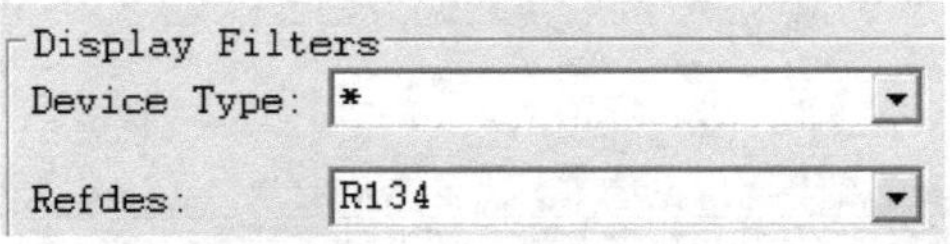

图 7-101　输入器件位号

然后，单击键盘 Tab 键，并选中“R134”，则选中器件模型界面如图 7-102 所示。

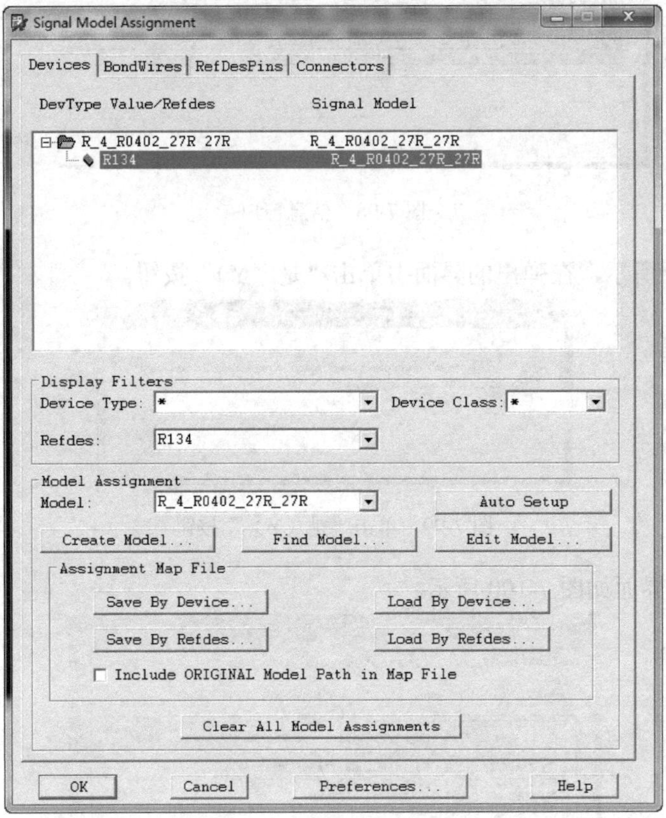

图 7-102　选中器件模型界面

删除模型选择“No Model”，如图 7-103 所示。

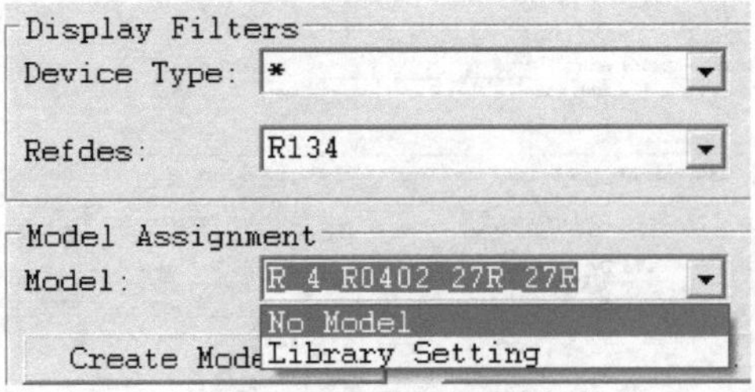

图 7-103　删除模型

模型删除完成如图 7-104 所示。

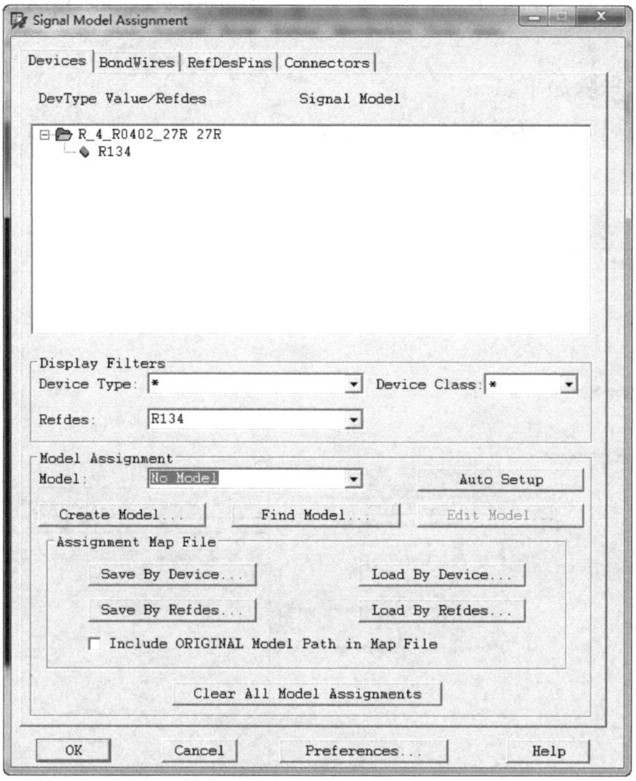

图 7-104　模型删除完成

然后，单击“OK”按钮，则元件模型已被去掉，Xnet 被删除，此时约束管理器如图 7-105 所示。

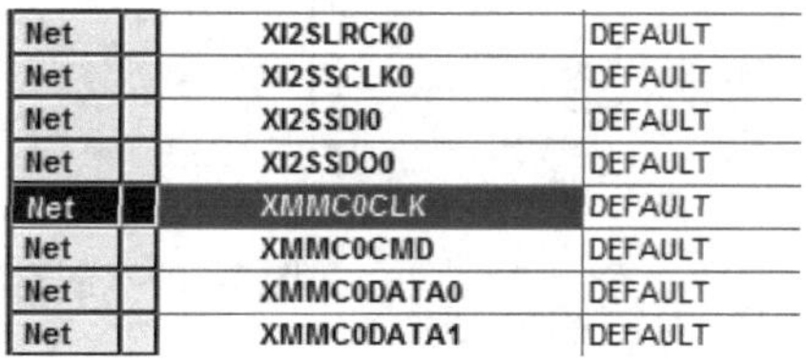

Net		XI2SLRCK0	DEFAULT
Net		XI2SSCLK0	DEFAULT
Net		XI2SSDI0	DEFAULT
Net		XI2SSDO0	DEFAULT
Net		XMMC0CLK	DEFAULT
Net		XMMC0CMD	DEFAULT
Net		XMMC0DATA0	DEFAULT
Net		XMMC0DATA1	DEFAULT

图 7-105　约束管理器中 Net

7.8　特殊区域规则的设置

区域规则优先级高于上述所讲规则设置。在一般应用场合为一些密度较大的区域时，会将线宽、间距等规则数值设置得小些，这样方便设计。

在“Physical”与“Spacing”栏目中均可设置相应的“Region”区域规则，如图 7-106 所示。

设置区域规则与设置“Physical”和“Spacing”规则的区别：设置区域规则要绘制区域并

赋予名称。

绘制好区域后，线宽与间距方面的规则设置与“Physical”和“Spacing”操作相同，参考它们即可。

绘制区域的操作步骤如下。

（1）先创建区域规则，如图 7-107 所示。

图 7-106 “Region”栏目

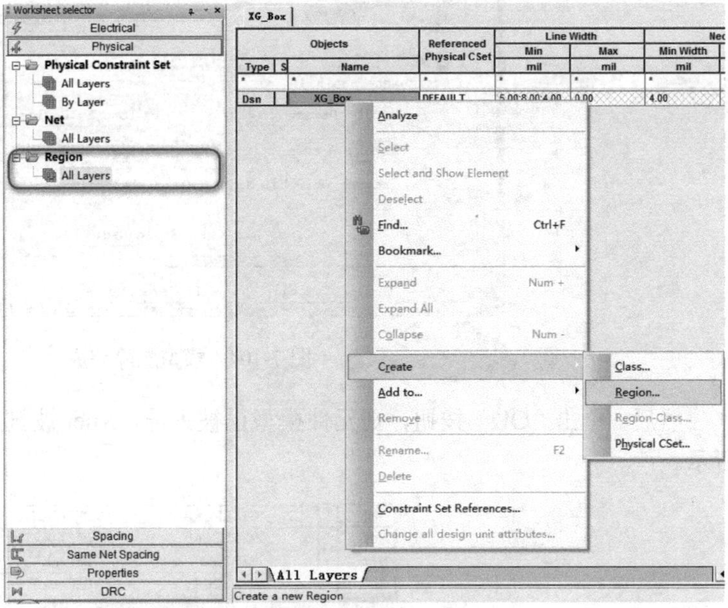

图 7-107 创建区域规则

（2）在图 7-108 中输入规则名称，单击“OK”按钮。

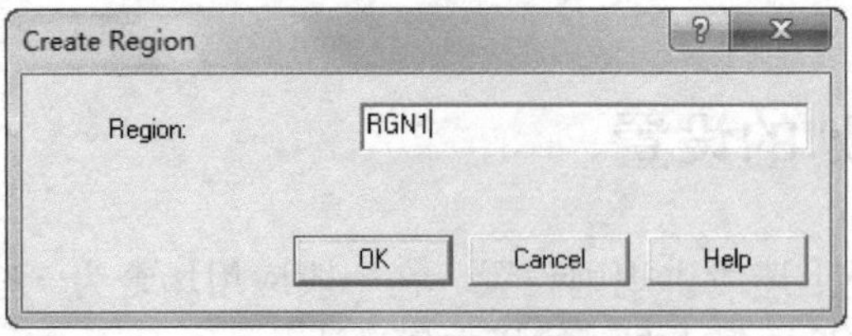

图 7-108 输入规则名称

（3）在“Physical”和“Spacing”栏目界面中均会同时创建“RGN1”规则，如图 7-109 所示。

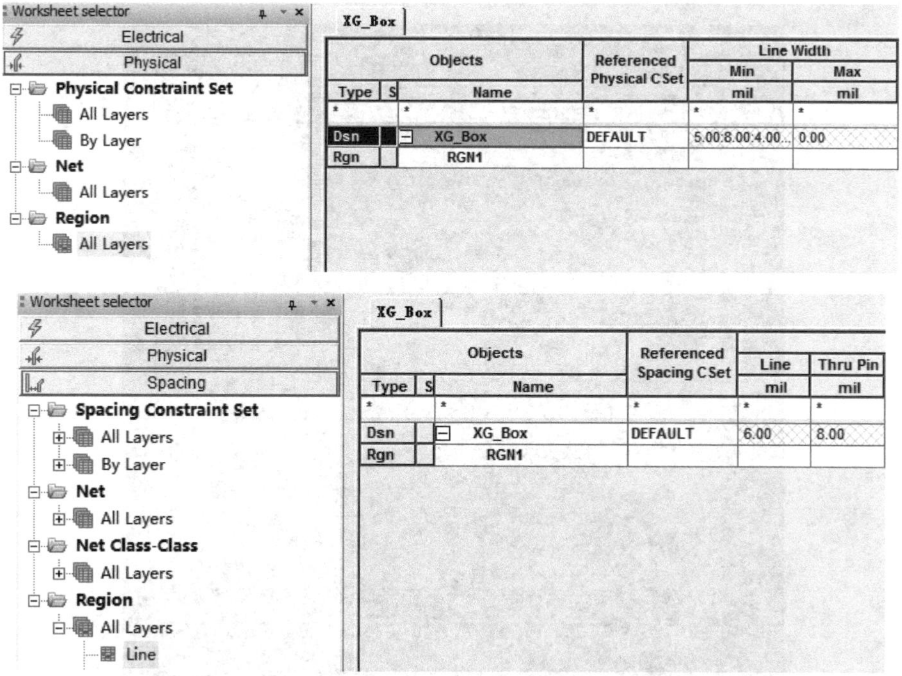

图 7-109 区域规则同时存在于“Physical”和“Spacing”栏目

（4）在“PCB Editor”界面，选择菜单“Shape—Polygon”，如图 7-110 所示。选择已创建的“Region”规划如图 7-111 所示，在“Options”栏中设置如下。

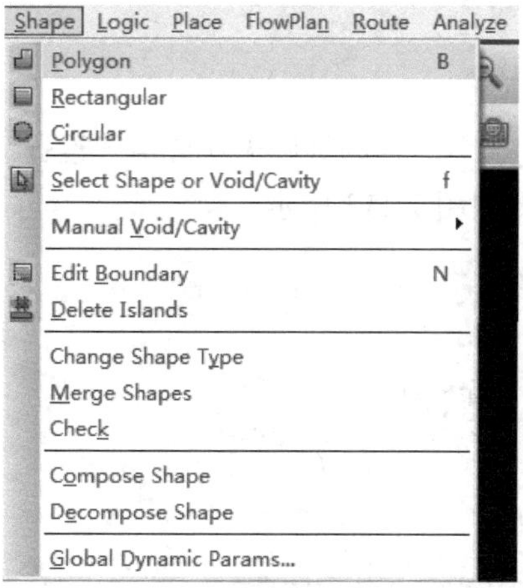

图 7-110 选择绘制区域命令

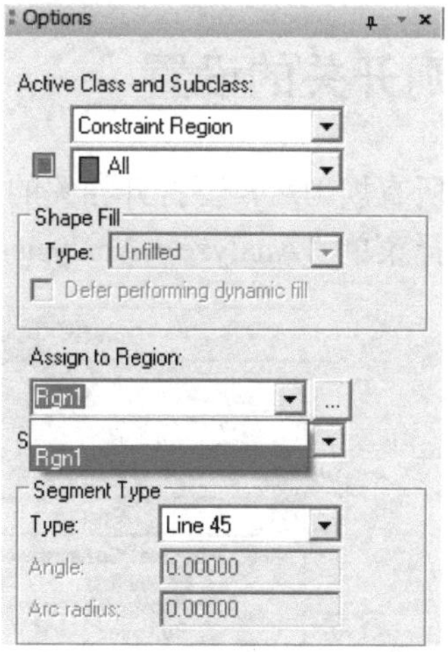

图 7-111 选择已创建的“Region”规则

这里选择“Constraint Region/All”表示此区域规则适用于所有层；若选择“Constraint Region/Top”，则只对“Top”层有效；在“Assign to Region”的下拉菜单中选择区域规则。

（5）在 PCB 中绘制一封闭区域即可，通过右键选择“Done”，创建完成，如图 7-112 所示。

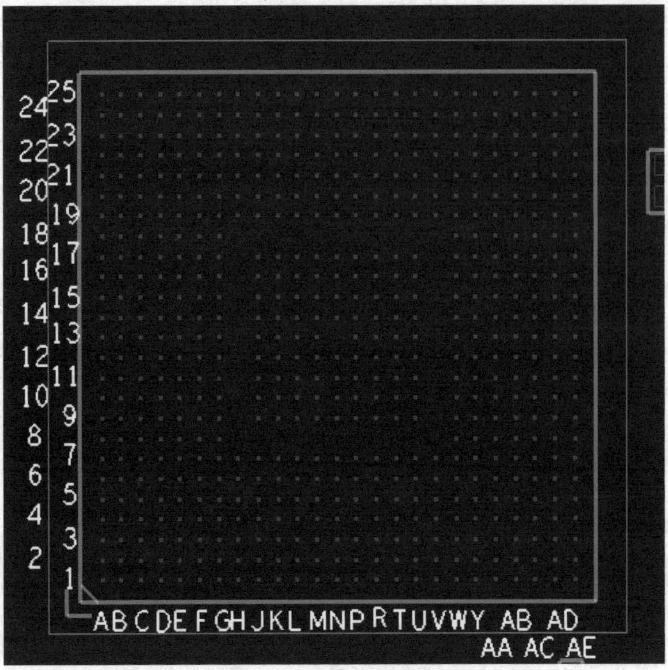

图 7-112　绘制区域

说明：这里使用了绘制 Shape 操作，详细内容可以参考后面覆铜篇内容。

（6）在约束管理器中，设置好“RGN1”规则的线宽、间距，则此区域规则设置完成。

7.9　规则开关的设置

设置好所有规则后，要打开相关的规则开关选项，否则规则无法应用于设计。

（1）选择菜单“Analyze—Analysis Modes”，如图 7-113 所示。

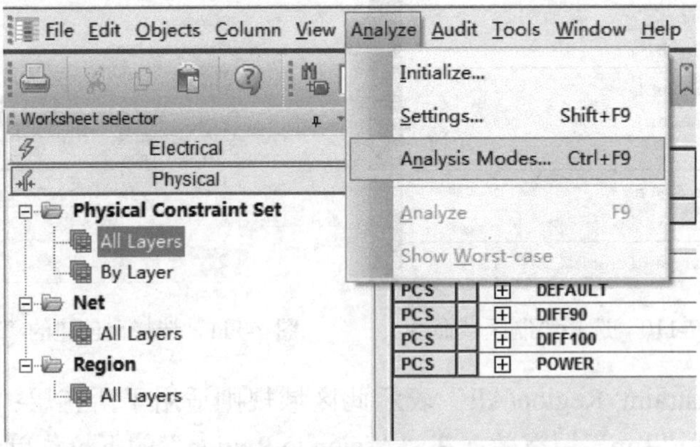

图 7-113　设置规则选项

（2）设置界面如图 7-114 所示。

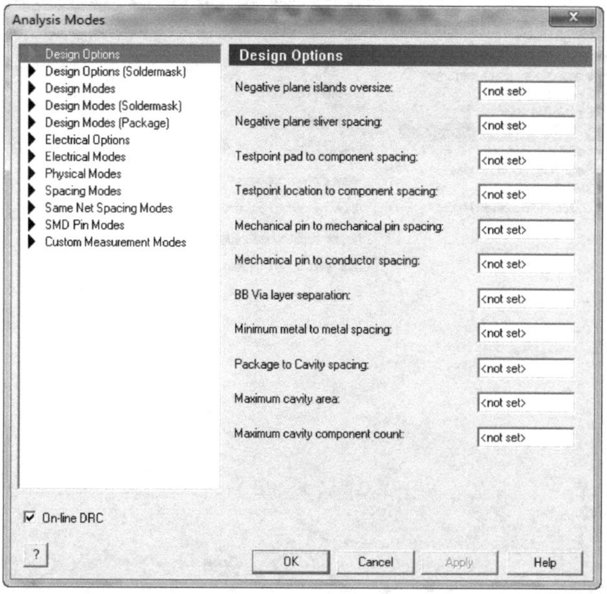

图 7-114　设置界面

（3）这里要勾选上常规的相关选项，如图 7-115 所示。

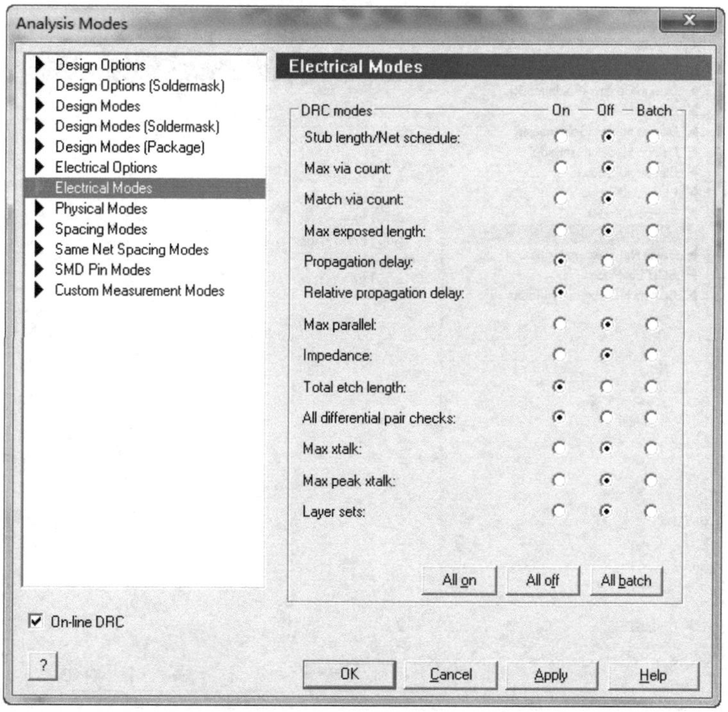

图 7-115　勾选“Electrical Modes”中选项

勾选“Physical Modes”中选项如图 7-116 所示。

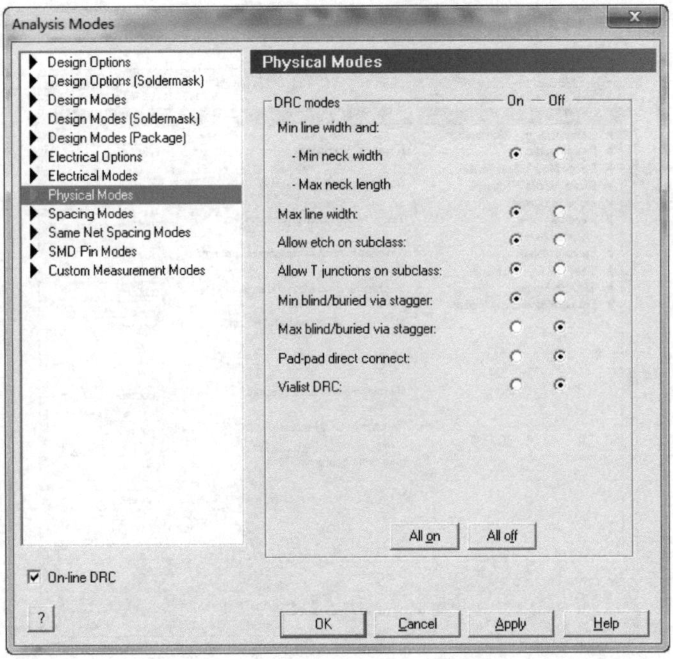

图 7-116　勾选“Physical Modes”中选项

勾选“Spacing Modes”中选项如图 7-117 所示。

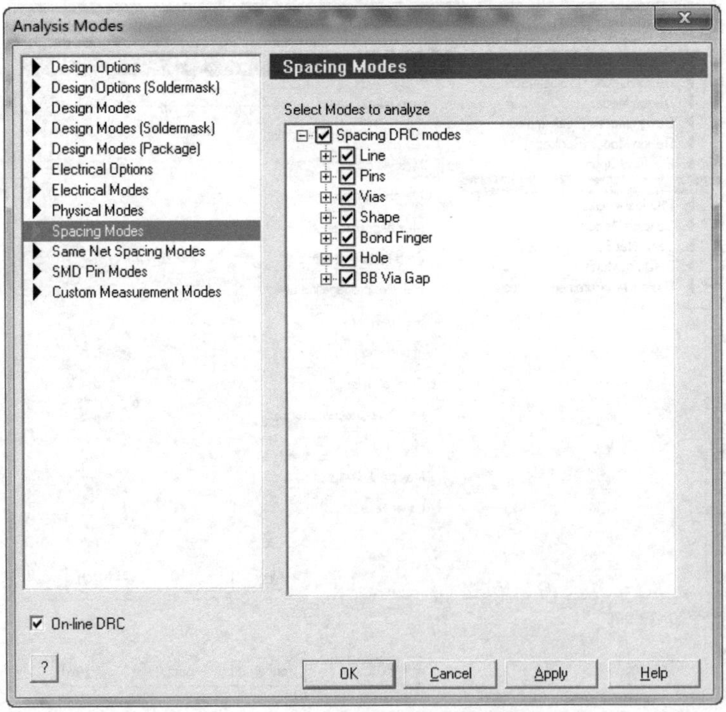

图 7-117　勾选“Spacing Modes”中选项

说明：其他选项可根据具体项目需求进行勾选。

（3）单击“OK”按钮，则会进行 DRC 更新，如图 7-118 所示。

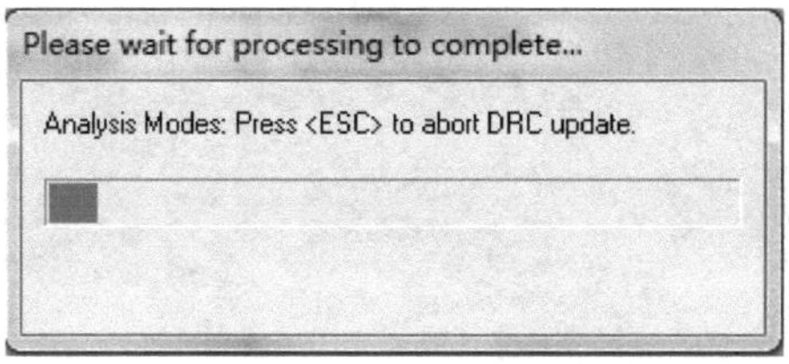
Please wait for processing to complete...
Analysis Modes: Press <ESC> to abort DRC update.

图 7-118　DRC 更新

（4）设置完成。

第 8 章

布局详解

8.1 元件的快速放置

网表正常导入，以及板框绘制好后，接下来就要将器件从库里调取并放置进来，元件快速摆放的操作步骤如下。

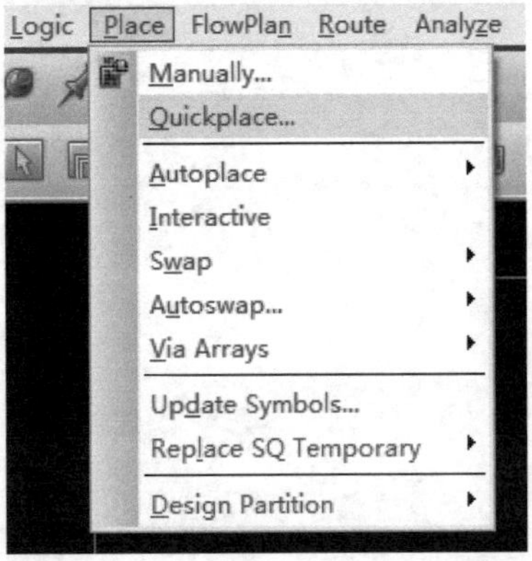

图 8-1　快速放置器件菜单

（1）选择菜单“Place—Quickplace…”，如图 8-1 所示。出现快速放置器件窗口，如图 8-2 所示。

“Qiuckplace”对话框常用选项释义如下。

Place by property/value：按照元件属性和元件值摆放。

Place by room：按照 room 属性摆放。

Place by part number：按照元件号码摆放。

Place by net name：按照网络名摆放。

Place by net group name：按照网络组名摆放。

Place by schematic page number：按照原理图页码放置，即一页一页摆放。

Place all components：摆放所有器件，一般推荐使用此选项放置。

Place by refdes：按元件位号摆放。

Around package keepin：在允许摆放区域周围摆放；一般会围绕 Outline（板框）放置。

Edge：若勾选“Top”，则器件会全部快速放置在 Outline 的上方；若勾选“Top/Right”，则器件会快速放置在 Outline 的上方和右侧；其他同理。

Board Layer：默认选择“TOP”，则器件会放置在“TOP”层。

Overlap components by：表示放置时元件之间重叠的比例。例如，设置 50%，若勾选此选项，则放置后两个相邻元件封装会重叠 50%，一般此选项无须勾选。

Symbols placed：总元器件的数量。

Place components from modules：摆放模块器件。

Unplaced symbol count：未摆放的器件数。

（2）快速放置器件窗口设置如图 8-3 所示，选择“Place all components”，在“Edge”中选择“Top”和“Right”，其他设置默认即可。

单击“Place”按钮后，元件放置进来，然后单击“OK”按钮。

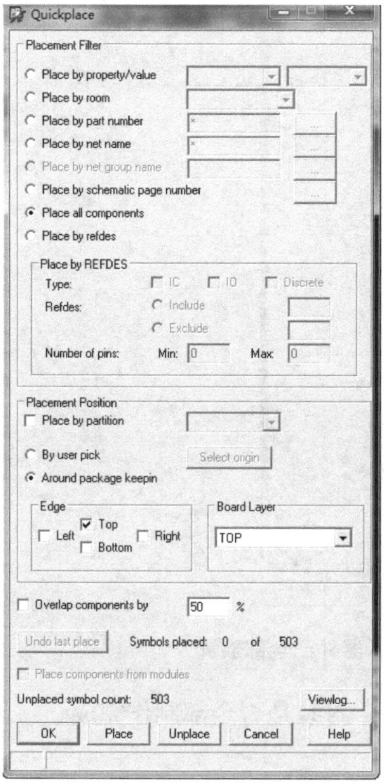

图 8-2 快速放置器件窗口

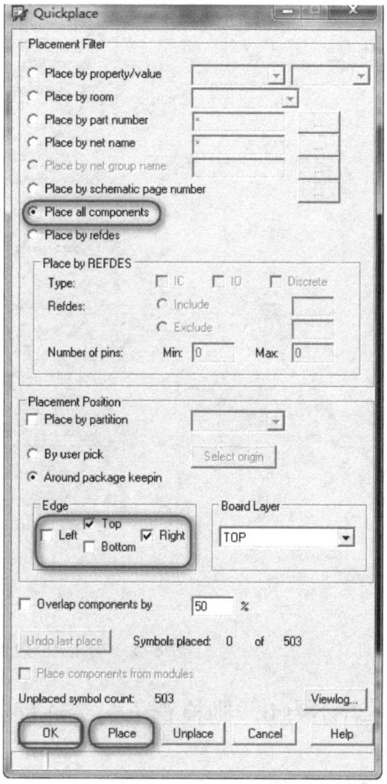

图 8-3 快速放置器件窗口设置

注意： 单击“Place”按钮，要单击“OK”按钮，不能直接关闭窗口，不然已放置的元件会消失。

（3）放置器件如图 8-4 所示，单击“OK”按钮。

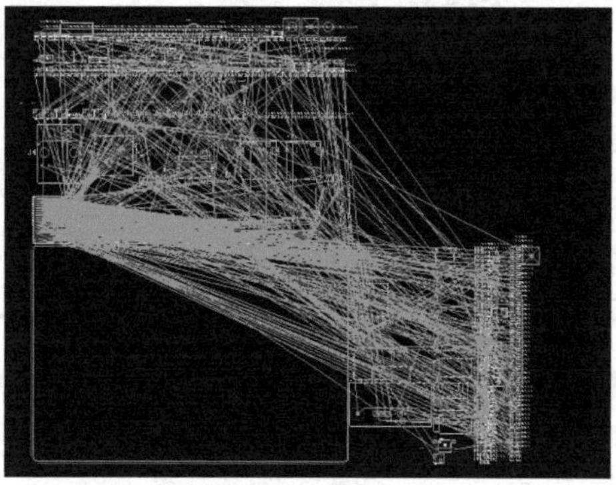

图 8-4 放置器件

（4）放置成功后，注意图 8-5 中标记处的变化，若为 0，则表示全部已放置。

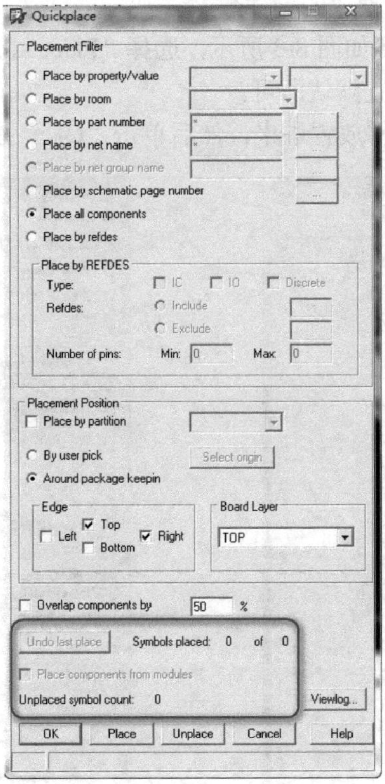

图 8-5　标记处数值为“0”表示器件已全部放置

注意：若不为 0，则检查下封装库路径是否正确，封装是否全部制作完成。

8.2　交互设置

设置后，Orcad Capture 和 PCB Editor 直接可以进行交互布局，这样可以方便设计。

（1）打开原理图，选择菜单“Options—Preferences…”，如图 8-6 所示。

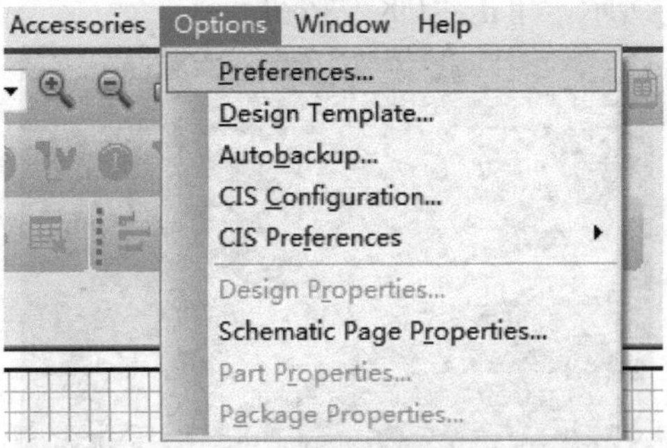

图 8-6　“Options”菜单

出现“Preferences”设置窗口，如图 8-7 所示。

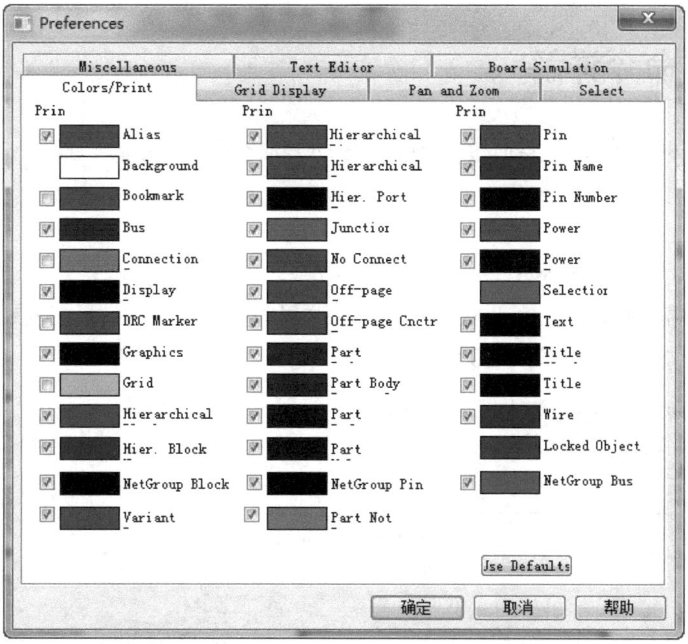

图 8-7 “Preferences”设置窗口

（2）选择“Miscellaneous”选项卡，并勾选标记处设置，如图 8-8 所示，单击“确定”即可。

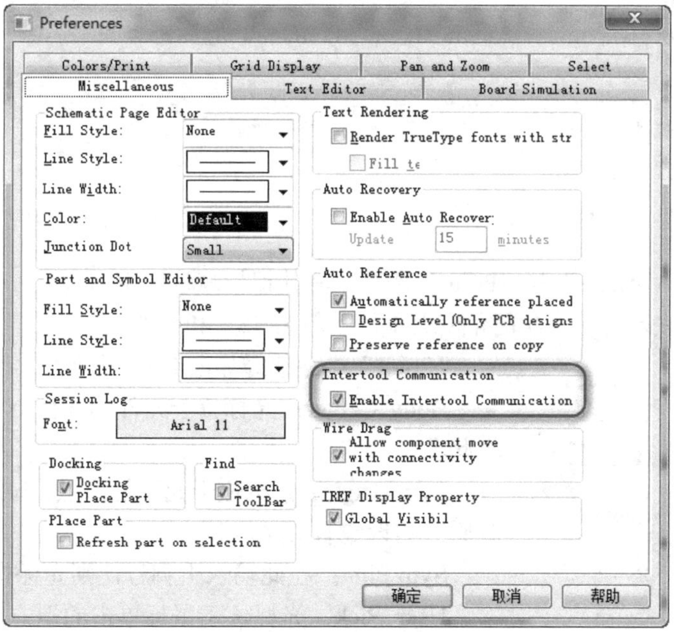

图 8-8 勾选标记处选项

注意：若进行某些操作后，原理图和 PCB 突然不能交互了，建议重新生成网表并导入 PCB Editor 即可解决。

8.3 MOVE 命令详解

进行布局操作时，我们主要通过 Move（移动）命令进行布局。

8.3.1 选项详解

（1）选择菜单“Edit—Move”，激活 Move 命令，如图 8-9 所示。

注意： 通过快捷键可快速激活 Move 命令，这里设置的小写字母 e 为快捷键。

“Options” 侧边栏界面如图 8-10 所示。

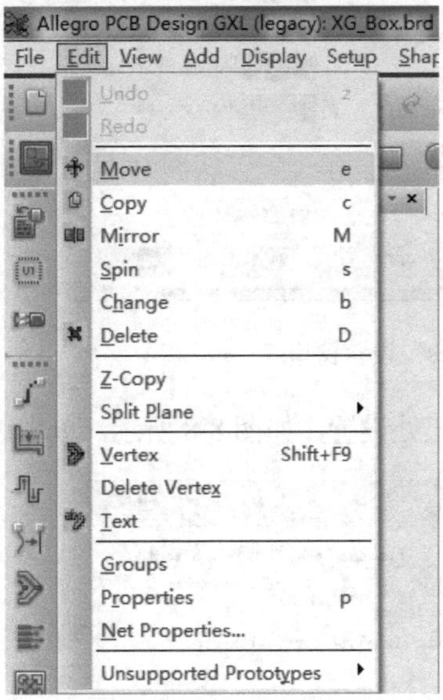

图 8-9 Move（移动）命令

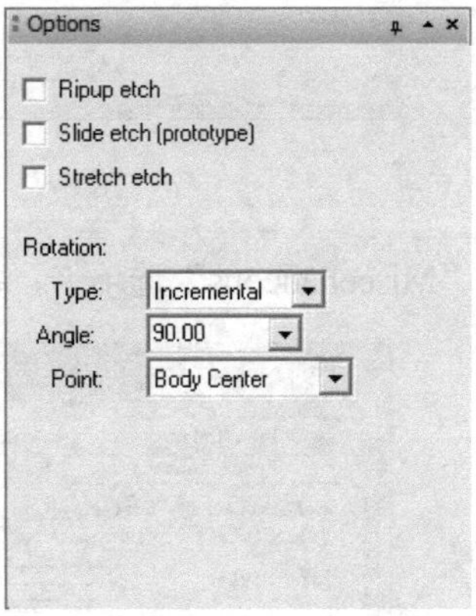

图 8-10 “Options”侧边栏界面

一般，会修改“Angle”与“Point”选项，其他保持默认即可。

其中，Angle 表示旋转一次的角度大小，一般为 45° 和 90° 。

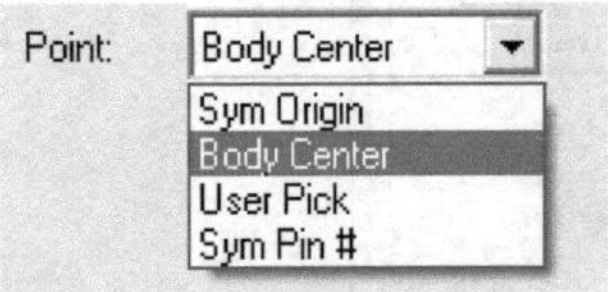

图 8-11 “Point”类型选择

“Point”类型选择如图 8-11 所示。

Body Center：光标位于元件的几何中心，布局时建议选择此项。

Sym Origin：光标位于元件的原点，与此元件在建立封装时原点的设定有关系。

Sym Pin#：在此输入引脚号，则光标位于此引脚处。

User Pick：光标位于鼠标单击的地方，常用于移动和选择整个模块。

（2）在“Find”侧边栏中选中对象，然后右击，如图 8-12 所示。右键选项如图 8-13 所示。

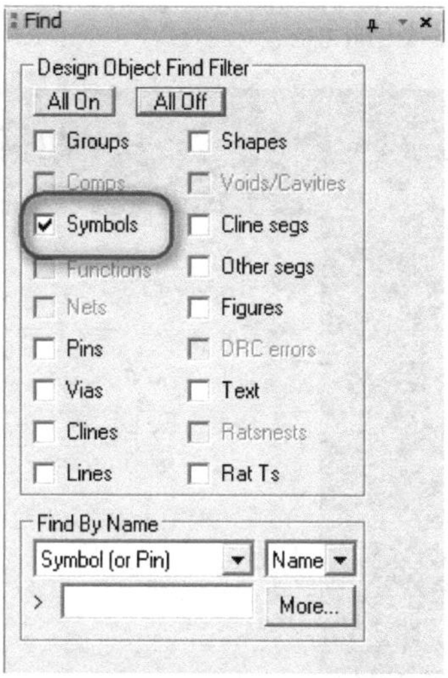

图 8-12 “Find”侧边栏

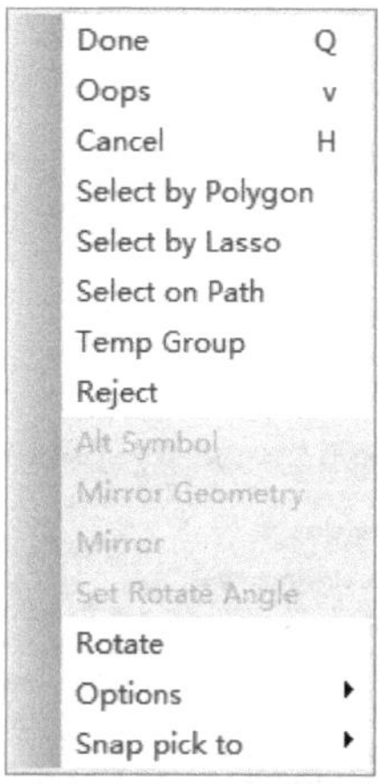

图 8-13 右键选项

右键选项的常用功能如下。

Select by Polygon：通过绘制一个多边形区域，移动此区域内的所有器件。

Select by Lasso/Select on Path：通过绘制一条轨迹线，在此轨迹上的器件就会一起移动。

Temp Group：选中此命令后，依次单击需要的对象，然后通过右键选择“Complete”，如图 8-14 所示。

Rotate：激活 Move 命令，就要单击器件，然后选择 Rotate 命令，软件按照“Options”中的角度设置依次旋转，如图 8-15 所示。

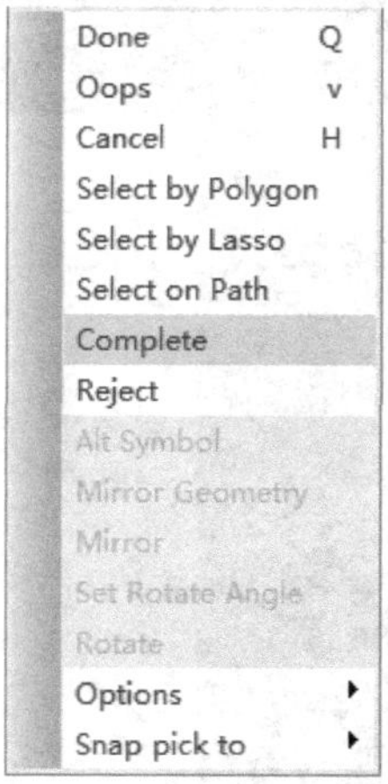

图 8-14 选择“Complete”

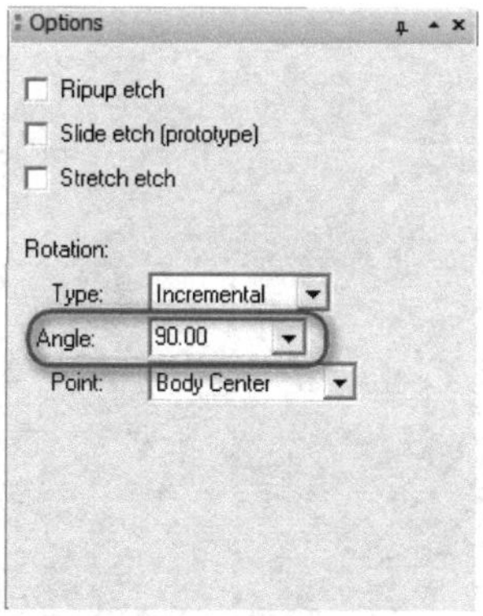

图 8-15 设置旋转角度

Mirror：要移动器件之后，此右键选项才生效；选择此命令，器件则会镜像。

8.3.2 实例演示

以移动一器件，旋转 90° 并镜像为例，演示步骤如下。

（1）选择菜单“Edit—Move”，“Options”侧边栏设置如图 8-16 所示。

（2）单击器件，右击并选择“Rotate”，如图 8-17 所示。

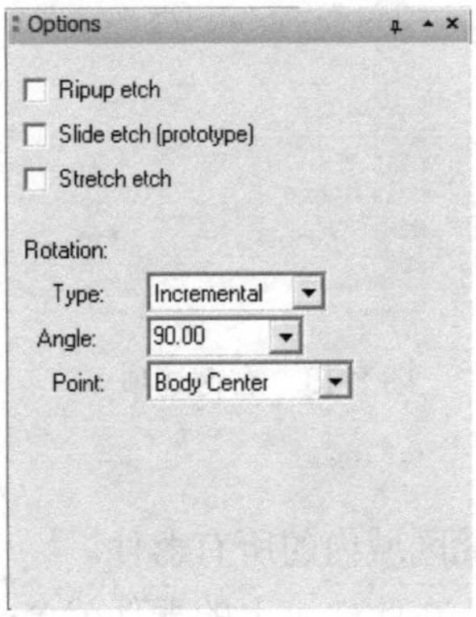

图 8-16 “Options”侧边栏设置

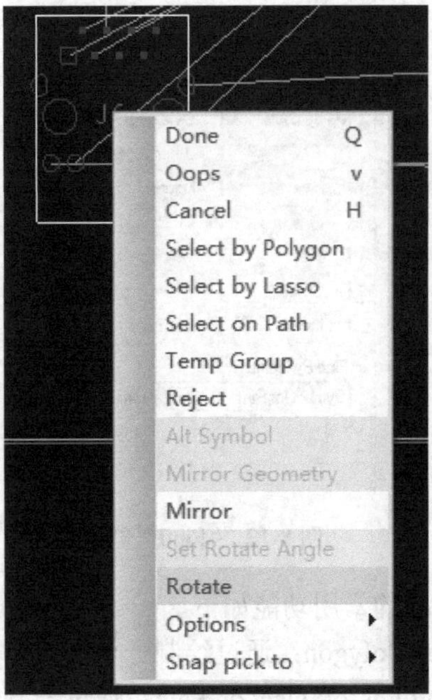

图 8-17 选择“Rotate”

以顺时针旋转指定角度，然后单击旋转完成，如图 8-18 所示。

（3）继续通过右键选择“Mirror”，如图 8-19 所示。

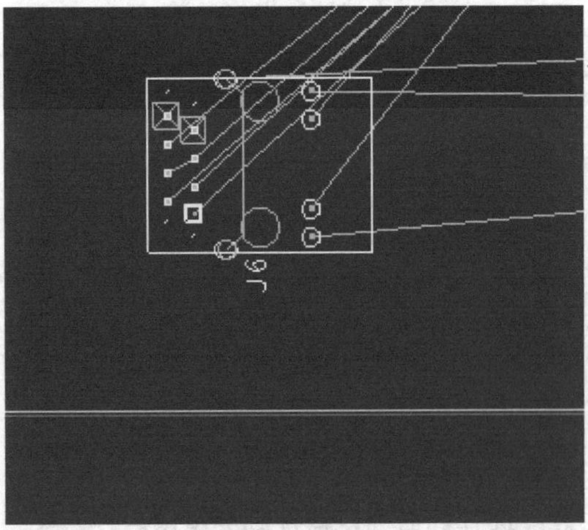

图 8-18 旋转完成

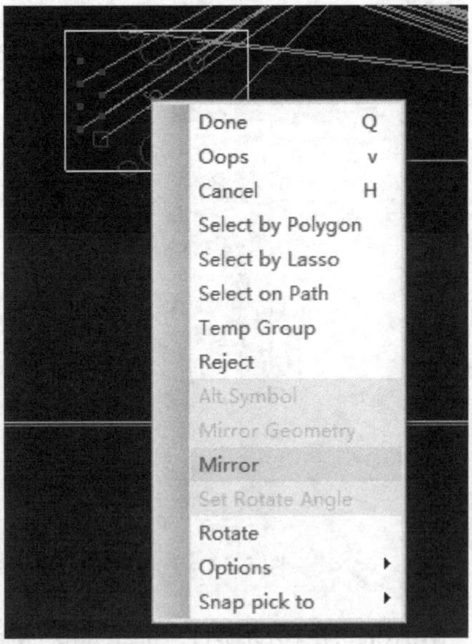

图 8-19 选择“Mirror”

最后单击，即镜像完成，如图 8-20 所示。

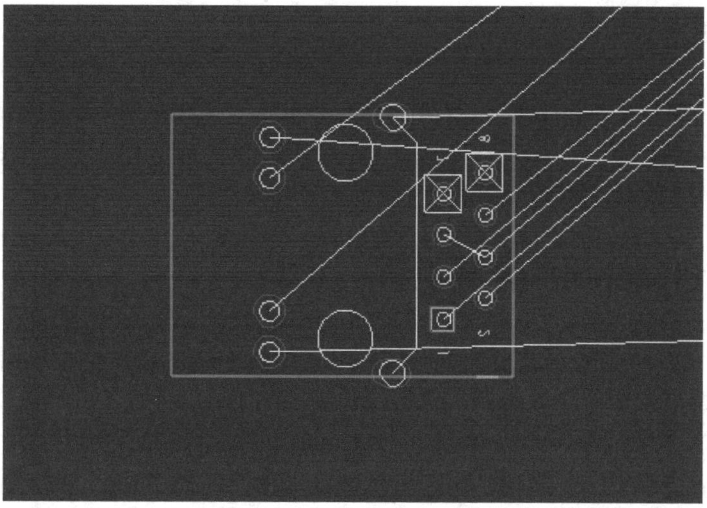

图 8-20 镜像完成

8.4 布局常用设置

（1）栅格一般设置为 5mil，以方便对齐器件，也可根据实际将栅格设置成更大，如图 8-21 所示。

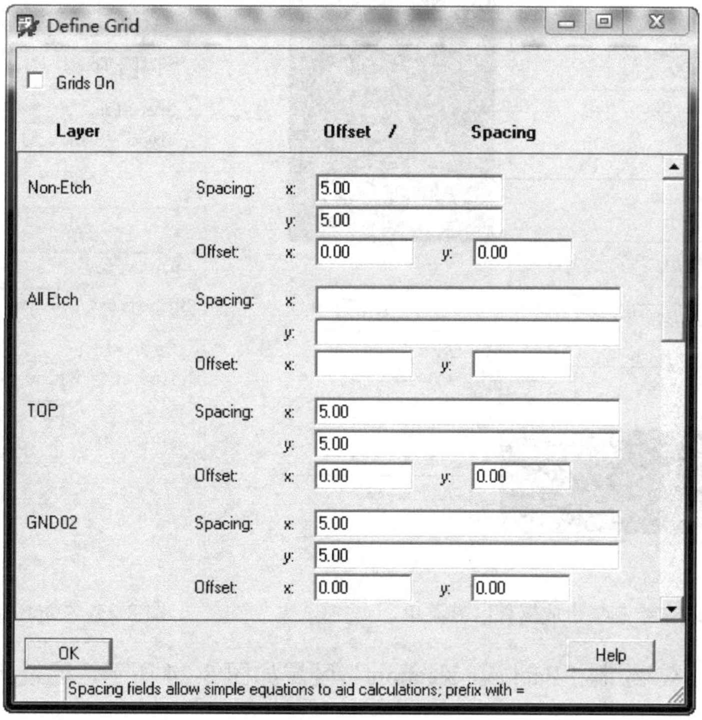

图 8-21 设置栅格

（2）设置快捷键来激活 Move 命令：

funckey e move

（3）设置好与原理图的交互后，先在“PCB Editor”中激活 Move 命令，并在“Find”栏中只选择“Symbols”，然后在原理图中选择器件，则“pcb editor”中器件会自动悬挂于光标上；可以用此方式，连续交互放置器件。

8.5 Keepin/Keepout 区域设置

在 PCB 设计中，根据要求绘制允许布线区域、禁止布线区域及禁止放器件区域等。

这里以绘制禁止放器件区域为例，讲解操作步骤如下。

（1）选择菜单“Setup—Areas—Package Keepout”，如图 8-22 所示。

（2）“Options”侧边栏设置如图 8-23 所示，这里我们选择“Top”，表示在“Top”层绘制禁布区，其他设置默认即可。

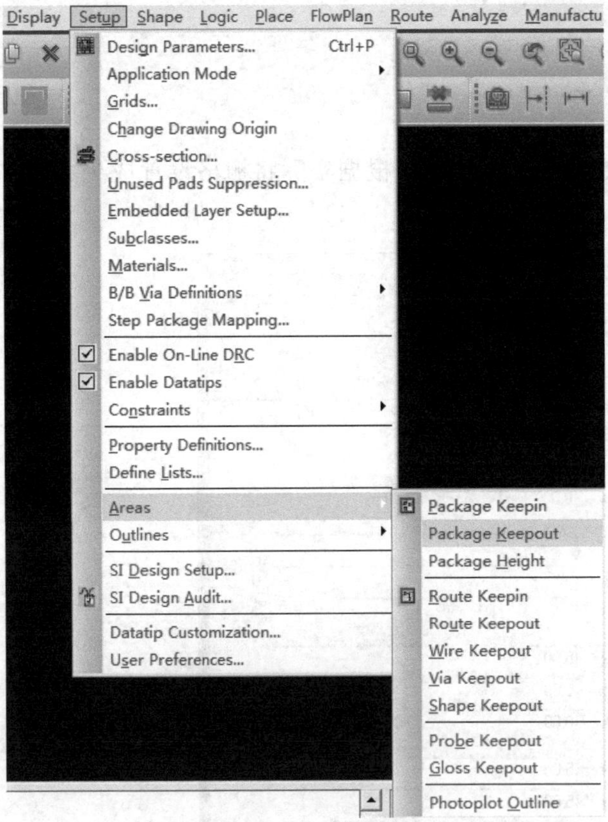

图 8-22　绘制禁止放器件区域菜单

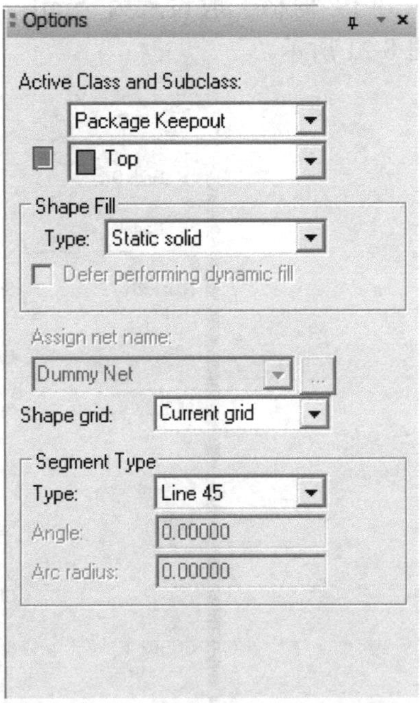

图 8-23　“Options”侧边栏设置

（3）在 PCB 中，绘制“Package Keepout”区域如图 8-24 所示，通过右键选择“Done”即可。

图 8-24　“Package Keepout”区域绘制完成

8.6　坐标精确放置器件

下面以将 TF 卡座放置于（4236.40，2223.20）为例，介绍坐标精确放置器件的操作步骤。

（1）选择菜单“Edit—Move”，注意“Options”侧边栏中的设置，如图 8-25 所示。

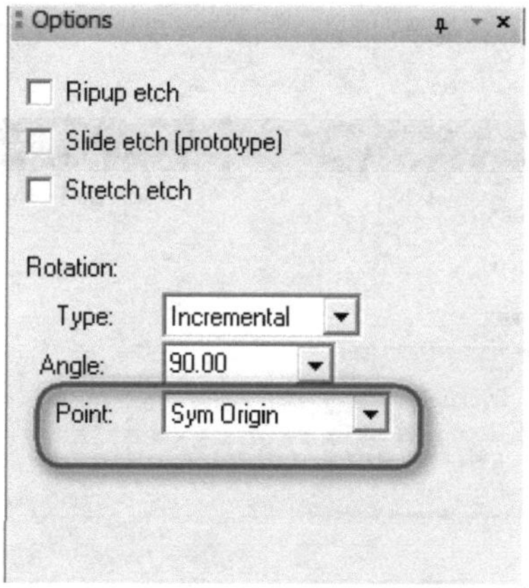

图 8-25　“Options”侧边栏

这里要选择“Sym Origin”，因为 Allegro 软件中，器件的属性信息中显示的坐标值是“Sym Origin”的，所以放置时，“Point”栏要选择“Sym Origin”。

（2）单击器件后，在命令窗口输入“x 4236.40 2223.20”，如图 8-26 所示。

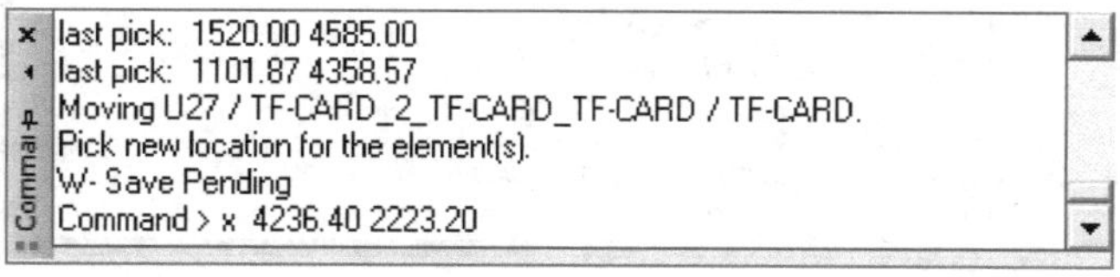

图 8-26　输入坐标

（3）回车后，通过右键选择“Done”，TF卡座精确放置完成。

说明：选择菜单“Display—Element”，“Find”栏选择“Symbols”，单击TF卡座，如图8-27、图8-28、图8-29所示。TF卡座放置完成如图8-30所示。

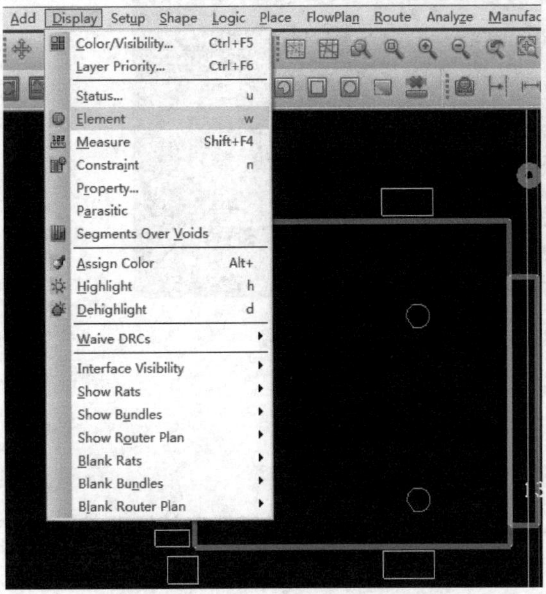

图8-27　显示信息菜单

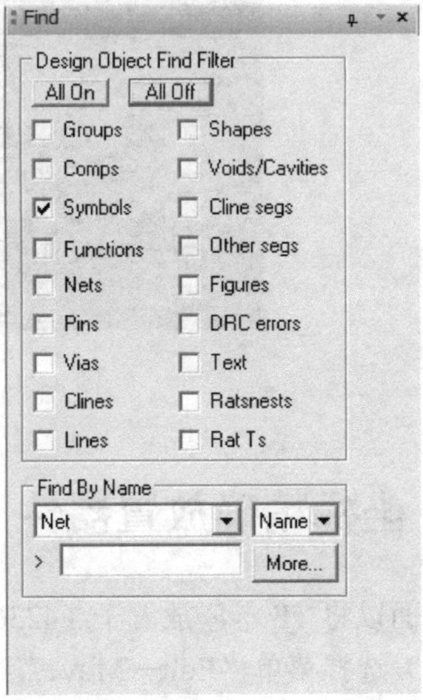

图8-28　“Find”侧边栏设置

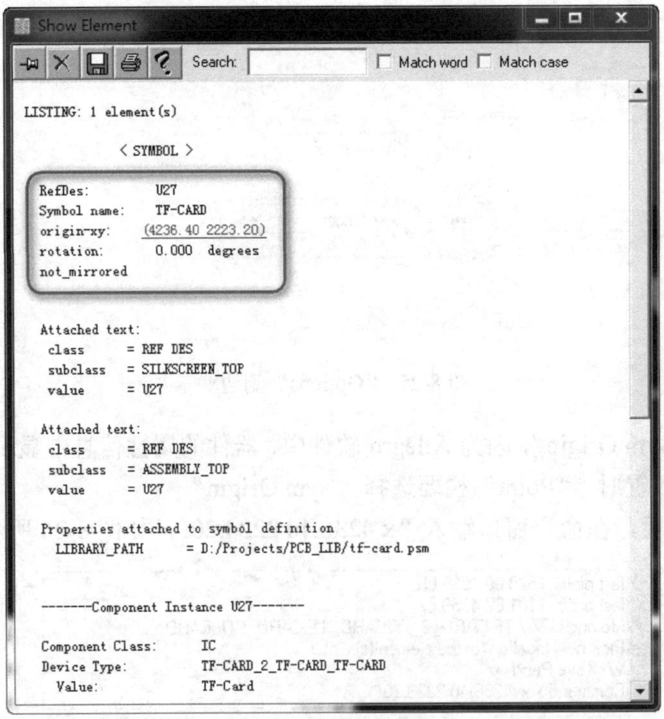

图8-29　器件信息窗口

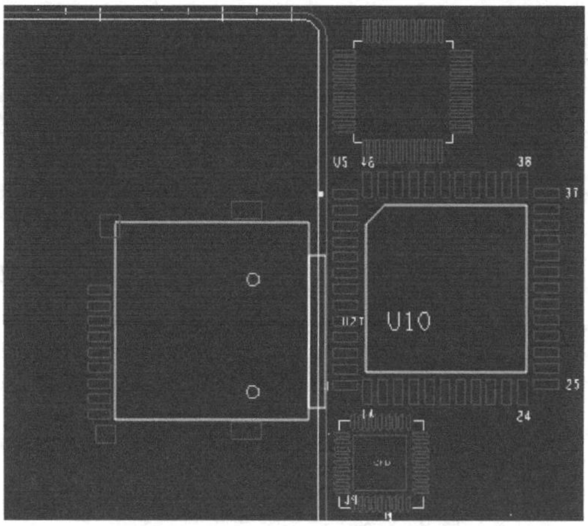

图 8-30　TF 卡座放置完成

8.7　查找器件

下面介绍常用的 3 种查找器件的方式。

8.7.1　方式一

方式一为 Assign 命令方式，这里以查找 U17 为例讲解。

（1）选择菜单“Display—Assign Color”，如图 8-31 所示。然后，在“Options”侧边栏中选择颜色，如图 8-32 所示。

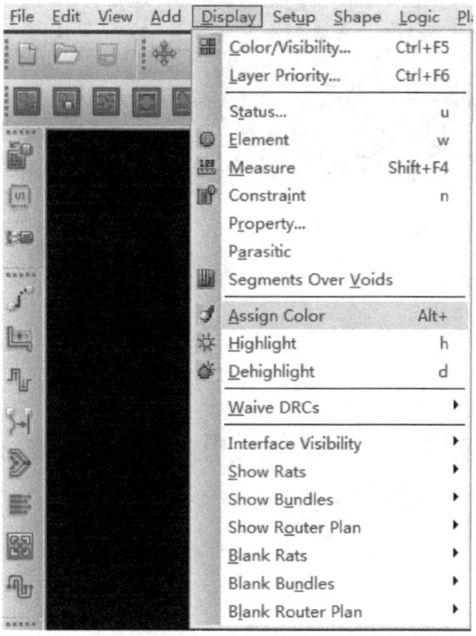

图 8-31　赋予颜色菜单

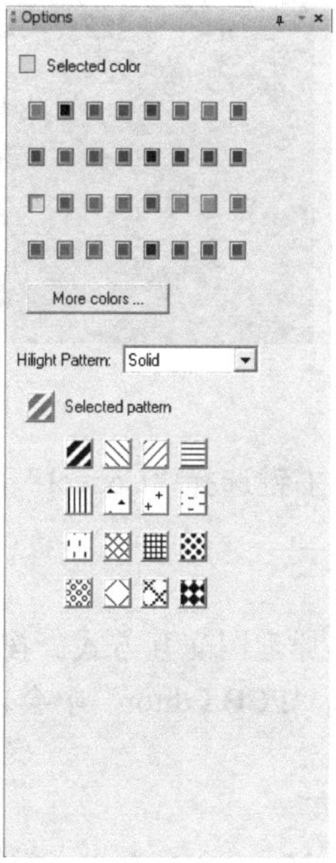

图 8-32　“Options”侧边栏

“Find”侧边栏设置如图 8-33 所示，注意标记处的设置。

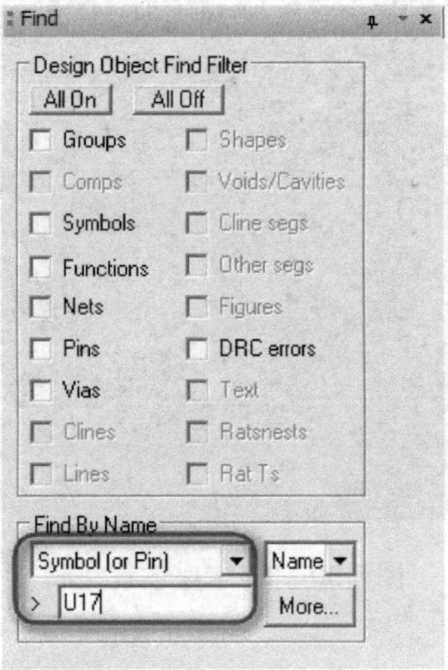

图 8-33 “Find”侧边栏设置

（2）按回车键后，软件会自动跳转到“U17”处，并高亮显示，如图 8-34 所示。

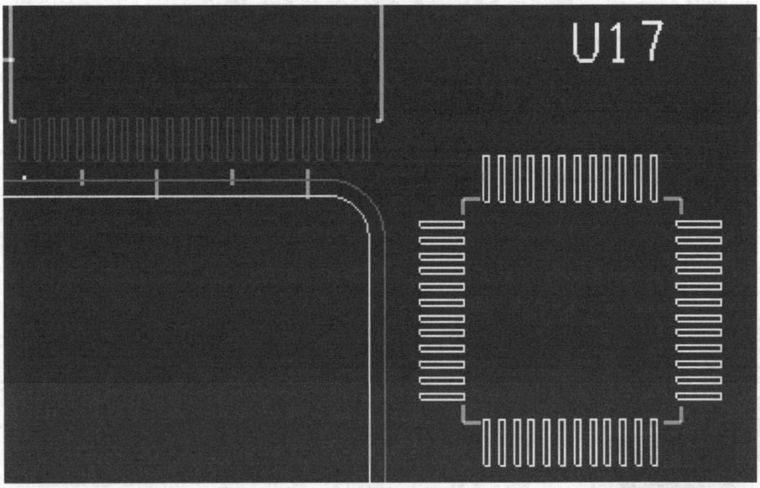

图 8-34 跳转到器件“U17”

（3）通过右键选择“Cancel”命令。

8.7.2 方式二

方式二是原理图交互方式。按照之前的讲解，设置好交互相关的选项，然后在原理图中单击器件，则“PCB Editor”中会自动高亮显示此器件。

8.7.3 方式三

方式三为 Move 命令方式，类似 Assign 命令。

（1）选择菜单“Edit—Move”。

（2）“Find”侧边栏设置如图 8-35 所示。注意标记处的设置。

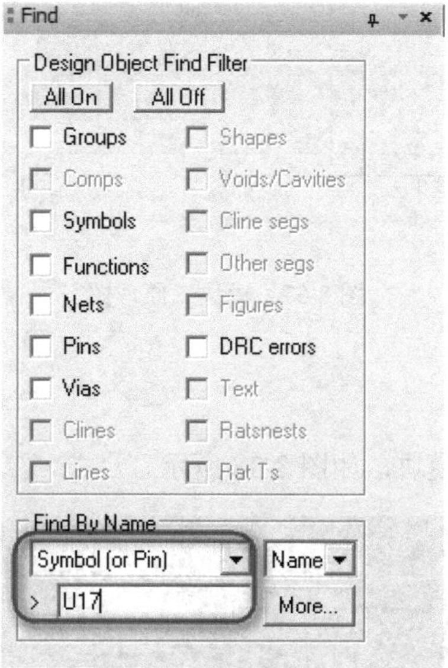

图 8-35　“Find”侧边栏设置

（3）按回车键后，软件会自动跳转到“U17”处，且器件悬挂于光标上。

（4）通过右键选择“Cancel”命令。

8.8　模块复用

8.8.1　概念介绍

当模块原理图中的模块相同时，我们在 PCB 中也可以将它们布局处理成一样，即模块复用。模块一原理图如图 8-36 所示。

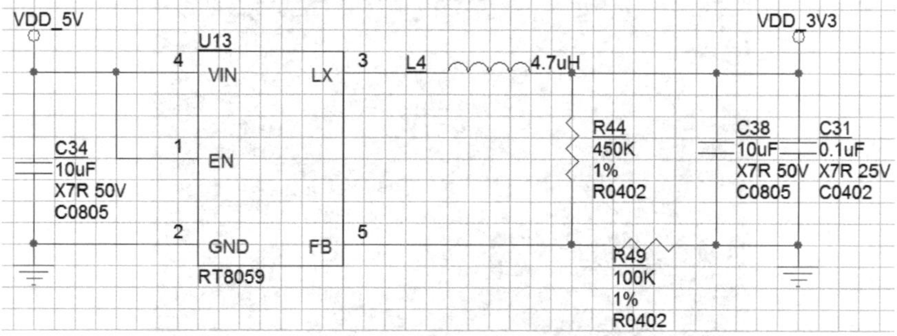

图 8-36　模块一原理图

模块二原理图如图 8-37 所示，器件之间的连接都是类似的，器件数目也相同，我们在布局时，可以将其中一个模块布局好，另外一个利用模块复用功能，处理成一样。

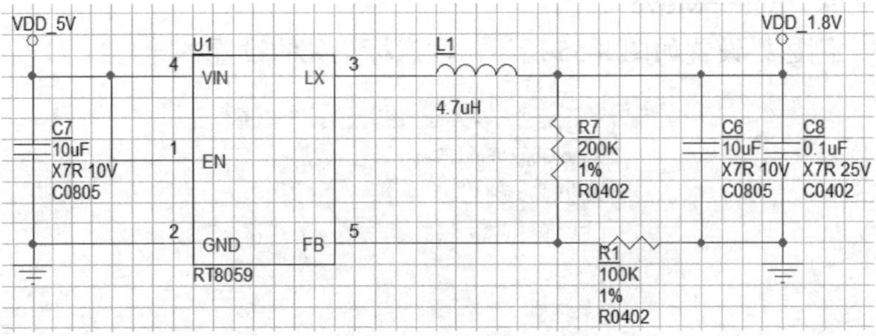

图 8-37　模块二原理图

8.8.2 实例详解

（1）首先布局好其中一个模块，如图 8-38 所示。

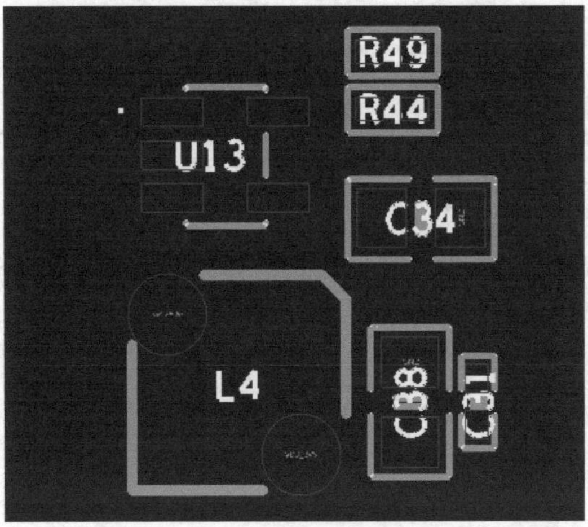

图 8-38　模块一布局

（2）将另一个模块的所有器件集中到一处，如图 8-39 所示。

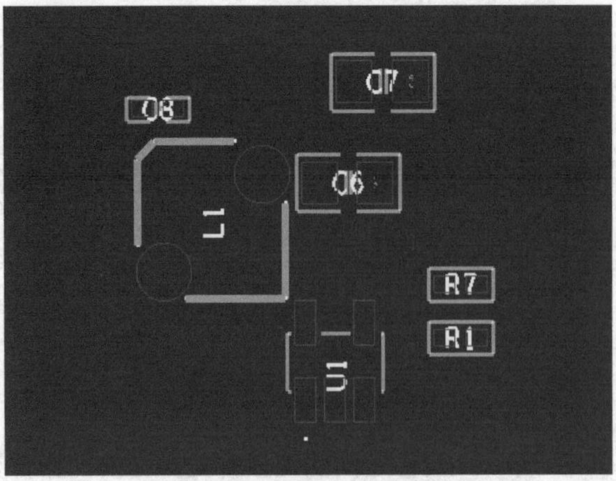

图 8-39　模块二的器件

（3）选择菜单“Setup—Application Mode—Placement Edit”，如图 8-40 所示。

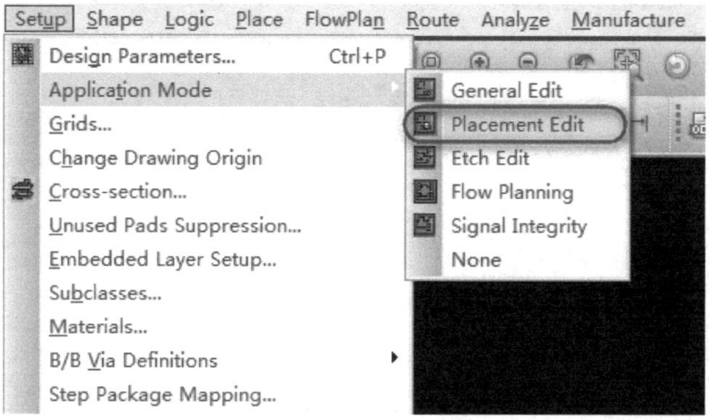

图 8-40　选择“Placement Edit”模式

（4）框选已布局好的器件，右击其中的某一个器件，并选择“Place replicate create”，如图 8-41 所示。

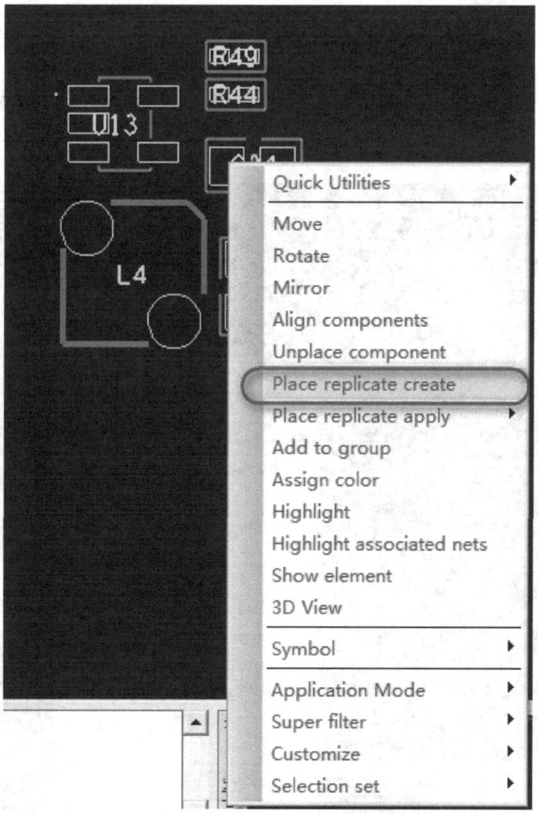

图 8-41　创建复用模块

（5）通过右键选择“Done”，然后再单击一下，弹出如图 8-42 所示的界面。填上文件名，保存即可。

图 8-42　输入模块名称

（6）选择未布局的器件，右击其中的某一个器件，并选择“Place replicate apply—DCDC”，如图 8-43 所示。

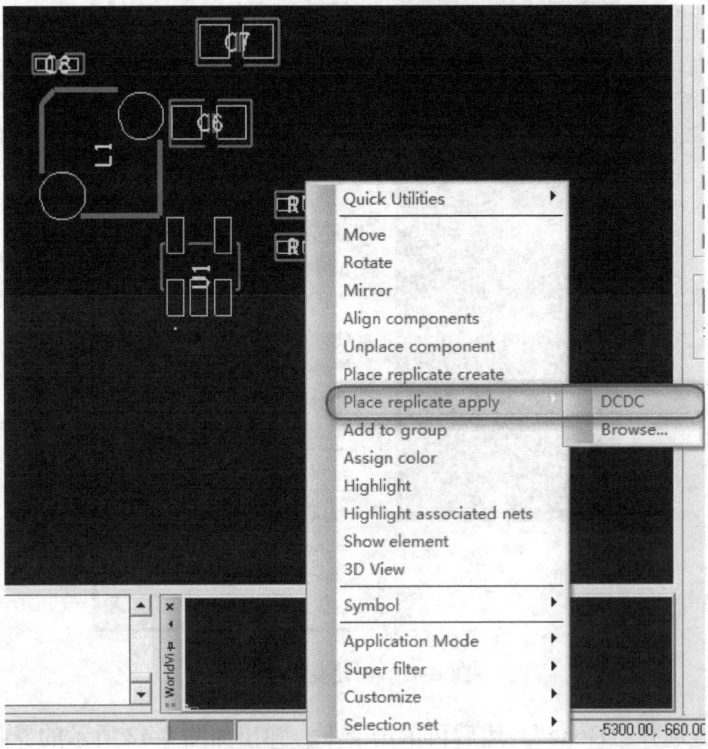

图 8-43　选择已保存的模块进行复用

然后，弹出的界面如图 8-44 所示。

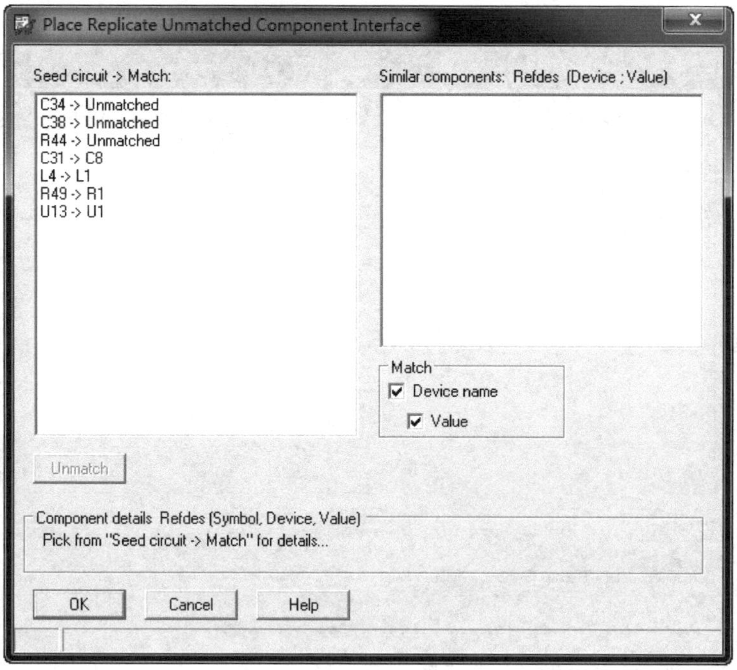

图 8-44　进行器件映射

注意：某些时候，软件会自动将器件对应，若与图 8-44 一样，有些器件（C34、C38、R44）没有完全对应，就要我们手动对应。

（7）取消“Device name”选项，如图 8-45 所示。

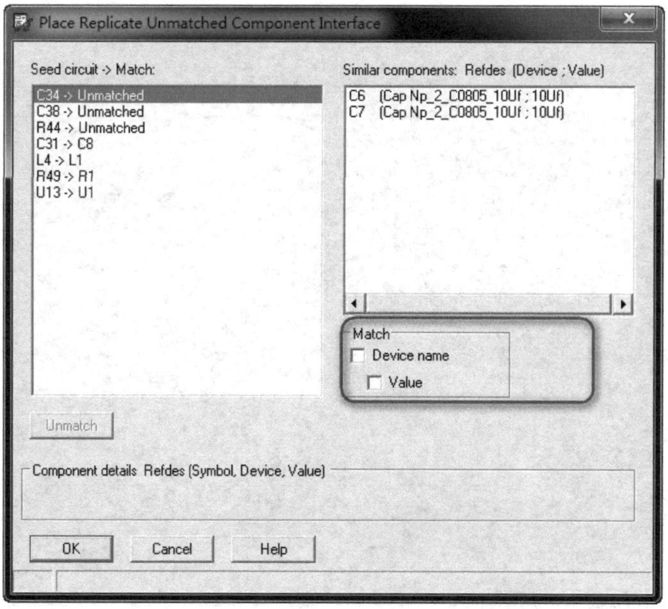

图 8-45　取消“Device name”选项

（8）依次单击“C34”、“C38”、“R44”，在右侧选择对应的器件即可，都对应好后，如图 8-46 所示。

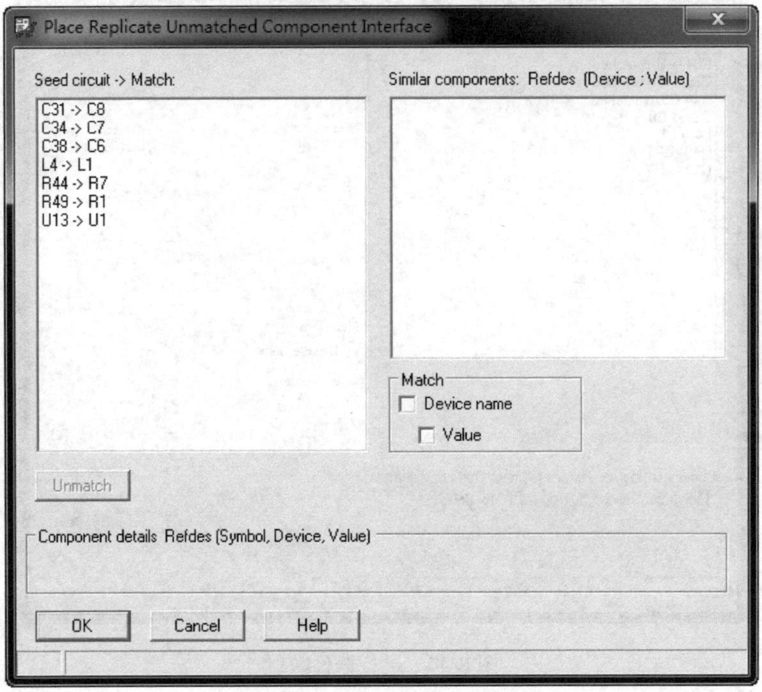

图 8-46　器件映射完成

（9）单击“OK”按钮后，模块悬挂在光标上，在“PCB Editor”中单击一下放置即可。

（10）模块复用完成如图 8-47 所示。

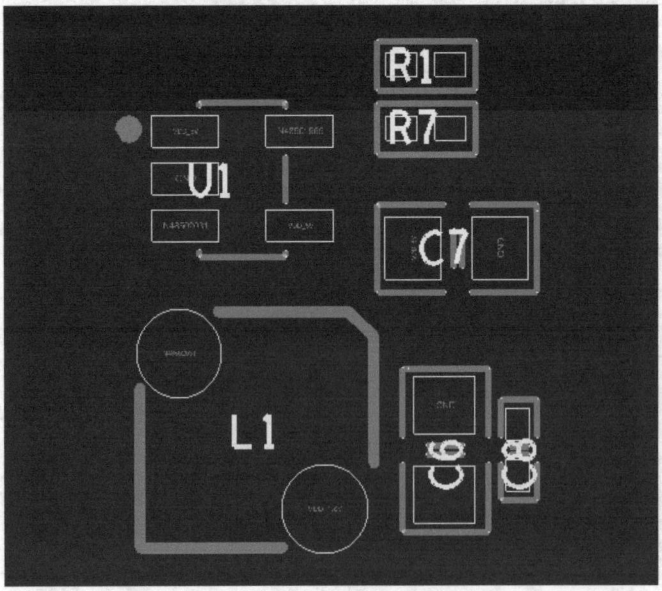

图 8-47　模块复用完成

8.9 Copy 布局

8.9.1 概念介绍

当一个模块布局好后，类似的模块器件，可以利用已布局的模块内部器件的相对位置，结合 Swap 命令、Copy 命令，让其达到相同的布局效果。这里我们称为 Copy 布局。

8.9.2 实例演示

（1）如图 8-48 所示为已布局完成的模块。

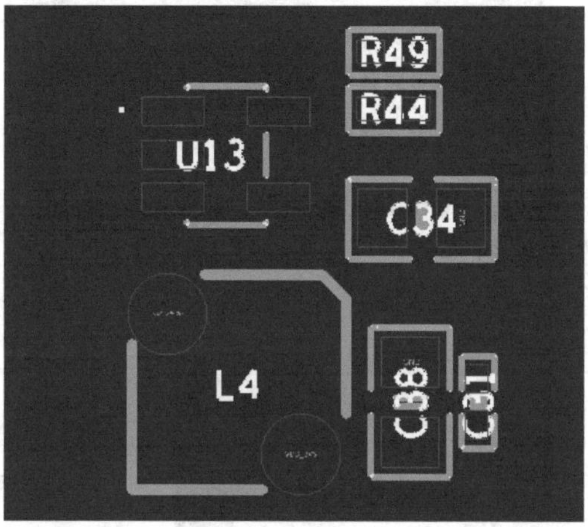

图 8-48 模块一

（2）选择菜单“Edit—Copy”，在“Find”中选“Symbols”，框选此模块，复制出一个模块，如图 8-49 所示。

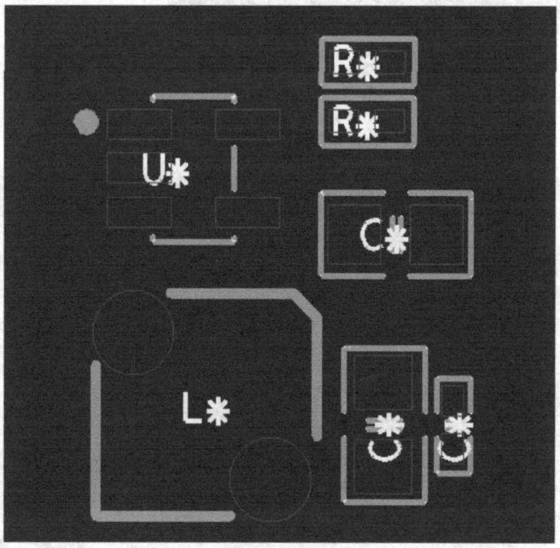

图 8-49 复制出的模块

注意：复制出来的器件都是没有位号的，如图 8-49 中的“L*”、“C*”、“R*”等。

（3）将另一个模块的所有器件集中到一处，如图 8-50 所示。

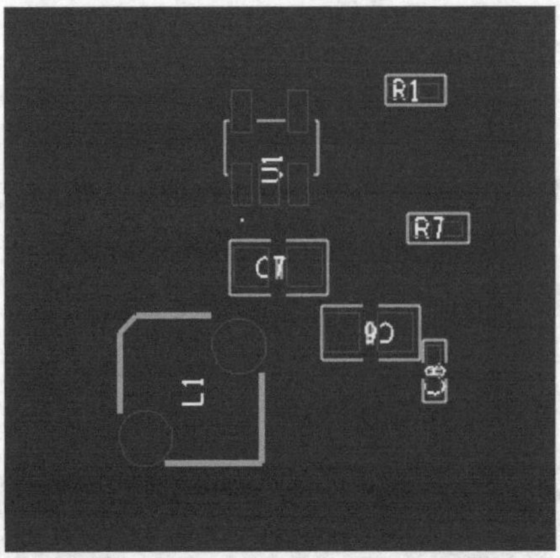

图 8-50　模块二的器件

（4）选择菜单“Place—Swap—Components”，如图 8-51 所示。

“Options”侧边栏设置如图 8-52 所示。

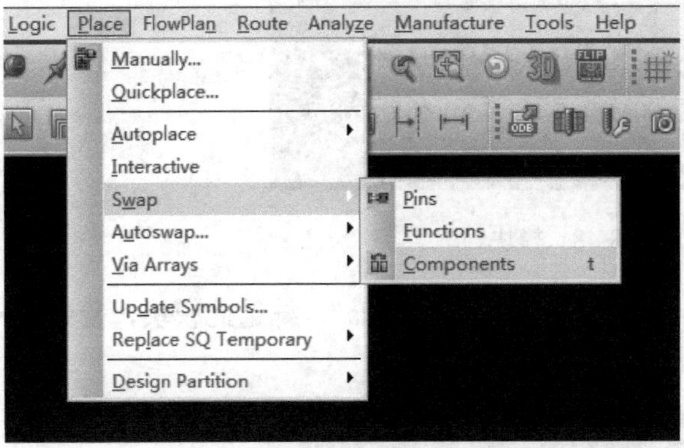

图 8-51　选择交换器件命令

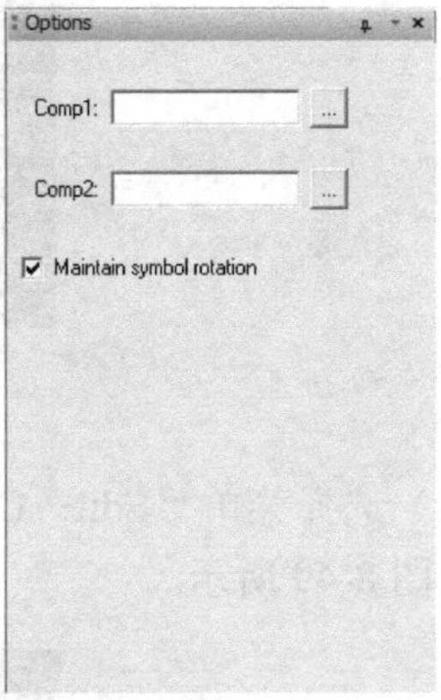

图 8-52　“Options”侧边栏设置

（5）单击“L1”与“L*”，如图 8-53 所示。

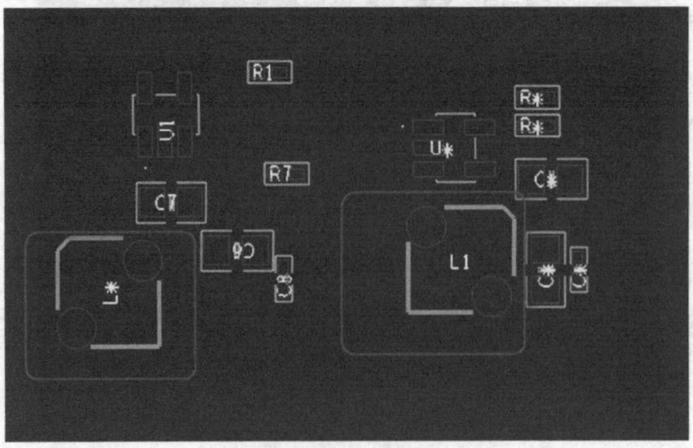

图 8-53　连续单击两个器件

（6）其他器件类似，使用 Swap 命令交换。

（7）Copy 布局完成如图 8-54 所示。

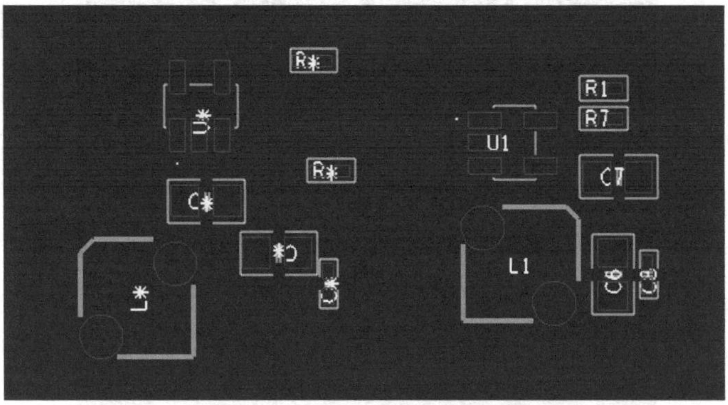

图 8-54　Copy 布局完成

8.10　模块旋转

在“Allegro PCB Editor”中，旋转模块和旋转单个器件的区别在于“Options”侧边栏的设置不同。

操作步骤如下。

（1）选择菜单“Edit—Move”，“Find”和“Options”侧边栏设置如图 8-55 所示。

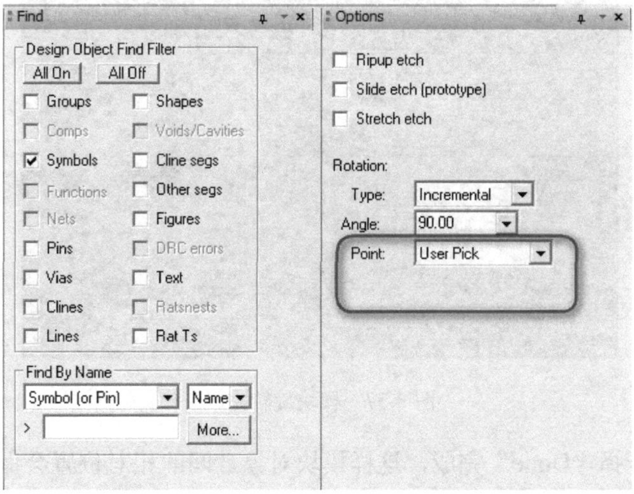

图 8-55　“Find”和“Options”侧边栏设置

注意：

①“Point”中必须选择“User Pick”；

② 可根据需要勾选“Find”栏中的选项；

③ 单击框选的模块如图 8-56 所示。

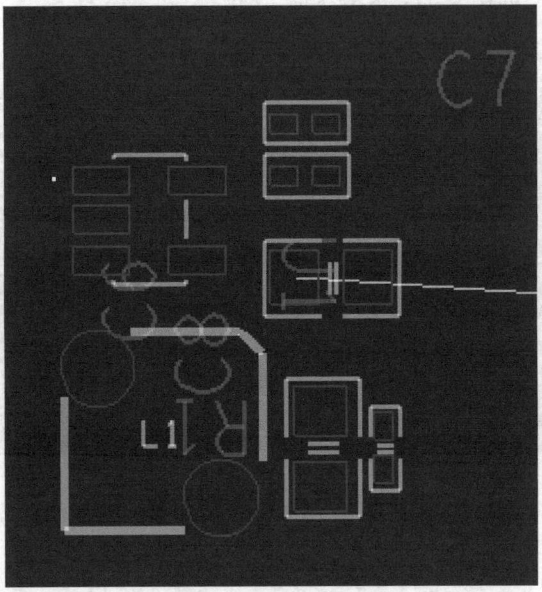

图 8-56　单击框选的模块

（2）通过右键选择“Rotate”，旋转即可，如图 8-57 所示。

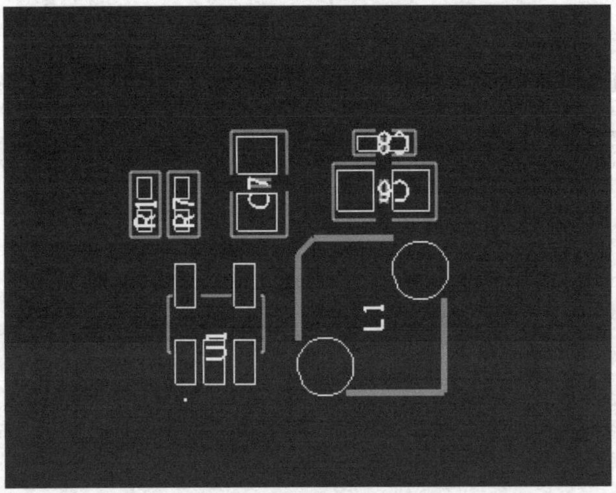

图 8-57　模块旋转完成

（3）通过右键选择“Done”完成，这样模块对象之间的相对位置会保持不变。

8.11　模块镜像

（1）选择菜单“Edit—Mirror”，“Find”侧边栏设置如图 8-58 所示。

模块器件如图 8-59 所示。

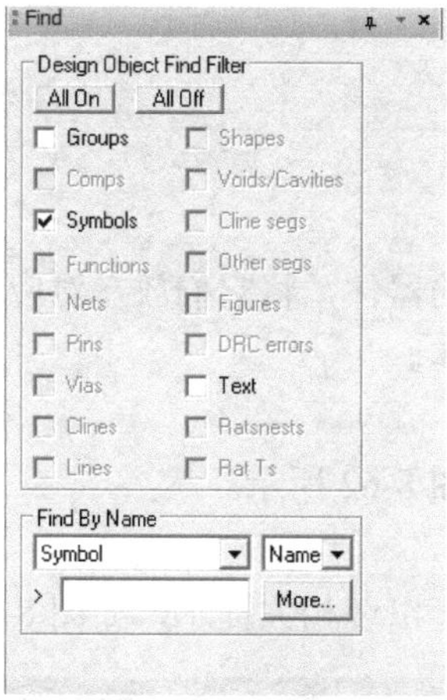

图 8-58　“Find”侧边栏设置

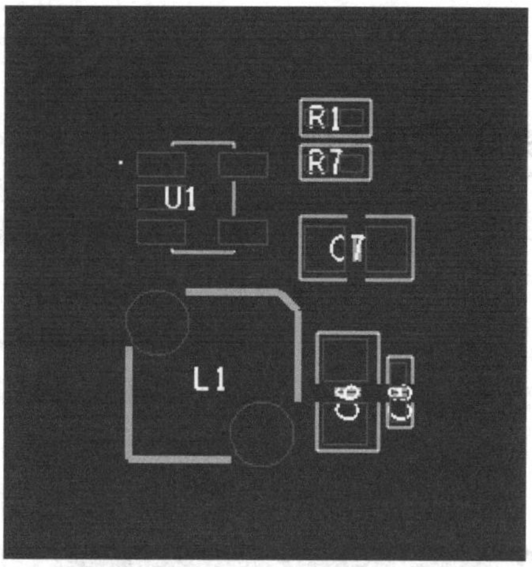

图 8-59　模块器件

（2）框选器件后，器件会高亮显示，如图 8-60 所示。

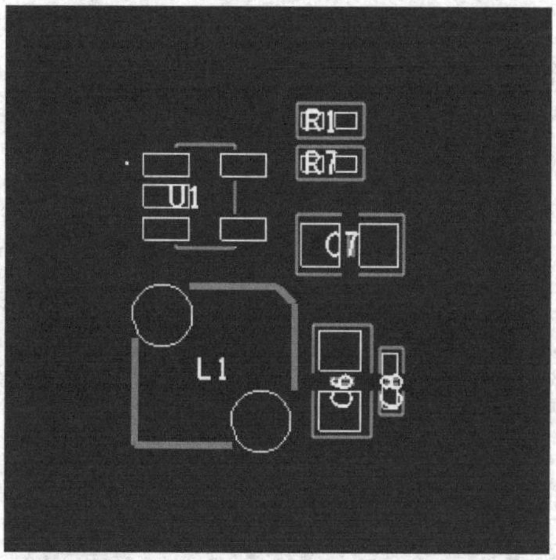

图 8-60　框选器件

（3）单击一下，然后再单击一下，则模块变成如图 8-61 所示。

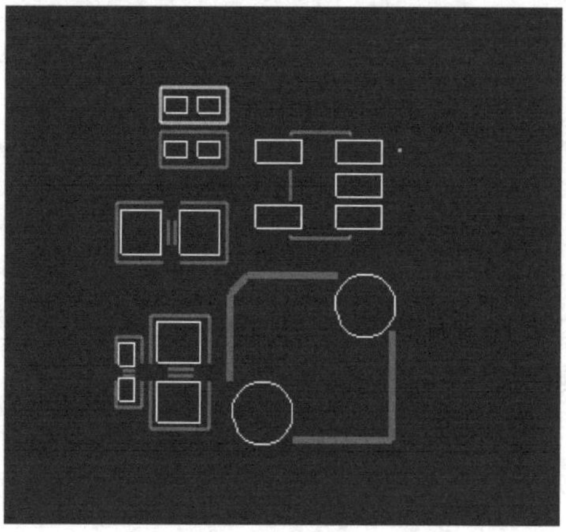

图 8-61　模块镜像完成

（4）通过右键选择“Done”，模块整体镜像完成。

8.12 器件锁定与解锁

Fix

图 8-62　工具栏图标（一）

对于一些有结构位置要求的器件，将它们放在对应的位置后，建议锁定它们，防止后期误操作。

锁定的操作步骤如下。

（1）单击工具栏图标，如图 8-62 所示。

“Find”栏中选中“Symbols”。

（2）单击器件，命令窗口会出现相关提示，如图 8-63 所示。

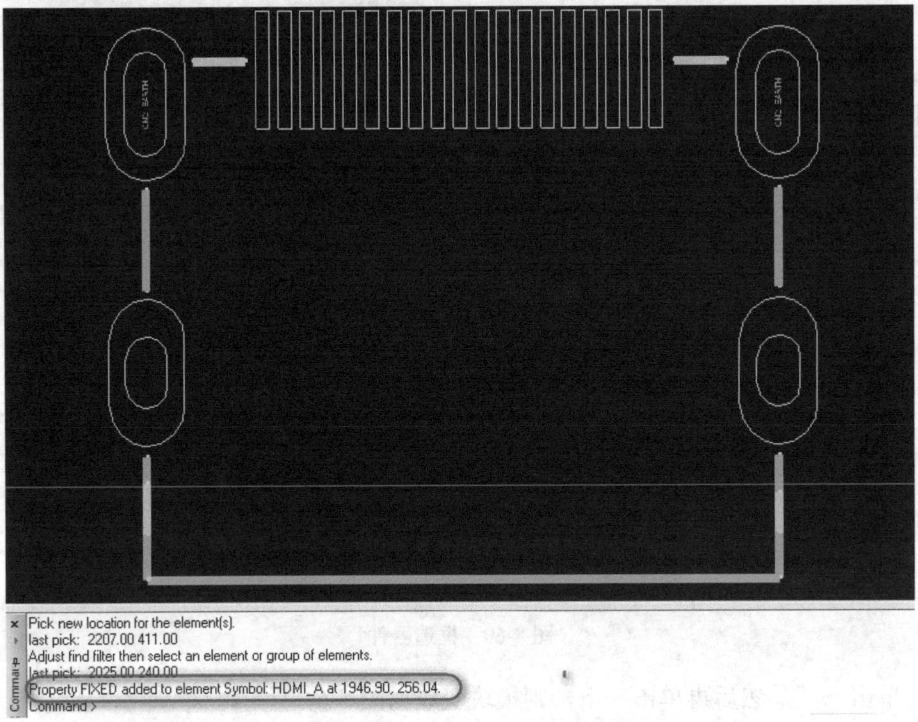
Pick new location for the element(s).
last pick: 2207.00 411.00
Adjust find filter then select an element or group of elements.
last pick: 2025.00 240.00
Property FIXED added to element Symbol: HDMI_A at 1946.90, 256.04.
Command >

图 8-63　锁定器件

（3）右击并选择“Done”，完成锁定。

解锁的操作步骤如下。

（1）单击工具栏图标，如图 8-64 所示。

“Find”栏中选中“Symbols”。

（2）单击器件，命令窗口会出现相关提示，如图 8-65 所示。

Unfix

图 8-64　工具栏图标（二）

（3）通过右键选择“Done”，完成解锁。

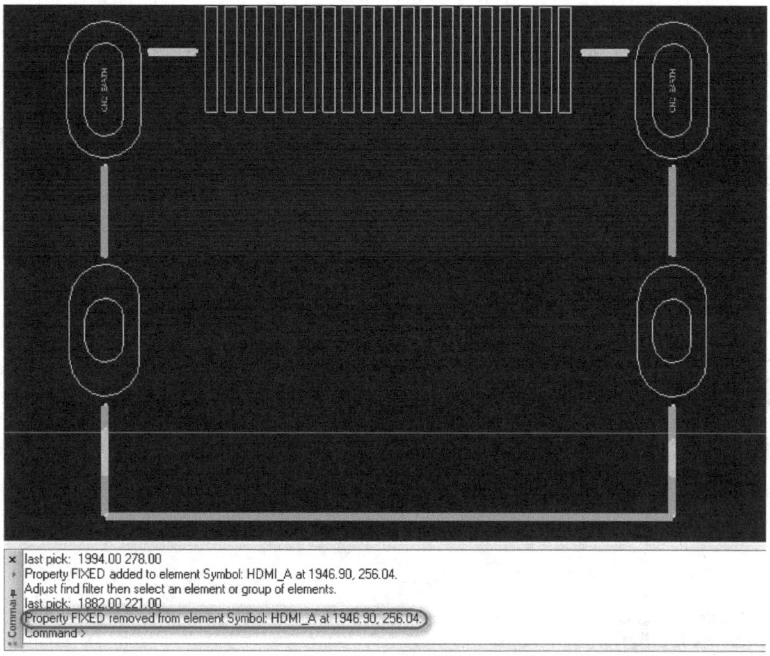
last pick: 1994.00 278.00
Property FIXED added to element Symbol: HDMI_A at 1946.90, 256.04.
Adjust find filter then select an element or group of elements.
last pick: 1882.00 221.00
Property FIXED removed from element Symbol: HDMI_A at 1946.90, 256.04.
Command >

图 8-65　解锁器件

第 9 章

布线详解

9.1 实用选项讲解

选择菜单“Route—Connect”后，“Options”侧边栏如图 9-1 所示。

Act：显示当前的层。

Alt：显示将要切换到的层。

Via：显示可选择的过孔（与约束管理器中添加的 Via 类型、顺序有关）。

Net：显示网络名。

Line Lock：显示走线形式和走线拐角。走线形式分两种：Line（直线）和 Arc（弧线）。走线拐角分 3 种：Off（任意角度）、45（45° 拐角）及 90（90° 拐角）。

Route offset：相对走线角度的偏移量。

未选择“Route offset”选项如图 9-2 所示设置。

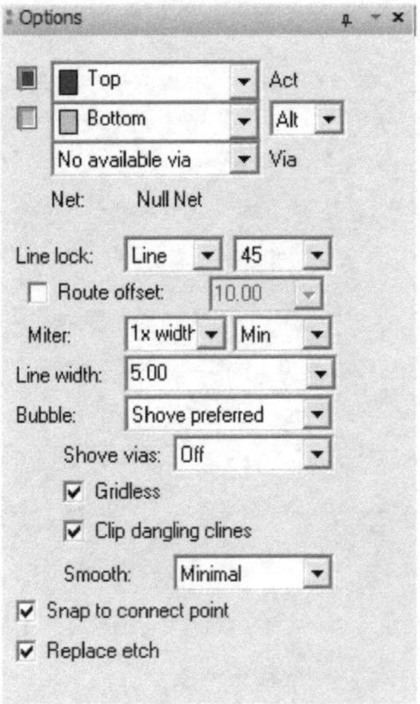

图 9-1 “Options”侧边栏

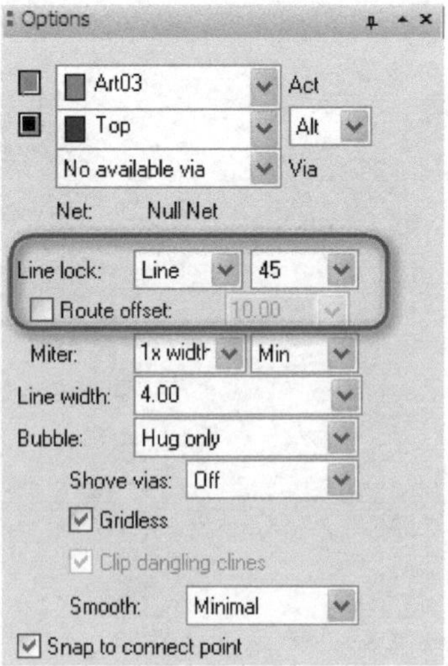

图 9-2 未选择“Route offset”选项

图 9-2 设置的走线如图 9-3 所示。

图 9-3 图 9-2 设置的走线

如图 9-4 所示的设置，勾选“Route offset”。

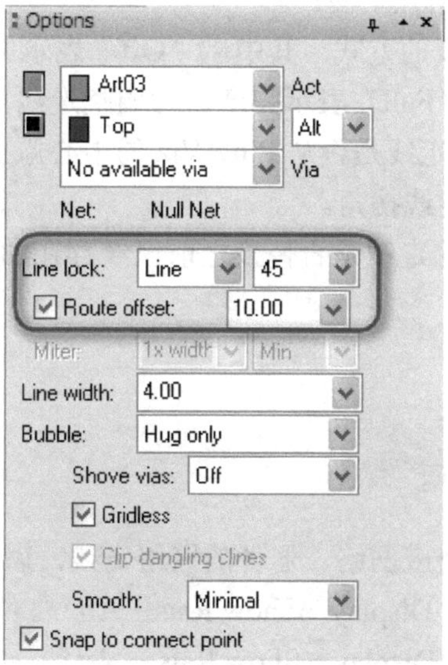

图 9-4 设置“Route offset”选项

图 9-4 设置的走线如图 9-5 所示。

“Miter”中显示了拐角的设置，例如，设置为“2xwidth”和“Min”时，表示斜边长度至少为 2 倍线宽。

当在“Line Lock”中走线拐角选择了“Off”时，此选项不会显示。

Line width：显示线宽。默认为约束管理器规则设置的宽度数值，也可以手动输入数值。

Bubble：显示推挤走线的方式。其中，“Off”表示不推挤，“Hug only”表示新添加的走线环绕已存在的布线，且已经存在的走线不变；“Hug preferred”表示新添加的走线被已经存在的走线环绕，即已经存在的走线会发生变化；“Shove preferred”表示推挤。

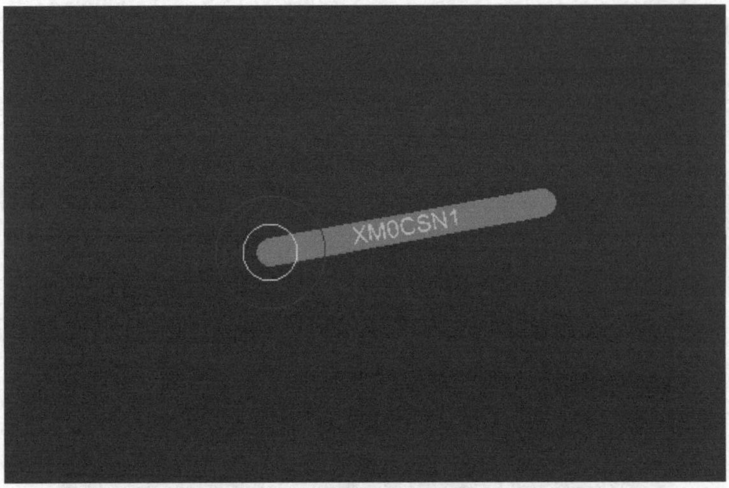

图 9-5　图 9-4 设置的走线

Shove vias：显示推挤过孔的方式。其中，“Off”表示关闭推挤；“Minimal”表示以最小幅度去推挤过孔；“Full”表示完全推挤过孔。

Gridless：表示走线是否在格点上面。

Smooth：显示自动调整走线的方式。其中，“Off”表示关闭自动调整走线；“Minimal”表示最小幅度自动调整走线；“Full”表示完全自动调整走线。

Snap to connect point：表示走线是否从 Pin、Via 的中心原点引出。这一选项在后期优化走线时经常用到，可以方便去除走线拐角。

Replace etch：表示新添加的走线是否替换之前已经存在的走线，一般默认勾选。

9.2　显示/隐藏飞线

9.2.1　命令讲解

我们可以通过显示和隐藏对应网络、器件的网络飞线，以方便布局和走线。

显示所有飞线：选择菜单“Display—Show Rats—All”。

显示网络飞线：选择菜单“Display—Show Rats—Net”，单击对应的“Pins”、“Nets”、“Clines”等可操作对象（可连续单击、框选），对应的飞线就会显示出来。

显示器件所连网络飞线：选择菜单“Display—Show Rats—Components”，单击对应器件，此器件上的所有网络飞线都会显示出来。

说明：可以通过设置快捷键来显示和隐藏飞线，提高设计效率。

9.2.2　飞线颜色的设置

选择菜单“Display—Color/Visibility”，然后在界面中选择左侧“Display”，如图 9-6 所示。

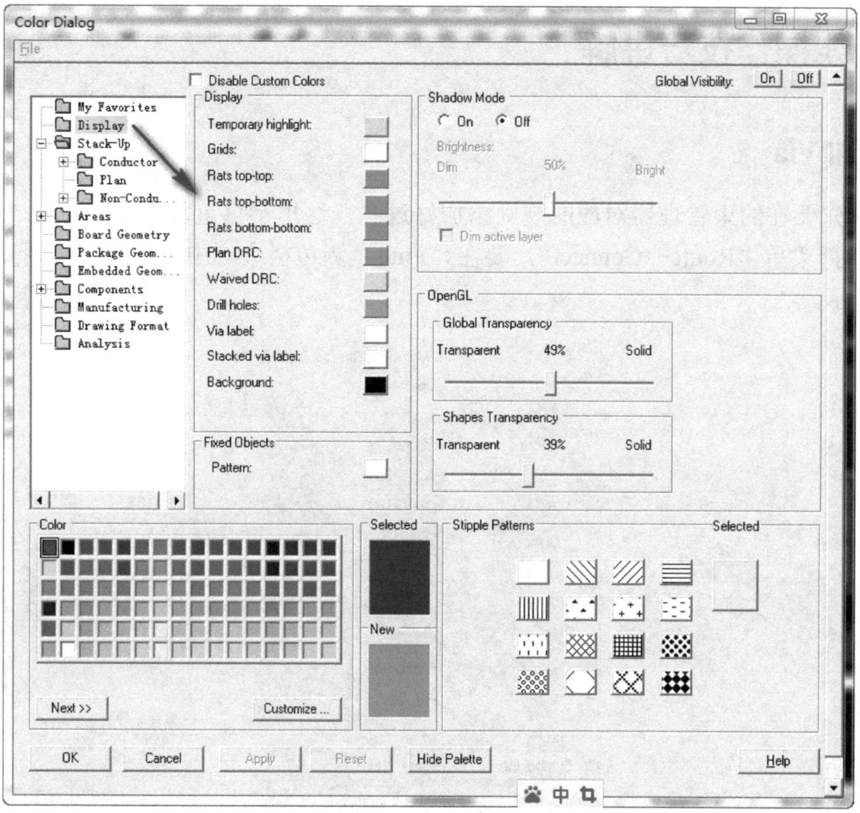

图 9-6　设置飞线颜色

Rats top-top：表示从 top 到 top 层面的飞线。

Rats top-bottom：表示从 top 到 bottom 层面的飞线。

Rats bottom-bottom：表示从 bottom 到 bottom 层面的飞线。

然后，在界面左下方选择一种颜色，如图 9-7 所示。

图 9-7　选择颜色

再单击图 9-8 中右侧的颜色框并单击“OK”按钮，飞线颜色更改完成。

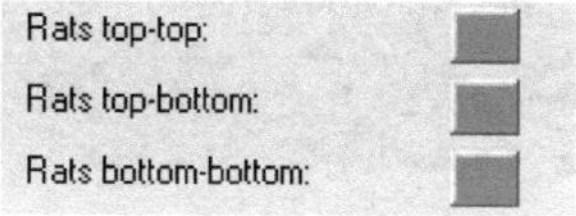

图 9-8　设置好飞线颜色

9.3 走线操作技巧讲解

9.3.1 添加 Via

（1）首先要在约束管理器对应的规则添加好过孔，这里不再重复叙述。

（2）选择菜单“Route—Connect”，要在“Find”侧边栏中选中相关对象，否则连不上，如图 9-9 所示。

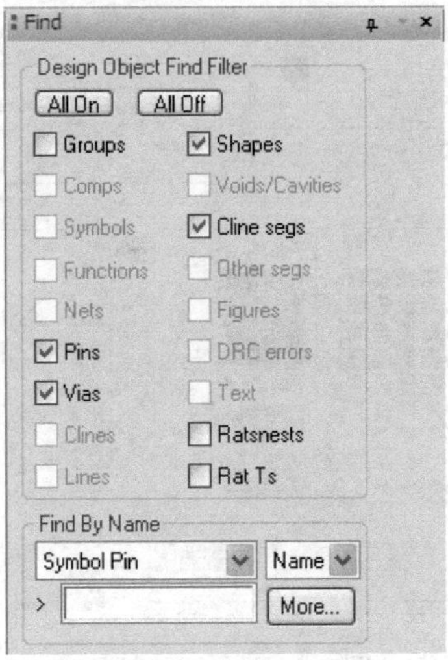

图 9-9　Find 侧边栏设置

（3）单击焊盘，走线示意图如图 9-10 所示。

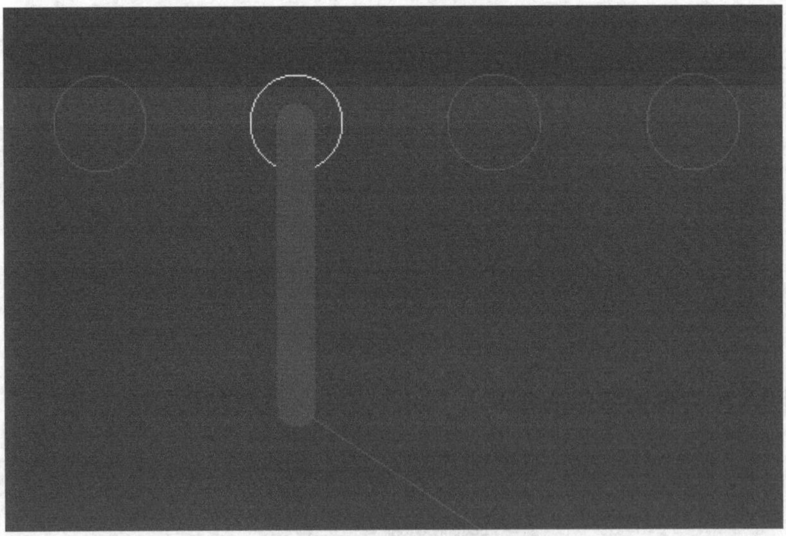

图 9-10　走线示意图

（4）在“Options”界面中，可在标记处选择过孔，然后双击即可添加过孔，如图 9-11 所示。

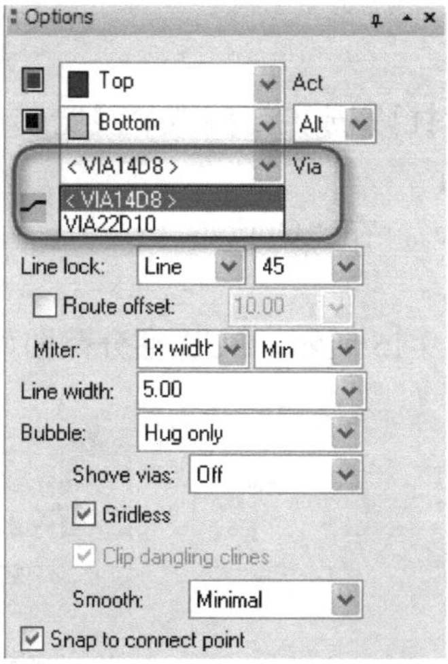

图 9-11　选择过孔类型

（5）双击添加过孔后，如图 9-12 所示。

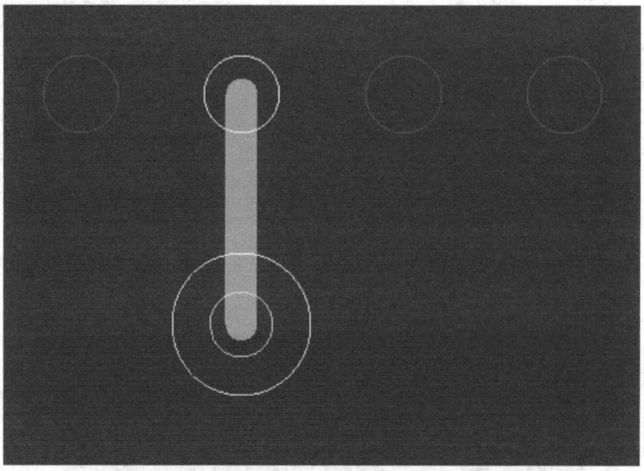

图 9-12　双击添加过孔

（6）通过右键选择“Done”，完成添加过孔，如图 9-13 所示。

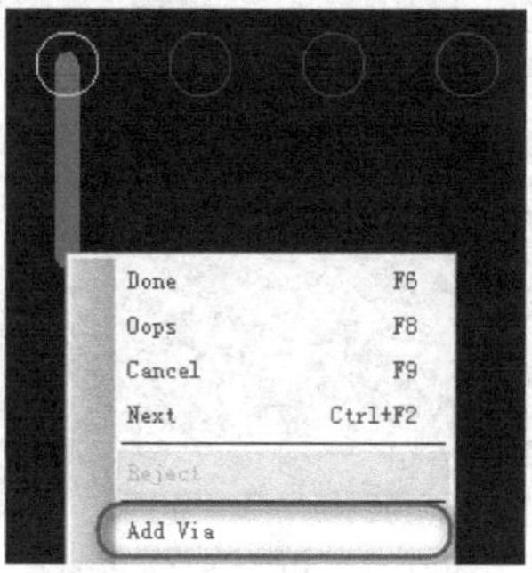

图 9-13　右键添加过孔

说明：选择好过孔后，我们也可以通过右键选择“Add Via”命令来添加过孔。

9.3.2 改变线宽

在设计中，有些情况下，要对已完成的走线改变线宽。

快速改变线宽的操作步骤如下。

（1）选择菜单“Edit—Change”，在“Options”栏中输入新的线宽值，如图 9-14 所示。

注意：图 9-14 中只勾选此项。

（2）“Find”侧边栏设置如图 9-15 所示。PCB 部分截图如图 9-16 所示。

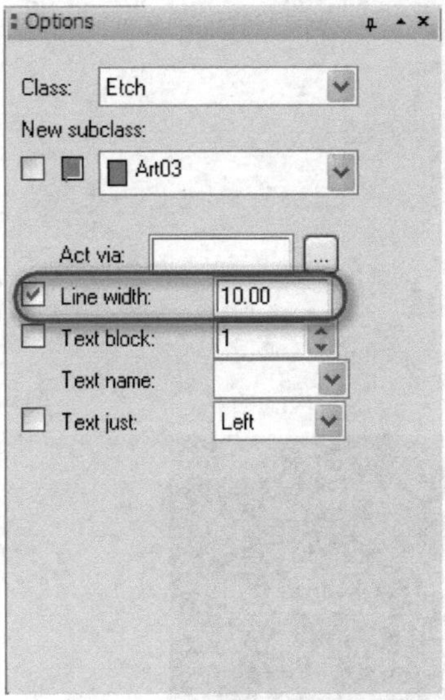

图 9-14　勾选并输入线宽值

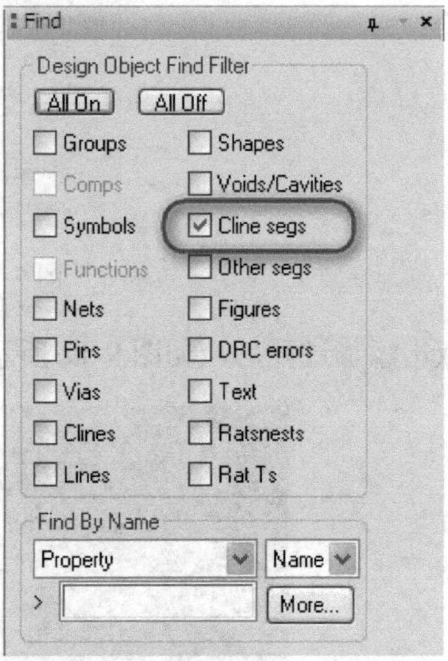

图 9-15　“Find”侧边栏设置

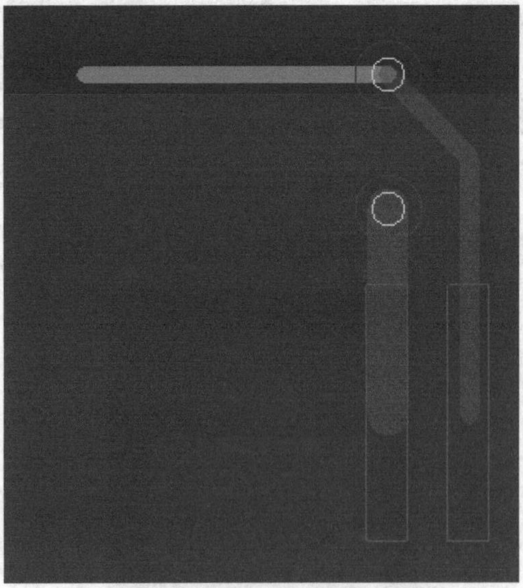

图 9-16　PCB 部分截图

（3）单击走线改变宽度，如图 9-17 所示。

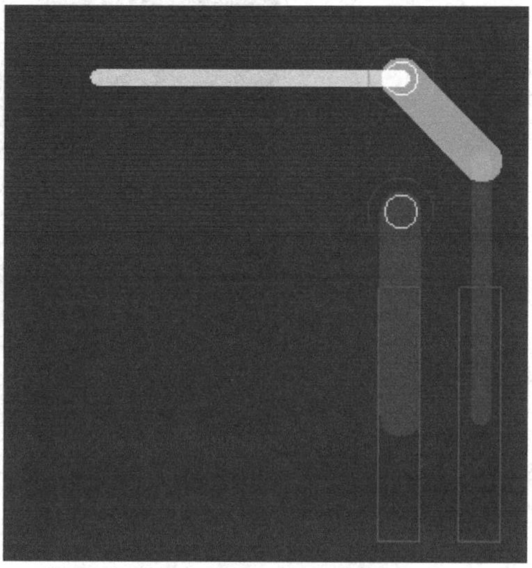

图 9-17 单击走线改变宽度

（4）通过右键选择“Done”，改变走线宽度完成。

注意： 若第（2）步，“Find”侧边栏设置如图 9-18 所示，则单击走线后，如图 9-19 所示。

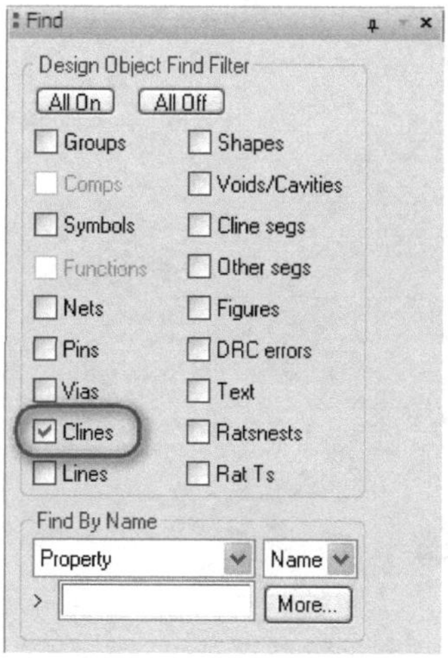

图 9-18 “Find”侧边栏设置

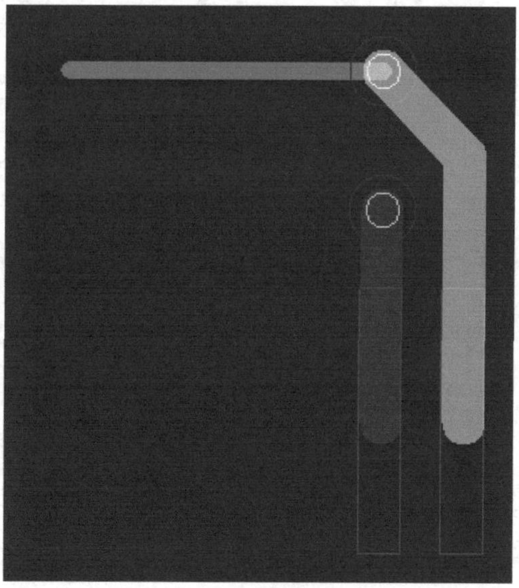

图 9-19 改变 Clines 宽度

若“Find”侧边栏设置如图 9-20 所示，则单击走线后，如图 9-21 所示。

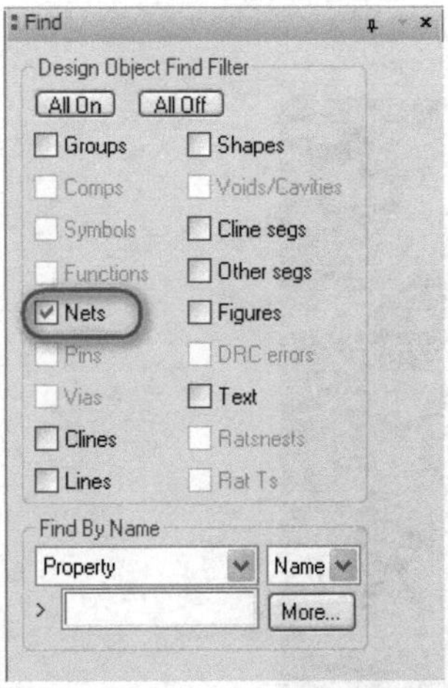

图 9-20 “Find”侧边栏设置

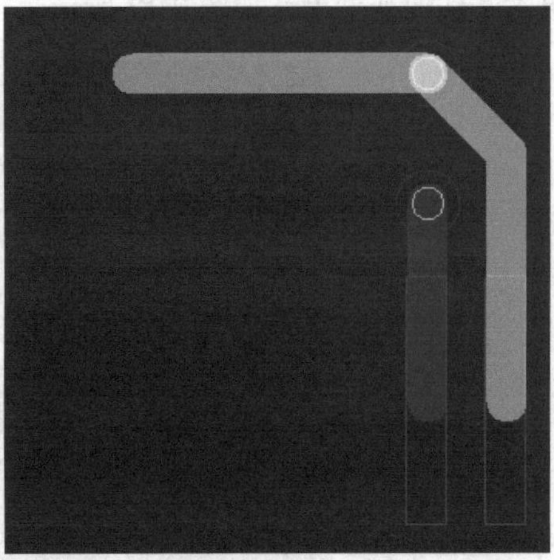

图 9-21 改变 Nets 中的所有走线宽度

9.3.3 改变走线层

将走线从第 3 层改变到第 4 层的操作步骤如下。

（1）选择菜单“Edit—Change”,“Options”侧边栏设置如图 9-22 所示，这里选择 Etch/Art04。

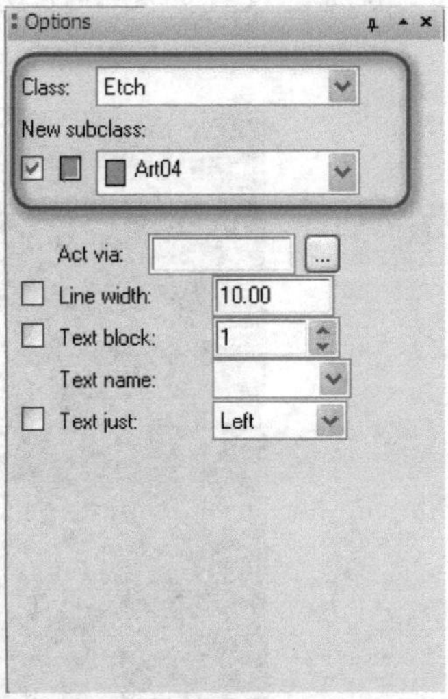

图 9-22 “Options”侧边栏设置

（2）走线如图 9-23 所示。

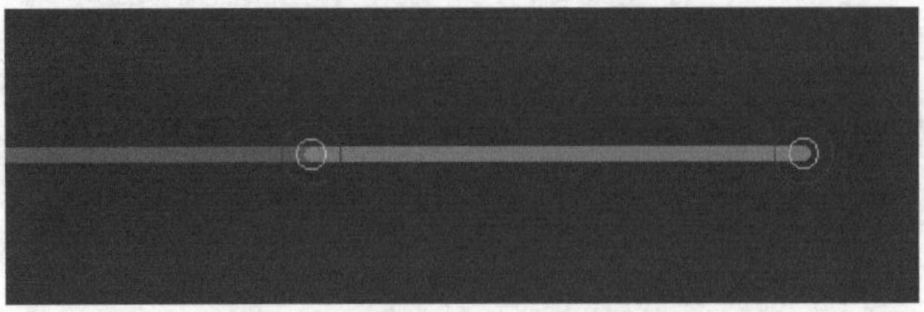

图 9-23 走线

（3）“Find”侧边栏设置如图 9-24 所示。

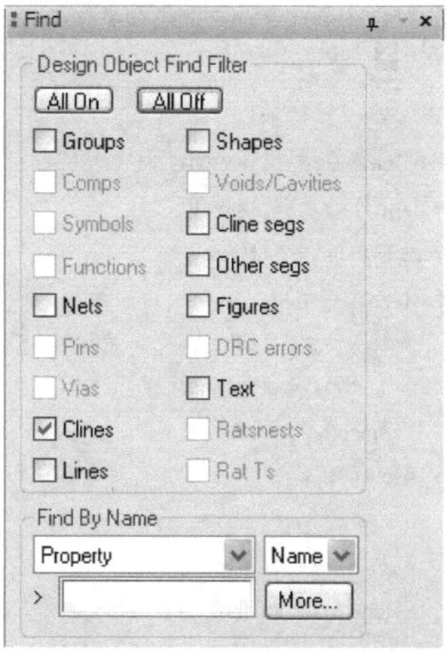

图 9-24 “Find”侧边栏设置

（4）单击绿色线部分，则改变走线层，如图 9-25 所示。

图 9-25 改变走线层

（5）通过右键选择“Done”，改变走线层完成。

9.4 Slide 命令详解

9.4.1 命令讲解

Slide 命令用于调整走线 Vias 等，是 PCB 设计中经常用到的操作命令。Slide 命令可操作对象包含 Cline Segments、Vias、Rat Ts。

选择菜单“Route—Slide”，则会出现图 9-26 所示的界面。

这里我们主要介绍“Bubble”的设置，其他保持默认即可。

“Bubble”的设置如下。

Off：忽略约束规则。

Hug Only：俗称“拥抱”模式，在优化对象时，它最小会以间距规则来优化，避免发生 DRC 错误，而其他对象不发生变化。

图 9-26 “Options”侧边栏

Hug Preferred：优先选择 Hug 模式。

Shove Preferred：优先选择推挤模式。

“Shove vias”的设置如下。

Off：表示过孔不能被推挤。

Minimal：在“Hug Preferred”模式下被推挤，一般情况下，过孔不会被推挤，除非没有连线的空间。

Full：在“Shove Preferred”模式下被推挤。

注意：一般情况下，推挤选择“Off”。

Clip dangling clines：若勾选此设置，则在推挤模式下，单端走线会被推挤掉。

注意：一般情况下，推挤不勾选此设置。

Allow DRCs：允许在 Slide 的过程中，出现 DRC，默认勾选。

Gridless：表示在 Slide 过程中，走线和过孔在电气栅格上，默认勾选。

Auto Join（hold Ctrl to toggle）：控制平行走线，默认勾选。

Extend Select（hold Shift to toggle）：默认不勾选，若勾选则 Slide 会对多个 Cline 对象作用。

9.4.2 技巧演示

（1）选择菜单“Route—Slide”，“Options”侧边栏的习惯设置如图 9-27 所示。

（2）“Find”侧边栏中一般会选择“Cline segs”和“Vias”，如图 9-28 所示。

注意：在 Allegro 中，可一次移动优化多个 Vias 和走线。

（3）框选多条走线如图 9-29 所示，然后单击其中一条。

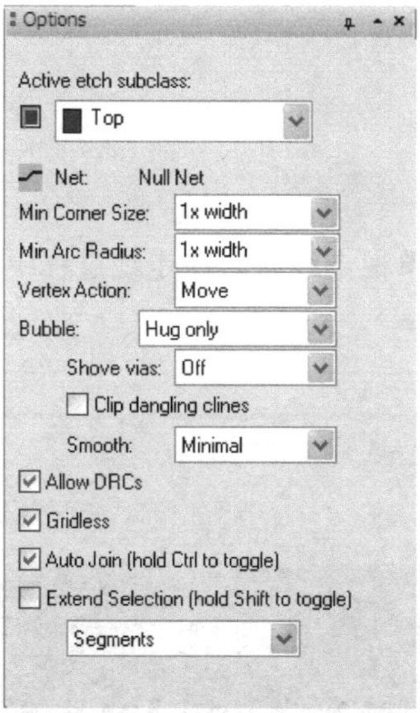

图 9-27　Options 侧边栏的习惯设置

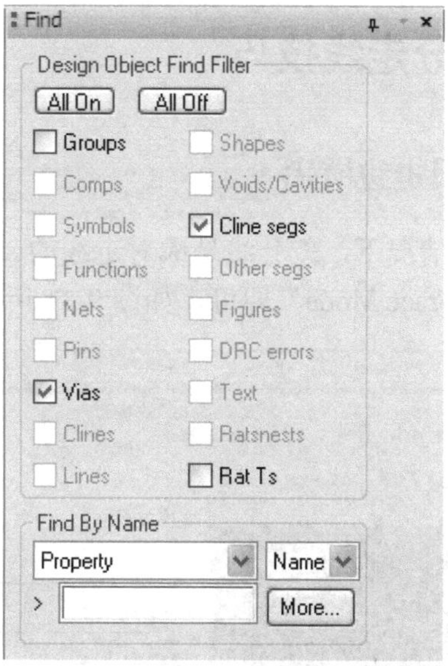

图 9-28　“Find”侧边栏设置

图 9-29　框选多条走线

（4）向下移动调整多根走线，如图 9-30 所示。

图 9-30　调整多根走线

（5）通过右键选择“Done”，完成调整多根走线。

9.5 差分走线技巧

9.5.1 单根走线模式

在默认情况下，差分线是成对走线的。当须分开单根走线时，在走线过程中，右击并选择“Single Trace Mode”即可，如图 9-31 所示。

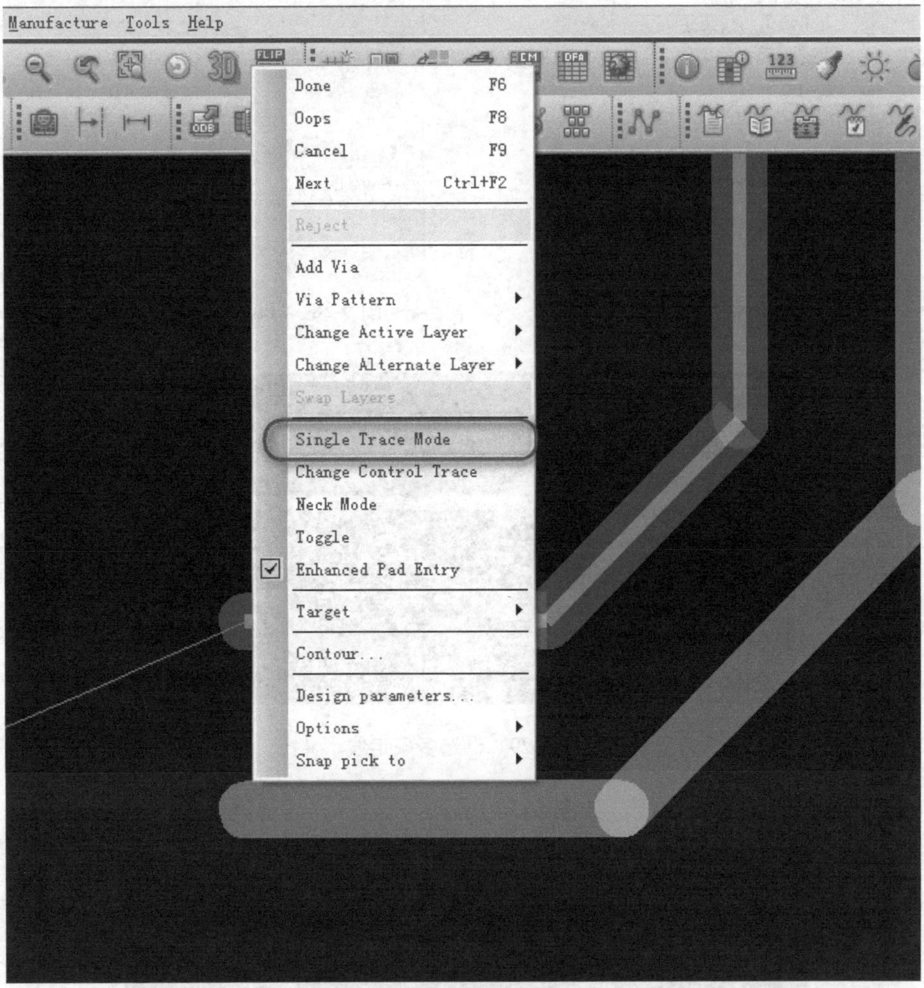

图 9-31　选择单根走线模式

注意：若想重新成对走线，再取消勾选“Single Trace Mode”即可。

9.5.2 添加过孔

差分走线过程中，右键选项如图 9-32 所示。

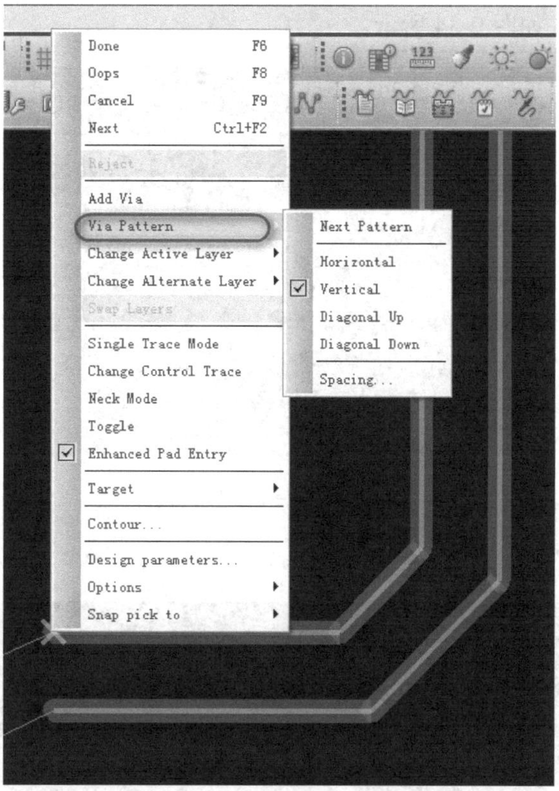

图 9-32　设置添加过孔模式

过孔模式一共有以下 4 种。

（1）“Horizontal”模式如图 9-33 所示。

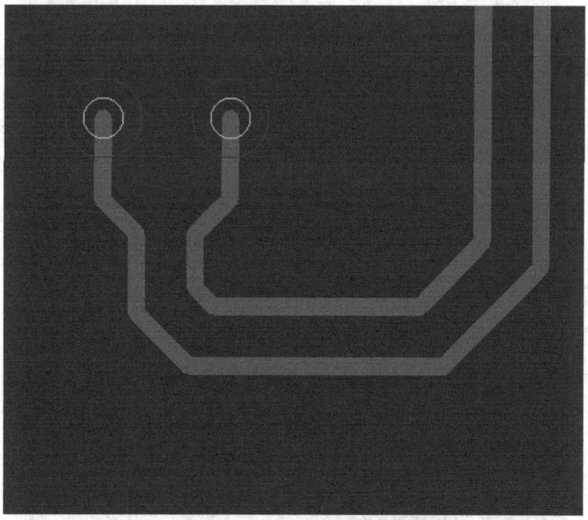

图 9-33　“Horizontal”模式

（2）“Vertical”模式如图 9-34 所示。

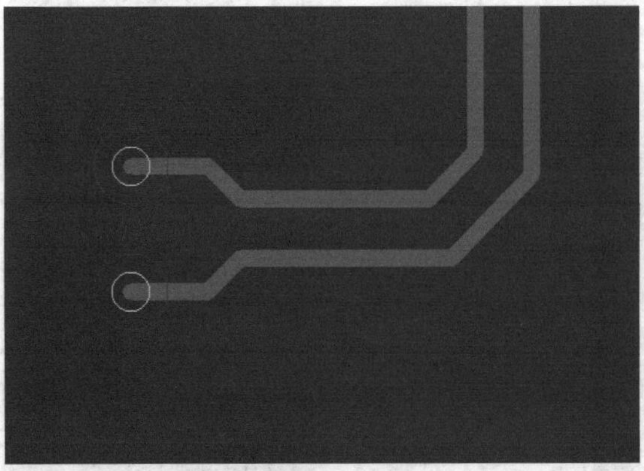

图 9-34 “Vertical”模式

（3）“Diagonal Up”模式如图 9-35 所示。

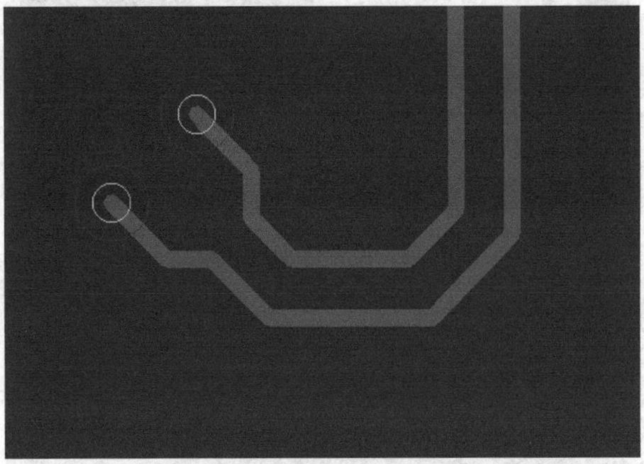

图 9-35 “Diagonal Up”模式

（4）“Diagonal Down”模式如图 9-36 所示。

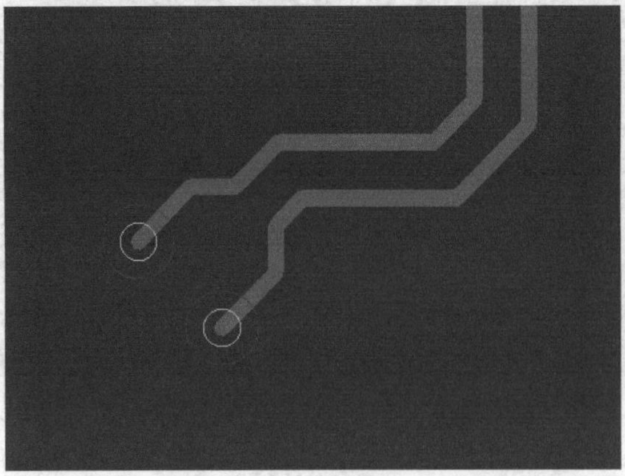

图 9-36 “Diagonal Down”模式

选择好需要的模式（Via Pattern），并在“Options”栏中选择需要的过孔，如图 9-37 所示。然后通过右键选择“Add Via”或者双击即可添加过孔到板上，如图 9-38 所示。

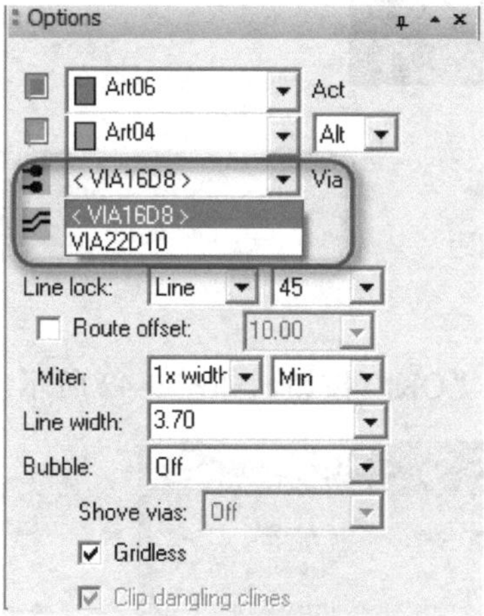

图 9-37　选择过孔类型

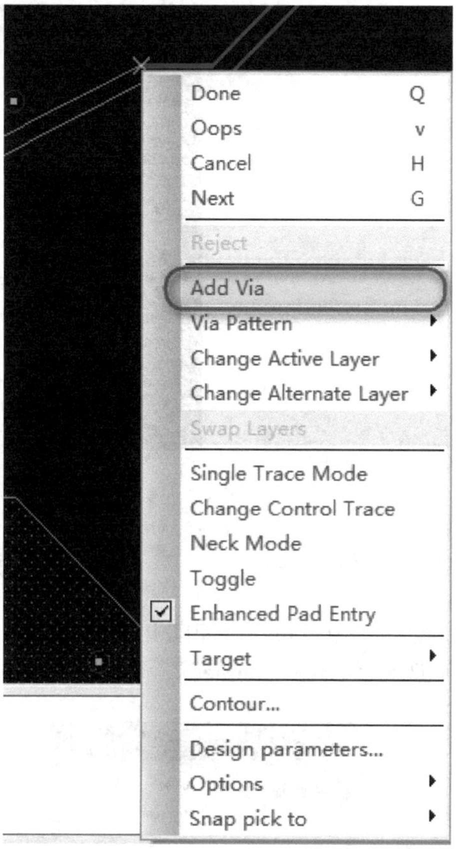

图 9-38　添加过孔

9.5.3　过孔间距的设置

在默认设置中，差分对之间的过孔间距较大，如图 9-39 所示。

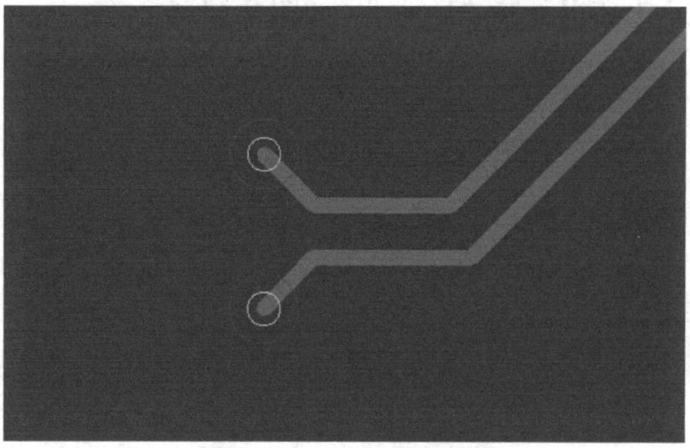

图 9-39　差分线截图

我们需要更改间距设置，让其满足我们的要求，其操作步骤如下。

（1）差分走线过程中，通过右键设置过孔间距，如图 9-40 所示。

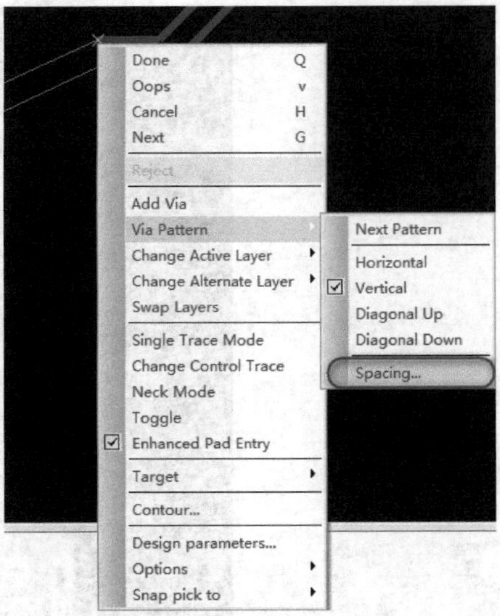

图 9-40　右键设置过孔间距

（2）选择“Spacing”，如图 9-41 所示。

（3）选择“User—defined”，并填入数值，然后单击“OK”按钮，如图 9-42 所示。

图 9-41　设置过孔间距界面

图 9-42　选择间距模式并输入数值

（4）双击添加过孔，右击并选择“Done”，如图 9-43 所示。

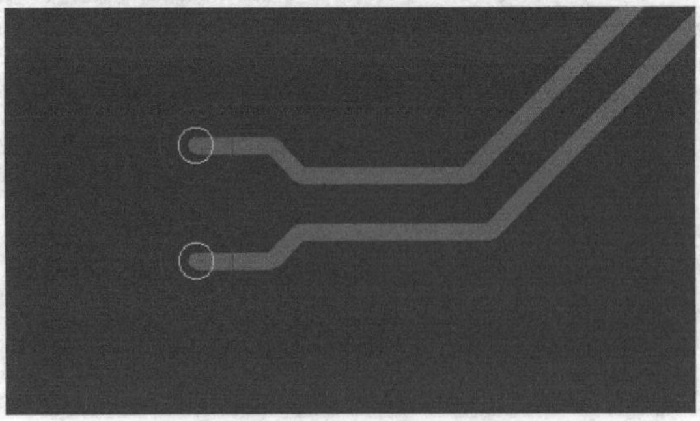

图 9-43　添加过孔

（5）使用 Slide 命令，优化后的差分线，如图 9-44 所示。

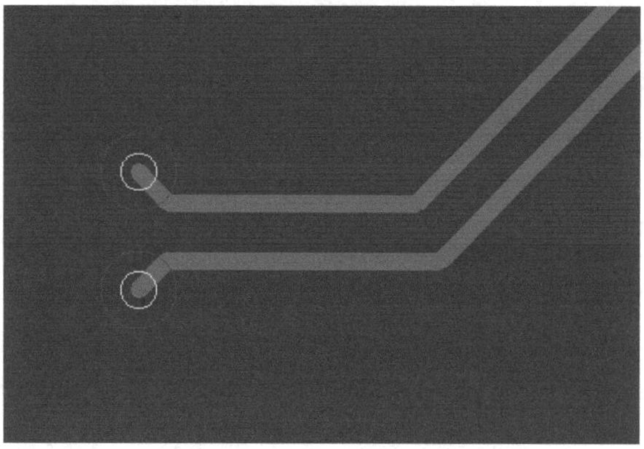

图 9-44　优化后的差分线

9.6　蛇行走线技巧

9.6.1　选项详解

选择菜单“Route—Delay Tune”，如图 9-45 所示。

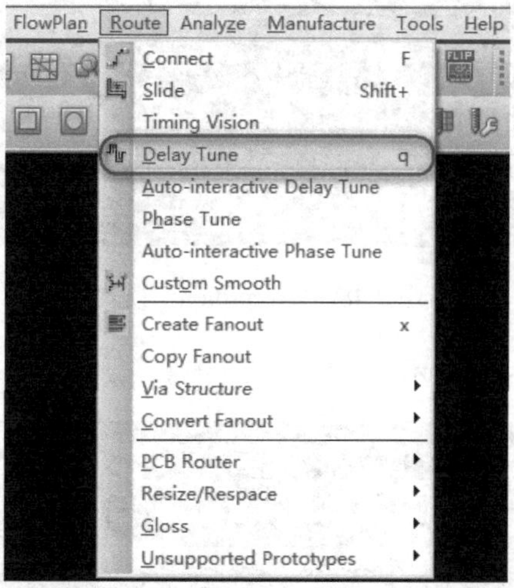

图 9-45　蛇形走线菜单

在工具栏中选择蛇形走线图标，如图 9-46 所示。

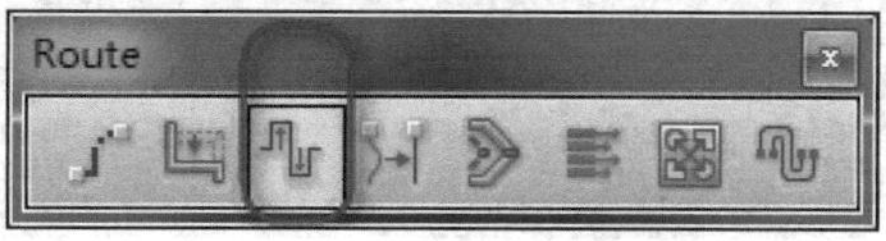

图 9-46　蛇形走线图标

选择蛇形走线图标后，“Options”侧边栏如图 9-47 所示。

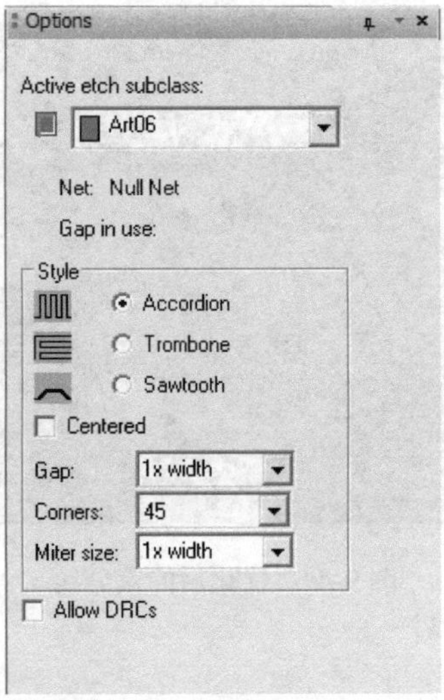

图 9-47 “Options”侧边栏

Active etch subclass：当前走线层。

“Accordion”模式如图 9-48 所示。

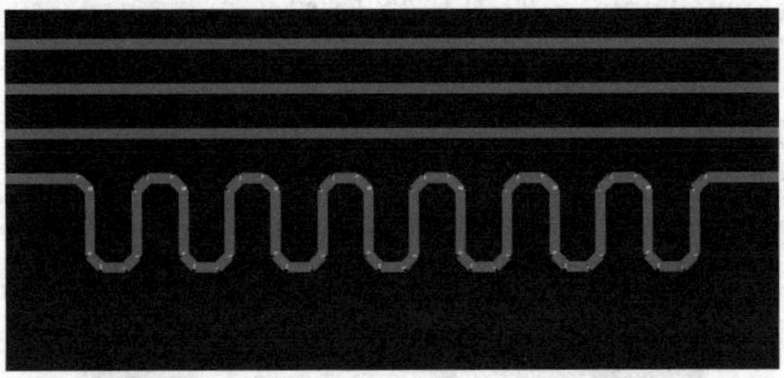

图 9-48 “Accordion”模式

“Trombone”模式如图 9-49 所示。

图 9-49 “Trombone”模式

“Sawtooth”模式如图 9-50 所示。

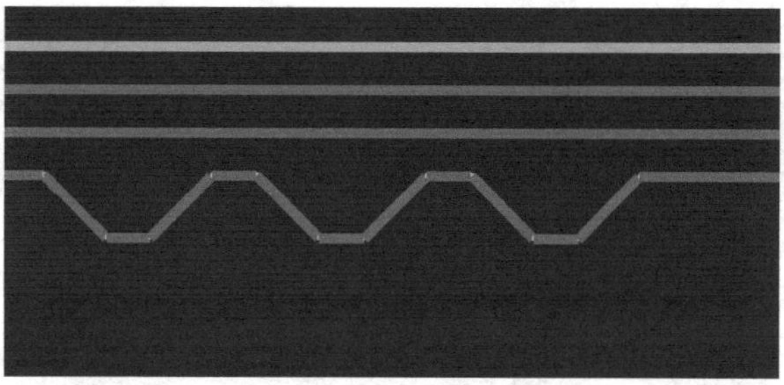

图 9-50 “Sawtooth”模式

Centered：表示以走线中心上下波动，如图 9-51、图 9-52、图 9-53 所示。

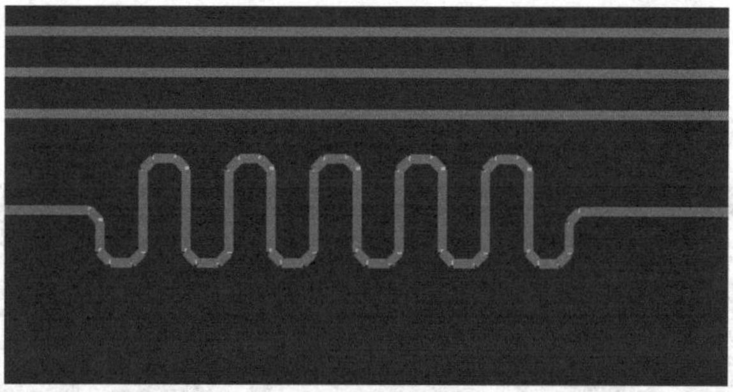

图 9-51 “Accordion”模式下勾选“Centered”

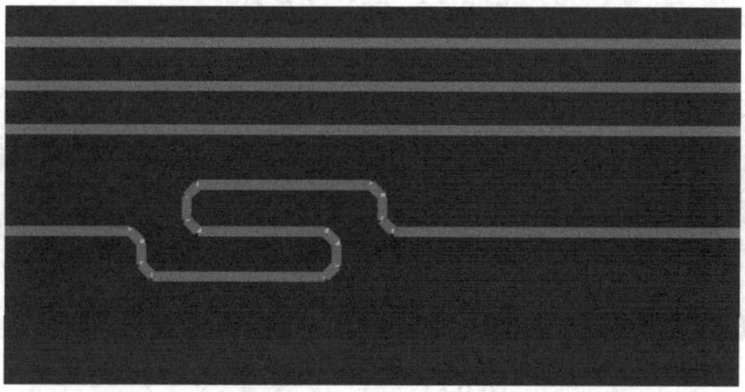

图 9-52 “Trombone”模式下勾选“Centered”

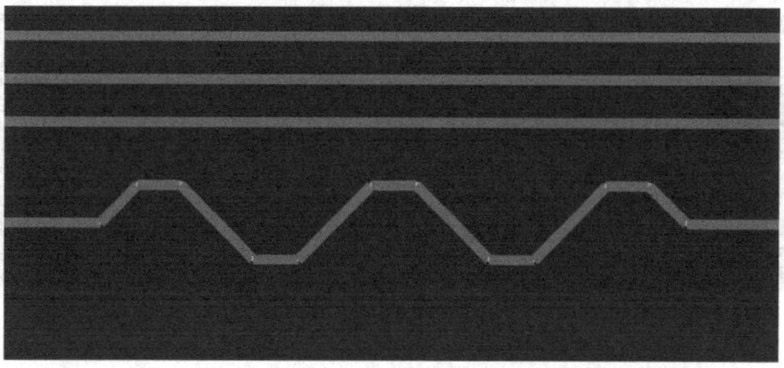

图 9-53 “Sawtooth”模式下勾选“Centered”

Gap：绕线之间的间距，如图 9-54 所示。

图 9-54 “Gap”示意图

Corners：绕线时的拐角形状，如图 9-55、图 9-56 所示。

图 9-55　90°示意图

图 9-56　45°示意图

“FullArc”示意图如图 9-57 所示。

图 9-57 “FullArc”示意图

Miter size：45°拐角处大小。

Allow DRCs：表示允许出现DRC，默认设置即可。

9.6.2　实例演示

（1）设置好走线长度显示设置，选择菜单“Setup—User Preferences”，并按照图9-58进行设置。

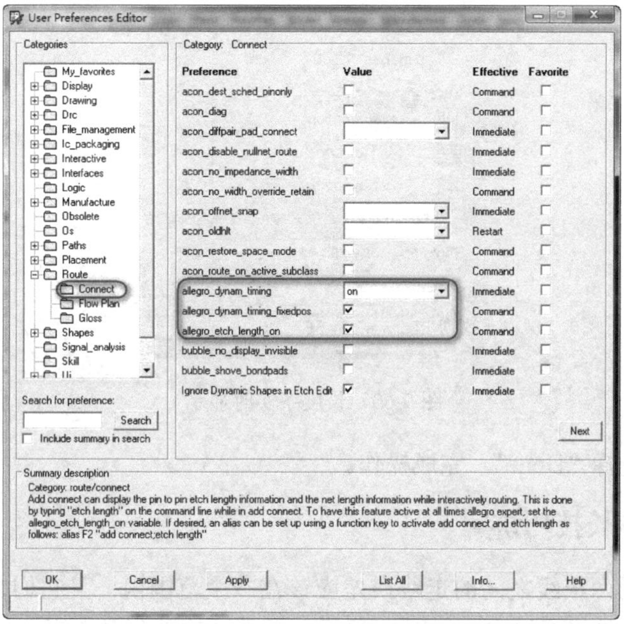

图9-58　设置显示长度条

（2）选择菜单“Route—Delay Tune”，“Options”侧边栏的推荐设置如图9-59所示。

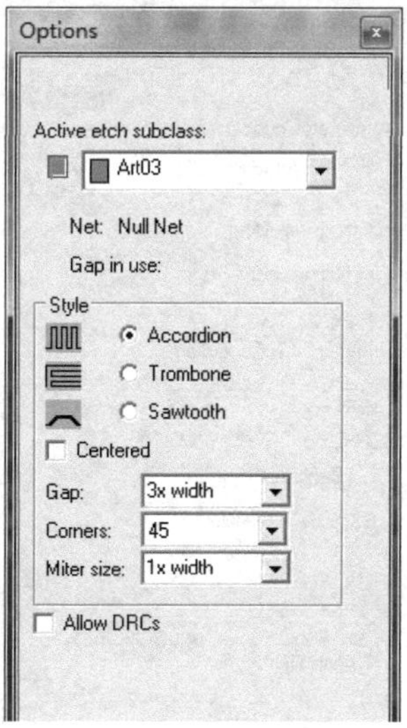

图9-59　“Options”侧边栏的推荐设置

单击走线后，可通过上下左右方向来控制绕线的形状。

（3）在设置过程中，注意界面右下方的提示条，如图 9-60 所示。颜色为绿色表示长度符合规则。

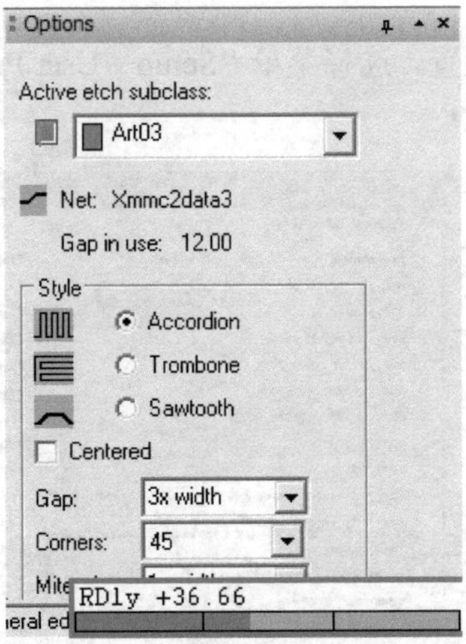

图 9-60　长度条实时显示

（4）通过右键选择“Done”，完成操作。

9.6.3　差分对内等长技巧讲解

一般差分对内的两根线之间的走线误差应该在一个范围内，且它们之间差值较小且要保证走线的一些特性，这里通过 Delay Tune 演示一下常规的差分对内绕等长。

（1）选择菜单“Route—Delay Tune”，推荐将“Grid”设置成 1mil，“Options”侧边栏设置如图 9-61 所示。

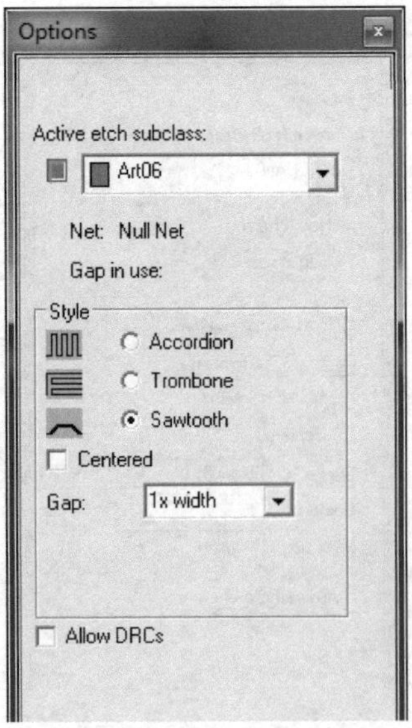

图 9-61　“Options”侧边栏设置

（2）单击差分线，选择差分线中走线长度较短的一根，通过右键选择单根走线模式，如图 9-62 所示。

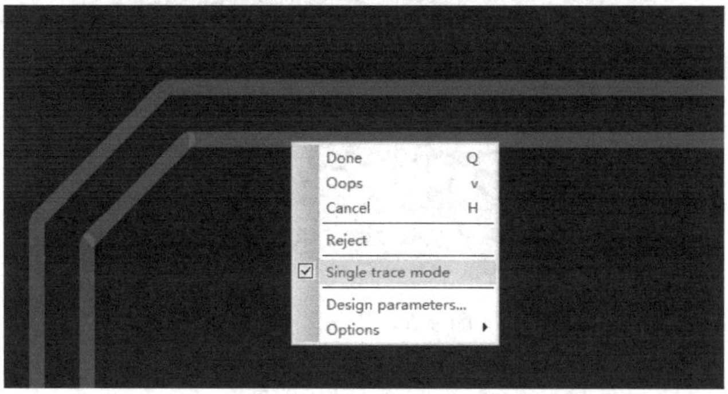

图 9-62　选择单根走线模式

（3）拉动走线，效果如图 9-63 所示。

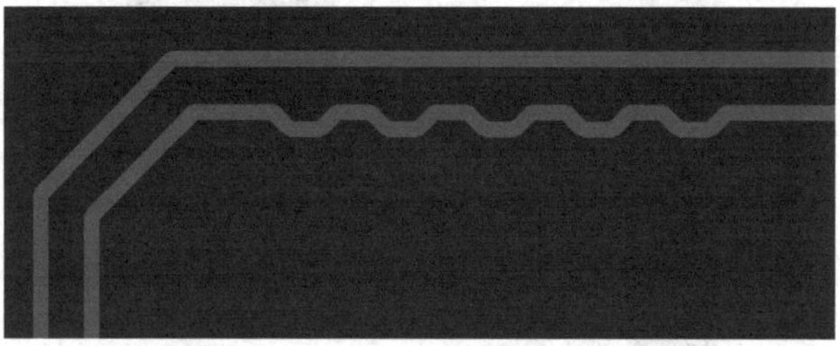

图 9-63　拉动走线后的效果

（4）长度满足规则后（根据提示条判断），通过右键选择“Done”即完成。

9.7　群组走线

所谓群组走线是指同时选择多个对象进行走线，从而提高设计效率，其操作步骤如下。

（1）选择菜单“Route—Connect”，其他设置如常规走线。

（2）框选对象，可同时选择 Clines、Via、Pin，如图 9-64 所示。

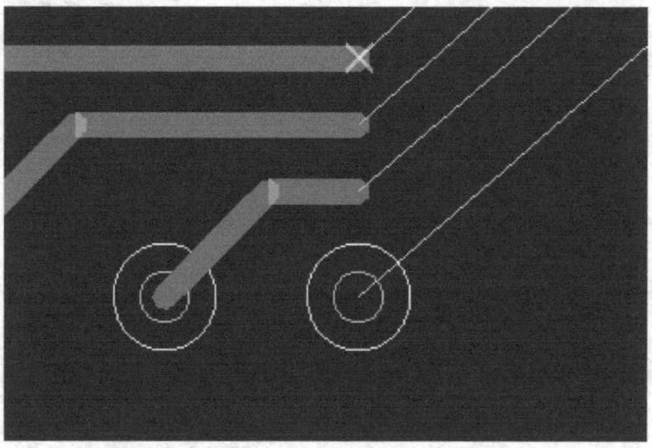

图 9-64　框选多个过孔

（3）然后会按照目前的线宽和间距来走线，如图 9-65 所示。

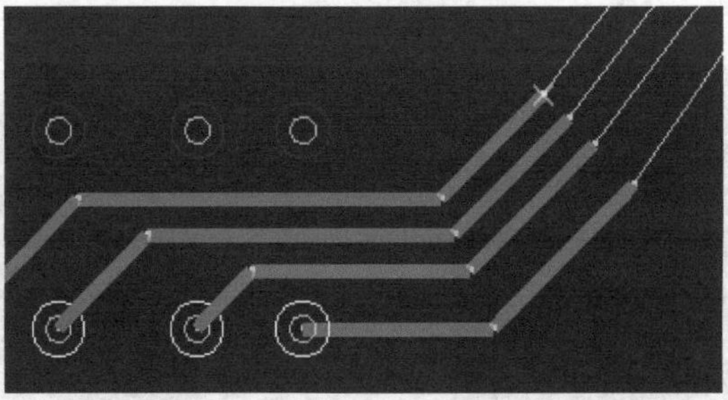

图 9-65　同时走线

（4）通过右键可选择同时打孔模式，如图 9-66 所示。

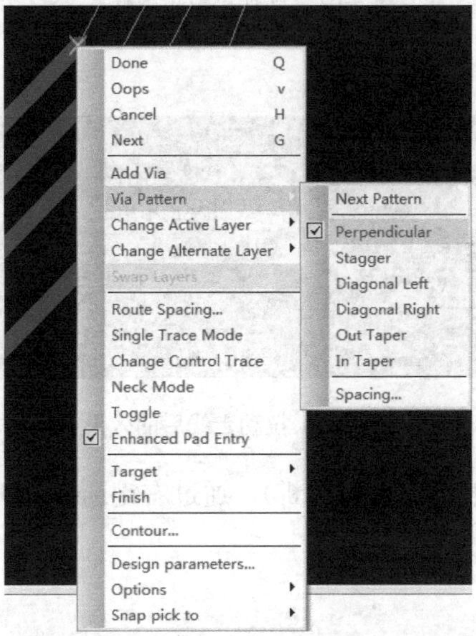

图 9-66　选择添加过孔模式

“Perpendicular”模式如图 9-67 所示。

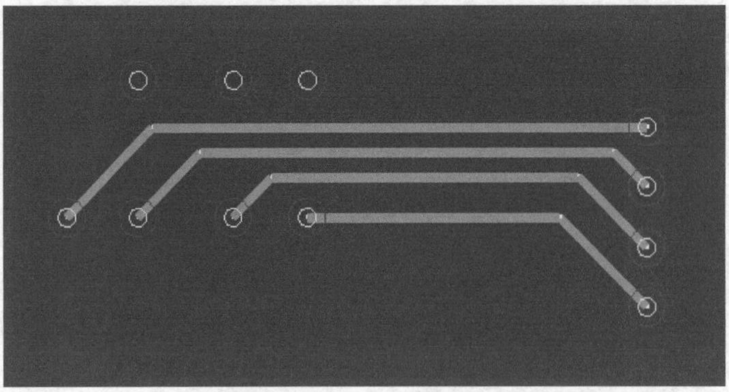

图 9-67　“Perpendicular”模式

"Stagger"模式如图 9-68 所示。

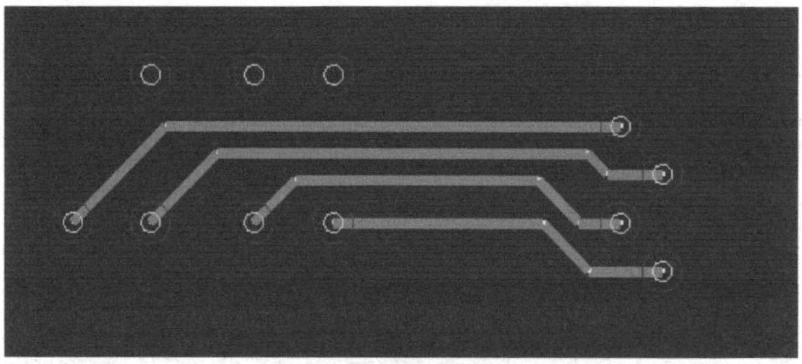

图 9-68 "Stagger"模式

"Diagonal Left"模式如图 9-69 所示。

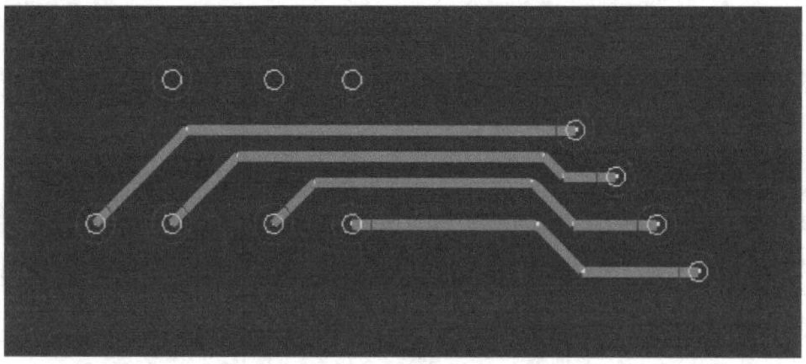

图 9-69 "Diagonal Left"模式

"Diagonal Right"模式如图 9-70 所示。

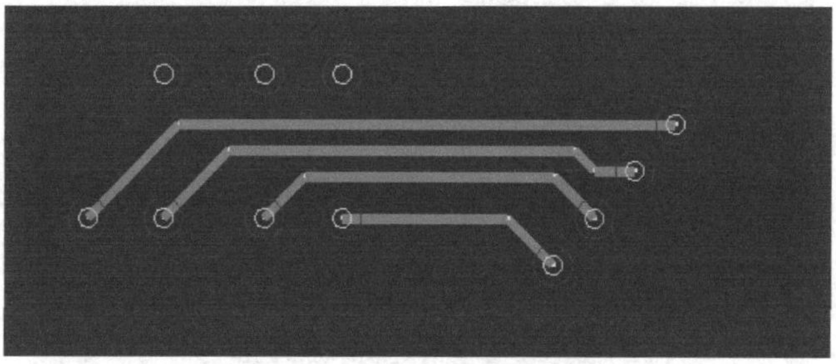

图 9-70 "Diagonal Right"模式

"Out Taper"模式如图 9-71 所示。

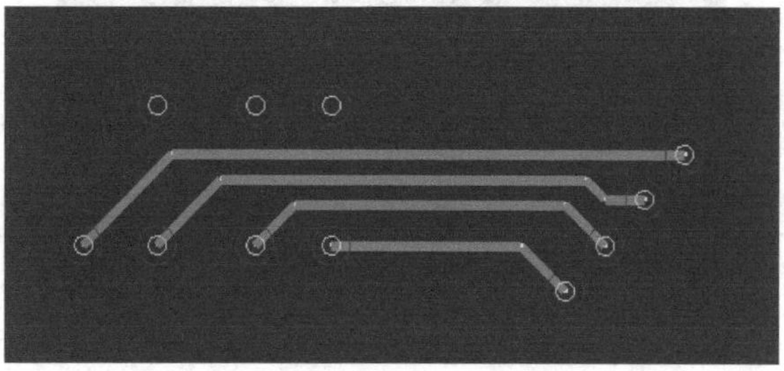

图 9-71 "Out Taper"模式

“In Taper”模式如图 9-72 所示。

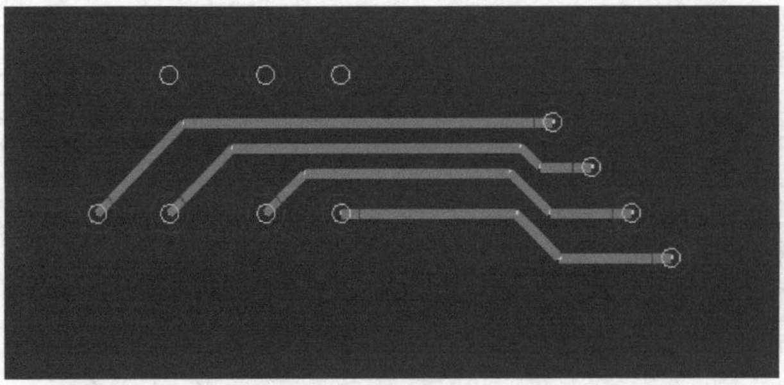

图 9-72 “In Taper”模式

（5）选择上述某种模式打孔，或者通过单根模式手动依次打孔，如图 9-73 所示。

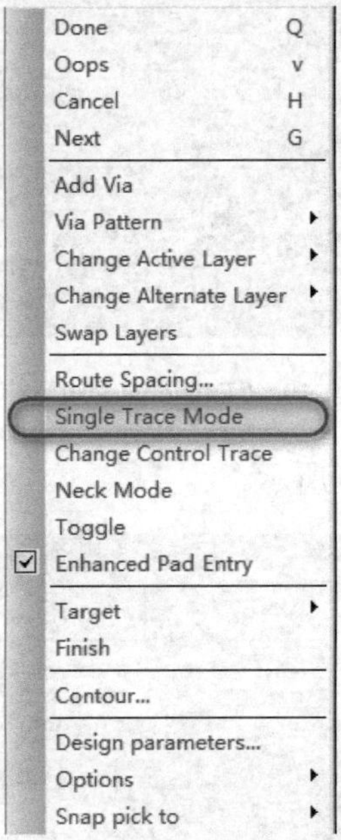

图 9-73 单根走线添加过孔

（6）群组走线时，默认设置是按照已有线距来走线的，如图 9-74 所示。

图 9-74 走线示意图

我们可以通过设置走线间距，如图 9-75 所示。让其变成等间距走线，如图 9-76 所示。

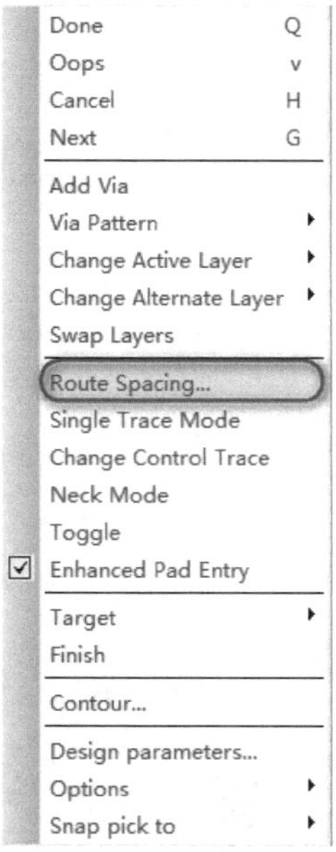

图 9-75 设置走线间距

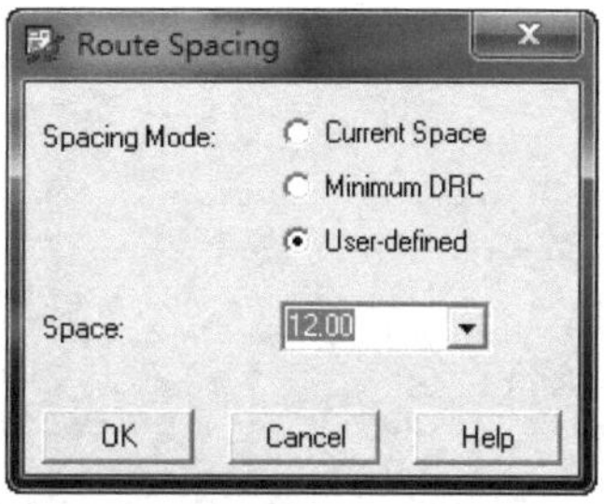

图 9-76 走线之间设置为等间距

走线间距设置后，走线效果如图 9-77 所示。

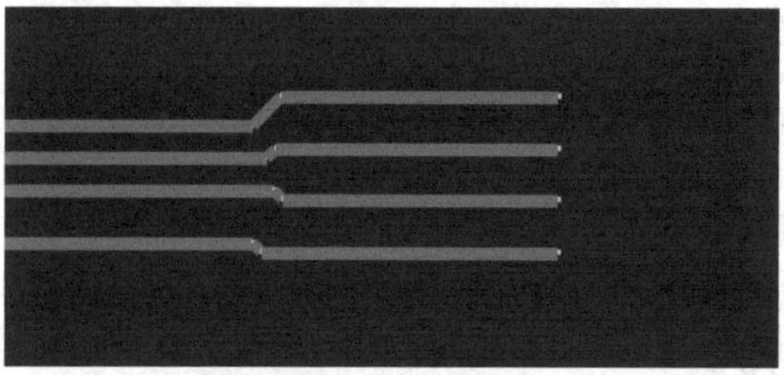

图 9-77 走线示意图

（7）小十字处为群组线的控制线如图 9-78 所示。

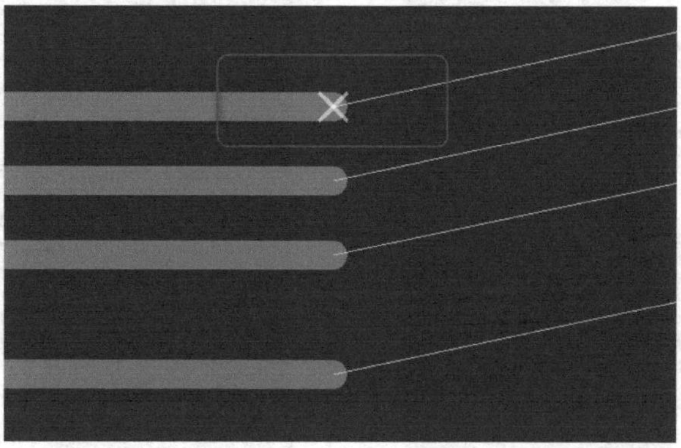

图 9-78 小十字处为群组线的控制线

可通过右键选择“Change Control Trace”，然后单击“走线”，更改控制线，如图 9-79 所示。这样方便群组线在拐角处时的走线控制。

图 9-79　更改控制线

9.8　Fanout 详解

9.8.1　选项详解

Fanout 是指通常所说的扇出，一般在操作中用于 BGA 类型的封装。

扇出前，如图 9-80 所示。

扇出后，如图 9-81 所示。

图 9-80　器件扇出前

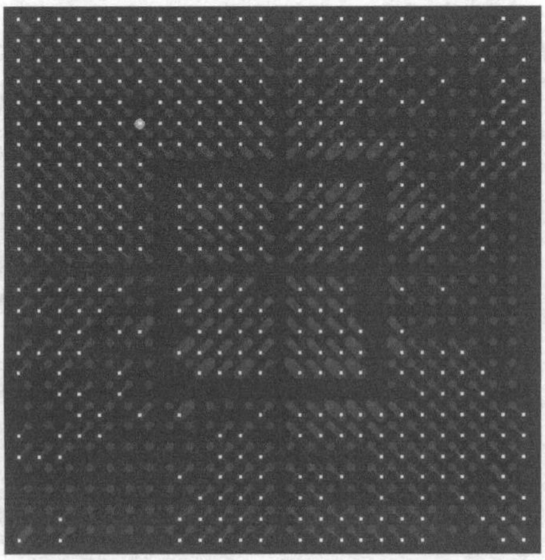

图 9-81　器件扇出后

选择菜单“Route—Create Fanout”，如图 9-82 所示。

扇出图标如图 9-83 所示。

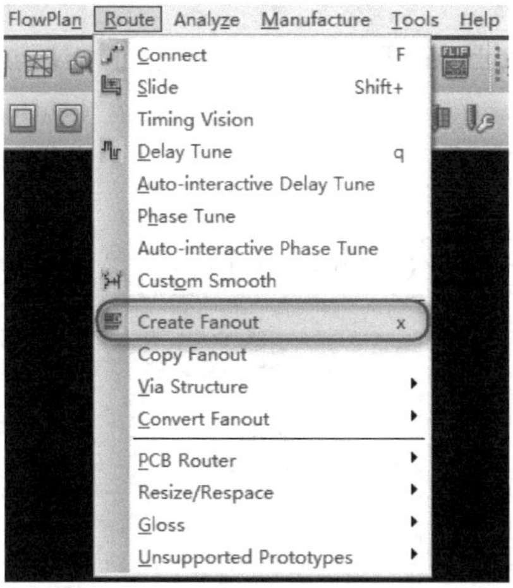

图 9-82 扇出菜单

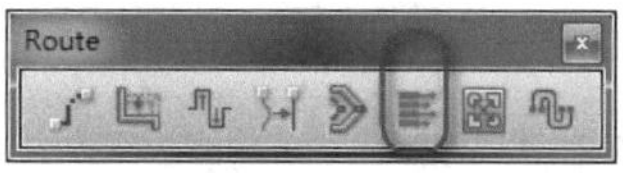

图 9-83 扇出图标

“Options”侧边栏如图 9-84 所示。

下面对常用设置进行讲解。

Include Unassigned Pins：默认不勾选，表示对无网络 Pin 也进行扇出。

Include All Same Net Pins：默认不勾选，若勾选后，对其中一个网络名为“GND”的 Pin 进行扇出，则此元件中其他“GND”网络的 Pin 也一起扇出。

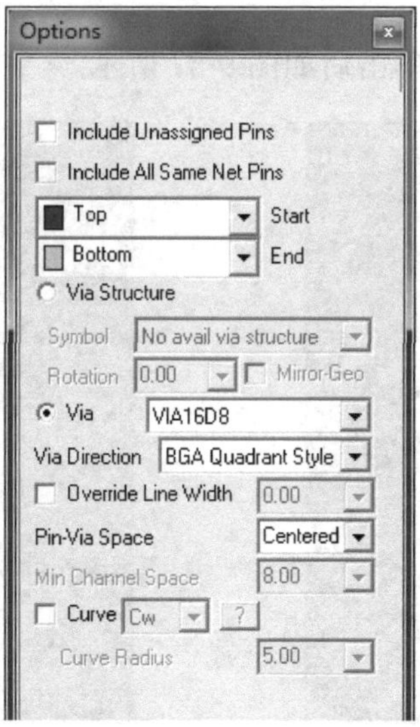

图 9-84 “Options”侧边栏

Override Line Width：默认不勾选，若勾选后，则会以此线宽对元件进行扇出，而不以约束管理器的设置扇出。

Via：选择扇出时的过孔，这里要提前在约束管理器中进行正确设置。

Via Direction：扇出时过孔的朝向，一般 BGA 扇出时选择“BGA Quadrant Style”。

Pin-Via Space：扇出时 Pin 与 Via 的距离，推荐选择“Centered”选项。

其他选项一般保持默认状态即可。

注意：Create Fanout 命令可操作对象包含 Symbols、Pin，大家在使用时，注意“Find”栏中对象的正确选择。

9.8.2 实例演示

（1）选择菜单“Route—Create Fanout”，“Find”、“Options”侧边栏设置如图 9-85 所示。

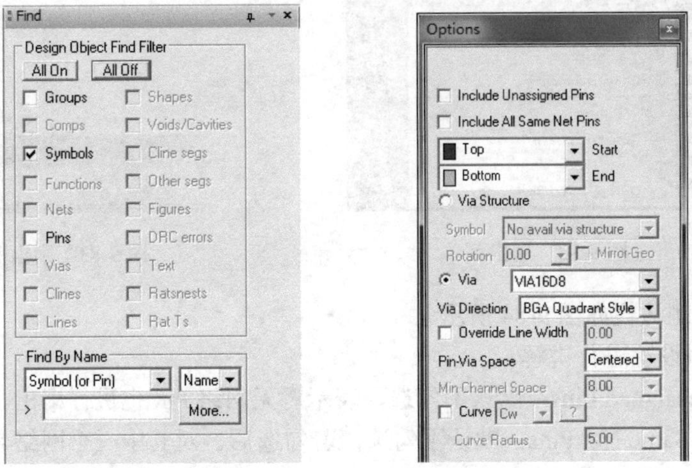

图 9-85 “Find”和“Options”侧边栏设置

（2）单击图 9-86 中的器件，单击后如图 9-87 所示。

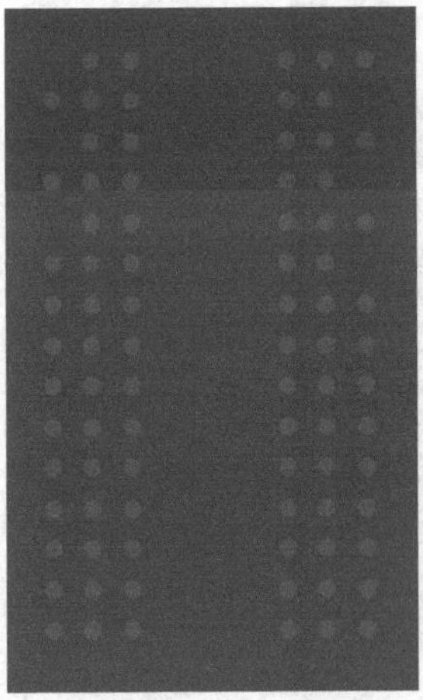

图 9-86 单击前

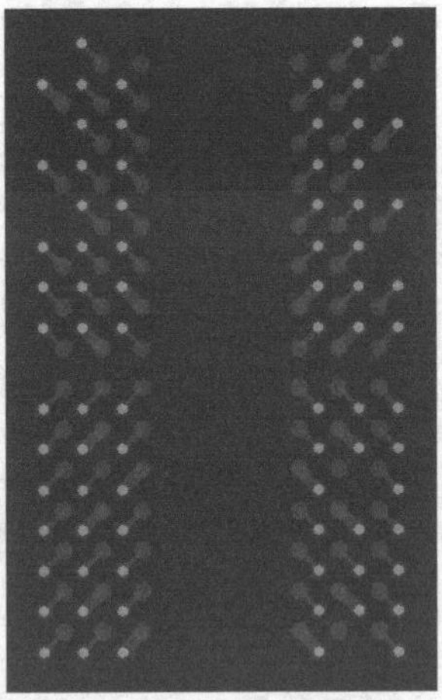

图 9-87 单击后

（3）通过右键选择“Done”，完成操作。

9.9　Copy 复用技巧

在 Allegro 中，软件允许无网络走线存在。我们可以利用这个特性，结合 Copy（复制）命令来复用走线，以提高设计效率。

9.9.1　DDR2 实例演示

常规 BGA 封装扇出后，如图 9-88 所示，短线都呈规律性引出。

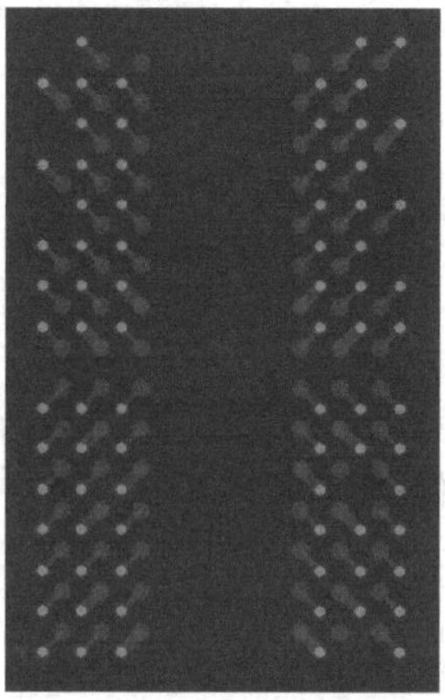

图 9-88　DDR2 扇出后

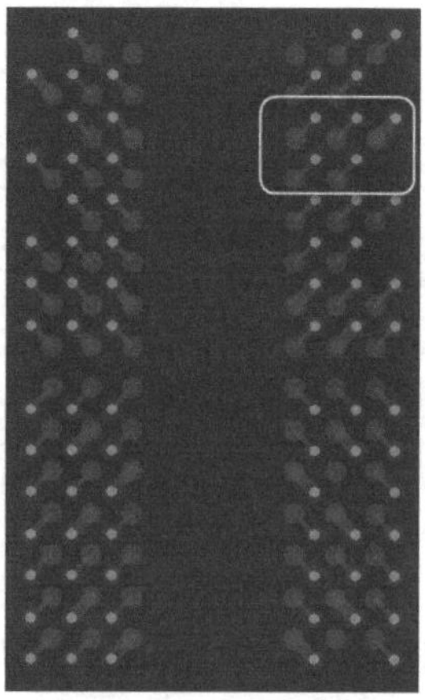

图 9-89　A 图

在设计过程中，要改变某些 Pin 的扇出方向，可以通过 Fanout 命令，重新对 Pin 进行扇出，也可以利用 Copy 命令使用技巧更快的方式达到目的。

下面将图 9-89 中标记处变成图 9-90 中标记处的样式。

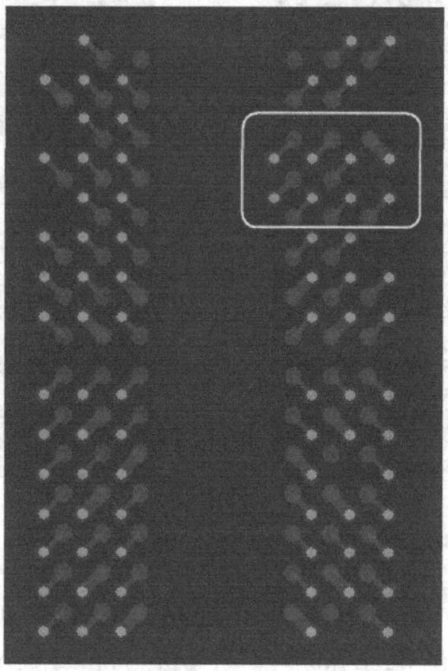

图 9-90　B 图

（1）选择菜单“Edit—Copy”，“Find”、“Opitons”侧边栏设置分别如图 9-91 所示。

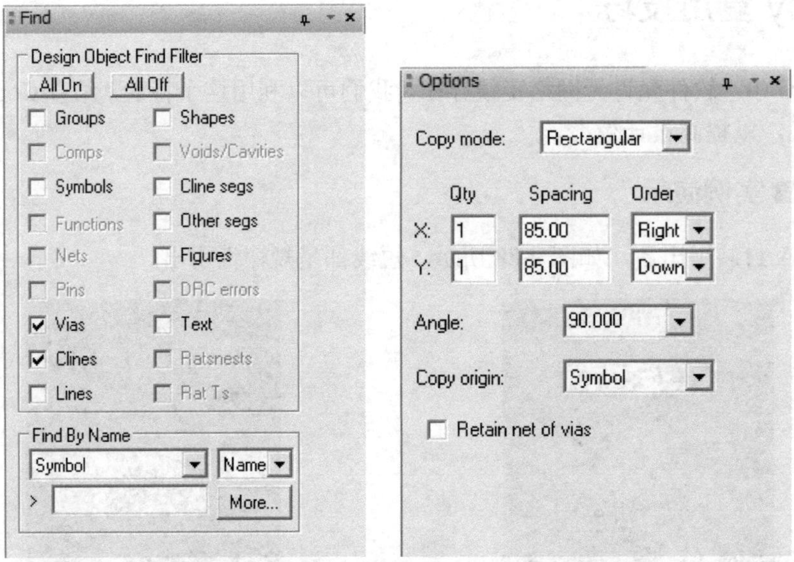

图 9-91 “Find”和“Options”侧边栏设置

注意：

① 此案例演示中，“Options”侧边栏中建议不勾选“Retain net of vias”；

② “Find”侧边栏中建议勾选“Vias”与“Clines”。

（2）框选短线和 Via，单击短线末端，如图 9-92 所示。

注意：必须单击短线末端。

（3）通过右键选择“Rotate”命令，旋转后如图 9-93 所示。

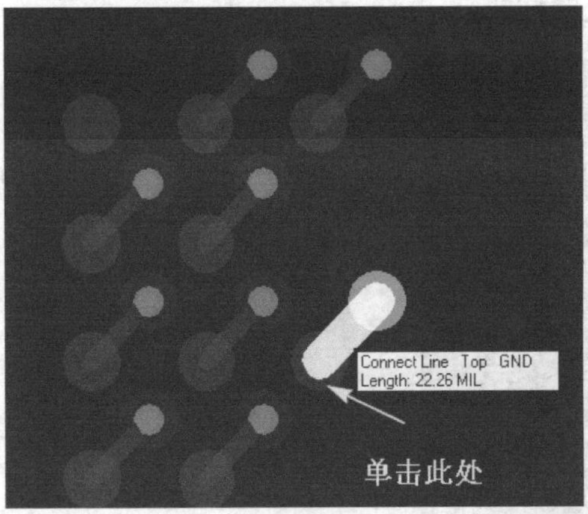

图 9-92 单击短线末端

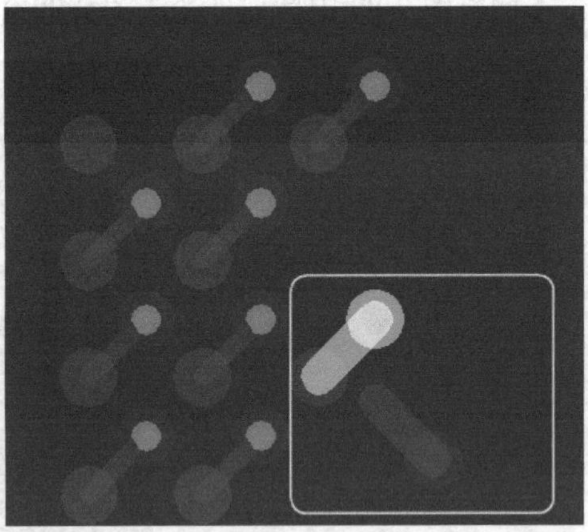

图 9-93 旋转短线和 Via

（4）单击 Pin 处，则短线、Via 自动与 Pin 连接在一起，如图 9-94 所示。

（5）右键选择“Done”，删掉多余的短线和 Via，如图 9-95 所示。

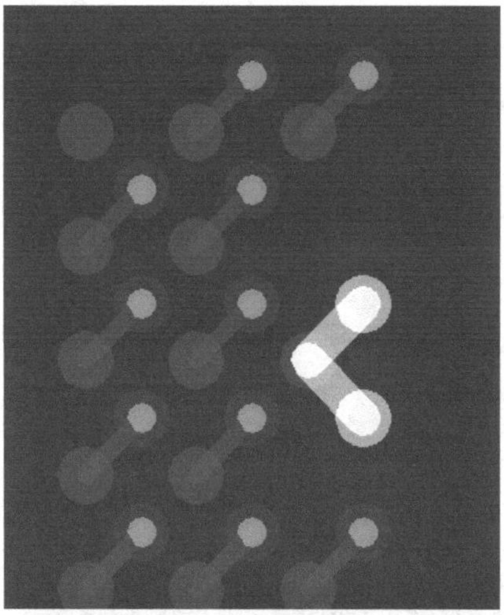

图 9-94　单击后则粘贴于焊盘上

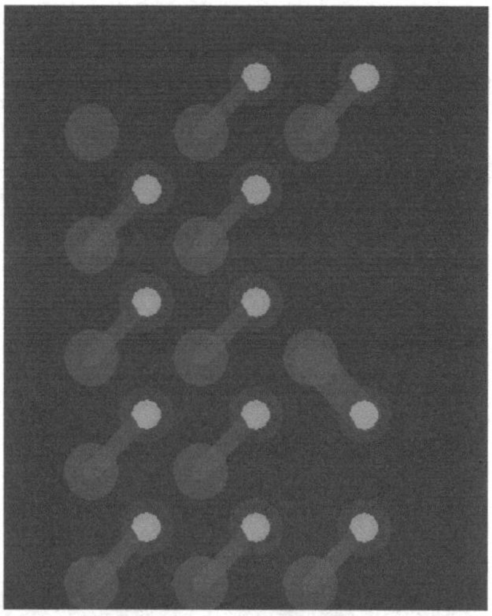

图 9-95　删除多余的短线和 Via

（6）其他 Pin 扇出同上述方法，则 A 图可快速变成 B 图样式。

9.9.2　DC 模块实例演示

当多个模块布局一样时，则只要将其中一个模块布线，其他模块复用其走线即可。两个布局一致的模块如图 9-96 所示。

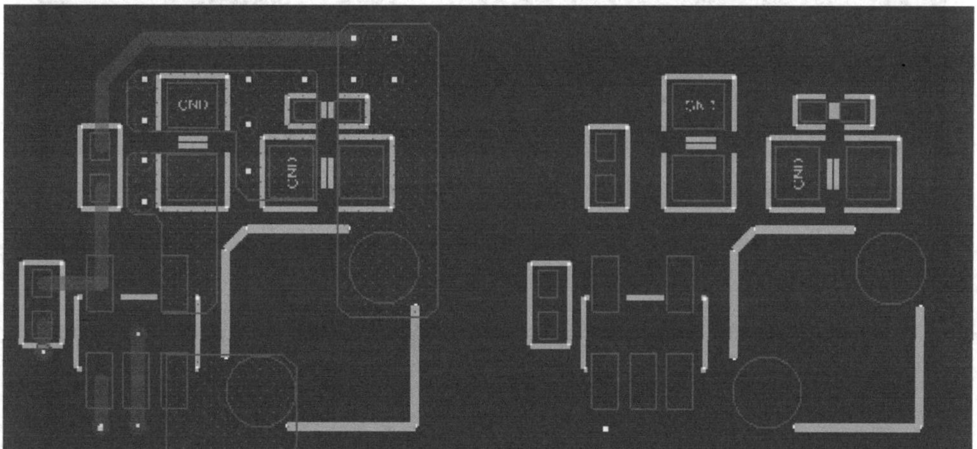

图 9-96　两个布局一致的模块

（1）选择菜单“Edit—Copy”，“Find”、“Opitons”侧边栏设置分别如图 9-97 所示。

注意：

① 此案例演示中，“Options”栏中不能勾选“Retain net of vias”；

② “Find”栏中建议勾选“Vias”与“Clines”。

（2）框选“Clines”、“Vias”、“Shapes”，单击其中一线段末端，粘贴到另外一个模块，如图 9-98 所示。

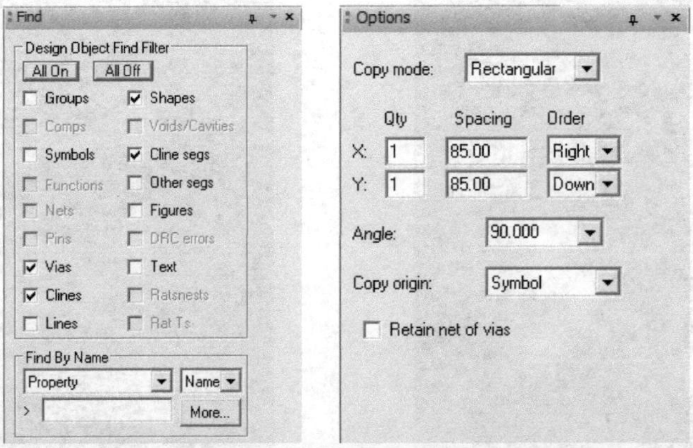

图 9-97 “Find”和“Options”侧边栏设置

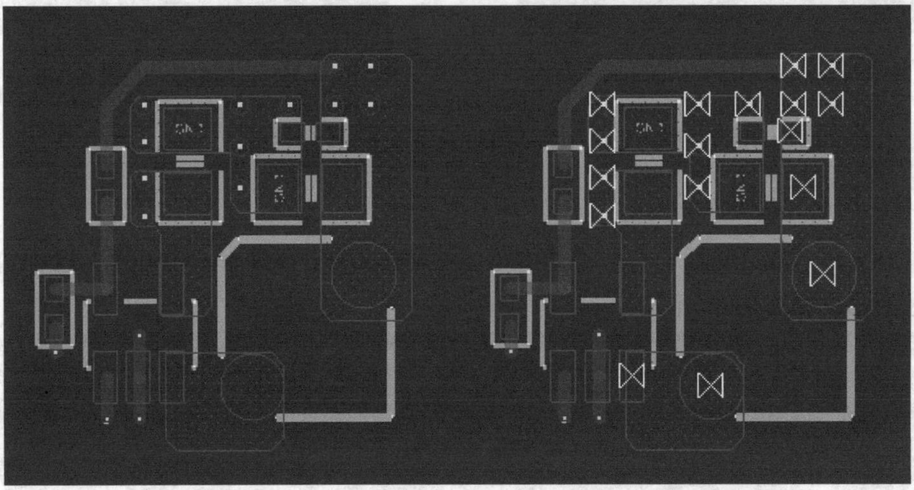
图 9-98 “Clines”、“Vias”、“Shapes”粘贴到另一个模块

（3）这里要将铜皮的网络属性更改为对应的网络，铜皮的属性更改操作参考覆铜篇。
（4）更改铜皮属性后，如图 9-99 所示。

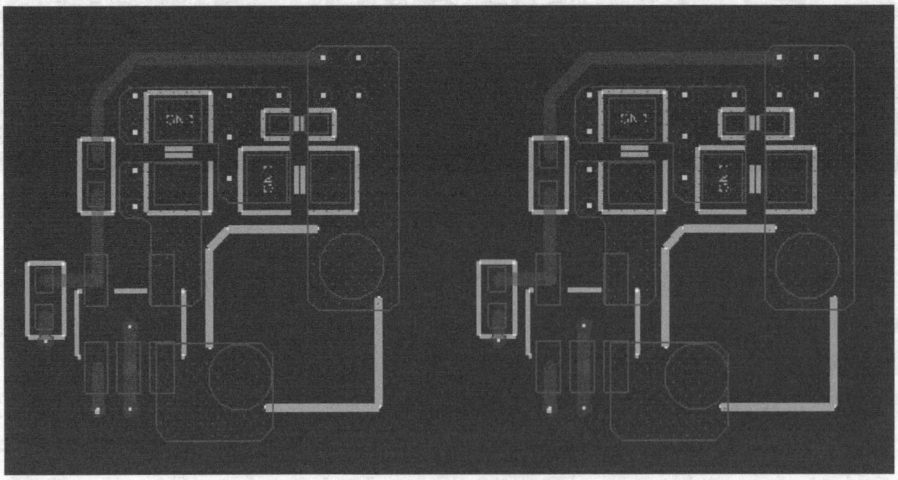
图 9-99　Copy 复用完成

（5）复用完成。

9.10　弧形走线

由于设计需要，一些信号走线须走成弧形，如图 9-100 所示。

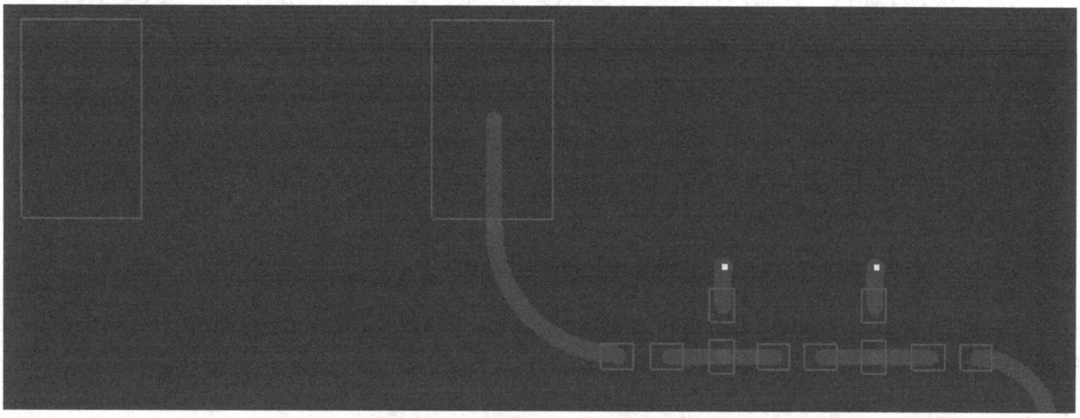

图 9-100　弧形走线示意图

9.10.1　方式一

弧形走线同常规走线不同之处在于“Options”侧边栏的设置不同，如图 9-101 所示。“Line lock”处要选择“Arc”，并根据需要选择走线角度。其他选择与常规 45° 走线相同。

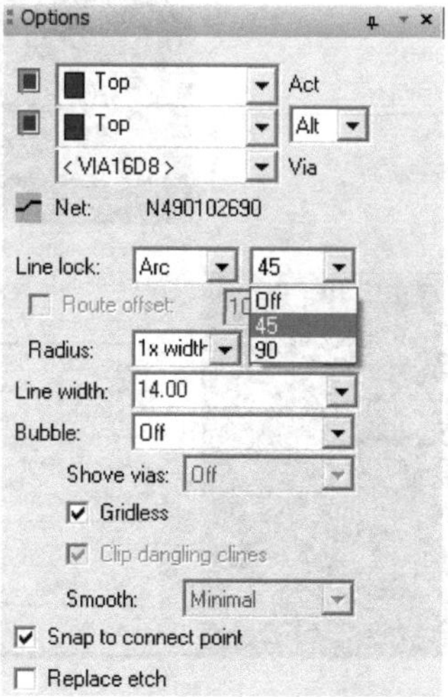

图 9-101　“Options”侧边栏的设置

9.10.2　方式二

（1）先按照 45° 走线，如图 9-102 所示。

图 9-102　45°走线示意图

（2）选择菜单“Route—Unsupported Prototypes—Auto-interactive Convert Corner”，如图 9-103 所示。

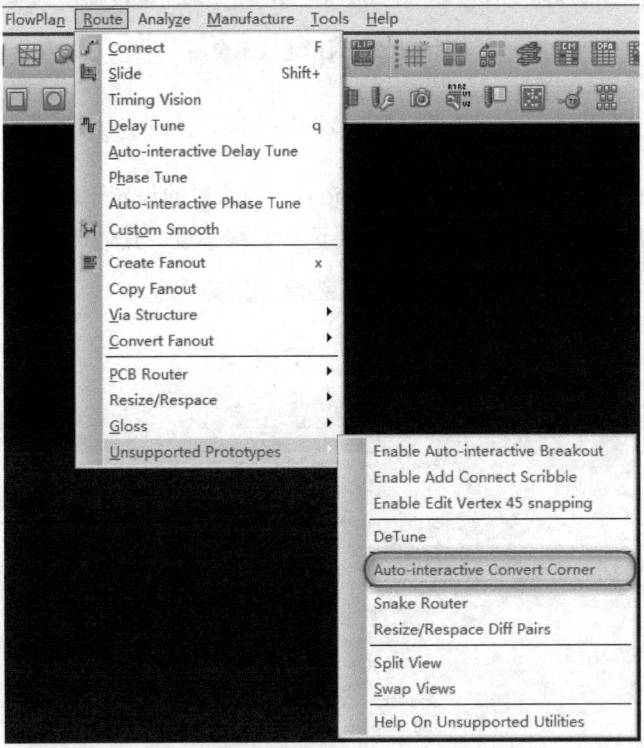

图 9-103　命令菜单

（3）单击“Auto-interactive convert Corner”后，“Options”侧边栏如图 9-104 所示。这里了解以下两个选项，其他的保持默认设置即可。

Preferred Radius Size：优先选择的弧度半径值。

Min Radius Size：可接受的最小弧度半径值。

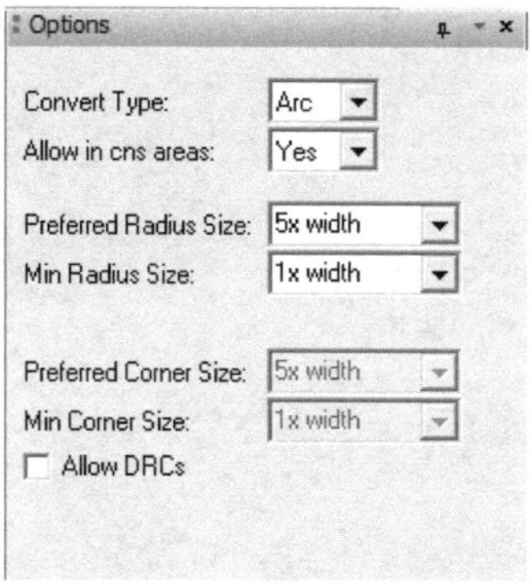

图 9-104 “Options”侧边栏

（4）在“Find”栏选择“Clines”后，单击“Clines”即可，效果如图 9-105 所示。
（5）通过右键选择“Done”，操作完成。

注意：此命令可连续单击多条“Clines”，大大提高弧形布线效率。

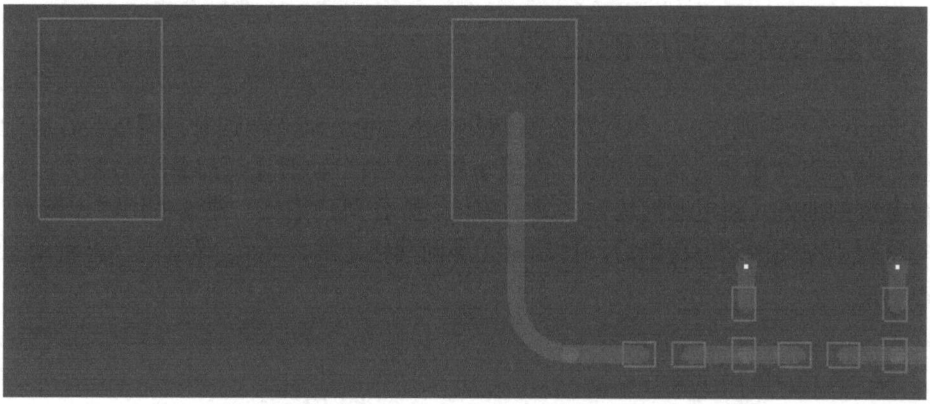

图 9-105 单击“Clines”转换成弧线

第10章 覆铜详解

10.1 动态与静态铜皮的区别

在 Allegro 的覆铜操作中，包含动态覆铜和静态覆铜。动态覆铜时，铜皮会在有走线、过孔、焊盘等地方自动避让，防止短路。而静态覆铜不会自动避让，需要手动避让。在一些要保证铜皮宽度的地方（如电源模块），为了防止误操作避让铜皮，建议使用静态覆铜。

技巧：可以在使用动态覆铜后，自动避让不同网络走线、Via、焊盘后，再将动态铜皮转换成静态铜皮。

10.2 菜单选项详解

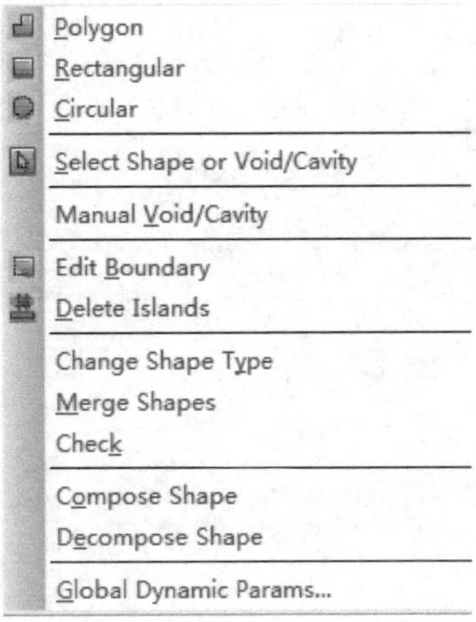

图 10-1 “Shape”菜单栏

“Shape”菜单栏如图 10-1 所示。

Polygon：绘制多边形铜皮，这个命令会经常用到。

Rectangular：绘制矩形铜皮。

Circular：绘制圆形铜皮。

Select Shape or Void/Cavity：选择“Shape”或者“Void”，“Void”为铜皮被挖掉局域。

Manual Void/Cavity：手工挖铜皮。

Edit Boundary：编辑 Shape 轮廓外形。

Delete Islands：删除死铜（孤立铜皮）。

Change Shape Type：改变铜皮类型，即动态与静态之间转换。

Merge Shapes：合并相同网络的铜皮。

技巧：相同网络铜皮 A 和 B 合并，若鼠标先单击 A 铜皮，再单击 B 铜皮，则最后合成的铜皮属性与 A 铜皮属性一致。

Check：检查铜皮。

Compose Shape：组成 Shape，将用线画成的多边形变成 Shape。

Decompose Shape：与 Compose Shape 命令对应，打散 Shape，将 Shape 变成线。

Global Dynamic Parameters：全局铜皮默认属性设置（这里可以设置铜皮与焊盘十字花连接）。

10.3 覆铜实例详解及技巧

10.3.1 实例操作

（1）选择菜单“Shape-Polygon”，“Options”侧边栏如图 10-2 所示。

（2）在“Shape Fill”的“Type”中，选择“Dynamic copper”表示动态铜皮，选择“Static copper”表示静态铜皮。此例选择 Dynamic copper。

（3）在界面“Assign net name”中，选择对应的网络名称，也可直接输入网络名，软件则将此网络赋予铜皮。

技巧：操作完第（2）步，通过右键选择“Assign Net”，如图 10-3 所示。

然后，单击对应网络的走线、焊盘或过孔，则“Options”侧边栏自动赋予铜皮该网络名（推荐使用此方式），如图 10-4 所示。

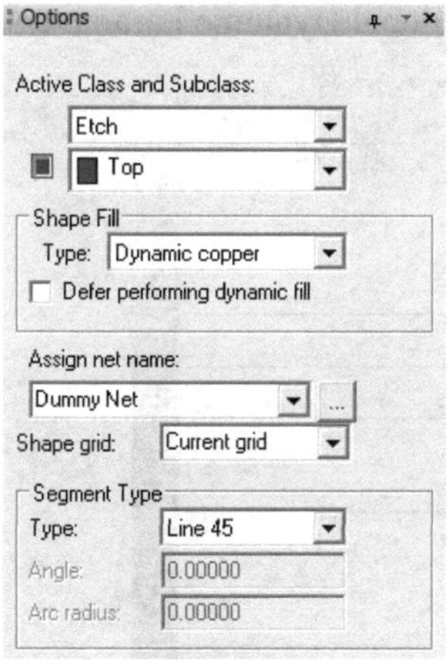

图 10-2 “Options”侧边栏

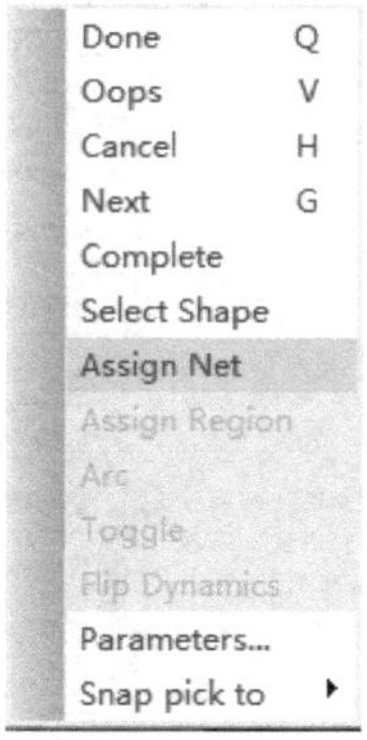

图 10-3 选择“Assign Net”

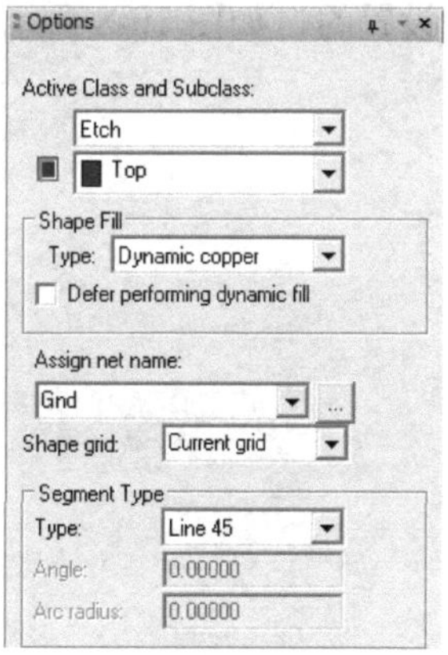

图 10-4 “Options”侧边栏设置

（4）在“Segment Type”的“Type”中，选择“Line 45”，表示铜皮拐角为 45°，如图 10-5 所示。

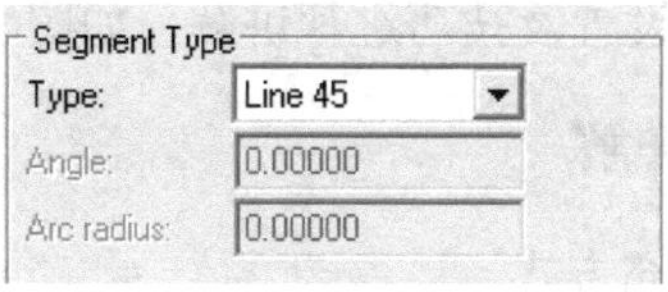

图 10-5 选择“Line 45”

（5）在 PCB 中绘制一个封闭图形，通过右键选择“Done”，铜皮添加完成，如图 10-6 所示。

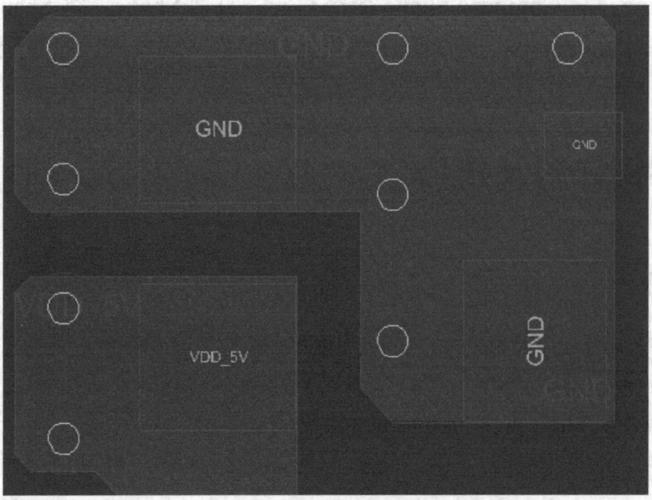

图 10-6　绘制铜皮

注意：绘制过程中，可以通过右键选择“Complete”命令，快速完成多边形铜皮的绘制，如图 10-7 所示。

以上操作绘制出来的铜皮的默认属性是在菜单栏“Shape—Global Dynamic Parameters”窗口中设置的，如图 10-8 所示。

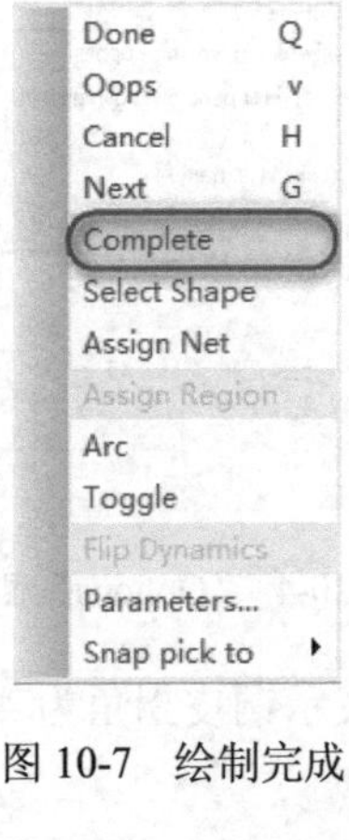

图 10-7　绘制完成

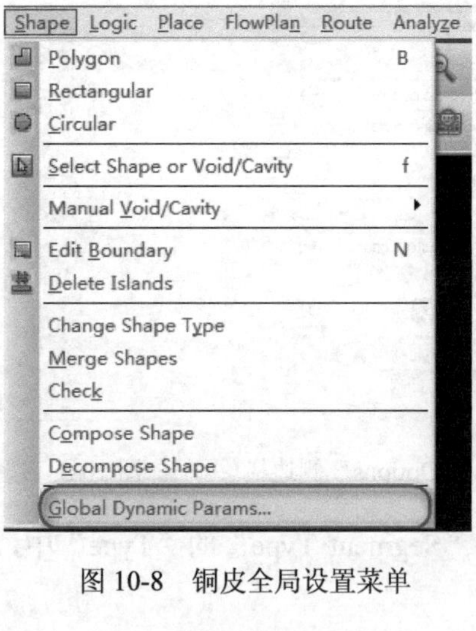

图 10-8　铜皮全局设置菜单

下面对全局设置窗口的常用设置及技巧进行讲解，如图 10-9 所示。

10.3.2　“Shape fill”选项卡详解

Dynamic fill：动态铜皮的填充方式。

Smooth：铜皮会自动实时避让，当 PCB 设计层数较多，Via 较多时，电脑可能会卡顿。

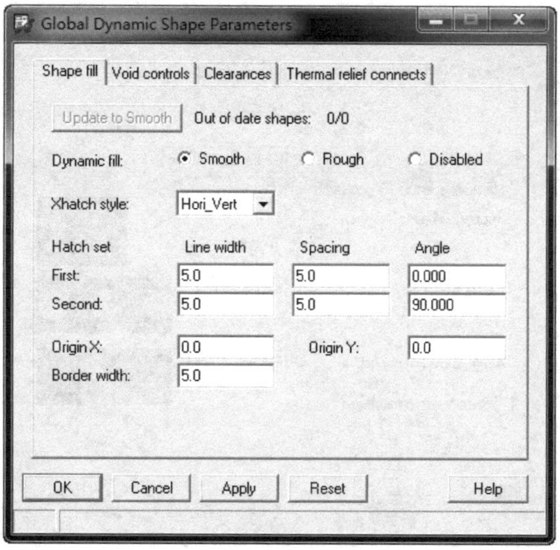

图 10-9　全局设置窗口

Rough：用于显示铜皮的连接。注意，在出光绘文件时，需要选择 Smooth。

Disabled：铜皮不会实时避让，需要单击“Up to Smooth”才会避让。若板子铜皮较多时，可选择此项，再统一“Update to Smooth”。

Xhatch style：铜皮的填充模式。

Vertical：仅有垂直线。

Horizontal：仅有水平线。

Dia_Pos：仅有斜 45°线。

Dia_Neg：仅有斜-45°线。

Dia_Both：45°和-45°线都有。

Hori_Vert：水平线和垂直线都有。

Hatch Set 是 Allegro 用于填充铜皮的平行线的设置。根据所选择的 Xhatch style 的不同，设置会有所不同。

Line width：填充连接线的线宽必须小于或等于 Border width 指定的线宽。

Spacing：填充连接线的中心到中心的距离。

Angle：交叉填充线之间的夹角。

Origin X，Y：设置填充线的坐标原点。

Border width：铜皮边界的线宽，必须大于或等于 Line width 的值。

说明：一般设计中，上述界面中选择“Smooth”，其他设置保持默认即可，不用更改。

10.3.3 “Void controls”选项卡详解

选择“Void controls”选项卡，如图 10-10 所示，该选项卡用于设置避让的控制。

Artwork format：设置光绘文件采用的文件格式，要与 Artwork 的设置处格式一致，如图 10-11 所示。

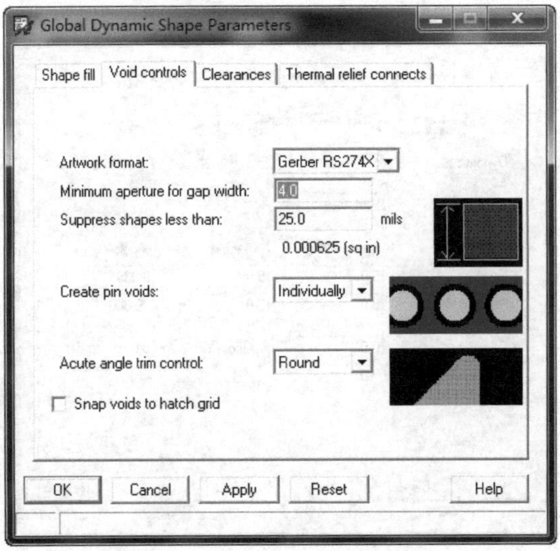

图 10-10 “Void controls”选项卡

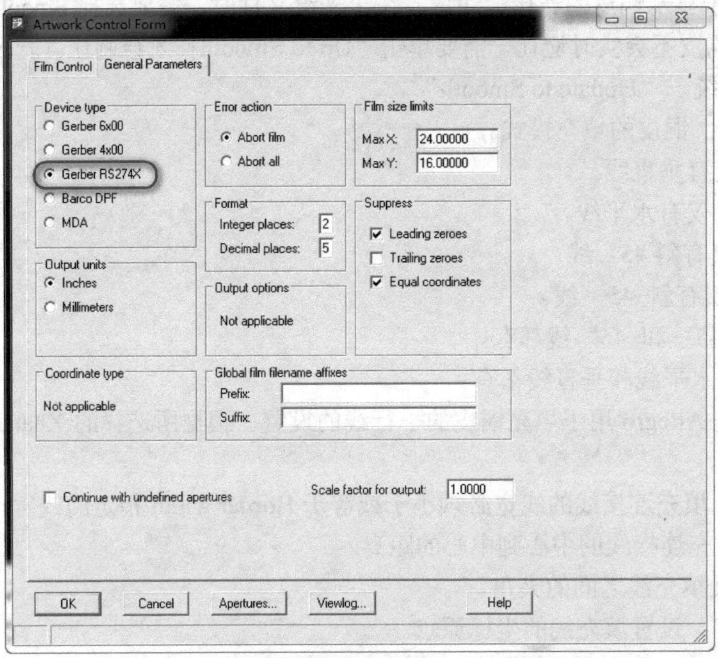

图 10-11 选择相同的 Gerber 格式

Minimum aperture for artwork fill：指定光绘文件输出时，最小可以打印的光圈的宽度，只适合于覆实心铜皮（solid fill）的模式。在输出光绘文件时，如果避让与铜皮的边界距离小于最小光圈限制，则该避让还会被填充。在这样的问题点，Allegro 将在“Manufacture/shape problem”的“Subclass”中标记一个圆圈图样。

Minimum aperture for gap width：指定两个避让之间或者避让与铜皮边界之间的最小距离。

Suppress Shapes Less Than：在进行动态覆铜时，由于 Cline、Pin 等的阻隔，可能整个铜

皮将被分离成多个部分，如果某个部分的面积小于本处指定的大小，则将被忽略，不予覆铜。

Create Pin Voids：对于围绕一排焊盘，主要是 Dip 类型，生成避让时采用的方式，如果选择“In-Line”，则被这些焊盘作为一个整体进行避让；如果选择“Individually”，则以分离的方式产生避让。

Distance between pins：只在“Create Pin Voids”中选择“In-Line”时才出现，设置将焊盘看作整体的最大焊盘间距。

Acute Angle Trim Control：指定铜皮边沿拐角的形状。

Snap Voids to Hatch Grid：将产生的避让捕获到格点上，只针对网格状覆铜。

说明：大家可以根据上述释义进行更改常规 PCB 设计，默认设置即可。

10.3.4 “Clearances”选项卡详解

“Clearances”选项卡如图 10-12 所示，用于设置铜皮与 Smd pin、Thru pin、Via、Line、Cline 等对象的间距。

每个对象有多种选择，如图 10-13 所示。

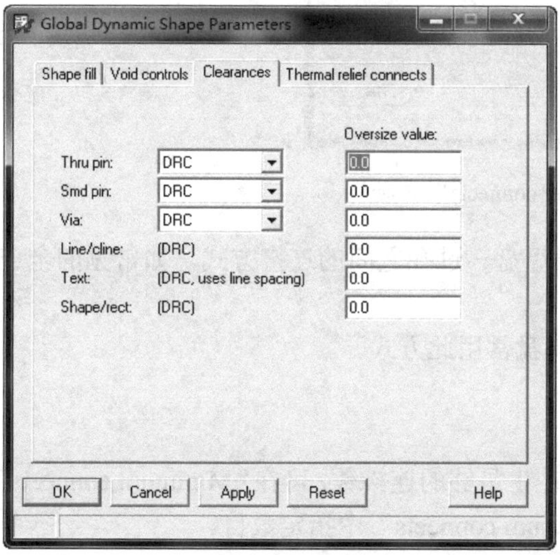

图 10-12 “Clearances”选项卡

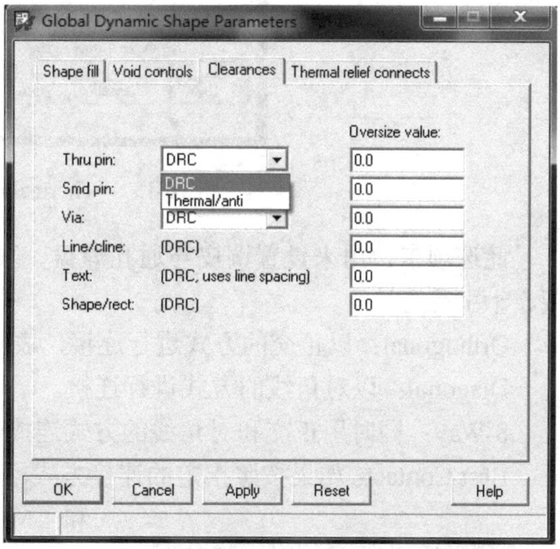

图 10-13 下拉菜单中的多种选择

Thermal Anti：按照在 Pin 或 Via 的焊盘中设置的“Thermal relief”与“Antipad”产生避让。

DRC：按照在 DRC 检测中设置的间隔产生避让。

Oversize value：例如，在约束管理器中，Shape 到 Thru pin 的避让设置为“8mil”，“Oversize value”设置为 2mil，如图 10-14 所示。

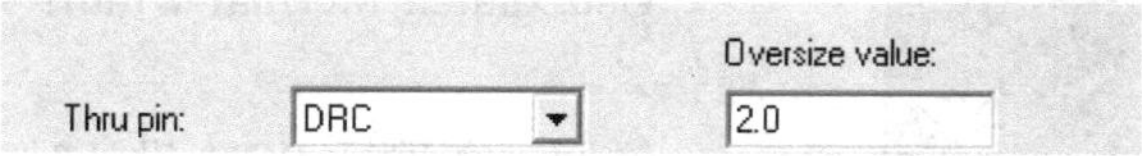

图 10-14 输入数值

在实际操作中，Shape 和 Thru pin 的避让距离为 10mil（8mil+2mil）。其他设置的 Oversize value 作用同理。

说明：大家可以根据上述释义进行更改。

10.3.5 “Thermal relief connects”选项卡详解

“Thermal relief connects”选项卡如图 10-15 所示。

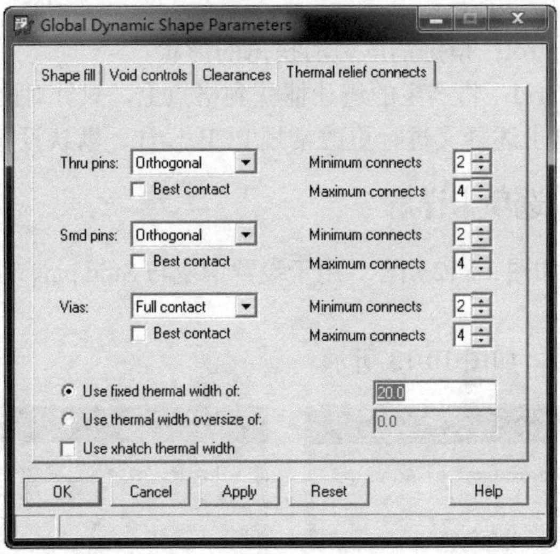

图 10-15 “Thermal relief connects”选项卡

此选项卡常用来设置铜皮与通孔焊盘、表贴焊盘、过孔之间的连接方式，如常见的全连接、十字花连接等。

Orthogonal：以正交的方式进行连接，表贴焊盘常用此方式。

Diagonal：以对角线的方式进行连接。

8-Way：同时用正交和对角线的方式连接。

Best Contact：如果按照指定的连接方式不能产生足够的连接数，可在“Minimum connects”和“Maximum connects”中指定数目。

Minimum connects：最小连接数。

Maxmum connects：最大连接数。

Use fixed thermal width of：使用固定的连接线宽度，在十字花连接模式中，建议选择此项，统一连接线宽度。焊盘与铜皮十字花连接示意图如图 10-16 所示。

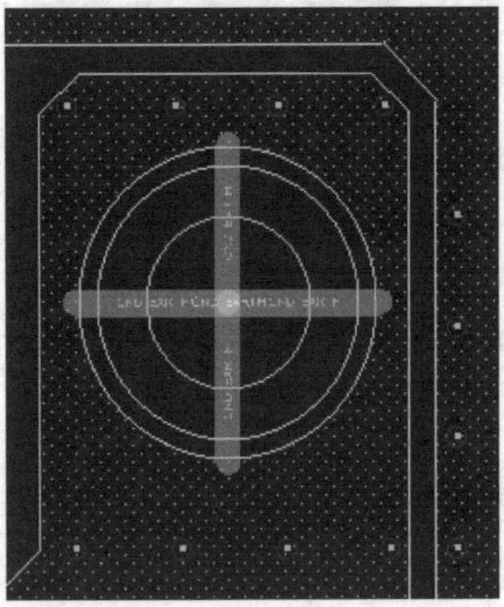

图 10-16 焊盘与铜皮十字花连接示意图

Use thermal width oversize of：在约束管理器中设定的线宽基础上，再增加对应的宽度数值，来进行连接。

Use xhatch thermal width：使用 xhatch 模式宽度连接。

说明：在进行 PCB 设计时，经常要设置铜皮与焊盘的连接方式来满足相关要求。

10.4　编辑铜皮轮廓

（1）选择菜单“Shape—Edit Boundary”，如图 10-17 所示。

编辑铜皮轮廓图标如图 10-18 所示。

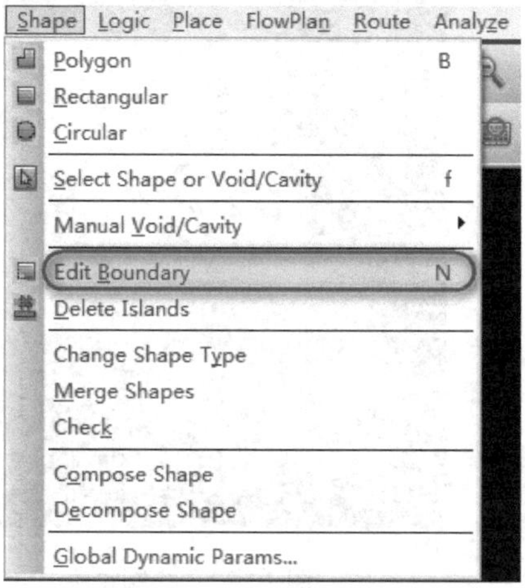

图 10-17　编辑铜皮轮廓菜单

图 10-18　编辑铜皮轮廓图标

（2）单击需要编辑的铜皮，铜皮会高亮显示，如图 10-19 所示。

（3）继续在边界单击，如图 10-20 所示。

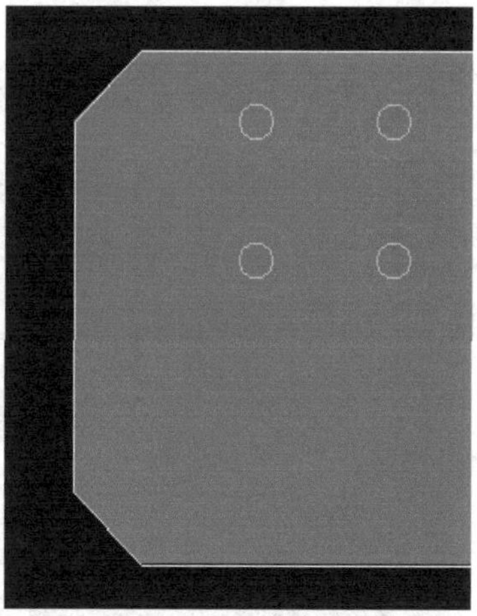

图 10-19　单击铜皮

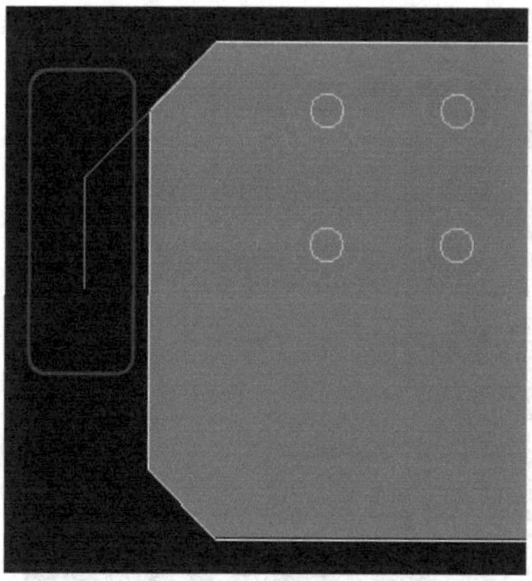

图 10-20　编辑铜皮轮廓

技巧：若捕捉不到铜皮边界，建议将“Grid”值设置小些。

设置“Grid”的操作步骤如下。

选择菜单“Setup—Grids”，设置更改栅格大小，如图 10-21 所示。

（4）同轮廓另一点连接，则编辑完成，如图 10-22 所示。

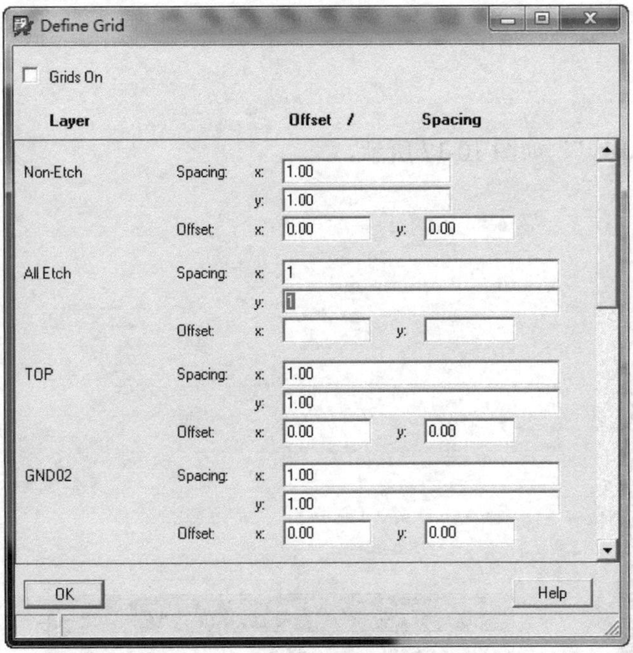

图 10-21　更改栅格大小

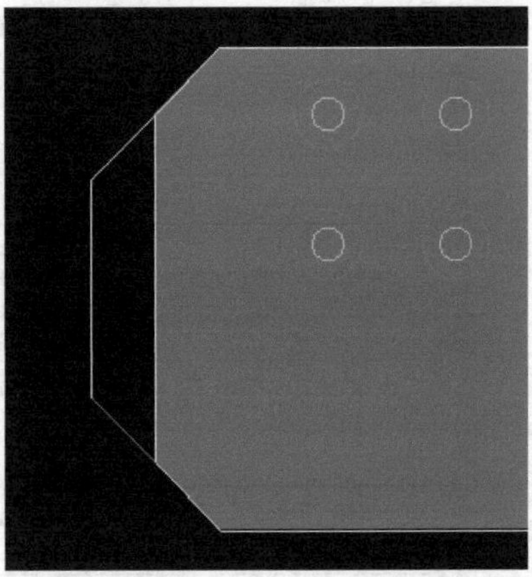

图 10-22　绘制轮廓

注意：编辑过程中，新轮廓轨迹与原轨迹只能有一个交点，不允许有线段重合，否则无法编辑，如图 10-23 所示的标记处。

继续编辑轮廓，完成后如图 10-24 所示。

（5）通过右键选择“Done”，编辑铜皮轮廓完成。

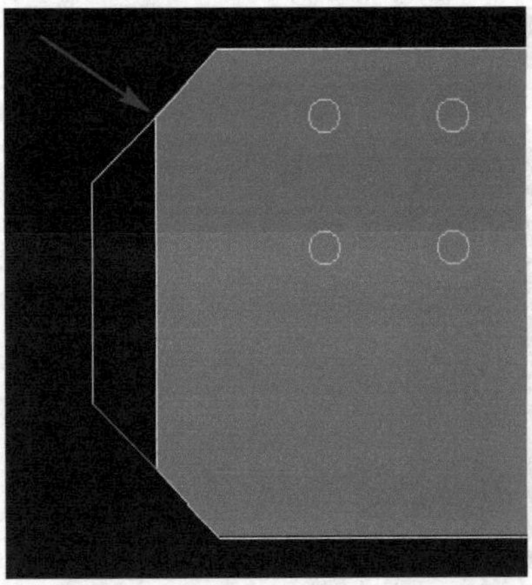

图 10-23　箭头处只能有一个交点

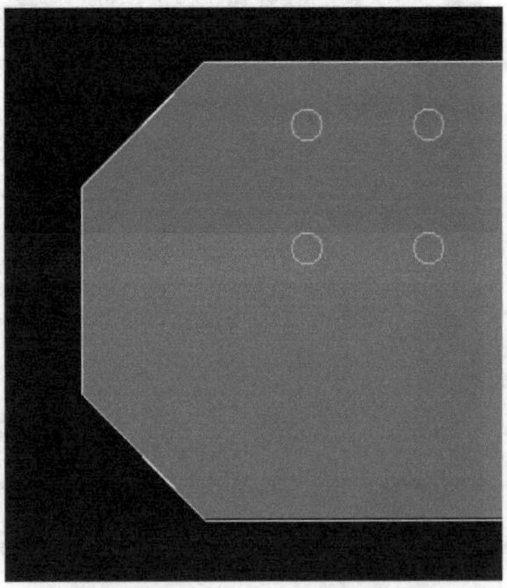

图 10-24　编辑轮廓完成

10.5　铜皮镂空

铜皮镂空前后的对比图如图 10-25 所示。

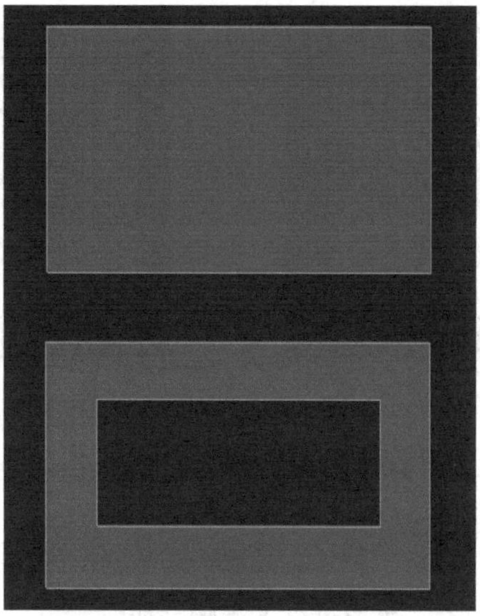

图 10-25 铜皮镂空前后的对比图

10.5.1 实例操作

（1）选择菜单“Shape—Manual Void/Cavity—Rectangular”，如图 10-26 所示。

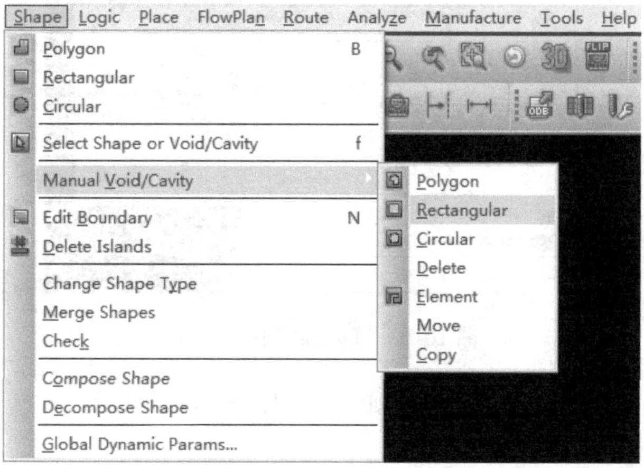

图 10-26 镂空铜皮菜单

说明：也可选择“Polygon”和“Circular”形状进行镂空。

工具栏中镂空铜皮图标如图 10-27 所示。

图 10-27 镂空铜皮图标

（2）单击铜皮，如图 10-28 所示。绘制出镂空轨迹，再单击，如图 10-29 所示。

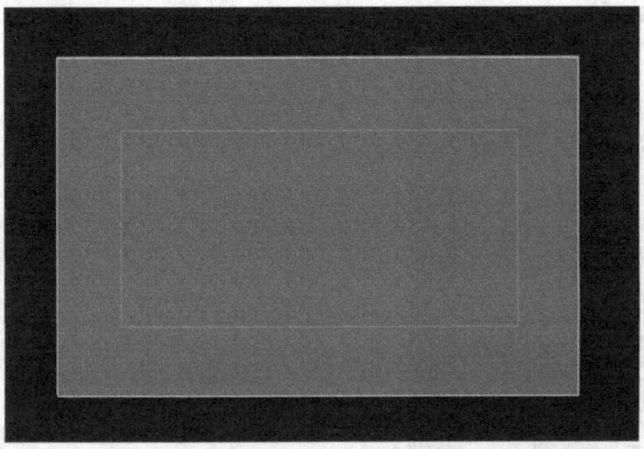

图 10-28　镂空铜皮

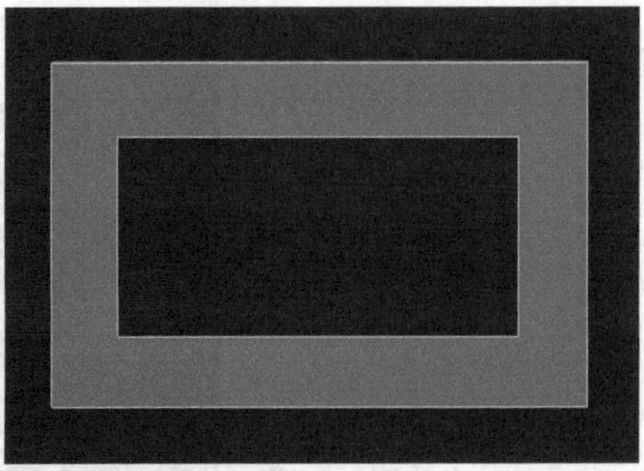

图 10-29　镂空铜皮完成

（3）通过右键选择“Done”，操作完成。

10.5.2　技巧讲解

若想恢复到铜皮镂空前状态，可通过以下步骤完成。

（1）选择菜单“Shape—Manual Void/Cavity—Delete”，如图 10-30 所示。

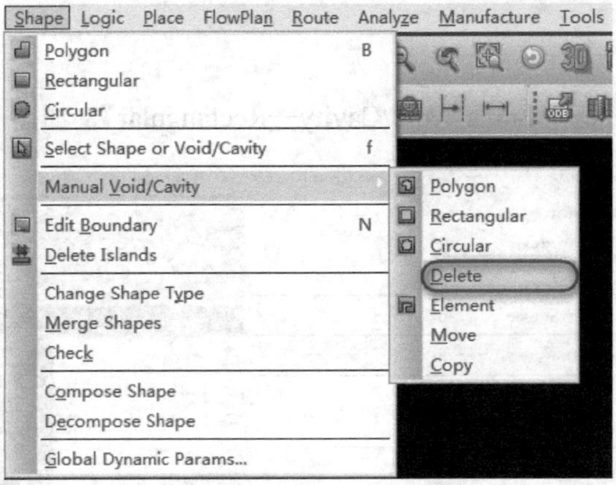

图 10-30　删除镂空区域菜单

（2）将光标放置在镂空轨迹边界处，如图 10-31 所示。

（3）单击后，如图 10-32 所示。

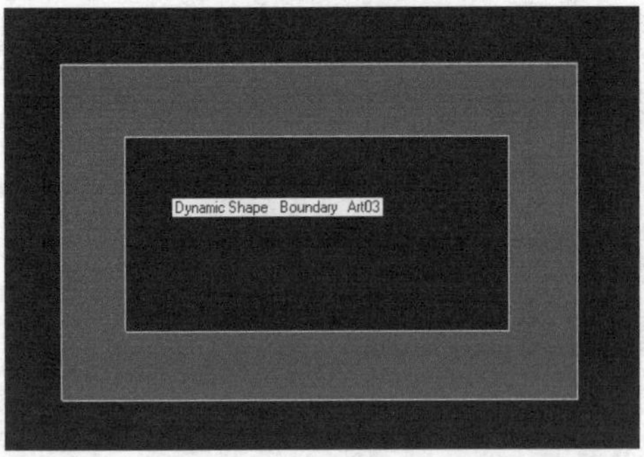

图 10-31　光标放置在镂空轨迹边界处

图 10-32　删除镂空区域完成

（4）通过右键选择“Done”，操作完成，如图 10-33 所示。

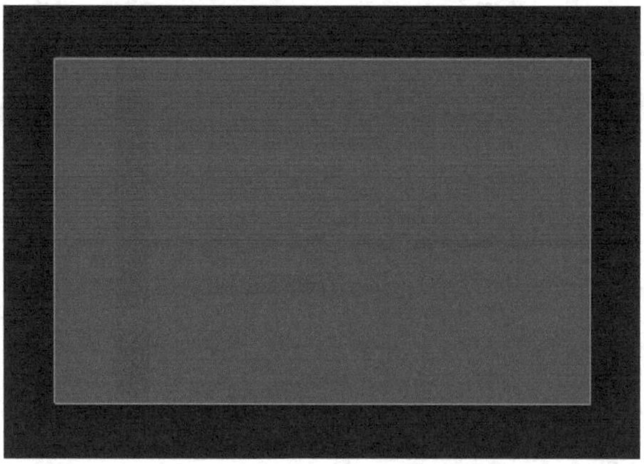

图 10-33 操作完成

10.6 铜皮合并

在 Allegro 软件中，当两个铜皮在同一层有重叠、网络相同且同为动态或者静态属性时，可以使用合并铜皮命令将它们合并。铜皮合并前、后的效果如图 10-34、图 10-35 所示。

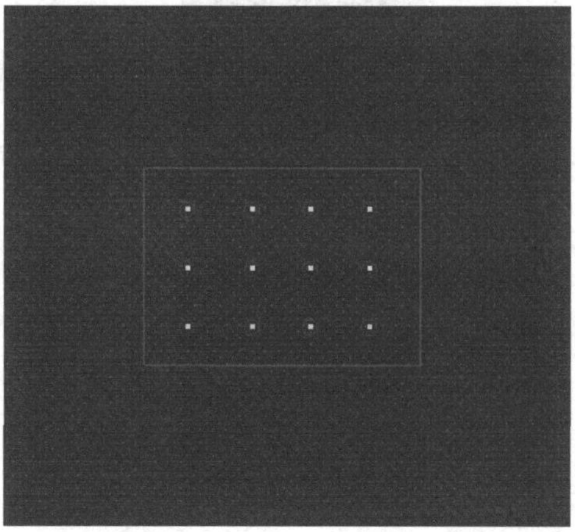

图 10-34 合并前的效果

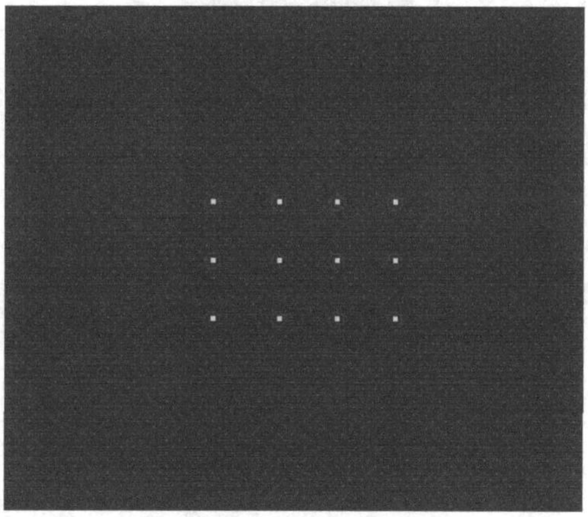

图 10-35 合并后的效果

操作步骤如下。

（1）选择菜单“Shape—Merge Shapes”，合并铜皮菜单如图 10-36 所示。

（2）连续单击两块铜皮，铜皮即可合并，通过右键选择“Done”，操作完成。

注意：

① 铜皮网络要一致；

② 同为动态铜皮或同为静态铜皮。

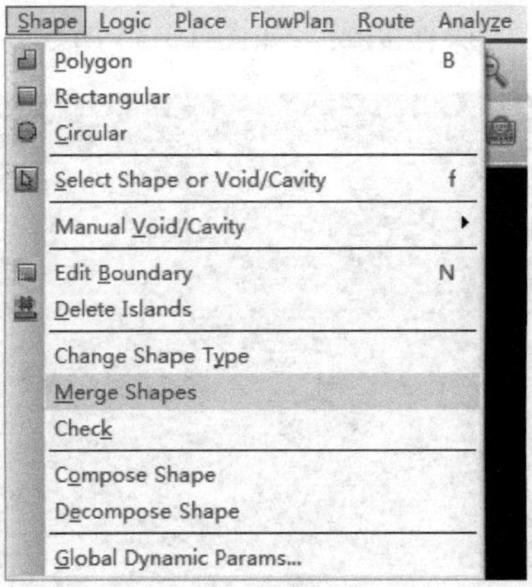

图 10-36　合并铜皮菜单

10.7　铜皮形态转换

在默认设置下，动态铜皮和静态铜皮的显示效果如图 10-37、图 10-38 所示。

图 10-37　动态铜皮的显示效果

图 10-38　静态铜皮的显示效果

在 PCB 设计中，有时要对铜皮进行属性转换，下面讲解两种操作方式。

10.7.1　方式一

（1）选择菜单“Shape—Change Shape Type”弹出改变铜皮类型菜单，如图 10-39 所示。

（2）动态铜皮转换成静态铜皮。

在“Options”栏中，“Tpye”中选择“To static solid”，设置如图 10-40 所示。

（3）单击要转换的动态铜皮，如图 10-41 所示。

弹出如图 10-42 所示的界面，单击“是（Y）”按钮。

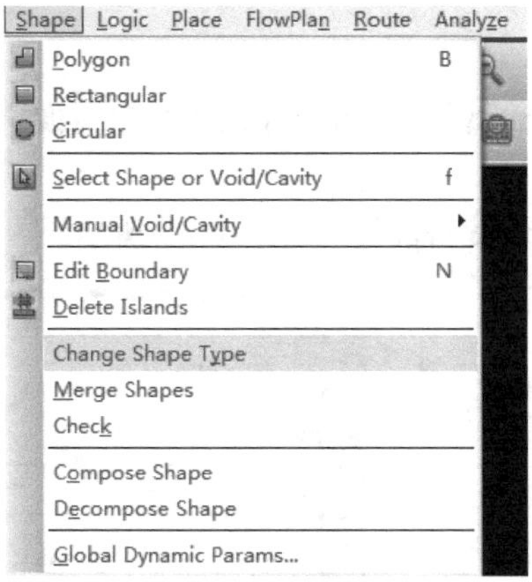

图 10-39　改变铜皮类型菜单

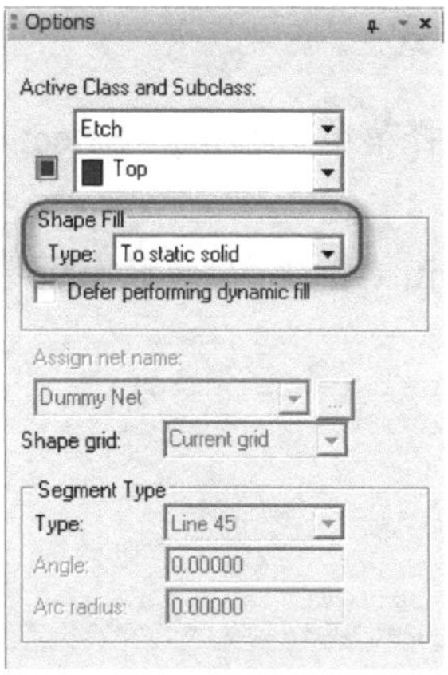

图 10-40　选择“To static solid”

图 10-41　单击动态铜皮

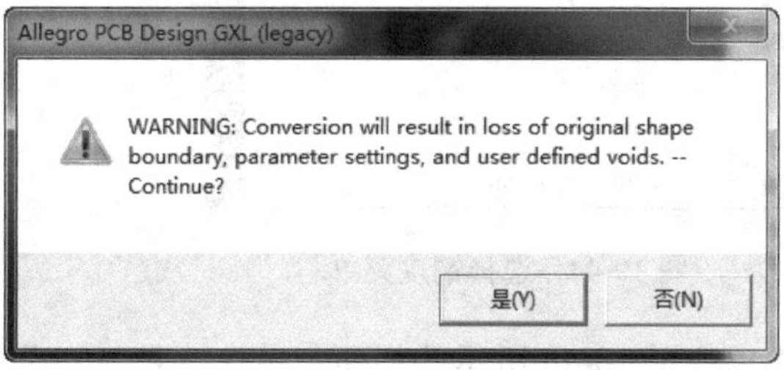

图 10-42　单击“是（Y）”按钮

（4）转换完成，通过右键选择“Done”，操作完成。

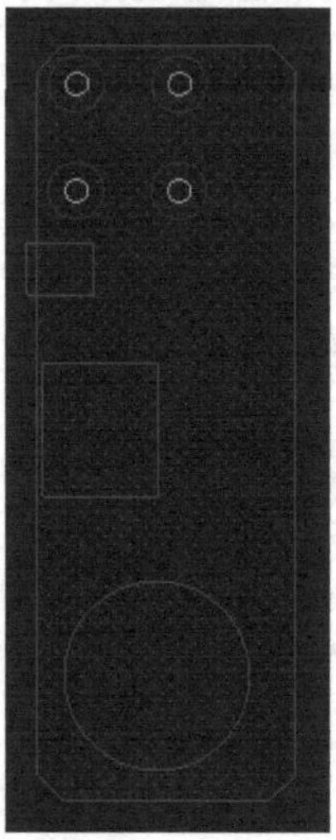

图 10-43　转换完成

10.7.2 方式二

（1）选择菜单“Shape—Select Shape or Void/Cavity”，弹出选择铜皮菜单页面，如图 10-44 所示。

（2）单击“铜皮”，通过右键选择“Change Shape Type”，如图 10-45 所示。

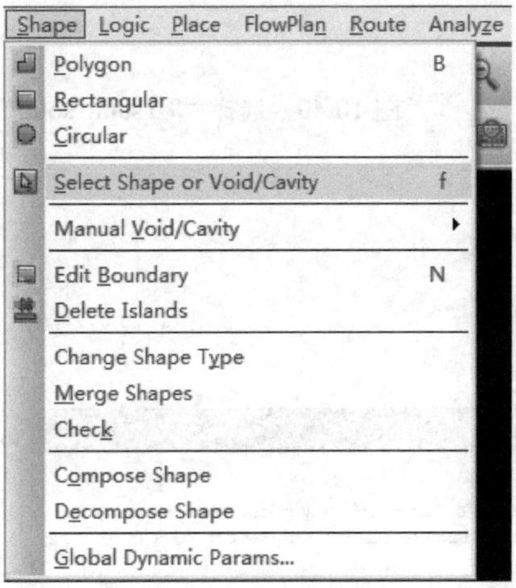

图 10-44　选择铜皮菜单

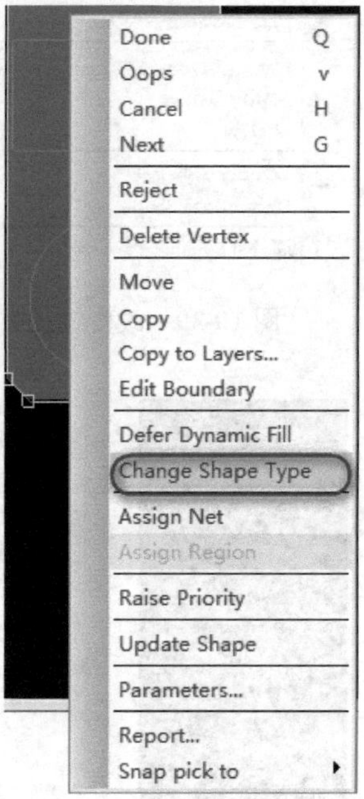

图 10-45　右键选择“Change Shape Type”

（3）弹出如图 10-46 所示的界面，单击“是（Y）”按钮。

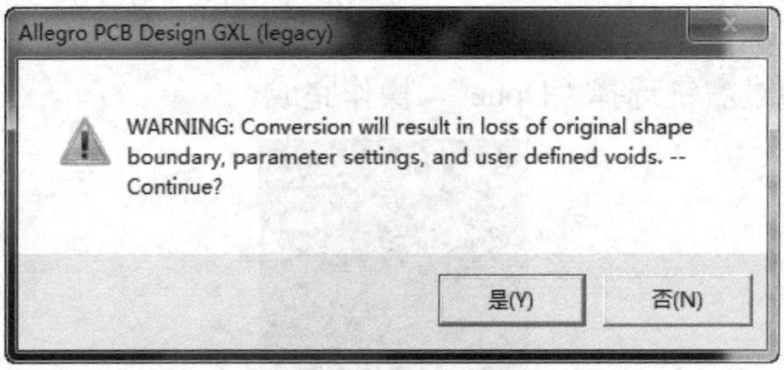

图 10-46　单击“是（Y）”按钮

（4）转换完成，通过右键选择“Done”，操作完成。

说明：可结合快捷键，选择自己习惯的操作方式。

10.8　平面分割

在 Allegro 软件中，平面层的铜皮分割常采用两种方式。

10.8.1　方式一

（1）首先绘制好“Route Keepin”区域，绘制操作与常规覆铜操作相同，这里不再重复叙述。
注意：“Options”侧边栏选择对应的是“Subclass”，如图 10-47 所示。
（2）常规操作绘制好铜皮，如图 10-48 所示。

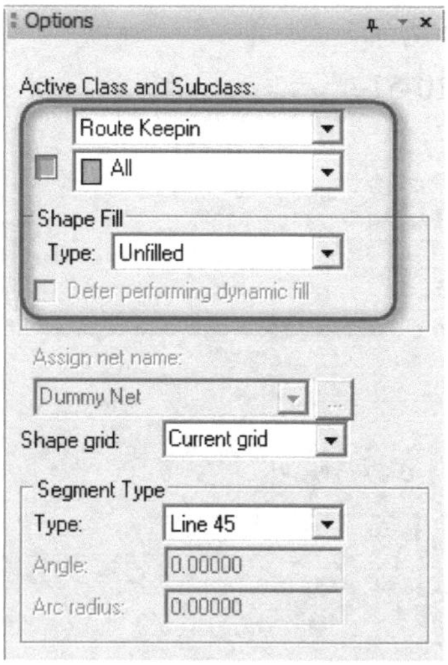

图 10-47　“Options”侧边栏设置

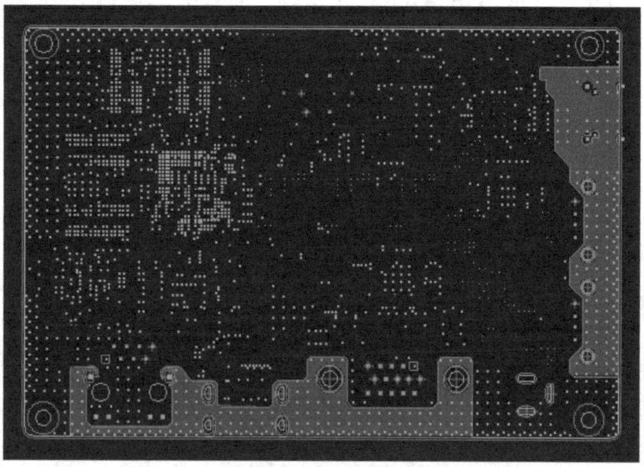

图 10-48　绘制铜皮

（3）然后可按照常规覆铜操作绘制一个大铜皮，覆盖板框。由于铜皮为动态属性且网络不同，则自动与图 10-48 中的两块铜皮避让，如图 10-49 所示。

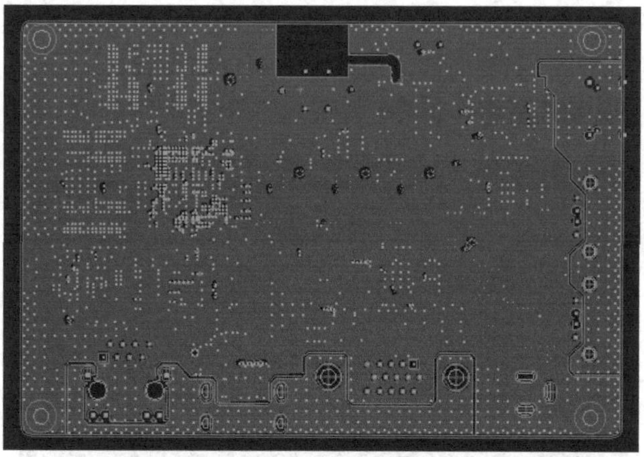

图 10-49　大铜皮自动避让已有的铜皮

（4）可通过上述操作将平面分割成多个铜皮。
说明：
① 须提前绘制“Route Keepin”区域；
② 铜皮避让间距在约束管理器中设置；
③ 在默认情况下，也可先绘制大块铜皮，然后再绘制小铜皮，同样会避让，达到分割铜

皮的目的。

10.8.2 方式二

（1）首先绘制好“Route Keepin”区域，绘制操作与常规覆铜操作相同，这里不再重复叙述。

注意：“Options”栏选择对应的是“Subclass”，如图 10-50 所示。

（2）选择菜单“Add—Line”，“Options”侧边栏设置如图 10-51 所示。

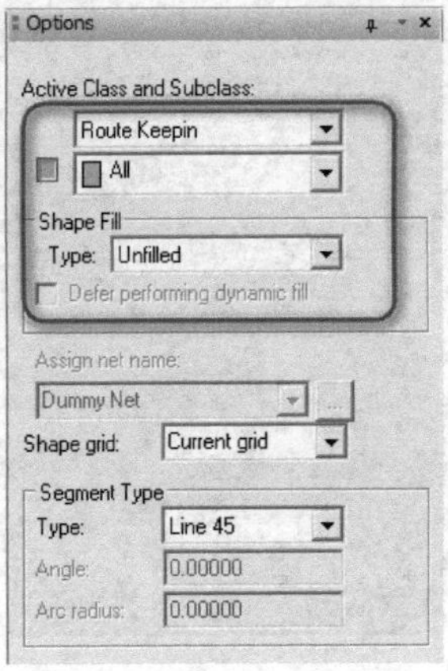

图 10-50 “Options”侧边栏设置（一）

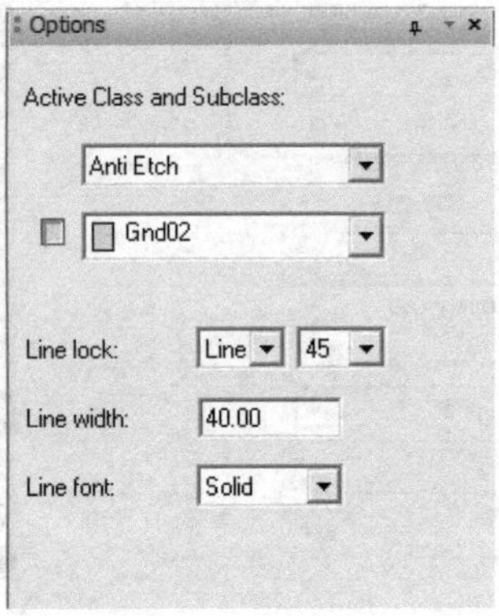

图 10-51 “Options”侧边栏设置（二）

Active Class and Subclass 选择“Anti Etch/Gnd02”（此例中分割 Gnd02 层）。

Line lock：选择 45°、任意角度还是弧线画线。

Line width：设置线宽的宽度。

说明：此种分割方式中，只要有线段的地方，铜皮均会避让。

（3）添加线段如图 10-52 所示。

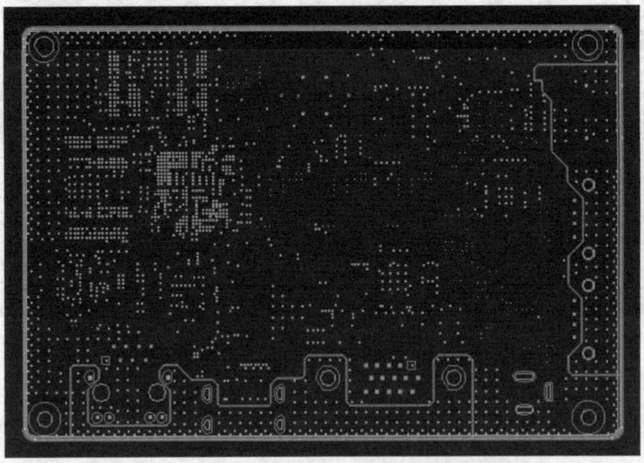

图 10-52 添加线段

注意：

① 通过这些线段将板子划分成多个封闭区域；

② 若线段宽度大于约束管理器中的规则数值，则按照此线段宽度避让；若线段宽度小于约束管理器中规则数值，则会按照约束管理器中的规则避让。

（4）选择菜单“Edit—Split Plane-Create”，如图 10-53 所示。

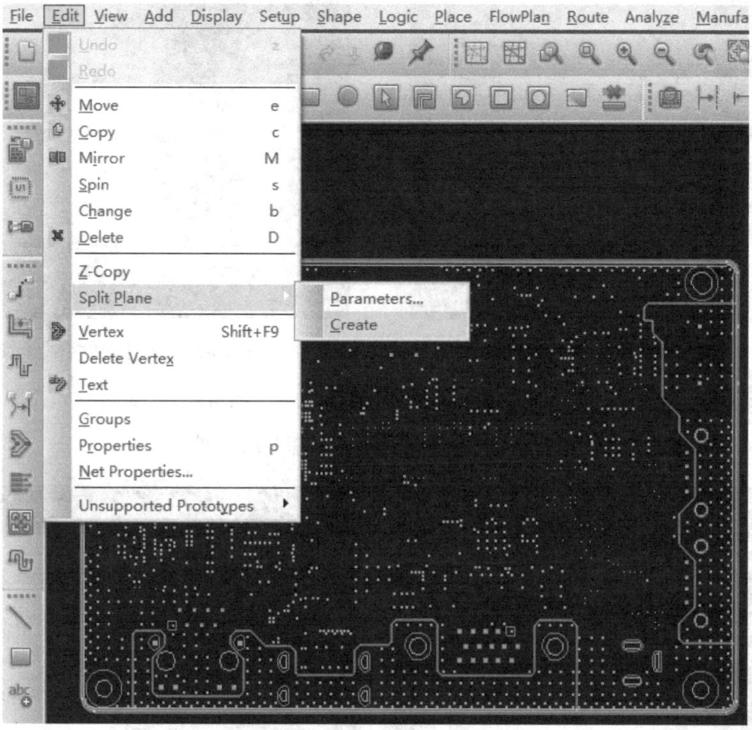

图 10-53　分割铜皮命令菜单

（5）单击“Create”按钮，在弹出界面中选择“Gnd02”，如图 10-54 所示。

图 10-54　选择层

（6）单击“Create”按钮，在弹出界面中选择网络，赋予高亮区域的铜皮，如图 10-55 所示。

（7）选择网络赋予铜皮后，单击“OK”按钮，如图 10-56 所示。

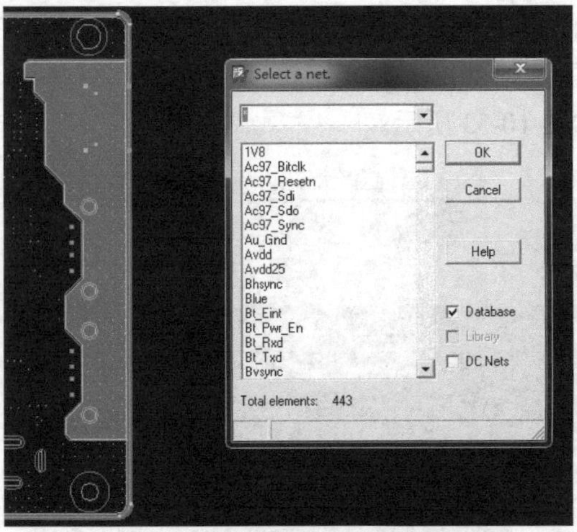

图 10-55　选择网络赋予铜皮（一）

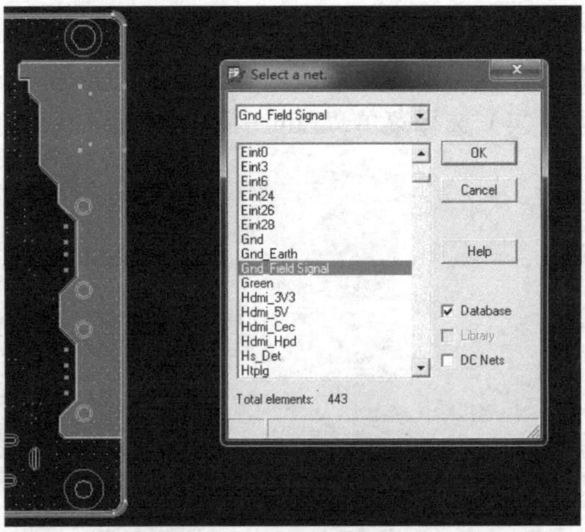

图 10-56　选择网络赋予铜皮（二）

（8）自动跳转，依次赋予其他区域网络，如图 10-57 所示。

单击“OK”按钮，继续赋予其他铜皮网络，如图 10-58 所示。

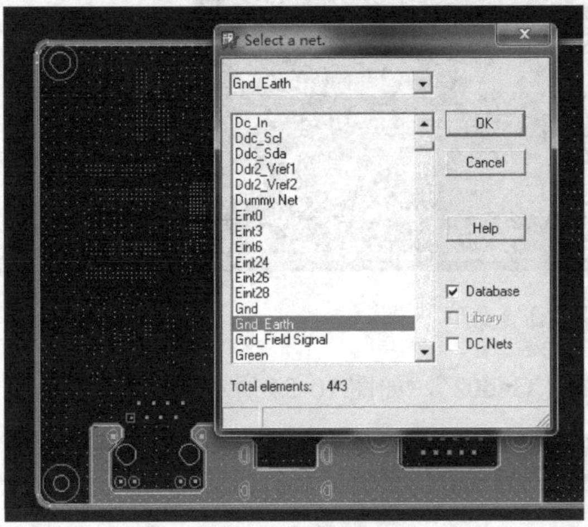

图 10-57　选择网络赋予铜皮（三）

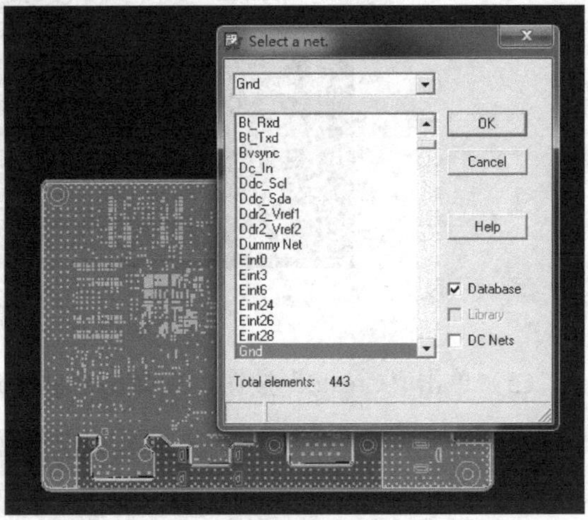

图 10-58　选择网络赋予铜皮（四）

（9）全部赋予网络后，铜皮分割完成，如图 10-59 所示。

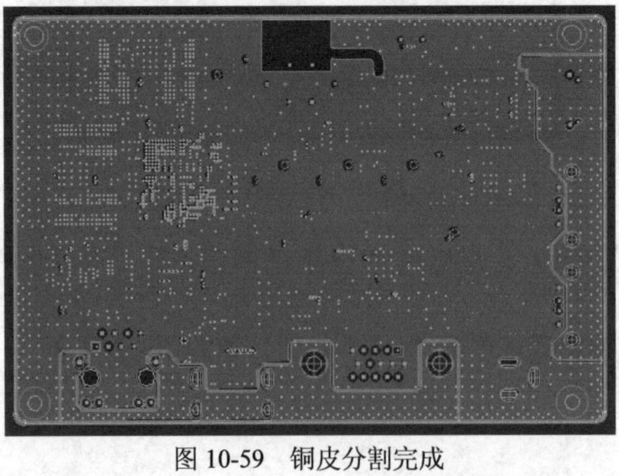

图 10-59　铜皮分割完成

注意：图 10-60 中的镂空处位置。在此实例中，由于此位置添加了“Shape keepout”属性区域，所以铜皮避让；若没有添加此区域，通过此铜皮分割方式操作，铜皮会填充进去。

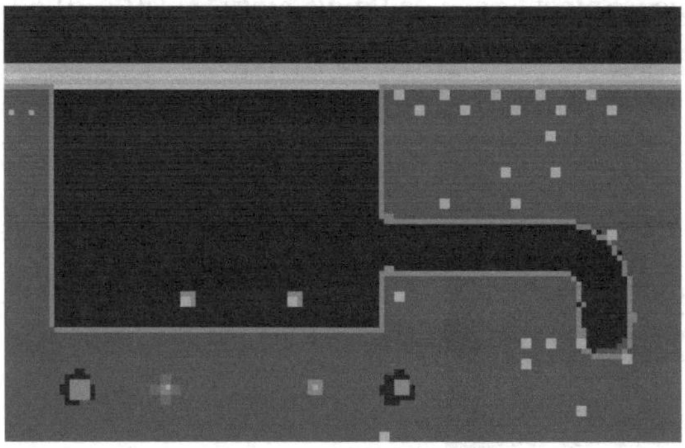

图 10-60 镂空区域示意图

10.9 铜皮层间复制

GND02/ART03/ART04 等信号层接口处铜皮大小是一致的，如图 10-61～图 10-63 所示。

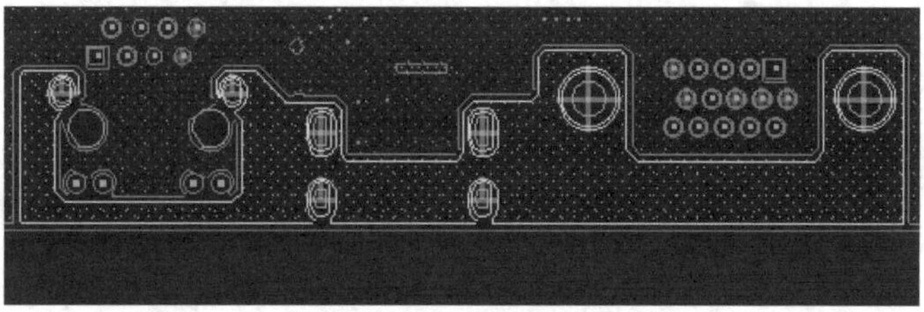

图 10-61 GND02 层

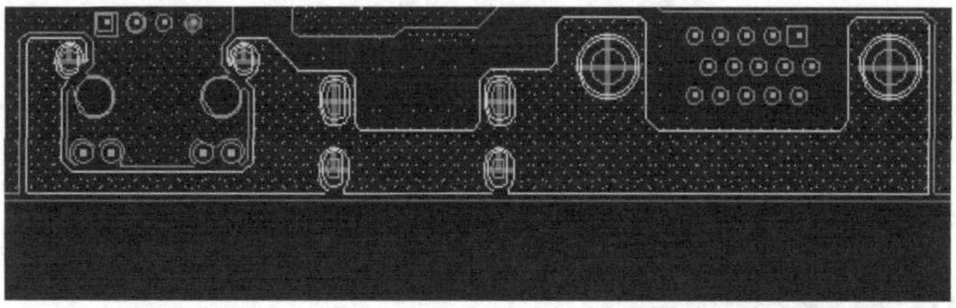

图 10-62 ART03 层

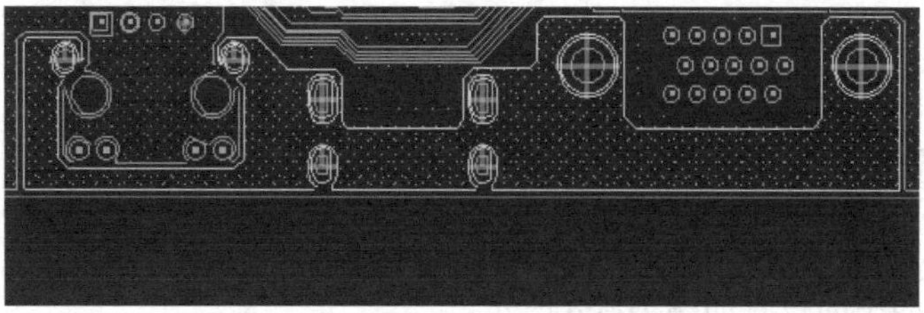

图 10-63 ART04 层

在设计中，可以通过铜皮层间复制功能，将 GND02 层的铜皮直接复制到 ART03/ART04 层，而不用在 ART03/ART04 层重新绘制。

（1）选择菜单“Shape—Select Shape or Void/Cavity”，如图 10-64 所示。

在工具栏中选择铜皮命令图标，如图 10-65 所示。

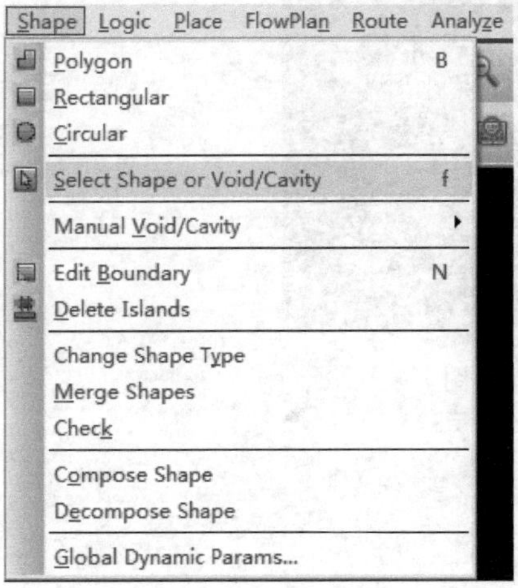

图 10-64　选择铜皮命令菜单

图 10-65　选择铜皮命令图标

（2）单击选择 GND02 层铜皮，若出现图 10-66 所示的窗口，单击“否（N）”按钮。

（3）通过右键选择“Copy to Layers”，如图 10-67 所示。

图 10-66　单击“否（N）”按钮

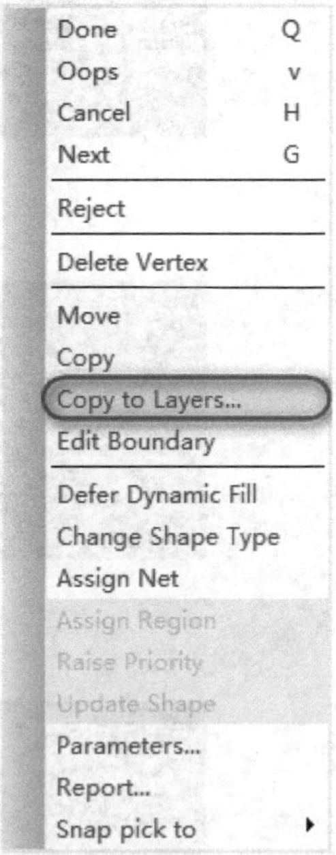

图 10-67　右键选择“Copy to Layers”

（4）在弹出界面中的设置如图 10-68 所示。

说明：

① 这里只复制到 ART03/ART04，所以只勾选此两层；

② 若要复制成动态铜，可以勾选“Create dynamic shape”

（5）设置好后，必须先单击“Copy”复制铜皮，如图 10-69 所示。

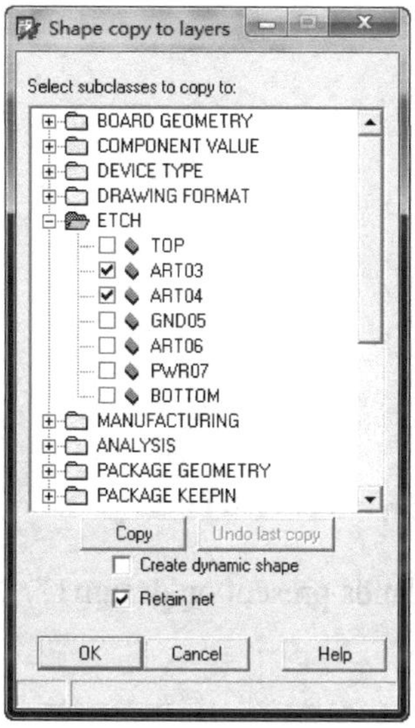

图 10-68 推荐设置

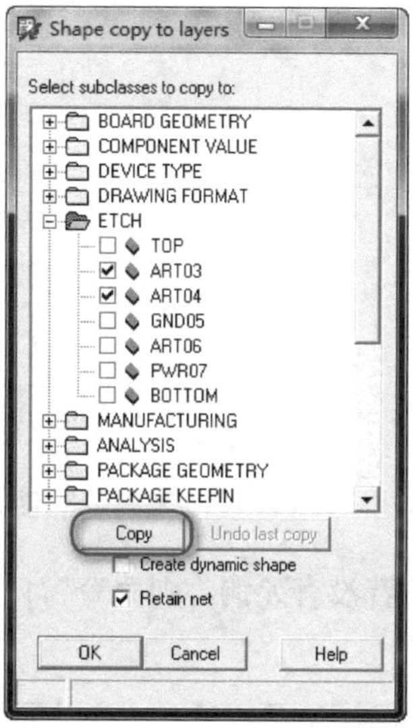

图 10-69 单击“Copy”复制铜皮

然后再单击“OK”按钮，则铜皮复制成功。

10.10 删除孤铜

在 PCB 中覆铜后，若存在孤立的铜皮（即死铜），一般要将它们删除，其操作步骤如下。

（1）选择菜单“Shape—Delete Islands”，如图 10-70 所示。

在工具栏中选择删除死铜图标，如图 10-71 所示。

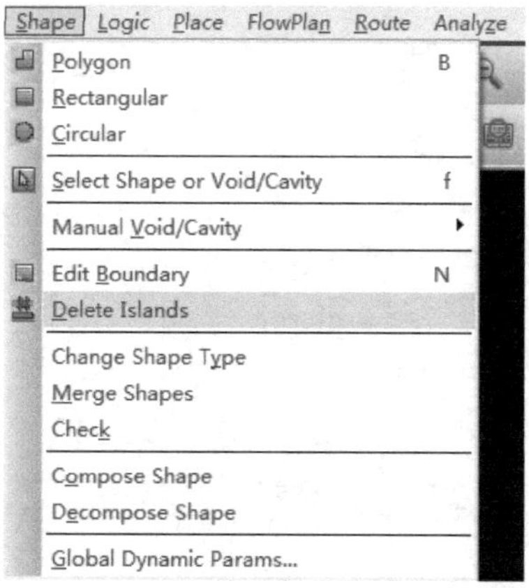

图 10-70 删除死铜菜单

图 10-71 删除死铜图标

（2）若有死铜，如图 10-72 所示，选择“Delete all on layer”，即可快速删除所有死铜。

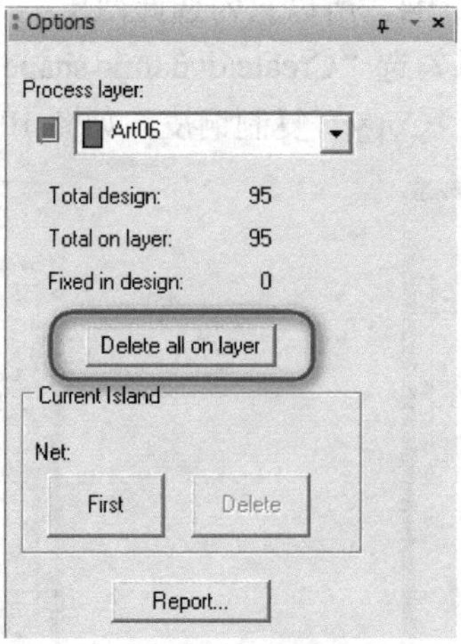

图 10-72 快速删除所有死铜

说明：若没有死铜，则命令窗口会提示“No shape islands present on design！”，如图 10-73 所示。

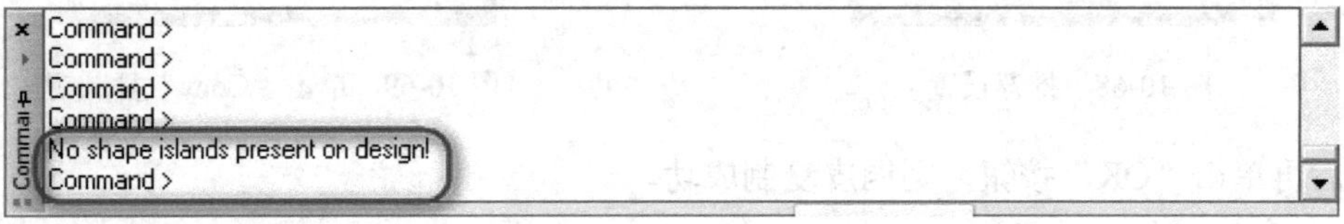

图 10-73 命令窗口信息

（3）若想逐个删除死铜，可单击“First”按钮，会自动跳转到 PCB 中此死铜处，如图 10-74 所示。

然后单击“Delete”按钮，则可逐个删除死铜，如图 10-75 所示。

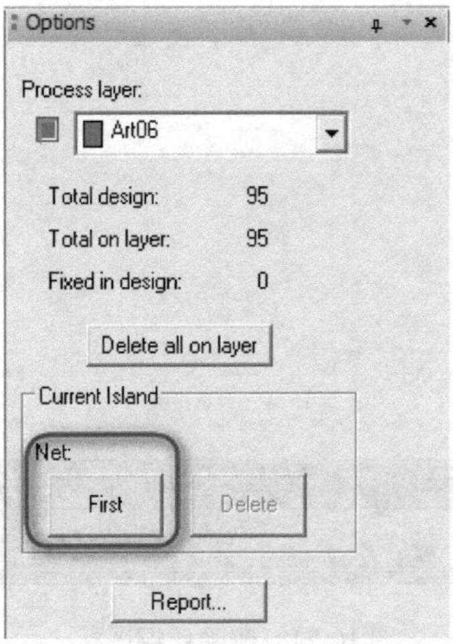

图 10-74 查找第一块死铜

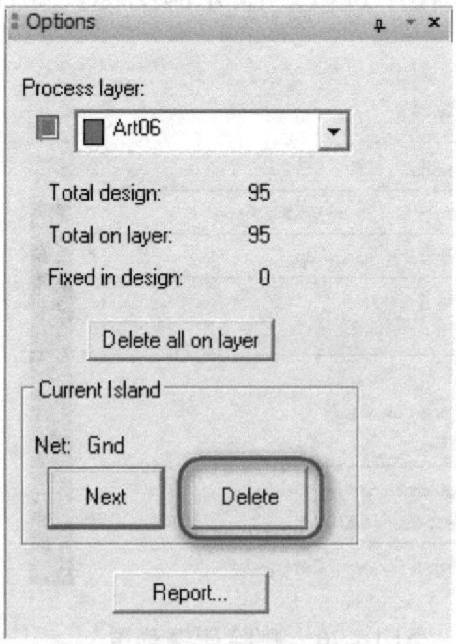

图 10-75 删除死铜

第11章 PCB后期处理

11.1 丝印处理

PCB 电气方面设计完成后，后期要对相关的器件位号丝印、板名等一些丝印、Logo 进行设置及调整。

11.1.1 设置 Text

现根据实际项目经验，讲解处理丝印方面的经验和流程。

（1）首先设置好需要的 Text 文本大小。选择菜单“Setup—Design Parameters”，如图 11-1 所示。

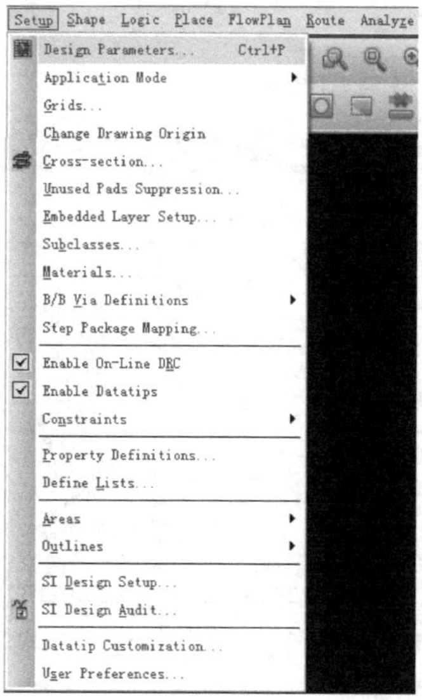

图 11-1 打开 Design Parameters 窗口

选择“Text”选项卡，并单击图 11-2 中的标记处。

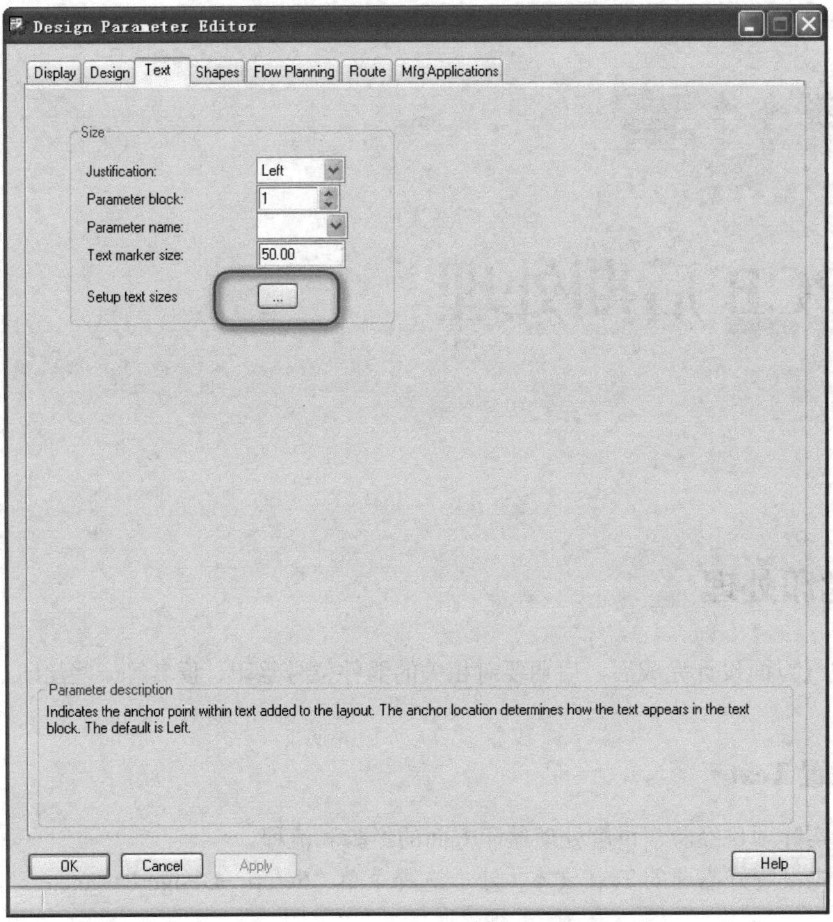

图 11-2　设置 Text

单击后设置字体参数，如图 11-3 所示。

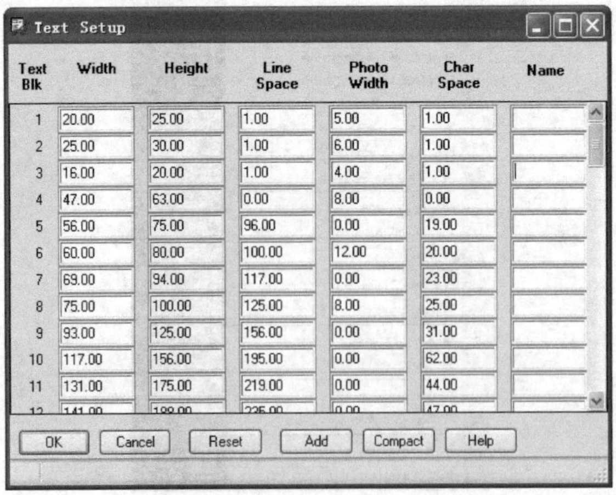

Text Setup
Text Blk
Width
Height
Line Space
Photo Width
Char Space
Name
1 20.00 25.00 1.00 5.00 1.00
2 25.00 30.00 1.00 6.00 1.00
3 16.00 20.00 1.00 4.00 1.00
4 47.00 63.00 0.00 8.00 0.00
5 56.00 75.00 96.00 0.00 19.00
6 60.00 80.00 100.00 12.00 20.00
7 69.00 94.00 117.00 0.00 23.00
8 75.00 100.00 125.00 8.00 25.00
9 93.00 125.00 156.00 0.00 31.00
10 117.00 156.00 195.00 0.00 62.00
11 131.00 175.00 219.00 0.00 44.00
OK
Cancel
Reset
Add
Compact
Help

图 11-3　设置字体参数

在设置字体参数界面中设置好对应字体的相关参数。

如果只用 1 号、2 号字体，则只要设置对应的参数即可，其他的不用设置，如图 11-4 所示。

Text Blk	Width	Height	Line Space	Photo Width	Char Space
1	20.00	25.00	1.00	5.00	1.00
2	25.00	30.00	1.00	6.00	1.00

图 11-4　输入数值

（2）设置好字体参数后，打开板中对应的“Subclass”选项。其常规包含：Ref Des/Silkscreen_Top、Ref Des/Silkscreen_Bottom；Package Geometry/Silkscreen_Top、Package Geometry/Silkscreen_Bottom；Board Geometry/Silkscreen_Top、Board Geometry/Silkscreen_Bottom。

（3）然后使用“Change”（改变）命令，将丝印改成对应的字体大小。

（4）选择菜单栏“Edit—Change”，如图 11-5 所示。

“Find”、“Options”侧边栏设置如图 11-6、图 11-7 所示。图 11-6 中要选中“Text”对象。

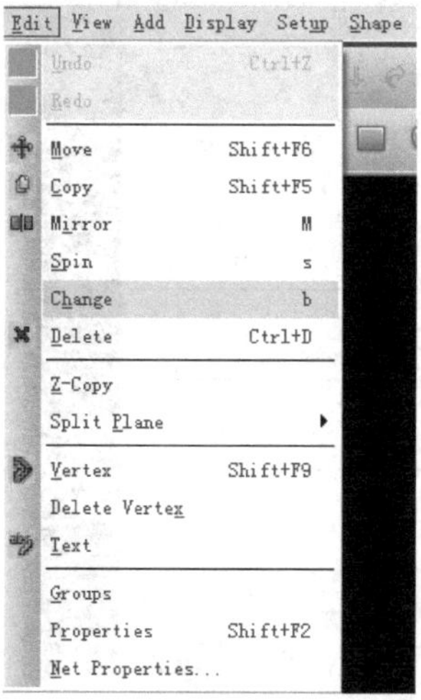

图 11-5　“Change”命令菜单

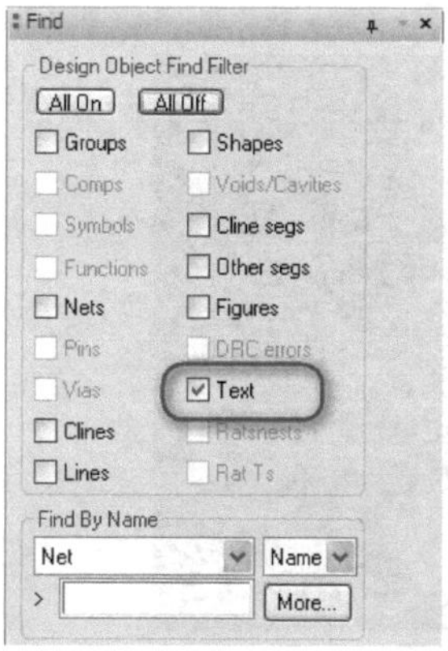

图 11-6　“Find”侧边栏设置

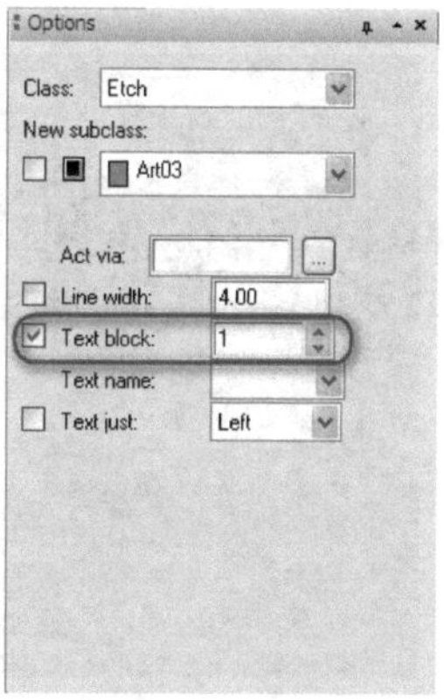

图 11-7　“Options”侧边栏设置

图 11-7 中的设置表示将字体更改为 1 号字体。

（5）框选对应的位号、丝印文字即可。

（6）通过右键选择“Done”，操作完成。

说明：通过 Show Element（选择菜单“Display—Element”）命令，可以查看丝印信息，如图 11-8 所示。

图 11-8　Text 信息

11.1.2　调整位号

推荐位号丝印朝向：水平方向的丝印如图 11-9 所示，垂直方向的丝印如图 11-10 所示。

图 11-9　水平方向的丝印

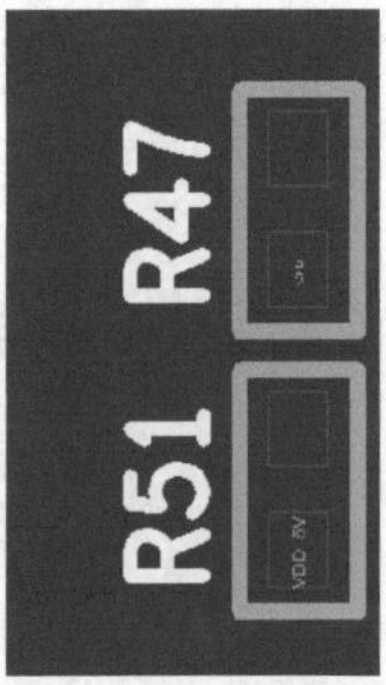

图 11-10　垂直方向的丝印

在 Top 层，可参考上面截图朝向，直接通过 Move 命令移动位号即可。在 Bottom 层，位号默认是镜像过的，如图 11-11 所示。

在移动、调整时，没有如 Top 层那样直观。选择菜单“View—Flip Design”，如图 11-12 所示。

图 11-11　Bottom 层丝印

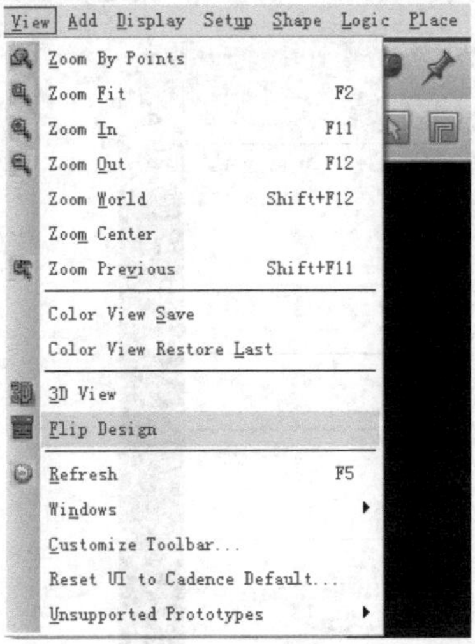

图 11-12　选择翻转命令菜单

单击“Flip Design”选项后，弹出翻转后的 Bottom 层丝印，如图 11-13 所示。

图 11-13　翻转后的 Bottom 层丝印

可在此显示方式下，调整好对应的丝印文字、位号等。将 Bottom 面处理完成后，要单击“View—Flip Design”命令，回到常规方式显示。

11.1.3　添加丝印

（1）选择菜单“Add—Text”，如图 11-14 所示。

（2）在“Options”侧边栏中选择好 Subclass、字体，设置如图 11-15 所示。

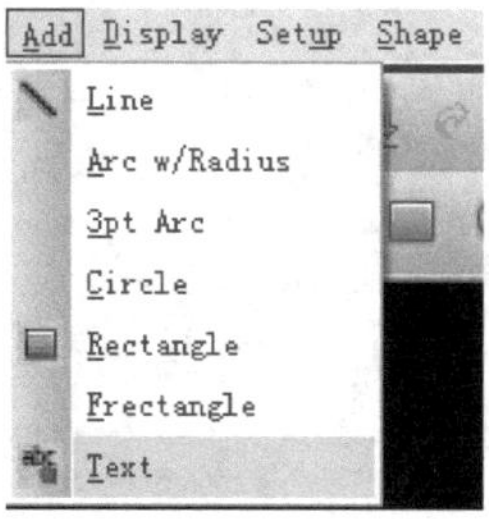

图 11-14　添加文本菜单

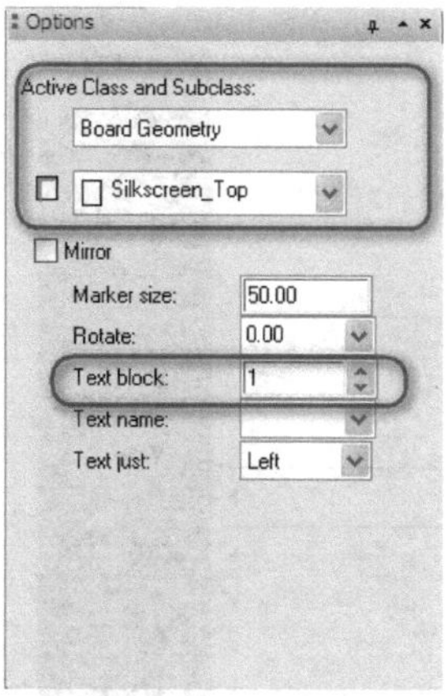

图 11-15　“Options”侧边栏设置

（3）然后在空白位置上输入字符即可，通过右键选择“Done”。

11.2　PCB 检查事项

在生成光绘文件之前，需要使用软件检查相关事项，常规可按照以下列出的事项检查。

（1）检查器件是否全部放置。

（2）检查连接是否全部完成。

（3）检查 Dangling Lines、Via。

（4）查看是否有孤铜、无网络铜皮。

（5）检查 DRC。

说明：以上只列出常规软件操作检查事项，在实际 PCB 设计中，检查事项中还包含工艺、EMI/EMC、散热等方面。

11.2.1　检查器件是否全部放置

方式一

选择菜单“Display—Status”，如图 11-16 所示。

查看图 11-17 中标记处是否为“0%”。

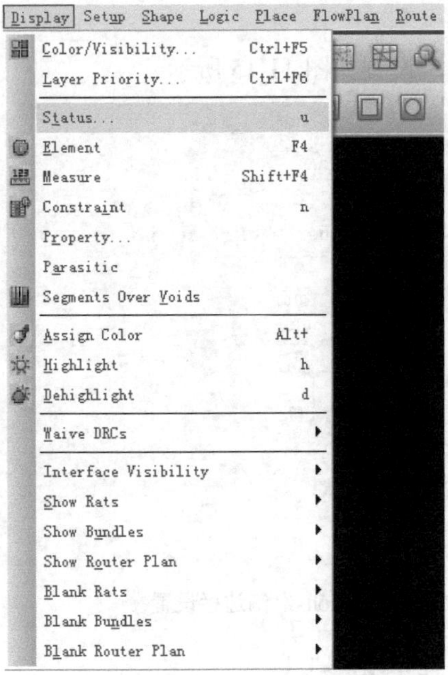

图 11-16　选择“Status”菜单

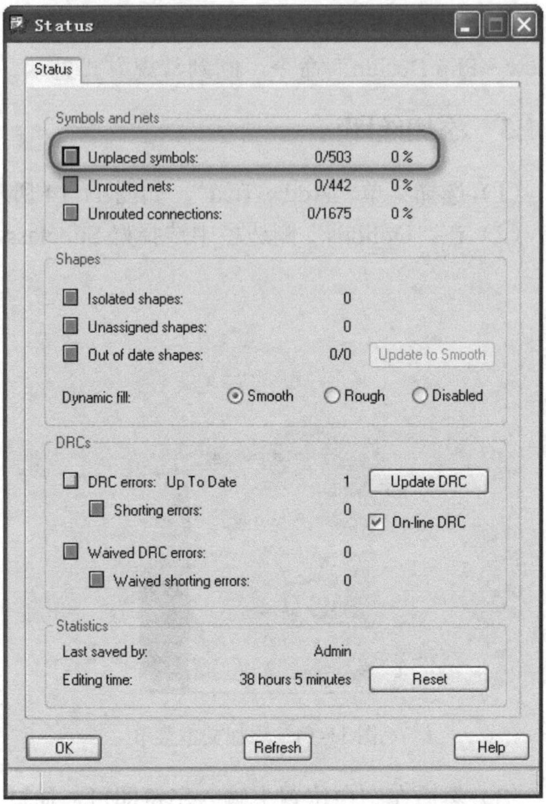

图 11-17　显示 PCB 状态信息

方式二

选择菜单“Tools—Quick Reports-Unplaced Components Report”，如图 11-18～图 11-20 所示。

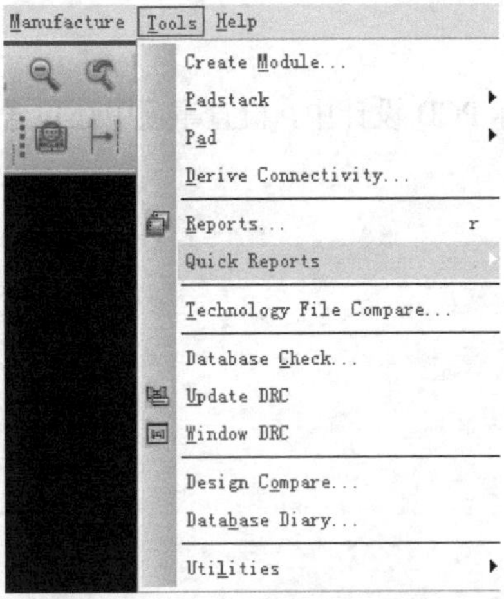

图 11-18　显示报表信息菜单

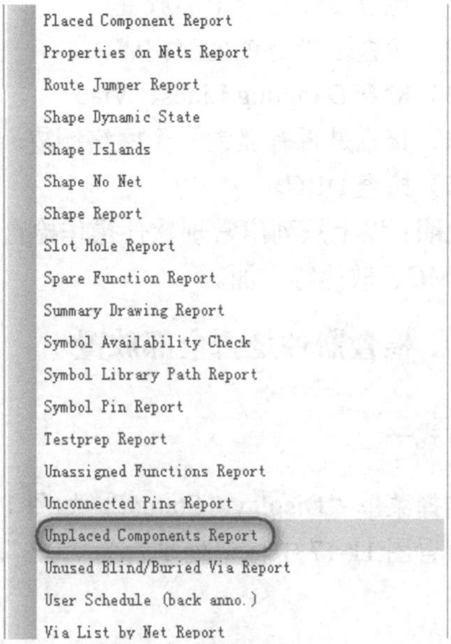

图 11-19　选择“Unplaced Components Report”

图 11-20　报表信息

图 11-20 中显示为“0”，表示器件已经全部放置。

11.2.2　检查连接是否全部完成

方式一

选择菜单“Display—Status”，如图 11-21 所示。

查看图 11-22 中标记处是否为“0%”。

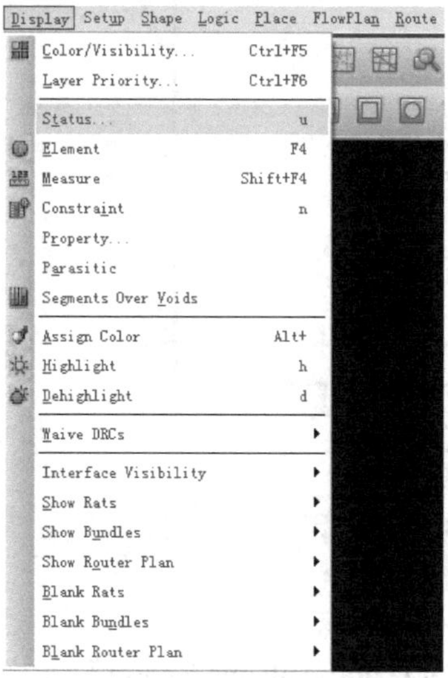

图 11-21　选择“Status”菜单

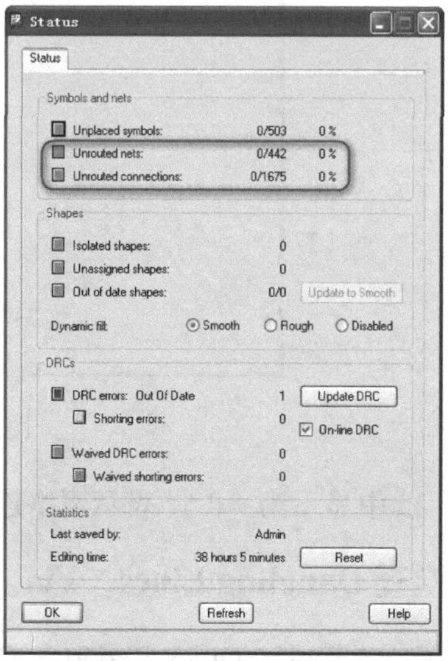

图 11-22　显示 PCB 状态信息

方式二

选择菜单“Tools—Quick Reports-Unconnected Pins Report”，如图 11-23～图 11-25 所示。

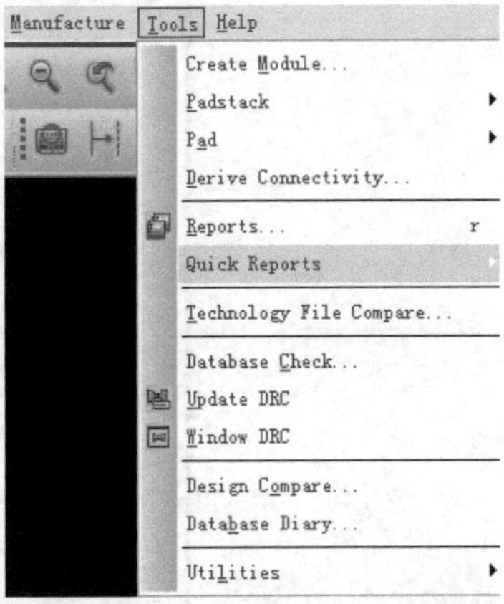

图 11-23　显示报表信息菜单

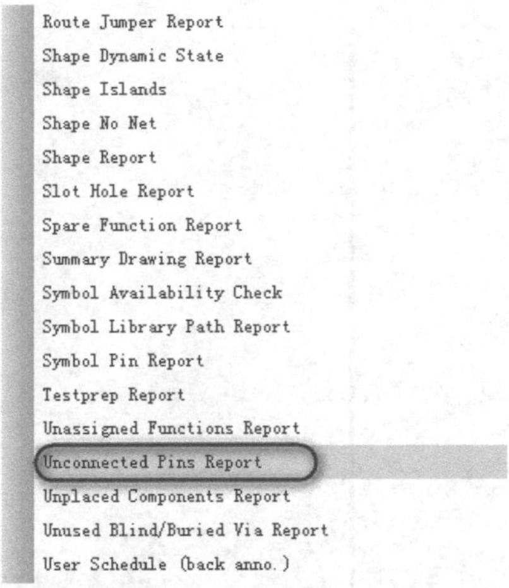

图 11-24　选择“Unconnected Pins Report”

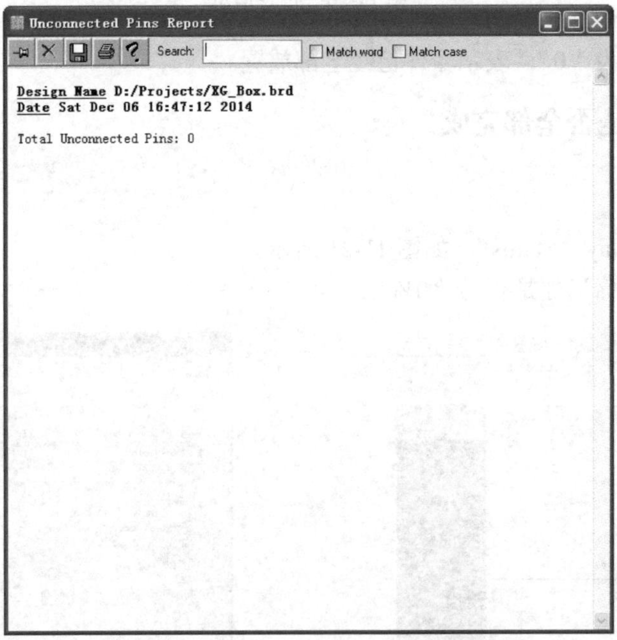

图 11-25　报表信息

图 11-25 中显示为“0”，表示网络连接已经全部完成。

11.2.3　检查 Dangling Lines、Via

选择菜单“Tools—Quick Reports—Dangling Lines, Via and Antenna Report”，如图 11-26、图 11-27 所示。

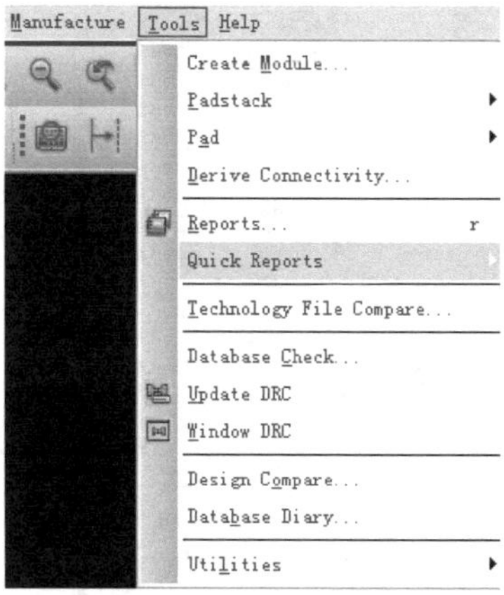

图 11-26　显示报表信息菜单

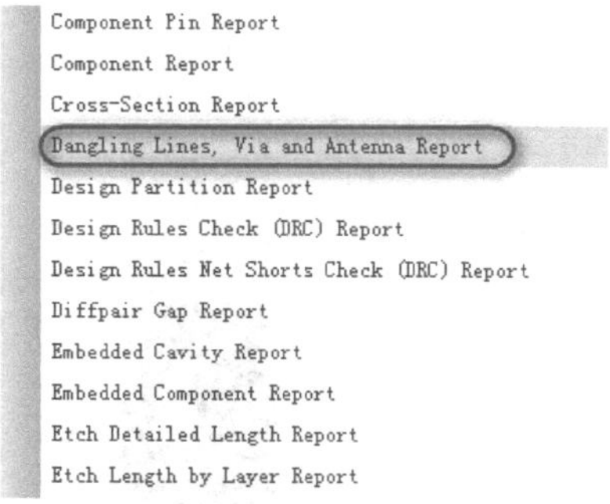

图 11-27　选择“Dangling Lines, Via and Antenna Report”

若板子上有单端线、Via 等，报表信息如图 11-28 所示。

```
<< Dangling Lines >>  - Location marked with a star (*) is dangling.
 Net                    Layer                 Length      Location
 -----------------------------------------------------------------------------------------------
 LAN_INT                TOP                   6.58        (1332.68 936.10) to *(1326.10 936.10)


<< Dangling Vias >>
 Net                    Padstack              Location                Layers
 -------------------------------------------------------------------------------
 N49009696              VIA16D8               (2855.42 2045.42) TOP/BOTTOM
 N49009786              VIA16D8               (2855.14 2090.14) TOP/BOTTOM
 N49009772              VIA16D8               (2855.13 2134.87) TOP/BOTTOM
 VDD_1.8V               VIA16D8               (550.77 1418.67) TOP/BOTTOM
 VDD_1.8V               VIA16D8               (901.76 2820.12) TOP/BOTTOM
 VDD_1.8V               VIA16D8               (645.27 2169.13) TOP/BOTTOM
 VDD_1.8V               VIA16D8               (1580.00 2886.00) TOP/BOTTOM
 VDD_1.8V               VIA16D8               (1537.00 2883.90) TOP/BOTTOM
 VDD_1.8V               VIA16D8               (1010.00 2886.00) TOP/BOTTOM
 XM2CSN1XM2BA2          VIA16D8               (1250.00 2621.00) TOP/BOTTOM
 VDD_5V                 VIA16D8               (2581.00 1453.00) TOP/BOTTOM
 VDD_5V                 VIA16D8               (2534.60 1472.40) TOP/BOTTOM
 VDD_5V                 VIA16D8               (2507.00 1511.70) TOP/BOTTOM
 VDD_5V                 VIA16D8               (2550.00 2030.00) TOP/BOTTOM
 VDD_5V                 VIA22D10              (4295.00 1595.00) TOP/BOTTOM
 VDD_5V                 VIA22D10              (4250.00 1595.00) TOP/BOTTOM
 AVDD25                 VIA16D8               (1027.00 738.00) TOP/BOTTOM
 AVDD25                 VIA16D8               (954.00 747.00) TOP/BOTTOM
```

图 11-28　报表信息

我们可以根据弹出页面的提示和坐标，很方便地找到它们并进行处理。

11.2.4　查看是否有孤铜、无网络铜皮

1. 方式一

选择菜单“Display—Status”，如图 11-29 所示。

查看图 11-30 中标记处是否为“0”。

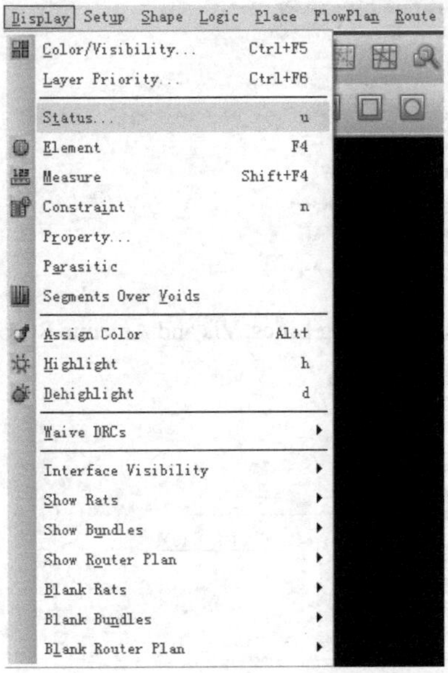

图 11-29　选择“Status”菜单

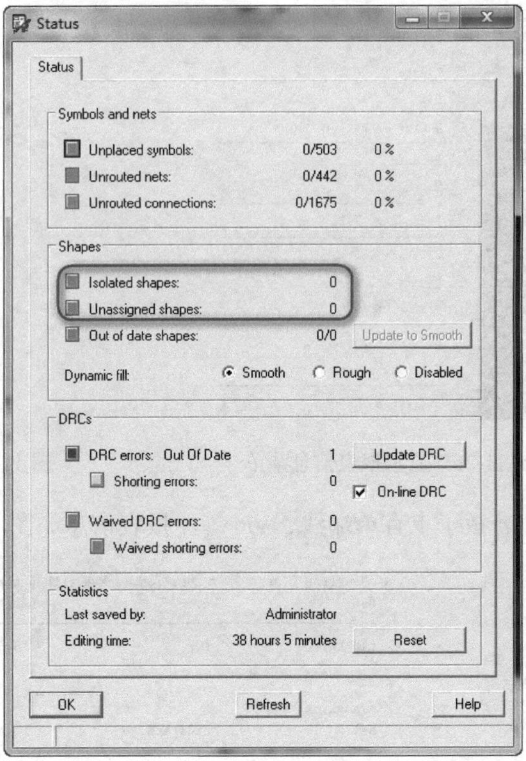

图 11-30　显示 PCB 状态信息

2. 方式二

选择菜单“Tools—Quick Reports”，如图 11-31 所示。

分别选择“Shape Islands”、“Shape No Net”，如图 11-32 所示。

弹出的报表信息如图 11-33、图 11-34 所示。

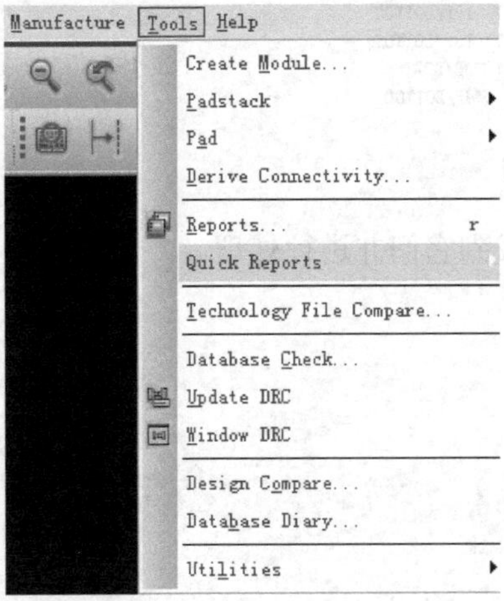

图 11-31　显示报表信息菜单

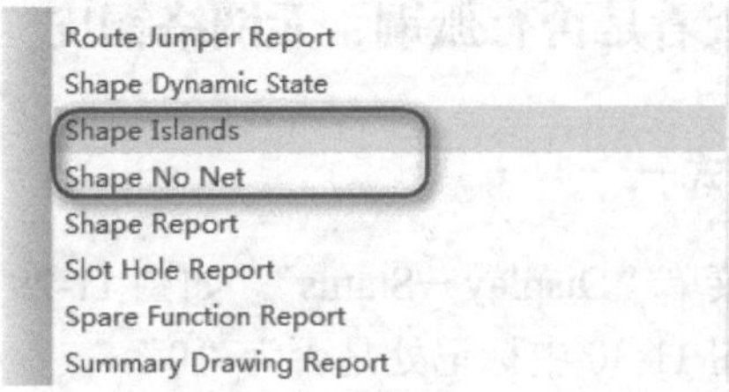

图 11-32　分别选择“Shape Islands”、“Shape No Net”

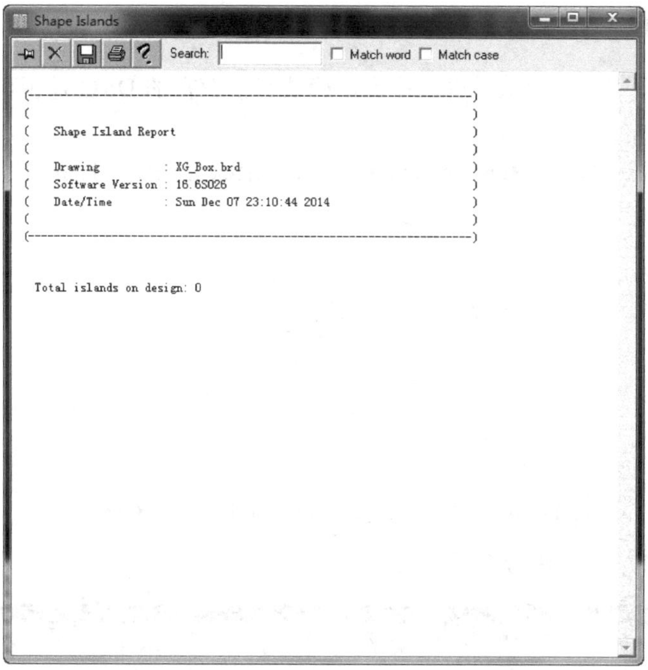

图 11-33 报表信息（一）

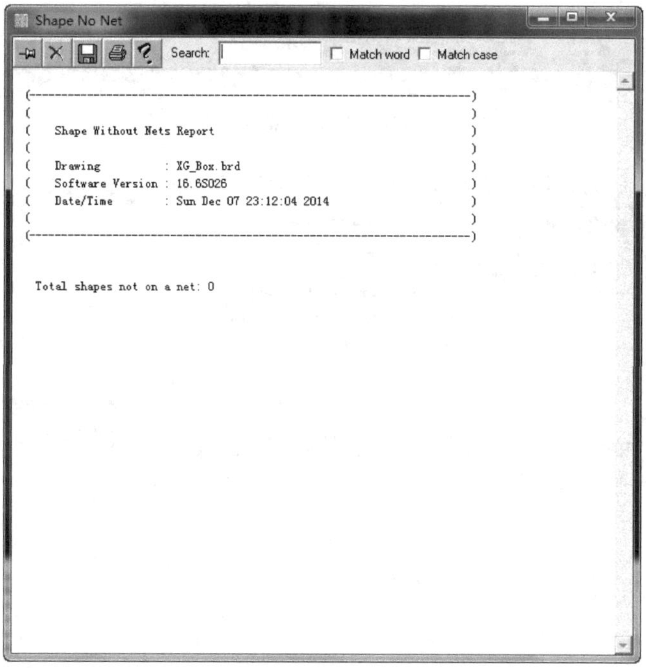

图 11-34 报表信息（二）

图 11-33 中显示为“0”，表示没有孤铜。

图 11-34 中显示为“0”，表示板上铜皮都有网络。

11.2.5 检查 DRC

在 PCB 设计中，需要对 DRC 进行检查，确认目前存在的 DRC 是否可以忽略。

操作步骤如下。

选择菜单“Tools—Quick Reports-Design Rules Check（DRC）Report”，如图 11-35 所示。

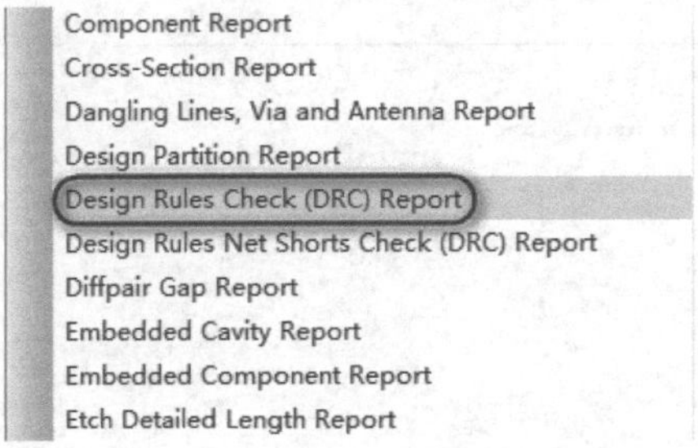

图 11-35 选择“Design Rules Check (DRC) Report”

报表信息如图 11-36、图 11-37 所示。

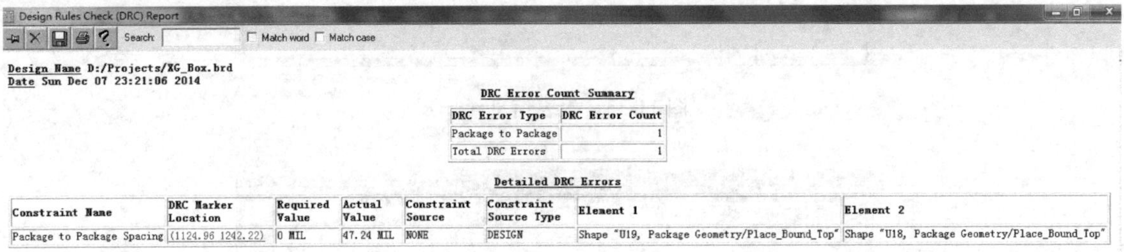

图 11-36 报表信息（一）

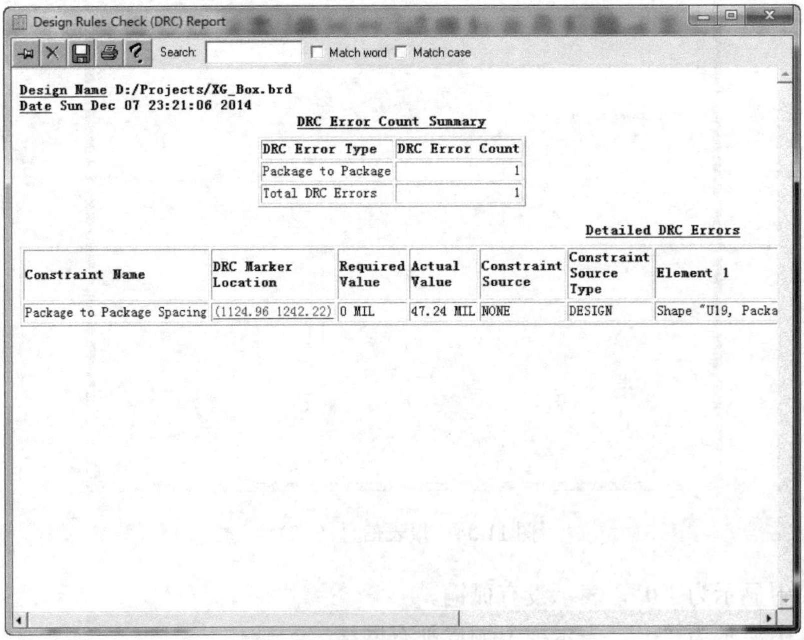

图 11-37 报表信息（二）

图 11-37 中，提示器件 U18 与 U19 的 Place_Bound_Top 重叠，我们可以按提示在板中找到对应位置，如图 11-38 所示。

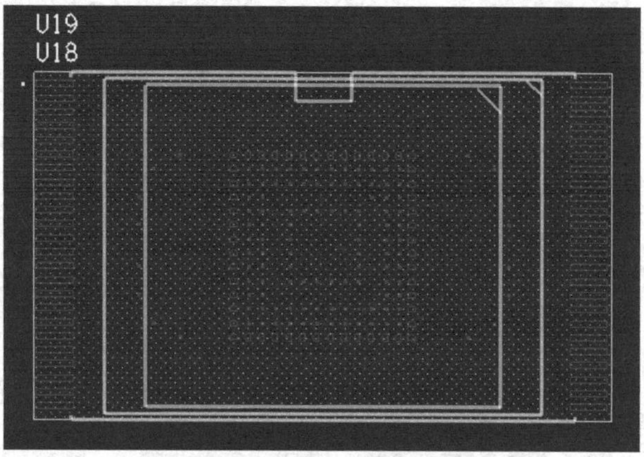

图 11-38　DRC 标志所对应的位置

在这里，由于这两个 IC 须进行兼容设计，所以导致 Place_Bound_Top 重叠，故此 DRC 可以忽略。同理，大家对其他 DRC 的确认，可以根据报表信息中的提示进行更改及确认。

11.3　生成钻孔表

在生成光绘文件之前，先要生成钻孔表。钻孔表会记录钻孔的类型、数量、位置等，为后期制板加工提供依据。

（1）选择菜单“Manufacture—NC—Drill Legend”，如图 11-39 所示。

（2）单击“Drill Legend”后，如图 11-40 所示，采用默认设置即可，单击“OK”按钮。

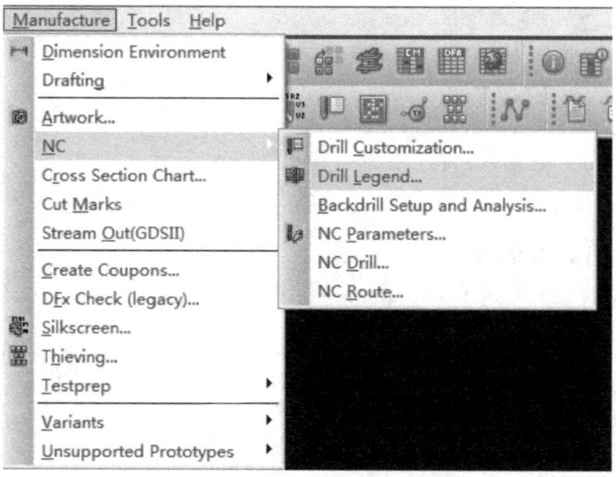

图 11-39　生成钻孔表菜单

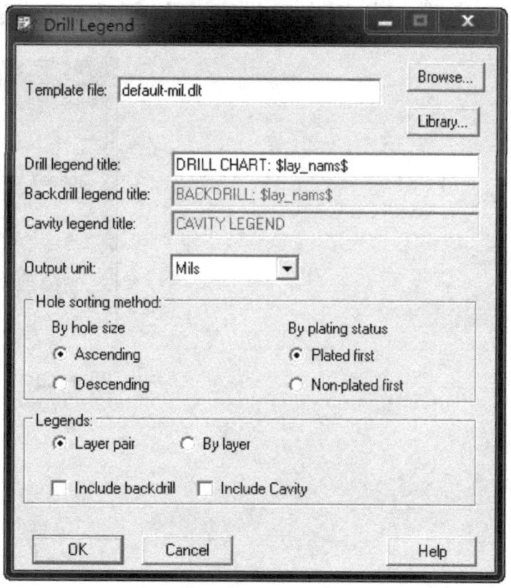

图 11-40　“Drill Legend”设置窗口

（3）单击“OK”按钮后，将生成的钻孔表放置于板中，如图 11-41 所示。

DRILL CHART: TOP to BOTTOM				
ALL UNITS ARE IN MILS				
FIGURE	SIZE	TOLERANCE	PLATED	QTY
·	8.0	+0.0/-0.0	PLATED	1638
·	8.0	+0.0/-0.0	PLATED	288
·	10.0	+0.0/-0.0	PLATED	142
·	23.62	+0.0/-0.0	PLATED	2
·	31.5	+0.0/-0.0	PLATED	8
·	35.0	+0.0/-0.0	PLATED	8
·	35.43	+0.0/-0.0	PLATED	4
·	39.37	+3.0/-3.0	PLATED	15
a	47.0	+3.0/-3.0	PLATED	4
a	67.0	+0.0/-0.0	PLATED	2
B	86.61	+0.0/-0.0	PLATED	4
C	118.11	+0.0/-0.0	PLATED	2
D	125.98	+3.0/-3.0	PLATED	2
E	149.61	+0.0/-0.0	PLATED	2
a	39.37	+0.0/-0.0	NON-PLATED	2
·	40.0	+0.0/-0.0	NON-PLATED	2
·	59.06	+0.0/-0.0	NON-PLATED	4
G	139.0	+0.0/-0.0	NON-PLATED	2
ø	62.99x39.37	+2.0/-2.0	PLATED	2
ø	90.55x39.37	+2.0/-2.0	PLATED	2
◆	122.05x23.62	+2.0/-2.0	PLATED	1
⌓	122.05x39.37	+2.0/-2.0	PLATED	1
⌓	125.98x39.37	+2.0/-2.0	PLATED	1

图 11-41　生成的钻孔表

（4）操作完成。

说明：此例中，钻孔表位于“Manufacturing/Nclegend1-8”，如图 11-42 所示。

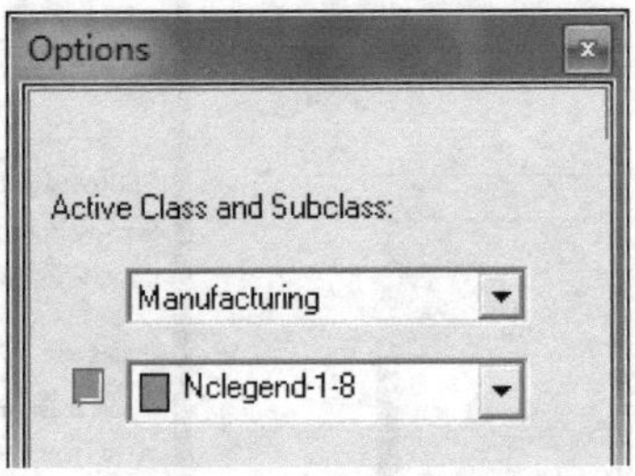

图 11-42　钻孔表所属的 Subclass

第12章 光绘文件的输出

光绘文件即 PCB 生产文件，文件交付给 PCB 工厂后，工程技术人员将其导入 CAM 软件，为每一道 PCB 工艺流程提供数据，直至最后做出 PCB 板。

12.1 界面选项的介绍

通过菜单“Manufacture—Artwork”进入到生成光绘文件界面，如图 12-1 所示。

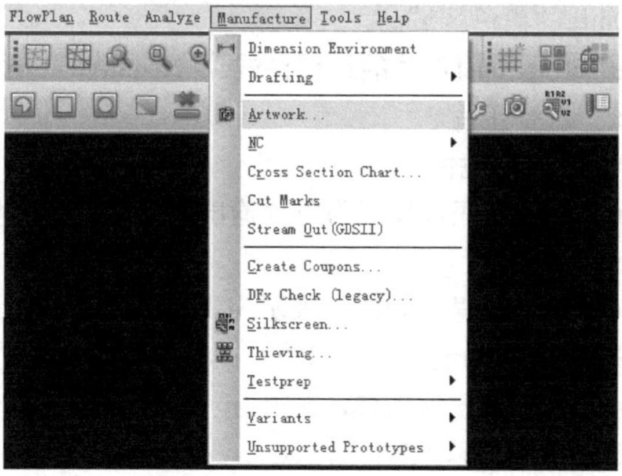

图 12-1 输出光绘文件菜单

单击“Artwork”后，出现“Film Control”选项卡，如图 12-2 所示。

“Film Options”栏的相关设置如下。

Film name：显示目前底片的名称。

Rotation：底片旋转的角度。默认为“0”，一般默认设置。

Offset X、Y:底片的偏移量，一般按照默认的设置，输入“0”即可。

Undefined line width：未定义宽度的走线（包含 Line 对象），在输出底片文件时采用的宽度，常规设置为“6mil”。

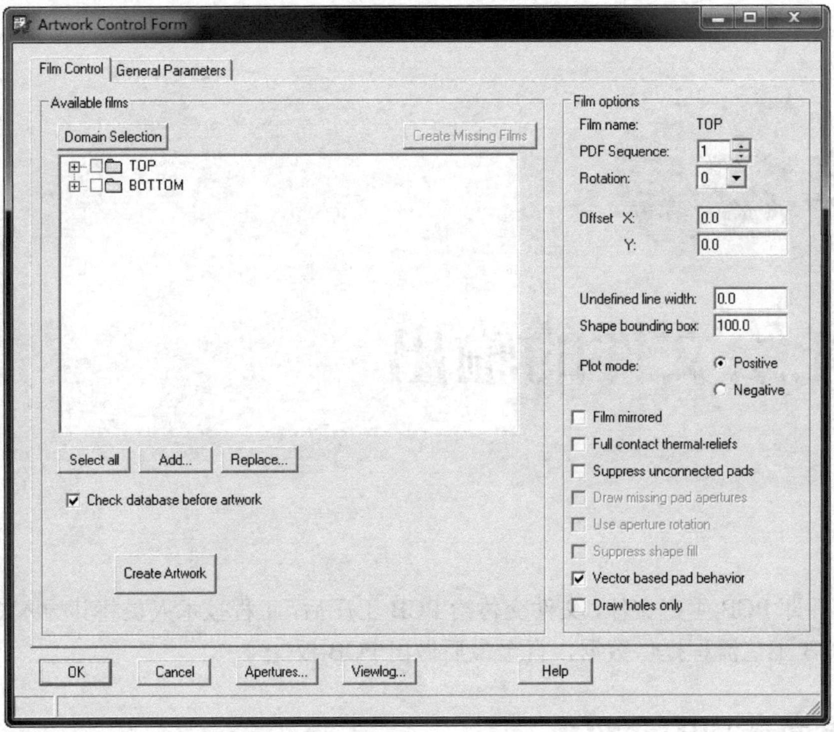

图 12-2 “Film Control”选项卡

Shape bounding box：默认值为“100”，表示当“Plot mode”为“Negative”时，由 Shape 的边缘处往外需要画 100mil 的黑色区域。

Plot mode：“Positive”表示采用正片的绘图格式。“Negative”表示采用负片的绘图格式。

注意：建议初学者统一选择正片。

Film mirrored：底片是否进行镜像。

Full contact thermal-reliefs：当底片设置为负片输出光绘文件时，相同网络的铜皮与 Via、Pin 之间进行全连接，而不是花连接。

Suppress unconnected pads：这里若勾选，表示为无盘化设计。假设一个 10 层板，一通孔引脚的第 6、8 层处未连接任何铜皮走线，可以将其此两层焊盘去掉。

Draw missing pad apertures：这里若勾选，表示当一个 Pad 没有相应的“Flash D-Code”时，系统采用比较小宽度的 Line D-Code 填充满此 Pad。

Use aperture rotation：Gerber 数据能使用镜头列表中的镜头来旋转定义的信息。

Suppress shape fill：选择此项表示 shape 的外形不画出，使用者必须自行加入分割线作为 shape 的外形，只有“Plot mode”为“Negative”时，此项才可以激活设置。

Vector based pad behavior：默认选择勾选。

“Available films”栏的相关设置如下。

右击底片，如图 12-3 所示。

Display：在工作窗口中只显示所选输出文件中包含的 Subclass。

Add：添加一个新的输出底片文件。

Cut：删除所选输出底片文件。

Undo Cut：取消删除操作。

Copy：生成一个新的输出底片文件。

Save：保存所选对象的子项选择，作为再次选择 Add 产生一个新的输出底片文件时的子项选择。同时 Allegro 将产生一个与选择对象同名的“.txt”，记录子项选择的信息。

Match Display：按照工作窗口中显示的 Subclass 生成当前选择对象的子项。

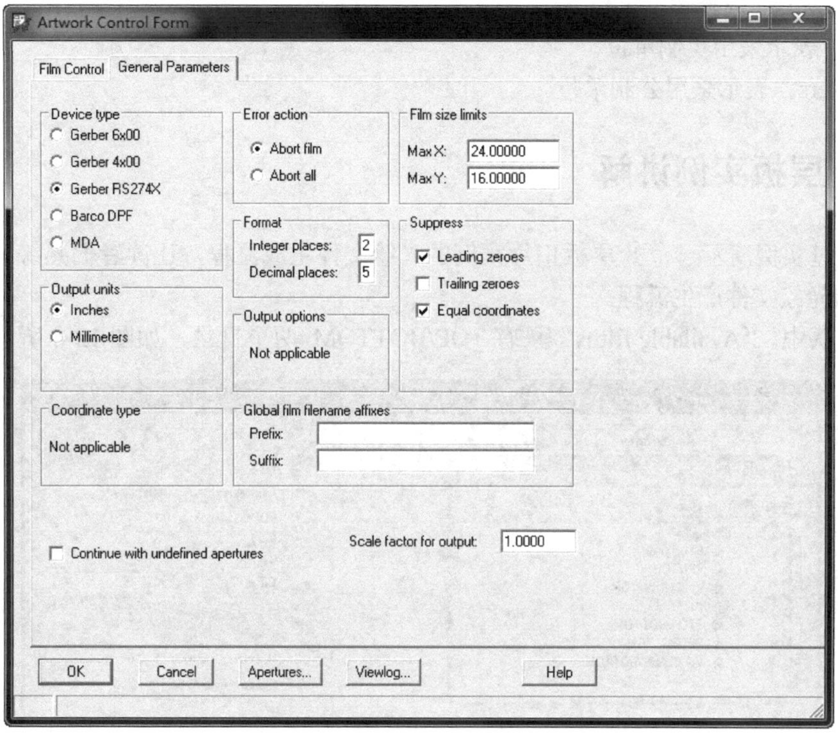

图 12-3　General Parameters 选项卡

Device type：底片生成格式。

Film size limits：底片尺寸，默认“24”、“16”即可。

Coordinate type：选择“Gerber 6x00”和“Gerber4x00”时才可以设置。

Absolute：表示采用绝对坐标。

Incremental：相对坐标。

Error action：在生成的过程中发生错误的处理方法，默认设置即可。

Abort film：表示终止生成当前底片，继续生成下一张底片。

Abort all：表示终止生成所有底片。

Format：设置输出坐标的整数部分和小数部分。例如，输入“2”、“5”，表示精度采用 2 位整数和 5 位小数。

Output options：输出选项，选择“Gerber 6x00”和“Gerber4x00”时才可以设置。

Optimize data：表示要资料最佳化的输出。

Use G Codes：指定 Gerber 数据的 G 码，Gerber 使用 G 码来描述预定处理，Gerber4x00 需要 G 码，Gerber6x00 不需要 G 码。

Suppress：控制 PCB 编辑器是否在 Gerber 数据文件中简化数值前面的 0 或者数值后面的 0，还是简化相同的坐标。

Leading zeroes：表示要简化数值前面的 0。

Trailing zeroes：表示要简化数值后面的 0。

Equal coordinates：表示要简化相同的坐标。

Output Units：选择输出单位。

Inches：表示采用英制单位。

Milimeters：表示采用公制单位。

12.2 8 层板实例讲解

这里通过实例演示一个 8 层板正片案例的光绘文件生成流程，让读者们熟练掌握 Allegro PCB 软件的光绘文件产生流程。

（1）默认中，“Available films” 只有 TOP/BOTTOM 两个目录，如图 12-4 所示。

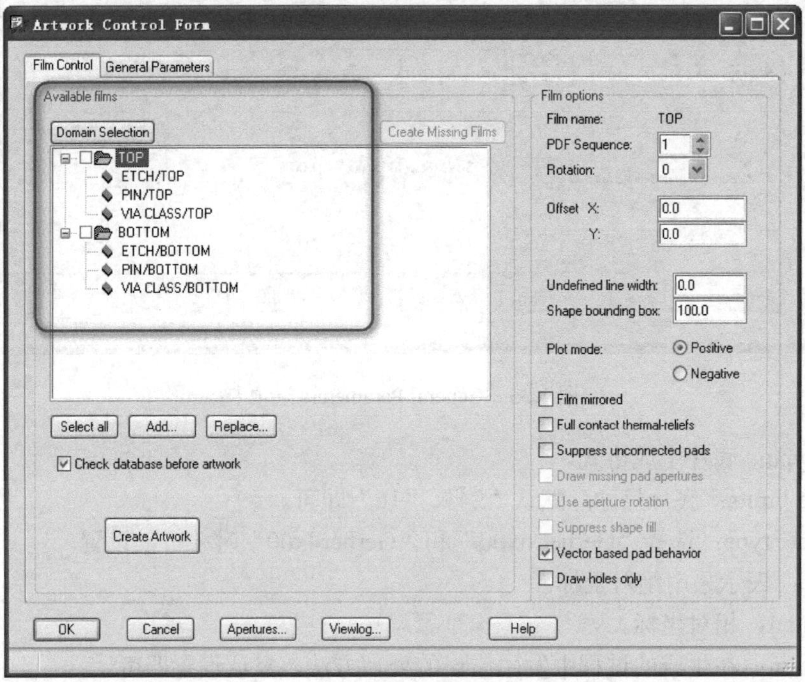

图 12-4　默认设置

（2）实际项目中，我们要添加其他 PCB 制板所要的文件目录，如图 12-5 所示。

（3）电气层目录如图 12-6 所示。

这 8 个目录分别对应此 8 层板的 8 个电气层；其目录下，要添加对应的 Subclass。常规电气层上的对象包含焊盘、走线、铜皮、过孔。为了方便制板和查看，个人习惯将“Board Geometry/Outline”这一个 Subclass 也添加进去。

以下为这 8 个目录下包含的 Subclass 的截图，分别如图 12-7～图 12-14 所示。

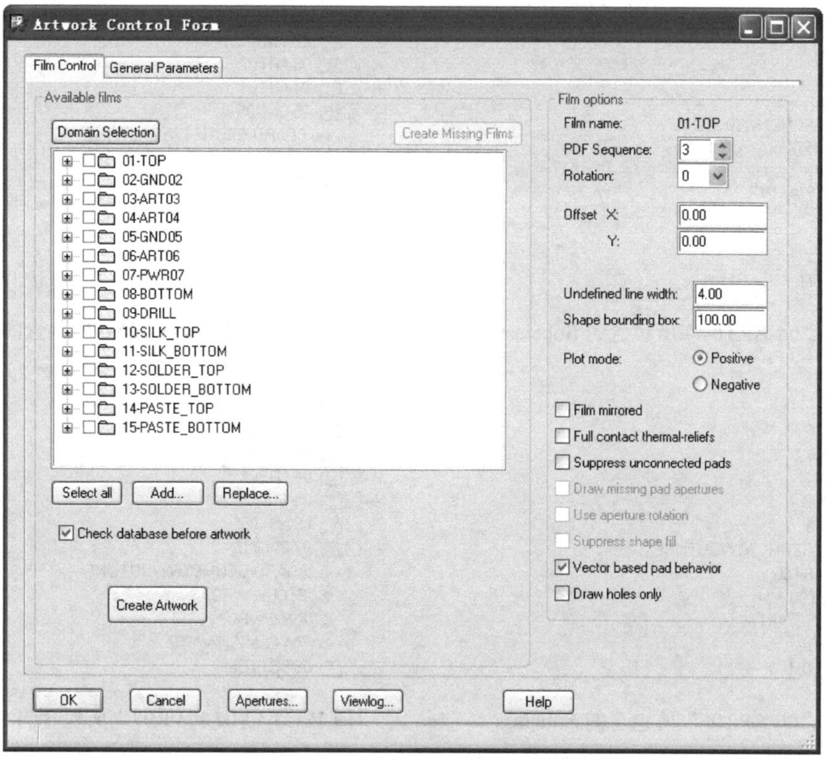

图 12-5 实际项目设置

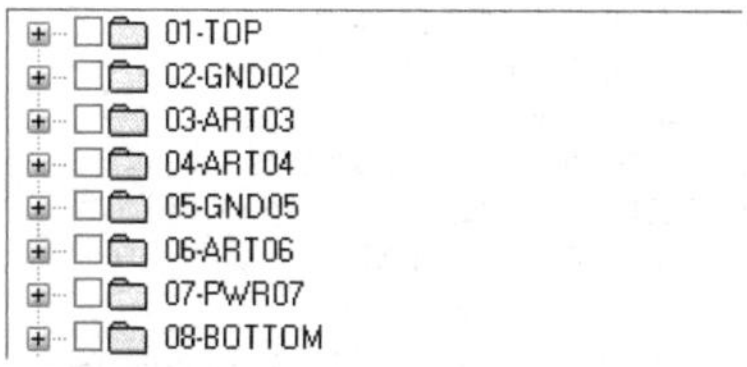

图 12-6 电气层目录

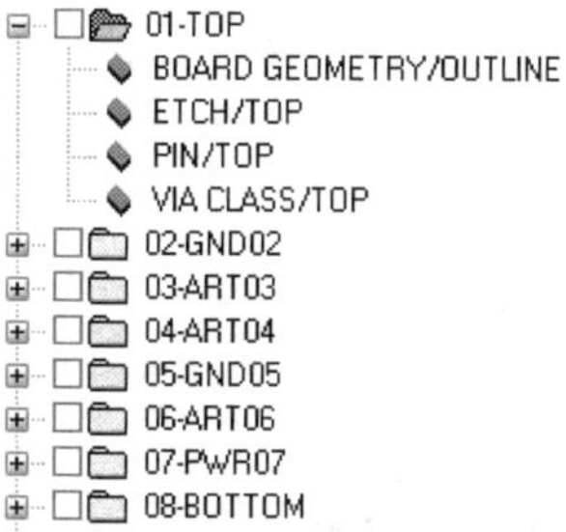

图 12-7 “01-TOP”所包含的 Subclass

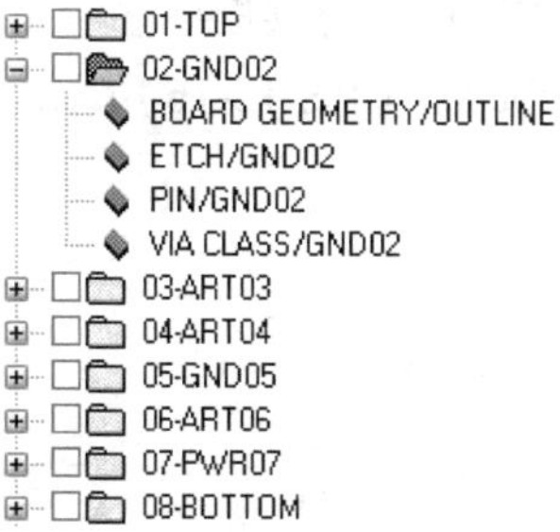

图 12-8 “02-GND02”所包含的 Subclass

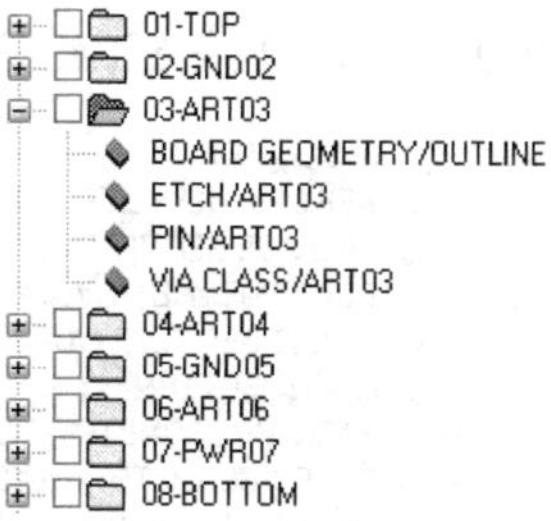

图 12-9 “03-ART03”所包含的 Subclass

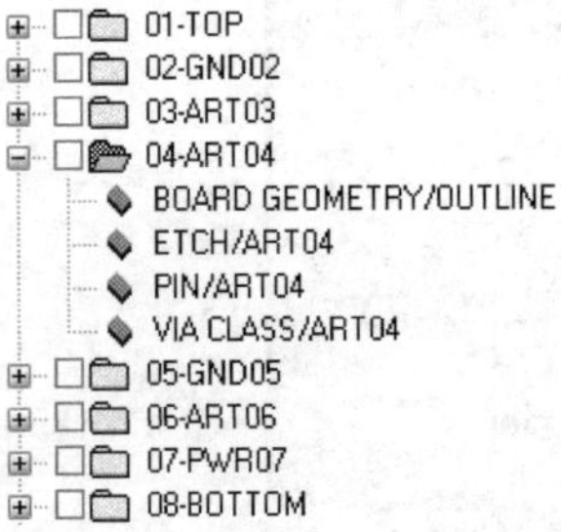

图 12-10 “04-ART04”所包含的 Subclass

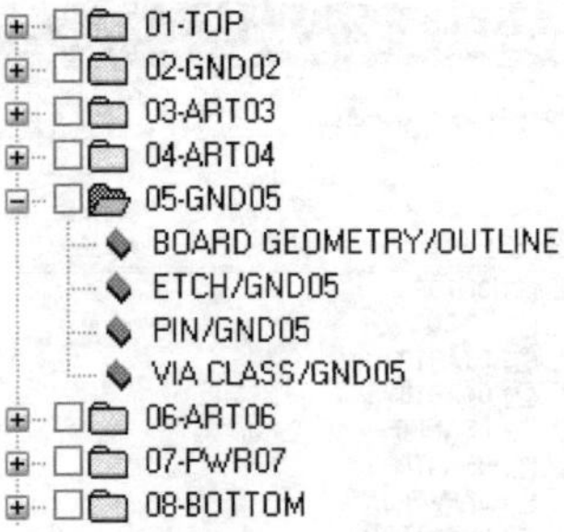

图 12-11 “05-GND05”所包含的 Subclass

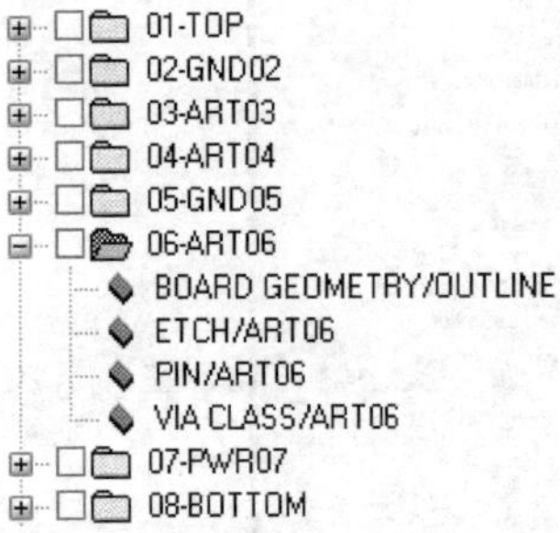

图 12-12 “06-ART06”所包含的 Subclass

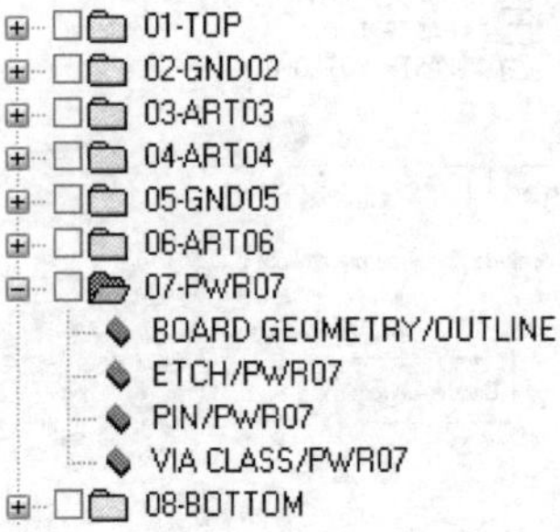

图 12-13 “07-PWR07”所包含的 Subclass

（4）“09-DRILL”所包含的 Subclass 如图 12-15 所示。

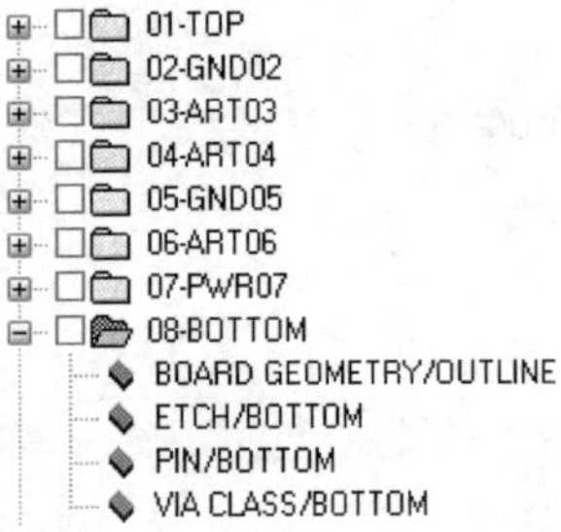

图 12-14 “08-BOTTOM”所包含的 Subclass

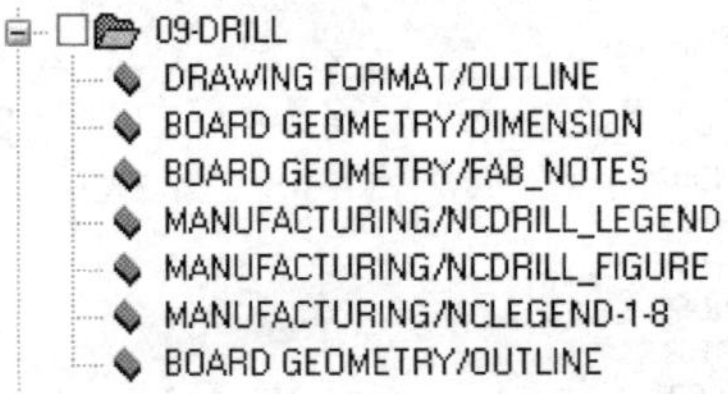

图 12-15 “09-DRILL”所包含的 Subclass

此目录一般添加的 Subclass 包含板框、制作工艺说明、钻孔信息表格、阻抗信息表格、设计者信息等。大家可以根据实际情况添加与删减，此目录的内容信息主要供板厂参考。

（5）“10-SILK_TOP”和“11—SILK_BOTTOM”所包含的 Subclass 如图 12-16 所示。

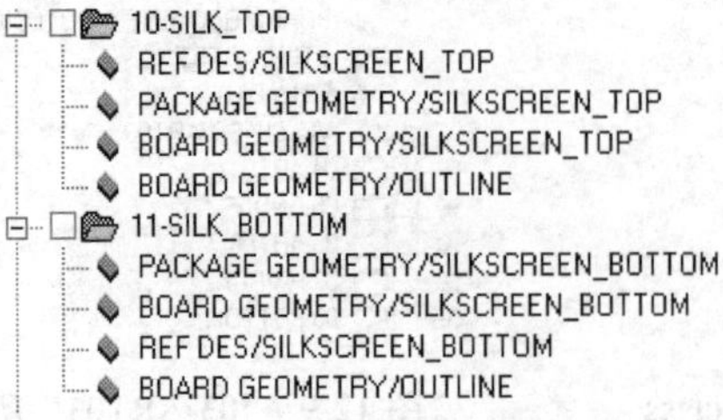

图 12-16 “10-SILK_TOP”和“11-SILK_BOTTOM”所包含的 Subclass

此两个目录分别包含 TOP 和 BOTTOM 层的丝印相关的 Subclass，一般包含器件位号、封装丝印、板框等。

注意：若需要其他 Subclass 上的对象做成丝印，添加到此目录下即可；

（6）“12-SOLDER_TOP”和“13-SOL-DER_BOTTOM”所包含的 Subclass 如图 12-17 所示。

此两个目录分别包含 TOP 和 BOTTOM 层的与阻焊层相关的 Subclass。

注意：若要将过孔开窗，请将“Via　Class/Top”或“Via　Class/Bottom”添加到目录即可。

（7）“14-PASTE_TOP”和“15-PASTE_BOTTOM”所包含的 Subclass 如图 12-18 所示。

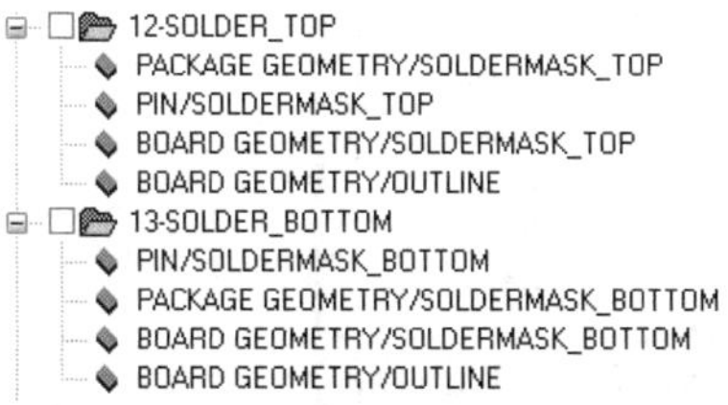

图 12-17　“12-SOLDER_TOP”和“13-SOLDER_BOTTOM”所包含的 Subclass

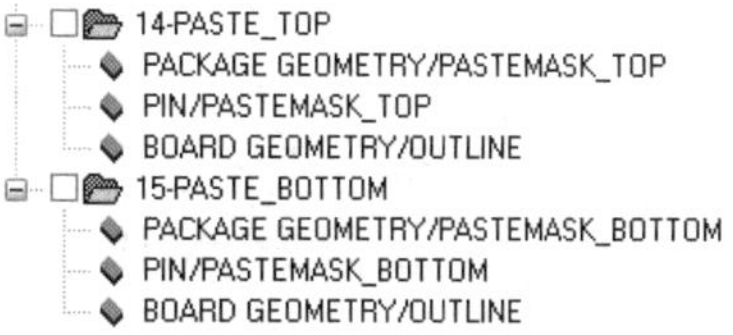

图 12-18　“14-PASTE_TOP”和“15-PASTE_BOTTOM”所包含的 Subclass

此两个目录分别包含 TOP 和 BOTTOM 层的与助焊层相关的 Subclass。

注意：一般“Package Geometry/Pastemask_Top”和“Package Geometry/Pastemask_Bottom”这两个 Subclass 上没有对象，但是常规还是会添加到此目录下。

添加技巧如下。

（1）将光标放在 TOP 上面，通过右键选择“Copy”，如图 12-19 所示。新增一个文件夹目录如图 12-20 所示。

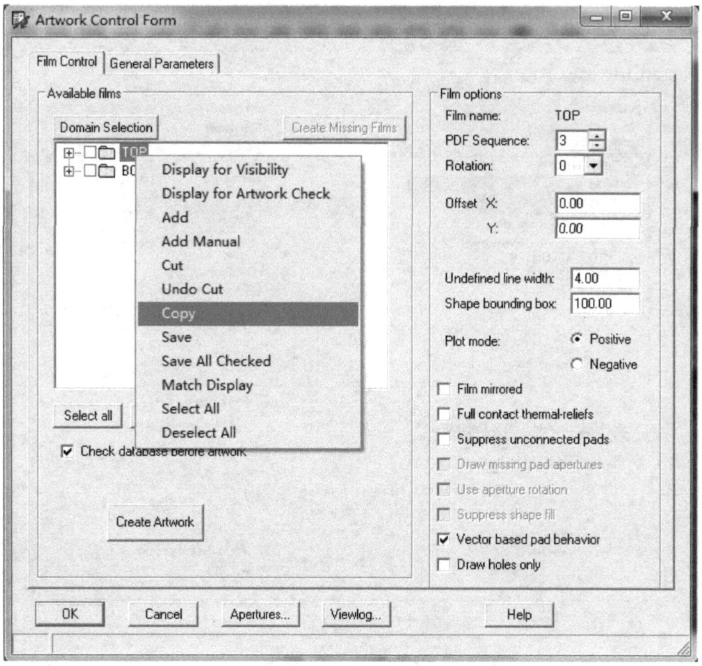

图 12-19　复制目录

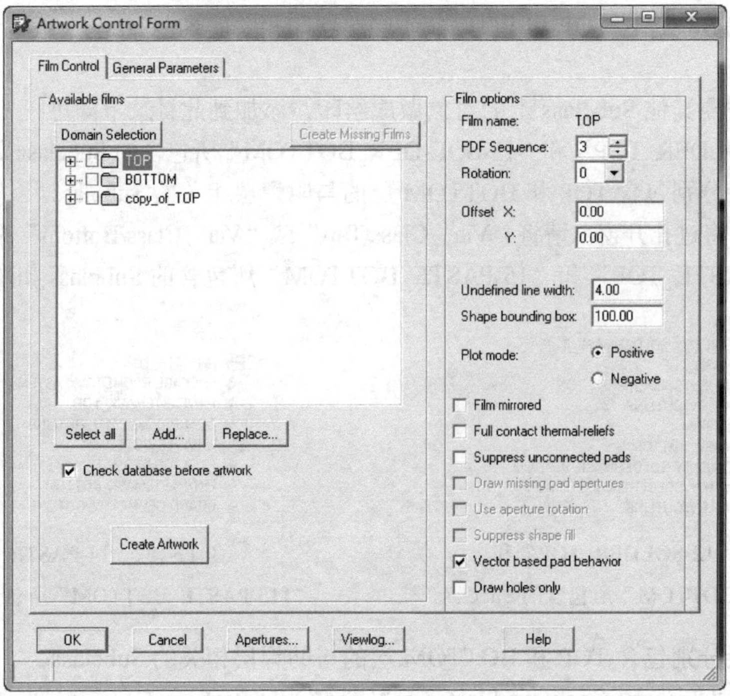

图 12-20　新增一个文件夹目录

（2）光标单击一下“copy_of_TOP”，然后再单击一下即可重命名此目录。这种方式新建添加的目录内包含的 Subclass 种类会比较少，以方便我们编辑。

（3）右击某个“Subclass”，然后单击“Add”，如图 12-21 所示。

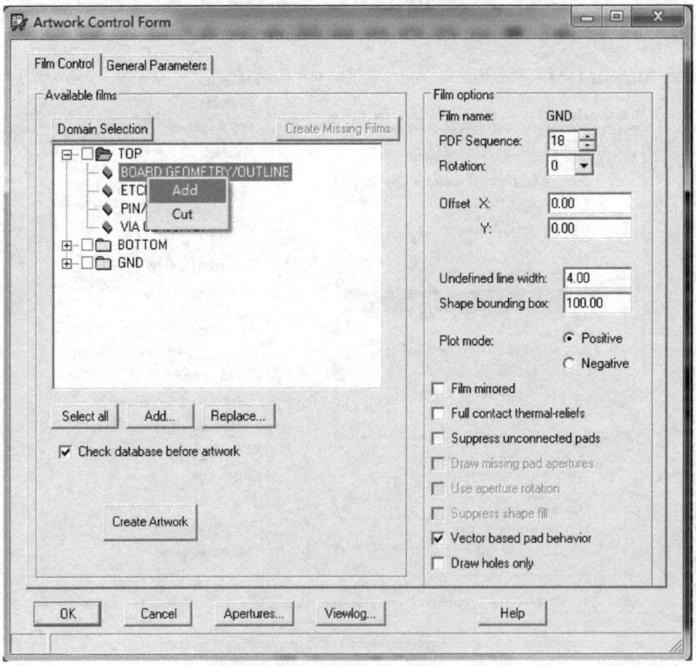

图 12-21　添加 Subclass

即可在图 12-22 中勾选添加需要的 Subclass，然后单击“OK”按钮即可。

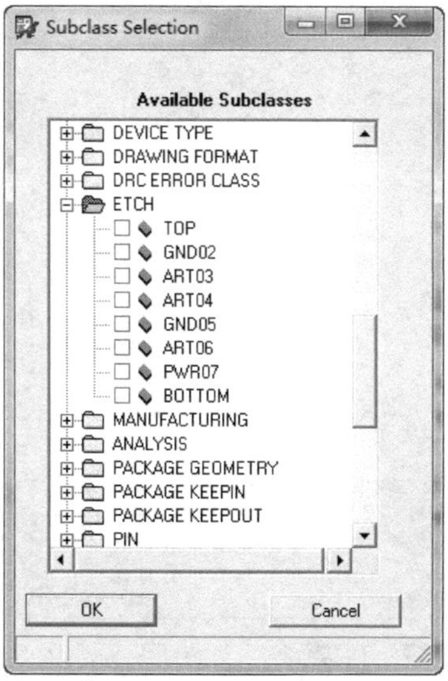

图 12-22　选择需要的 Subclass 添加到目录中

注意：大家可以在文件夹目录名前添加数字，目录即可按照顺序排列，如图 12-23 所示。

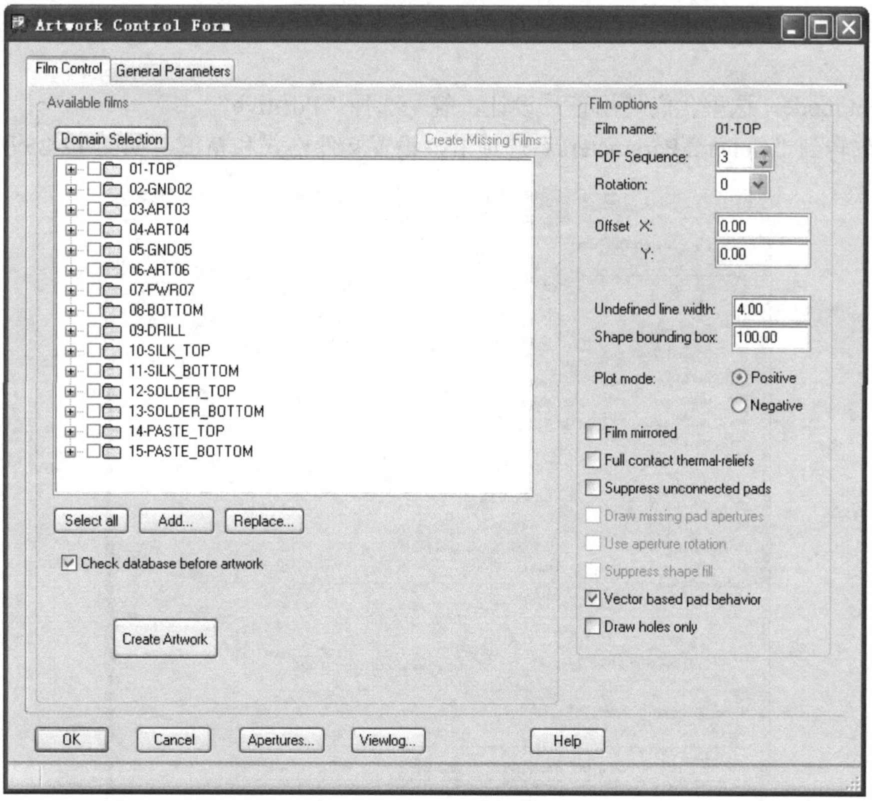

图 12-23　Film 目录设置完成

（8）设置好 Film 目录后，依次单击选择每个目录，并如图 12-24 所示设置参数即可。

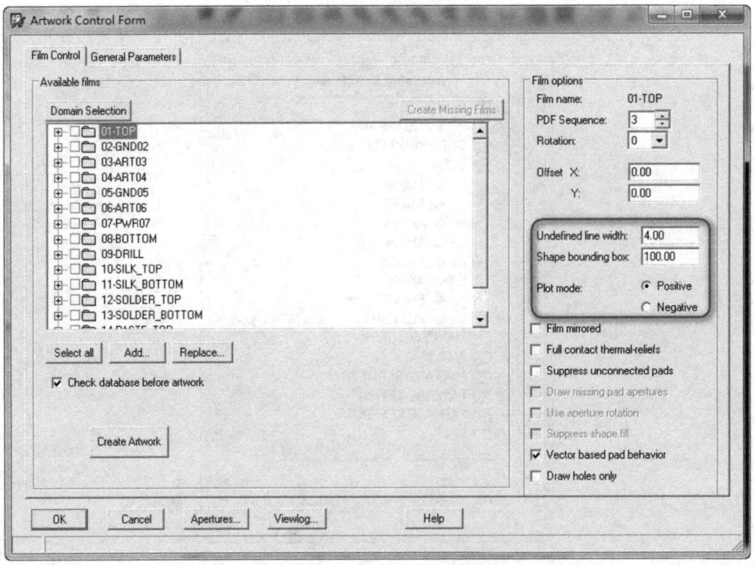

图 12-24　设置参数

注意：

① Undefined line width：表示重新设置未定义线宽的线；一般设置 4-6mil，满足工艺水平即可；

② Plot mode：这里我们使用正片设计，统一选择“Positive”。

（9）跳转到“General Parameters”选项卡，设置文件格式和精度，如图 12-25 所示。

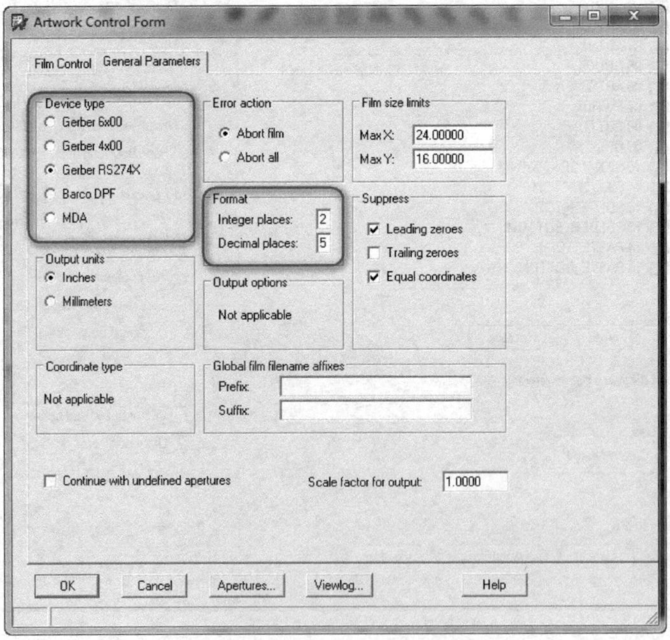

图 12-25　设置文件格式和精度

注意：正确选择文件格式，这里选择“Gerber RS274X”；另外注意这里的格式选择，要与下图中的选择一致。

选择菜单“Shape—Global Dynamic Shape Parameters”，如图 12-26 所示。

（10）标记中“Format”中填入“2”、“5”或者“5”、“5”精度即可，如图 12-27 所示。

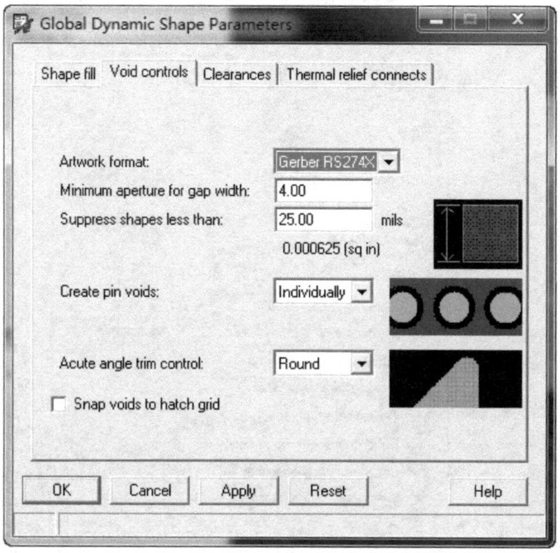

图 12-26　选择铜皮格式

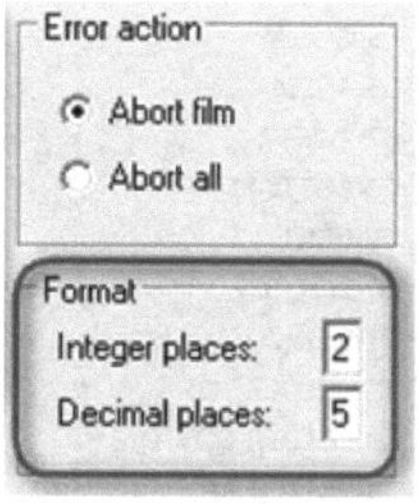

图 12-27　设置精度

（11）设置好上述后，重新跳转到下面“Film Control”选项卡，选择“Select all”，选中所有目录，如图 12-28 所示，然后单击“Create Artwork”按钮即可，层文件已输出。

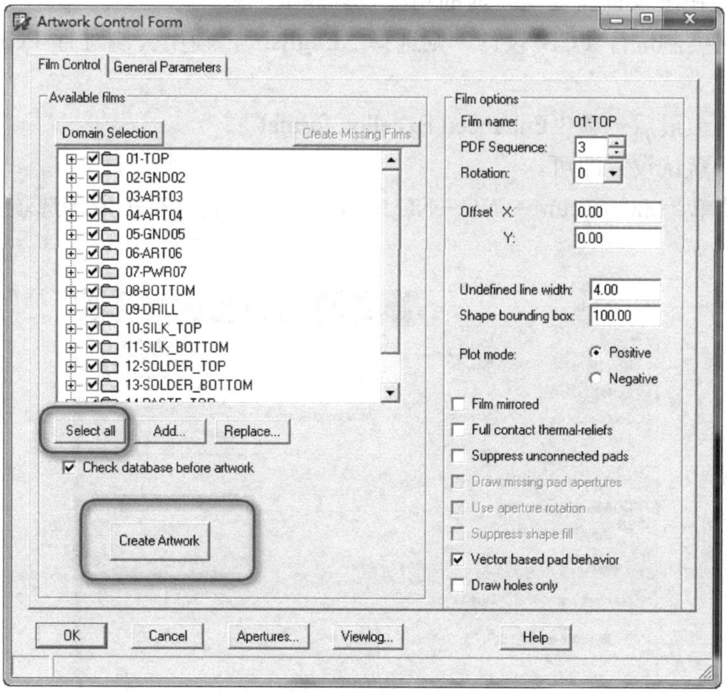

图 12-28　输出层文件

打开此 brd 文件的路径目录，可以看到生成的层文件，如图 12-29 所示。

（12）接下来生成钻孔文件，选择菜单“Manufacture—NC-Nc Parameters”，如图 12-30 所示。

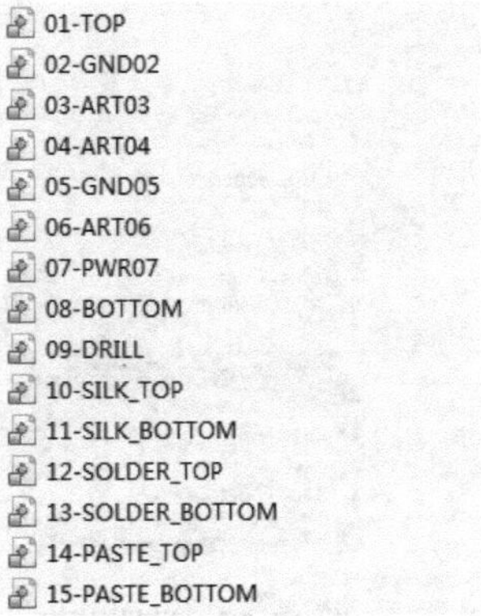

图 12-29　生成的 Film 文件

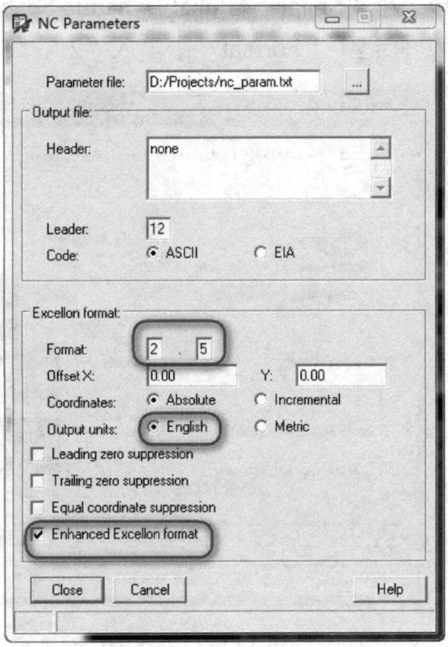

图 12-30　设置钻孔参数

注意：

① Format 处精度设置需要与之前的精度设置参数一致；

② 如果使用英制进行 PCB 设计，则选择“English”，使用公制进行 PCB 设计，则选择“Metric”；

③ 建议勾选上最后一项“Enhanced Excellon format”；

④ 其他保持默认设置即可。

（13）选择菜单“Manufacture—NC—NC Drill”，打开如图 12-31 所示选项卡，单击“Drill”按钮即可。

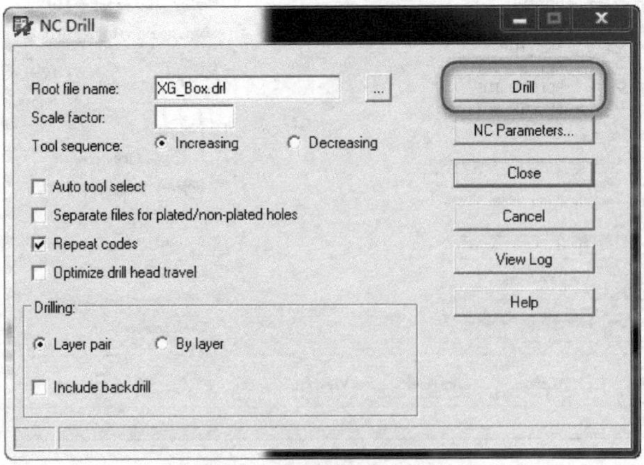

图 12-31　输出钻孔文件

说明： 这里生成的 Drill 文件为规则的圆形钻孔文件。

（14）接下来生成不规则形状钻孔文件，选择菜单“Manufacture—NC—NC Route”，打开如图 12-32 所示的选项卡，单击“Route”按钮即可。

在文件路径下，可以看到生成的钻孔文件，如图 12-33 所示。

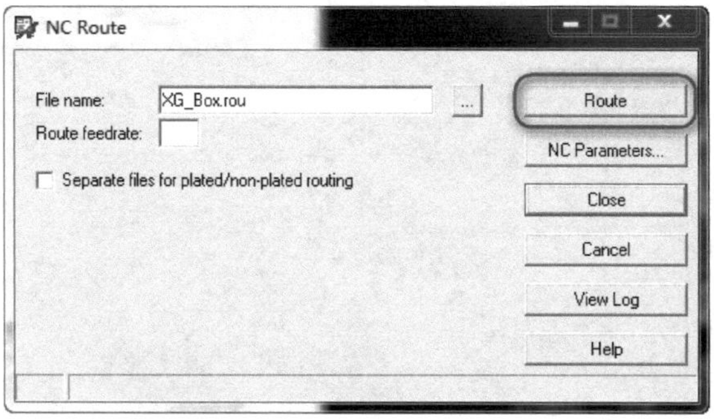

图 12-32　输出不规则钻孔文件

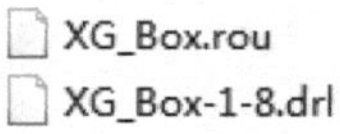

图 12-33　生成的钻孔文件

（15）上述操作已将制板需要的文件生成，在文件路径下，将相关的文件整理发予板厂即可，如图 12-34 所示。

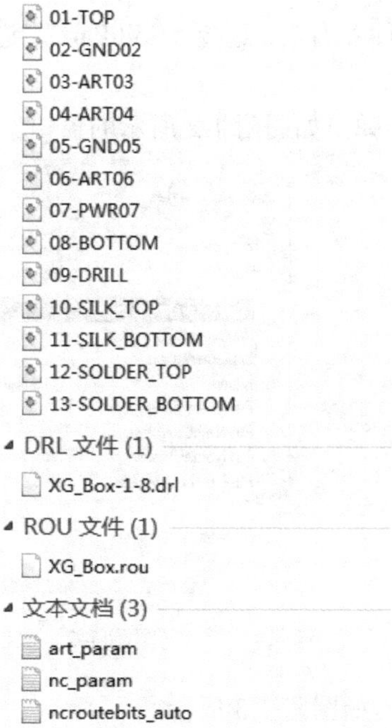

图 12-34　输出光绘文件完成

注意： “14-PASTE_TOP”和“15-PASTE_BOTTOM”为制作钢网的文件，无须发给制板厂。

附 录

高级操作技巧

附 1 怎样在 Capture 中添加器件特殊属性

在 Capture 界面中，选中器件并右击，选择“Edit Part”，进入到编辑器件界面，如图附 1-1 所示。

在界面中空白处双击左键，弹出如图附 1-2 所示的窗口。

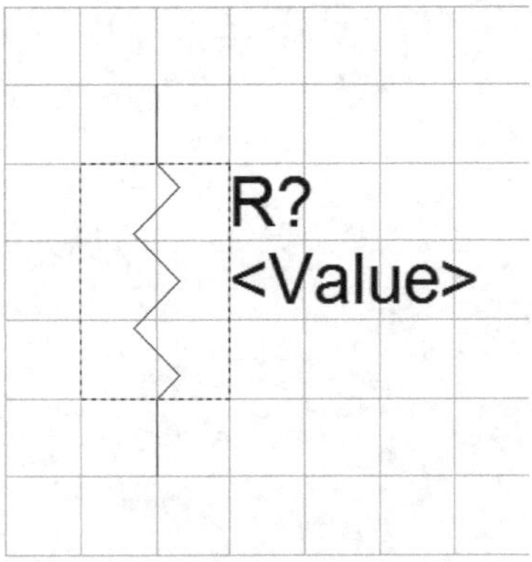

图附 1-1 编辑器件

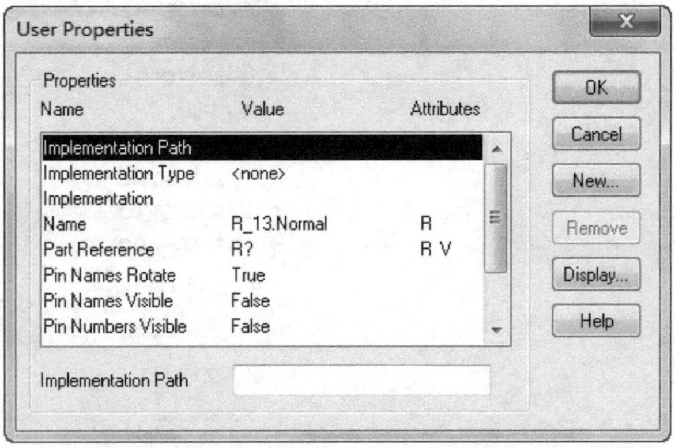

图附 1-2 “User Properties”窗口

单击“New”，新建一属性，如图附 1-3 所示。

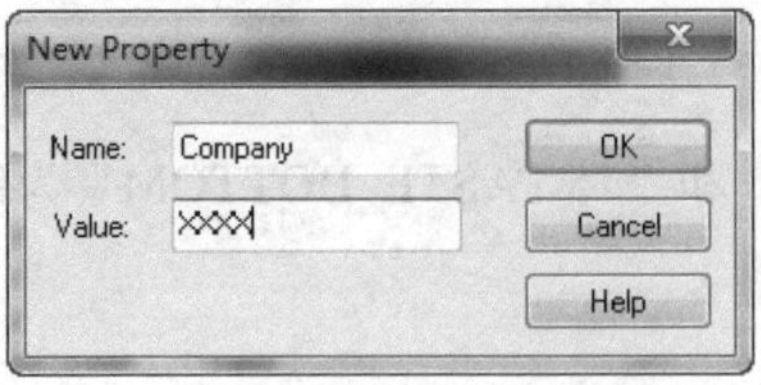

图附 1-3 添加属性

说明：图附 1-3 中输入实际需要的 Name 和 Value 值即可；图附 1-3 仅为示范。

单击“OK”按钮后，“User Properties”窗口中新增属性，如图附 1-4 所示。

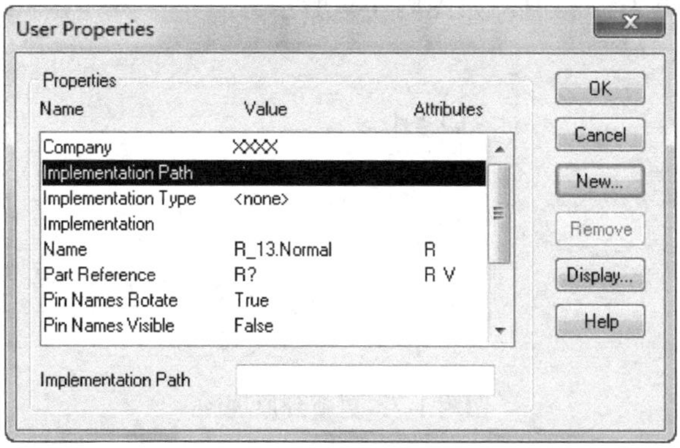

图附 1-4 添加完属性

双击“Company”一栏，出现如图附 1-5 所示界面。

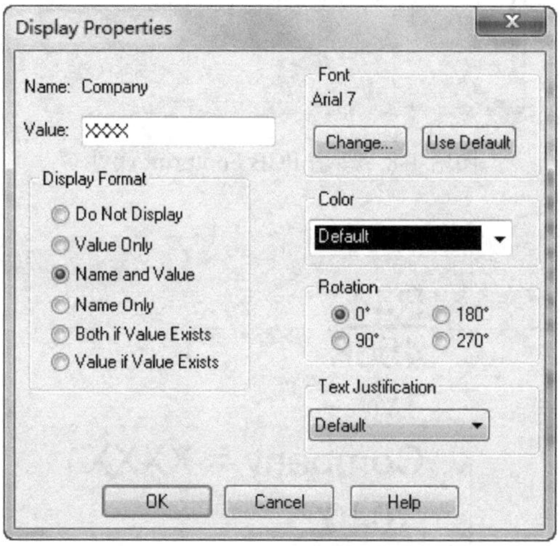

图附 1-5 设置显示方式

设置好后，单击“OK”按钮，回到器件界面，如图附 1-6 所示。

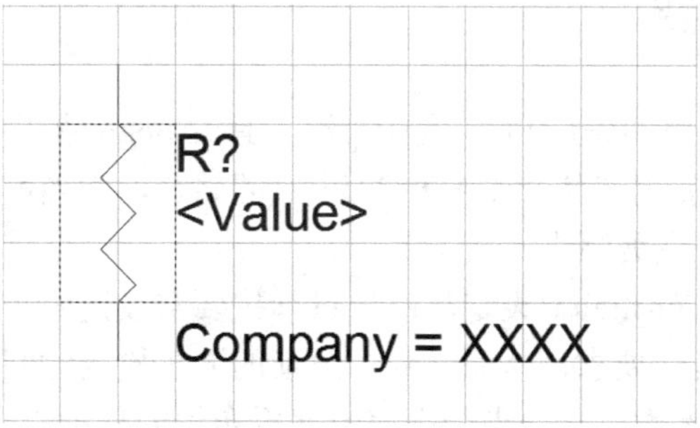

图附 1-6 显示新增属性

更新到原理图后，如图附 1-7 所示。

若图附 1-3 中输入的 Name 值为 PCB Footprint，如图附 1-8 所示，则更新到原理图后，对应的 Value 值会自动变更为封装值，如图附 1-9 所示。

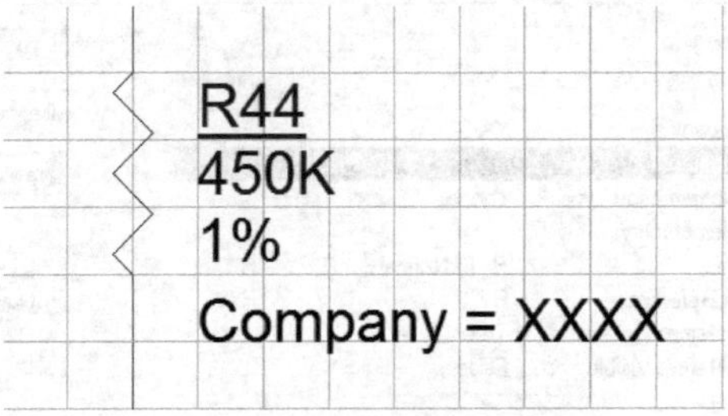

图附 1-7　更新到原理图

图附 1-8　新增 PCB Footprint 属性

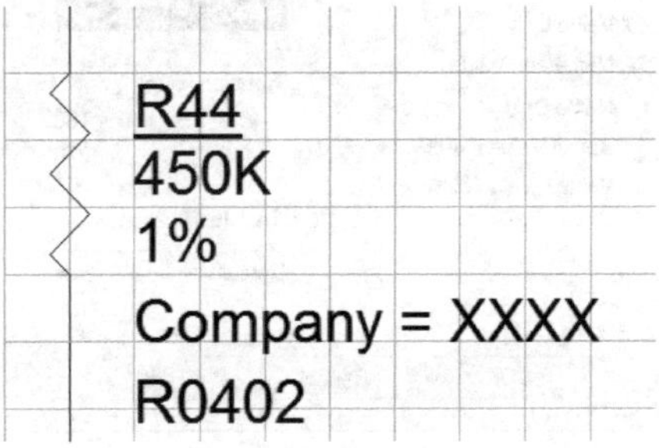

图附 1-9　显示 PCB Footprint 属性

附 2　常用组件介绍

Allegro 是 Cadence 推出的先进 PCB 设计布线工具。Allegro 提供了良好且交互的工作接口和强大完善的功能，和它前端产品 OrCAD Capture 的结合，为当前高速、高密度、多层的复杂 PCB 设计布线提供了最完美解决方案。

Allegro 拥有完善的 Constraint 设定，用户只须按要求设定好布线规则，在布线时不违反 DRC 就可以达到布线的设计要求，从而节约了烦琐的人工检查时间，提高了工作效率，更能够定义最小线宽或线长等参数以符合当今高速电路板布线的种种需求。

这里为大家介绍在 PCB 设计中常用的组件。这些组件主要分为三部分：绘制原理图的组件、PCB Layout 的组件、制作焊盘的组件。

从“开始——所有程序—Cadence”目录，找到安装程序，如图附 2-1。

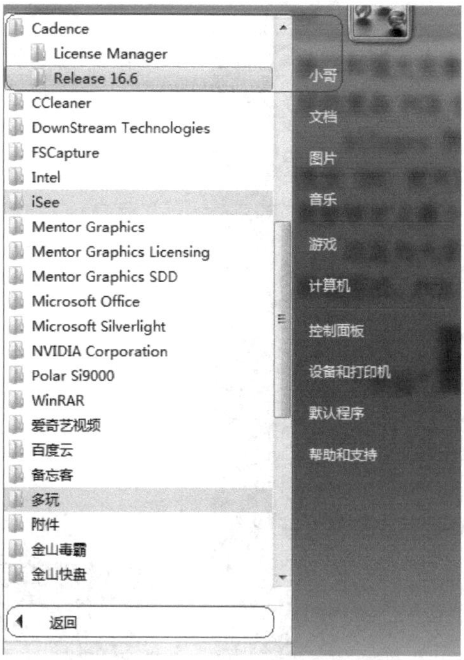

图附 2-1 “开始”菜单

图附 2-2 中标示处为我们常用的 3 个组件。

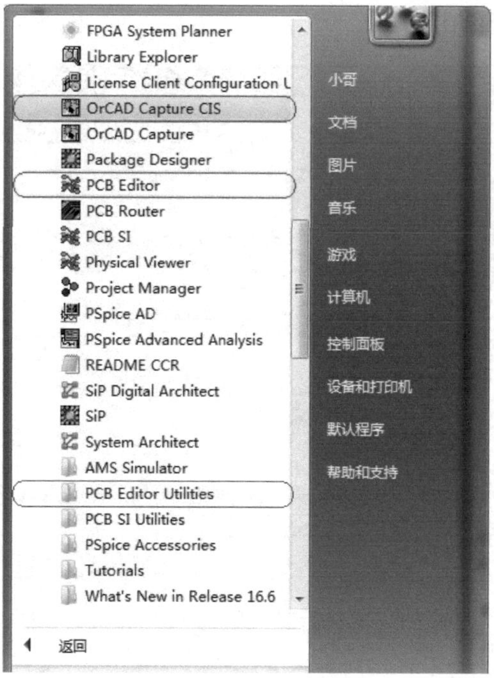

图附 2-2 常用的 3 个组件

“Pad Designer”程序位置如图附 2-3 所示。

通过将它们的右键发送快捷方式到桌面上，快捷方式图标如图附 2-4。

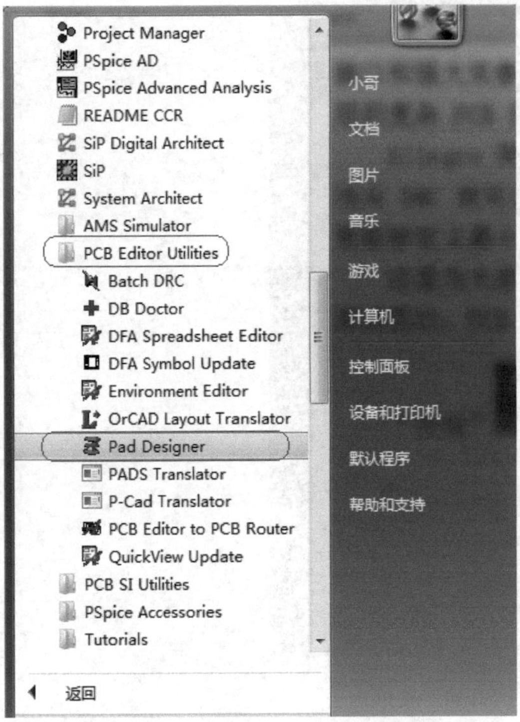

图附 2-3 “Pad Designer”程序位置

图附 2-4 桌面快捷方式

图附 2-5 为绘制原理图的组件。

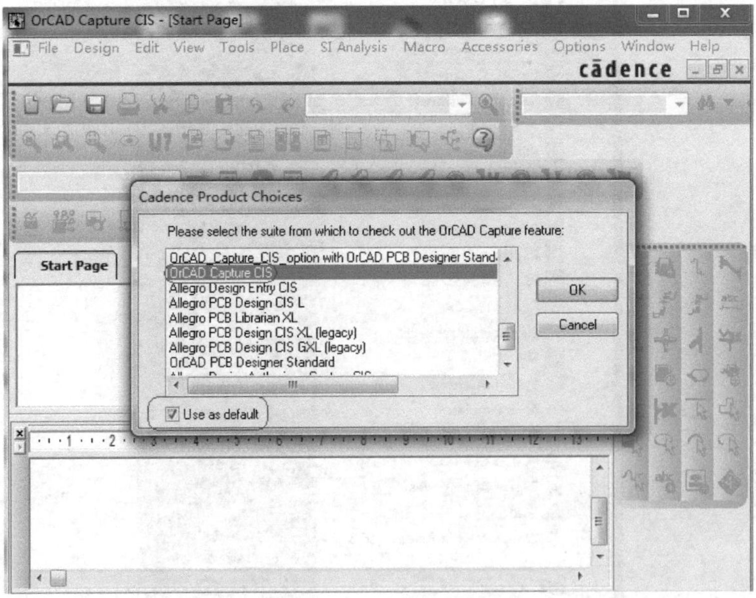

图附 2-5 打开 Capture CIS

图附 2-5 中标示处为 Capture CIS 画图组件，建议选择此项，并勾选“Use as default”。图附 2-6 为 PCB Layout 的组件。

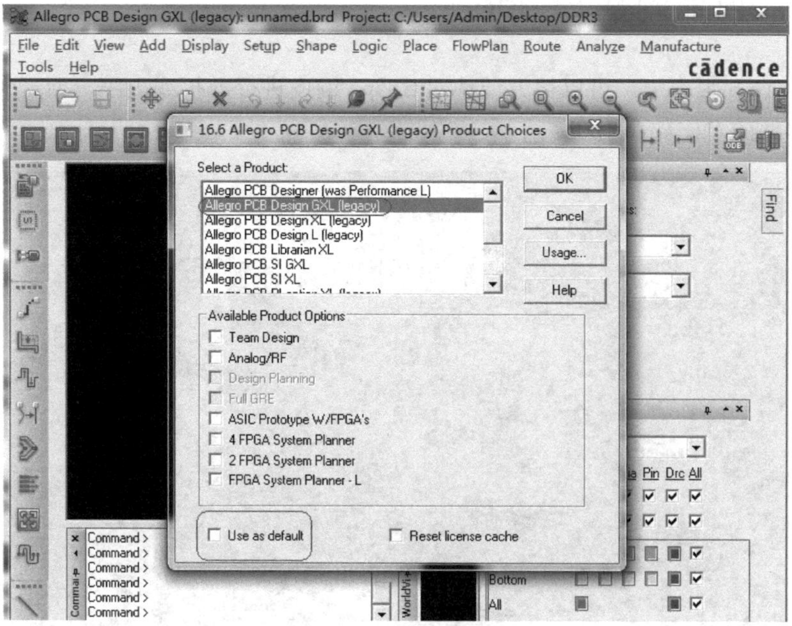

图附 2-6 打开 PCB Editor

图附 2-6 中标示处为 PCB Design GXL 组件，建议选择此项，并勾选“Use as default”。图附 2-7 为制作焊盘的组件。

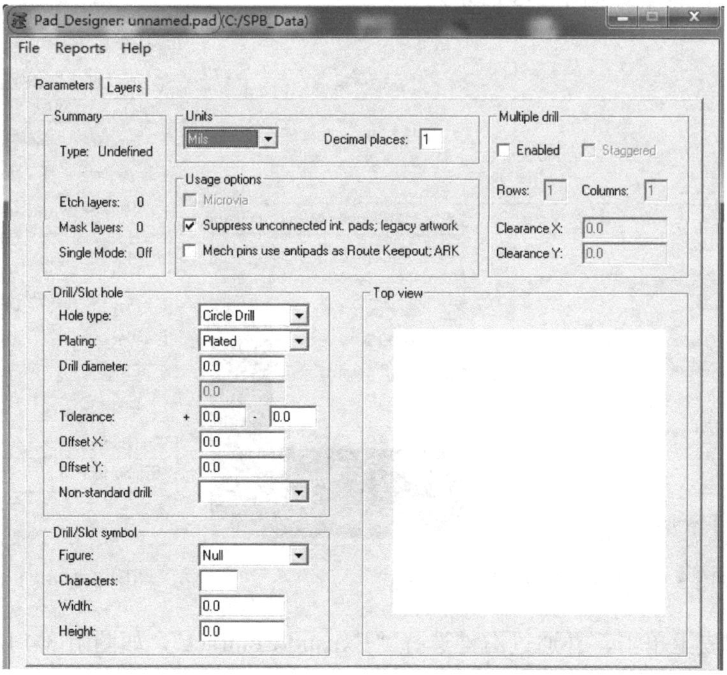

图附 2-7 打开 Pad Designer

以上是对 Allegro 设计软件常用 PCB 组件的介绍，以及怎样选择设置打开它们。

附 3　外扩/内缩调整 Shape

在 Allegro16.6 版本中，可以很方便地对 Shape 铜皮进行外扩或内缩，而无须重新绘制。铜皮与器件的对比如图附 3-1 所示。

图附 3-1　铜皮与器件的对比

选择菜单“Setup—Application Mode—General Edit”，如图附 3-2 所示。“Find”侧边栏设置如图附 3-3 所示。

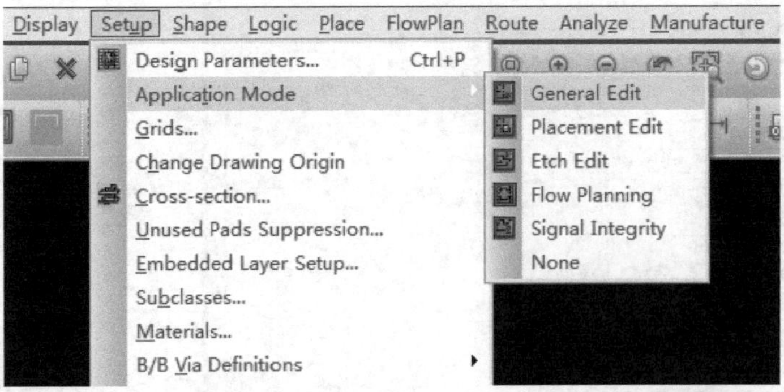

图附 3-2　选择“General Edit”模式

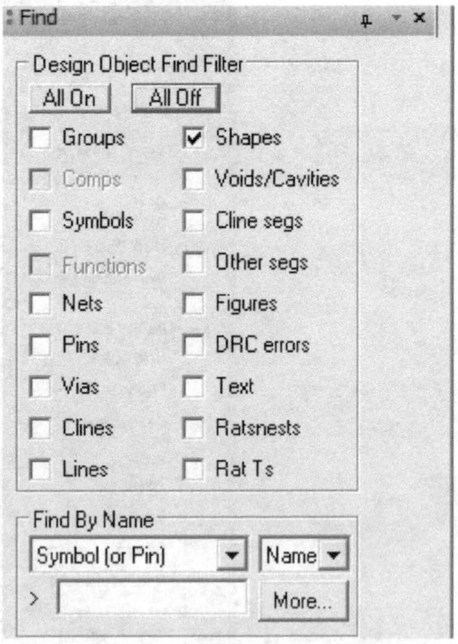

图附 3-3　“Find”侧边栏设置

光标放在铜皮上单击，并通过右键选择“Expand/Contract”，如图附 3-4 所示。

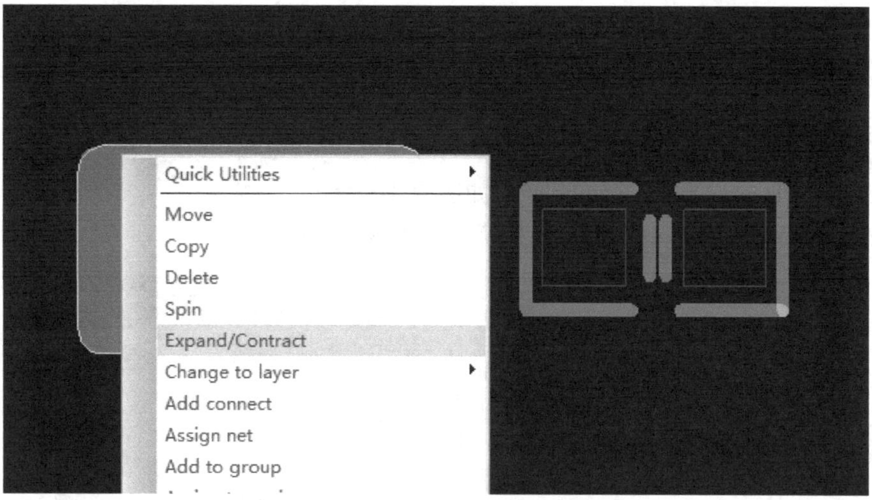

图附 3-4　选择外扩/内缩命令

单击后，“Options”侧边栏默认设置如图附 3-5 所示。

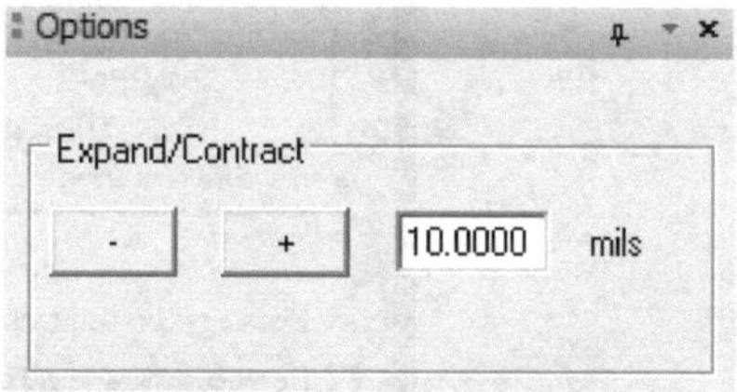

图附 3-5　Options 侧边栏设置

单击图附 3-5 中的“+”按钮则可以外扩，单击“-”按钮则可以内缩。
这里连续单击 4 次“+”按钮，外扩后铜皮与器件的对比如图附 3-6 所示。

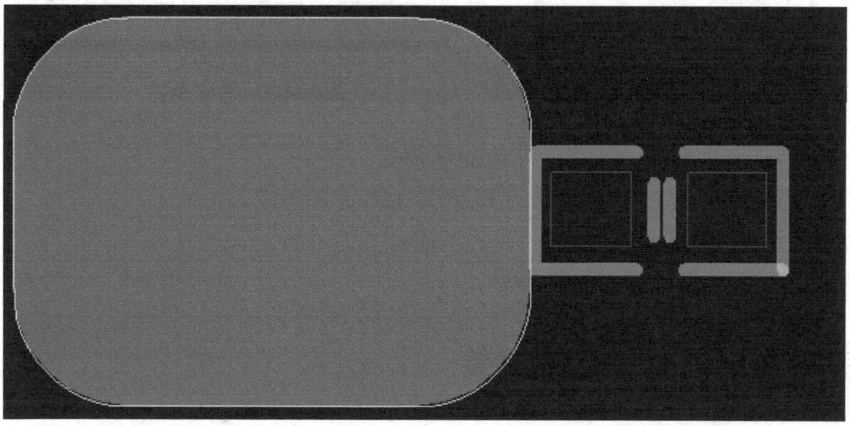

图附 3-6　外扩后铜皮与器件的对比

然后通过右键选择“Done”，完成操作。

附 4　怎样更新器件 PCB 封装

（1）首先设置好封装库路径。

（2）菜单“Place—Update Symbols”，如图附 4-1 所示。

（3）在“Package symbols”中勾选封装，如图附 4-2 所示。

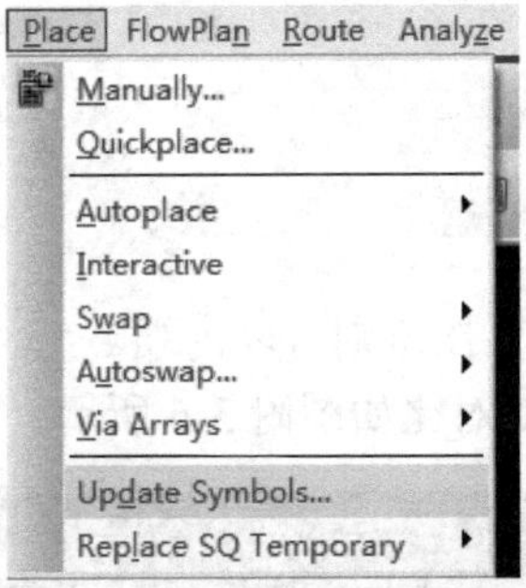

图附 4-1　更新封装菜单

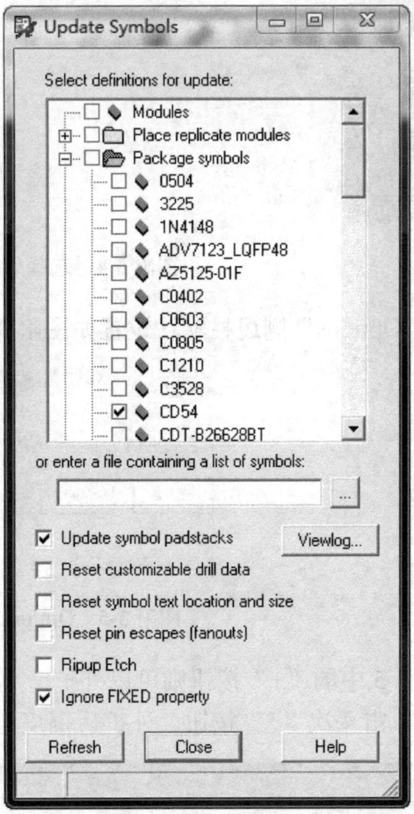

图附 4-2　选项设置

Update symbol padstacks：勾选后才能更新焊盘。

Ignore FIXED property：忽略对象的 FIXED（固定）属性。

其他常规默认即可。

（4）单击“Refresh”按钮，更新封装。

附 5　怎样导出器件 PCB 封装

我们在 PCB 设计中，可以从现有的 PCB 板上导出 PCB 封装，省去重复建封装的时间。打开“PCB Editor”，选择菜单“File—Export—Libraries”，如图附 5-1 所示。

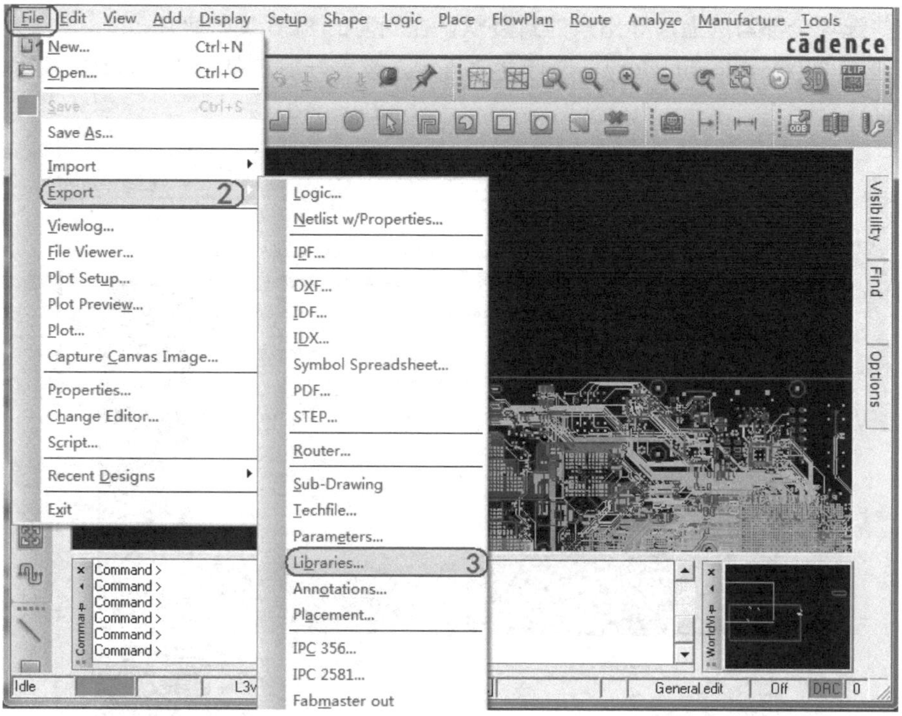

图附 5-1 选择菜单

按照以上步骤单击后，出来图附 5-2 选项框。

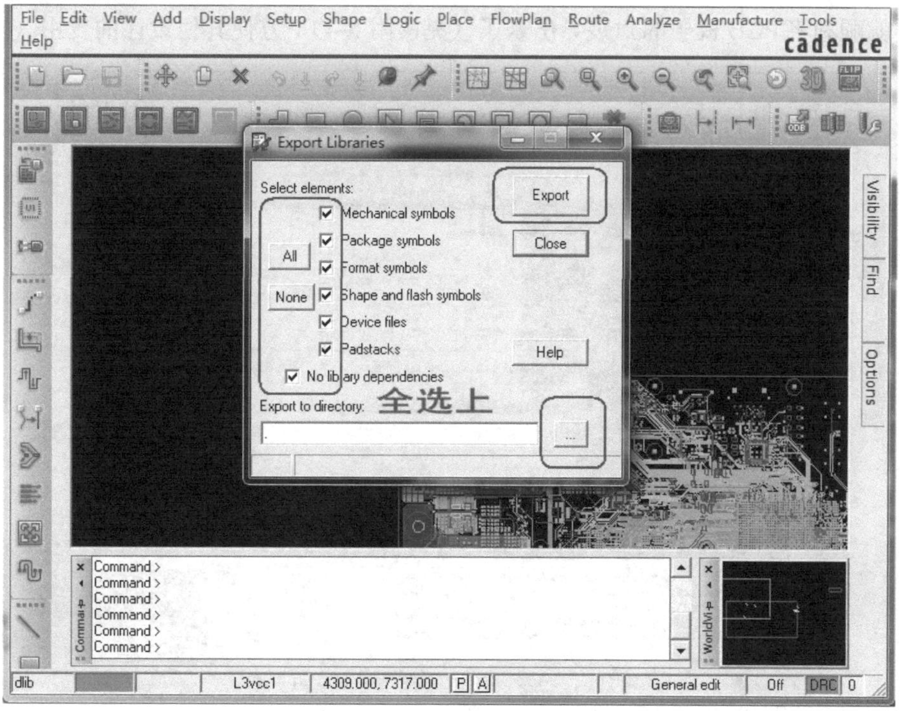

图附 5-2 导出选项设置

将这些选项全部勾选上，导出来的封装默认在当前的 PCB 文件夹中。

可以通过“Export to directory”选择存放目录，设置好后，单击“Export”按钮，出现图附 5-3 界面。

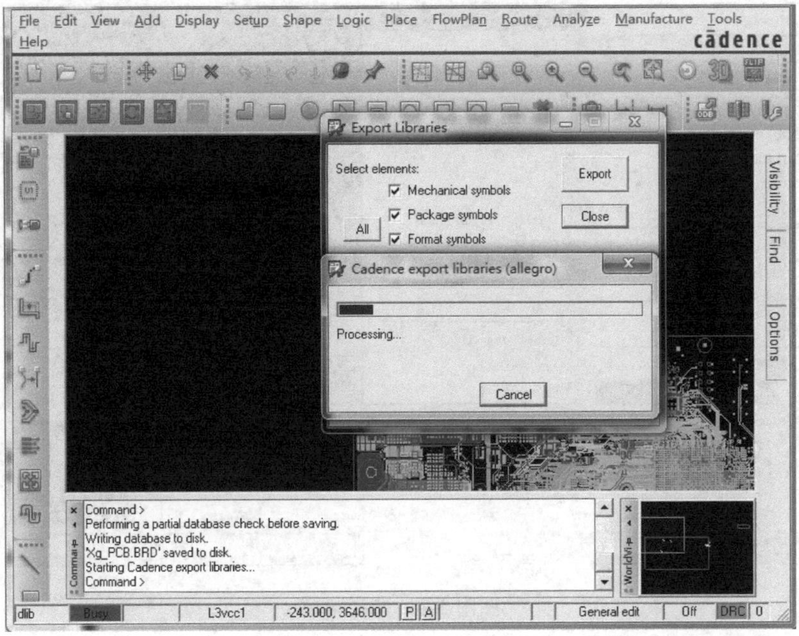

图附 5-3　正在导出封装

这样就顺利将 PCB 板子的封装导出来了（见图附 5-4），方便其他设计的复用。

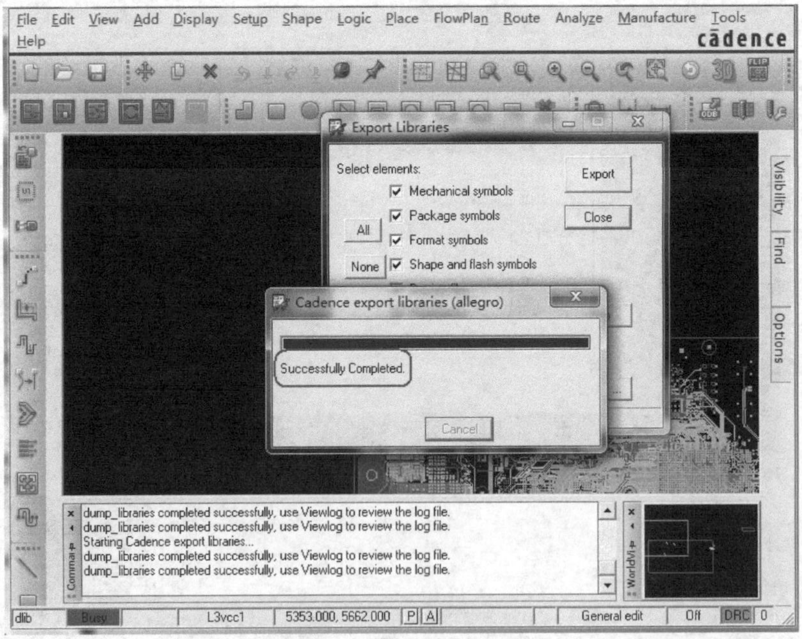

图附 5-4　成功导出封装

附 6 显示/隐藏铜皮

在默认情况下，Allegro 软件是显示铜皮的，如图附 6-1 所示。

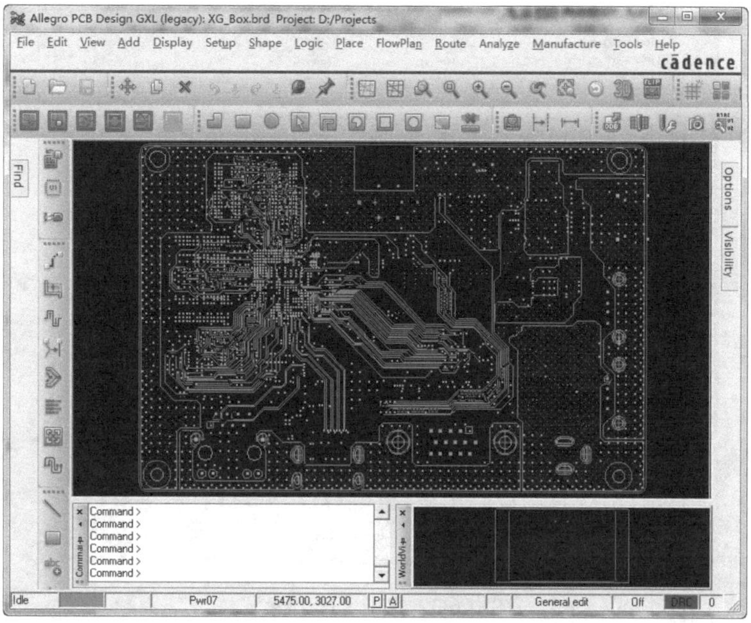

图附 6-1 铜皮显示

为方便设计，有时需要将铜皮隐藏，可通过下列操作进行设置。

选择菜单“Setup—User Preferences”，如图附 6-2 所示。

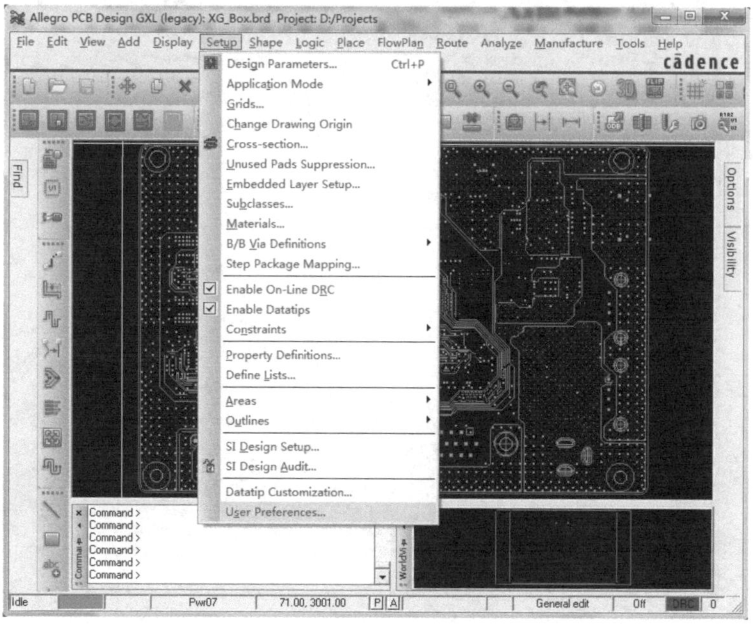

图附 6-2 选择菜单

单击菜单后，然后单击左侧目录中的“Display”，如图附 6-3 所示。

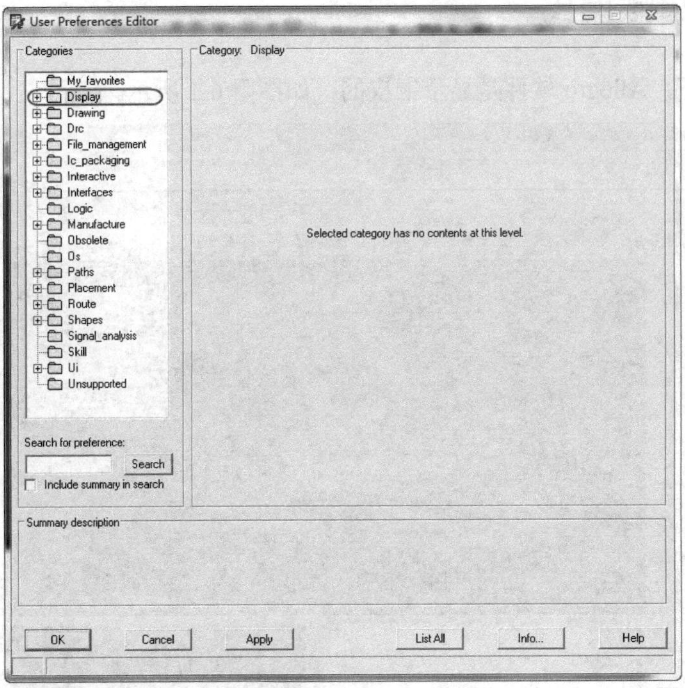

图附 6-3　单击“Display”

单击“Display”前的“+”按钮，并单击“Shape_fill”，如图附 6-4 所示。

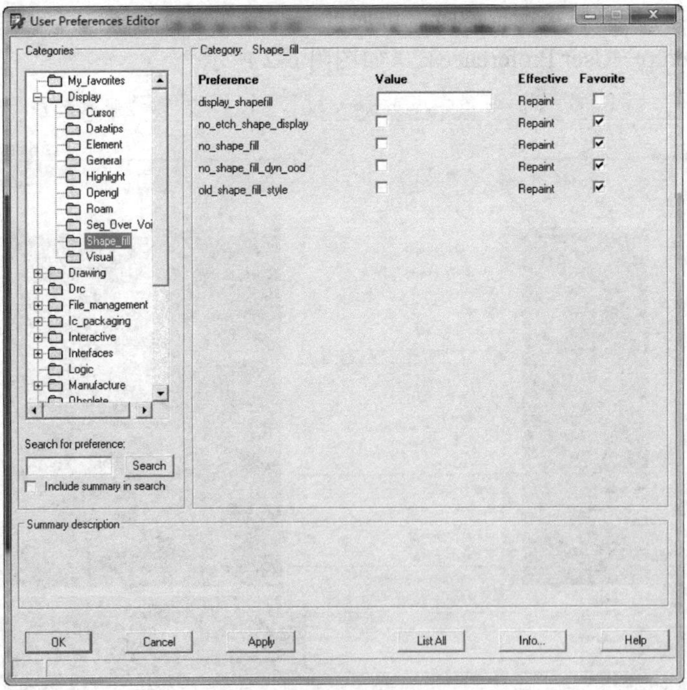

图附 6-4　单击“Shape_fill”

在默认情况下，图附 6-4 中的“Value”一列中是没有勾选任何选项的；如果要隐藏铜皮，则如图附 6-5 所示，勾选“Value”一列中的选项。

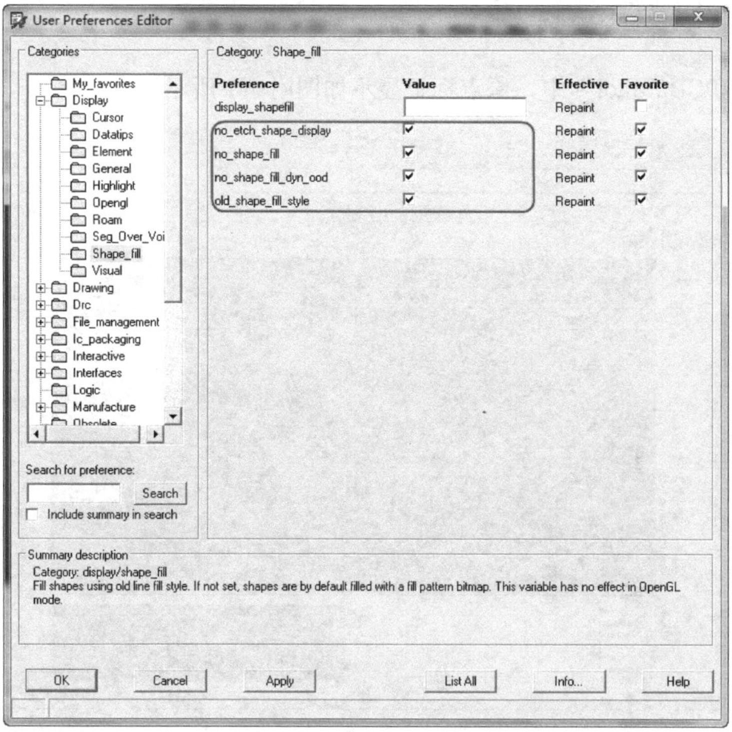

图附 6-5 隐藏铜皮设置

单击“OK”按钮，则 PCB 文件中铜皮不显示，如图附 6-6 所示。

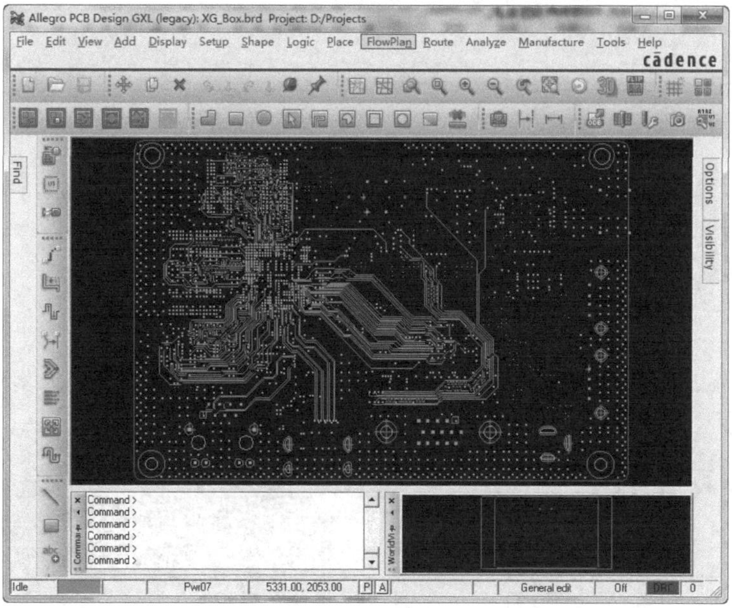

图附 6-6 铜皮隐藏

若要重新显示铜皮，将图附 6-5 中的选项取消勾选即可。

附 7 显示/隐藏原点标记

在“Allegro PCB Editor”中，原点标记显示如图附 7-1 所示。

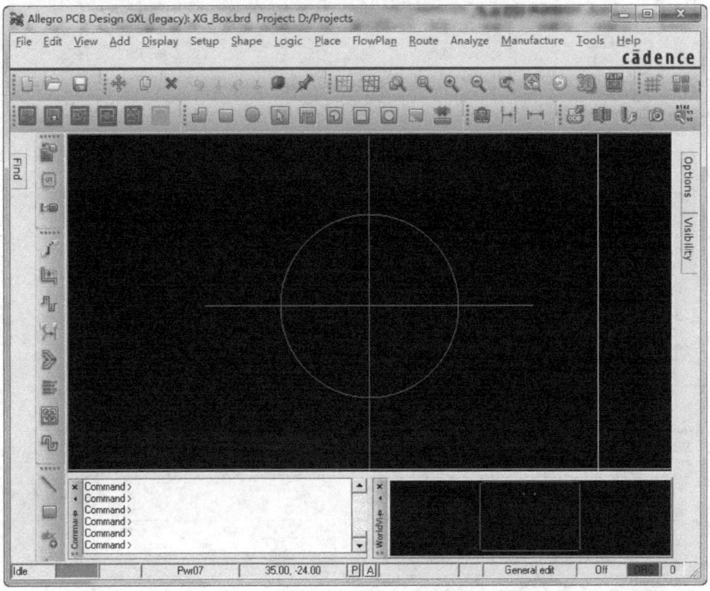

图附 7-1 显示原点

设计者可根据个人习惯和需要来设置是否显示此原点标记。
选择菜单“Setup—Design Parameters”，如图附 7-2 所示。

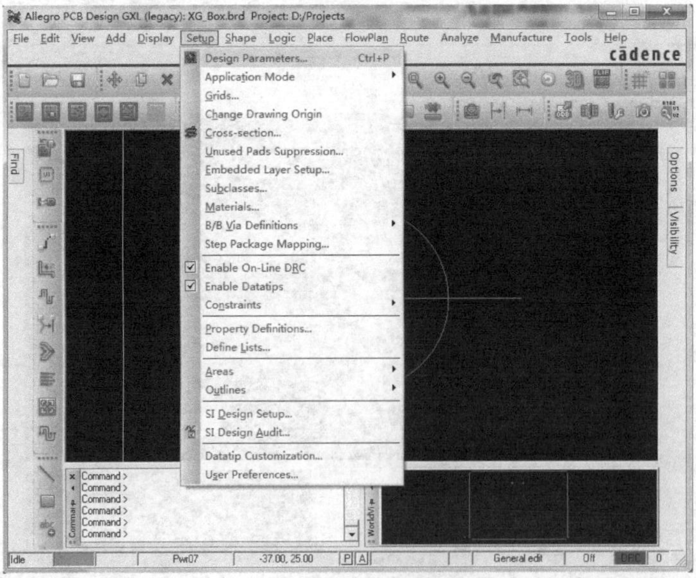

图附 7-2 选择菜单

单击菜单后，弹出界面如图附 7-3 所示。

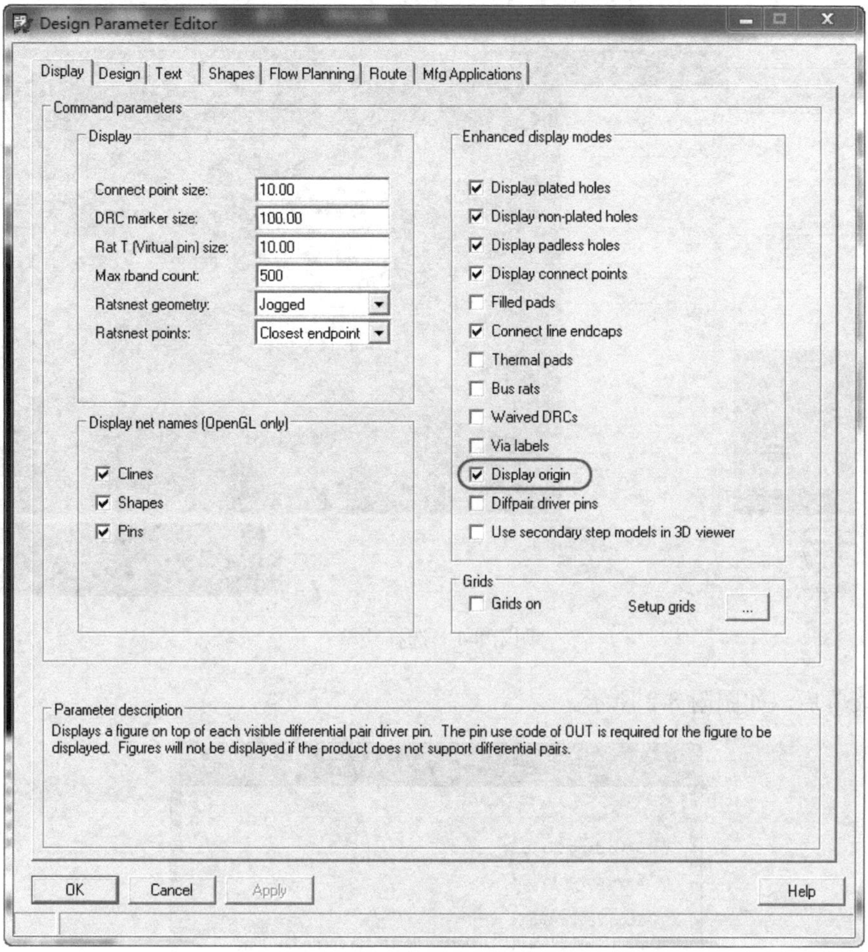

图附 7-3 勾选“Display origin”

通过是否勾选图附 7-3 中右侧“Enhanced display modes”下方标记处的“Display origin”选项，来设置是否显示此原点标记。

单击“OK”按钮，则设置生效。

附 8 怎样保存为低版本文件

在公司项目设计中，一些情况下设计者要将 Allegro 16.6 版本的文件降为低版本文件；

在 Allegro 16.6 版本软件中，支持将文件降为 16.3 及 16.5 两种低版本文件格式；具体步骤如下。

选择菜单“File—Export—Downrev design”，如图附 8-1 所示。

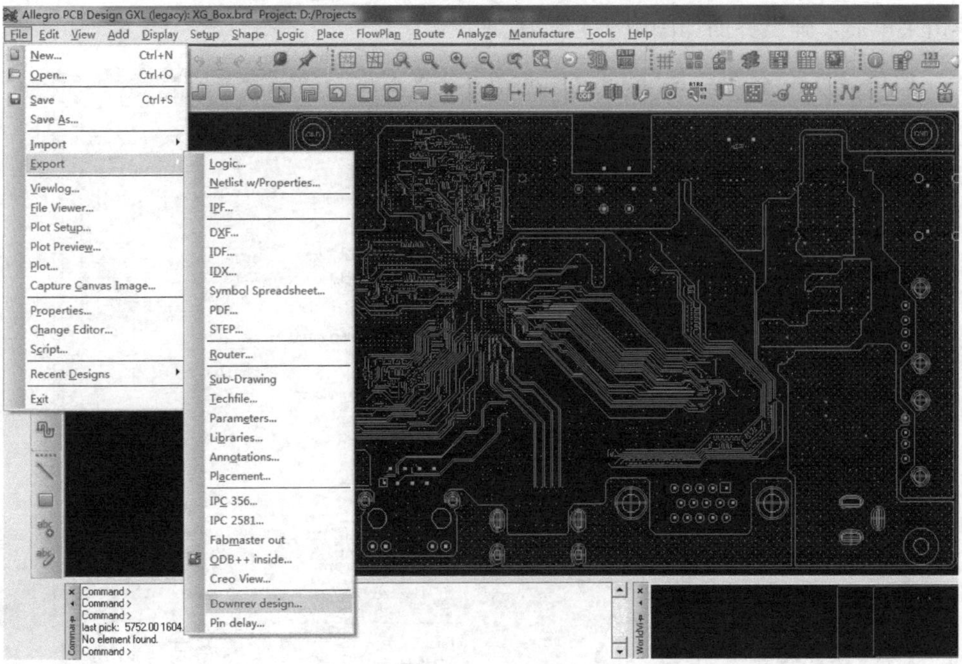

图附 8-1　选择菜单

单击菜单后，如图附 8-2 所示。

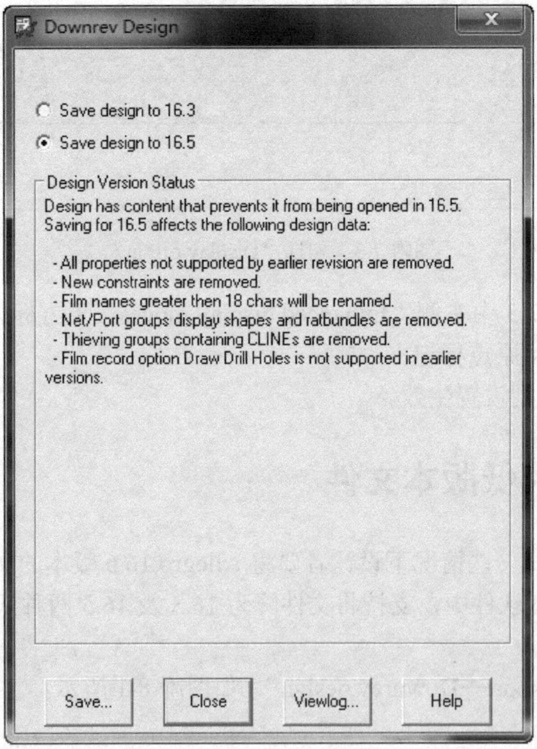

图附 8-2　选择低版本格式

若勾选“Save design to 16.3”，则表示降为 16.3 版本格式文件。
若勾选“Save design to 16.5”，则表示降为 16.5 版本格式文件。
勾选需要的选项后，单击左下方“Save”，在弹出界面保存即可，如图附 8-3 所示。

图附 8-3　保存低版本格式文件

可直接覆盖，单击“是（Y）”按钮，如图附 8-4 所示。
此时，可以注意下，图附 8-5 和图附 8-2 界面的变化。

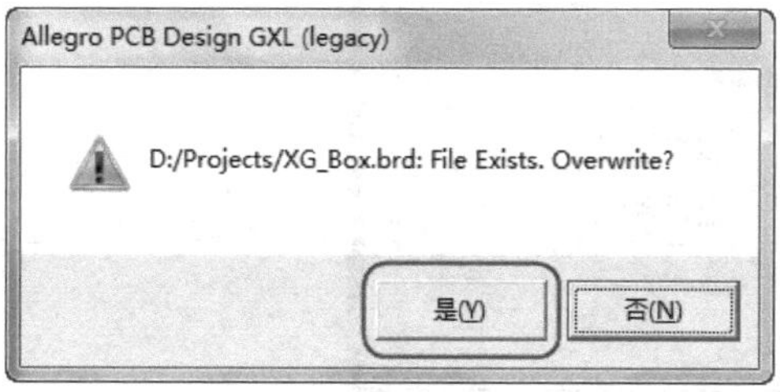

图附 8-4　选择“是（Y）”

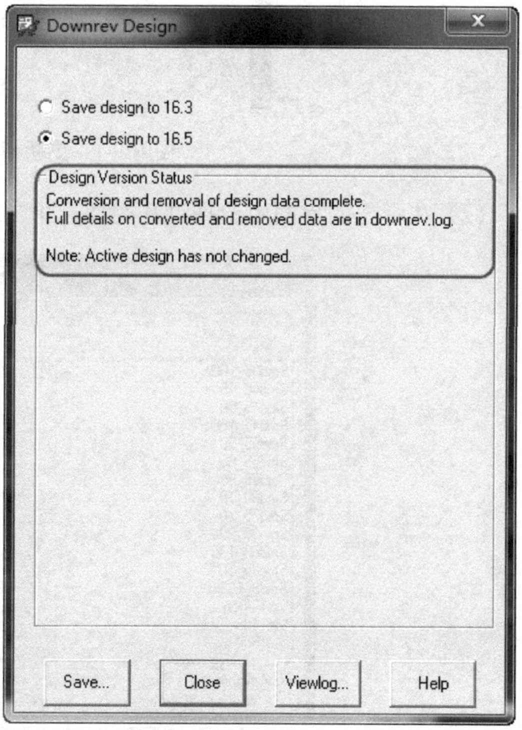

图附 8-5　状态信息提示

图附 8-5 中标记处的文字，会提示文件转换后的一些信息。

附 9　替换过孔

替换某种类型所有过孔的操作步骤如下。

（1）选中一个 Via，通过右键选择“Replace padstack/All instances”，如图附 9-1 所示。

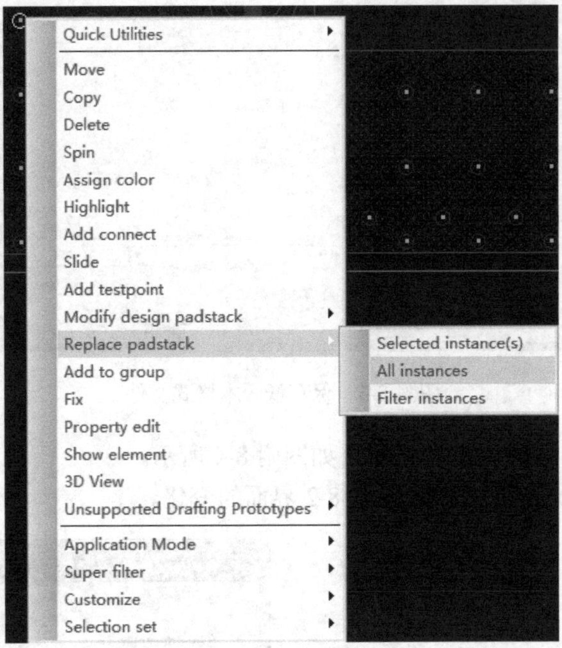

图附 9-1　更新相同类型的所有过孔

（2）在弹出的界面中选择过孔类型，单击“OK”按钮即可，如图附 9-2 所示。

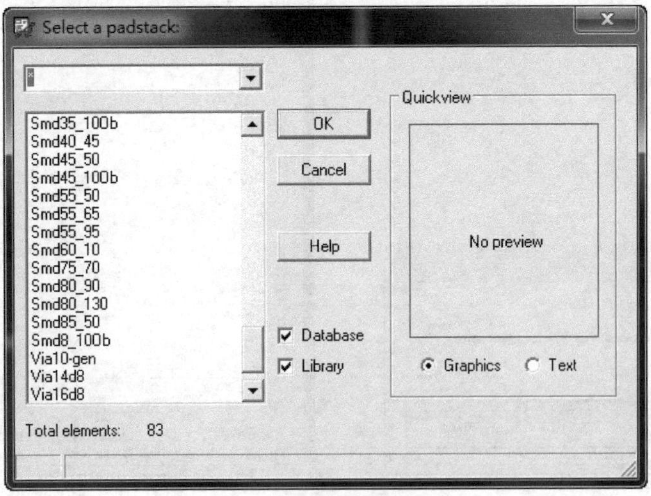

图附 9-2　选择过孔类型

替换被选中的过孔操作步骤如下。

（1）按住 Ctrl 键，逐个选择，然后通过右键选择“Replace padstack/Selected instance(s)”，如图附 9-3 所示。

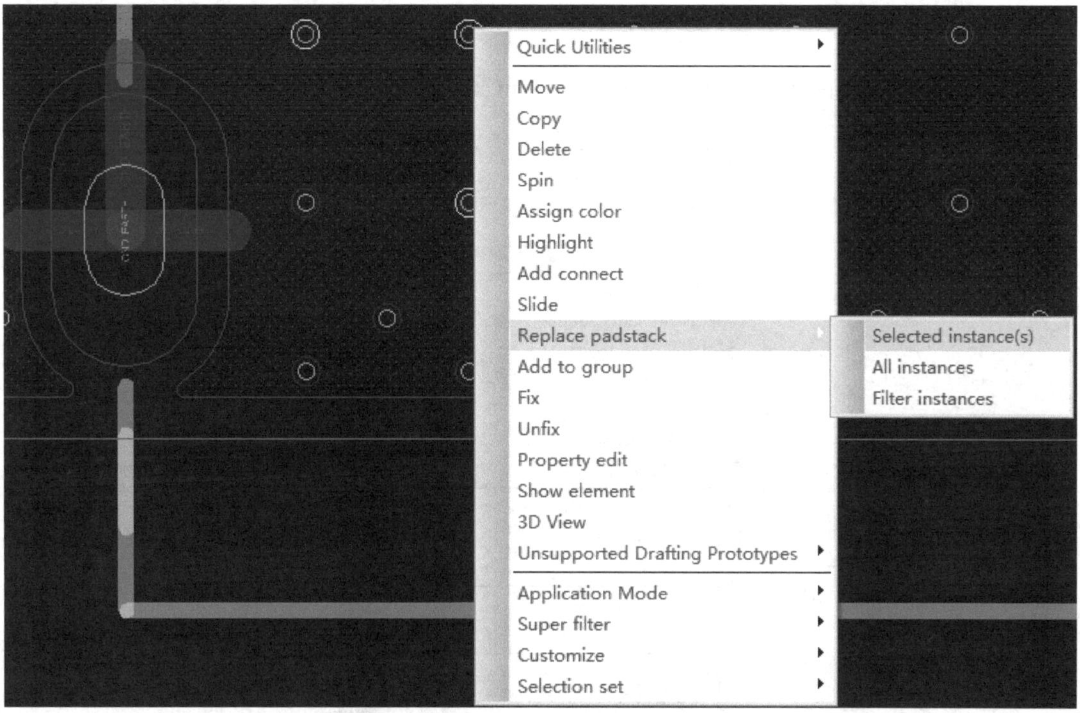

图附 9-3　更新被选中的过孔

（2）在弹出的界面中选择过孔类型，单击“OK”按钮即可，如图附 9-4 所示。

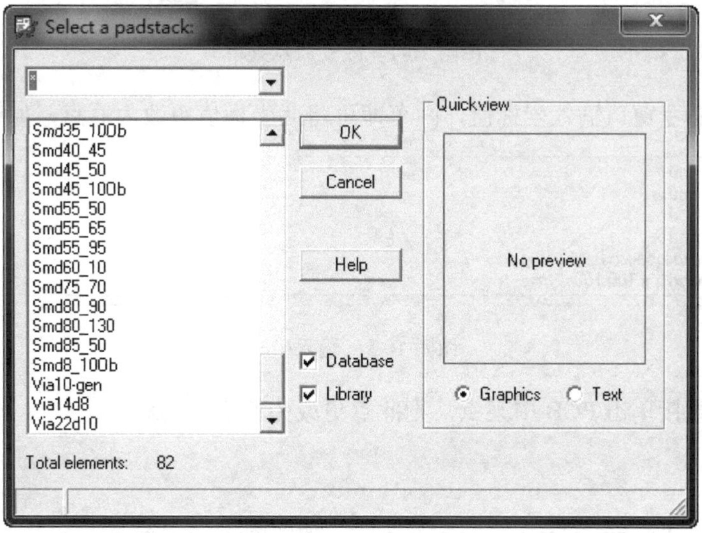

图附 9-4　选择过孔类型

附 10　更改原点

1. 方式一

（1）选择菜单“Setup—Change Drawing Origin”，如图附 10-1 所示。

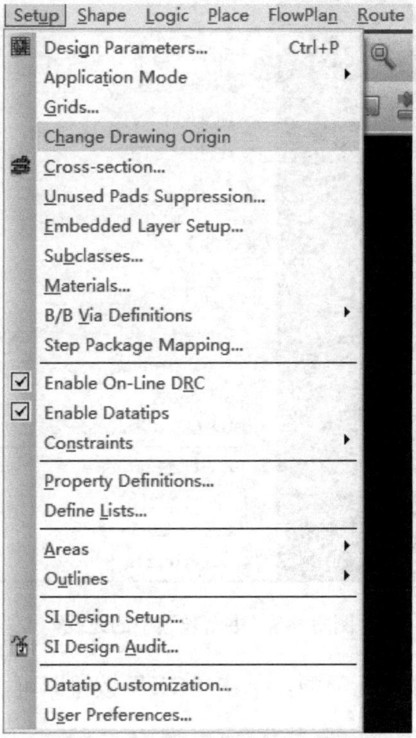

图附 10-1　改变原点菜单

（2）然后在命令窗口输入坐标值，回车即可将此坐标值更改为原点，如图附 10-2 所示。

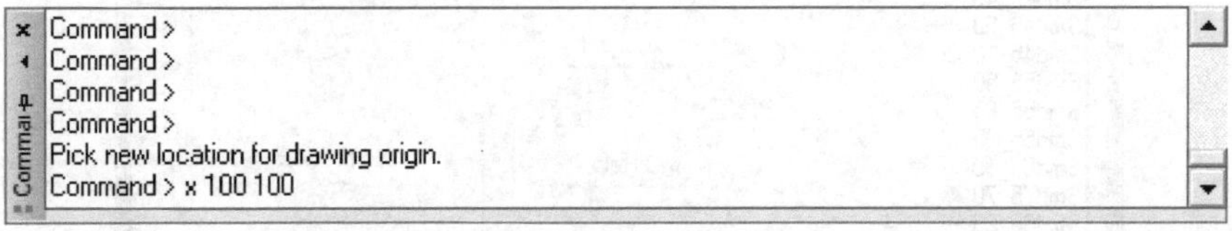

图附 10-2　输入坐标

说明：也可直接单击 PCB 中某点，则此点更改为原点（0,0）。

2. 方式二

（1）选择菜单“Setup—Design Parameters”，如图附 10-3 所示。

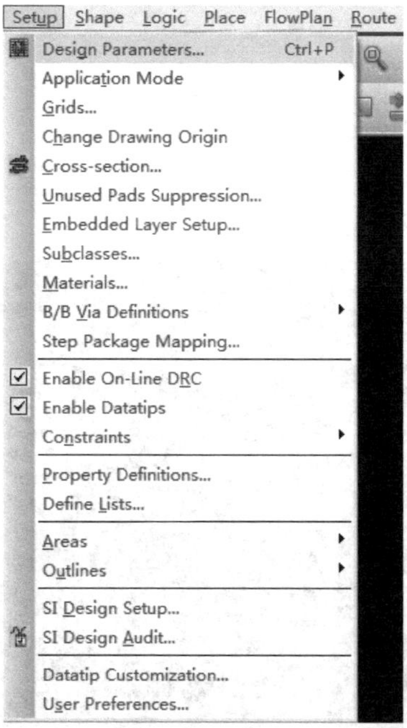

图附 10-3 打开“Design Parameter Editor”窗口

（2）在标记处依次输入 x、y 的坐标即可，如图附 10-4 所示。

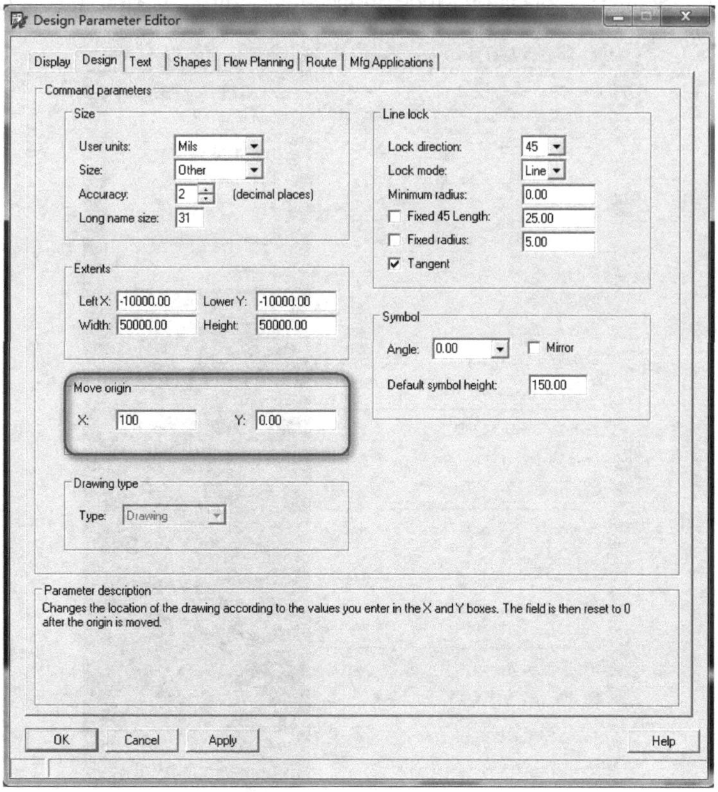

图附 10-4 依次输入数值

（3）单击“OK”按钮。

附 11　器件对齐

（1）示例器件如图附 11-1 所示。

图附 11-1　示例器件

（2）选择菜单“Setup—Application Mode—Placement Edit”，选择此模式，如图附 11-2 所示。

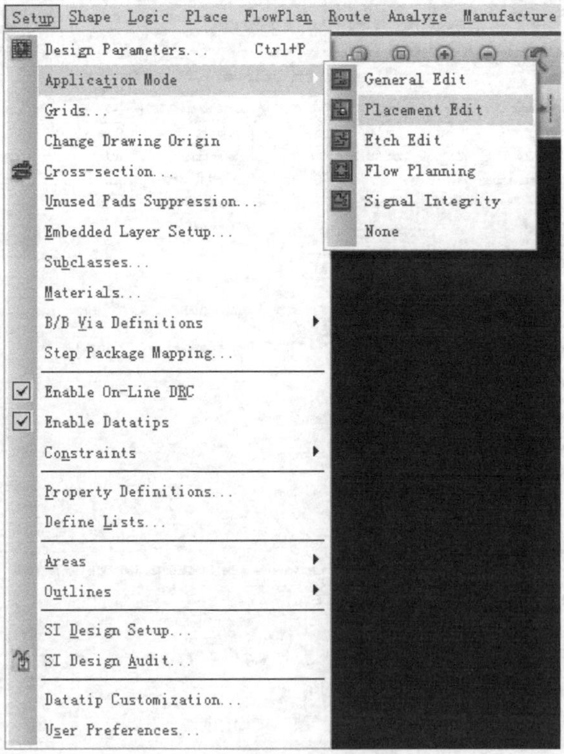

图附 11-2　选择“Placement Edit”模式

（3）框选器件，然后将光标放置于器件上右击，选择“Align components”，如图附 11-3 所示。

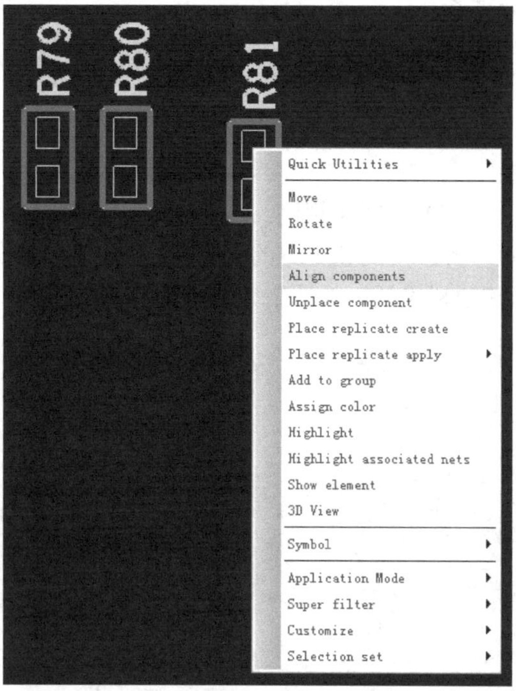

图附 11-3 选择“Align components”

（4）单击“Align components”后，器件如图附 11-4 所示。

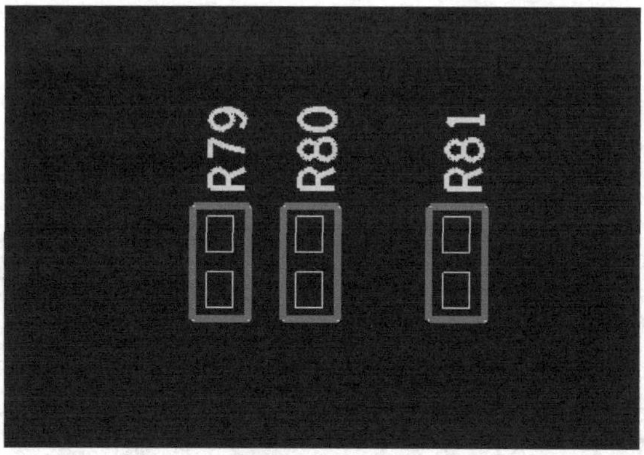

图附 11-4 器件对齐

R79、R80 会以 R81 为基准对齐（因为之前是将光标放置在 R81 上右击，选择“Align Components”）；这里是根据下方“Options”栏中默认的设置来对齐的。

“Options”侧边栏默认设置界面如图附 11-5 所示。

① 设置“Alignment Direction”。

Horizontal：水平方向对齐。

Vertical：垂直方向对齐。

② 设置“Alignment Edge”。

Top：与基准器件上方对齐。

Center：与基准器件中心对齐。

Bottom：与基准器件下方对齐。

③ 设置“Spacing”。

Off：关闭此间距设置。

Use DFA constraints：使用 DFA 间距规则。

Equal spacing：等间距对齐；可调整下方的“+ 、-”数值，来设置器件之间的间距。

（5）更改“Options”侧边栏设置，如图附 11-6 所示。

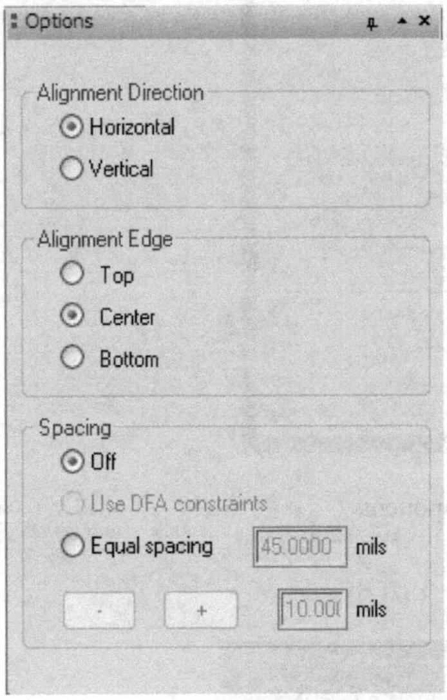

图附 11-5　“Options”侧边栏默认设置

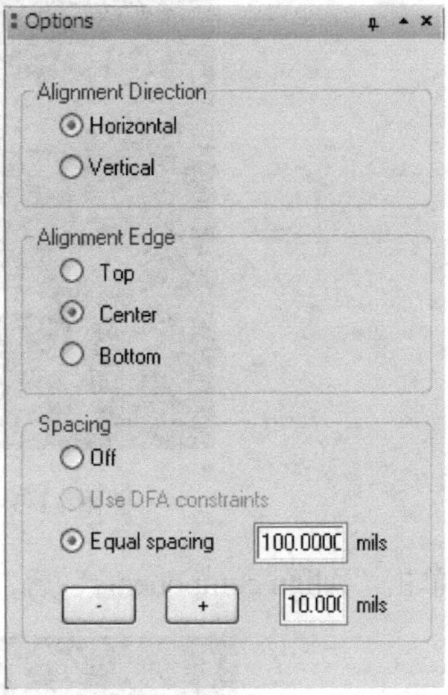

图附 11-6　更改“Options”侧边栏设置

则器件对齐如图附 11-7 所示。

图附 11-7　器件等间距对齐

（6）继续更改“Options”侧边栏设置，如图附 11-8 所示。

则器件对齐如图附 11-9 所示。

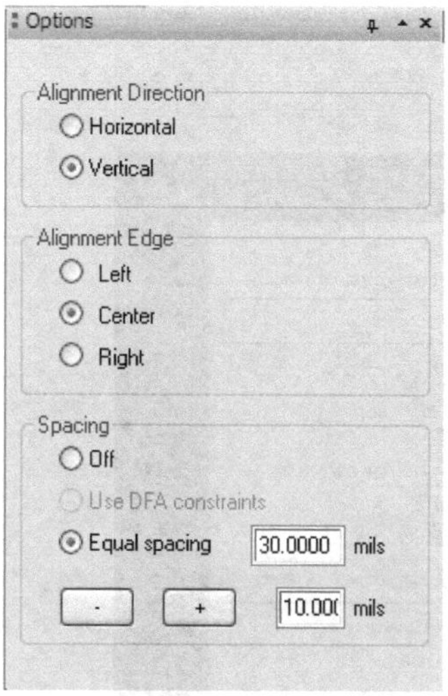

图附 11-8 更改“Options”设置

图附 11-9 垂直方向器件对齐

（7）对齐完成后，通过右键选择“Done”完成操作。

（8）对齐后，建议回到一般模式。

选择菜单“Setup—Application Mode—General Edit”，选择此模式，如图附 11-10 所示。

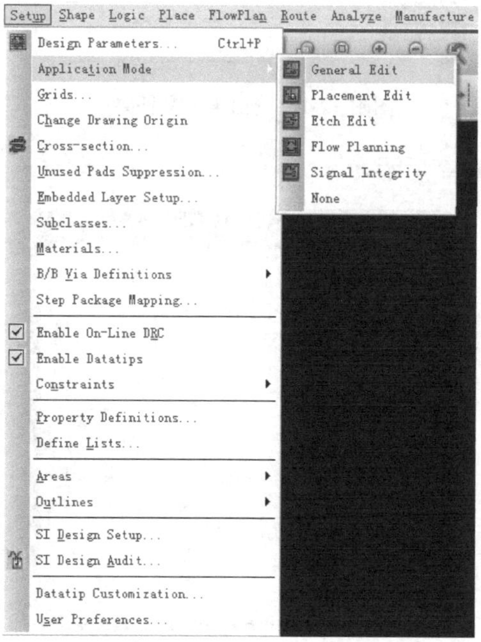

图附 11-10 选择“General Edit”模式

附 12　生成坐标文件

（1）选择菜单“File—Export—Placement”，如图附 12-1 所示。

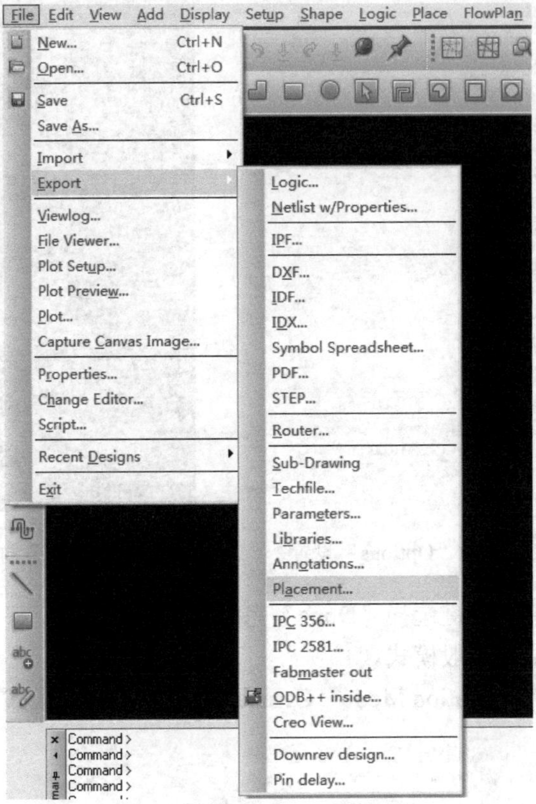

图附 12-1　输出坐标文件菜单

（2）弹出界面如图附 12-2 所示。

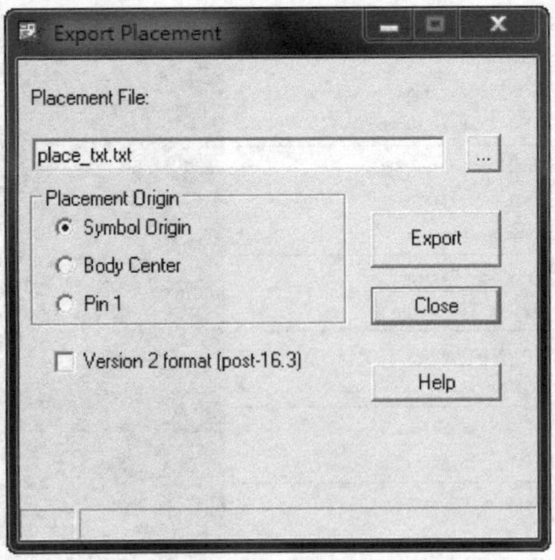

图附 12-2　选项设置

默认文件名为“place_txt.txt”，保存位置为 PCB 文件所在文件夹。

Placement Origin：输出坐标值。

Symbol Origin：按照封装原点输出。

Body Center：按照几何中心输出。

Pin1：选择 1 引脚坐标输出。

（3）设置如图附 12-3 所示，单击“Export”即可输出坐标文件。

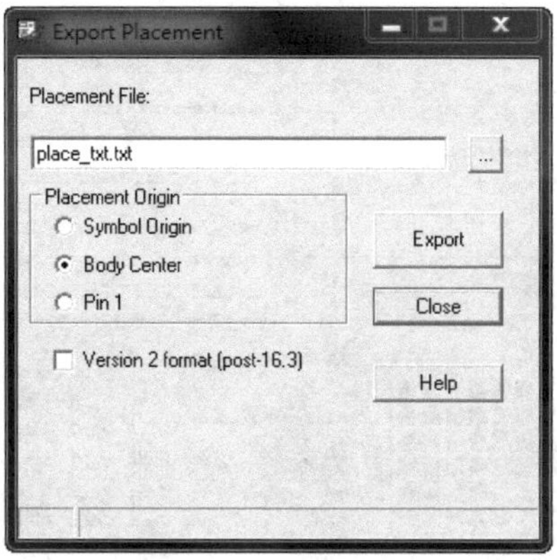

图附 12-3　输出坐标文件

附 13　调节颜色亮度

在 Allegro 中可以调节焊盘、走线、铜皮等对象显示的颜色亮度。

（1）选择菜单“Display—Color/Visibility”，如图附 13-1 所示。

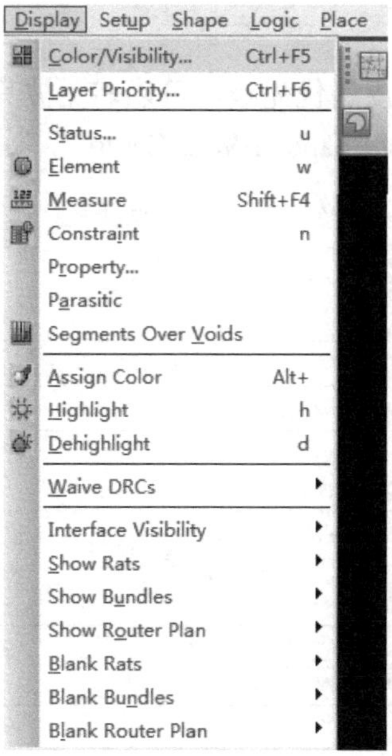

图附 13-1　颜色设置菜单

（2）选择窗口左侧的“Display”栏目，如图附 13-2 所示。

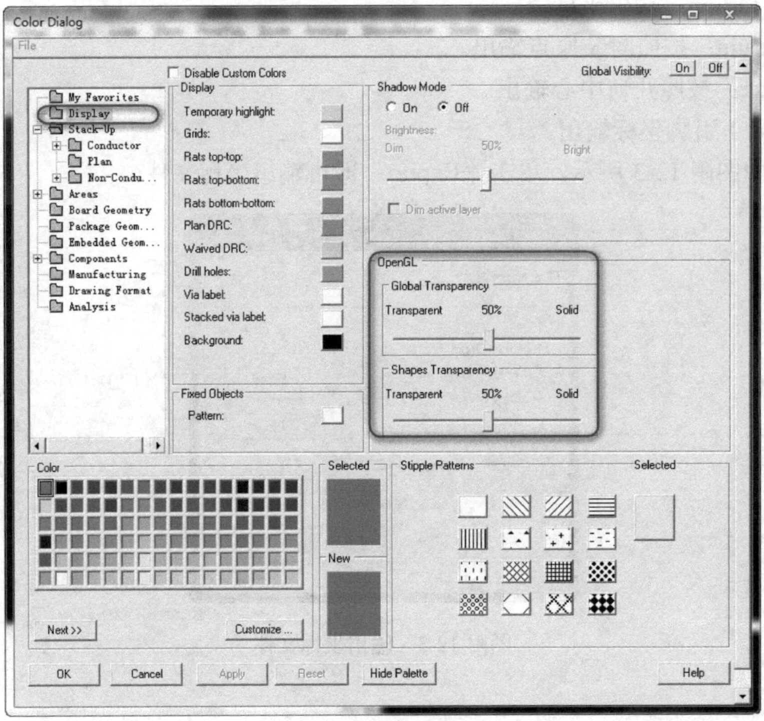

图附 13-2　调整颜色亮度

滑动“OpenGL”下的两处 Transparent 滑动条，即可调节显示的颜色亮度。

附 14　提高铜皮优先级

在 PCB 中，可以提高动态铜皮的优先级，可以避免被其他铜皮覆盖或者避让。

（1）选择菜单“Shape—Select Shape or Void/Cavity”，如图附 14-1 所示。

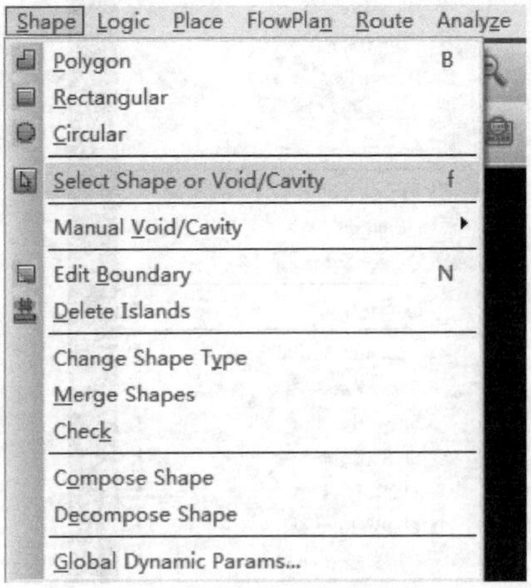

图附 14-1　选择铜皮菜单

（2）选中动态铜皮，通过右键选择“Raise Priority”，如图附 14-2 所示。命令窗口信息如图附 14-3 所示。

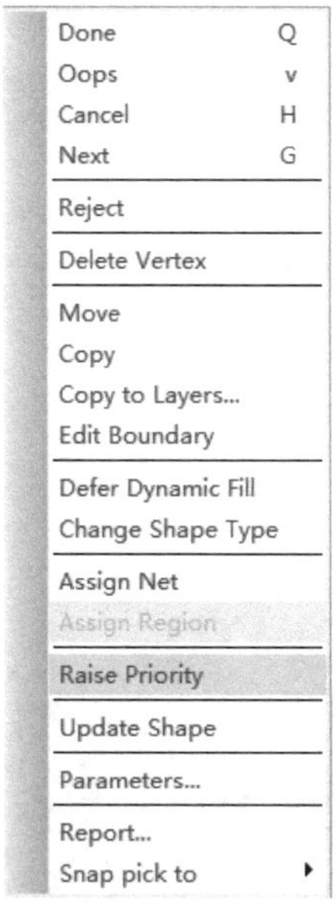

图附 14-2 选择“Raise Priority”提高优先级

图附 14-3 窗口信息

（3）通过右键选择“Done”，完成操作。

附 15 Gerber 查看视图

（1）设置好“Artwork”中的文件夹，如图附 15-1 所示。

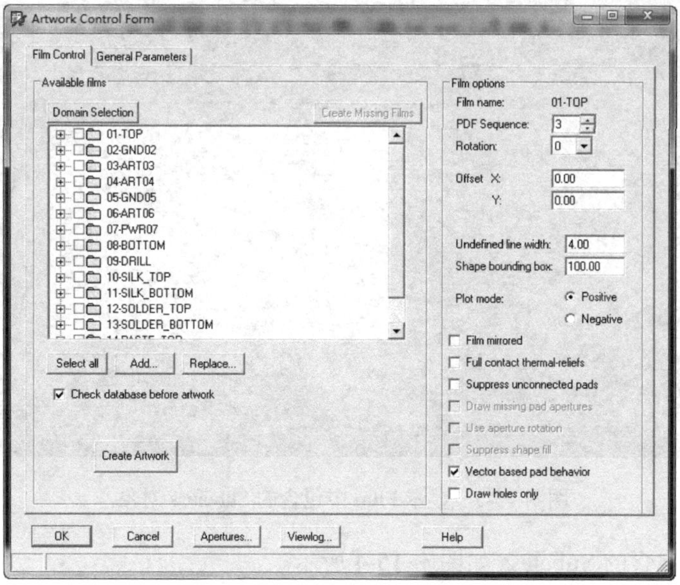

图附 15-1 已设置好 Film

（2）在“Visibility”中的“Views”下拉条显示这些Film，如图附15-2所示。

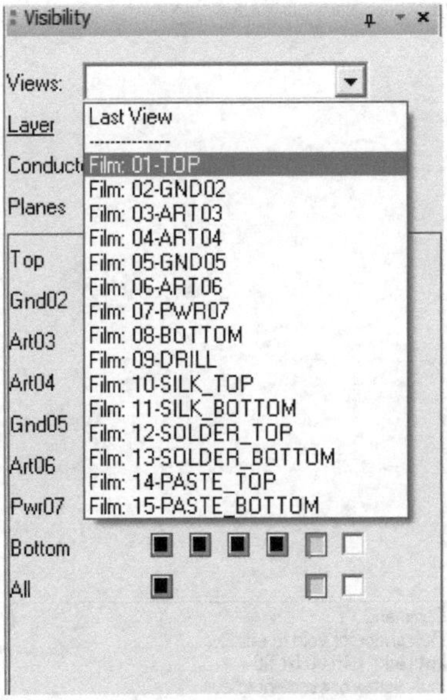

图附15-2 选择Film

（3）选择“Film:01-TOP”，则PCB只会显示“03-ART03”中添加的Subclass，如图附15-3所示。

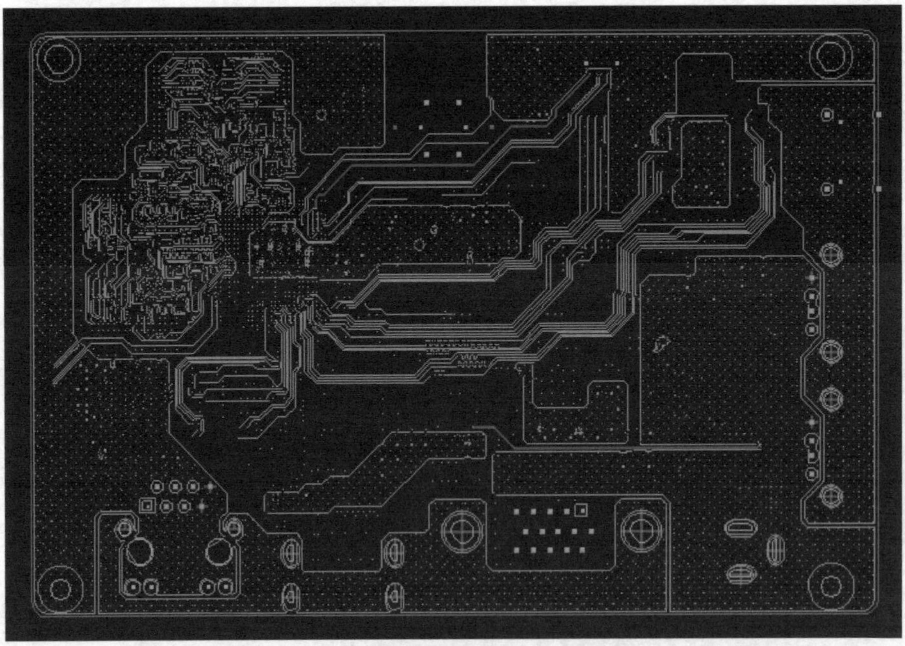

图附15-3 显示Film中包含的Subclass对象

“01-TOP”中包含的Subclass如图附15-4所示。

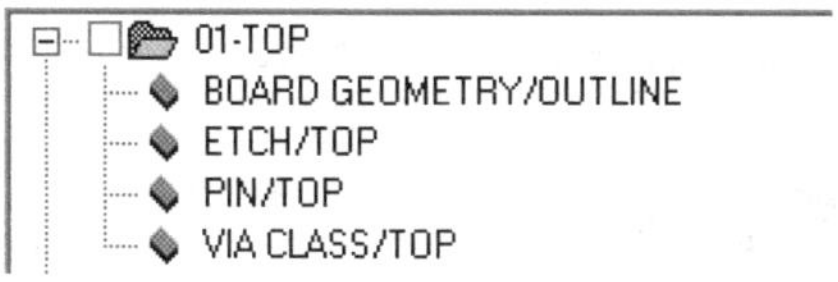

图附 15-4 “01-TOP”所包含的 Subclass

此方式非常方便适用于查看相关层。

附 16 Color 命令使用技巧

（1）打开需要显示的 Subclass 层。

（2）在命令窗口输入“colorview create”，回车，如图附 16-1 所示。

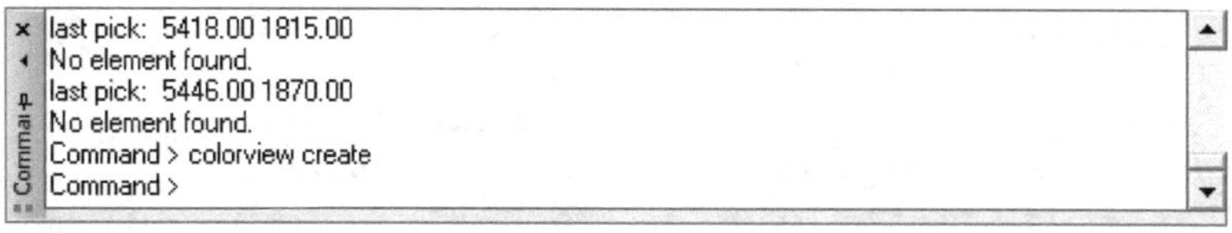

图附 16-1 输入命令

（3）在“Save view”中输入保存文件名，然后单击“Save”，如图附 16-2 所示。

（4）单击 Close 关闭窗口。

（5）在文件夹下会生成“3_4.color”文件，如图附 16-3 所示，同时会显示在 Visibility 栏下拉条中，如图附 16-4 所示。

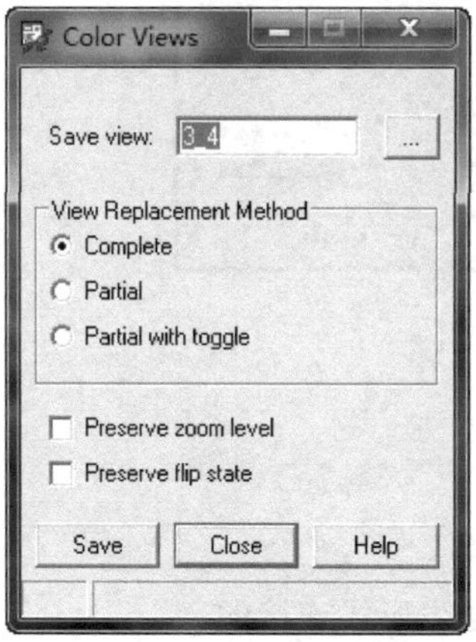

图附 16-2 输入文件名称

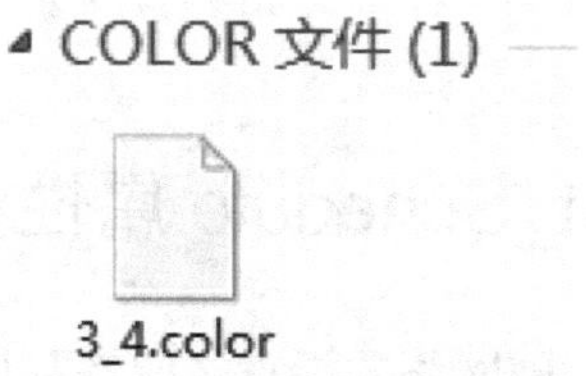

图附 16-3 生成的 color 文件

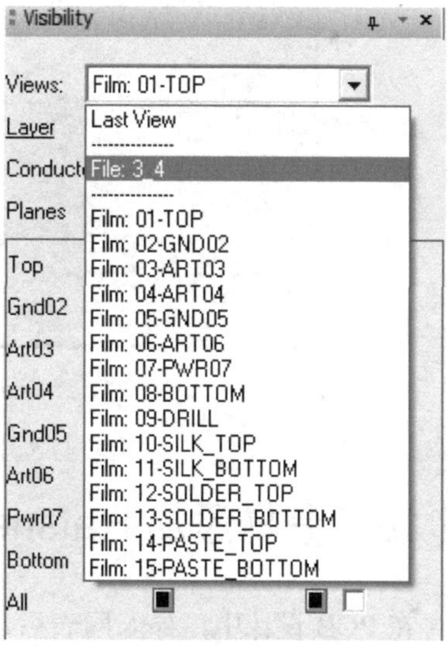

图附 16-4 显示生成的 color 文件

通过选择下拉条中的文件，可以快速显示相关 Subclass。

（6）同样可以通过在命令窗口输入“colorview load”命令，在弹出窗口中选择路径中的“3_4.color”文件，则会只显示在保存“3_4.color”文件时打开的 Subclass。

注意：.color 文件需要和.brd 文件在同一个文件夹。

附 17　打开/关闭网络名显示

通过设置，可以让网络名在铜皮、焊盘、走线上实时显示。

选择菜单“Setup—Design Parameters”，设置图附 17-1 标记处选项即可。

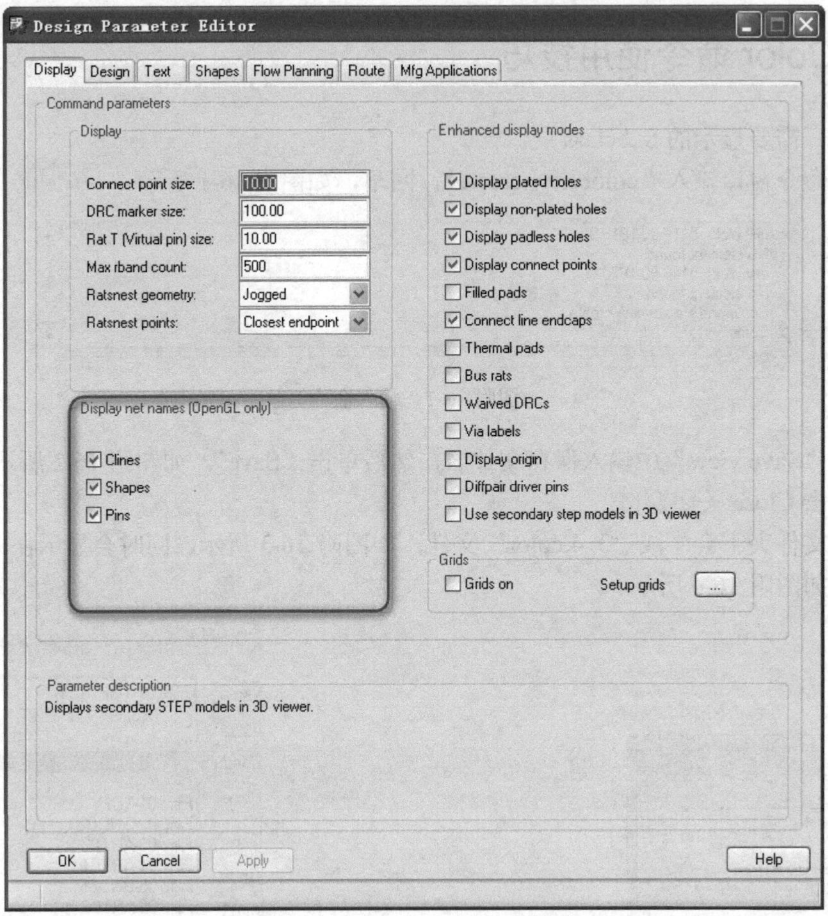

图附 17-1　打开/关闭网络名显示

附 18　怎样添加 Ratsnest_Schedule 属性

在 PCB 设计中，导入网表后，相同网络的焊盘之间都是以飞线形式连接的。

一般情况下，板中的电源网络和地网络焊盘是比较多的，为方便设计，可以对这些电源网络和地网络添加“Ratsnest_Schedule”属性，就可以隐藏这些网络的长飞线，以方格形式显示，如图附 18-1 所示。

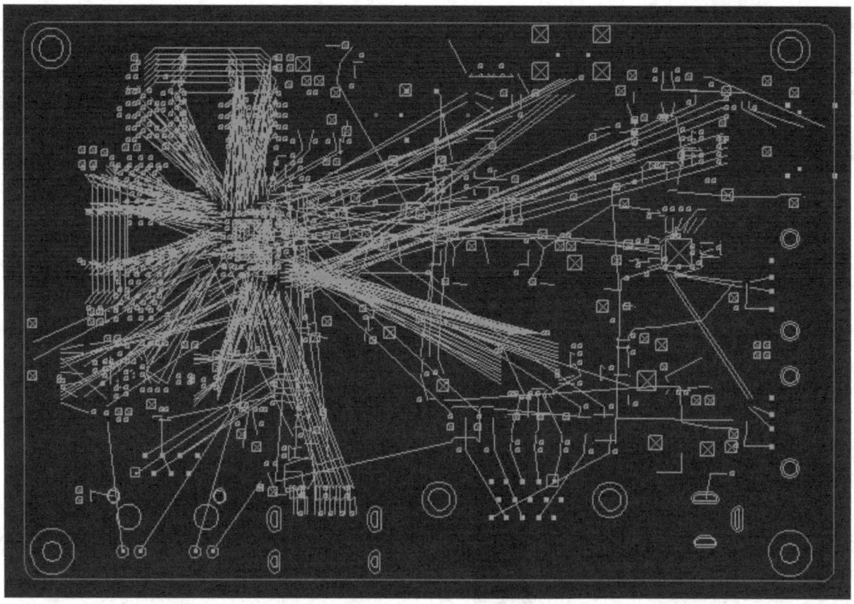

图附 18-1　显示飞线

方格显示图附 18-2 中的 GND 网络。

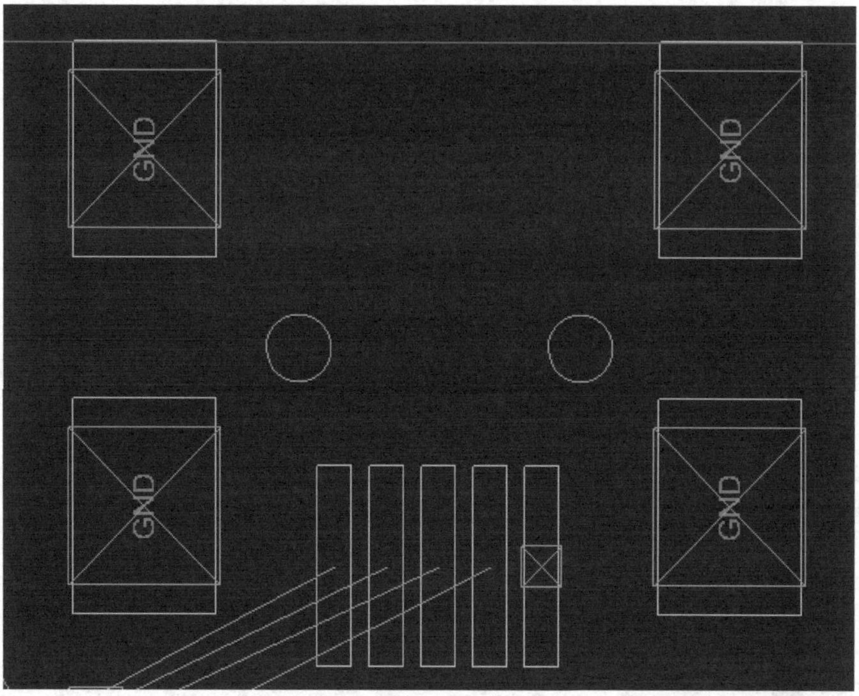

图附 18-2　显示方格

添加“Ratsnest_Schedule”属性步骤如下。

选择菜单“Edit—Properties”，如图附 18-3 所示。

“Find”侧边栏设置如图附 18-4 所示。

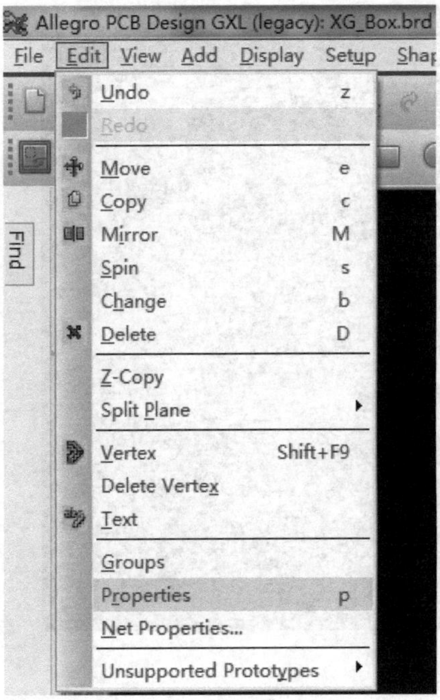

图附 18-3　选择菜单

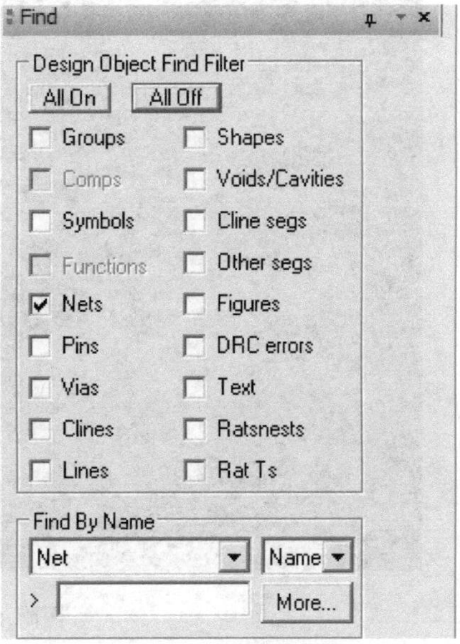

图附 18-4　Find 侧边栏设置

然后，光标单击任意一个为 GND 网络属性的对象（如焊盘），弹出如图附 18-5 所示的窗口。

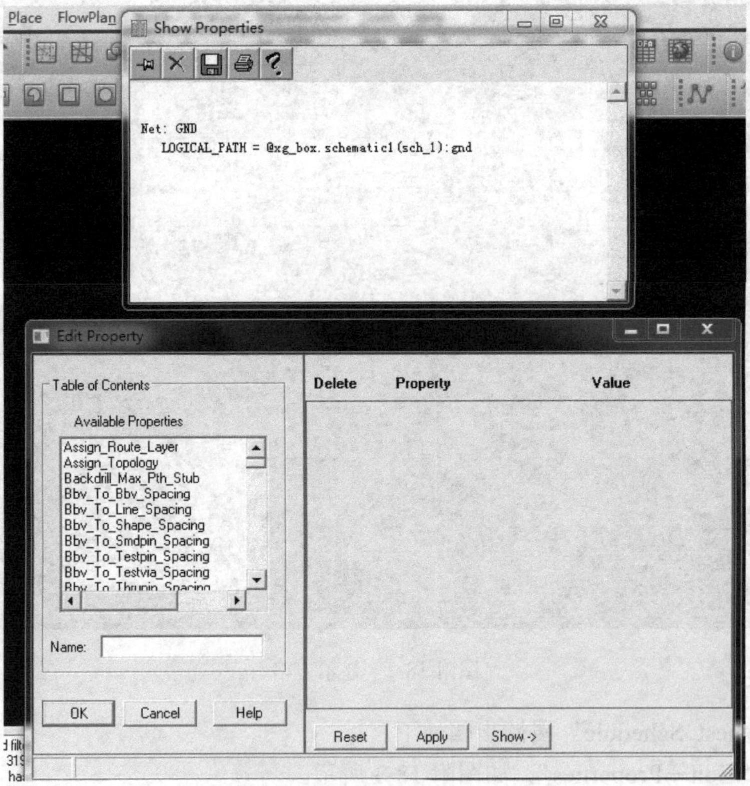

图附 18-5　编辑属性窗口

在图附 18-5 中的“Table of Contents”下方，滑动滚动条，可以看到“Ratsnest_Schedule”，如图附 18-6 所示。

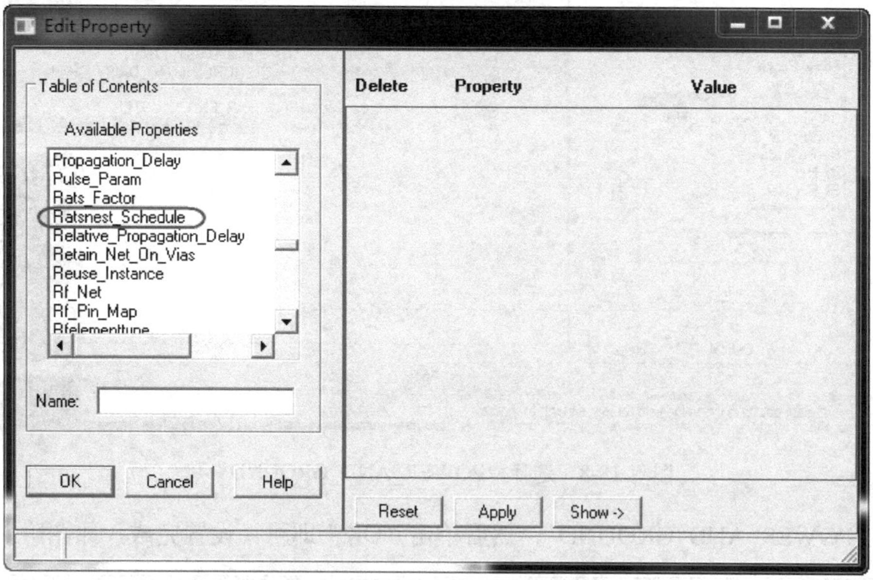

图附 18-6 找到“Ratsnest_Schedule”

单击“Ratsnest_Schedule”，则属性添加至右侧窗口，如图附 18-7 所示。

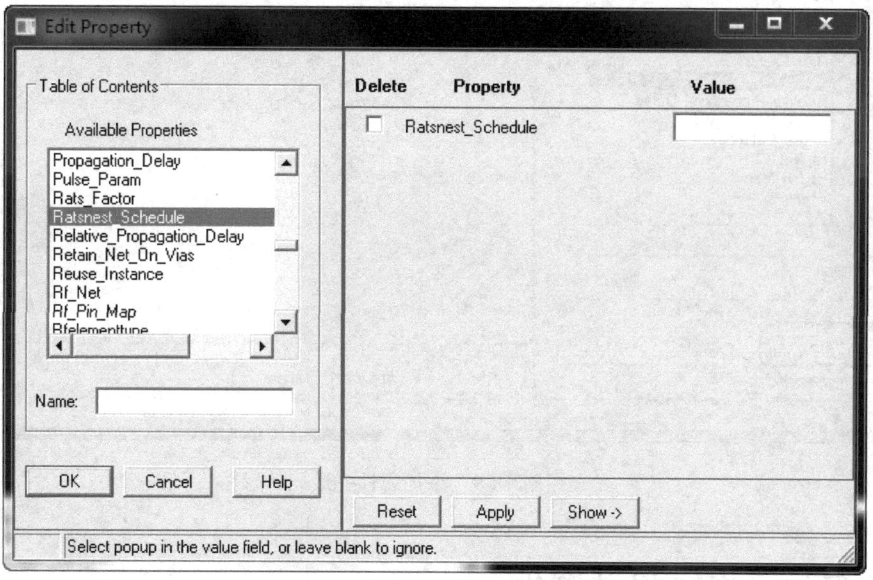

图附 18-7 添加“Ratsnest_Schedule”属性

单击图附 18-7 中“Value”一列下方的空白处后，如图附 18-8 所示。

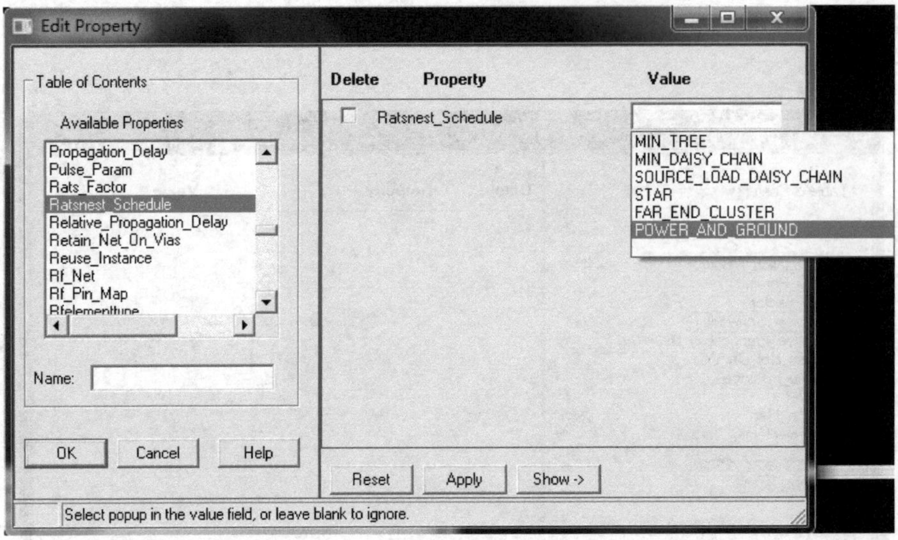

图附 18-8　选择“POWER_AND_GROUND”

选择“POWER_AND_GROUND”，然后单击“OK”即可，设置完成，如图附 18-9 所示。

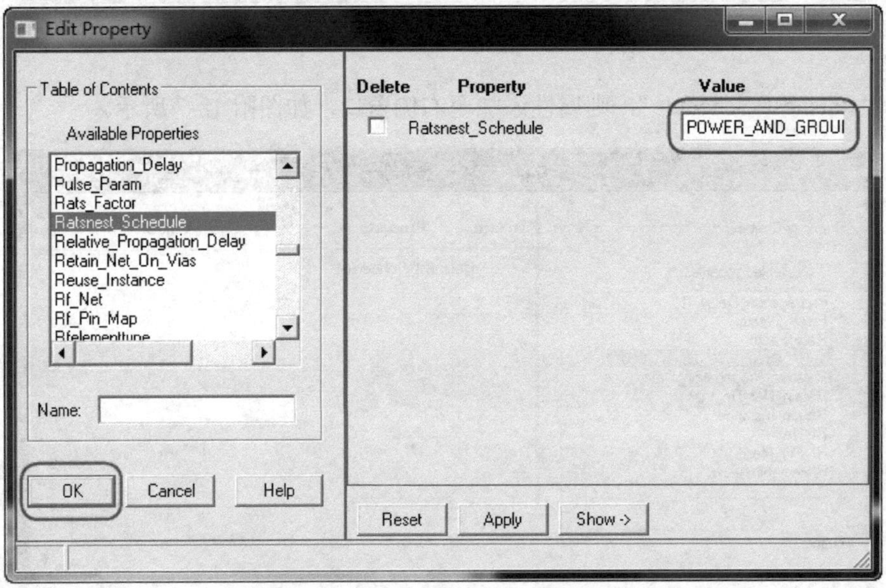

图附 18-9　添加属性完成

附 19　多边形选择移动器件

选择菜单“Edit—Move”后，通过右键选择“Select by Polygon”，如图附 19-1 所示。“Find”侧边栏设置如图附 19-2 所示。

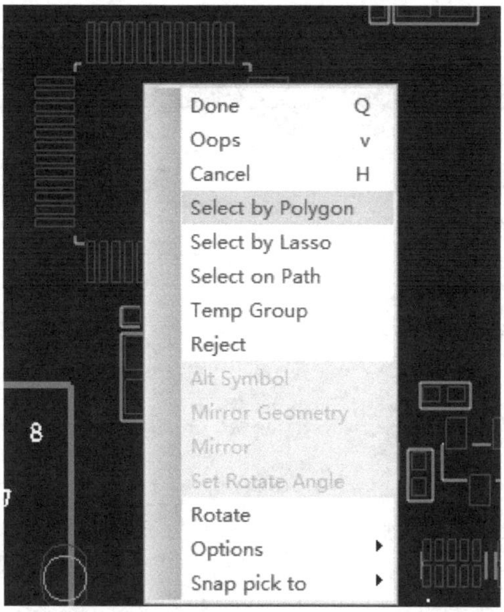

图附 19-1 选择“Select by Polygon”

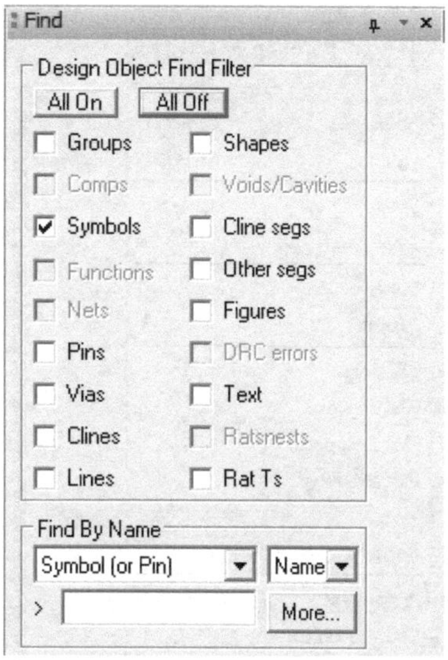

图附 19-2 “Find”侧边栏设置

然后光标绘制一个多边形封闭区域，选择器件，如图附 19-3 所示。

然后单击，按照常规 Move 命令操作即可，这里不再重复叙述，如图附 19-4 所示。

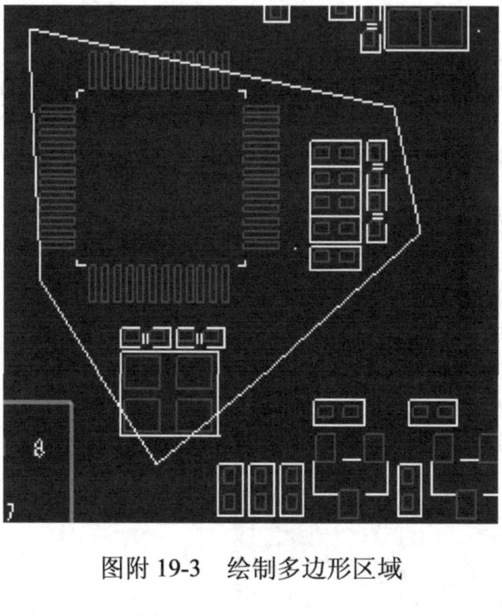

图附 19-3 绘制多边形区域

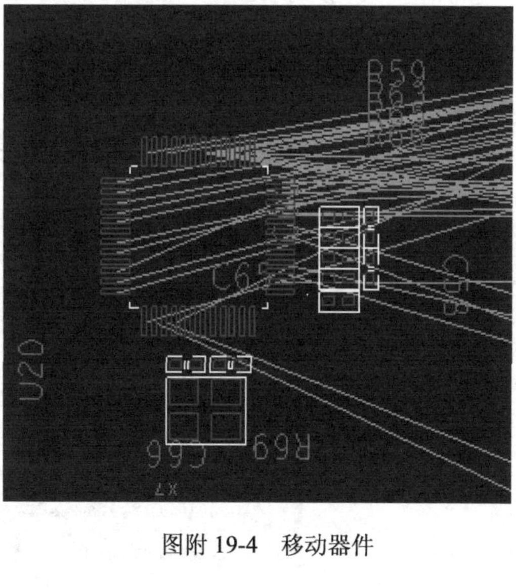

图附 19-4 移动器件

附 20 怎样加密 PCB 文件

出于一些保密或者其他方面的原因，某些情况下设计者要对 PCB 设计文件进行加密，起到一个保护的作用。

选择菜单“File—Properties”，如图附 20-1 所示。

弹出界面如图附 20-2 所示。

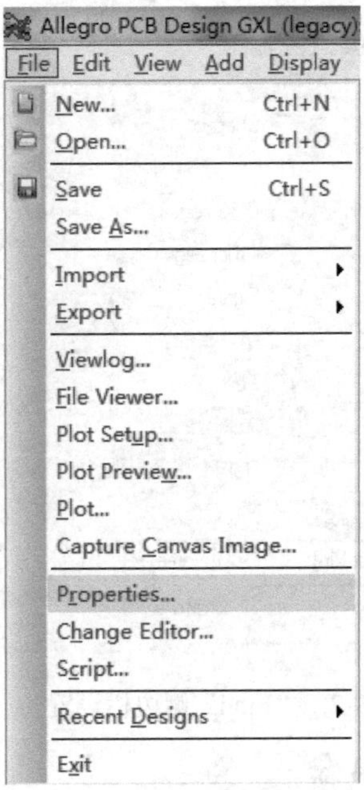

图附 20-1　选择菜单

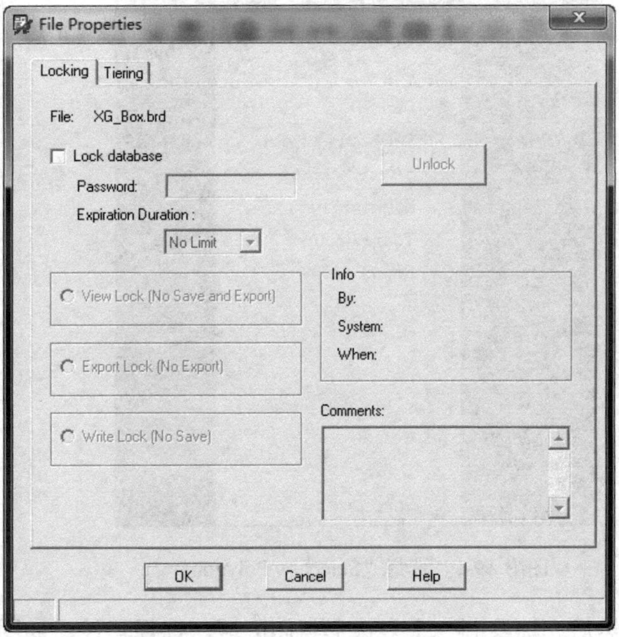

图附 20-2　“File Properties”界面

Lock database：勾选锁定数据。

Password：输入密码。

Expiration Duration：到期时间。

勾选“Lock database”后，“Expiration Duration”下方选项如图附 20-3 所示。

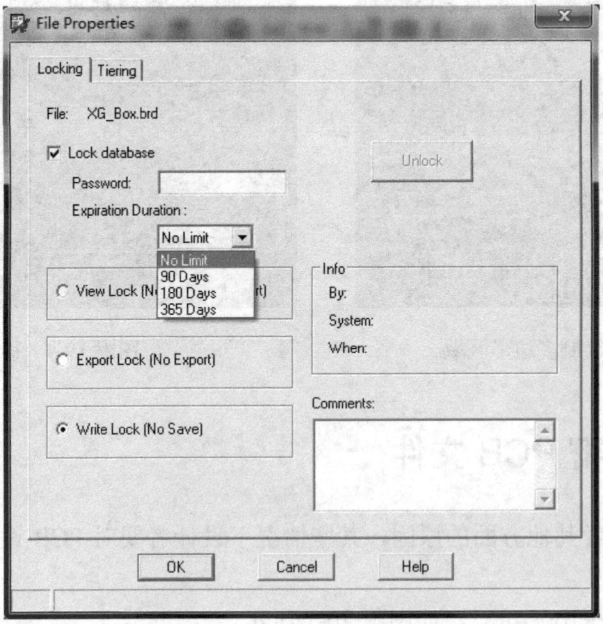

图附 20-3　“File Properties”设置

No Limit：表示无限制。

90 Days：表示限制时间为 90 天。

180 Days：表示限制时间为 180 天。

365 Days：表示限制时间为 365 天。

View Lock（No Save and Export）：锁定后，要输入正确密码，才可以保存和导出对象。

Export Lock（No Export）：表示无须输入密码，可以查看，但是不允许导出对象。

Write Lock（No Save）：表示无须输入密码，不允许更改文件，但是可以查看文件及导出对象，如导出封装。

可参考图附 20-4 进行常规设置。

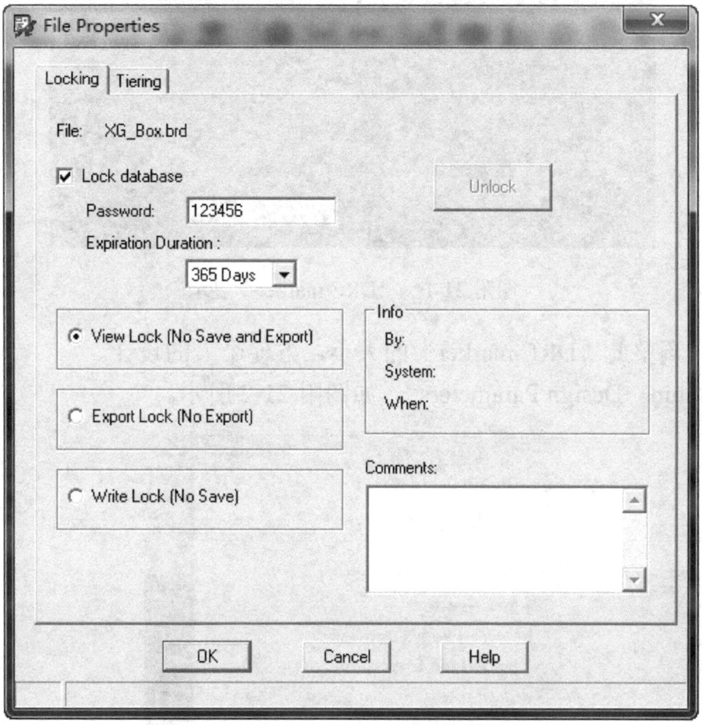

图附 20-4 加密设置

注意： Password 密码至少需要 6 个字符。

单击“OK”按钮后，要再次输入密码确认，如图附 20-5 所示。

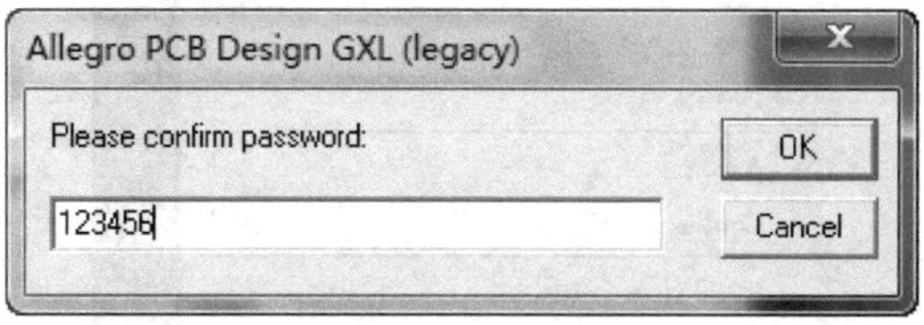

图附 20-5 输入密码

单击“OK”按钮后，则会产生一个文件名为“XG_Box_view_locked.brd”的新文件，此文件才为加密后的文件。

附 21　DRC marker 大小设置

“DRC marker”显示如图附 21-1 所示。

图附 21-1　“DRC marker”显示

可通过设置来调整此“DRC marker”的大小，方便个人的设计。

选择菜单“Setup—Design Parameters”，如图附 21-2 所示。

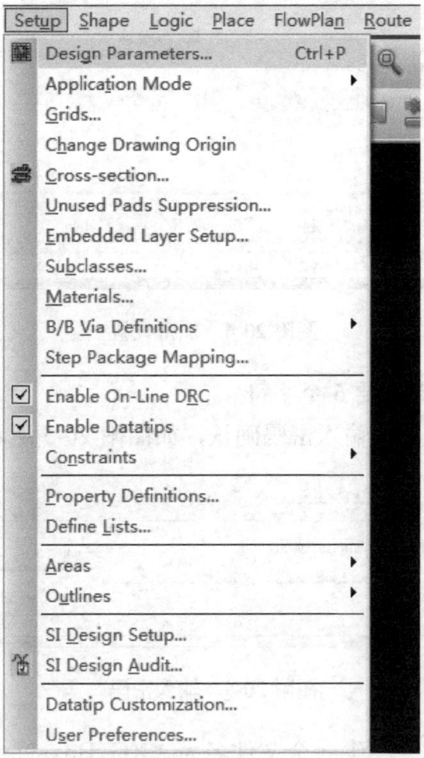

图附 21-2　选择菜单

在图附 21-3 中，在“DRC marker size”中输入需要的数值，即可调整 DRC marker 显示大小。

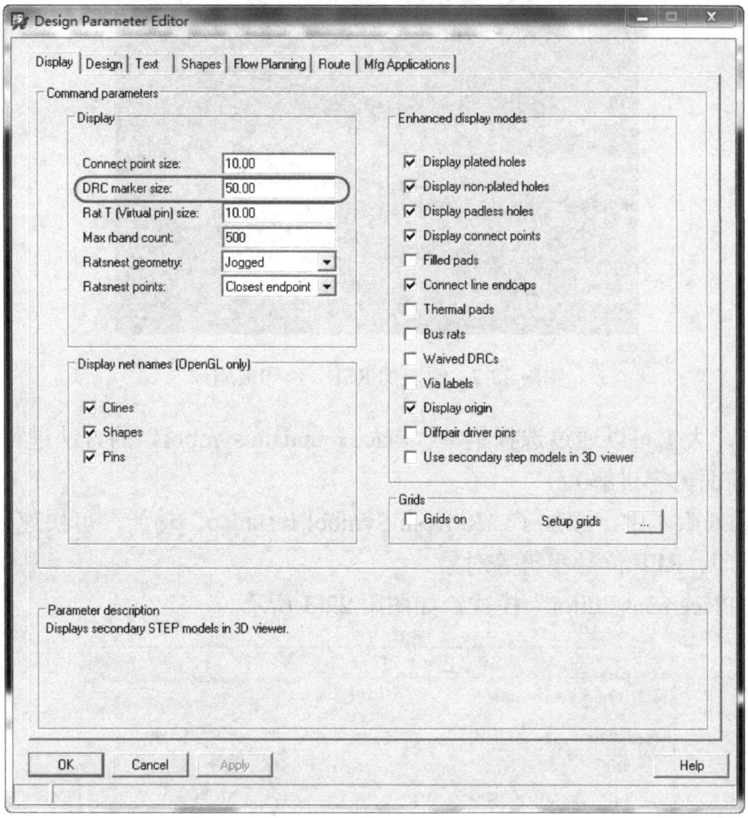

图附 21-3 调整 DRC marker 显示大小

附 22 “Refresh Symbol Instance”功能讲解

在实际项目中，可能会由于误操作，会将器件的丝印或者 REF 位号等删除掉，如图附 22-1、图附 22-2 所示。

图附 22-1 正常封装

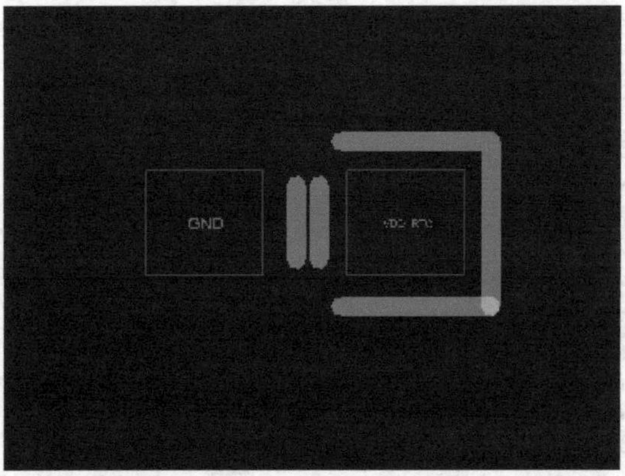

图附 22-2　封装的 REF、丝印被删掉

常规情况下，大家可以通过选择菜单“Place—update symbol”的方法进行更新 PCB 封装（具体操作参考前面内容讲解）。

在 Allegro16.6 版本中，添加了“Refresh Symbol Instance”功能，可快速更新器件，恢复误操作删掉的丝印、REF 位号字符等对象。

首先选择“Placement Editor”模式，如图附 22-3 所示。

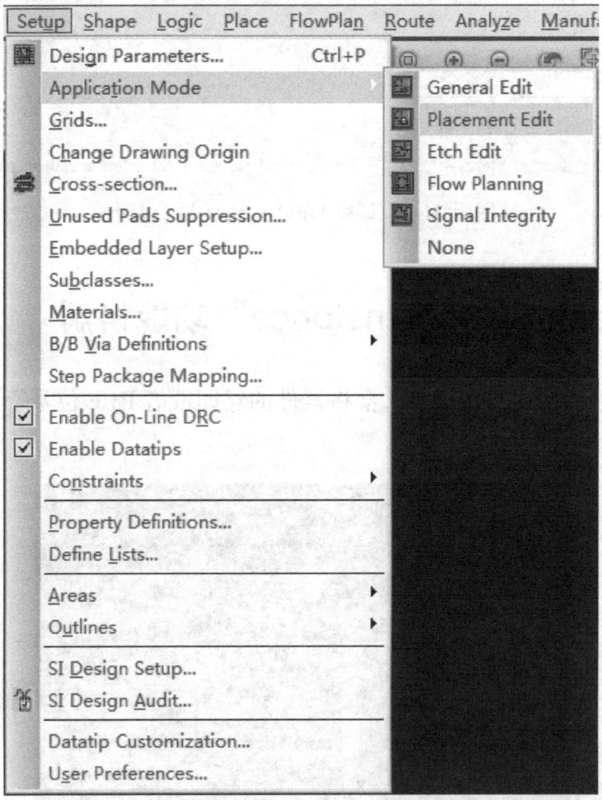

图附 22-3　选择模式

光标放置在封装上面，通过右键选择“Refresh Symbol Instance”，如图附 22-4 所示。

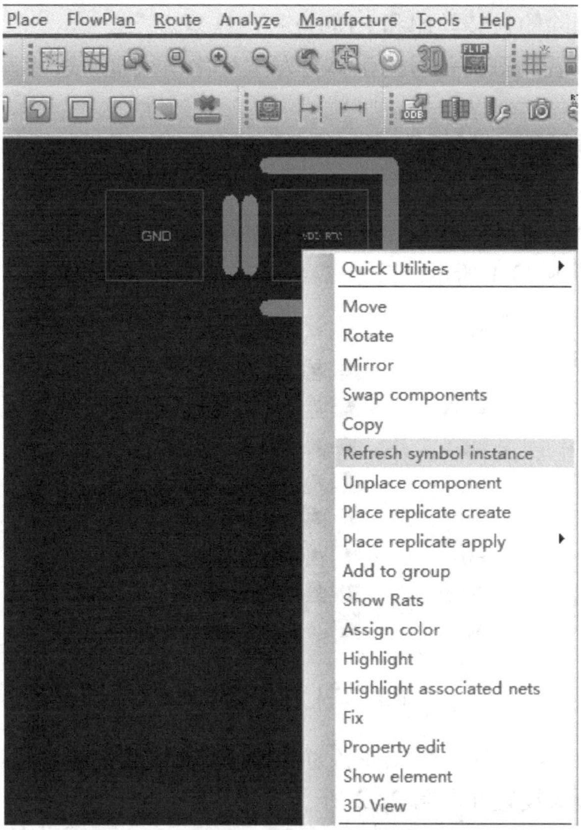

图附 22-4 选择“Refresh Symbol Instance”

刷新后，如图附 22-5 所示。

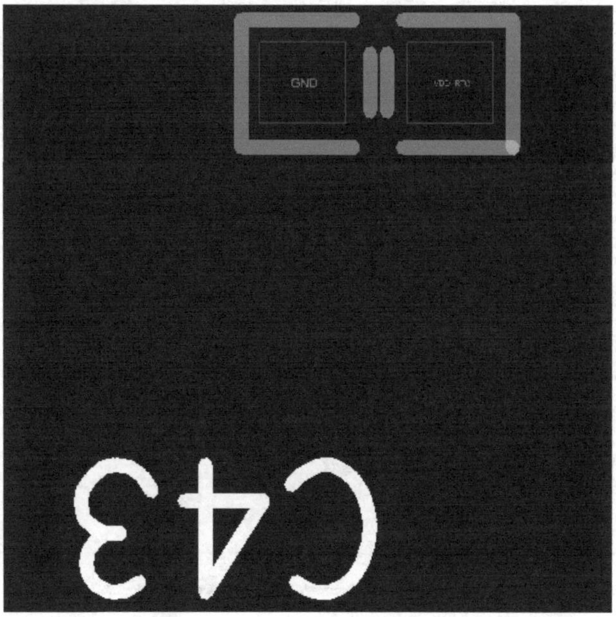

图附 22-5 封装的 REF、丝印已恢复

此时由于误操作删除的封装丝印和 REF 位号已恢复。

注意：进行此操作后，REF 位号的字体会发生变化，须重新进行设置。

附 23　创建盲埋孔：方式一

这里以 8 层板为例，讲解创建盲埋孔的第一种方式。

此 8 层板层叠如图附 23-1 所示。

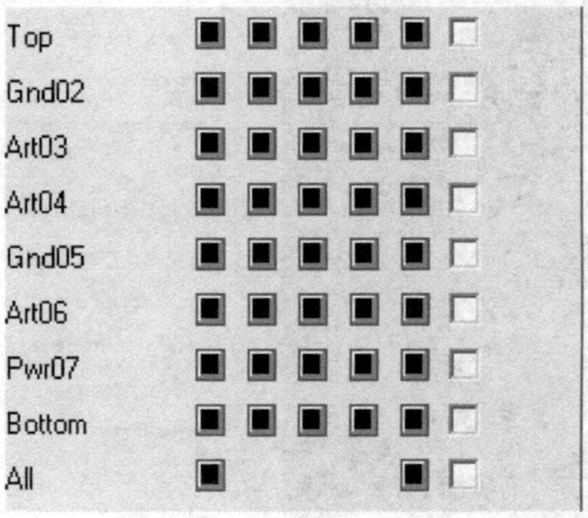

图附 23-1　8 层板层叠

打开“Pad Designer”，新建一个文件名为“Via10d4_l1-l2”的盲孔。

“Parameters”选项卡设置如图附 23-2 所示。

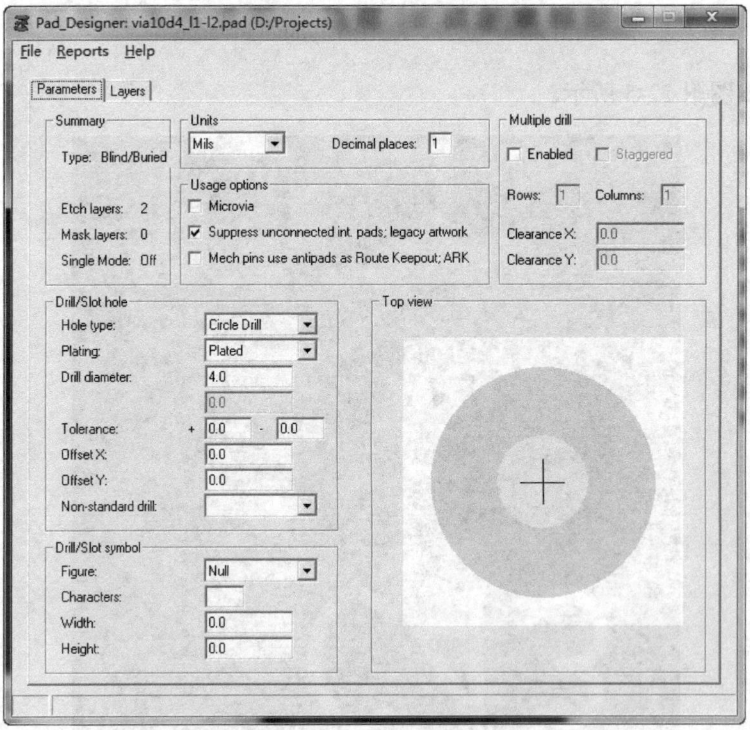

图附 23-2　“Parameters”选项卡设置

“Layers”选项卡设置如图附 23-3、图附 23-4 所示。

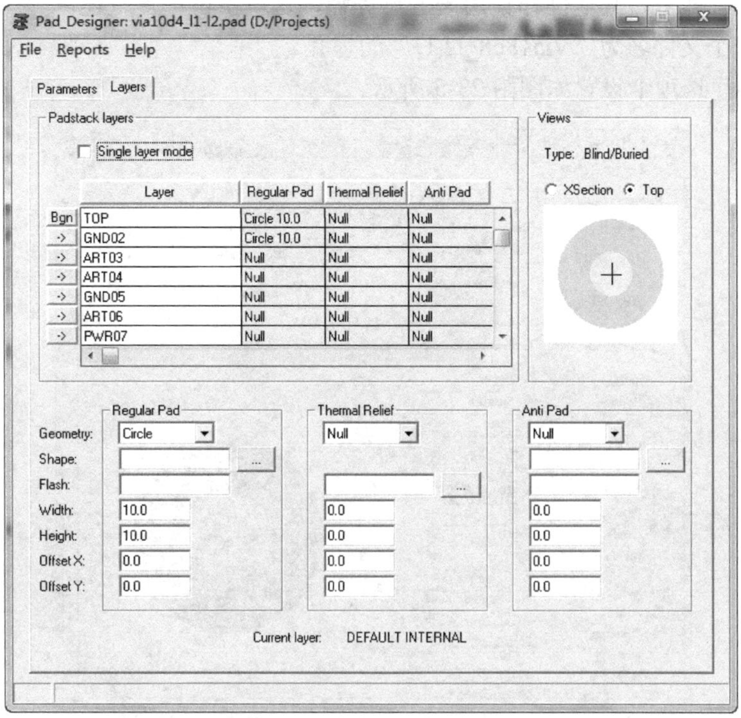

图附 23-3 “Layers”选项卡设置

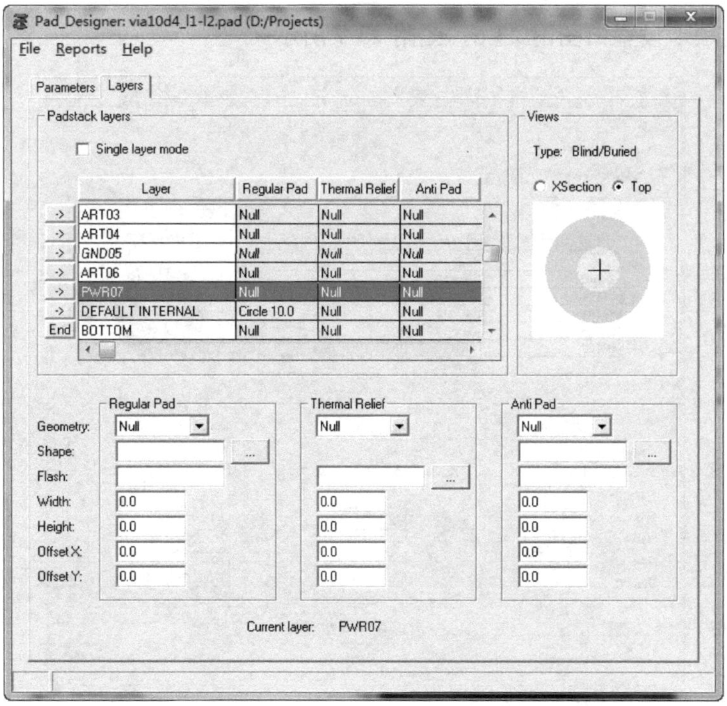

图附 23-4 Layers 选项卡设置

说明： 只要设置 TOP、GND02、DEFAULT INTERNAL 这 3 层，其他不要设置。

然后保存文件即可，其他操作使用同普通焊盘，这里不再重复叙述。

继续新建一个文件名为“Via18d8_l2-l7”的埋孔。

“Parameters”选项卡设置如图附 23-5 所示。

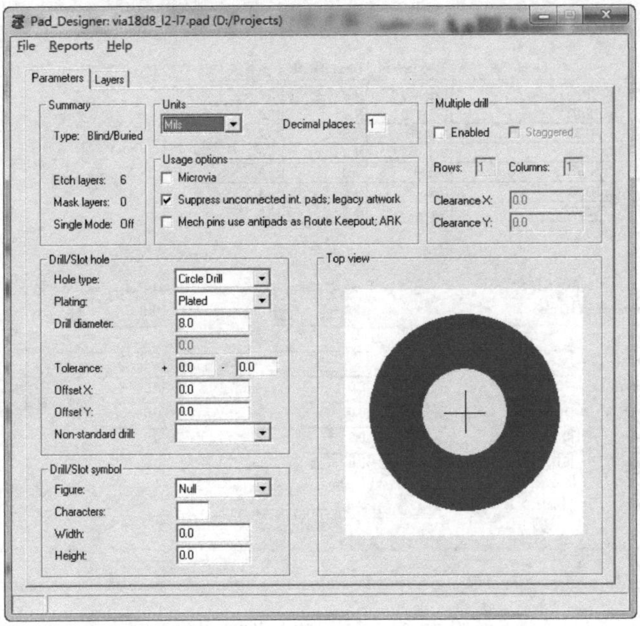

图附 23-5 “Parameters”选项卡设置

“Layers”选项卡设置如图附 23-6、图附 23-7 所示。

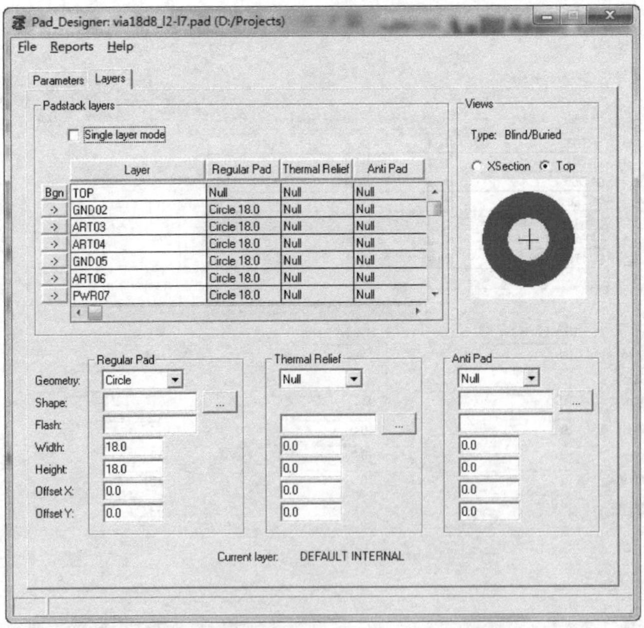

图附 23-6 “Layers”选项卡设置

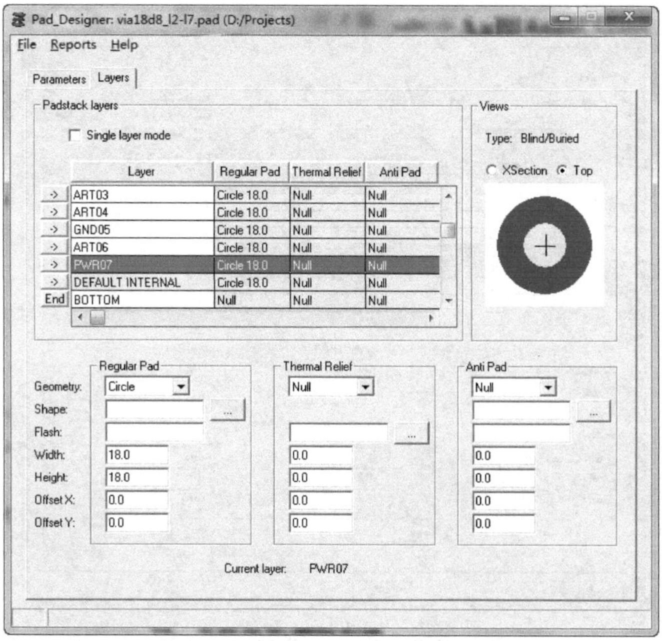

图附 23-7　Layers 选项卡设置

然后保存文件即可，其他操作使用同普通焊盘，这里不再重复叙述。

继续新建一个文件名为“Via10d4_l7-l8”的盲孔。

“Parameters”选项卡设置如图附 23-8 所示。

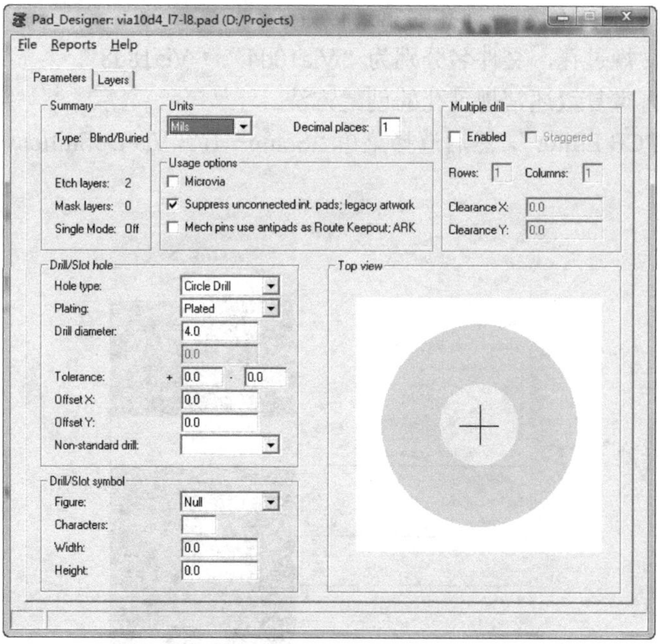

图附 23-8　“Parameters”选项卡设置

“Layers”选项卡设置如图附 23-9 所示。

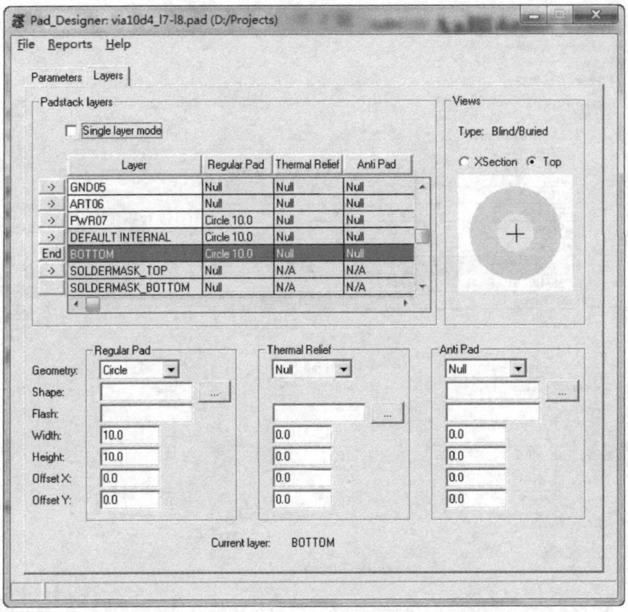

图附 23-9 “Layers”选项卡设置

然后保存文件即可，其他操作使用同普通焊盘，这里不再重复叙述。

附 24 创建盲埋孔：方式二

现讲解 Allegro 软件中创建盲埋孔的第二种方式。

首先创建两个常规过孔，文件名分别为“Via10d4”、“Via18d8”。

说明：这里不再重复叙述常规过孔的创建方法。

打开“Allegro PCB Editor”，然后选择菜单“Setup—B/B Via Definitions—Define B/B Via”，如图附 24-1 所示。

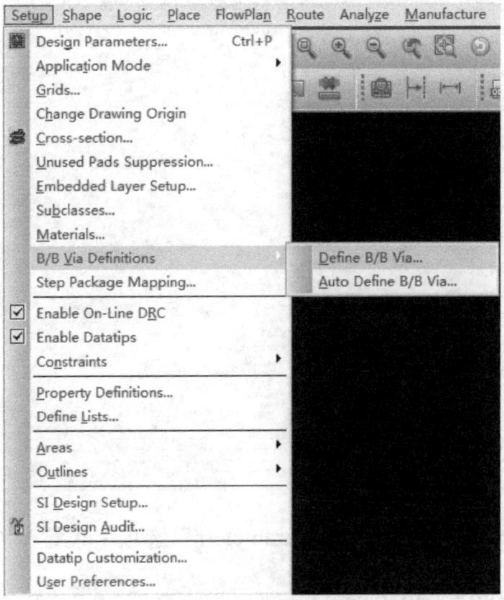

图附 24-1 选择菜单

在弹出窗口中设置如图附 24-2 所示。

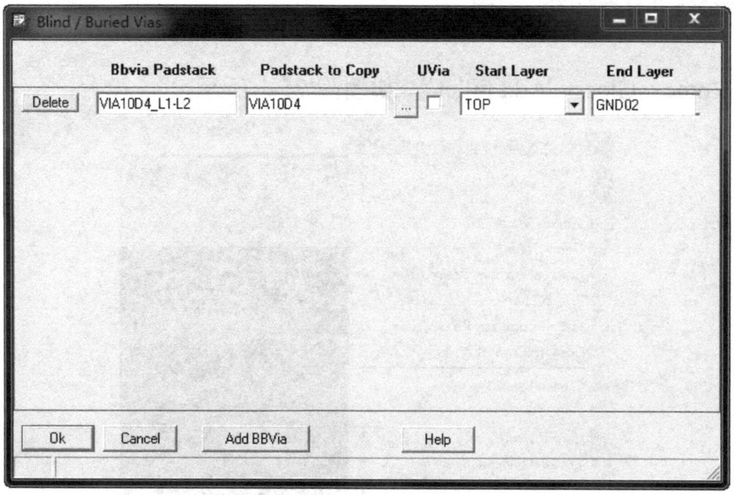

图附 24-2　设置过孔

（1）Bbvia Padstack：自行输入盲孔名称。

（2）Padstack to Copy：从封装库中选择常规过孔。

（3）Start Layer：选择起始层，这里选择“TOP”。

（4）End Layer：选择结束层，这里选择“GND02”。

然后单击“Add BBvia”按钮，继续创建埋孔“VIA18D8_L2-L7”、盲孔“VIA10D4_L7-L8”，设置后如图附 24-3 所示。

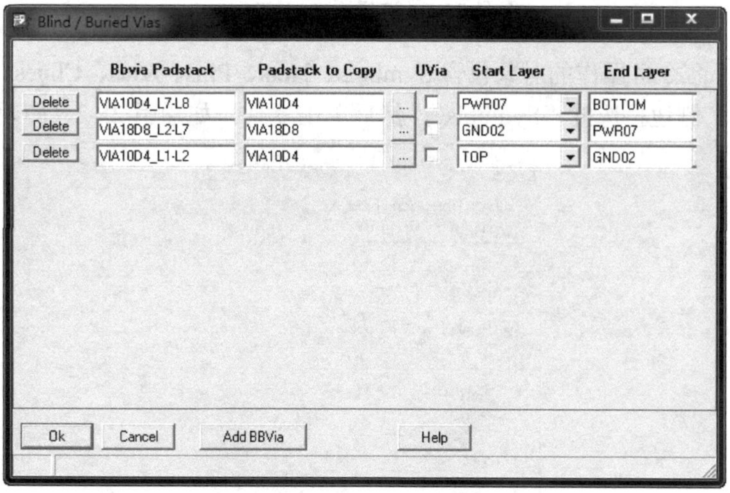

图附 24-3　设置过孔

单击“OK”按钮，用于此 PCB 项目的盲埋孔则创建完成。

附 25　怎样添加/删除泪滴

选择菜单“Route—Gloss—Add Fillet”，如图附 25-1 所示。

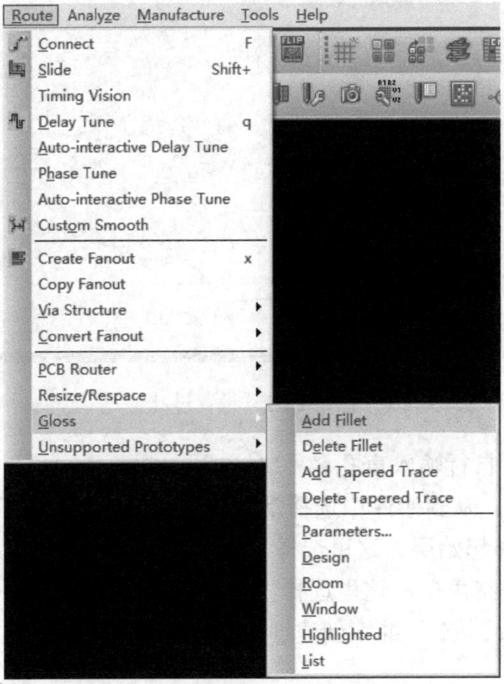

图附 25-1　选择添加泪滴菜单

“Add Fillet” 命令可操作的对象包含 Symbols、Nets、Pins、Vias、Clines。

若在“Find”侧边栏选择“Symbols”，然后单击器件，如图附 25-2、图附 25-3 所示。

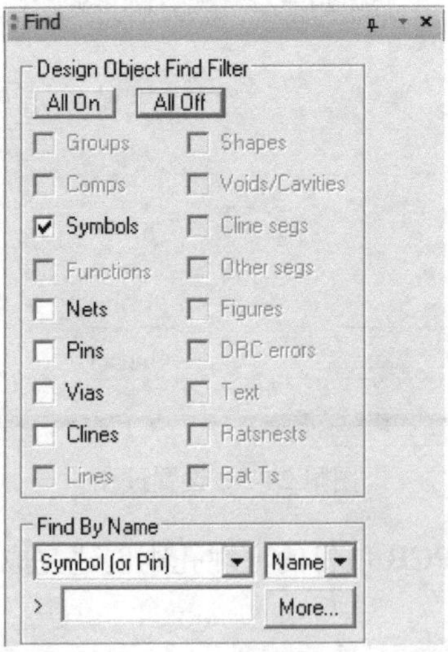

图附 25-2　“Find”侧边栏设置

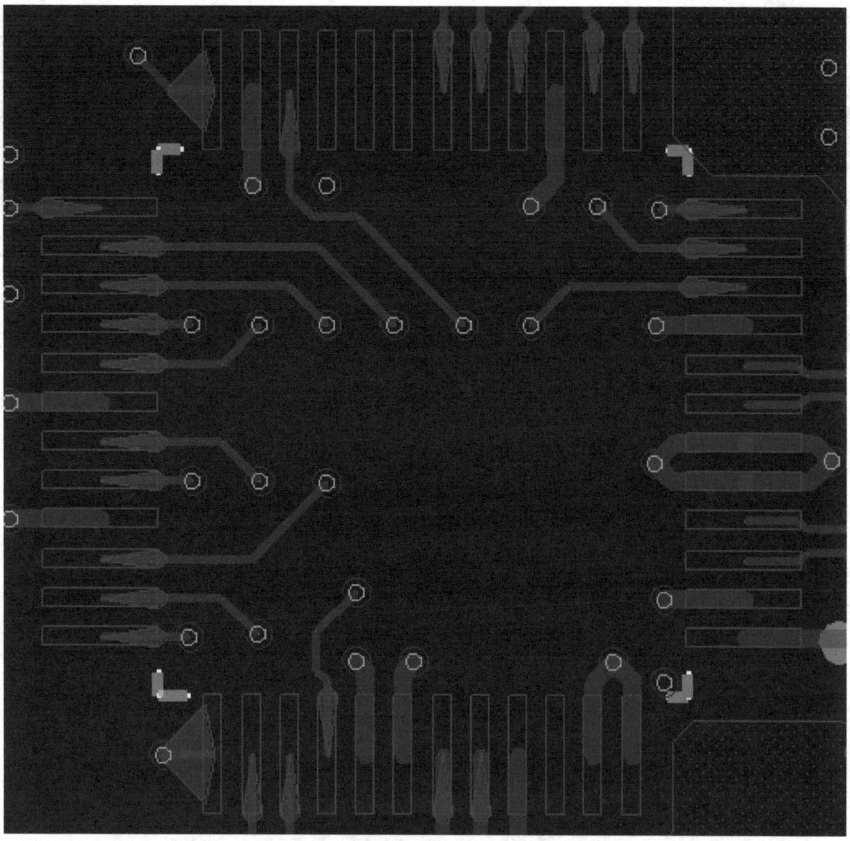

图附 25-3 添加泪滴

若“Find”侧边栏选择“Nets”，然后单击一根网络，如图附 25-4、图附 25-5 所示。

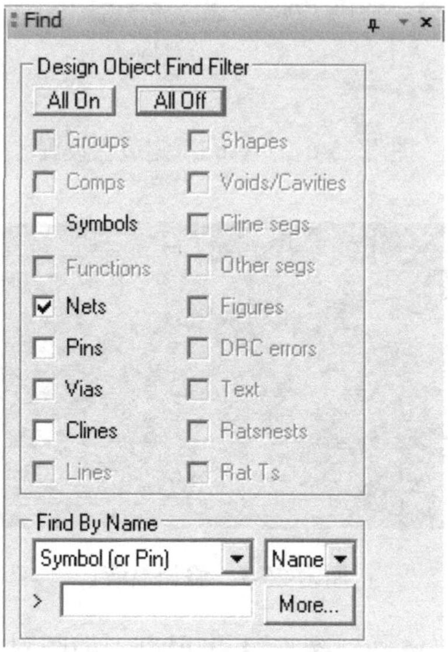

图附 25-4 “Find”侧边栏设置

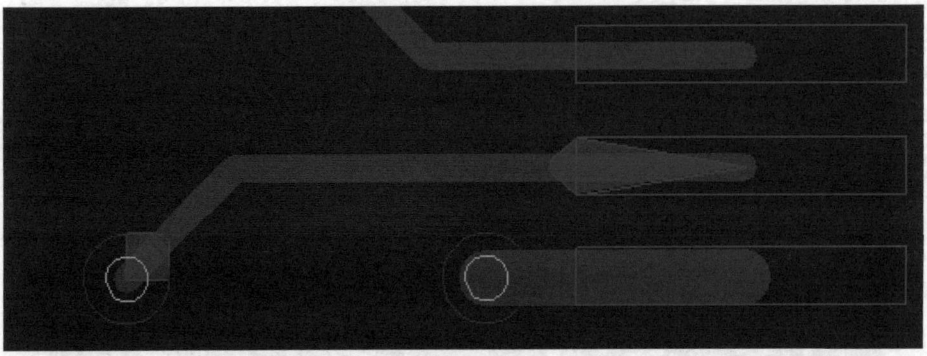

图附 25-5　添加泪滴

若在“Find”侧边栏选择“Pins”，然后单击焊盘，如图附 25-6、图附 25-7 所示。

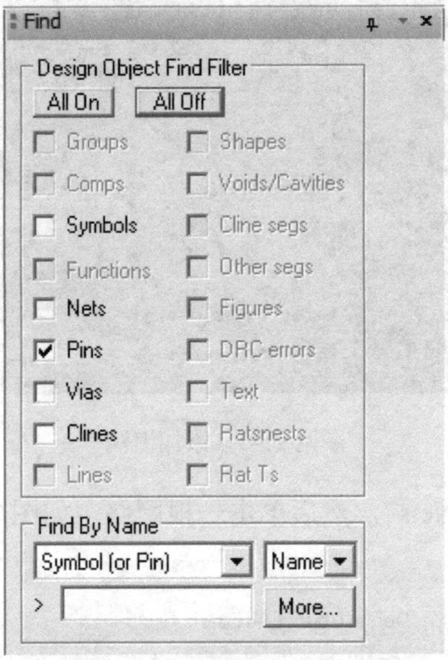

图附 25-6　“Find”侧边栏设置

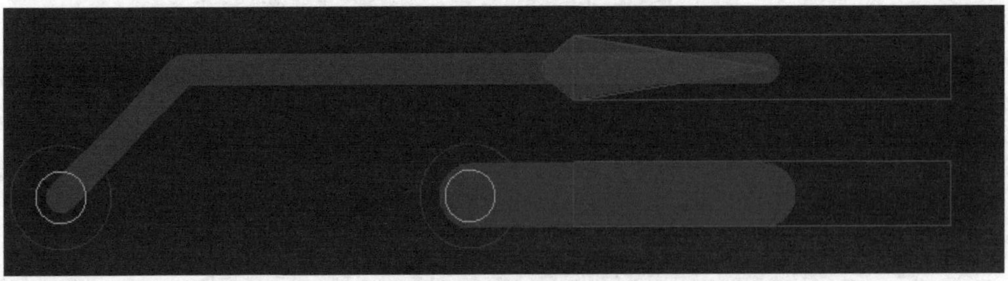

图附 25-7　添加泪滴

若在“Find”侧边栏选择“Vias”，然后单击焊盘，如图附 25-8、图附 25-9 所示。

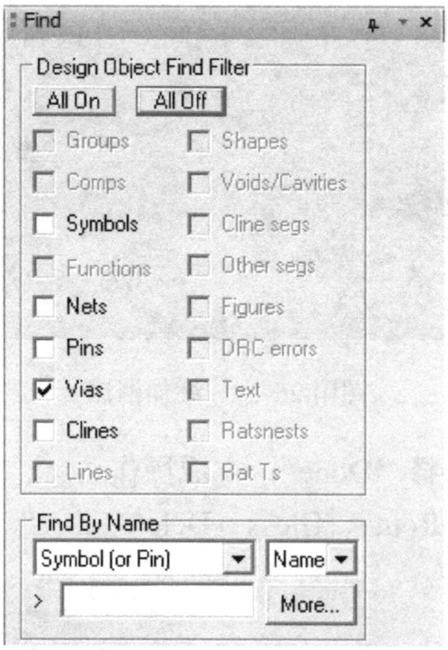

图附 25-8 "Find"侧边栏设置

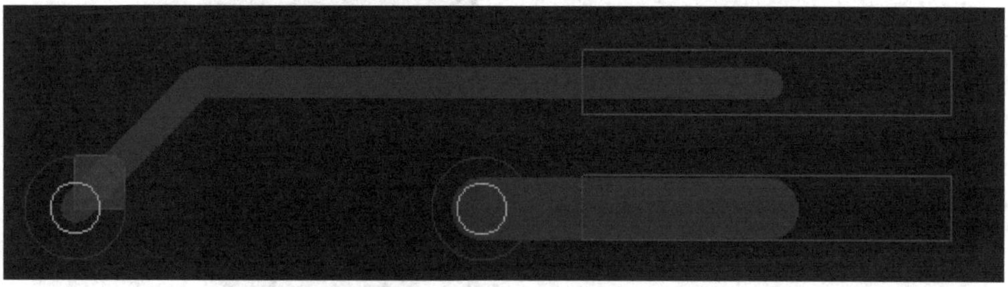

图附 25-9 添加泪滴

若在"Find"侧边栏选择"Clines"，然后单击一根 Cline，如图附 25-10、图附 25-11 所示。

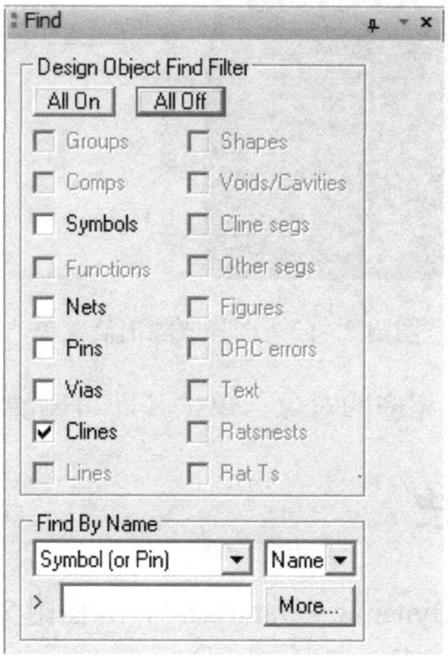

图附 25-10 "Find"侧边栏设置

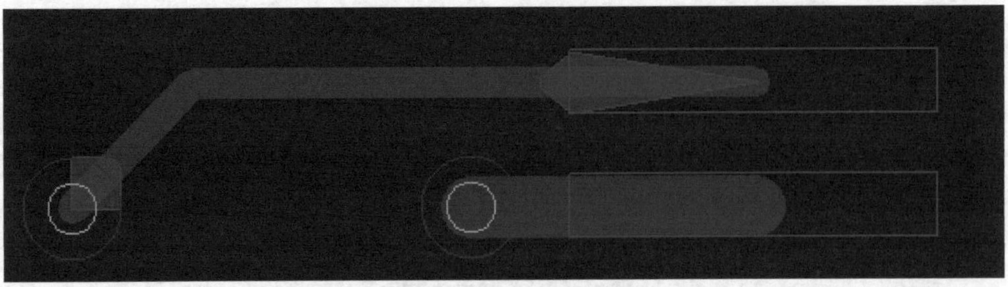

图附 25-11　添加泪滴

添加完泪滴后，通过右键选择“Done”，完成操作。

若想删除泪滴，选择菜单“Route—Gloss—Delete Fillet”，如图附 25-12 所示。

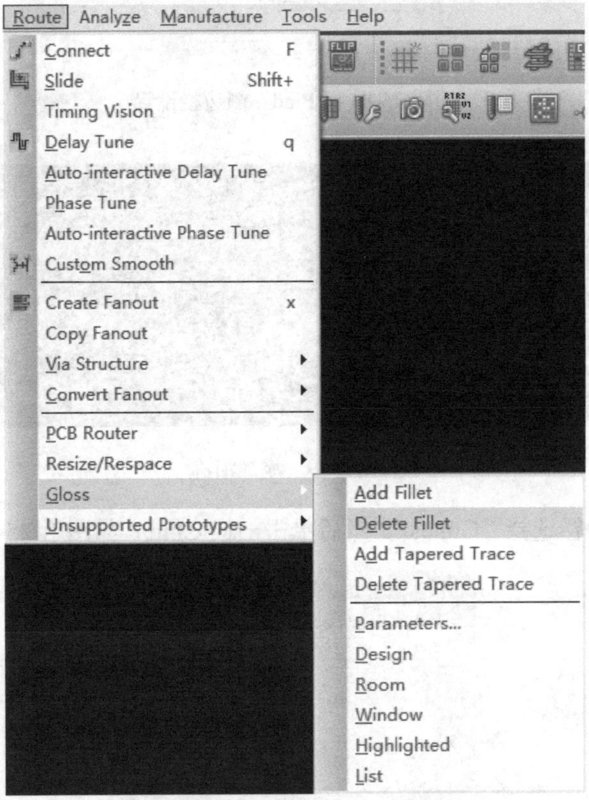

图附 25-12　选择删除泪滴菜单

然后在“Find”侧边栏选择相应的对象，单击其即可删除泪滴，这里不再重复叙述。

附 26　怎样覆网格铜皮

选择菜单“Shape—Global Dynamic Parameters”，如图附 26-1 所示。

弹出界面设置如图附 26-2 所示。

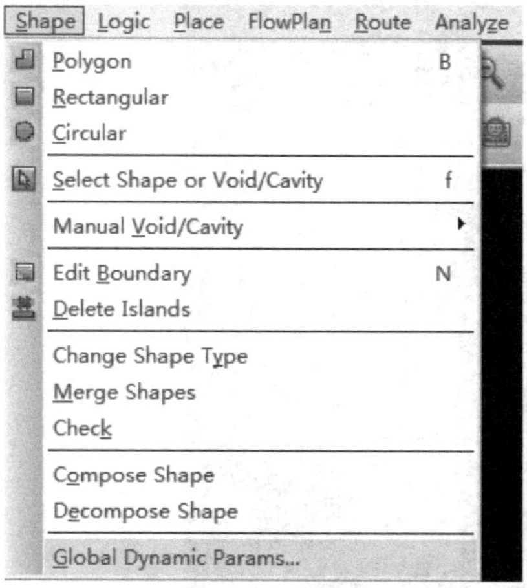

图附 26-1 选择菜单

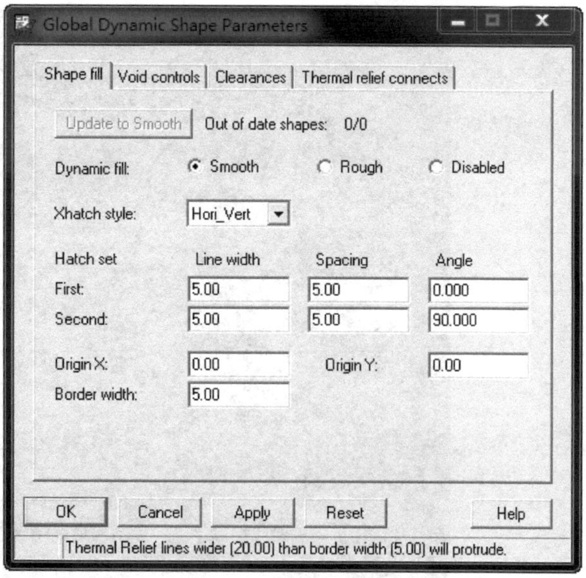

图附 26-2 全局铜皮设置窗口

然后选择覆铜命令，"Options" 侧边栏设置如图附 26-3 所示。

注意： Type 类型选择 "Static crosshatch"。

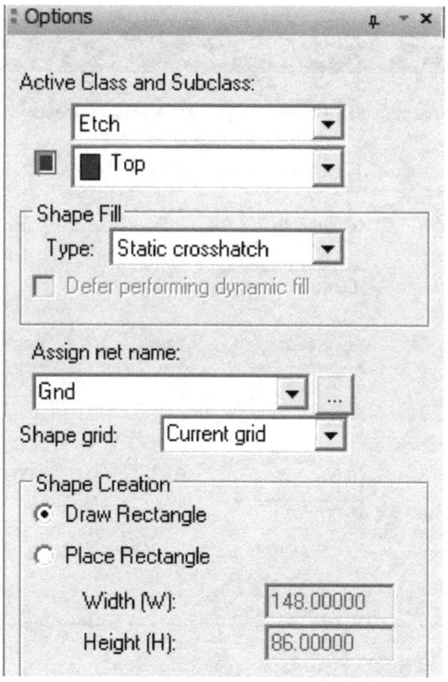

图附 26-3 "Options" 侧边栏设置

覆铜后，效果如图附 26-4 所示。

图附 26-4　绘制网格铜皮

若设置如图附 26-5 所示。

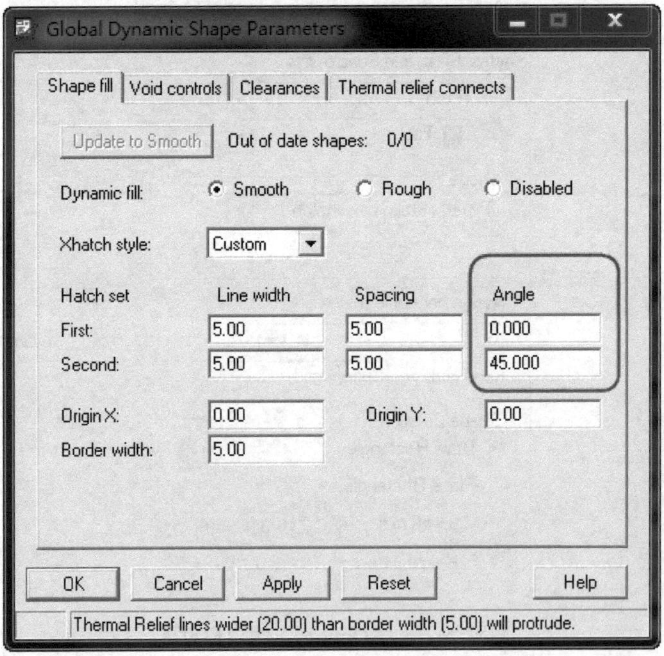

图附 26-5　设置参数

则覆铜效果如图附 26-6 所示。

大家可以根据实际需要进行相关的设置，然后进行网格覆铜。

图附 26-6 绘制网格铜皮

附 27 “Overlap components Controls”设置讲解

在常规情况下，导入网络表后，“Quickplace”中的设置如图附 27-1 所示。

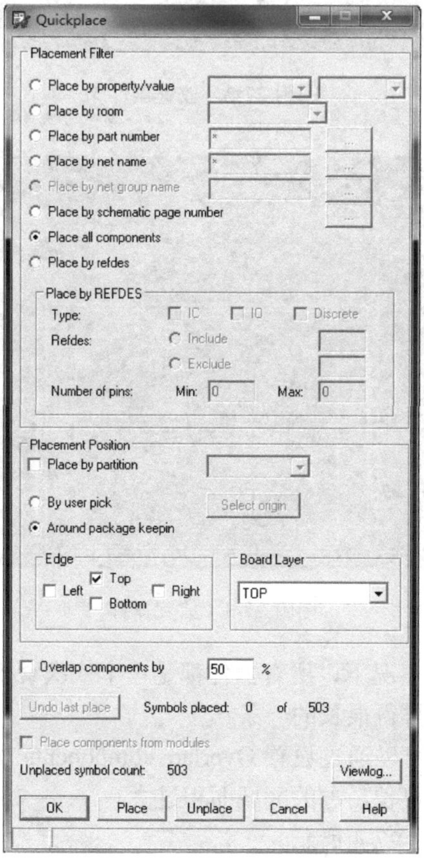

图附 27-1 “Quickplace”窗口

一般选择“Place all components”，快速放置所有器件封装。

在默认情况下，是没有勾选图附 27-1 下方的“Overlap components by”选项的。

单击图附 27-1 的“Place”按钮，然后继续单击“OK”按钮，封装则放置在板中，如图附 27-2、图附 27-3 所示。

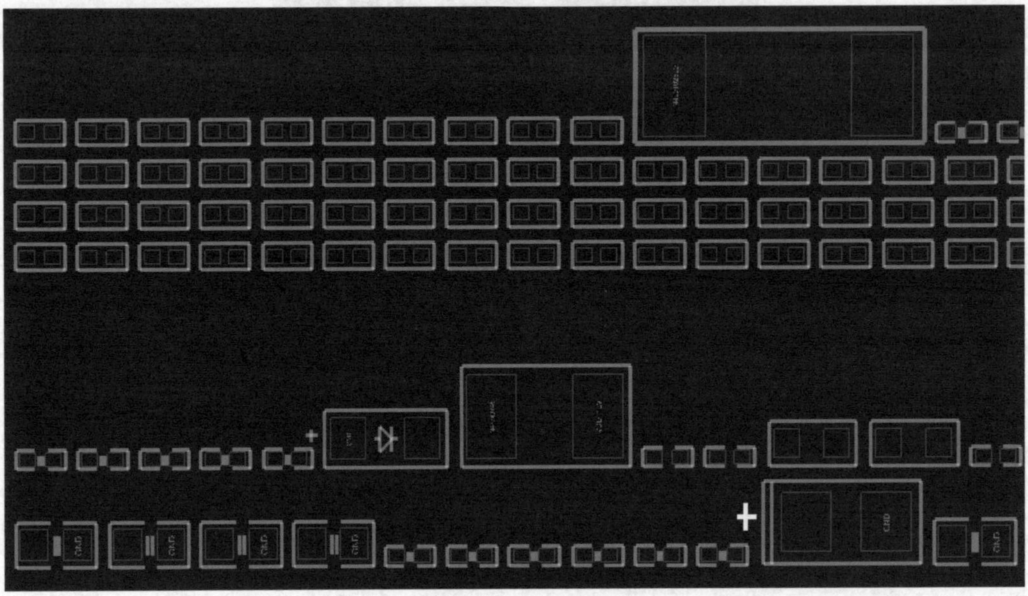

图附 27-2　放置器件

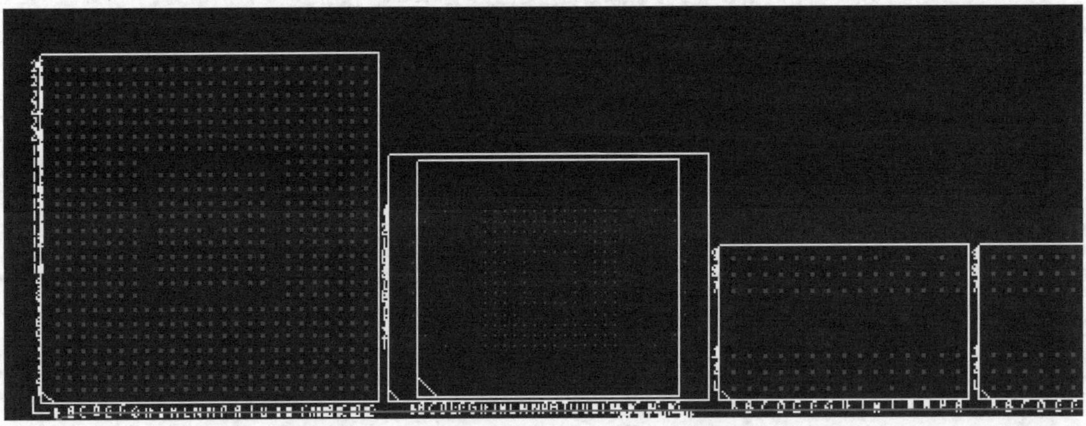

图附 27-3　放置器件

如图附 27-2 所示，此种情况下，所有器件都是单个依次紧挨排在一起，如果板子器件很多，放置后，在 PCB 中就会排得很长的一条。

在 Allegro16.6 软件中，可以通过设置 Overlap components 功能，让封装重叠部分放置到板中，不至于在 PCB 中排得很长，占的区域面积过大。

“Quickplace”设置如图附 27-4 所示。

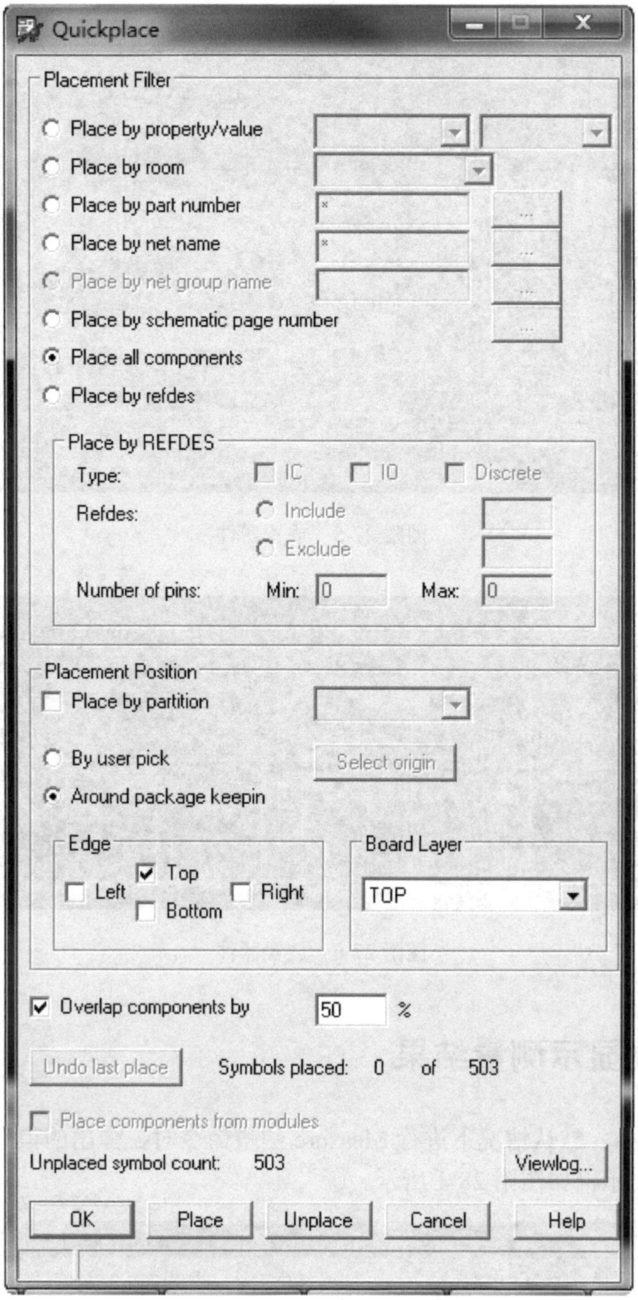

图附 27-4 勾选“Overlap components by”

勾选“Overlap components by”，并可在后面输入数值，表示堆叠在一起的百分比，这里以默认 50%为例。

单击“Place”按钮，然后单击“OK”按钮，如图附 27-5、图附 27-6 所示。

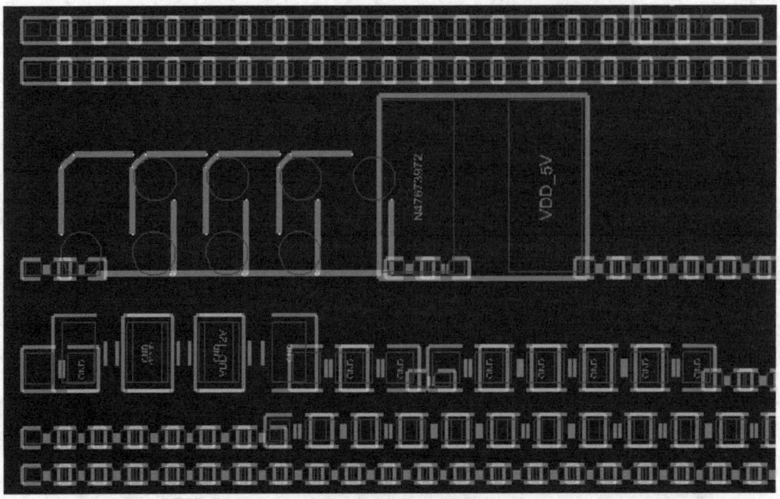

图附 27-5　放置器件

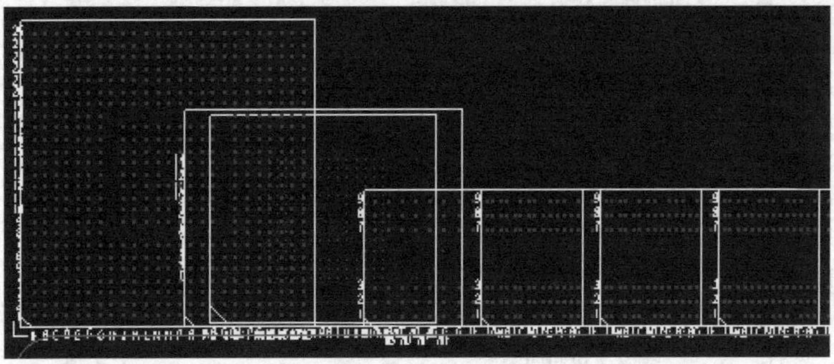

图附 27-6　放置器件

附 28　双单位显示测量结果

在 Allegro 软件中，默认情况下进行 Measure 测量命令时，弹出的信息窗口中，均为一种单位显示测量结果，示例如图附 28-1 所示。

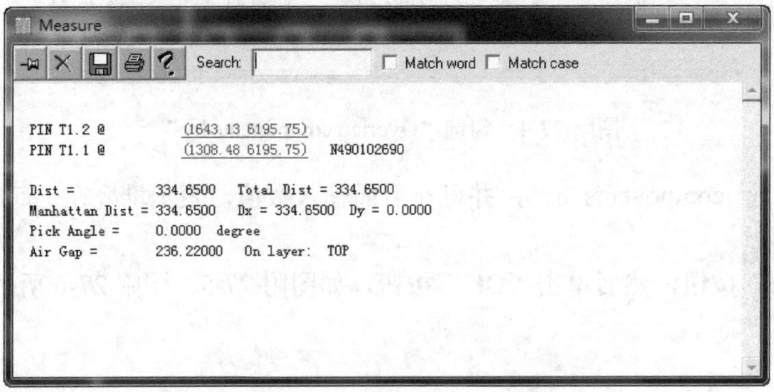

图附 28-1　单单位显示测量结果

图附 28-1 中显示的数值单位与 PCB 中的设计单位相同，为 mil。

通过设置，可同时显示两种单位测量结果，双单位显示如图附 28-2 所示。

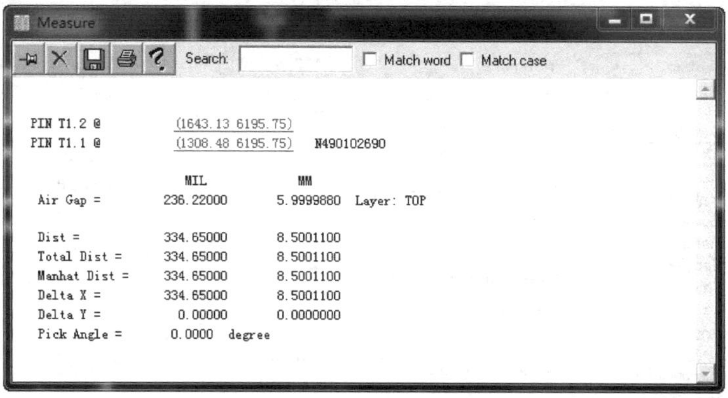

图附 28-2　双单位显示测量结果

设置步骤如下。

选择菜单“Setup—User Preferences”，如图附 28-3 所示。

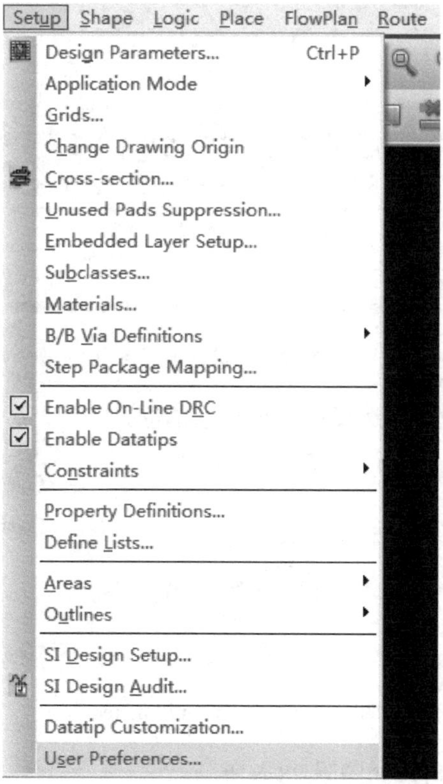

图附 28-3　选择菜单

选择 Display-Element，如图附 28-4：

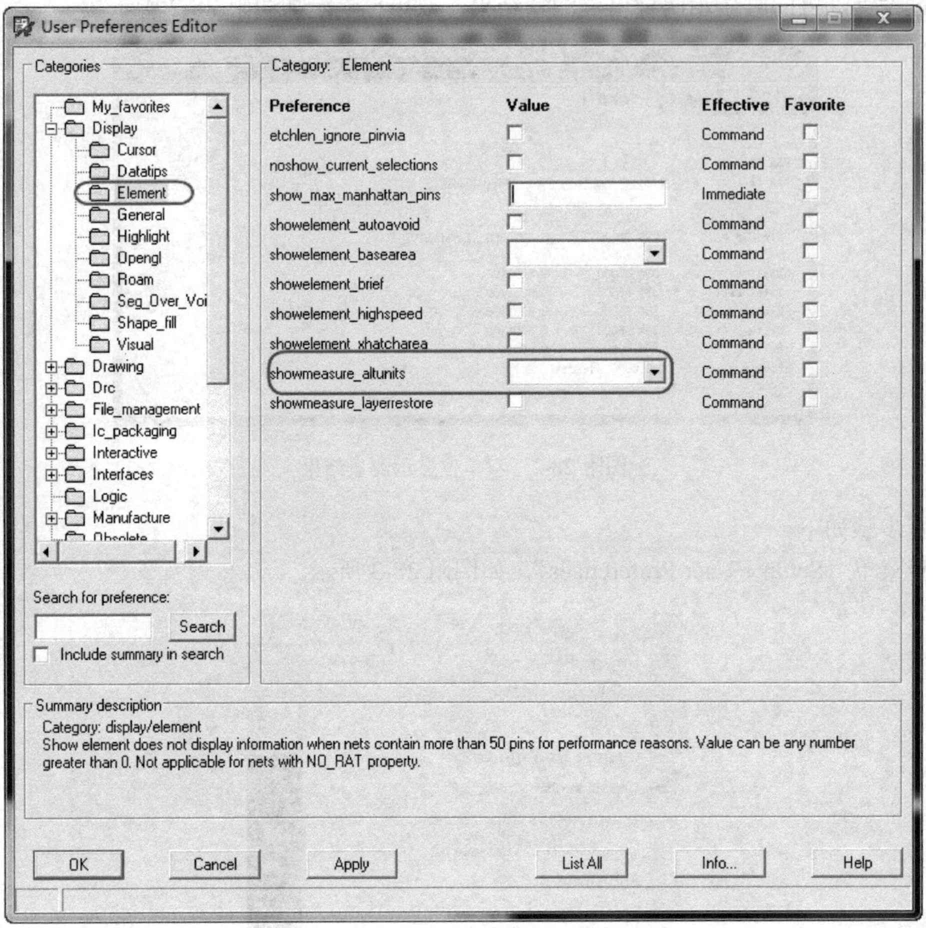

图附 28-4　设置单位窗口

在图附 28-5 显示的下拉条中选择另一种显示单位。

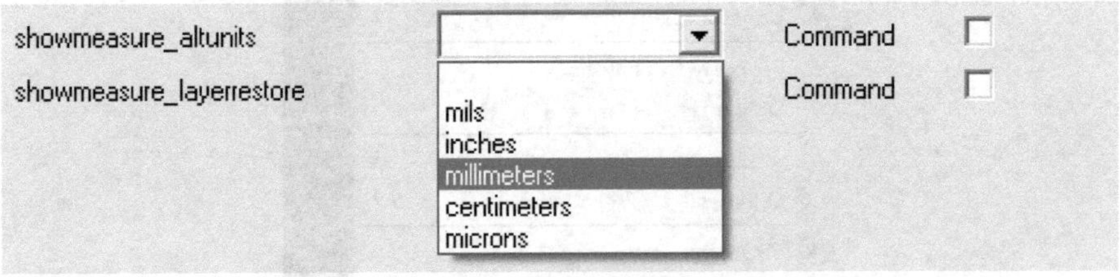

图附 28-5　选择“millimeters”

设置好后，单击 OK 即可，如图附 28-6 所示。

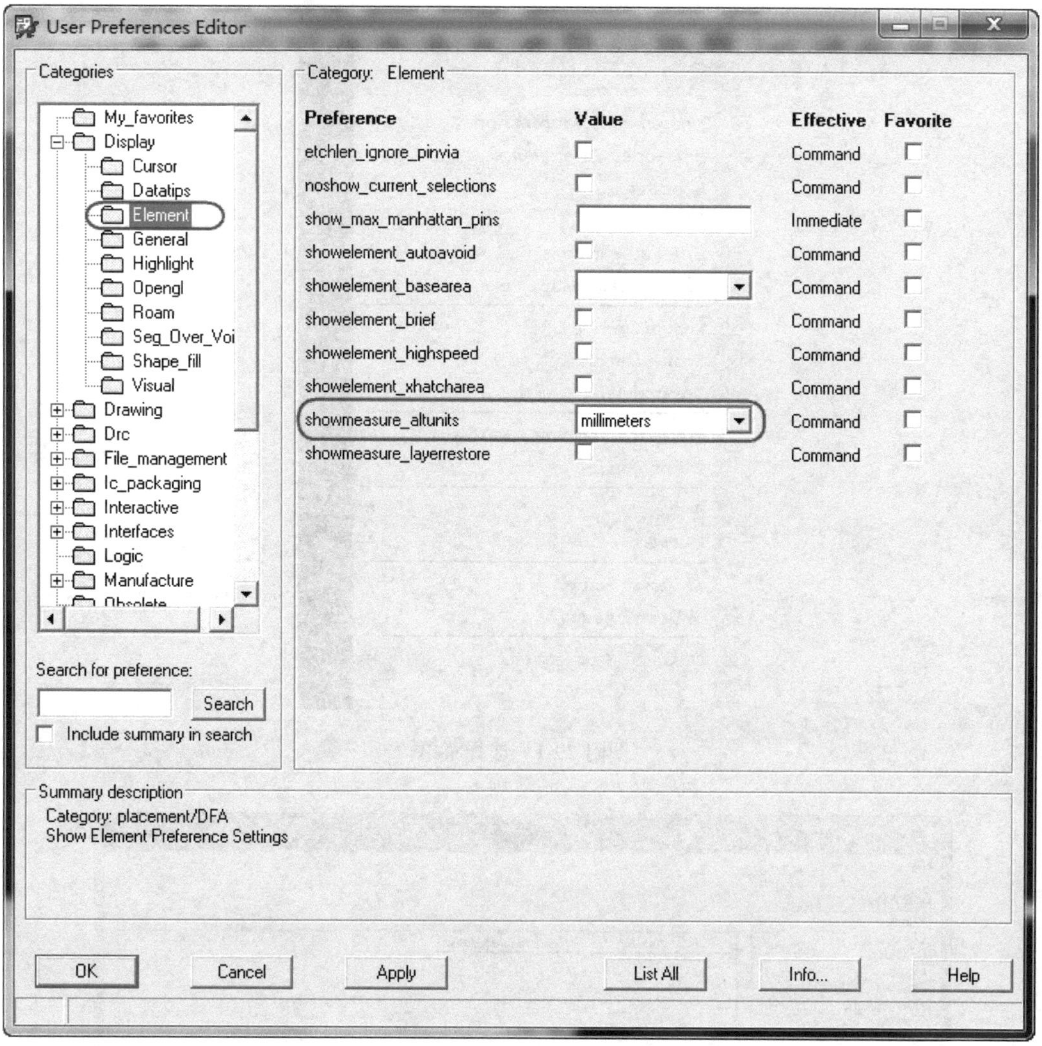

图附 28-6　设置完成

附 29　设置“Datatips”

在使用 Allegro 软件时，如果当鼠标放在走线（Cline）和网络（Net）上面时，软件并没有显示该走线的所属网络或相关的长度信息时，可通过设置“Datatips”，解决此问题。

选择菜单“Setup—Datatip Customization”，如图附 29-1 所示。

弹出界面如图附 29-2 所示。

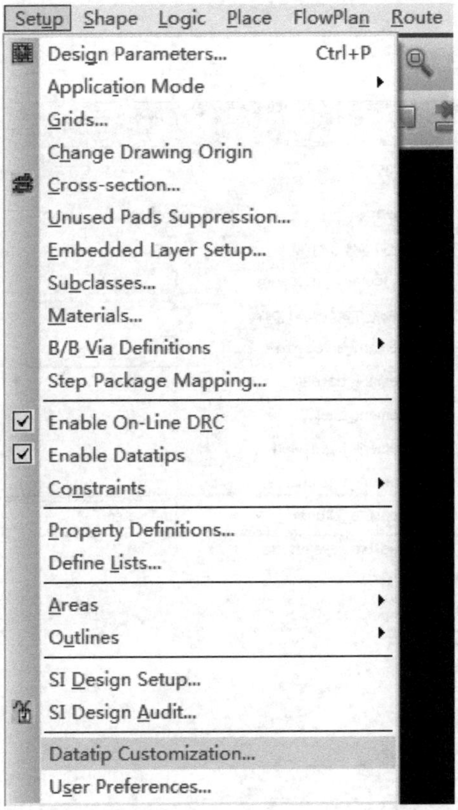

图附 29-1　选择菜单

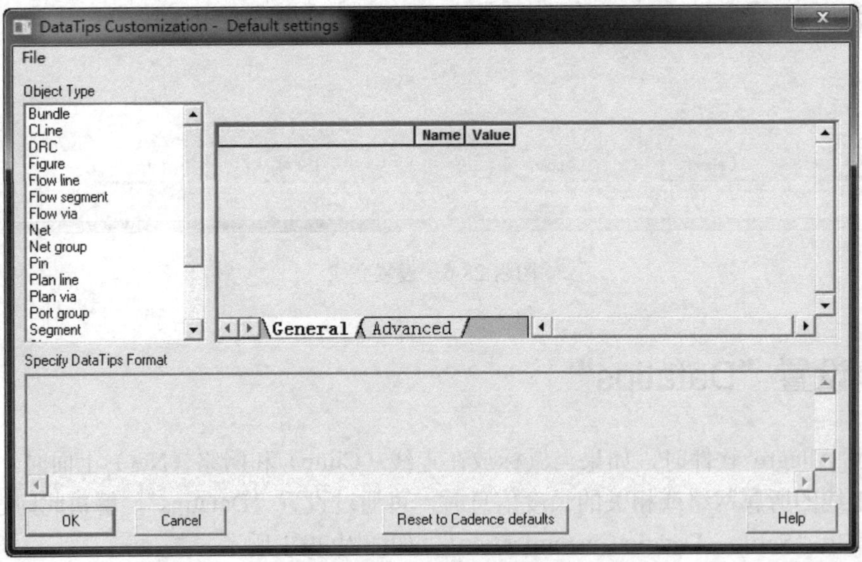

图附 29-2　DataTips 窗口界面

在图附 29-3 左侧中单击“Cline”按钮，然后在右侧界面中，勾选需要显示的信息选项。

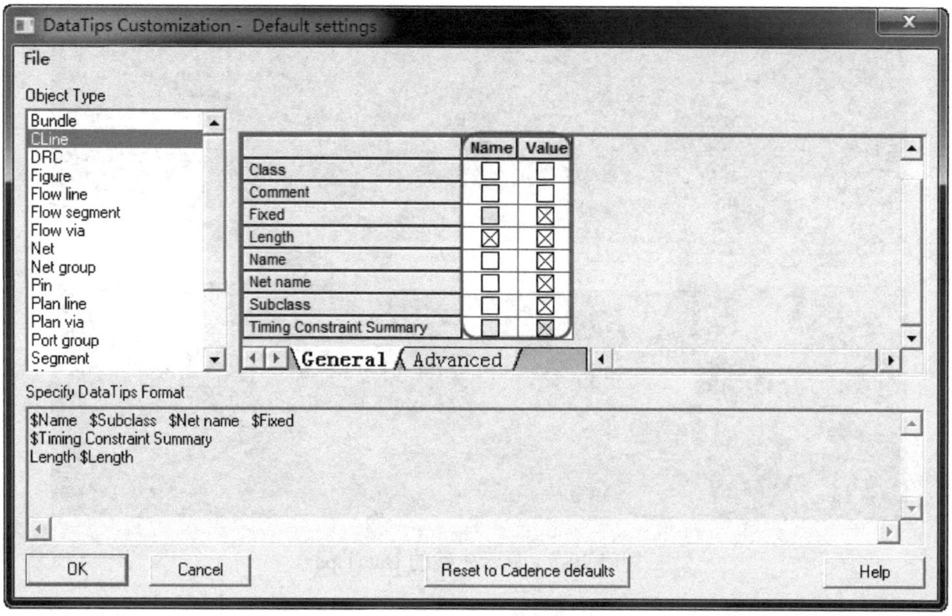

图附 29-3 设置参数

在图附 29-4 左侧中单击“Net”按钮，然后在右侧界面中，勾选需要显示的信息选项。

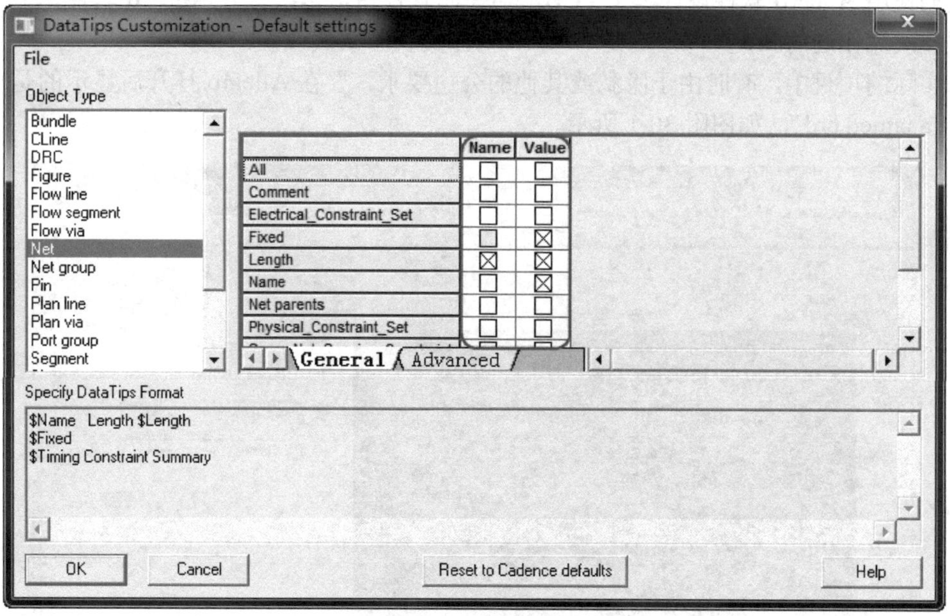

图附 29-4 设置参数

设置好后，单击“OK”按钮，此时再将光标放置在走线上，则可显示出对应的信息，如图附 29-5 所示。

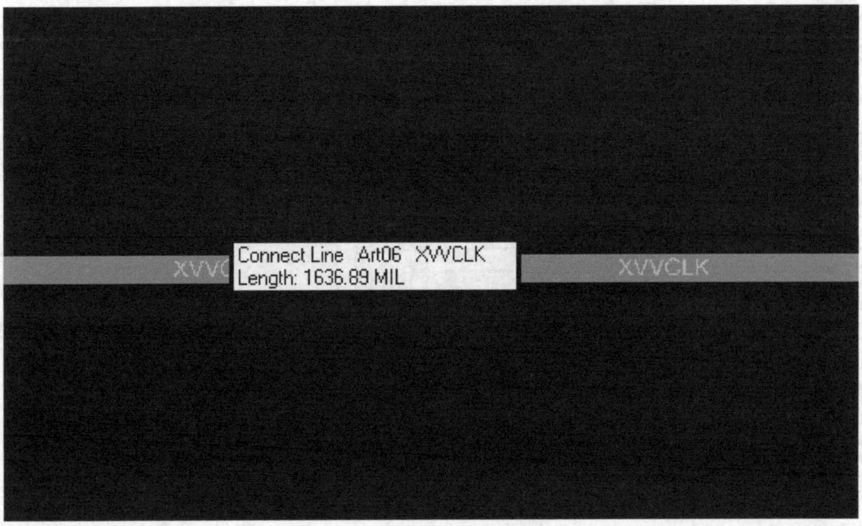

图附 29-5　显示走线的 DataTips

附 30　怎样设置默认打开空 PCB 文件

我们使用 Allegro 软件设计一个 PCB，当关闭软件后，再次打开 Allegro 软件，显示的文件为上一次操作过的.brd 文件，这是 Allegro 软件安装的默认设置。

在实际的项目中，有时由于隐私或其他的公司要求，要在 Allegro 打开后显示的是一个空文件“unnamed.brd”，如图附 30-1 所示。

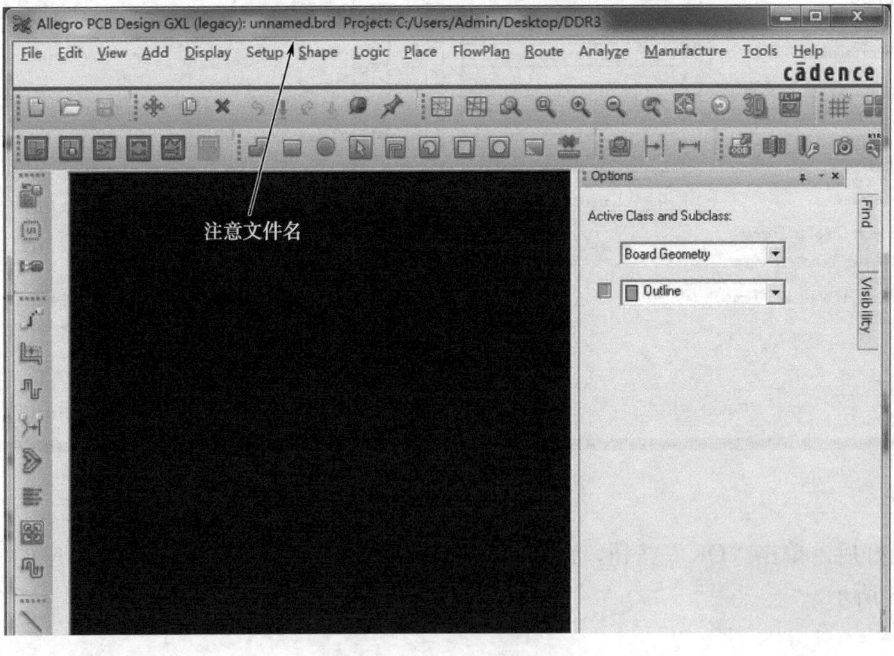

图附 30-1　空文件截图

通过以下设置之后，Allegro 即可实现设置默认打开空 PCB 文件，按图附 30-2、图附 30-3 中标记的顺序操作。

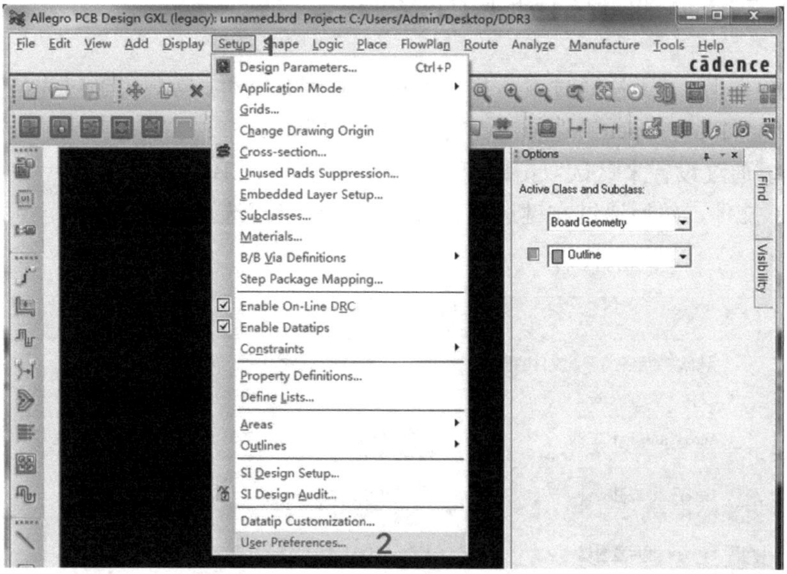

图附 30-2 选择菜单

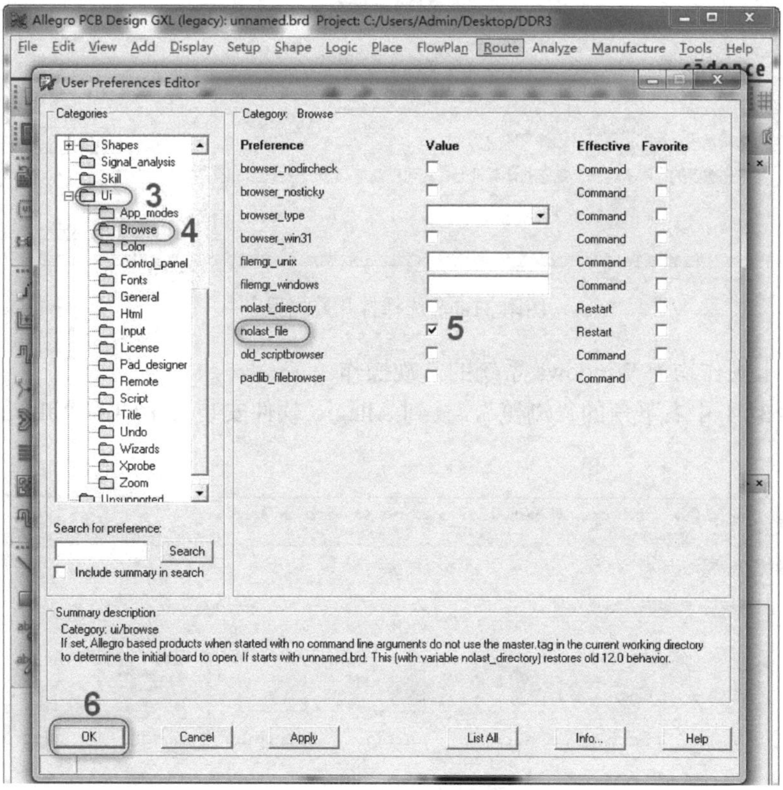

图附 30-3 设置参数

设置好，重启软件即可。

附 31　设置默认双击打开 Brd 文件

安装完成软件后，若无法通过双击打开 brd 格式 PCB 文件，常规可通过先打开 PCB Editor 软件，然后通过“File—Open”选择 brd 文件，进行打开。

我们也可以通过设置来默认双击即可打开 brd 格式的 PCB 文件。

选择 PCB 文件，然后通过右键选择打开方式，选择“选择默认程序”，界面如图附 31-1 所示。

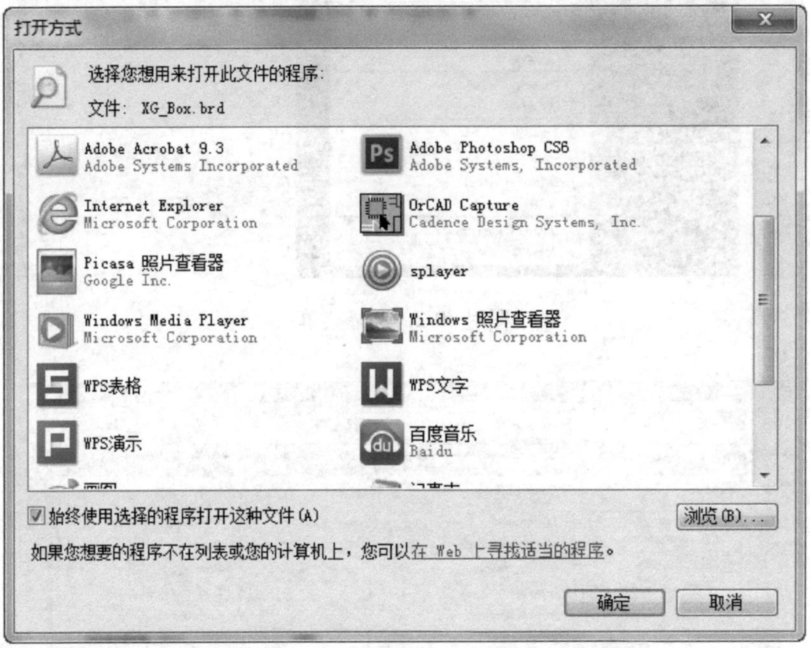

图附 31-1　选择打开方式程序

说明：以上操作均为 Windows 系统的常规操作。

选择图附 31-1 中右下角的“浏览”，找到 Allegro 软件安装目录中的“allegro.exe”，如图附 31-2 所示。

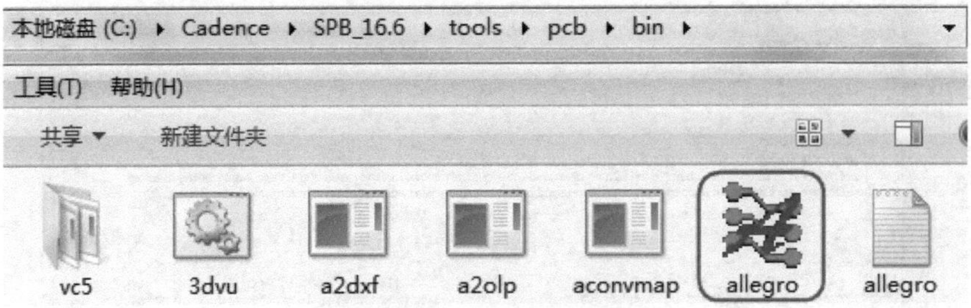

图附 31-2　选择 allegro.exe

说明：若安装在其他盘，同理选择相应的“allegro.exe”文件。
后续操作同 Windows 系统常规操作，这里不再重复。
设置好后，即可双击打开 PCB 文件。

附 32 尺寸标注

在 PCB 设计，我们可以进行一些尺寸标注，如图附 32-1 所示。

图附 32-1 尺寸标注截图

下面讲下尺寸标注的常用操作。
选择菜单“Manufacture—Dimension Environment”，如图附 32-2 所示。

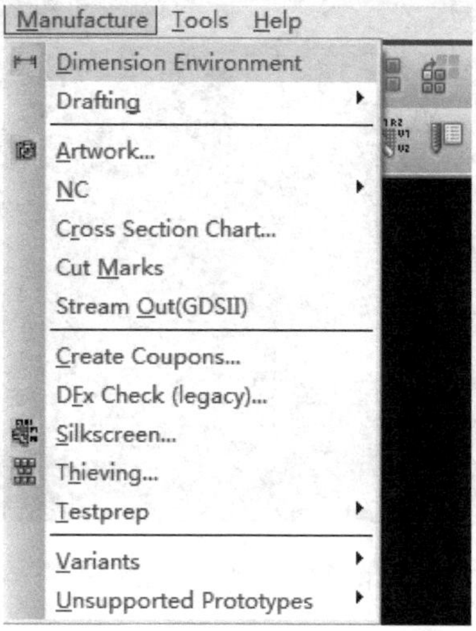

图附 32-2 选择菜单

然后通过右键选择“Linear dimension”，如图附 32-3 所示。

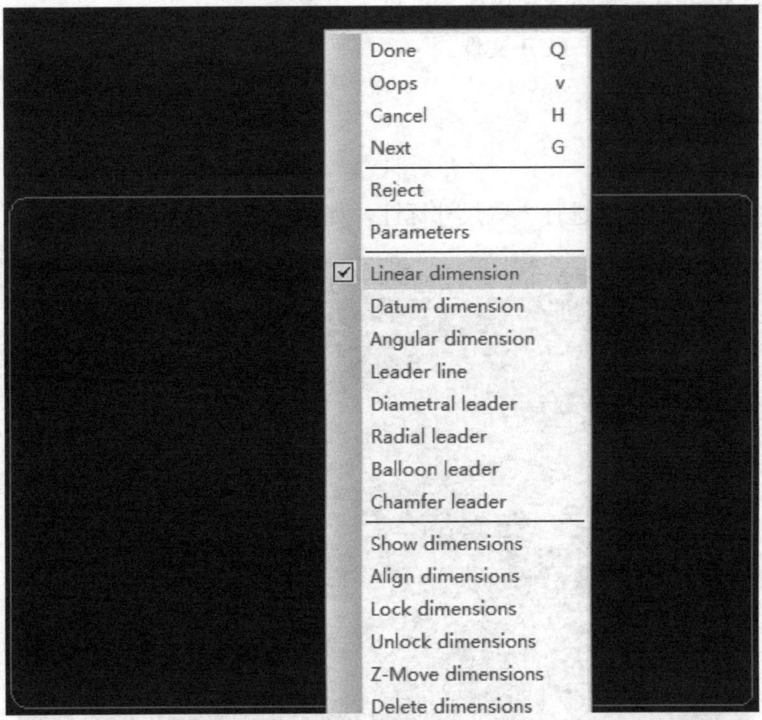

图附 32-3　选择“Linear dimension”

这里分别单击“Outline”左右两边后，如图附 32-4 所示。

图附 32-4　进行尺寸标注

然后单击一下，则标注完成，如图附 32-5 所示。

图附 32-5 标注完成

最后，通过右键选择“Done”，完成操作。

如果想数值后只显示一种单位，则要在标注前，通过右键选择“Parameters”，在弹出界面中设置如图附 32-6 所示。

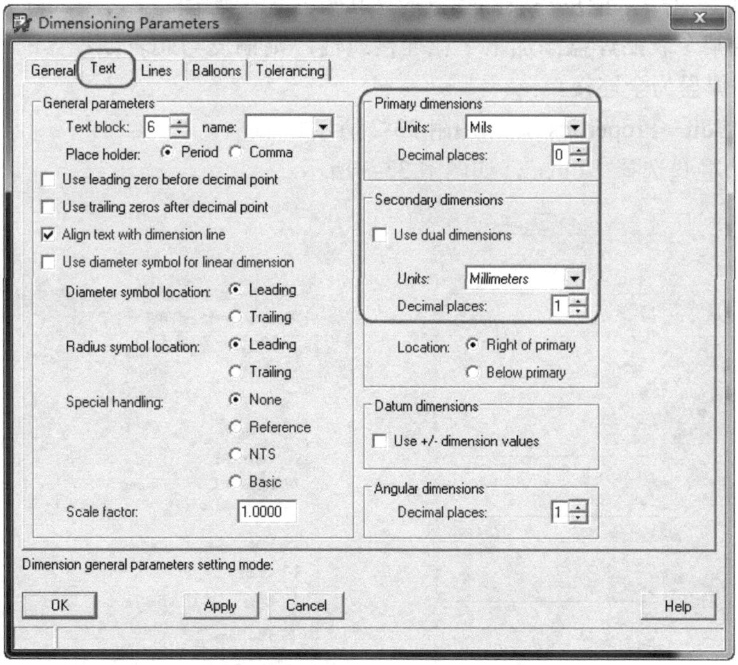

图附 32-6 设置双单位显示尺寸标注

不勾选图附 32-6 中“Secondary dimensions”下的“Use dual dimensions”即可。

附 33　焊盘添加十字花连接属性

在常规情况下，铜皮与焊盘的连接方式与此界面中的设置相关，如图附 33-1 所示。

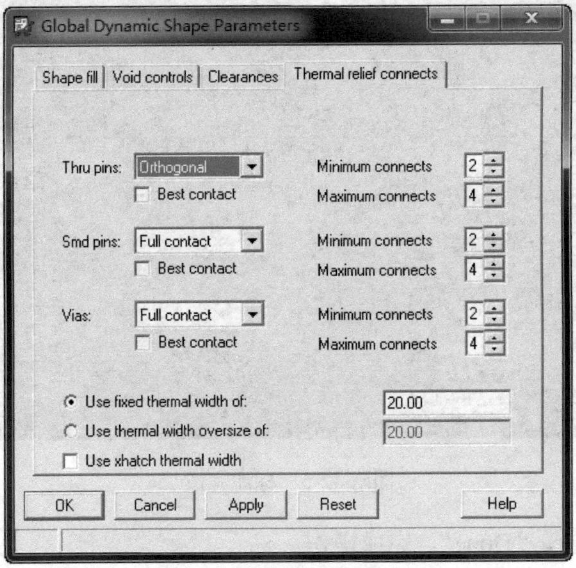

图附 33-1　全局铜皮参数设置窗口

在图附 33-1 设置中，铜皮与表贴焊盘的连接方式为全连接。

我们可以给某个表贴焊盘添加十字花连接属性，则铜皮与此表贴焊盘的连接方式为十字花，与其他表贴焊盘为全连接。

选择菜单“Edit—Properties”，如图附 33-2 所示。

“Find”侧边栏只选择“Pins”，如图附 33-3 所示。

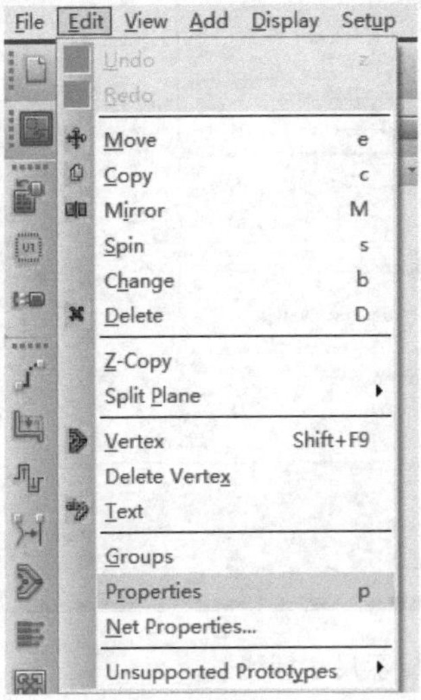

图附 33-2　选择菜单

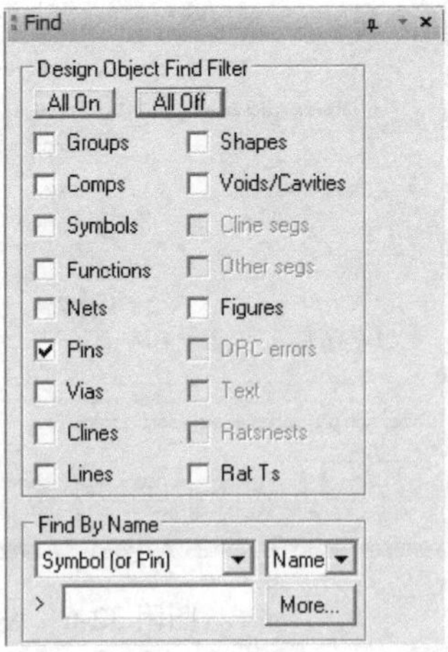

图附 33-3　“Find”侧边栏设置

然后单击焊盘，设置如图附 33-4 所示。

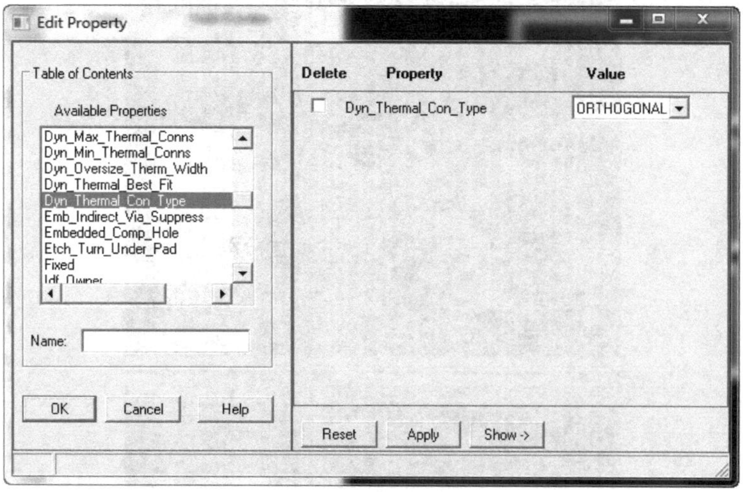

图附 33-4 添加属性

铜皮连接方式对比效果如图附 33-5 所示。

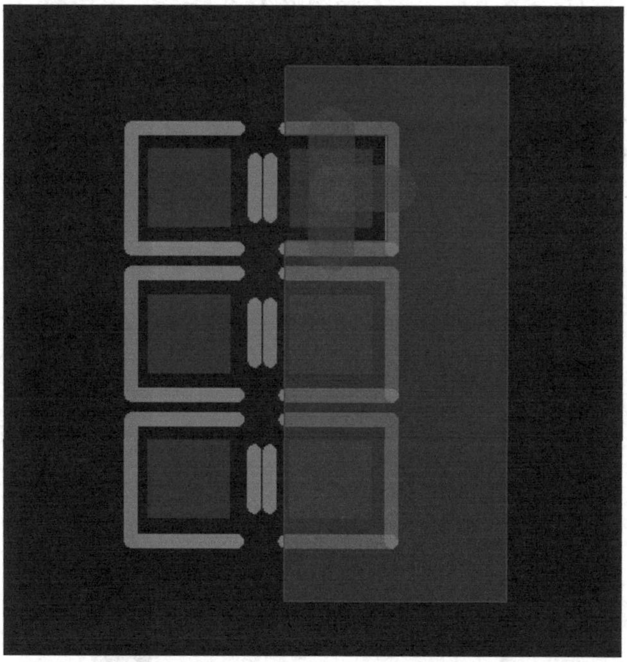

图附 33-5 铜皮连接方式对比效果图

附 34 设置去掉光标拖影

由于计算机方面的原因，Allegro PCB Editor 界面在大十字光标情况下，可能会出现拖影的情况，如图附 34-1 所示。

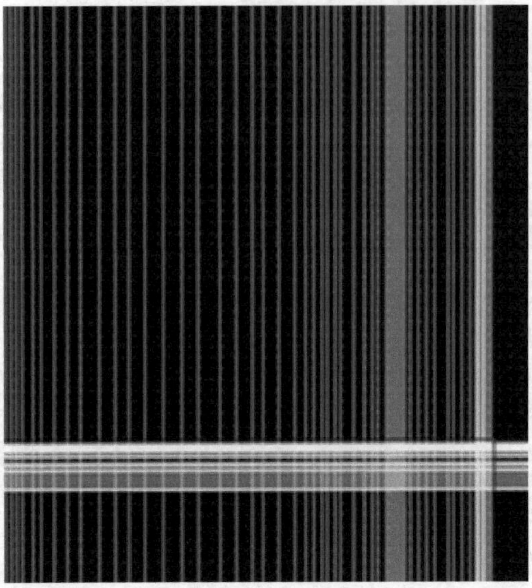

图附 34-1　光标拖影

在 Allegro16.6 软件版本中，可以通过设置，很容易解决此问题。

选择菜单“Setup—User Preferences”，如图附 34-2 所示。

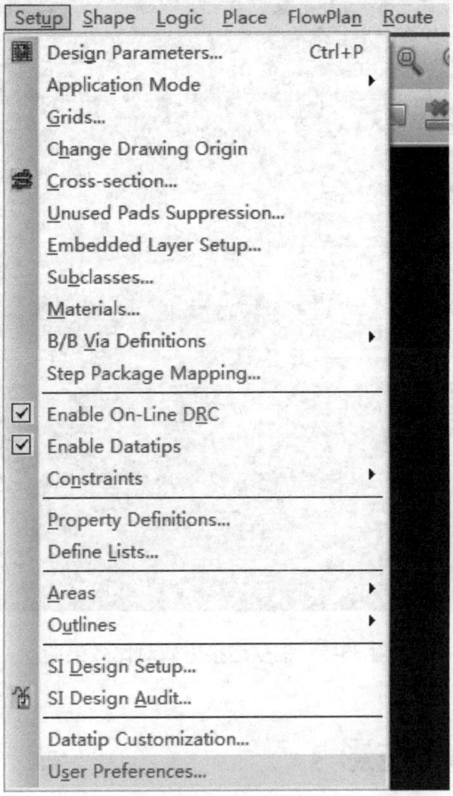

图附 34-2　选择菜单

如图附 34-3 所示，选择左侧“Display—Cursor”，然后右侧勾选“infinite_cursor_bug_nt”。

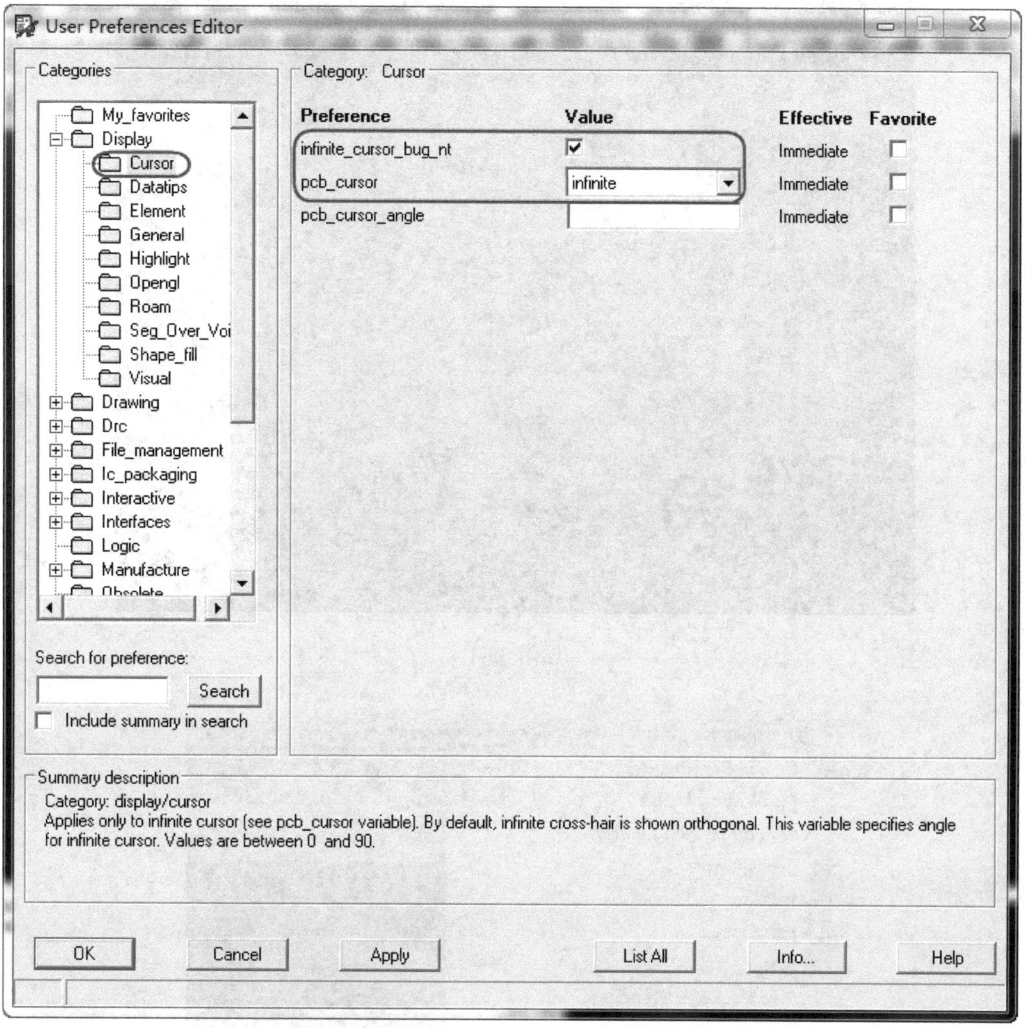

图附 34-3 勾选“infinite_cursor_bug_nt”

单击“OK”按钮后，光标则显示正常。

附 35 怎样给封装添加高度属性

打开器件封装，如图附 35-1 所示。

选择菜单“Setup—Areas—Package Height”，如图附 35-2 所示。

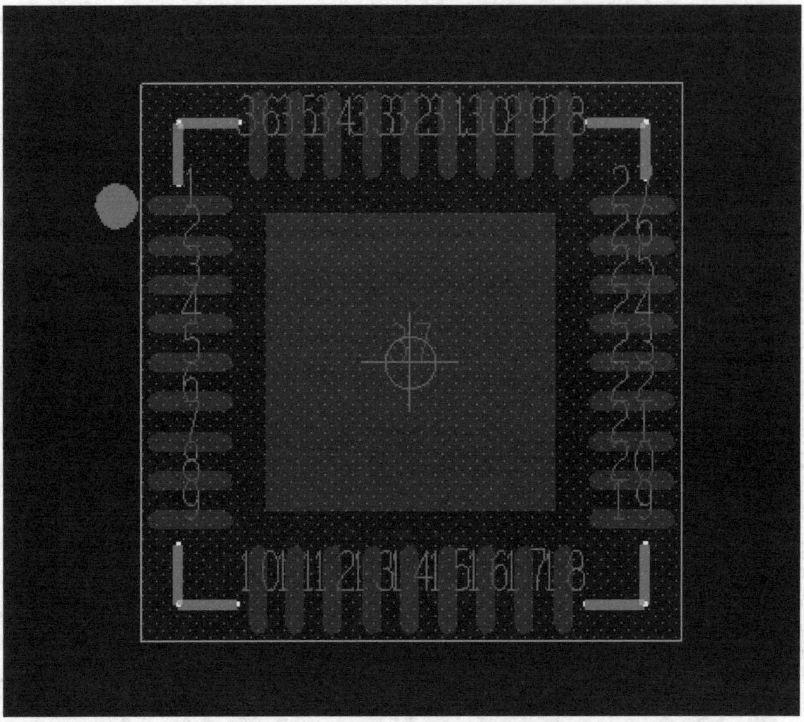

图附 35-1

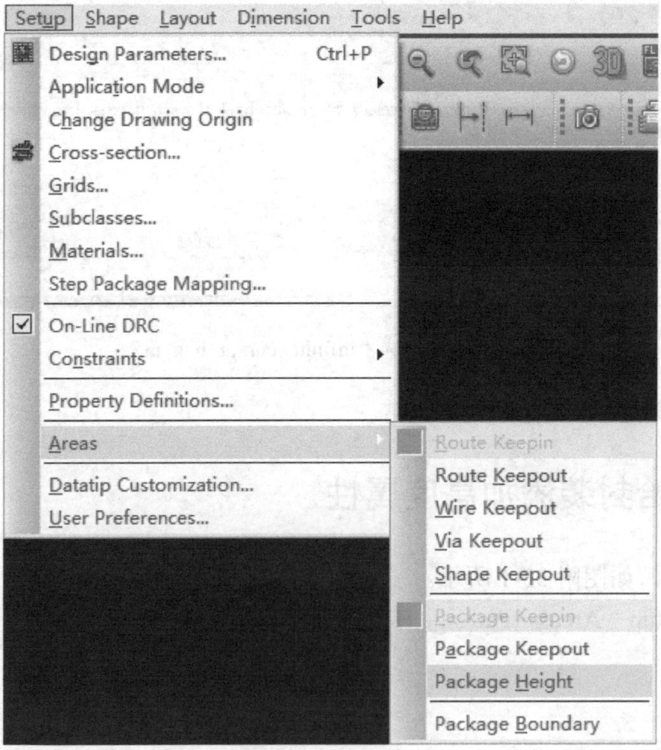

图附 35-2　选择菜单

然后单击封装，“Options”侧边栏设置如图附 35-3 所示。

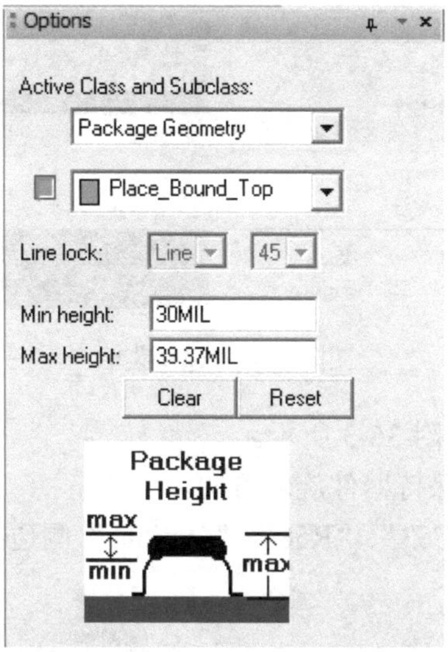

图附 35-3 “Options”侧边栏设置

在“Min height”、“Max height”中输入数值，然后通过右键选择“Done”即可。

附 36 快速交换器件位置

在 Allegro 可通过命令快速交换器件的位置，非常方便布局。
器件位置如图附 36-1 所示。

图附 36-1 器件位置截图

选择菜单“Place Swap—Components”，如图附 36-2 所示。

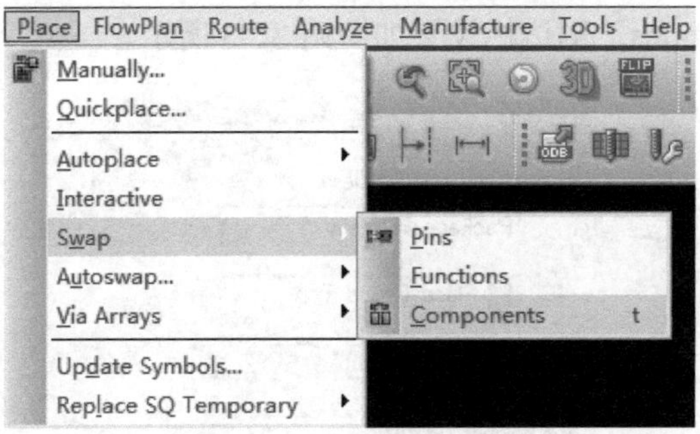

图附 36-2　选择菜单

“Options”侧边栏设置如图附 36-3 所示。

Maintain symbol rotation：保持器件旋转方向。

连续单击图附 36-1 中的“C53”、“R58”，“Options”侧边栏显示如图附 36-4 所示。

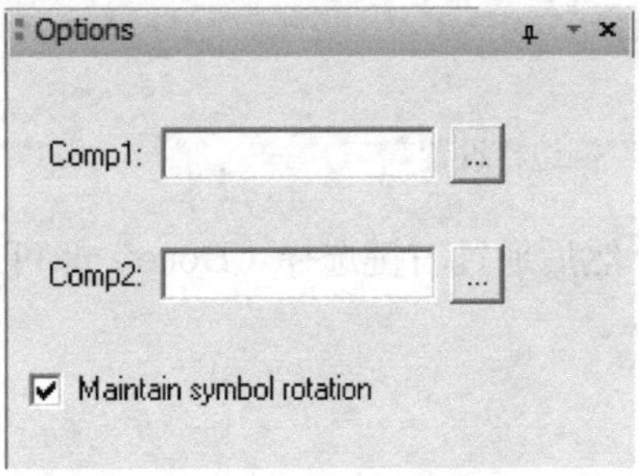

图附 36-3　“Options”侧边栏

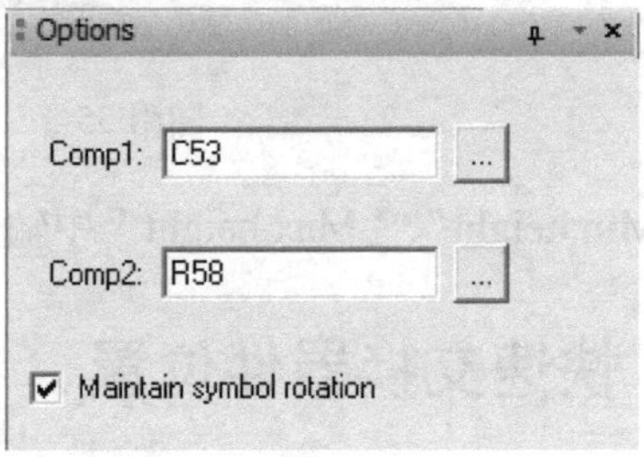

图附 36-4　“Options”侧边栏信息

器件已交换位置，如图附 36-5 所示。

图附 36-5　器件位置交换完成

通过右键选择“Done”，完成操作。

附 37 怎样设置及显示“Plan”

首先要将对应的网络创建为一个“Net Group”，如图附 37-1 所示。

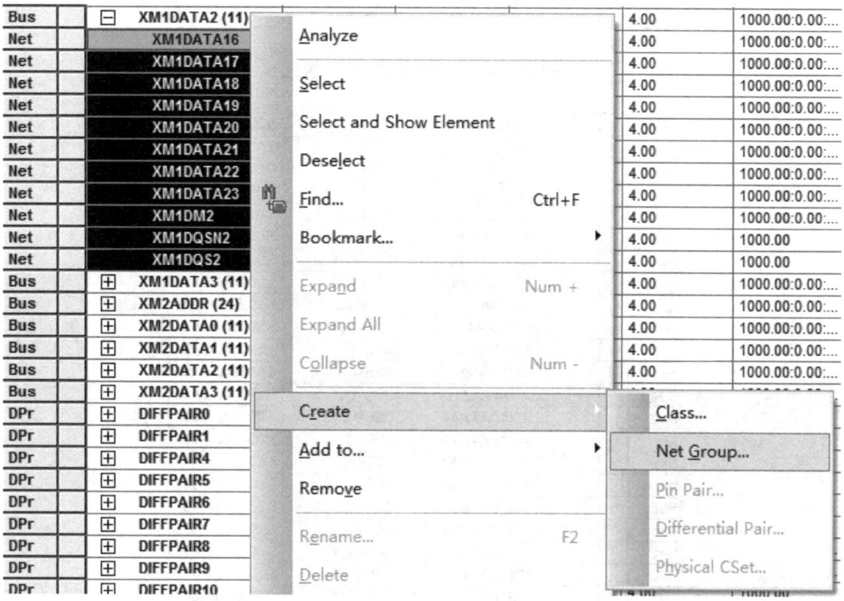

图附 37-1 创建 Net Group

单击后，在界面中输入 Group 名称，如图附 37-2 所示。

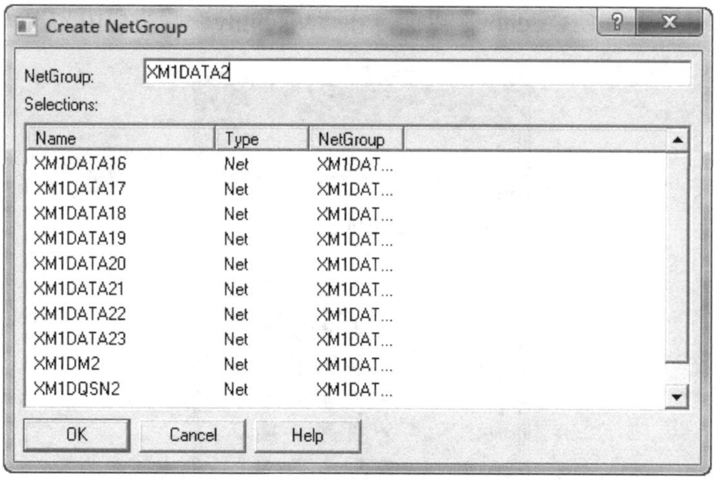

图附 37-2 输入 Group 名称

单击“OK”按钮后，约束管理器界面如图附 37-3 所示。

此时已设置完成一个 NGrp 组，接下来同样方式创建另外一个 NGrp，如图附 37-4 所示。

NGrp	⊟ XM1DATA2 (11)	DEFAULT	5.00:8.00:4.00...
Net	XM1DATA16	DEFAULT	5.00:8.00:4.00...
Net	XM1DATA17	DEFAULT	5.00:8.00:4.00...
Net	XM1DATA18	DEFAULT	5.00:8.00:4.00...
Net	XM1DATA19	DEFAULT	5.00:8.00:4.00...
Net	XM1DATA20	DEFAULT	5.00:8.00:4.00...
Net	XM1DATA21	DEFAULT	5.00:8.00:4.00...
Net	XM1DATA22	DEFAULT	5.00:8.00:4.00...
Net	XM1DATA23	DEFAULT	5.00:8.00:4.00...
Net	XM1DM2	DEFAULT	5.00:8.00:4.00...
Net	XM1DQSN2	DIFF100	4.50:5.10:3.70...

图附 37-3　设置完成一个 NGrp

NGrp	⊟ XM1DATA0 (11)	DEFAULT	5.00:8.00:4.00...
Net	XM1DATA0	DEFAULT	5.00:8.00:4.00...
Net	XM1DATA1	DEFAULT	5.00:8.00:4.00...
Net	XM1DATA2	DEFAULT	5.00:8.00:4.00...
Net	XM1DATA3	DEFAULT	5.00:8.00:4.00...
Net	XM1DATA4	DEFAULT	5.00:8.00:4.00...
Net	XM1DATA5	DEFAULT	5.00:8.00:4.00...
Net	XM1DATA6	DEFAULT	5.00:8.00:4.00...
Net	XM1DATA7	DEFAULT	5.00:8.00:4.00...
Net	XM1DM0	DEFAULT	5.00:8.00:4.00...
Net	XM1DQSN0	DIFF100	4.50:5.10:3.70...
Net	XM1DQS0	DIFF100	4.50:5.10:3.70...
NGrp	⊟ XM1DATA2 (11)	DEFAULT	5.00:8.00:4.00...
Net	XM1DATA16	DEFAULT	5.00:8.00:4.00...
Net	XM1DATA17	DEFAULT	5.00:8.00:4.00...
Net	XM1DATA18	DEFAULT	5.00:8.00:4.00...
Net	XM1DATA19	DEFAULT	5.00:8.00:4.00...
Net	XM1DATA20	DEFAULT	5.00:8.00:4.00...
Net	XM1DATA21	DEFAULT	5.00:8.00:4.00...
Net	XM1DATA22	DEFAULT	5.00:8.00:4.00...
Net	XM1DATA23	DEFAULT	5.00:8.00:4.00...
Net	XM1DM2	DEFAULT	5.00:8.00:4.00...
Net	XM1DQSN2	DIFF100	4.50:5.10:3.70...
Net	XM1DQS2	DIFF100	4.50:5.10:3.70...

图附 37-4　设置完成两个 NGrp

设置完成后，回到“PCB Editor”界面，在“Visibility”侧边栏中勾选“Plan”一栏，如图附 37-5 所示。

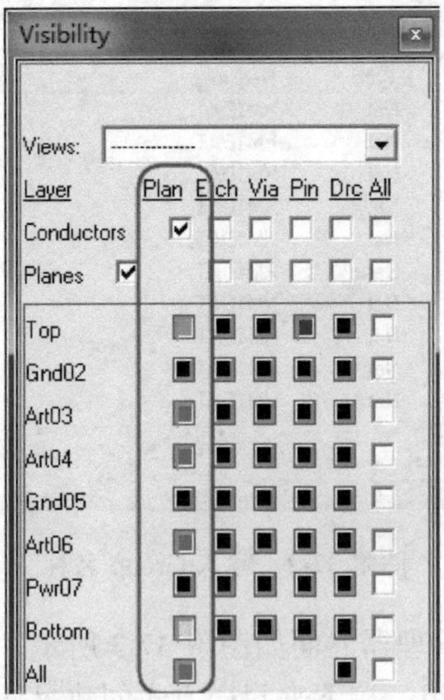

图附 37-5　“Visibility”侧边栏

此时，“PCB Editor”界面中显示出“Plan”，如图附 37-6 所示。

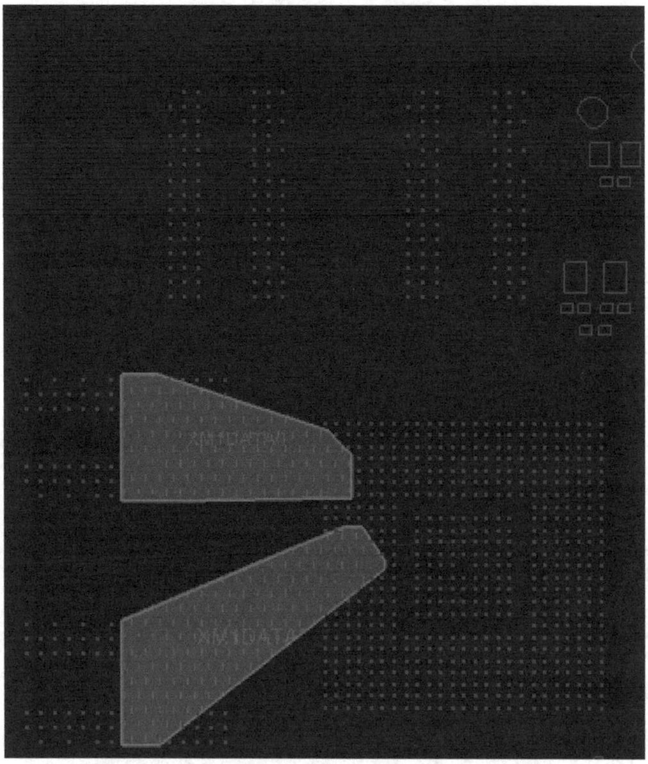

图附 37-6　显示“Plan”

附 38　布线时怎样捕捉到目标点

在设计中，常规连线时，两个焊盘之间经常会有小拐角，如图附 38-1 所示。

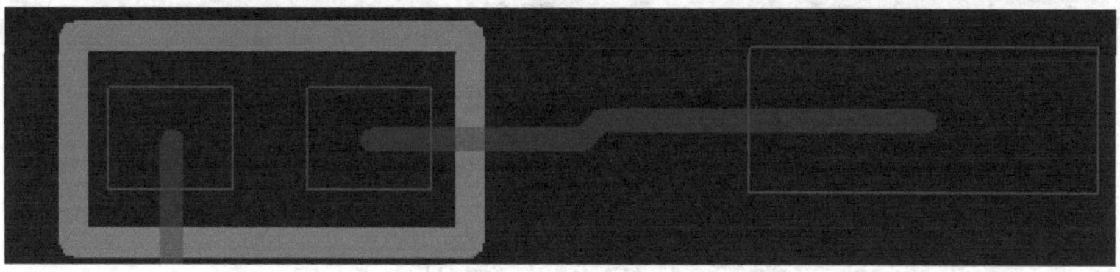

图附 38-1　走线截图

在默认设置下，此短线不易调整为直线。

在走线命令下，“Options”侧边栏设置如图附 38-2 所示。

在图附 38-2 中，不勾选“Snap to connect point”选项。

注意：在 Find 侧边栏中要选中“Cline segs”。

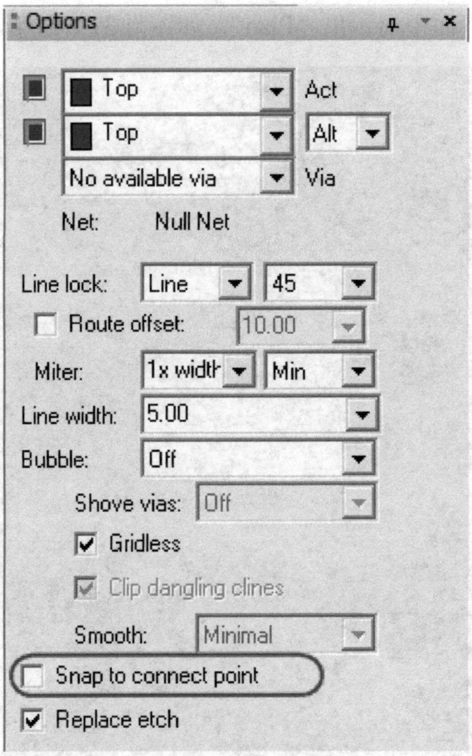

图附 38-2　“Options”侧边栏设置

在图附 38-1 的基础上，重新走线后，如图附 38-3 所示。

图附 38-3　走线调整完成

然后通过右键选择“Done”，完成操作。此时，两个焊盘之间为直线连接。

附 39　设置实时显示走线（相对）长度

在进行 PCB 设计时，很多时候要对一些走线进行绕线，达到等长的目的。

首先要在约束管理器中设置好等长规则，并开启其中设置，如图附 39-1、图附 39-2 所示。

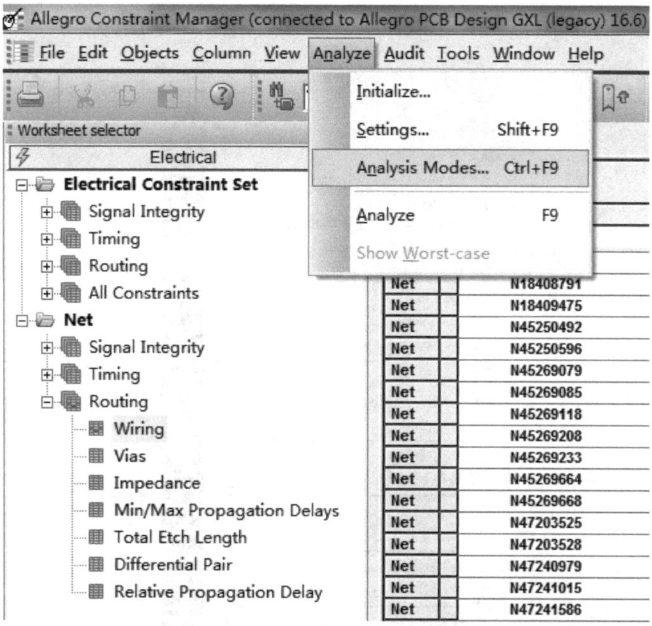

图附 39-1 选择菜单

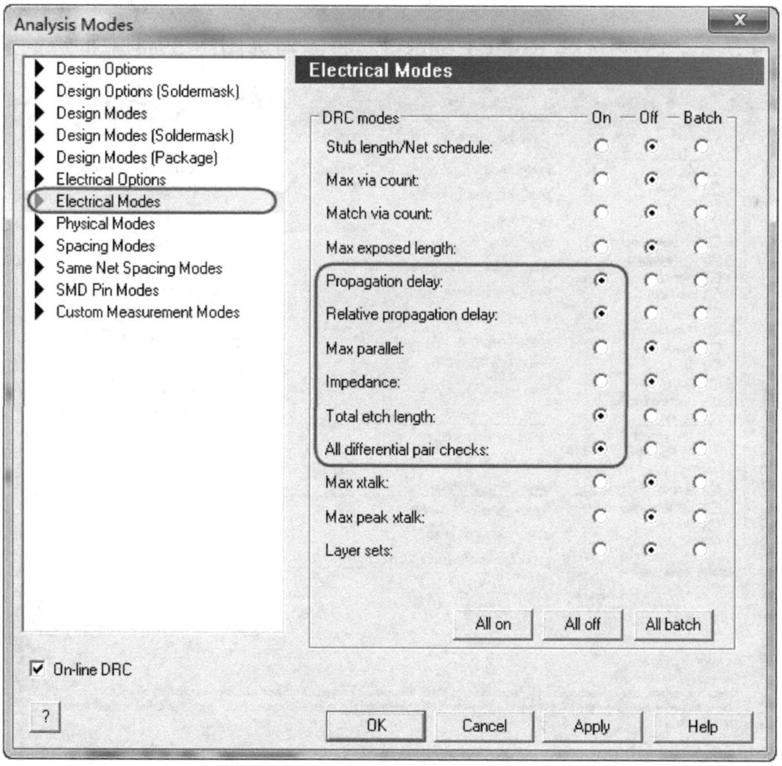

图附 39-2 勾选相应选项

说明： 更多操作细节可参考约束管理器相关章节内容。

然后，选择菜单“Setup—User Preferences”，如图附 39-3 所示。

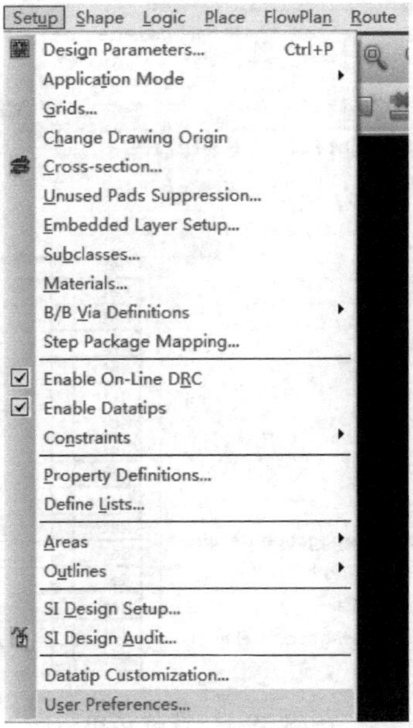

图附 39-3　选择菜单

如图附 39-4 所示，左侧选择 Route-Connect，右侧勾选图附 39-4 中框选的选项。

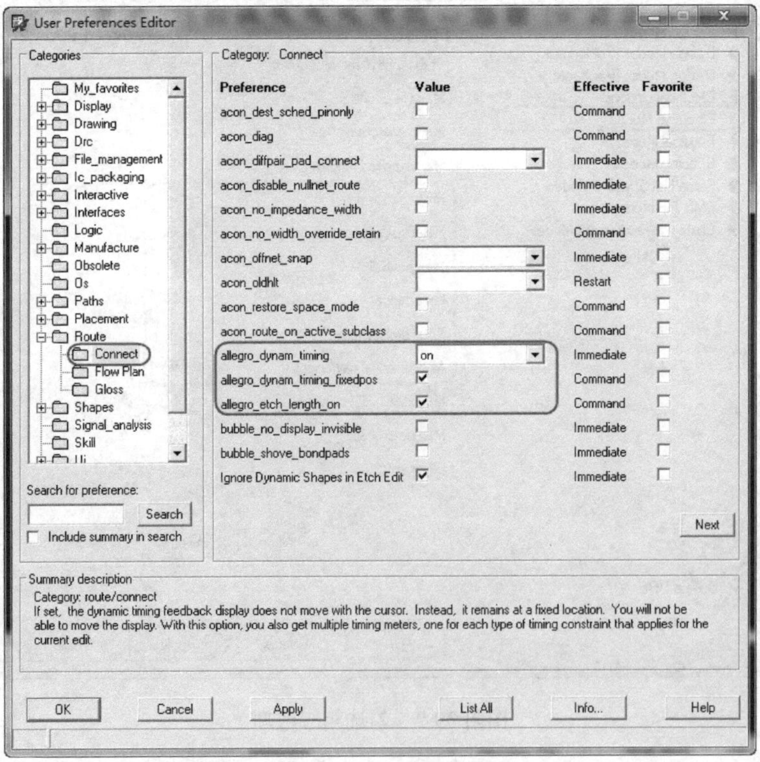

图附 39-4　勾选相应选项

此时，在绕线时，界面右下角会实时显示走线（相对）长度，如图附 39-5 所示。

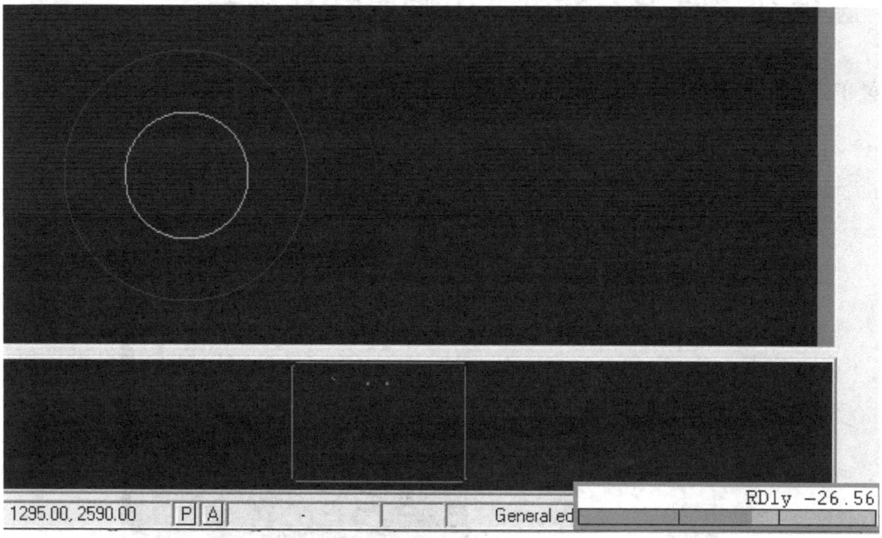

图附 39-5　实时显示走线（相对）长度

附 40　快速另存文件命令讲解

常规另存文件，通过选择菜单“File—Save As”这样的方式来实现。

这里讲解一个快速另存文件的技巧。

在命令窗口中输入“save xg”，如图附 40-1 所示。

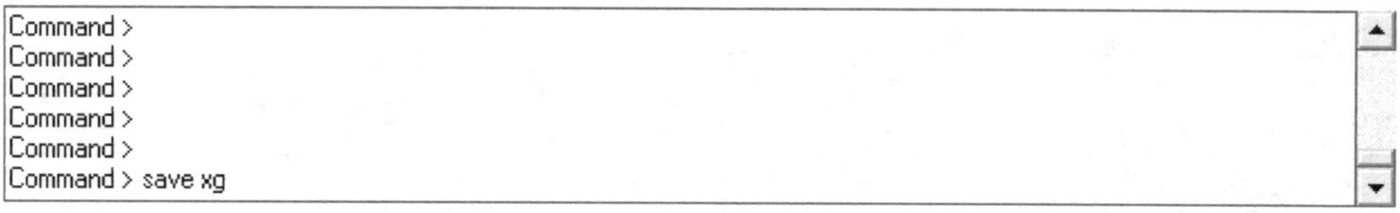

图附 40-1　输入命令

然后按回车键，此时已成功另存文件，如图附 40-2 所示。

图附 40-2　另存文件完成

说明：图附 40-1 中，“save”后面有空格，之后的字符则为新文件的名称（如图附 40-2 中的 xg）。

附 41　怎样在“PCB Editor”中修改钻孔符号

选择菜单“Manufacture—NC—Drill Customization”，如图附 41-1 所示。

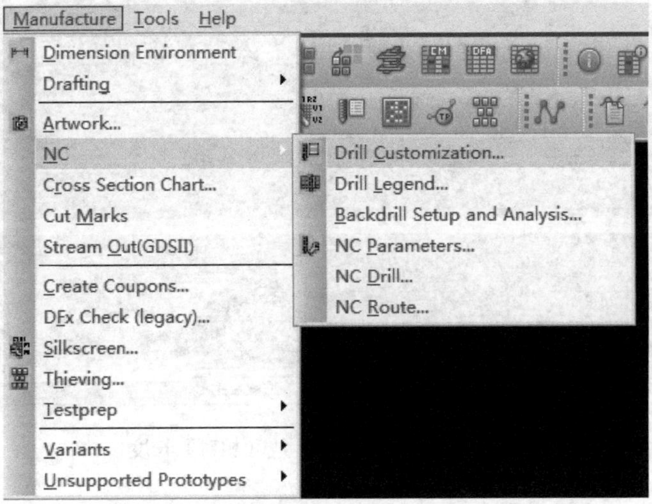

图附 41-1　选择菜单

图附 41-2 中记录了板中用到的所有钻孔类型。

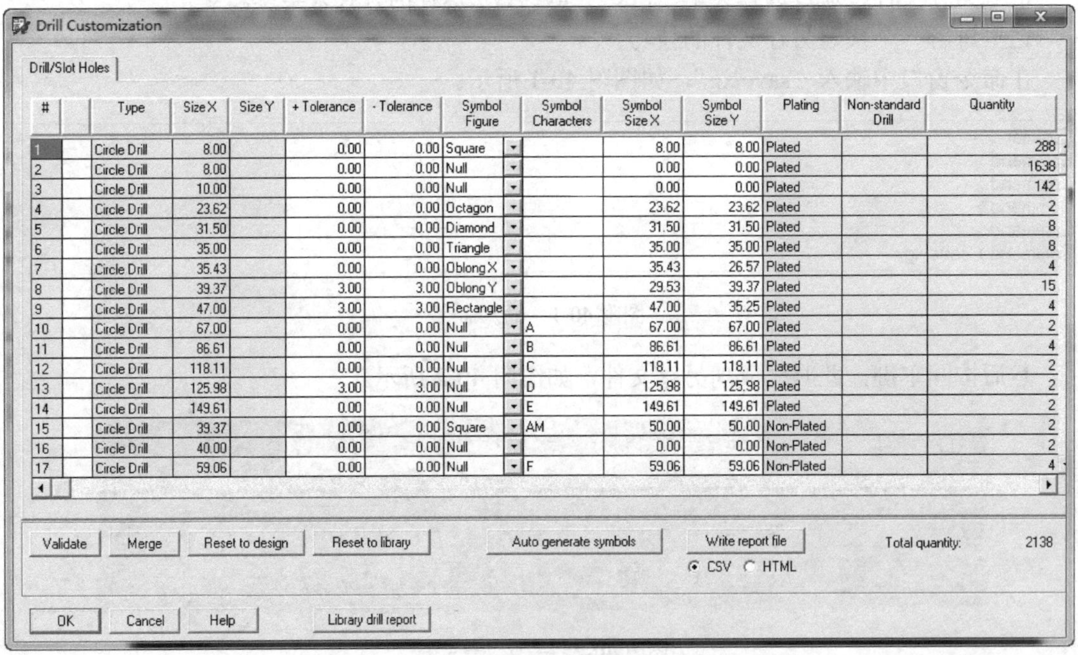

#	Type	Size X	Size Y	+ Tolerance	- Tolerance	Symbol Figure	Symbol Characters	Symbol Size X	Symbol Size Y	Plating	Non-standard Drill	Quantity
1	Circle Drill	8.00		0.00	0.00	Square		8.00	8.00	Plated		288
2	Circle Drill	8.00		0.00	0.00	Null		0.00	0.00	Plated		1638
3	Circle Drill	10.00		0.00	0.00	Null		0.00	0.00	Plated		142
4	Circle Drill	23.62		0.00	0.00	Octagon		23.62	23.62	Plated		2
5	Circle Drill	31.50		0.00	0.00	Diamond		31.50	31.50	Plated		8
6	Circle Drill	35.00		0.00	0.00	Triangle		35.00	35.00	Plated		8
7	Circle Drill	35.43		0.00	0.00	Oblong X		35.43	26.57	Plated		4
8	Circle Drill	39.37		3.00	3.00	Oblong Y		29.53	39.37	Plated		15
9	Circle Drill	47.00		3.00	3.00	Rectangle		47.00	35.25	Plated		4
10	Circle Drill	67.00		0.00	0.00	Null	A	67.00	67.00	Plated		2
11	Circle Drill	86.61		0.00	0.00	Null	B	86.61	86.61	Plated		4
12	Circle Drill	118.11		0.00	0.00	Null	C	118.11	118.11	Plated		2
13	Circle Drill	125.98		3.00	3.00	Null	D	125.98	125.98	Plated		2
14	Circle Drill	149.61		0.00	0.00	Null	E	149.61	149.61	Plated		2
15	Circle Drill	39.37		0.00	0.00	Square	AM	50.00	50.00	Non-Plated		2
16	Circle Drill	40.00		0.00	0.00	Null		0.00	0.00	Non-Plated		2
17	Circle Drill	59.06		0.00	0.00	Null	F	59.06	59.06	Non-Plated		4

图附 41-2　“Drill Customization”设置窗口

这里主要修改图附 41-2 中的 4 栏，如图附 41-3 所示。

Symbol Figure	Symbol Characters	Symbol Size X	Symbol Size Y
Square		8.00	8.00
Null		0.00	0.00
Null		0.00	0.00
Octagon		23.62	23.62
Diamond		31.50	31.50
Triangle		35.00	35.00
Oblong X		35.43	26.57
Oblong Y		29.53	39.37
Rectangle		47.00	35.25
Null	A	67.00	67.00
Null	B	86.61	86.61
Null	C	118.11	118.11
Null	D	125.98	125.98
Null	E	149.61	149.61
Square	AM	50.00	50.00
Null		0.00	0.00
Null	F	59.06	59.06

图附 41-3　修改此 4 项

可修改为如图附 41-4 所示。

Symbol Figure	Symbol Characters	Symbol Size X	Symbol Size Y
Null	A	8.00	8.00
Null	B	8.00	8.00
Null	C	8.00	8.00
Null	D	23.62	23.62
Null	E	31.50	31.50
Null	F	35.00	35.00
Null	G	35.43	26.57
Null	H	29.53	39.37
Null	I	47.00	35.25
Null	J	67.00	67.00
Null	K	86.61	86.61
Null	L	118.11	118.11
Null	M	125.98	125.98
Null	N	149.61	149.61
Null	O	50.00	50.00
Null	P	50.00	50.00
Null	Q	59.06	59.06

图附 41-4　设置完成

修改后，重新生成的钻孔表如图附 41-5 所示。

DRILL CHART: TOP to BOTTOM				
ALL UNITS ARE IN MILS				
FIGURE	SIZE	TOLERANCE	PLATED	QTY
.	8.0	+0.0/-0.0	PLATED	288
.	8.0	+0.0/-0.0	PLATED	1638
.	10.0	+0.0/-0.0	PLATED	142
.	23.62	+0.0/-0.0	PLATED	2
.	31.5	+0.0/-0.0	PLATED	8
.	35.0	+0.0/-0.0	PLATED	8
.	35.43	+0.0/-0.0	PLATED	4
.	39.37	+3.0/-3.0	PLATED	15
.	47.0	+3.0/-3.0	PLATED	4
J	67.0	+0.0/-0.0	PLATED	2
K	86.61	+0.0/-0.0	PLATED	4
L	118.11	+0.0/-0.0	PLATED	2
M	125.98	+3.0/-3.0	PLATED	2
N	149.61	+0.0/-0.0	PLATED	2
o	39.37	+0.0/-0.0	NON-PLATED	2
P	40.0	+0.0/-0.0	NON-PLATED	2
Q	59.06	+0.0/-0.0	NON-PLATED	4

图附 41-5　钻孔表信息

说明：在实际 PCB 文件中，通过放大界面能清晰查看“FIGURE”此列下的字符。

附 42　怎样绘制圆形图形

以绘制半径为 40mil 的圆形丝印为例。

选择菜单“Add—Circle”，如图附 42-1 所示。

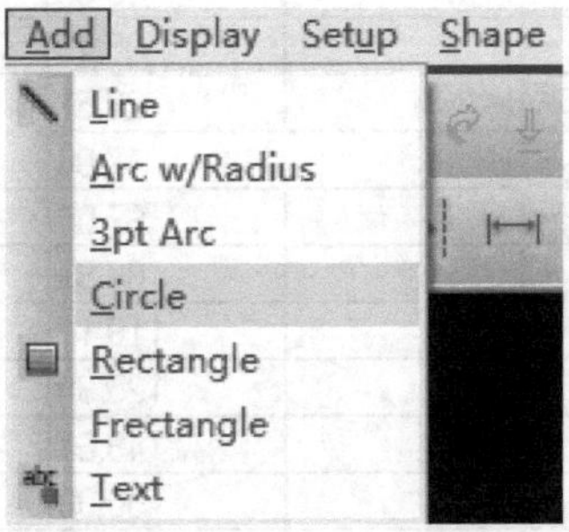

图附 42-1　选择菜单

“Options”侧边栏设置如图附 42-2 所示。

Active Class and Subclass：选择 Board Geometry/Silkscreen_Top。

Line width：选择 6mil 丝印线宽。

Line font：选择“Solid”。

Draw Circle：直接绘制圆形。

Place Circle：绘制圆形，这个可以自定义半径，但是不能直接定义圆心坐标，如图附 42-3 所示。

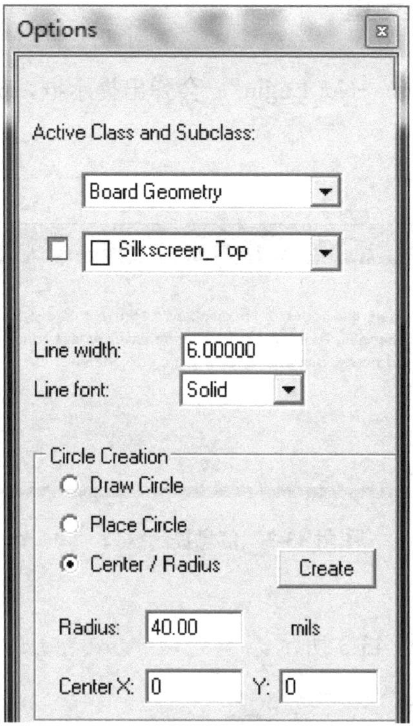

图附 42-2 “Options”侧边栏设置（一）

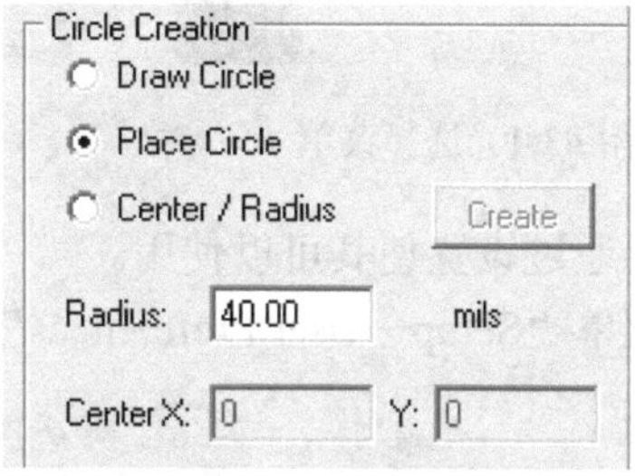

图附 42-3 “Options”侧边栏设置（二）

Center/Radius：绘制圆形，而且可以自定义半径、圆心坐标；如图附 42-2 设置后，单击“Create”，圆形图形即创建完成，如图附 42-4 所示。

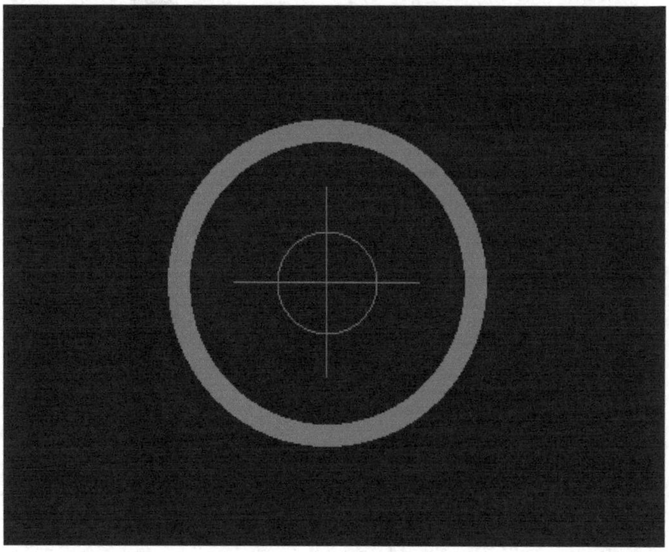

图附 42-4 圆形丝印绘制完成

通过右键选择“Done”，完成操作。

附 43　“Net logic enable”选项设置

在 Allegro 软件默认情况下，选择菜单“Logic—Net Logic”，会弹出提示框，提示不允许使用此菜单功能，如图附 43-1 所示。

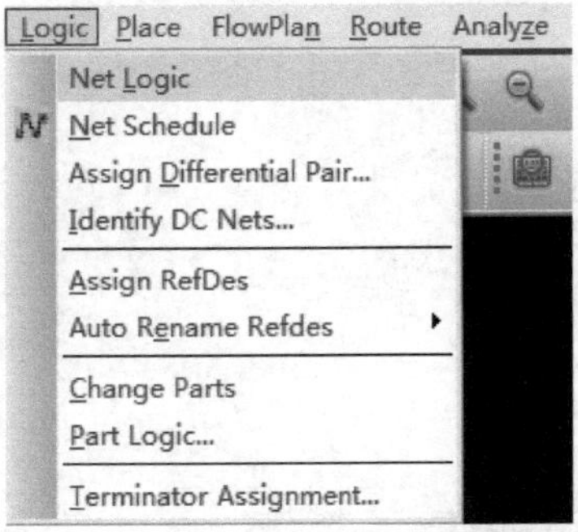

图附 43-1　选择菜单

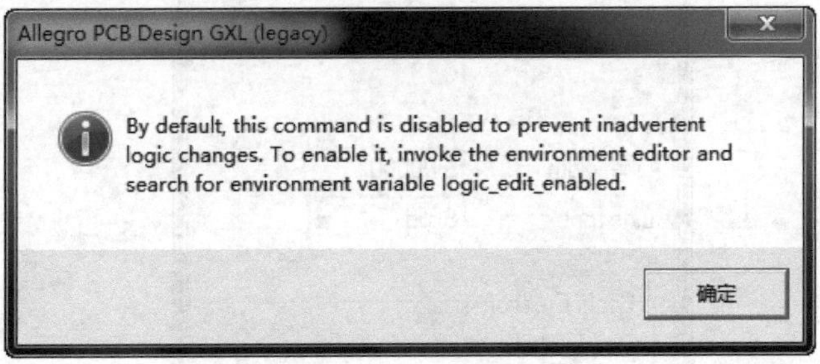

图附 43-2　信息提示窗口

此时要通过设置使其可以使用。

选择菜单“Setup—User Preferences”，如图附 43-3 所示。

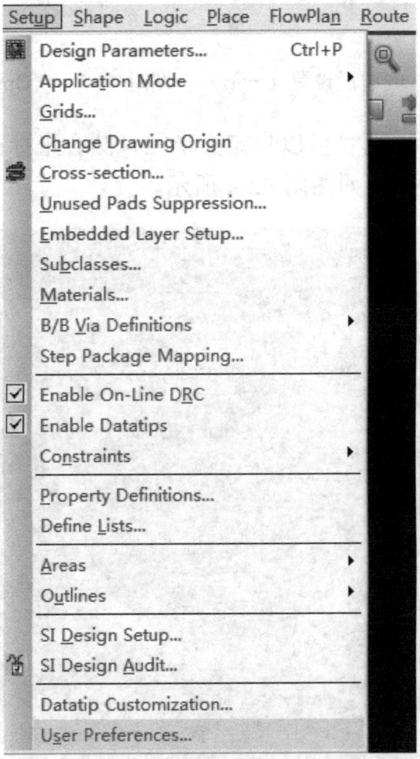

图附 43-3　选择菜单

在弹出窗口中，设置如图附 43-4 所示。

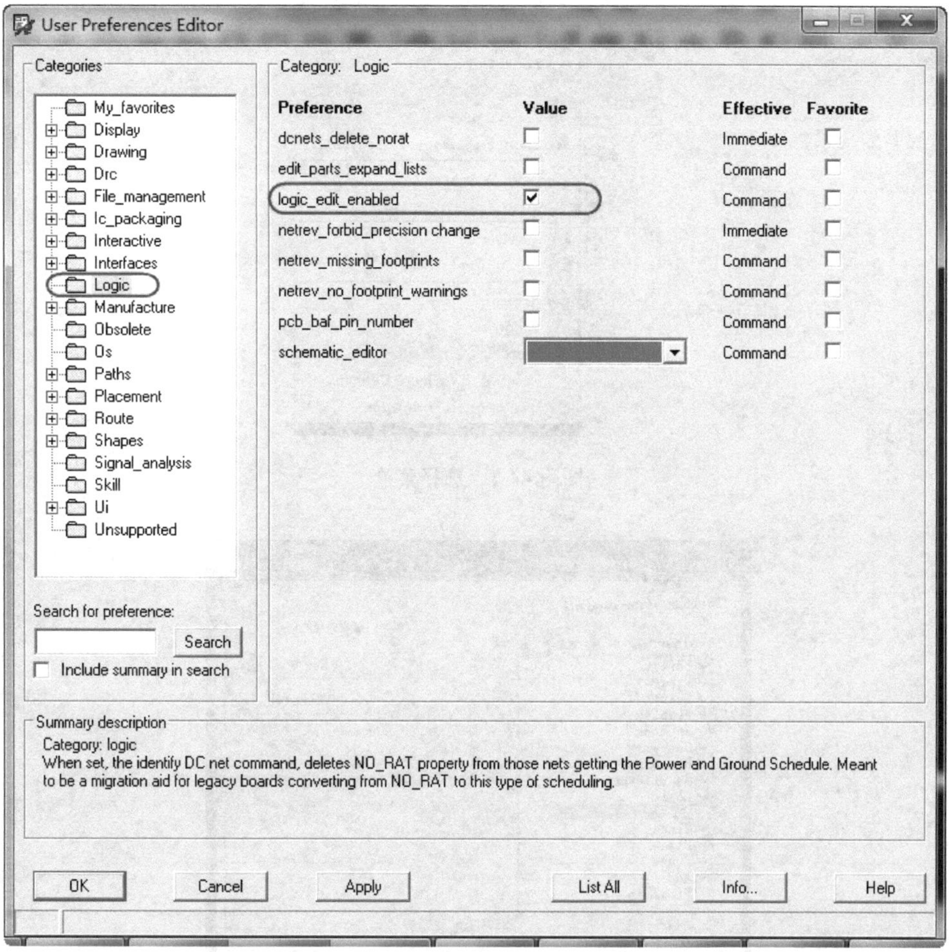

图附 43-4 勾选“logic_edit_enabled”

单击左侧“Logic”，然后勾选右侧的“logic_edit_enabled”，单击“OK”。

设置完成，选择菜单“Logic—Net Logic”可使用。

附 44 调整“PCB Editor”工具栏

安装完成软件后，我们可以调整“PCB Editor”的工具栏，隐藏一些不常用的工具条，或者调整它们的位置。

选择菜单“View—Customize”，如图附 44-1 所示。

在窗口中取消“Analysis”和“FlowPlan”工具条，则在“PCB Editor”界面中不显示它们，如图附 44-2 所示。

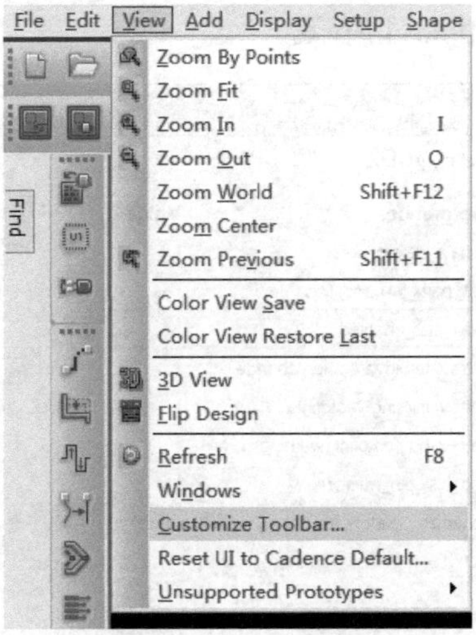

图附 44-1 选择菜单

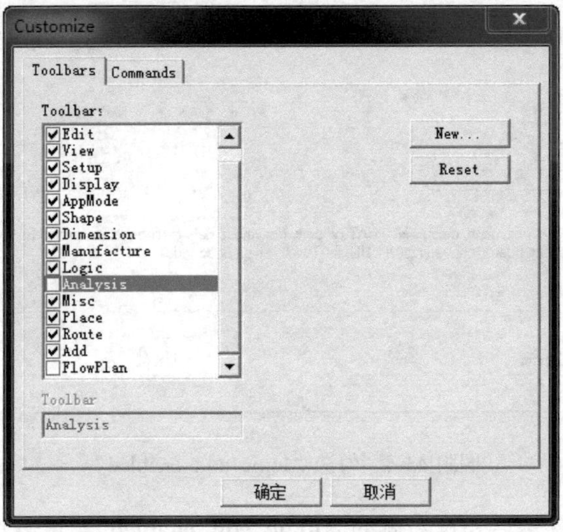

图附 44-2 “Customize”工具条设置窗口

另外，可以在“PCB Editor”界面中，鼠标左键长按某个工具条，进行调整位置，如图附 44-3、图附 44-4 所示。

图附 44-3 调整前

图附 44-4 调整后

附 45 “3D Viewer”演示

讲解“Allegro PCB Editor”中“3D Viewer”的常用菜单。

选择菜单“View—3D View”进入到“3D Viewer”中，如图附 45-1 所示。

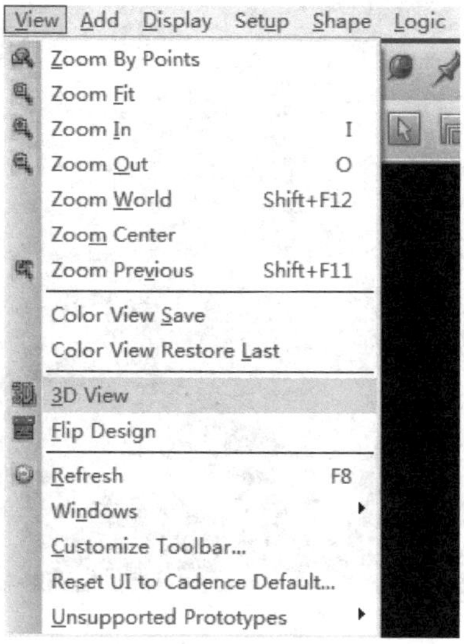

图附 45-1 选择菜单

进入后，“3D Viewer”会显示出“PCB Editor”中当前打开的“Subclass”，而不是显示所有，如图附 45-2 所示。

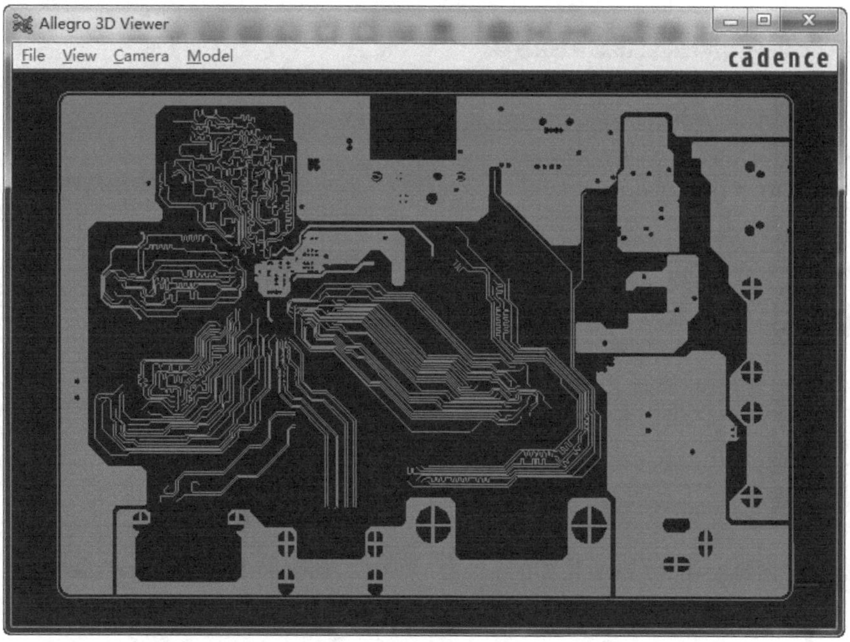

图附 45-2 显示当前“Subclass”

可长按鼠标左键旋转图像，如图附 45-3 所示。

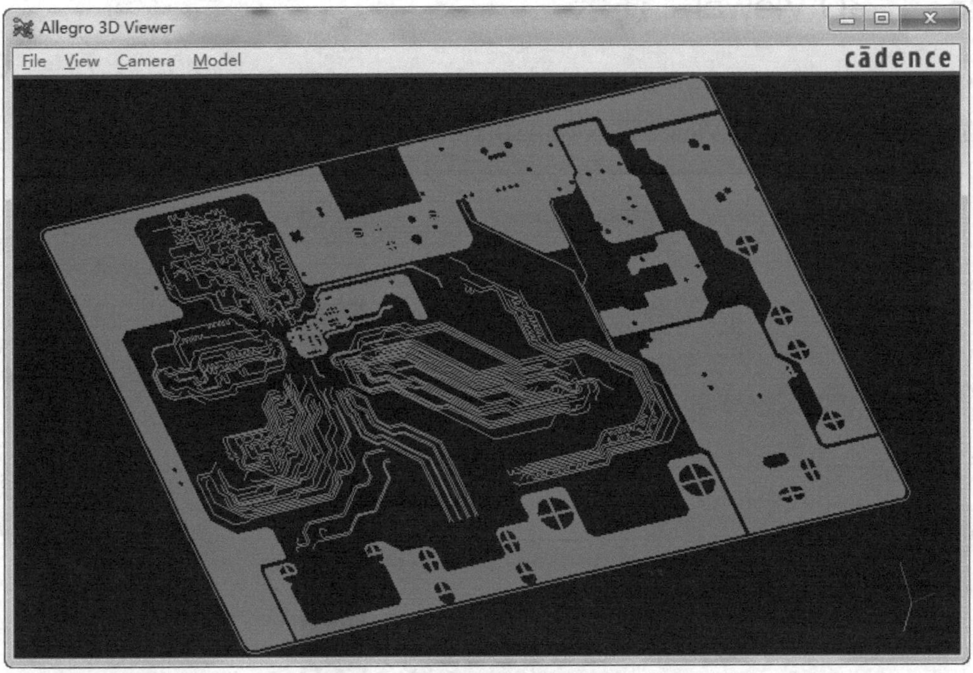

图附 45-3　旋转图像

长按鼠标右键，可拖动图像。
“View”菜单栏用于设置显示/隐藏对象，如图附 45-4 所示。
“Camera”菜单栏用于设置显示方位，如图附 45-5 所示。

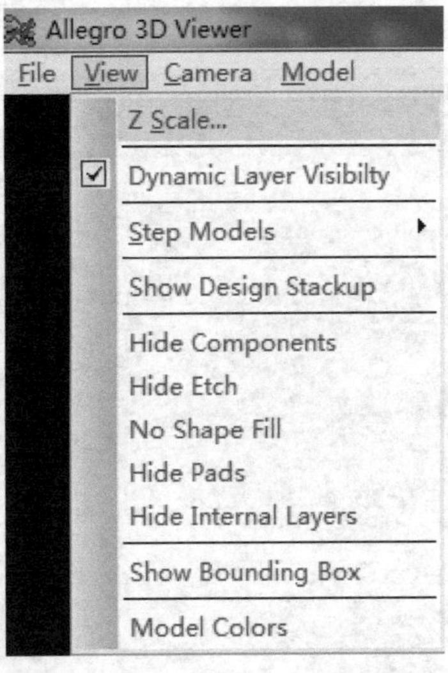

图附 45-4　“View”菜单

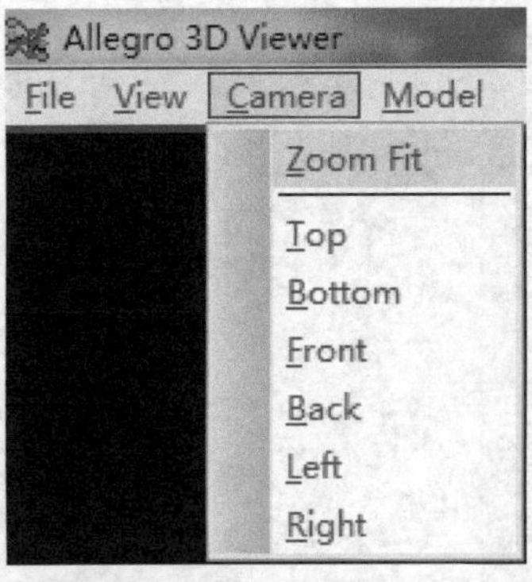

图附 45-5　“Camera”菜单

附 46 焊盘替换技巧

在之前讲解的内容中，替换焊盘时界面如图附 46-1 所示。

在常规情况下，替换焊盘时，同一名称的“Old”焊盘都会被“New”焊盘替换掉；

在 Allegro16.6 软件中，若部分“Old”焊盘不想被替换掉，可先使用 Fix 命令将那部分“Old”焊盘锁定，然后不勾选图附 46-1 中的“Ignore FIXED property”选项。

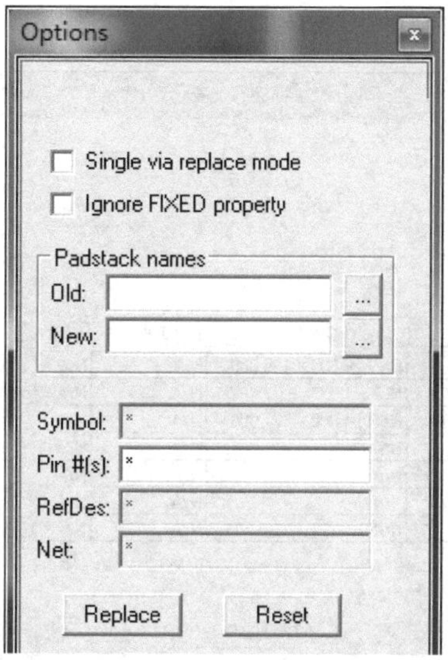

图附 46-1 “Options”侧边栏

后续操作，可参考书籍前面对应章节，这里不再重复叙述。

附 47 金手指封装的制作

金手指封装如图附 47-1 所示。

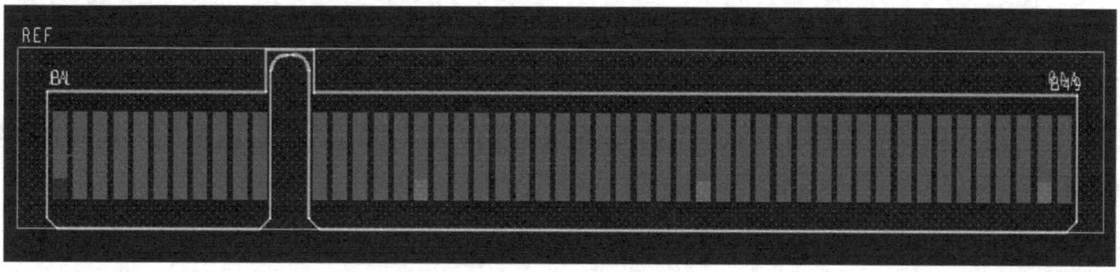

图附 47-1 金手指封装

此封装 TOP、BOTTOM 层都有表贴焊盘。

常规在放置焊盘的时，右键是没有 MIRROR 命令的，如图附 47-2 所示。

所以，要单独创建 BOTTOM 层的焊盘；而 TOP 层的焊盘按照常规表贴焊盘的方法制作即可。

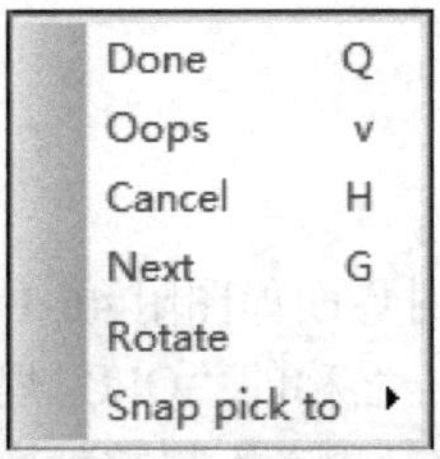

图附 47-2　右键菜单截图

“Pad Designer”中设置如图附 47-3 所示。

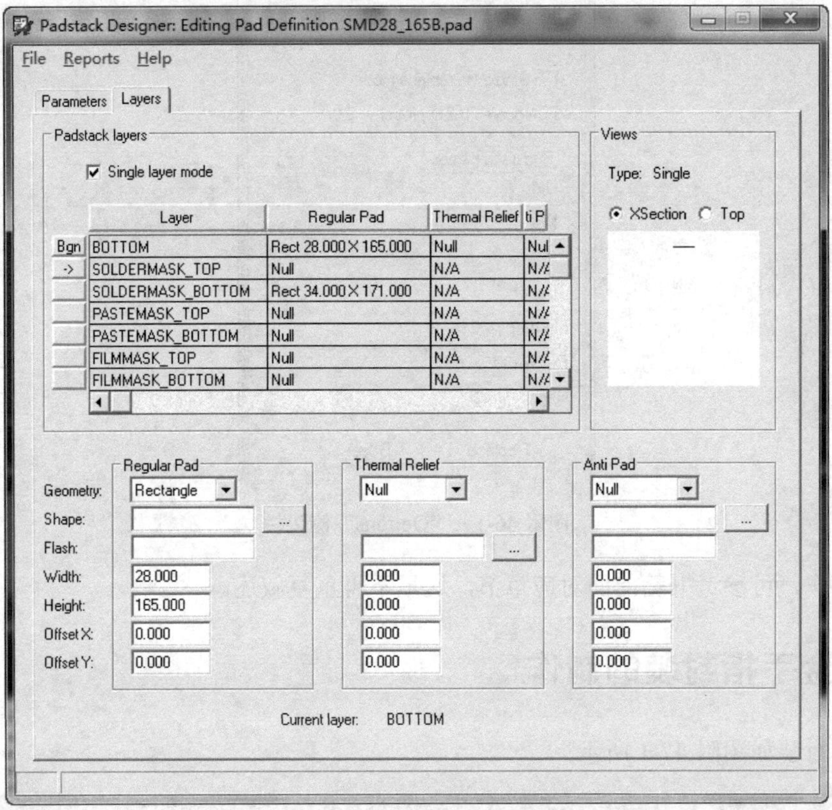

图附 47-3　“Layers”选项卡参数设置

说明：将默认的“BEGIN LAYER”修改为“BOTTOM”即可，然后设置“SOLDERMASK_BOTTOM”即可。

创建好金手指封装需要的焊盘后，按照常规操作放置焊盘来建立此封装即可。

附 48　AIDT 功能讲解

AIDT 为 Auto-interacive Delay Tune 的缩写。

在约束管理器中设置好等长规则后，连通相应的走线后，利用此功能可以方便地自动绕线，达到等长的目的。

图附 48-1 为一组设置好等长规则的线。

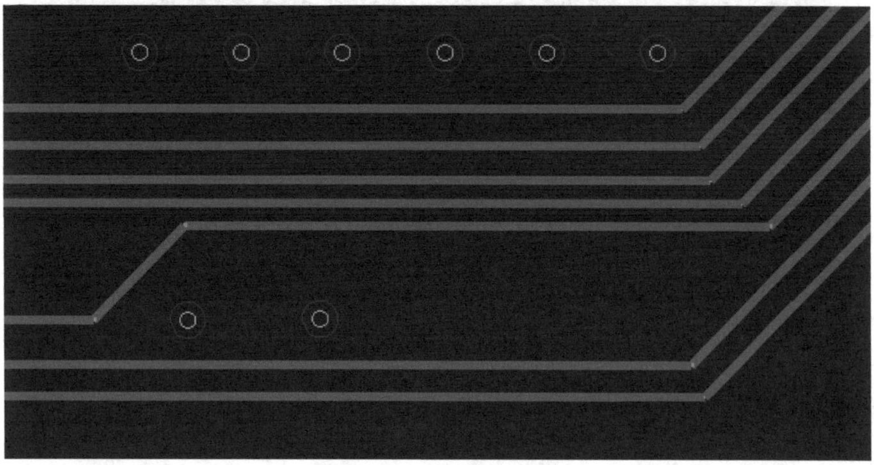

图附 48-1 走线截图

然后，选择菜单“Route—Auto-interactive Delay Tune”，如图附 48-2 所示。“Options”侧边栏设置如图附 48-3 所示。

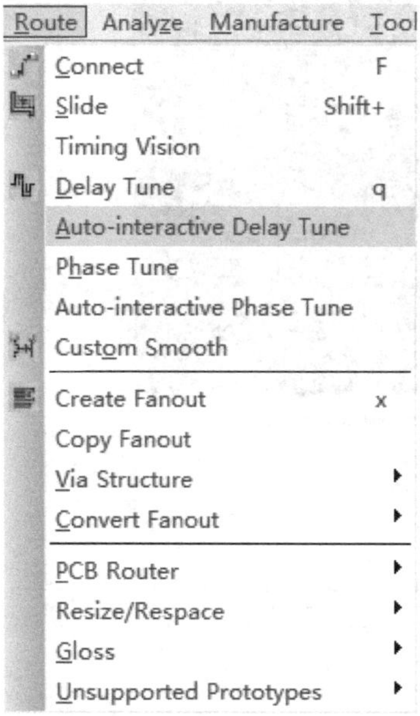

图附 48-2 选择菜单

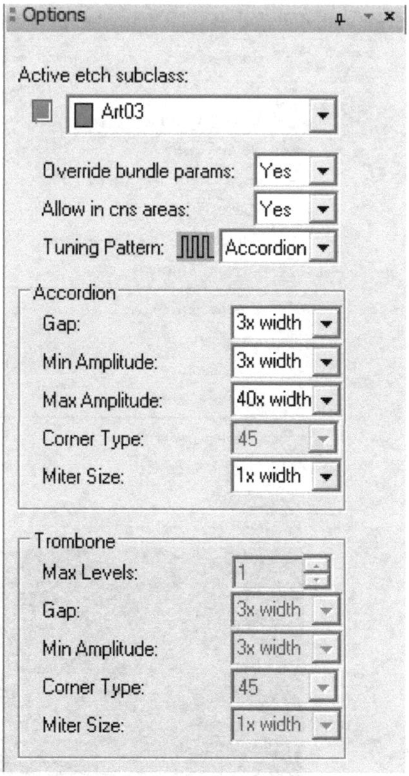

图附 48-3 “Options”侧边栏设置

然后框选走线，软件则自动绕线，完成后如图附 48-4 所示。

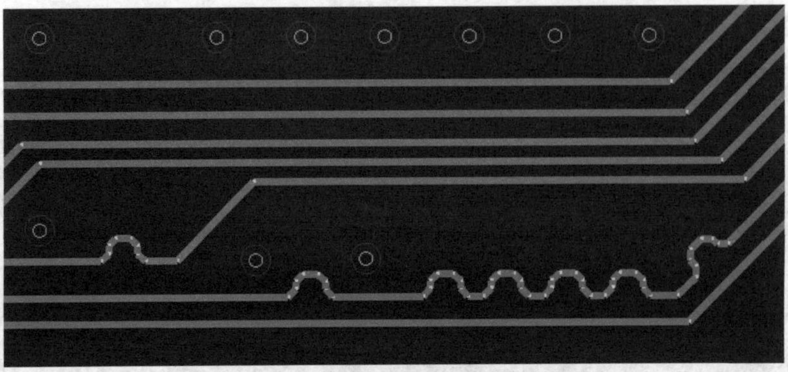

图附 48-4　自动绕线完成

最后，通过右键选择“Done”，完成操作。

附 49　AICC 功能讲解

AICC 为 Auto-interacive Convert Corner 的缩写，此功能能自动将走线拐角转换为弧线。选择菜单“Route—Auto-interacive Convert Corner”，如图附 49-1 所示。

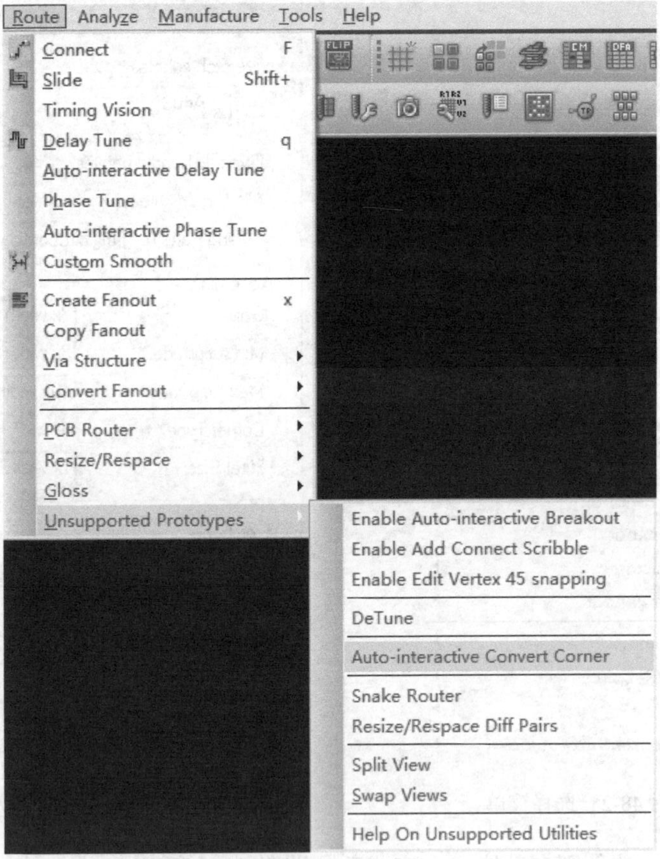

图附 49-1　选择菜单

“Options”侧边栏设置如图附 49-2 所示。

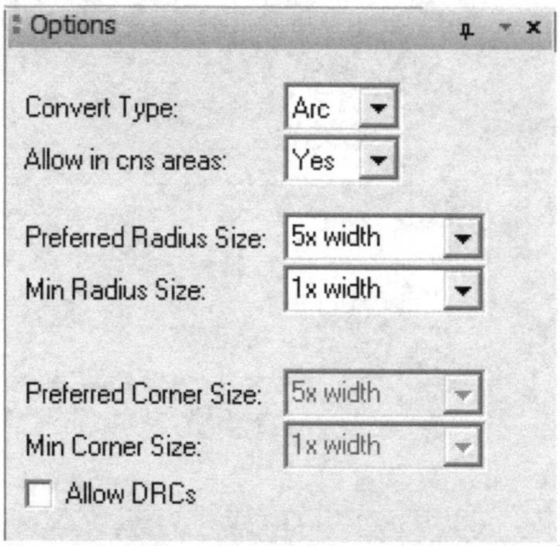

图附 49-2 “Options”侧边栏设置

说明：“Preferred Radius Size”为优选的弧度半径值。

走线截图如图附 49-3 所示。

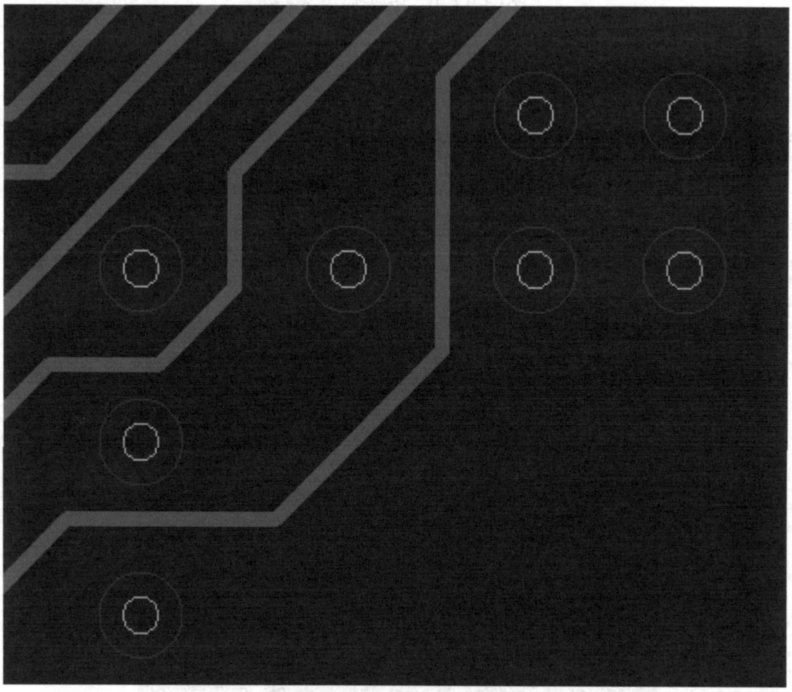

图附 49-3 走线截图

单击走线后，如图附 49-4 所示。

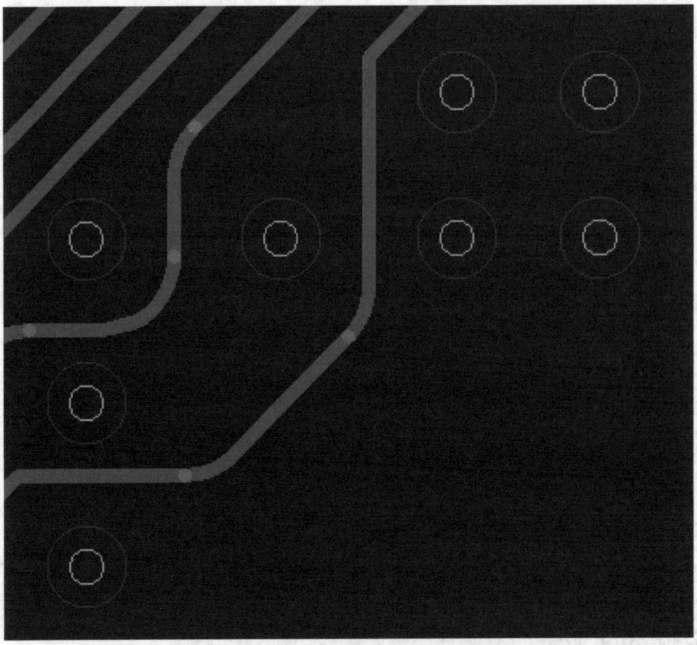

图附 49-4　转换弧度完成

走线拐角已转换为弧线，通过右键选择“Done”，完成操作。

附 50　怎样设置排阻 Xnet 器件模型

这里主要讲解设置排阻 Xnet 器件模型和普通两焊盘电阻 Xnet 器件模型的不同点，其他操作参考书籍对应章节内容。

图附 50-1 为一排阻，已显示出引脚号。

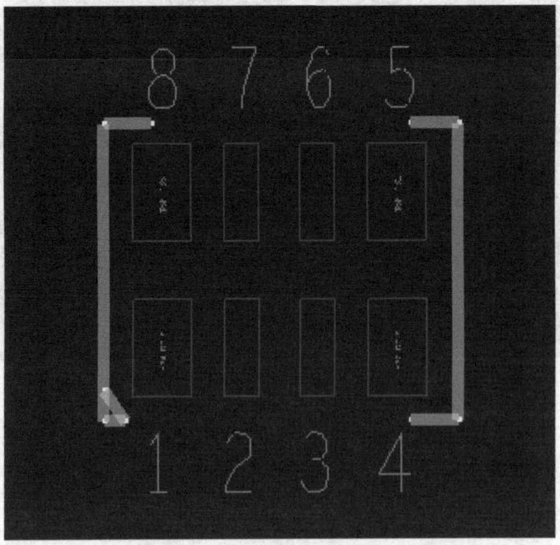

图附 50-1　排阻封装截图

按照书籍前面章节内容操作至图附 50-2 所示窗口。

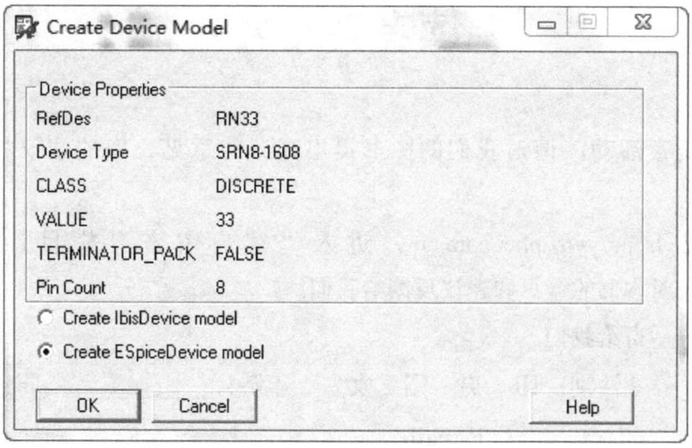

图附 50-2 “Create Device Model”窗口

单击“OK”按钮，设置参数如图附 50-3 所示。

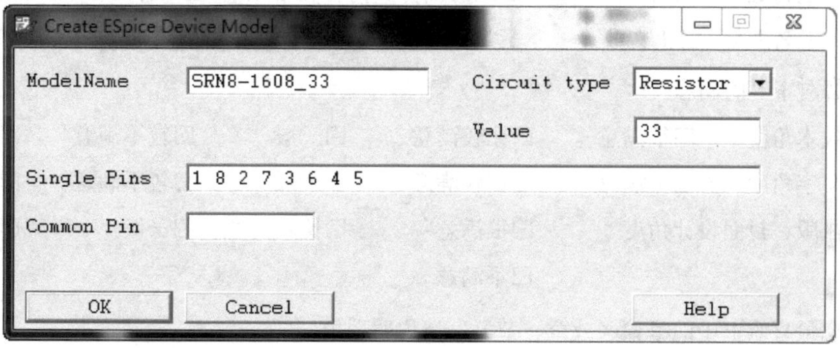

图附 50-3 设置“Single Pins”

在 PCB 中查看此排阻的网络信息，模型设置成功，如图附 50-4 所示。

```
LISTING: 1 element(s)

                < NET >

 Net Name:            AB4_DDR2
 Member of XNet:      $5N1135
```

图附 50-4 显示 XNet 网络信息

《Cadence Allegro 16.6 实战必备教程（配视频教程）》

读者调查表

尊敬的读者：

欢迎您参加读者调查活动，请对我们的图书提出真诚的意见，您的建议将是我们创造精品的动力源泉。

1．您可以登录 http://yydz.phei.com.cn，进入“客户留言”栏目，或者直接发邮件到 chaiy@phei.com.cn，将您对本书的意见和建议反馈给我们。

2．您可以填写下表后寄给我们。

姓名：________ 性别：□ 男 □ 女 年龄：________ 职业：____________

电话：__________________ E-mail：____

通信地址：________________________________ 邮编：_________________________

（1）影响您购买本书的因素（可多选）：

□封面封底 □价格 □内容简介、前言和目录 □书评广告 □出版物名声

□作者名声 □正文内容 □其他____________________________

（2）您对本书的满意度：

从技术角度 □很满意 □比较满意 □一般 □较不满意 □不满意

从文字角度 □很满意 □比较满意 □一般 □较不满意 □不满意

从排版、封面设计角度 □很满意 □比较满意 □一般 □较不满意 □不满意

（3）您最喜欢书中的哪篇（或章、节）？请说明理由。

____

____

（4）您最不喜欢书中的哪篇（或章、节）？请说明理由。

____

____

（5）您希望本书在哪些方面进行改进？

____

____

（6）您感兴趣或希望增加的图书选题有：

____

____

邮寄地址：北京市海淀区万寿路 173 信箱电子信息出版分社 柴燕 收 邮编：100036

编辑电话：（010）88254448 E-mail：chaiy@phei.com.cn